프라하
PRAGUE

김후영 · 변지우 지음

미리 보는 테마북

무작정 따라하기 프라하

The Cakewalk Series-prague

초판 발행 · 2016년 7월 5일
초판 3쇄 · 2017년 9월 25일
개정판 발행 · 2019년 1월 4일
개정판 3쇄 · 2019년 9월 10일

지은이 · 김후영, 변지우
발행인 · 이종원
발행처 · (주)도서출판 길벗
출판사 · 등록일 1990년 12월 24일
주소 · 서울시 마포구 월드컵로10길 56(서교동)
대표전화 · 02)332-0931 | **팩스** 02)323-0586
홈페이지 · www.gilbut.co.kr | **이메일** gilbut@gilbut.co.kr

편집팀장 · 민보람 | **기획 및 책임편집** · 서랑례(rangrye@gilbut.co.kr) | **취미실용 책임 디자인** · 강은경 | **제작** · 이준호, 손일순, 이진혁
영업마케팅 · 한준희 | **웹마케팅** · 이정, 김진영 | **영업관리** · 김명자 | **독자지원** · 송혜란, 홍혜진

초판 진행 · 한인숙 | **디자인** · 별디자인 | **개정판 전산편집** · 도마뱀 | **지도** · 팀맵핑 | **교정교열** · 이정현
CTP 출력 · 인쇄 · 제본 · 보진재

ISBN 979-11-6050-684-6(13980)
(길벗 도서번호 020114)

정가 17,000원

“

독자의 1초를 아껴주는 정성!
세상이 아무리 바쁘게 돌아가더라도
책까지 아무렇게나 빨리 만들 수는 없습니다.
인스턴트식품 같은 책보다는
오래 익힌 술이나 장맛이 밴 책을 만들고 싶습니다.

땀 흘리며 일하는 당신을 위해
한 권 한 권 마음을 다해 만들겠습니다.
마지막 페이지에서 만날 새로운 당신을 위해
더 나은 길을 준비하겠습니다.

독자의 1초를 아껴주는 정성을 만나보십시오.

”

INSTRUCTIONS

무작정 따라하기 일러두기

이 책은 전문 여행 작가 2명이 1년 동안 프라하를 누비며 찾아낸 인기 명소와 함께,
독자 여러분의 소중한 여행이 완성될 수 있도록 테마별, 지역별 다양한 코스와 지역 정보를 소개합니다.
이 책에 수록된 관광지, 맛집, 숙소, 교통 등의 여행 정보는 2019년 8월 기준이며 최대한 정확한 정보를 싣고자 노력했습니다.
하지만 출판 후 또는 독자의 여행 시점과 동선, 현지 상황에 따라 변동될 수 있으므로 주의하실 필요가 있습니다.

1권 미리 보는 테마북

1권은 프라하의 다양한 여행 주제를 소개합니다. 자신의 취향에 맞는 테마를 체크한 후 기본정보 맨 앞에 있는 2권 페이지 연동 표시를 참고, 2권의 관련 지역과 지도에 체크하여 여행 계획을 짜실 때 참고하세요.

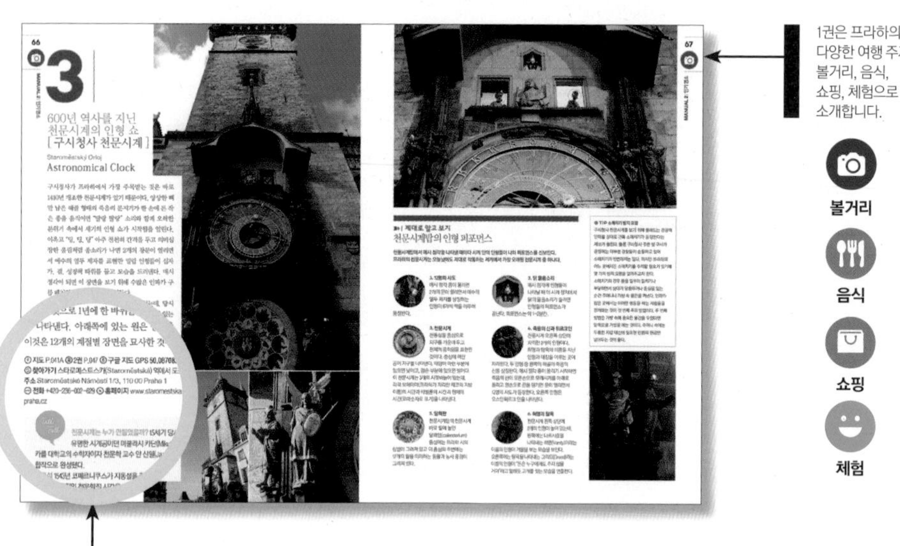

1권은 프라하의 다양한 여행 주제를 볼거리, 음식, 쇼핑, 체험으로 소개합니다.

볼거리

음식

쇼핑

체험

구글 지도 GPS 위치를 쉽게 검색하도록 구글 지도 검색창에 입력하면 바로 위치를 알 수 있는 구글 지도 GPS 좌표를 알려줍니다. 구글 지도 검색창에 좌표를 입력하세요.

찾아가기 교통편은 각 교통 기관의 공식 사이트에서 제공한 정보를 기준으로 작성했습니다. 도보 소요 시간의 경우 최단 거리를 기준으로 작성했습니다.

전화, 시간, 휴무, 가격, 홈페이지 등 해당 사항이 없을 경우에도, 독자가 다시 찾아보는 번거로움을 없애기 위해 해당 항목을 삭제하지 않고 '없음'으로 표시했습니다.

가격 모든 가격은 코룬으로 표시했습니다. 입장료 및 음식 가격은 수시로 변동하니 떠나기 전 홈페이지를 통해 체크하시기 바랍니다.

홈페이지 해당 장소 지역의 공식 홈페이지를 기준으로 합니다.

MAP 2권에 해당되는 지역의 메인 지도 페이지입니다. 그곳이 어느 지역, 어디에 자리하는지 체크하세요!

1권/2권 1권일 경우 2권에 해당되는 페이지를 표시. 여행 동선을 짤 때 참고하세요! 2권일 경우 1권에서 소개한 페이지를 표시했습니다.

2권 가서 보는 코스북

2권은 프라하를 세부적으로 나눠 지도, 코스와 함께 소개합니다. 종일, 한나절 코스 등 일정별, 테마별 코스를 지역별로 다양하게 제시합니다. 1권 어떤 테마에 소개된 곳인지 페이지 연동 표시가 되어 있으니, 참고해서 알찬 여행 계획을 세우세요.

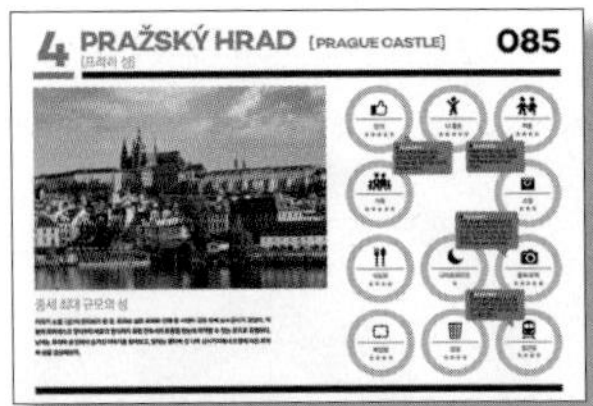

지역마다 식도락, 쇼핑, 문화 유적 등 어떤 특징이 있는지 별점으로 재미있게 보여줍니다.

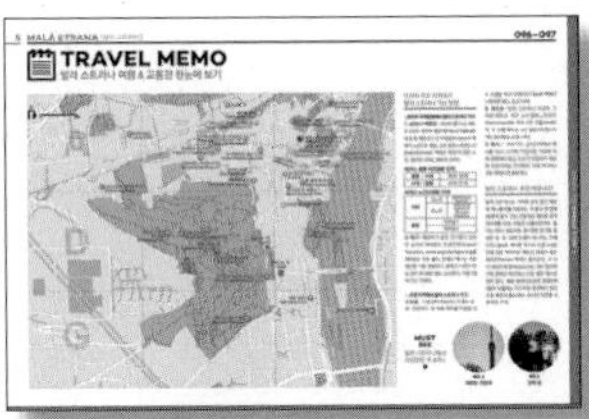

교통편 한눈에 보기

세부 지역별로 주요 장소에서 그곳으로 가는 교통편을 소요 시간, 비용과 함께 자세히 소개합니다.

여행 한눈에 보기

세부 지역별로 소개하는 볼거리, 음식점, 상점, 체험 장소 위치를 실측 지도로 자세하게 소개합니다. 지도에는 영문 표기와 관련 책 페이지 표시를 함께 구성해 현지에서 조금 더 편리하게 길을 찾을 수 있도록 도와줍니다.

코스 무작정 따라하기

그 지역을 하루 동안 완벽하게 돌아볼 수 있는 종일 코스를 기준으로 한나절 또는 지역 대표 테마 코스를 지도와 함께 소개합니다.

① 모든 코스는 대표 역이나 정류장에서부터 시작합니다.
② 주요 스폿별로 그다음 장소를 찾아가는 방법과 소요 시간을 알려줍니다.
③ 주요 스폿은 기본적으로 영업시간과 간단한 소개글로 설명합니다.
④ 스폿별로 머물기 적당한 소요 시간을 추천, 표시했습니다.
⑤ 코스별로 사용한 교통비, 입장료 등을 영수증 형식으로 소개해 일일이 찾아봐야 하는 번거로움을 최소화했으며 쇼핑 비용은 개인 취향에 따라 다르므로 지출 명세에서 제외했습니다.

지도에 사용된 아이콘

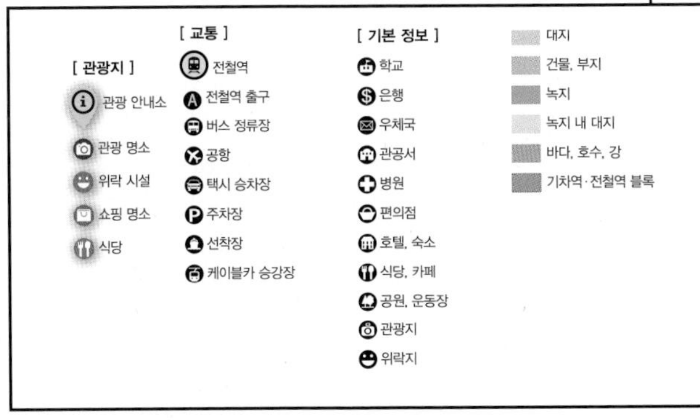

세부 구역

앞서 소개한 스폿을 포함해 그 지역 볼거리, 음식점, 쇼핑점, 체험 장소를 랜드마크가 되는 주요 볼거리를 기준으로 소개합니다. 랜드마크가 되는 주요 볼거리를 줌인으로 표시하고, 그 근처에 있는 다양한 스폿을 소개해 여행의 편리함을 더합니다.

CONTENTS

1권 미리 보는 테마북

INTRO

STORY

Part. 1

SIGHT SEEING

Part. 2

EATING

Part. 3

SHOPPING

Part. 4

EXPERIENCE

PROLOGUE

저자의 말

지난 십 수년간 프라하를 여러 차례 다녀왔지만 이 책을 통해 프라하의 진면목을 보게 된 것 같습니다. 예전에는 유럽의 인기 많은 도시 정도로 치부했던 곳이 이제는 개인적으로 유럽에서 가장 좋아하는 도시가 되었습니다. 잘 아시다시피 프라하에는 유럽의 어느 도시보다 고풍스러운 중세 건축물이 많습니다. 이번 책을 만들면서 알게 된 새로운 사실은 유럽의 어느 도시 못지않게 아름다운 정원과 공원이 잘 조성되어 있다는 점입니다. 무엇보다 어느 곳에서든지 스펙터클한 시티 뷰를 조망할 수 있어 더욱 좋습니다. 프라하는 오래 머물수록 더욱 정이 가는 도시입니다. 개인적으로 유유자적 구시가 주변을 배회하며 곳곳에서 펼쳐지는 거리 공연을 구경하든가 밤마다 펼쳐지는 라이브 재즈 콘서트나 블랙라이트 시어터의 퍼포먼스 등을 구경하는 것도 이 도시의 흥겨움을 배가시킨다고 봅니다. 블타바 강에서 유람선을 타거나 친구나 연인과 함께 패들 보트를 타는 즐거움도 놓치지 마세요. 페테르진 타워와 구시청사 종탑 아래 펼쳐진 시티 뷰는 그야말로 필수입니다. 또 프라하는 물가가 저렴해서 좋습니다. 레스토랑 음식값도 파리, 런던 등 유럽의 여타 관광지와 비교하면 아직도 저렴합니다. 도보로 여기저기 둘러볼 수 있는 것도 프라하의 장점입니다. 숙소 역시 저렴하고 훌륭한 시설을 갖춘 호스텔과 호텔이 많죠. 체코 전통 음식 외에도 일식, 중식, 타이, 이탤리언 등 저렴한 인터내셔널 요리를 곳곳에서 맛볼 수 있어 또 다른 재미를 선사합니다.

– 김후영

Special Thanks to

우선 늘 내 여행의 후원자이신 하나님께 감사드립니다. 그리고 사랑하는 아내와 다섯 살배기 아들 레오, 부모님, 여동생과 매제, 조카들에게 이 책을 바칩니다. 책을 만들기 위해 수고하신 서랑례 님과 교정자분, 디자이너분에게도 깊은 감사를 드립니다.

– 변지우

누군가에게 여행은 일상에서 벗어난 시간이겠지만 여행 작가에게는 일상으로 돌아온 후의 '마감'으로 정의됩니다. 여행은 일부일 뿐 수백 가지 색과 맛으로 스쳐 간 여행지의 조각들을 굽이굽이 접힌 기억에서 끄집어내며 여행 일정 곱절의 시간을 고민하는 게 태반이기 때문입니다. 그러다 보면 출장의 기억 자체가 새로워지기도 합니다. 그렇게 마감이 끝나고, 한 도시가 마침내 나만의 것으로 완성됩니다.
이렇게 한 권으로 정리해놓고 보니 프라하는 참 예쁘고 사랑스러웠습니다. 그래서 가만 있질 못하고 먹고, 보고, 걷느라 힘들기도 했습니다. 남들이 모두 쳐다볼 만큼 미모가 뛰어난 여자를 사귀는 남자가 된 것처럼 지갑이 거덜 나고, 몸이 망가져도 한순간도 놓치고 싶지 않은 도시였습니다. 체코식 디저트인 허니 케이크의 투박한 듯 깊은 맛에 온몸의 감각이 무장해제되기도 했고, 부다바 호텔 욕조에 목욕 소금을 부으며 콧노래를 부르기도 했습니다. 새벽이면 조용한 카를교를 감상했고, 비셰흐라드에 올라 빨간 지붕 사이로 우뚝 솟은 프라하 성을 바라볼 때면 시간이 흐르는 게 아까웠습니다. 이런 모든 순간은 제가 아끼는 사람들을 떠올리게 했습니다. 언젠가 '당신'과 함께 다시 여기에 왔으면 좋겠다는 생각과 함께 때로는 부모님이었고, 때로는 곧 결혼하게 될 나의 베프였고, 때로는 아직 찾지 못한 누군가였습니다. 이 책에 쏟아낸 문자와 기억 덕분에 그 낯선 도시에서 '당신'을 생각했다는 사실을 오래 기억할 수 있을 것 같습니다. 여러분도 프라하에서 마음속에 떠오르는 한 사람을 찾을 수 있길 바랍니다.

Special Thanks to
부케 대신 캐리어와 노트북을 번갈아 들고 다니는 딸 때문에 걱정이 많은 부모님, 여행 작가로서 첫 기회를 준 신중숙 선배, 부족한 것 많은 후배를 품어주시고 늘 자극이 되어주시는 김진경 실장님, 핑계 많은 저자 때문에 유독 고생하셨을 서랑례 과장님, 그리고 여전히 나와 희로애락을 함께 해주는 친구들에게 감사드립니다.

INTRO

무작정 따라하기 국가 정보

국가명
체코 공화국
Česká Republika
The Czech Republic

국기
체코슬로바키아 시절이던 1920년에 제정한 이래 체코와 슬로바키아 두 나라로 분리된 후에도 계속 체코 국기로 사용하고 있다. 보헤미아 국기에 그려져 있던 빨간색과 하얀색에 카르파티아 산맥을 나타내는 파란색 삼각형을 더해 완성되었다.

전압
체코 전압은 220V, 50Hz이며 우리나라와 동일하다.

인터넷 사용
호스텔, 호텔, 체인점 커피숍에서는 대부분 무료 와이파이 이용이 가능하다. 하지만 동영상 파일을 다운받기에는 버거운 수준이니 필요한 파일은 다운로드해서 가는 게 좋다.

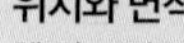

위치와 면적
체코는 7만 8,864㎢로 한반도의 1/3이며, 프라하는 496.41㎢로 서울의 82% 정도 규모다. 동부와 서부를 연결하는 길목에 위치하며, 독일, 오스트리아, 폴란드, 슬로바키아와 연결해 여행 계획을 짜기에 좋다.

비자 & 여권
비자는 별도로 필요하지 않고 최대 체류 기간은 90일이다.

ABC

언어
공식 언어는 체코 어. 하지만 프라하에서는 대부분 영어로 의사소통이 가능하다.

화폐
코룬(Kč)을 사용한다. 지폐는 100 · 200 · 500 · 1000 · 2000 · 5000Kč으로 6종이며, 동전은 1 · 2 · 5 · 10 · 20 · 50Kč이 있다.

수도
체코의 수도는 프라하로 체코 어로 Praha, 영어 · 프랑스 어로는 Prague, 독일어로는 Prag라고 쓴다. 하지만 역사적으로 동부(모라비아 지방)와 서부(보헤미아 지방), 2개 지역으로 나뉘며 동부의 수도는 프라하, 서부의 수도는 브르노로 불린다.

교통수단
메트로, 트램, 버스 등이 있지만 시내에서는 대부분 도보로 이동이 가능하다. 다리가 아프다면 바깥 풍경을 볼 수 있는 트램을 추천한다. 트램 지도가 잘 되어 있어 쉽게 필요한 트램 번호를 찾을 수 있다.

거리와 시차

직항을 탈 경우 11시간 정도 소요되며 체코가 우리나라보다 8시간 느리다. 단, 서머타임 기간에는 7시간 느리다.

인구
약 10,625,000명
(2018년 기준)

종교
국교는 따로 없으며, 가톨릭교 39%, 개신교 4%, 무교 40%, 기타 17%다.

PRAGUE MAP
↑TROJA 트로야 지구 방면
↑크벨리, 레트냐니 지구 방면
부베네츠
홀레쇼비치
DEJVICE
KARLIN
흐라드차니
유대인 지역
구시가지
지즈코프
말라스트라나
←브르제브노프
지구 방면
스트라호프
신시가지
비노흐라드
스미호프
VRŠOVICE
비셰흐라드
NUSIE

메트로 & 트램 노선도

METRO & TRAM ROUTES

TRAM 1 ... 26

Metro A B C

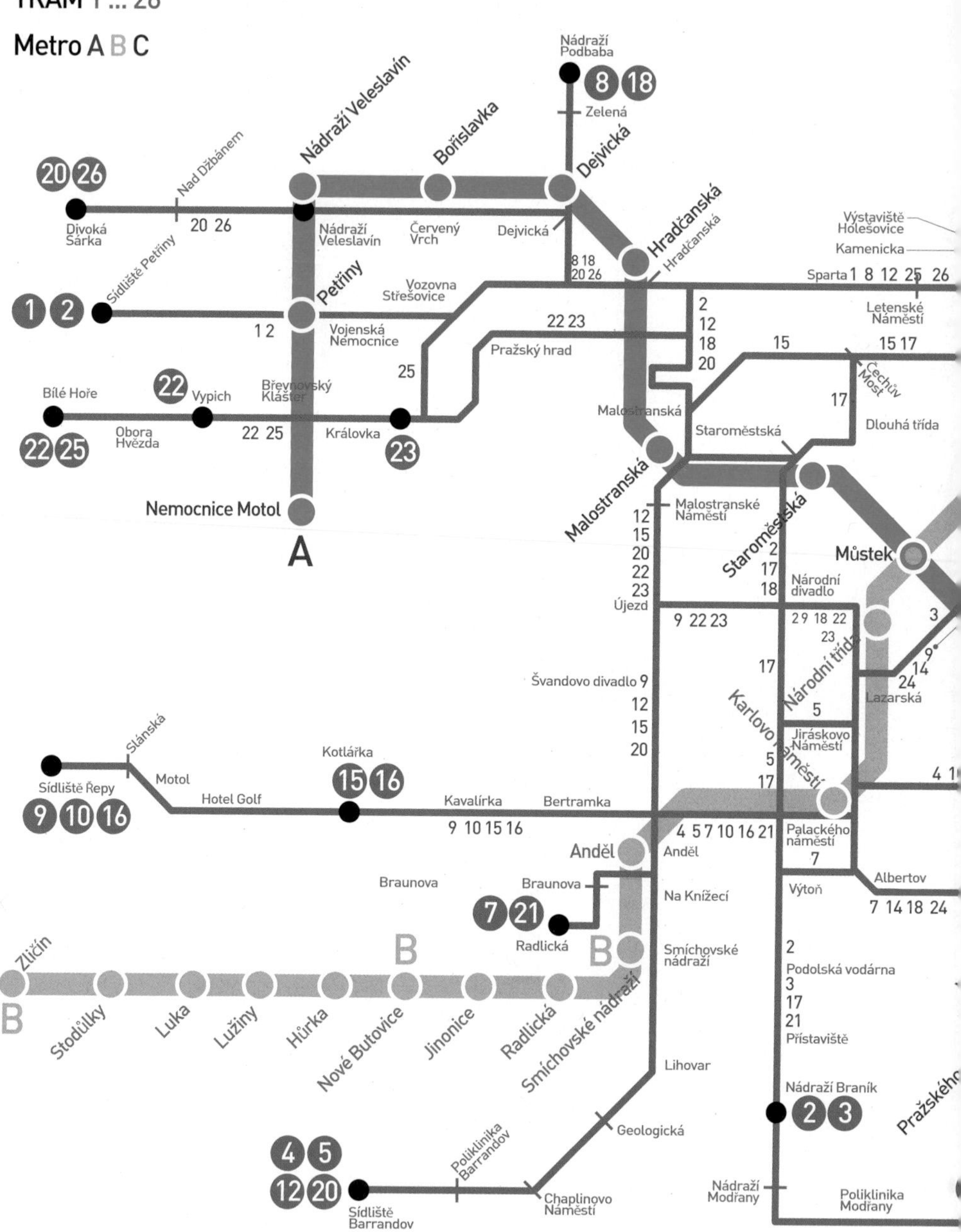

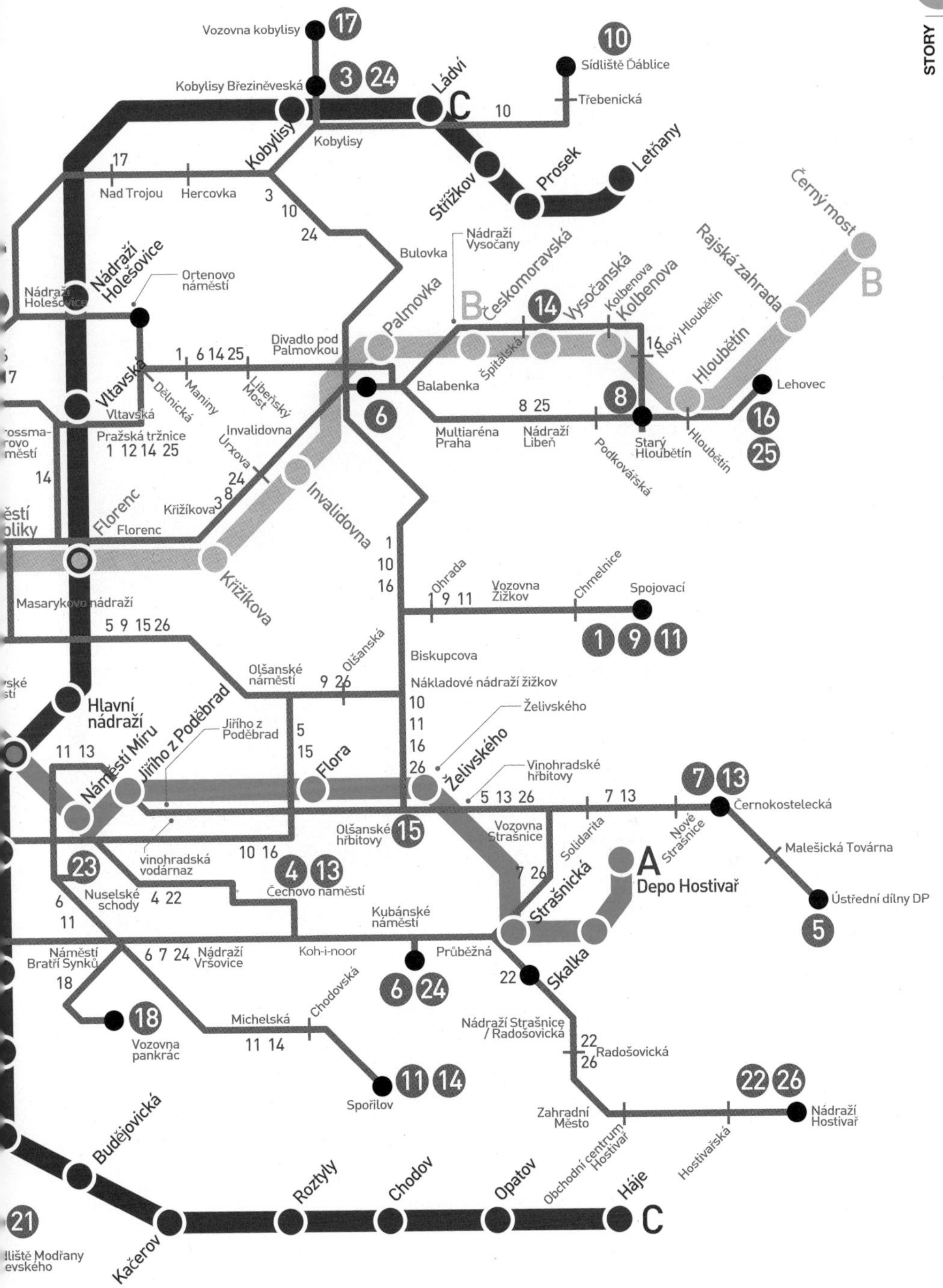
Vozovna kobylisy
17
10
Sídliště Ďáblice
Kobylisy Březiněveská
3
24
Ládví
C
Třebenická
10
Kobylisy
Kobylisy
17
Nad Trojou
Hercovka
3
10
24
Střížkov
Prosek
Letňany
Černý most
Nádraží Vysočany
Bulovka
Nádraží Holešovice
Nádraží Holešovice
Ortenovo náměstí
Českomoravská
Vysočanská
Kolbenova
Kolbenova
Rajská zahrada
B
B
14
Palmovka
Divadlo pod Palmovkou
Nový Hloubětín
16
Hloubětín
1 6 14 25
Vltavská
Dělnická
Maniny
Libeňský Most
Špitálská
Balabenka
Lehovec
Vltavská
6
8
8 25
Multiaréna Praha
Nádraží Libeň
Podkovářská
Starý Hloubětín
Hloubětín
16
25
Pražská tržnice
1 12 14 25
Invalidovna
Urxova
24
14
3 8
Křižíkova
Invalidovna
Florenc
Florenc
1
10
16
Křižíkova
Masarykovo nádraží
Ohrada
1 9 11
Vozovna Žižkov
Chmelnice
Spojovací
1
9
11
5 9 15 26
Biskupcova
Olšanské náměstí
Olšanská
9 26
Nákladové nádraží žižkov
10
11
16
26
Hlavní nádraží
Jiřího z Poděbrad
Jiřího z Poděbrad
5
15
Želivského
Želivského
11 13
Náměstí Míru
Flora
Vinohradské hřbitovy
5 13 26
7 13
7
13
Černokostelecká
Olšanské hřbitovy
15
Vozovna Strašnice
Solidarita
Nové Strašnice
Malešická Továrna
vinohradská vodárnaz
10 16
4
13
23
7 26
A
Depo Hostivař
Strašnická
Nuselské schody
4 22
Čechovo náměstí
Ústřední dílny DP
6
11
Kubánské náměstí
5
Náměstí Bratří Synků
6 7 24
Nádraží Vršovice
Koh-i-noor
Průběžná
18
22
Skalka
6
24
Chodovská
18
Vozovna pankrác
Michelská
11 14
Nádraží Strašnice / Radošovická
22
26
Radošovická
11
14
Spořilov
22
26
Nádraží Hostivař
Zahradní Město
Obchodní centrum Hostivař
Hostivařská
Budějovická
Roztyly
Chodov
Opatov
Háje
C
21
Kačerov

INTRO

무작정 따라하기 프라하 지역 한눈에 보기

PRAGUE 프라하

한국에서 가는 시간 약 11시간
대표 공항 프라하 바츨라프 하벨 국제공항(Prague Vaclav Havel International Airport)
베스트 스폿 구시가 광장, 카를교, 프라하 성과 성 비투스 대성당, 구시청사 종탑과 천문시계, 킨스키 공원
머스트 두(Must Do) 리스트 구시가 광장 등지에서 거리 공연 관람, 마네스교 위에서 일몰 감상, 클래식 공연 관람, 블랙라이트 시어터 공연 관람, 구시청사 종탑 위에서 시가지 조망, 카를교 위에서 야경 감상, 프라하의 정원 산책
식도락 리스트 크네들리키, 스타로프라즈스카 슌카, 호베지 굴라시, 트르들로, 필스너 우르켈

지역	테마	특징	예상 소요 시간
구시가	관광,역사,건축,식도락,엔터테인먼트	중세의 멋을 간직한 고건물이 즐비	7h / 39min
유대인 지구	관광. 역사	13세기부터 형성된 유대인들의 집단 거주지	6h / 39min
신시가지	관광, 역사, 건축, 식도락, 엔터테인먼트	민주화 운동의 진원지, 시민들의 만남을 위한 공간	7h / 25min
프라하 성	관광, 역사, 건축, 식도락	이 도시의 랜드마크인 성 비투스대성당이 자리한 중세적 분위기	7h/ 5min
말라 스트라나	관광, 역사, 식도락, 산책	프라하 성 아래의 작은 마을	5h /22min
비셰흐라드	관광, 역사	체코 최초의 성채	3h /35min
홀레쇼비체와 부베네츠	관광, 산책	주목받고 있는 문화 일번지	6h
트로야 지구	관광, 건축	동물원 방문과 트로야 성에서의 미술 관람	5h
근교 카를로비 바리	관광, 건축	마시는 온천수가 자리한 휴양 도시	1-2DAY
근교 체스키 크룸로프	관광, 건축	중세풍 동화 속 마을	1-2DAY

1. 천 년의 수도

유럽 중심부에 위치해 중요한 교통 요지였던 체코는 무역의 중심지로 그 자체가 유럽 역사의 중요한 한 축이었다. 역사적 배경을 알아야 각 성당의 의미와 다양한 건축양식이 한 건물에 공존하는 이유를 알 수 있다. 알아두면 관광에 재미를 더해줄 프라하 역사 이야기.

✔ 5~6세기
- 오늘날 체코의 근간을 이룬 슬라브 족 이주

✔ 10세기 초반
- 프레미슬리(Premysl) 가문이 체코 부족을 통합해 체코왕국 건설
- 바츨라프 1세가 기독교를 국교로 지정

✔ 14세기
- 프레미슬리 왕가의 단절로 바츨라프 3세의 딸과 결혼한 독일계 룩셈부르크 가문의 얀이 왕가를 계승
- 얀의 아들 카를 4세가 1355년 신성로마제국의 황제로 등극

✔ 15세기
- 카를 대학 학장이자 신학자 얀 후스가 종교 개혁을 일으킴
- 후스 혁명으로 내부 분열이 일어났고 내전으로 이어지면서 가톨릭과 개신교도 간의 갈등 시작
- 1419년 후스파가 가톨릭 의원들을 창밖으로 던져버리는 '창문 투척 사건' 발생

✔ 16세기
- 튀르크 전쟁에서 패배한 후 가톨릭 귀족들은 자신들에게 우호적인 합스부르크 왕가를 지지
- 합스부르크 왕가의 루돌프 2세가 제국의 수도를 프라하로 이전

✔ 17세기
- 가톨릭과 개신교의 갈등이 최고조에 이르면서 30년 전쟁(1618~1648년) 발생
- 개신교의 참패 후 300여 년간 합스부르크가의 지배가 강화되면서 체코 어 사용 금지 등의 억압

✔ 18세기 후반
- 근대화의 물결이 밀려와 체코 인들의 민족 의식 고양
- 화가 마네스, 작곡가 스메타나, 드보르자크, 야나체크 등 세계적 예술가를 배출

✔ 20세기
- 제1차 세계대전으로 오스트리아-헝가리제국이 패전국이 되면서 1918년 체코와 슬로바키아 인들은 연합국의 지지하에 독립 선언
- 프라하가 체코 슬로바키아의 수도가 됐고, 초대 대통령으로 건국의 아버지라 불리는 토마시 가리크 마사리크가 선출
- 1939년 나치 정권이 들어서면서 탄압
- 제2차 세계대전이 나치의 패전으로 결말이 나면서 체코슬로바키아는 1945년 다시 독립
- 1946년 선거를 통해 공산당이 제1당이 되면서 공산주의 국가가 되었으나, 경제가 무너지고 체코 인들이 계속 탄압을 받으면서 1968년 '프라하의 봄'이라 불리는 민족운동 발발
- 1985년 고르바초프가 정권을 잡으면서 개혁이 시작됐고, 1989년 바츨라프 하벨이 시위를 지도한 '벨벳 혁명' 발생
- 1990년 국민투표로 대통령 당선
- 1993년 체코와 슬로바키아 분리 독립
- 2004년 EU 가입

5-6C | 10C | 14C | 15C | 16C | 17C | 18C | 20C

2. 숫자로 보는 프라하

30년 전쟁

17세기 프라하에서 발생한 '창문 투척 사건'이 이 전쟁의 도화선

1000년

1000년의 유럽 건축사를 담고 있는 도시

866헥타르

유네스코 세계문화유산에 등재된 프라하 도시 규모

3. 프라하를 빛낸 3명의 위인

[카를 4세]

보헤미아의 왕이자 신성로마제국의 황제였던 카를 4세는 프라하를 제국의 수도로 만들겠다는 꿈을 실현하기 위해 웅장한 고딕 양식의 건축물을 세우고, 1348년에는 알프스 이북 지역에 최초의 대학을 세워 학문과 예술 발전에도 크게 기여했다. 그의 재위 기간(1347~1378년) 중 프라하 성 재건축, 카를교 건축, 신시가지 건설 등이 이뤄지며 프라하는 황금기를 맞았다.

[루돌프 2세]

루돌프 2세의 재위 기간(1576~1612)인 16세기 말 체코의 영토는 오늘날의 이탈리아와 폴란드까지 이를 정도로 맹위를 떨쳤다. 정치보다는 예술과 과학, 특히 천문학과 점성술에 관심이 많았던 통치자로 프라하에 점성술사와 연금술사를 불러온 전적과 독단적이고 의심 많은 성격 때문에 체코 역사상 최고의 괴짜라 불린다.

[얀 후스]

로마제국이 붕괴된 이후 가톨릭 성자들은 점차 세속의 물질과 명예를 탐했다. 얀 후스는 체코의 종교개혁가로 성서만이 유일한 권위라 여기며 고위 성직자들의 세속화를 강력히 비판했다. 교회가 '면죄부'를 발행할 정도로 타락하자 보헤미아 땅에서 세계 최초의 실천적인 종교개혁을 일으킨 주인공이 얀 후스다.
또 체코 민족운동의 지도자로서 보헤미아의 독일화 정책에 강력하게 저항했다.

4. 체코의 진실 혹은 거짓

체코 사람들이 쌀쌀맞다고 하지만 사실 속은 다정다감하다. 우선 체코 인의 속을 들여다보려면 다소 거칠고 무뚝뚝한 그들의 표면을 이해해야 한다. 우리가 흔히 가지고 있는 체코와 체코 사람들에 대한 편견에 대한 진실 혹은 거짓.

△ 쌀쌀맞다?!

체코 인의 첫인상에 대해 묻는다면 쌀쌀맞다고 답할수도 있다. 하지만 그들은 사실 내성적이라고 말하는 편이 맞다. 억압을 받아온 역사 때문에 외국인들에게 대체로 감정을 드러내지 않기 위해 무뚝뚝하게 대할 뿐이다. 이런 현상은 프라하가 가장 심하며 지방 소도시 사람들은 훨씬 친절하고 따뜻하다.

✕ 게으르다?!

레스토랑에서 주문 할 때 가장 시간이 오래 걸리는 곳 중 하나가 프라하다. 그들은 한번 사라지면 좀처럼 다시 얼굴을 보이지 않는다. 한번에 여러 가지 일을 하지 못하기 때문에 한 테이블의 주문을 받으면 그것부터 먼저 정리하는 식으로 일을 하는 탓이다. 그들은 동시에 여러 일을 하지는 못하지만, 하나의 일을 제대로 하는 것이 더 중요하다고 생각한다.

○ 박식하다?!

"여러 언어를 알수록 여러 인생을 산다"라는 체코 속담처럼 체코 인들은 일반적으로 2개 이상의 외국어를 배운다. 영어와 독어는 기본이며 상류층일수록 프랑스 어를 구사한다고 한다. 유럽의 중심에 위치한 지리적 특성 때문에 주변 세계에 대한 관심이 많고, 유럽의 다양한 문화까지 전반적으로 이해하고 있다.

○ 가족적이다?!

자기 보호 성향을 띠면서 사생활 침해에 민감하며 가족 간의 결속력이 강하다. 일찍 퇴근하고 집에서 가족과 시간을 보내는 것을 중요하게 여기고, 집집마다 가족의 사진첩이나 기념품, 문화와 미술 관련 서적, 가보를 소중히 보관한다. 덕분에 집안마다 몇 대째 내려오는 레시피나 수공예품 노하우가 있을 정도.

○ 외국인에 관대하다?!

단, 그들 문화에 관심을 보이는 이방인에 대해서만이다. 앞서 체코 인들이 쌀쌀맞고 무뚝뚝해 보일 수 있다고 했는데, 그런 그들과 쉽게 친해질 수 있는 방법은 체코 문화를 칭찬하는 것이다. 질문을 하나 던지면 그들은 열 가지 숨은 이야기를 해줄지도 모른다. 단, 이때 체코 인이 좋아하지 않는 정치 이슈는 제외하는 게 좋다.

△ 팁을 줘야 할까?!

팁 문화가 필수는 아니다. 그래서 레스토랑이나 펍 직원들이 상냥하지 않은 걸지도 모른다. 팁을 준다면 총액에서 적당히 반올림해서 주거나 10~15% 정도를 책정하면 충분하다. 주의할 것은 서빙했던 직원과 계산하는 직원이 다를 수 있다는 점. 계산하는 직원에게는 굳이 줄 필요 없기 때문에 잘 보고 전달하는 게 좋다.

5. 돈 이야기

돈은 한 나라를 대표하는 상징을 담은 기호다. 어떤 나라든 그 나라를 대표하는 혹은 그 나라의 이상을 돈에 새긴다. 1만 원짜리에 새겨진 세종대왕처럼 다른 것도 아닌 돈의 얼굴이 되려면 대단한 유명인사여야 하는 이유다. 체코의 돈 역시 이러한 특징이 잘 드러나 있다.

100코룬

가장 많이 사용되는 100코룬에 새겨진 인물은 가장 인지도가 높은 카를 4세(Karel IV)다. 그는 체코공화국을 구성하는 보헤미아의 왕이자 신성로마제국의 황제로 시민층을 보호하고 보헤미아 통치에 힘을 기울였던 인물이다. 뒷면에는 그가 세운 카를 대학의 문장이 새겨져 있다. 100코룬이면 친구와 함께 카페에서 카푸치노를 한 잔씩 마실 수 있다.

200코룬

얀 아모스 코멘스키(Jan Amos Komenský)는 현대 교육학의 체계를 세운 교육학의 대가다. 그는 교육학자로서뿐만 아니라 체코의 종교개혁가로도 활동했다. 종교 전쟁을 직접 경험하면서 인간의 잔인성을 목격했고, 그 후부터 인간성 회복과 삶의 개선에 대해 꾸준히 글을 썼다. 200코룬으로는 맥도날드에서 빅맥 세트(약 120코룬)를 먹고 펍으로 가 맥주 500CC 한 잔까지 즐길 수 있다.

2000코룬

체코의 성악가이자 깊고 풍부한 음색으로 유명한 소프라노, 에마 데스티노바(Ema Destinnová). 프라하에서 태어나 베를린에서 오페라 가수로 데뷔했으며 주로 독일에서 활동했다. 2005년 '가장 위대한 체코 인'을 꼽는 체코 방송 프로그램에서 소개하기도 했다. 뒷면에는 음악의 여신인 에우테르페가 그려져 있으며, 이 지폐로 오베츠니둠에서 오페라 티켓 2장을 살 수 있다.

체코의 화폐 단위, 코룬

체코 통화는 '왕관'을 뜻하는 단어인 코룬(Korun)이다. 보통은 약명인 K□으로 표시한다. 2012년 유로화를 도입할 계획이었으나 2007년 무기한 연기된 상태. 체코의 화폐 단위는 1 · 2 · 5로 나뉜다. 동전은 1코룬, 2코룬, 5코룬, 10코룬, 20코룬, 50코룬이 있고, 지폐는 100코룬, 200코룬, 500코룬, 1000코룬, 2000코룬, 5000코룬이 있다.

500코룬

이 지폐의 주인공은 신사임당만큼이나 지혜롭고 인자해 보이는 보제나 넴초바(Božena Němcová)다. 그녀는 소설가이자 현대 체코 산문의 창시자로 현재 비셰흐라드에 묻혀 있고, 사후에 유명해졌다. 뒷면에는 그의 저서의 상징인 월계관을 쓴 여인이 그려져 있다. 500코룬이면 유럽 건축양식을 확인할 수 있는 프라하 성 입장료와 로레타 성당 입장료까지 모두 낼 수 있다.

1000코룬

이 단위부터는 고가 화폐다. 이 돈에 얼굴을 새긴 사람은 역사학자다. 프란티셰크 팔라츠키(F. Palacký)는 역사학자였지만 정치가로도 잘 알려져 있다. 《체코 민족사》를 써서 체코 민족운동의 기폭제가 된 그는 이 고액권에 모실 가치가 충분한 위인이다. 뒷면에는 크롬녜지시 궁전을 새겼으며 100코룬으로 돈 조반니 극장에 납품하는 마리오네트를 살 수 있다.

5000코룬

체코 최고 단위 화폐를 수놓은 인물은 대통령이다. 토마시 가리크 마사리크(Tomáš Garrique Masaryk)는 체코슬로바키아의 첫 번째 대통령이자 철학자, 교육학자, 언론이었다. 국민당의 당수가 되어 독립운동을 지도해 '건국의 아버지'로 불린다. 그는 대통령이 된 후 네 차례나 중임할 정도로 인기가 좋았다. 뒷면은 성 비투스 대성당이 그려져 있다. 5000코룬이면 비수기에 부다바 호텔에서 1박을 할 수 있다.

6. 체코가 사랑한 예술가들

365일 오페라를 무대에 올리고, 문학의 정수로 꼽히는 작품이 태어난 도시, 프라하. 그곳에서 만날 수 있는 5명의 예술가.

1. 카프카

프란츠 카프카는 유대계 부모의 장남으로 태어났다. 그의 부모들은 돈을 벌어 아들을 기득권층이 되게 하는 게 목표였기에 자녀를 돌보기보다 장사에 시간을 쏟았고, 카프카를 엄격한 잣대로 가르치곤 했다. 부모에게 따뜻한 관심을 받지 못한 카프카는 마음이 허전할 때마다 독서를 했다. 독서만이 유일한 친구이자 낙이었다. 그는 합스부르크제국의 엘리트가 되기 위해 프라하 상류층 자제들이 다니는 왕립 김나지움에 다녔고, 아버지의 뜻대로 법학을 전공했다. 이때 배운 법학 지식으로 그는 생계를 꾸리며 보험 공단 직원으로 일하게 된다. 당시 보험 공단의 근무 시간은 오후 2시까지였다. 그는 퇴근 후 낮잠을 자고 밤에는 꾸준히 글을 썼다. 맏이로서의 역할과 가부장적인 아버지의 억압은 카프카의 생애와 작품에 큰 영향을 끼쳤다. 사회적으로 고립된 독일계 유대 인이자 뿌리를 상실한 감수성 예민한 현대 지식인으로서 카프카는 평생 고독하고 불행하게 살았다. 결핵 진단을 받은 카프카는 죽기 전 대학 시절에 만난 절친 막스 브로트에게 원고 뭉치를 넘겨주며 없애달라고 부탁했다. 브로트는 친구의 유언을 듣지 않은 채 카프카의 유작, 일기, 편지 등을 출판했고, 덕분에 현대문학사에 카프카의 이름을 남길 수 있었다.

카프카가 사랑한 4명의 여인

카프카는 평생 독신으로 살았다. 하지만 연애를 하지 않은 것은 아니다. 카프카 박물관에서 찾을 수 있는 4명의 여자에 대하여.

첫 번째 운명

[펠리체 바우어]

친구 막스 브로트의 집에서 우연히 만난 그녀. 그녀와 500통의 편지를 주고받으며 카프카는 태어나 처음으로 자신의 슬픔, 고민을 털어놓았다. 하지만 마음이 엇갈려 결실을 맺지 못했다.

두 번째 운명

[율리에 보흐리제크]

폐결핵에 걸린 카프카는 엘베 강 근처로 요양을 떠났다가 율리에 보흐리제크를 만나 사랑에 빠진다. 운명을 갈라놓은 것은 카프카의 아버지로, 천한 신분의 여자와 결혼하는 것을 참을 수 없어 했다.

세 번째 운명

[밀레나 예젠스카 폴라크]

밀레나는 저널리스트 겸 번역가로 최초로 카프카의 작품을 체코 어로 번역했다. 그녀는 카프카가 만난 가장 지적인 여성이자 진보적인 여성이었던 만큼 만날수록 카프카에게 답답함을 느껴 헤어진다.

네 번째 운명

[도라 디아만트]

죽기 1년 전, 카프카는 마지막 사랑을 한다. 한때 후원한 수련원의 보조원인 도라 디아만트가 그 주인공. 당시 그녀는 스무 살, 카프카는 서른아홉 살이었다. 둘은 베를린으로 사랑의 도피를 떠났지만 생활비도 떨어지고, 카프카의 병세가 더 악화돼 귀국하면서 헤어졌다.

프라하에서 카프카 찾기

구시가지에 있던 카프카의 집

천문시계에서 왼쪽으로 90도 각도를 바라보면 특이한 건물 한 채가 서 있는데, 외벽에 르네상스 스타일인 스크라피티 장식이 있는 건물이 바로 미누트 하우스다. 카프카는 이 건물 2층에서 7년간 살았다.

황금소로에서 찾은 그의 작업실

카프카의 막내 여동생, 오틀라. 카프카와 유독 친했던 그녀의 집이 황금소로에 있었고, 그녀는 카프카에게 집에 와서 글을 써보라고 권유한다. 그는 황금 소로 22번지에서 프라하 성을 배경으로 한 소설 《성》을 완성했다.

짧은 인생을 살다간 카프카의 무덤

그는 신유대 공동묘지 스트라슈니체에 묻혔다. 그의 무덤을 찾아가는 일 말고는 갈 일이 없는 동네지만, 그의 흔적을 따라가는 여행을 계획한 이들에게 권한다. 지하철 A라인 젤리프스케호 역에서 내리면 공동묘지 21번 구역에서 그의 이름을 찾을 수 있다.

카프카 A to Z, 카프카 박물관

그가 살았던 집, 작업실, 걸었던 길 등 그의 흔적을 찾았다면 마지막으로 보아야 할 곳이 카프카 박물관이다. 이곳에는 카프카 동생들의 사진, 그의 필체를 확인할 수 있는 일기장과 편지가 놓여 있다.

2. 스메타나

스메타나는 1824년 체코 보헤미아 북쪽의 리토미슐에서 태어났다. 딸만 7명을 낳고 마지막으로 낳은 아이가 스메타나였다. 당시 그의 아버지는 생업으로 발렌슈타인 백작의 성에 맥주를 공급하고 있었지만 아마추어 바이올리니스트이기도 했다. 덕분에 스메타나는 어릴 때부터 음악을 가까이할 수 있었다. 스메타나는 네 살때 바이올린을, 다섯 살 때 바이올린과 피아노를 배웠고, 여섯 살에는 발렌슈타인 백작의 성에 초대되어 콘서트를 열기도 했다. 그리고 열아홉 살에 모차르트 같은 작곡가가 되겠다는 꿈을 가지고 프라하로 갔다. 그곳에서 당시 유럽 전역을 휘몰아쳤던 혁명의 열기 속으로 빠져들었고, 스메타나는 그 과정을 겪으면서 '보헤미아 민족주의자'로 거듭났다. 그의 이런 경향이 드러난 곡이 1874년부터 6년에 걸쳐 완성한 '나의 조국'이다. 작곡가로서는 성공했지만 아내와 딸 셋을 모두 차례로 잃었고, 나중에는 귀까지 멀게 되는 등 슬픔이 많은 삶을 살다가 60세의 나이로 인생을 마감했다. 프라하에서 매년 5월 12일에는 그를 추모하는 음악 축제 '프라하의 봄'이 열리고, 오후 8시부터 오베츠니돔 스메타나 홀에서 연작 교향시 '나의 조국' 6곡 전곡이 연주되며, 이 개막 연주회는 체코 텔레지번으로 생중계된다.

TIP 스메타나의 고향, '리토미슐'

체코의 아름다운 도시를 이야기할 때 빠지지 않는 곳이 프라하, 체스키 크룸로프, 카를로비 바리, 그리고 리토미슐이다. 이곳에서는 유네스코가 세계문화유산으로 지정한 16세기 르네상스 성과 현재 박물관으로 변모한 스메타나의 생가를 볼 수 있다. 1824년 당시의 모습을 그대로 간직해 그의 요람부터 부모님의 침대까지 확인할 수 있다. 프라하에서 기차로 2시간 정도 떨어진 호첸 역에서 내려 리토미슐행으로 갈아타면 된다. 리토미슐까지 달리는 기차 밖 풍경 또한 호젓해 아름답다.

프라하에서 스메타나 찾기

스메타나의 생가

블타바 강 오른쪽에 국립극장에서 카를교 입구까지 이르는 길 이름은 스메타노보 나브셰시다. 나브셰시는 체코 어로 둑방길을 뜻한다. 그는 국립극장과 그 맞은편 슬라비아 카페에서 많은 시간을 보냈고, 8번지에 있는 라잔스키 팰리스 3층에서 3년 정도 살았다.

비셰흐라드 국립묘지

스메타나의 기일인 5월 12일이 되면 국립묘지 측은 묘지의 석관 뚜껑을 여는 행사를 개최한다. 규모는 아담하지만 인테리어가 멋진 선물 가게처럼 아름답다. 스메타나의 묘지는 출구 쪽, 탑 바로 아래쪽에 있어 찾기 쉽다. 아무런 장식 없이 'B. Smetana 1824~1884'라고만 음각되어 있다.

스메타나 박물관

노란색과 검은색을 긁어서 효과를 내는 스크라피토 기법으로 장식한 건물 외벽이 인상적인 박물관. 블타바 강에서도 유난히 눈에 띄는 건물이다. 이곳에는 그가 연주하던 그랜드피아노와 지휘봉 등이 전시되어 있다. 프라하 외에 그의 고향인 리토미슐에도 스메타나 박물관이 있다.

3. 드보르자크

드보르자크는 1841년 9월 8일 프라하 북서쪽의 작은 마을 넬라호제베스에서 태어났다. 그의 가족은 모두 푸줏간을 운영했지만 음악적 소양이 풍부했다. 드보르자크도 어릴 때부터 교회에서 바이올린을 연주하고, 합창단 활동을 하며 음악과 가까이 지냈다. 아버지는 그가 열세 살일 때 즈로니체로 보낸다. 독일어를 가르치기 위한 결정이었지만, 당시 그곳에 살고 있던 오르간 연주자 안토닌 리만을 만나면서 드보르자크 삶에 큰 변화가 찾아온다. 리만은 드보르자크의 음악적 재능을 발견하고 독일어는 물론 바이올린, 비올라, 건반 악기 그리고 실용 화성학까지 가르쳤다. 그리고 가업을 잇게 하려는 드보르자크 아버지를 설득해 프라하 오르간 학교로 유학까지 보냈다. 음악 공부를 위해 열여덟 살부터 프라하에서 자취 생활을 한 드보르자크는 결혼하고 1~2년 후에야 비로소 경제적 안정을 찾고 작품 활동에 매진할 수 있었다. 실제로 드보르자크의 작품들 중 중요한 초기작들은 대부분 이 시기에 쓰기 시작했다. 일반적으로 음악 평론가들은 드보르자크 음악의 절정기를 1892년부터 1901년까지라고 한다. 그는 보기 드물게 말년까지 예술혼을 불태운 작곡가였다.

프라하에서 드보르자크 찾기

생가

신시가지 지트나 거리 14번지에 생가가 있다. 아파트 2층 외벽에 드보르자크의 얼굴이 부조되어 있어 찾기 쉽다. 그는 이곳에서 1877년부터 1904년까지 살았다.

드보르자크 박물관

케 가로브 20번지에 적갈색 기와지붕을 얹은 곳이 드보르자크 박물관이다. 1층에는 기념품 숍과 그의 유품이 전시돼 있다. 편지, 악보와 함께 생전에 그가 연주한 비올라와 피아노도 놓여 있다. 2층은 아담한 콘서트 홀로, 종종 이곳에서 연주회가 열리기도 한다.

4. 알폰스 무하

알폰스 무하는 오스트리아제국의 통치를 받던 슬라브 지역 중 하나인 모라비아의 이반치체에서 태어났다. 무하는 기어 다닐 때부터 그림 그리는 것을 좋아해 그의 어머니가 그의 목에 연필을 묶어줄 정도였다. 그는 독실한 천주교 신자인 어머니 밑에서 자랐으며, 성당에서 성가대 활동을 했다. 성당과 성당의 예술, 건축, 프레스코화 등은 그의 작품 활동에 지속적으로 영감을 주었다고 전해진다. 그는 세계 미술 시장에서 유명인으로서 명성을 얻음과 동시에, 수 세기 동안 외세의 침략과 분단을 겪은 조국 체코와 이웃 슬라브 지역들의 정치적 독립에도 관심을 가졌다. 그는 보편적인 예술이 소통 도구가 될 수 있다고 믿었으며, 예술의 힘으로 슬라브 민족과 전 인류의 정신적인 통합을 이룩하고자 노력했다. 무하의 애국심은 그가 말년에 그린 대작 '슬라브 서사시'에 잘 드러난다. 그는 파리가 번영을 누리던 '벨 에포크' 시기에 많은 아티스트가 광고 포스터를 디자인하는 기회를 얻었는데, 무하는 이때 독특한 그래픽 스타일로 파리지앵의 인기를 한 몸에 받았고, 그의 독특한 화풍은 '무하 스타일'이라는 신조어를 만들어내기도 했다. 화려한 색감과 장식적인 문양, 그리고 물결치듯 부드러운 곡선이 특징인 '아르누보 양식'이 유행하면서 그의 인기는 더욱 높아졌으며, 뉴욕 데일리 뉴스에서 '세상에서 가장 위대한 장식 예술가'라고 소개해 미국에서도 성공을 거뒀다.

프라하에서 알폰스 무하 찾기

무하 박물관

19세기에 '아르누보 양식'으로 파리와 뉴욕에서 성공한 알폰스 무하. 미술관에는 무하가 파리에서 그린 당시 최고의 여배우 사라 베르나르의 포스터와 성 비투스 대성당 스테인드글라스의 밑그림 등 다양한 작품을 볼 수 있다.
사라 베르나르의 포스터는 실물보다 너무 예쁘게 그려서 여배우가 극찬했다는 이야기가 전해진다.

비셰흐라드에서 무덤 찾기

1939년 3월 독일군은 프라하를 침공했고, 나치 정권하의 경찰인 게슈타포가 가장 먼저 체포한 인물 중 하나가 알폰스 무하였다. 이 일을 겪으면서 무하는 건강이 약해지고, 폐렴으로 생을 마감했다.
그는 흐라드차니와 성 비투스 성당이 보이는 자리에 묻혔다. 그는 다른 이들과 함께 묻혀 있으므로 지도를 보고 찾는 편이 쉽다.

5. 다비트 체르니

1967년 프라하에서 태어난 체코 미술가 다비트 체르니. 그는 1991년에 제2차 세계대전 당시 프라하를 해방시켰다고 알려진 소련 탱크를 분홍 페인트로 칠하는 작업을 한 후 세계의 주목을 받았다. 이 일 이후 보여준 꾸준한 행보에 '시대의 반항아', '악동'이라는 별명을 얻었다. 체르니는 한동안 미국에서 생활했는데, 뉴욕, 시카고, 드레스덴, 베를린, 스톡홀름, 런던 등지에서 그의 작품이 전시되기도 했다. 작품 중 상당수는 프라하에 전시돼 있어 프라하 여행 중 쉽게 만날 수 있다. 걷다가 눈에 띄는 독특한 조형물의 대부분은 대부분 그의 작품이다. 통념을 깨는 실험적인 작품 세계, 현실 비판 등 조각에서 추구하기 어려운 다양한 세계를 추구하며 자신만의 독특한 세계를 구축해 무겁고 어두운 주제이지만 '유머'가 있다. 성인 바츨라프를 패러디해 말을 거꾸로 탄 장군을 표현한 '말'이 좋은 예다. 그가 국립극장 위에 오줌싸개 동상을 패러디한 다비드 조각상을 설치할 거라며 이와 관련된 컴퓨터 합성 사진이 유출돼 화제가 됐다. 하지만 조각상의 우스꽝스러운 모습에 반대하는 이가 많아 현실화될지는 미지수다.

말 바츨라프 광장 근처의 루체르나 궁전 쇼핑 아케이드에 자리한다. 바츨라프 광장의 기마상을 패러디한 작품으로 이 말은 거꾸로 되어 있는 특징이다.

프라하에서 다비드 체르니의 작품 찾기

자궁 속 구시가지 광장 근처에 있는 '자궁 속(In Utero)'. 이 미술품은 여성의 다리 사이에 작은 구멍이 있는 것이 특징으로 클래식 카 투어를 할 때 이 앞에 멈춰 포토 타임을 갖기도 한다.

흐름 말라스트라나의 헤르게토바 치헬나 안뜰에 자리한다. 2명의 사내가 물웅덩이에 오줌을 누면서 유명한 체코 문학 작품의 인용문을 읊조리고 있다.

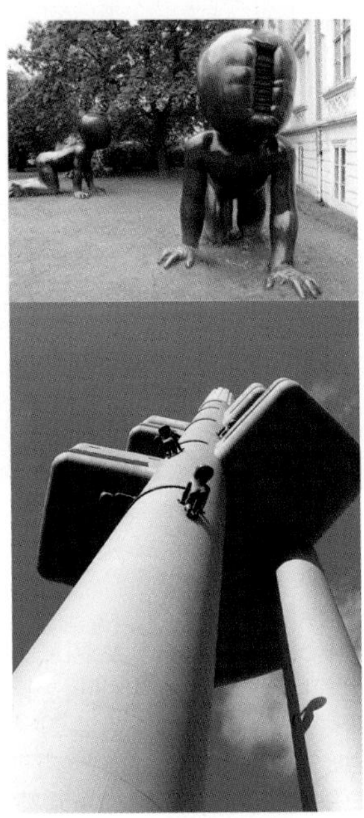

아기들 지슈코프의 TV 타워에 자리한다. 거대하고 기이하게 생긴 아기들이 TV 타워 위를 기어 다닌다. 소비지상주의와 미디어를 꼬집는 듯한 작품이다.

7. 전설의 프라하

프라하는 오래전 모습을 그대로 간직하고 있는 도시인 만큼, 건축물 사이사이에 오랜 세월 동안 켜켜이 쌓아놓은 전설이 있다. 물론 증거가 없으니, 모든 이야기는 믿거나 말거나다.

유대 인의 수호천사 골렘

유대 인들은 멸시와 냉대를 받았기 때문에 늘 불안했다. 그들을 위해 랍비 로웨는 유대교에 대대로 전해져 오는 비법을 이용해 블타바 강에서 퍼 올린 진흙으로 인형을 빚었는데, 이것이 '골렘'이다. 골렘은 유대 인 지구와 유대 인을 보호하는 임무에 충실했다. 하지만 골렘이 인격을 가지게 되자, 점점 통제가 어려워졌다. 골렘이 유대 인 지구를 파괴하고 유대 인을 공격하기에 이르자 시민들 사이에서 불안감이 커졌다. 루돌프 2세는 랍비 로웨에게 유대 인을 평등하게 대하는 조건으로 골렘을 없애라고 명령했다. 랍비 로웨는 황제가 약속을 어길 경우를 대비해 골렘의 껍데기를 올드· 뉴 시나고그의 다락방에 숨겨놓고, 사람들의 손이 닿지 않게 다락방에서 내려오는 사다리를 끊어놓았다. 이후 나치 병사 한 명이 이를 확인하려다 의문의 죽음을 당했다는 소문이 퍼지면서 나치 독일군이 이 건물 주변에 접근하는 것을 꺼렸기 때문에 제2차 세계대전 중에도 건물이 온전히 보전될 수 있었다고.

그리스, 로마 말고 프라하 신화
조각 공원

성당 정문을 나와 좌회전해 바로크 양식 무기고의 잔존물인 석조 대문을 통과하면 조각 공원이 나온다. 공원이라기보다는 들판에 가까운 이곳은 미슬베크가 실물보다 크게 제작한 체코의 전설적인 영웅 조각상으로 가득하다. 가장 먼저 찾아봐야 하는 것은 리부셰 공주의 석상이다. 비셰흐라드는 산 위의 성을 뜻한다. 리부셰 공주는 이곳에서 프라하 강 기슭을 가리키며 "하늘을 찌를 정도로 무한한 영광을 누릴 큰 도시가 세워지리리"라고 예언했다고. 후에 그녀와 결혼한 프르제미슬의 석상도 이곳에서 찾을 수 있다. 그 밖에도 여전사 샤르카와 그녀가 죽인 애인 츠티라트, 프랑크 족의 침략을 막아낸 자보이와 슬라보이, 용감한 음유시인 루미르와 뮤즈 송이 있다. 체코 민족의 전설과 역사가 배어 있는 비셰흐라드는 체코 인들에게 매우 성스러운 장소다. 체코의 건국 설화에 대한 이야기를 미리 알고 간다면, 그 재미가 배가될 것이다. 조각 공원 옆에는 체코를 빛낸 위인들의 공동묘지도 있으니 여유롭게 둘러보는 게 좋다.

✔ **DID YOU KNOW?**

프라하에서 진행되는 유령 투어를 아시나요?

도시마다 여러 종류의 데이 투어가 있지만, 프라하처럼 고스트 투어를 운영하는 곳은 드물다. 그만큼 도시 곳곳에 미스터리한 죽음이나 역사적으로 놀라운 전설이 많다는 것. 주요 관광지에 대한 심심한 가이드 투어가 아니라 할머니에게 아주 오래전 옛날이야기를 듣는 것처럼 흥미진진한 야사를 곁들인 가이드 투어를 원한다면 홈페이지를 통해 예약하고 가는 게 좋다. 종류는 모두 네 가지로 지역별로 나뉘며, 가이드 투어에 따라 1인당 12~18K□ 정도. 홈페이지에서 미리 보기를 통해 고스트 투어 맛보기를 할 수 있다.
www.mcgeesghosttours.com

눈먼 시계공의 걸작
천문시계

프라하 천문시계는 천체의 움직임을 반영한 시계로는 세계에서 세 번째지만, 여전히 작동하고 있는 시계로는 전 세계에서 유일하다. 이렇게 엄청난 천문시계를 만든 장인에게 얽힌 전설이 있다. 1490년 프라하에서는 도시를 상징할 만한 시계탑을 만들기로 하고, 시계 장인을 수소문했다. 그렇게 선택된 이가 '얀 루제'다. 시 의회에서 의뢰를 받은 그는 몇 달을 고민하고 계산해 천문시계 시스템을 고안해 완성했다. 문제는 이 천문시계가 너무나도 대단했던 것. 프라하의 천문시계는 유럽에 소문이 났고, 시 의회는 다른 도시에서 엄청난 보수와 명예를 보장하며 그에게 프라하 천문시계를 능가하는 작품을 의뢰할까 두려워했다. 결국 괴한을 섭외해 달군 부지깽이로 얀 루제의 눈을 지져버렸다. 우연히 자신을 해친 범인을 알게 된 얀 루제는 천문시계의 작은 부속품 하나를 비틀었다. 그가 숨을 거둠과 동시에 움직임을 멈췄던 천문시계는 400년 만에 수리되었다고.

✔ DID YOU KNOW?

천문시계 속의 진실은?

앞서 소개한 얀 루제의 이야기는 체코의 근대 소설가이자 희곡 작가 알로이스 이라세크가 쓴, 체코의 역사와 민담을 담은 소설책 속 내용이다. 역사와 이를 극대화하기 위해 상상력을 더한 이야기를 엮어 진실과 헷갈릴 정도다. 천문시계는 1410년 프라하 시 의회가 시계 장인 미쿨라시와 프라하 대학의 수학과 교수인 얀 신델에게 의뢰해 탄생했다. 당시에 프라하 시 의회에서 시계 장인에게 보낸 편지 필사본이 그 증거. 그 이후 1490년 고딕 기둥을 더했고, 1552년 얀 타보르스키라는 시계 장인이 보수했다. 그가 수리한 뒤 정기적으로 고장이 났기 때문에 수리할 일이 잦아 1865년 대대적으로 보수 공사를 했다. 아마도 소설가 알로이스 이라세크는 이 부분에서 이야기의 소재를 찾은 게 아닐까.

별이 5개
카를교의 얀 네포무츠키

카를교에서 가장 인기 있는 석상은 단연 성 얀 네포무츠키다. 당시 프라하의 왕은 바츨라프 4세, 얀 네포무츠키는 왕실에서 이루어지는 모든 제례를 주관하는 궁정 신부였다. 어느 날 왕비가 그를 찾아가 고해성사를 했다. 의처증이 있던 바츨라프 4세는 불륜에 대한 이야기라 단정하고, 신부를 불러 그 내용을 말하라고 추궁했다. 얀 네포무츠키가 끝내 발설하지 않자 화난 바츨라프는 그의 혀를 뽑고 블타바 강으로 던졌다. 한 달 뒤 기적처럼 블타바 강에 그의 시체가 떠올랐는데, 시신은 전혀 부패되지 않았고, 머리에는 5개의 별이 빛나고 있었다고. 석상 하단에 있는 동판에 이런 모습이 새겨져 있다. 오른쪽 동판에 있는 여성이 왕비인데, 이 부분을 만지면 언젠가는 프라하에 다시 돌아온다고 하며, 다리에서 밀려 떨어지는 얀 네포무츠키를 만지면 만지는 사람의 소원이, 왼쪽 동판에 있는 사냥개를 만지면 집에서 키우는 강아지의 소원이 이루어진다고 한다.

✔ DID YOU KNOW?

이게 무슨 그림인고?

얀 네포무츠키 석상 아래 있는 동판 중 오른쪽 동판을 보면 아이를 돌보는 여성과 그녀를 끌고 가려는 병사가, 그 배경에 다리에서 떨어지고 있는 사람이 새겨져 있다. 왕비와 얀 네포무츠키의 당시 상황을 표현한 것이다. 정확하게 신부를 만지면 만지는 이의 소원이 이루어 진다고 한다. 왼쪽 동판을 살펴보면 개를 쓰다듬는 바츨라프 4세의 모습이 있고, 개의 머리 뒤쪽에 고해성사를 하는 남녀의 모습이 있다. 고해성사를 하는 남녀는 얀 네포무츠키 신부와 왕비다. "내게 거짓 없이 충성하는 건 너뿐이구나"라며 개를 쓰다듬는 모습이다. 바츨라프 4세가 쓸쓸해 보이는 건 그날 고해성사한 내용을 여전히 알 수 없기 때문이 아닐까.

8. 프라하의 모든 계절

여행지를 결정할 때 중요한 것 중 하나가 계절이다. 같은 풍경도 날씨에 따라 분위기가 달라지기 때문이다. 여행을 떠나기로 결심했다면 가장 먼저 체크해야 할 프라하의 날씨 이야기.

Jan Feb Mar Apr May Jun

성수기 5~9월

프라하에 봄이 찾아오는 시기는 '프라하의 봄'이 열리는 5월이다. 하지만 5월에도 아침저녁으로 쌀쌀하며 비라도 내리면 한겨울 점퍼를 꺼내 입어도 부족할 정도다. 이는 가을이 시작되는 9월도 마찬가지. 추위에 약하다면 6~8월에 여행하는 게 좋다. 평균기온이 16℃로 우리나라보다 덜 덥고, 한낮에도 습도가 낮아 불쾌지수가 낮다. 땀을 많이 흘리는 남자, 유독 추위를 타는 여자 모두에게 행복한 날씨다. 이 기간에 여행 계획을 짜더라도 얇은 카디건 하나 정도는 필수다. 또 5월이면 체코 전역에 유채꽃이 가득해 생기가 돌고, 7월에는 오스트리아로 넘어가는 국경 지대에 해바라기가 만개해 독특한 풍경을 자아낸다.

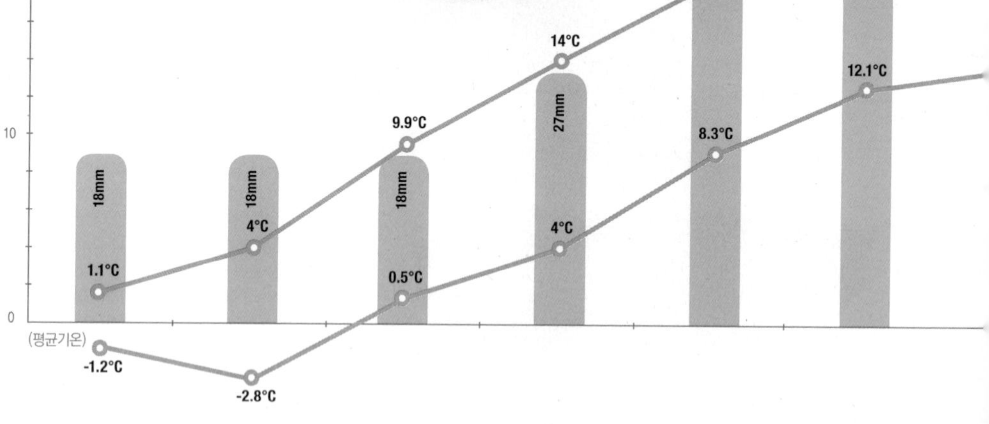

프라하의 계절은 우리나라와 궤를 같이한다. 봄, 여름, 가을, 겨울이 비슷한 시기에 비슷한 온도로 찾아온다. 유럽 중부 내륙 중앙에 위치한 지리적 특성으로 우리나라와 비슷한 대륙성기후를 보이기 때문이다. 차이는 습도다. 우리나라보다 습도가 낮아 여름에도 그늘만 찾아 들어가면 금세 더위를 식힐 수 있다. 겨울은 우리나라보다 조금 온난한 편이나 일조량이 적고 체감온도는 우리나라와 비슷하다.

Jul Aug Sep Oct Nov Dec

비수기 10~4월

10~4월의 평균기온은 영상 2℃이며 건조한 편으로 우리나라의 겨울과 비슷하다. 온도로 비교하면 우리나라보다 조금 더 따뜻하지만, 햇빛이 부족해 우울하고 춥게 느껴진다. 동유럽 특유의 우울한 분위기가 나타나는 것. 물론 오래된 건축물에 쌓인 역사를 생각하며 혼자 사색에 빠지기엔 적기일 수 있다. 게다가 눈 내리는 겨울 풍경이 환상적이라 대부분 영하로 떨어지는 추운 1월에 프라하를 찾는 이도 많다. 체코에서는 누군가 자신의 집 앞을 다니다가 쌓여 있는 눈 때문에 사고가 일어날 경우, 변상 책임이 집주인에게 있다. 그 때문에 집집마다 내리는 눈을 바로 치우고 있어 눈이 많이 내리는 날에도 여행하기가 불편하지 않다.

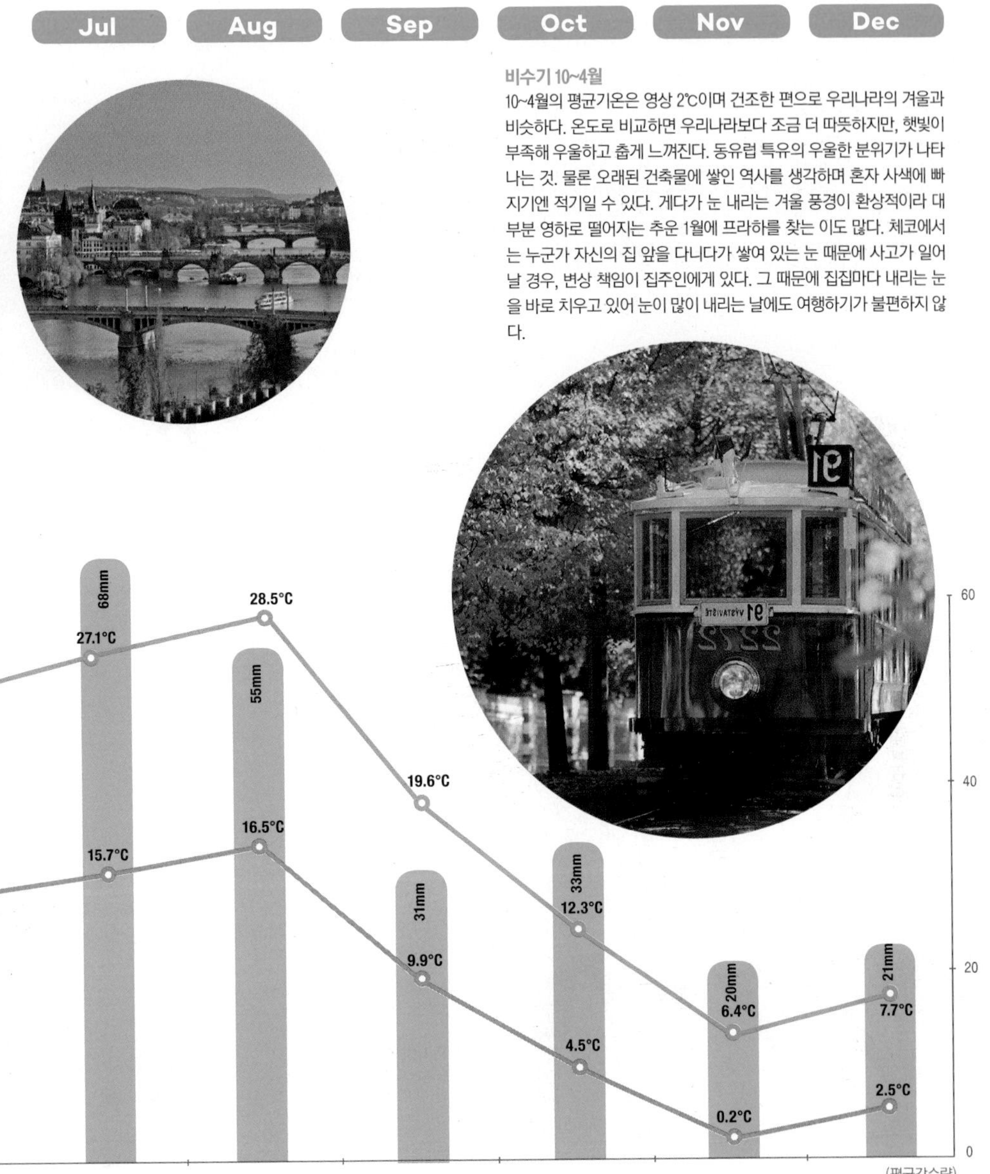

9. 잠들지 않는 축제의 도시

'프라하의 봄'이 이곳의 유일한 축제일 것이란 생각은 버려야 한다. 계절마다 구시가지 광장을 더 풍성하게 채우는 축제 이야기.

Jan Feb Mar Apr May Jun

2

마소푸스트

체코의 전통 카니발, 마소푸스트. 14세기 와인의 신 바쿠스에게 바치는 의식으로 시작해 지금은 집집마다 건강과 행복을 비는 행사로 확대되었다. 체스키 크룸로프와 프라하에서 가장 큰 마소푸스트 행사를 볼 수 있으며, 아름다운 가면을 쓴 행렬이 카니발의 시작을 알린다. 가면 퍼레이드는 매년 사순절 첫날인 '재의 수요일(Ash Wednesday)' 전 주 '목요일 만찬(Fat Thursday)'이 끝난 이후 금요일에 시작된다.

4

부활절

유럽에서 가장 큰 명절은 크리스마스와 부활절이다. 체코에서는 부활절에 좋아하는 여성의 다리를 리본으로 장식한 버들가지로 때리고, 여성들은 부활절 달걀로 화답하는 전통이 있다. 물론 '썸 타는' 청춘 남녀가 아닌 사람들이나 관광객들도 즐길 거리가 충분하다. 구시가지 광장에서는 90여 개의 부활절 마켓이 열려 먹거리와 다양한 공연 등이 넘쳐나니 놓치지 말 것.

5

프라하의 봄

스메타나 서거일인 5월 12일에 시작하는 국제 음악 축제로, 프라하에서 가장 인기 있는 축제다. 이 기간에 극장, 교회, 역사적 건축물에서 클래식 음악 콘서트가 열리기 때문에 호텔을 잡기 가장 어려운 시기이기도 하다. 축제는 스메타나의 '나의 조국'으로 시작해 베토벤의 9번교향곡 '합창'으로 끝난다. 클래식 마니아라면 이 시기를 놓치지 말자. 티켓은 루돌피눔과 시민회관에서 구입할 수 있다. www.festival.cz/en

프라하 프린지 페스티벌

예술가들의 상상력과 실험 정신을 엿볼 수 있는 문화 축제, 프린지 페스티벌. 1947년 스코틀랜드의 에든버러 국제 페스티벌이 처음 열렸을 때 초청받지 못한 작은 단체들이 자생적으로 공연하면서 시작된 축제다. 전 세계적으로 이 페스티벌이 늘고 있는 추세로, 프라하에서는 5월 말이나 6월 초에 시작돼 약 9일간 펼쳐진다. 자세한 축제 프로그램은 사이트를 통해 미리 확인할 수 있다.
www.praguefringe.com

프라하 맥주 축제

전 세계 1인 맥주 소비량이 최고인 체코. 그런 나라에서 빼놓을 수 없는 것이 맥주 축제다. 5월 중순에서 6월 초쯤 열리는 프라하 맥주 축제에서는 체코 전국의 양조장을 경험할 수 있다. 유명 양조장을 찾아가는 수고를 덜 수 있는 것. 축제 때 하는 일은 간단하다. 맥주를 마시고 음악을 듣고 체코 군것질을 먹으면 된다. 이렇게 먹고 마시고 즐기는 게 이 축제에서 할 일이다.
www.ceskypivnifestival.cz/en

6

댄스 프라하

매달 프라하에서는 축제가 펼쳐지는데, 가장 역동적인 축제 중 하나가 6월에 열리는 댄스 프라하다. 도시 전체에 무대를 세우고, 천막을 치고, 곡을 연주하고, 춤을 추는 광경을 볼 수 있다. 현대무용뿐만 아니라 연극 분야의 무용까지 어우러지는데, 매년 일정이 변경된다. 정확한 축제 일정은 홈페이지에서 확인해야 한다.
www.tanecpraha.cz

Jul Aug Sep Oct Nov Dec

7
보헤미아 재즈 페스티벌
야외 활동 하기 좋고, 관광객이 최고조에 이르는 7월 10~11일에 유럽에서 가장 큰 야외 재즈 페스티벌인 '보헤미아 재즈 페스티벌'이 구시가지 광장에서 펼쳐진다. 이 축제의 가장 큰 장점은 수준 높은 재즈 공연을 무료로 즐길 수 있다는 것. 한 손에 와인이나 맥주를 들고 길거리 음식과 함께 원하는 자리에 털썩 주저앉으면 축제 준비 완료. 이 시기에 프라하 여행을 계획 중이라면 강추다.
www.bohemiajazzfest.cz

10
가을의 현
클래식이 잘 어울리는 계절이다. 여름 동안 프라하 전역을 가득 메운 관광객이 빠져나가면 도시에서는 쓸쓸함이 묻어난다. 허전함을 채워주는 축제가 '가을의 현(Struny Podzimu)'다. 클래식부터 재즈에 이르는 다양한 음악 공연이 이어져 프라하에 로맨틱한 배경음악이 깔린다. 스산한 가을을 풍성하게 만들어줄 음악 축제를 꼭 즐겨보길.
축제는 11월까지 이어진다.
www.strunypodzimu.cz

8
프라하 프라이드
가장 화려한 축제 중 하나가 프라하 프라이드다. 프라이드 페스티벌은 세계 곳곳에서 펼쳐지는 동성애자들의 축제로 이들의 상징인 무지개색이 거리를 물들이기 때문. 동성애자들의 코스튬을 구경하는 것도 축제의 재미다. 축제의 하이라이트인 퍼레이드에서 다양한 복장을 한 참가자들을 만날 수 있으며, 편견을 버리고 그들과 어울려 즐길 때 축제의 진가를 만끽할 수 있다.
www.praguepride.cz

9
드보르자크 프라하
음악의 도시 프라하에서 열리는 음악 축제 중 '프라하의 봄'이 봄에 열리는 대표적인 음악 축제라면, 가을에는 '드보르자크 프라하'가 있다. 2008년부터 열려 역사는 짧지만 가을에도 열리는 국제 음악 축제는 언제나 프라하 관광객들에게 반가운 소식이다. 드보르자크 외에 모차르트, 슈베르트뿐만 아니라 다양한 클래식 음악을 세계적인 음악가와 오케스트라단의 연주로 감상할 수 있다.
www.dvorakovapraha.cz/en

12
크리스마스-새해
유럽에서 큰 행사 중 하나인 크리스마스. 체코 사람들은 12월 24일부터 1월 1일까지 긴 연휴를 보내고, 프라하는 흥겨움에 젖은 관광객으로 북적대며, 구시가 광장의 거대한 크리스마스트리 아래 '크리스마스 시장'이 열린다. 이 마켓은 11월 마지막 주말에 시작해 시장 가판대에서는 조각한 나무 장난감, 도자기, 유리 인형, 크리스마스 선물, 진저 케이크, 바비큐 소시지와 멀드 와인 등을 판매한다.

프라하 인기 여행지 10

1

구시가 광장

Staroměstské Náměstí

Old Town Square

2

벨레트르즈니 궁전

Veletržní Palác

Trade Fair Palace

3

바츨라프 광장

Václavské Náměstí

Vaclav Square

4

카를교

Karlův Most

Charles Bridege

5

프라하 성

Pražský Hrad

Prague Castle

7 유대 인 박물관

Židovské Muzeum

Jewish Museum

6 천문시계

Staroměstský Orloj

Astronomical Clock

8 캄파 뮤지엄

Muzeum Kampa

Museum Kampa

9

국립박물관

Národní Muzeum

National Museum

10

킨스키 공원

Kinského Zahrada

Kinsky Park

프라하 히든 플레이스 10

3

비셰흐라드

Vyšehrad

VYSEHR

1

브르트바 정원

Vrtbovská Zahrada

Vrtba Gard

2

트로야 궁전

Trojský Zámek

Troja Palace

콜로레도 만스펠트 궁전

Colloredo-Mansfeldský Palác

Colloredo Mansfeld Palace

4

스트라호프 수도원

Strahovský Klášter

Strahov Monastery

6

레트나 공원

Letenské Sady

Letna Park

7

로레타 성당

Loreta

Loreta

8

독스 컨템퍼러리 아트 센터

DOX Centrum Současného Umění

DOX Center for Contemporary Art

9

마네스교

Mánesův Most

Manes Bridege

10

발트슈테인 정원

Valdštejnská Zahrada

Wallenstein Garden

프라하에서 꼭 해야 할 일 10

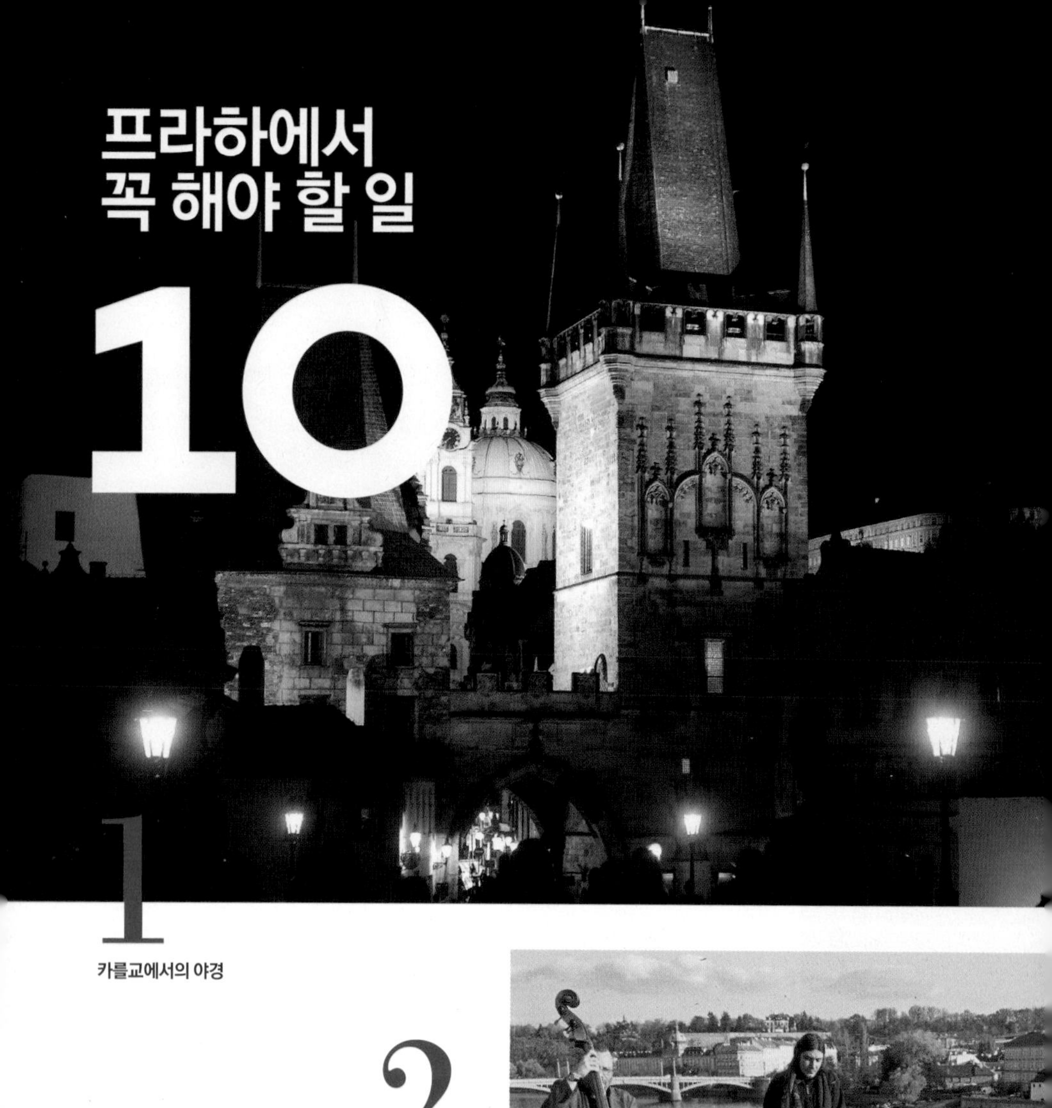

1

카를교에서의 야경

2

중세풍 식당에서의
디너쇼

4

킨스키 공원 산책

5

3

구시가 광장이나
카를교에서 거리 공연 관람

구시청사 종탑
전망대에서의 시내 조망

6

페트린 전망대에서의
시내 조망

7

블타바 강에서의 리버 크루즈
또는 패들 보트 타기

8

클래식 공연 감상

9

블랙 라이트 시어터
공연 관람

오페라 인형극 감상

10

SIGHT SEEING

프라하만큼 로맨틱한 도시가 또 있을까?

유럽의 어느 도시도 프라하만큼 감미롭고 잔잔한 울림을 주는 도시는 없다. 작지만 큰 매력을 선사하는 프라하에서 누구보다 멋지고 낭만이 가득한 시간을 보내길…

MANUAL 1

야경

감미로운 무드로 넘실대는 프라하의 야경

주위가 어둑해질 무렵부터 이 도시는 새로운 모습으로 변모한다. 왁자지껄하던 광장은 의젓해진다. 다채로운 미소를 발산하던 중세의 건축물들은 미소를 감추고 차분한 얼굴을 드러낸다. 거리와 골목, 공원과 광장이 어둠에 휩싸이면 낮과는 다른 광채를 띤다. 밤이 깊어질수록 도시는 감성에 더욱 충실해진다. 밤거리를 걷는 사람들은 감미로운 무드가 넘실대는 밤공기에 이끌려 이곳저곳을 헤매기 시작한다. 마치 마성에 미혹당한 채 어디론가 끌려가는 사람처럼.

[카를교]

Karlův Most

Charles Bridege

프라하만큼 로맨틱한 야경을 뽐내는 도시가 또 있을까? 프라하의 야경 에는 중세의 중후한 멋이 담겨 있는데, 유럽의 어느 도시도 프라하만큼 감미롭고 낭만적이면서도 잔잔한 울림을 주는 도시는 없다. 프라하의 야경을 바라보면 가슴이 미묘하게 떨리는 것을 느낄 수 있다. 그렇다면 프라하의 가장 멋진 야경은 어느 곳에서 볼 수 있을까? 가장 먼저 소개하고 싶은 곳은 누구나 다 쉽게 찾아갈 수 있는 카를교다. 카를교 위에 서서 프라하 성과 말라 스트라나 지구의 고풍스러운 건물들이 자아내는 야경은 그야말로 가장 멋진 프라하의 경치 중 하나다. 그렇다면 카를교의 야경은 어디서 볼 수 있을까? 카를교의 야경은 레기교와 마네스교 두 군데에서 볼 수 있는데, 레기교는 카를교 남쪽에 자리한 다리로, 이곳에 서서 바라보는 야경은 프라하 성과 카를교를 모두 아우르는 파노라믹 나이트 뷰이기에 더욱 특별하다.

카를교
ⓞ **지도** P.040C ⓑ 2권 P.046
ⓖ **구글 지도** GPS 50.086477, 14.411437
ⓢ **찾아가기** 구시가 광장 끝에서 서쪽으로 난 카를로바(Karlova) 거리를 따라가면 된다. 스타로메스트스카(Staroměstská) 역에서 도보 10분
ⓐ **주소** Karlův Most, 110 00 Praha 1 ⓣ **전화** 없음 ⓣ **시간** 24시간 ⓗ **휴무** 없음 ⓟ **가격** 무료 ⓗ **홈페이지** 없음

마네스교
ⓞ **지도** P.060C ⓑ **2권** P.066
ⓖ **구글 지도** GPS 50.089313,14.413971
ⓢ **찾아가기** 스타로메스트스카(Staroměstská) 역에서 도보 3분/18번 트램 탑승 후 다리 남단에서 하차
ⓐ **주소** Mánesův Most, 11800 Praha1 ⓣ **전화** 없음 ⓣ **시간** 24시간 ⓗ **휴무** 없음 ⓟ **가격** 없음
ⓗ **홈페이지** 없음

2

[구시청사 종탑]

Staroměstský Orloj

Astronomical Clock

구시가 지구에서 야경을 즐기려면 구시가 광장으로 향해야 한다. 구시가 야경을 제대로 감상하는 방법은 바로 구시청사 종탑에 올라 구시가 광장과 주변을 내려다보는 것이다. 마치 성냥불을 군데군데 피워놓은 것처럼 여기저기 반짝거리는 구시가의 구석구석을 감상할 수 있을 것이다. 구시청사 종탑에서 내려와 구시가 광장에 서면 거의 매일 밤 다채로운 거리 공연이 펼쳐지는 모습을 볼 수 있다. 거리 악단이나 저글러, 마임꾼, 마술사 등 다양한 거리 공연꾼이 등장한다. 거리 공연의 밤 무대는 교회와 중세 건물로 둘러싸인 구시가 광장의 매력을 배가시킨다. 카를교에서 구시가 광장으로 이어지는 골목을 배회하는 것도 프라하의 야경을 즐기는 또 다른 방법이다. 감사하게도 프라하의 구시가 골목은 늦은 밤까지 불을 밝히기에 떠들썩한 밤거리의 흥겨움이 쉽게 잠들지 않는다.

⊙ **지도** P.041A ⓑ **2권** P.048
ⓖ **구글 지도 GPS 50.087082, 14.420629**
ⓢ **찾아가기** 구시가 광장 남쪽에 위치,
스타로메스트스카(Staroměstská) 역 · 무스테크(Můstek)
역에서 도보로 각각 8분
ⓐ **주소** Staroměstské Náměstí 1, 110 00 Praha 1
⊝ **전화** +420-236-002-629
ⓣ **시간** 월요일 11:00~22:00, 화~일요일 09:00~22:00 ⊝ **휴무**
없음 ⓒ **가격** 구시청사 입장 및 종탑 전망대 입장 성인 250Kč,
65세이상 150Kč, 학생 150Kč, 가족 500Kč, 모바일예매 210Kč
구시청사 입장 및 신시청사 입장 성인 350Kč, 65세이상 250Kč,
학생 250Kč
가이드 투어(한 달 4회) 20:00 시작. 두시간 동안 진행. 한 달 3번
영어 가이드 투어 진행. (자세한 일정은 홈페이지 참조)
ⓗ **홈페이지** www.staromestskaradnicepraha.cz

3

[바츨라프 광장]

Václavské Náměstí

Vaclav Square

프라하의 야경하면 바츨라프 광장의 야경도 빼놓을 수 없다. 바츨라프 광장 일대는 밤이 되면 푸드 카트(food cart)가 등장해 고기 굽는 냄새가 진동하고 와인 향이 솔솔 피어오른다. 바츨라프 광장의 야경을 주도하는 국립 박물관의 자태는 그야말로 위풍당당함 그 자체다. 밤이 되면 낮과는 달리 도시 전체를 호령하는 듯한 위엄이 느껴진다.

지도 P.070F **2권** P.076
구글 지도 GPS 50.081747, 14.427189
찾아가기 광장 북서쪽 끝은 메트로 A · B선 무스테크(Můstek) 역에서 도보 1분, 광장 남동쪽 끝은 메트로 A · C선 무제움(Muzeum) 역에서 도보 1분
주소 Václavské Náměstí, 110 00 Praha 1 **전화** 없음 **시간** 24시간
휴무 없음 **가격** 무료
홈페이지 www.prague.eu/en

MANUAL 2

인기 명소

지금 프라하 여행자가 기억해야 할 다섯 가지

체코의 수도 프라하는 유럽을 대표하는 관광지 중 하나다.
혹자는 런던, 파리, 로마, 베니스와 함께 유럽의 베스트 5 관광지로 언급하기도 한다.
프라하는 유럽의 심장처럼 유럽 중심에 위치한다.
이는 예로부터 서유럽과 동유럽, 남유럽과 북유럽을 잇는 가교 역할을 했다는 뜻이다.
이 때문에 프라하에는 예로부터 유럽 각지에서 유입된
이색적인 문화가 어우러져 밝고 개성 있는 프라하만의 문화를 만들어왔다.
이러한 개성 넘치는 프라하의 문화적 매력을 담은 핵심 명소 다섯 군데를 소개한다.

1
체코에서 가장 큰 중세 고성
[프라하 성]
Pražský Hrad
Prague Castle

지도 P.086 2권 P.084 구글 지도 GPS 50.090216, 14.399579
찾아가기 구시가 광장에서 카를교를 지나 네루도바(Nerudova) 거리 오른쪽에 성 비타 대성당과 프라하 성으로 들어가는 입구가 보인다. 구시가 광장에서 프라하 성까지 도보로 약 30분, 카를교에서는 도보로 약 20분
주소 Prague Castle 119 08 Praha 1 **전화** +420-224-373-368
시간 4~10월 06:00~22:00, 11~3월 06:00~22:00(프라하 성 내 명소 입장 시간은 2권 참조) **휴무** 없음 **가격** 입장료 없음(단, 프라하 성 내 명소는 입장료가 있음) **홈페이지** www.hrad.cz

《프라하 성 입장료》

티켓 종류
Circuit A 성 비투스 대성당, 구왕궁, 프라하 성 역사 전시관, 성 이르지 바실리카, 황금 소로, 화약탑, 로젠베르크 궁전 입장 포함
Circuit B 성 비투스 대성당, 구왕궁, 성 이르지 바실리카, 황금 소로 입장 포함
Circuit C 성 비투스 대성당 보물관, 프라하 성 픽처 갤러리 입장 포함

종류	성인	6세 이상 16세 이하, 26세 이하 학생 65세 이상	가족(성인 2명과 16세 이하 자녀 5명까지)
Circuit A	350Kč	175Kč	700Kč
Circuit B	250Kč	125Kč	500Kč
Circuit C	350Kč	175Kč	700Kč
프라하 성 역사 전시관	140Kč	70Kč	280Kč
프라하 성 픽처 갤러리	100Kč	50Kč	200Kč
프라하 성 화약탑	70Kč	40Kč	140Kč
성 비투스 대성당 보물관	250Kč	125Kč	500Kč
성 비투스 대성당 탑 전망대	150Kč	150Kč	없음

√ 단, 프라하 성 자체 입장은 무료다. 프라하 성 내 주요 명소를 입장하려면 위에서 언급한 대로 티켓을 예매 · 구매해야 한다.
√ 성 비투스 대성당은 일부 무료입장이 가능하지만 성 비투스 대성당 앞쪽의 제단과 조각상이 놓인 곳까지 입장하려면 별도의 티켓을 구매해야 한다. 이 경우 성 비투스 대성당 입장만을 위한 티켓은 없기 때문에 서킷 A · B · C 중 하나의 티켓을 구매해야 한다.
√ 티켓은 프라하 성 내 두 번째 코트야드의 북서쪽에 자리한 인포메이션 데스크에서 구입할 수 있다.

프라하 성은 그야말로 프라하의 고고한 표상이다. 오늘날 현존하는 중세 양식 성 중 가장 큰 규모이기도 하다. 멀리서 한눈에 띌 만큼 웅장한 성채의 모습을 띤 성은 아니다. 감히 넘볼 수 없는 성벽으로 단단히 둘러싸인 성의 모습이 아닌 이유는 성 비투스 성당의 비주얼이 너무 두드러진 데다 성벽이 주변 건물에 가려져 있기 때문이다. 하지만 프라하 성처럼 놀라울 만큼 아름다운 건축물을 감싸고 있는 현존하는 중세 성은 없다. 기네스북에 오른 현존하는 가장 큰 고성이라는 사실도 놀랍다. 길이 570m, 폭 130m, 면적 7만㎡에 달하는 프라하 성 안에는 웅장한 성 비투스 대성당을 비롯해 성 이르지 바실리카(Basilika Svatého Jiří), 모든 성자 교회(Chrám Všech Svatých), 성 십자가 교회(Kaple Svatého Kříže) 등 화려한 교회와 구왕궁(Starý Královský Palác), 여름 별궁(Letohrádek Kálovny Anny) 등 왕궁 건물이 들어서 있다.

프라하 성은 미술품 관람의 기회도 제공한다. 루돌프 2세 황제가 가지고 있던 4000여 점의 회화 소장품을 전시하는 픽처 갤러리(Obrazárna Pražského Hradu)와 크리에이티브 아트를 전시하는 공간은 옛 황실 마구간에 자리한다. 마구간을 미술 전시 공간으로 개조한 아이디어가 무척 기발하다. 프라하 성으로 들어가는 정문은 서쪽의 흐라드차니 광장(Hradčany Náměstí) 앞에 있는데,

매일 오전 5시부터 11시까지 매시 정각에 정문 앞에서 근위병 교대식이 펼쳐져 이를 구경하려는 관광객으로 북적인다.

길이 124m, 폭 60m의 성 비투스 대성당(Katedrála Svatého Víta)은 프라하 성의 랜드마크로, 프라하의 대표적인 고딕 양식 교회이자 체코에서 가장 큰 교회 건축물이다. 96m 높이의 메인 타워가 있는 이 건물은 가톨릭 성당 건물로, 역대 보헤미안 왕들의 유해가 안치되어 있다. 원래 이 자리에는 바츨라프 왕의 명령으로 10세기경에 처음 성당이 건축되었고, 1344년 지금의 건물을 짓기 위한 공사가 시작되었다. 그 후 로마네스크 양식, 고딕 양식이 덧붙여지고 우여곡절 끝에 오랜 세월을 거쳐 1929년에 완공되었다.

프라하 성벽 외곽에는 황금 소로라 불리는 좁은 골목길이 있는데, 형형색색의 집들이 줄지어 서 있는 모습이 이채롭다. 그중 22번지 집은 이 도시가 낳은 위대한 실존주의 문학가 프란츠 카프카(Franz Kafka, 1883~1924)가 태어난 곳으로, 오늘날까지 카프카를 추종하는 고독한 지성에게는 일종의 성지인 셈이다.

✔ 프라하 성과 프란츠 카프카

오늘날 만나는 프라하 성은 이 성의 본래 모습이 아닐지도 모르겠다. 적어도 카프카와 관련된 문학적 구도 속에서는 그렇다고 말할 수 있다. 프라하 성의 보이지 않는 진정한 모습을 만나려면 프란츠 카프카의 소설 《성(城)》을 진지하게 탐독해야 한다. 소설 속 주인공 K가 밤이 깊은 시간에 도착한 눈 덮인 마을에서 보이지 않는 성을 찾지만, 결국 집단의 힘에 가로막혀 수수께끼 같은 존재인 그 성 안으로 들어가지 못한다. 쉽게 들어갈 수 없는 성의 실체는 개인이 비집고 들어갈 수 있는 틈을 허용하지 않는 잘 짜인 사회구조로 볼 수 있다. 카프카의 소설에 등장하는 성은 프라하 성과 외형적인 면에서 크게 다를 수 있다(개인적으로 카프카의 소설에 나오는 성과 가장 근접한 외관을 오늘날 유네스코 문화유산으로 지정된 슬로바키아의 스피슈스키 고성(Spišský Hrad)에서 찾을 수 있다고 본다). 하지만 카프카의 '고독한 원의 고독한 중심'이었던 프라하에서의 삶을 들여다볼 때 소설 속에 등장하는 성은 프라하 성을 상징한다 해도 과언이 아니다.

✔ 프라하 성 내 교회

1. 성 조지 교회

브라티슬라브 왕(Vratislav I)의 명으로 920년경에 세운 교회로, 1142년 적군의 공격으로 전소되었고 14세기 고딕 양식으로 다시 건축되었다.

2. 모든 성자 교회

원래 1185년 로마네스크 양식으로 지어 봉헌한 교회로, 1541년 화재로 크게 불탄 건물을 후에 복구했다. 교회 안에는 성 프로코피우스(St Procopius)의 묘가 있다.

3. 성 십자가 교회

프라하 성의 두 번째 안뜰에 자리한 교회로, 보물관이 있는 곳이다. 이 보물관에는 11세기 이래로 성 비투스, 성 바츨라프 등의 유물을 비롯한 성 비투스 성당의 보물들이 소장되어 있다.

Talk Talk

근위병 교대식 유럽에서 근위병 교대식을 볼 수 있는 곳은 여러 군데다. 런던에서는 알다시피 버킹엄 궁전 앞에서 오전마다 근위병 교대식을 볼 수 있다. 프랑스 남부에 위치한 독립국가인 모나코의 왕궁 앞에서도 규모는 작지만 방문객들 앞에서 근위병 교대식이 펼쳐진다. 동유럽에서는 헝가리 부다페스트의 왕궁 앞에서 근위병 교대식이 펼쳐진다. 프라하 성 입구에서 펼쳐지는 근위병 교대식은 그다지 성대하지 않지만 수많은 방문객들의 관심과 기대 속에 매시간 간소하게 펼쳐진다. 정오에 펼쳐지는 교대식이 좀 더 볼만하다.

보헤미아의 수호성인 전설에 의하면 성자 비투스는 이탈리아 시칠리아 출신이다. 4세기 초 기독교를 핍박하는 로마 황제 때문에 순교해 후대에 성인으로 추앙받은 인물이다. 성 비투스는 가톨릭 신자의 배우나 코미디언, 무용가 사이에서 인기 높다. 그들은 전통적으로 성 비투스를 자신들의 수호성인으로 신봉하기 때문이다. 아마도 중세부터 성 비투스의 탄생일을 축제일로 정하고 축제 참가자들이 그의 동상 앞에서 춤을 추고 축일을 즐겼기 때문인지도 모르겠다. 또 성 비투스는 보헤미안 지방의 수호성인이기도 하다. 이 때문에 예로부터 프라하를 비롯한 체코의 보헤미안 지방에서 성 비투스를 자연재해나 질병, 적의 침입에서 자신들을 보호해주는 수호성인으로 추앙해왔다.

프라하 성 왕관의 저주 독일 나치가 프라하를 점령한 뒤 히틀러는 프라하 성에서 하룻밤을 머물렀다고 한다. 제2차 세계대전이 한창이던 무렵 체코의 보헤미아와 모라비아 땅을 통치하던 독일 나치군의 수장 라인하르트 하이드리히(Reinhard Heydrich)는 프라하 성을 자신들의 본부로 사용했다. 그는 심지어 프라하 성에 보관되어 있던 보헤미아 왕국의 왕관을 직접 머리에 써보기도 했는데, 왕관을 쓰기에 부적합한 사람이 왕관을 머리에 쓰면 1년 이내에 죽을 것이라고 한 보헤미아의 옛 전설에 전혀 귀 기울이지 않았다. 아니나 다를까, 하이드리히는 결국 1942년 체코의 무장 특공대원의 공격을 받아 죽고 마는데, 그가 왕관을 쓰고 나서 1년이 채 안 된 때였다.

성 비투스 대성당 보물관 (성 십자가 교회 내)
Exhibition of the Treasure of St. Vitus
Expozice Svatovítského Pokladu

성 바츨라프 보물관이라고도 불린다. 성 십자가 교회 안에 마련된 전시관으로, 오래된 사제의 예복, 금으로 만든 십자가 장식대, 금을 입힌 유리병 등 성 비투스 대성당과 관련된 갖가지 진귀한 물건들이 보관되어 있다.

주소 Expozice Svatovítského Pokladu, Pražský Hrad, 110 00 Praha 1 **전화** +420-224-372-423 **시간** 4~10월 10:00~18:00, 11~3월 10:00~17:00
휴무 12월 24일
가격 P.057 참고
홈페이지 www.hrad.cz/en

프라하 성 화약탑
Prague Castle Powder Tower
Prašná věž-Mihulka

프라하 성의 한쪽 성벽과 연결된 이 작은 화약탑 안에는 프라하 성 근위병과 관련된 각종 무기와 밀랍 인형 등이 전시되어 있다.

주소 Prašná Věž, Pražský Hrad, 110 00 Praha 1 **전화** +420-224-373-368 **시간** 4~10월 09:00~17:00, 11~3월 09:00~16:00 **휴무** 12월 24일 **가격** P.057 참고 **홈페이지** www.hrad.cz/en

구왕궁
Old Royal Palace
Starý Královský Palác

원래의 왕궁은 목조 스타일로 9세기부터 프라하에 자리했다. 12세기에 건축된 오늘날의 왕궁은 1185년에 세운 모든 성자 교회 바로 옆에 지어졌다. 오늘날 왕궁 내부를 둘러보면 베르사유나 쇤부른 궁전처럼 화려한 궁정 양식의 인테리어나 가구는 볼 수 없지만 드넓은 내부 공간에 독특한 천장 구조가 그대로 남아 있다.

주소 Starý Královský Palác, Pražský Hrad, 110 00 Praha 1
전화 +420-224-373-584
시간 4~10월 09:00~17:00, 11~3월 09:00~16:00 **휴무** 12월 24일
가격 P.057 참고
홈페이지 www.hrad.cz/en

황금 소로
Golden Lane
Zlatá Ulička

프라하 출신의 실존주의 문학가 프란츠 카프카의 집(22번지)이 자리한 곳으로 유명하다. 현재 옛 모습 그대로 지붕 낮은 가옥들이 연결되어 있으며, 각 가옥 내부에는 오래된 생활상을 보여주는 식기와 가구 등이 진열되어 있다. 이 거리를 돌아보려면 입장권이 필요하다(아래 참조).

주소 Zlatá Ulička, Pražský Hrad, 110 00 Praha 1
전화 +420-224-373-368
시간 4~10월 09:00~17:00, 11~3월 09:00~16:00
휴무 12월 24일 **가격** P.057 참고
홈페이지 www.hrad.cz/en

프라하 성 역사 전시관
Story of Prague Castle
Příběh Pražského Hradu

프라하 성 내에서 발견된 유물이나 프라하 성과 관련된 역사적 가치가 있는 전시물을 통해 1000년의 역사를 지닌 프라하 성에 대한 역사를 소개한다. 지난 2004년에 오픈했다.

주소 Příběh Pražského Hradu . Pražský Hrad, 110 00 Praha 1
전화 없음
시간 4~10월 09:00~17:00, 11~3월 09:00~16:00 **휴무** 12월 24일
가격 P.057 참고
홈페이지 www.hrad.cz/en

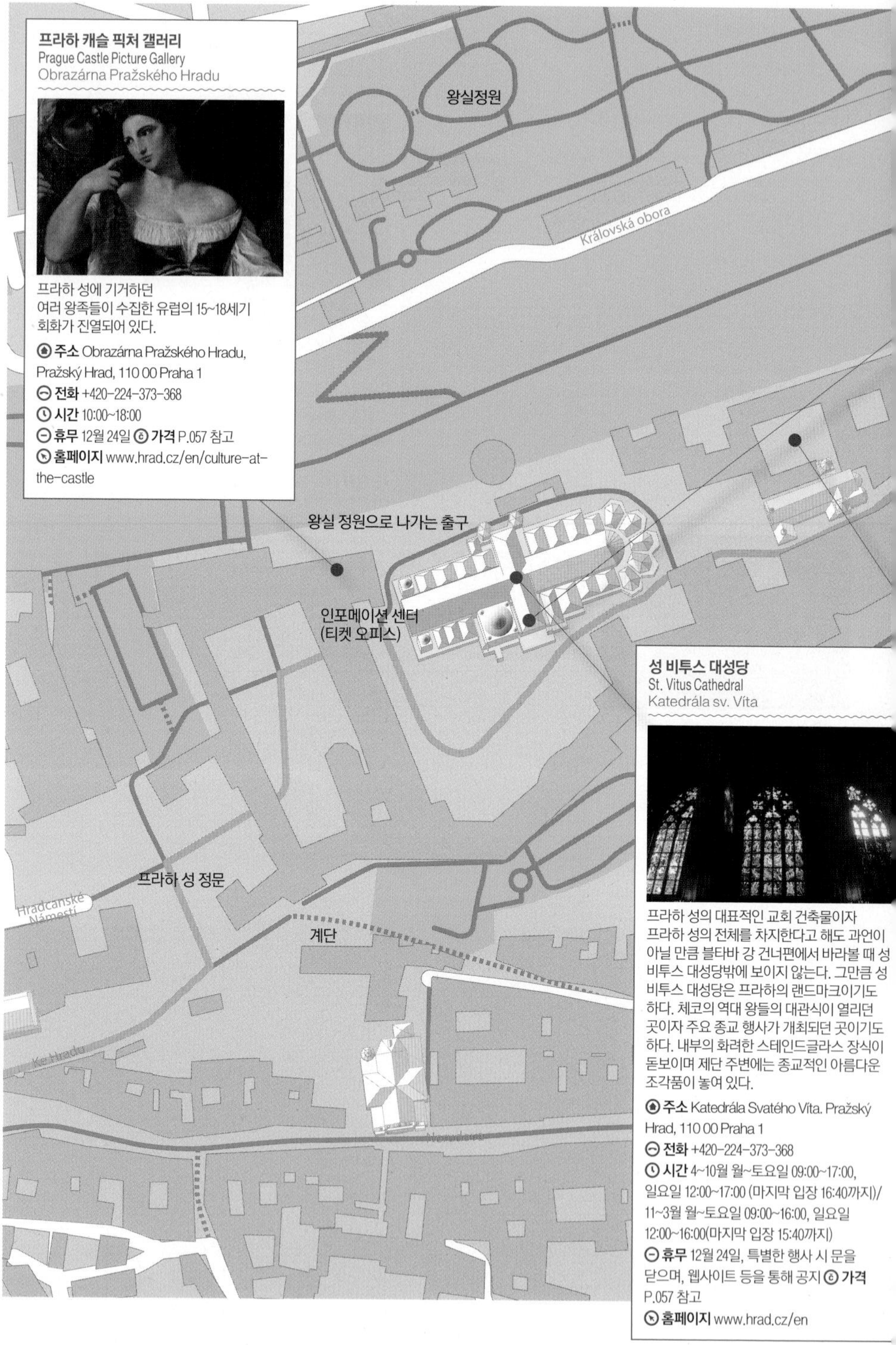

프라하 캐슬 픽처 갤러리
Prague Castle Picture Gallery
Obrazárna Pražského Hradu

프라하 성에 기거하던
여러 왕족들이 수집한 유럽의 15~18세기
회화가 진열되어 있다.

주소 Obrazárna Pražského Hradu, Pražský Hrad, 110 00 Praha 1
전화 +420-224-373-368
시간 10:00~18:00
휴무 12월 24일 **가격** P.057 참고
홈페이지 www.hrad.cz/en/culture-at-the-castle

왕실정원

Královská obora

왕실 정원으로 나가는 출구

인포메이션 센터
(티켓 오피스)

프라하 성 정문

Hradčanské Náměstí

계단

Ke Hradu

Nerudova

성 비투스 대성당
St. Vitus Cathedral
Katedrála sv. Víta

프라하 성의 대표적인 교회 건축물이자 프라하 성의 전체를 차지한다고 해도 과언이 아닐 만큼 블타바 강 건너편에서 바라볼 때 성 비투스 대성당밖에 보이지 않는다. 그만큼 성 비투스 대성당은 프라하의 랜드마크이기도 하다. 체코의 역대 왕들의 대관식이 열리던 곳이자 주요 종교 행사가 개최되던 곳이기도 하다. 내부의 화려한 스테인드글라스 장식이 돋보이며 제단 주변에는 종교적인 아름다운 조각품이 놓여 있다.

주소 Katedrála Svatého Víta. Pražský Hrad, 110 00 Praha 1
전화 +420-224-373-368
시간 4~10월 월~토요일 09:00~17:00, 일요일 12:00~17:00 (마지막 입장 16:40까지)/ 11~3월 월~토요일 09:00~16:00, 일요일 12:00~16:00(마지막 입장 15:40까지)
휴무 12월 24일, 특별한 행사 시 문을 닫으며, 웹사이트 등을 통해 공지 **가격** P.057 참고
홈페이지 www.hrad.cz/en

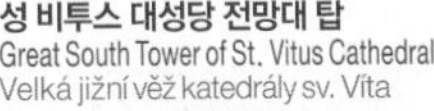

성 비투스 대성당 전망대 탑
Great South Tower of St. Vitus Cathedral
Velká jižní věž katedrály sv. Víta

100m 높이의 성 비투스 대성당에서 가장 높은 탑이다. 현재 이곳은 엘리베이터 또는 280개의 계단을 이용해 전망대까지 오를 수 있다(티켓 구매 필요, 아래 참조). 전망대에 오르면 프라하 성 주변은 물론 멀리 구시가 지구와 블타바 강 주변까지 조망할 수 있다.

주소 Velká Jižní Věž Katedrály Sv. Víta. Pražský Hrad, 110 00 Praha 1
전화 +420-224-373-368
시간 4~10월 10:00~18:00 (마지막 입장 17:30까지), 1~3월 10:00~17:00(마지막 입장 16:30까지) **휴무** 12월 24일
가격 P.057 참고
홈페이지 www.hrad.cz/en/

성 조지 바실리카
St. Goerge Basilica
Bazilika sv. Jiří

성 조지 교회 또는 성 조지 바실리카라고도 불린다. 성 비투스 대성당 다음으로 프라하 성 내에서 큰 교회 건축물로, 920년 브라티슬라프 1세 왕자의 명으로 건설되었다.

주소 Bazilika sv. Jiří , Pražský hrad, 110 00 Praha 1
전화 +420-224-371-111
시간 4~10월 09:00~17:00, 11~3월 09:00~16:00
휴무 12월 24일 **가격** P.057 참고
홈페이지 www.hrad.cz/en

계단
Klárov
Letenská
Letenská

추천 프라하 성 내 명소 별점
1. 성 비투스 대성당★★★★★
2. 성 비투스 대성당 보물관★★★★
3. 황금 소로★★★★
4. 성 비투스 대성당 전망대 탑★★★★
5. 구왕궁★★★
6. 성 이르지 바실리카★★★
7. 프라하 캐슬 픽처 갤러리★★★
8. 프라하 성 역사 전시관★★
9. 프라하 성 화약탑★★

2 프라하 구시가의 구심점 [구시가 광장]

Staroměstské Náměstí
Old Town Square

유럽에는 웬만한 도시마다 구시가 광장이 있다. 대부분의 유럽 도시들은 오랜 역사를 지니고 있기에 도심 중앙에 오래된 구시가 광장이 자리한다. 그런데 프라하의 구시가 광장은 좀 색다르다. 고색창연한 교회 건축물과 시청사, 궁전이 리드미컬한 조화를 이루며 서 있기 때문이다. 게다가 광장 중앙에는 아름다운 원형 기념비가 놓여 있다. 이처럼 프라하의 구시가 광장은 유럽에서 가장 아름다운 광장 중 한 군데로 꼽힌다.
광장 주변에 가득한 고풍스러운 중세 건축물 중 가장 주목할만한 건물은 구시청사다. 시청사야 어느 도시에나 있지만 이 건물은 사람들의 이목을 한눈에 사로잡는 마력이 있다. 바로 뒤에서 언급할 천문시계 때문이다. 또 이처럼 멋진 조망을 선사하는 시청사는 많지 않다. 이 건물 꼭대기에 올라 바라보는 프라하 시내의 전경이 눈부실 정도로 아름다워 평생 두고두고 생각날 정도다. 참고로 원래 1338년 세운 구시청사는 제2차 세계대전이 끝날 무렵 독일군이 부속 예배당과 북쪽의 건물을 파괴해 이후 복구한 것이다.
구시가 광장을 언급할 때 빼놓을 수 없는 것이 하나 있다. 바로 얀 후스 기념비(Pomník Mistra Jana Husa)다. 이 기념비는 보헤미안의 위대한 종교개혁자 얀 후스의 순교 500주년을 기념해 1915년 7월 6일 구시가 광장 한가운데에 세워졌다. 얀 후스는 15세기 초 타락한 교회의 세속화를 비판하다가 성직을 빼앗기고 콘스탄트 종교회의에 회부되어 심문을 받다가 1415년 화형당하고 만다. 이후 그를 신봉하는 사람들이 황제에게 반항해 전쟁을 일으키는데, 이를 후스 전쟁이라 부른다. 이는 체코에서 매우 의미 있는 역사적 사건이다.
구시청사 맞은편에 자리한 틴 교회(Týnský Chrám)는 하늘을 찌를 듯 높이 솟은 멋진 첨탑이 인상적인 교회 건축물이다. 화려한 외관은 초기 고딕 양식을 띠지만 내부는 바로크 양식이라 안을 들여다보면 당장 고해성사라도 해야 하지 않을까 싶을 정도로 다소 어둡고 진지한 분위기다. 이 교회에서는 종종 클래식 콘서트가 열리기도 하는데, 교회 내 웅장한 파이프오르간 소리가 기막히다.

틴 교회 바로 옆에 위치한 킨스키 궁전(Palác Kinských)은 구시청사, 틴 교회와 함께 구시가 광장의 가장 주요한 건물이다. 이 건물의 파사드는 프라하에서 가장 정교한 로코코 양식의 정수를 보여준다. 부유한 백작의 대저택을 연상케 하는 이 건물은 실제로 1765년 킨스키 백작이 건축했으며, 1948년에는 이곳의 발코니에서 클레멘트 코트발트가 역사적이면서도 무시무시한 공산당 통치를 선언했다. 건물 내에는 19~20세기 회화를 담은 화랑이 자리해 체코의 근대 화가들의 작품을 감상할 수 있다.

지도 P.041A **2권** P.048 **구글 지도 GPS 50.087371, 14.42082**
찾아가기 스타로메스트스카(Staroměstská) 역에서 도보 5분
주소 Staroměstské Náměstí, Staré Město, 110 00 Praha 1
전화 +420-221-714-444 **시간** 24시간 **휴무** 없음 **가격** 무료
홈페이지 www.prague.eu/en

Talk Talk

제2차 세계대전 시의 프라하 1939년 제2차 세계대전이 발발하면서 독일의 이웃 국가인 체코는 독일군과 이렇다 할 전투도 해보지 못한 채 전쟁이 끝나고 구소련의 붉은 군대가 들어올 때까지 나라 전체를 점령당하고 만다. 당시 체코의 군대는 저항할 힘이 없었기 때문에 국토를 쉽게 적에게 내주었다. 이 때문에 프라하의 오래된 건축물은 전쟁의 상처 없이 안전하게 보존될 수 있었다.

프라하의 적은 독일 나치군이 아닌 미군? 제2차 세계대전 기간 동안 독일군은 프라하를 폭격하지 않았지만 전쟁이 끝날 무렵 미 공군기의 오폭으로 프라하 시내의 수백 채의 건물이 파괴되고 1700명의 사상자가 발생하는 어처구니없는 사건이 일어났다. 원래 미 공군기는 프라하에서 가까운 독일의 드레스덴을 폭격할 계획이었다고 한다.

바로크 양식과 로코코 양식의 차이 일반 여행자들의 유럽 건축물을 보고 바로크 양식인지 로코코 양식인지 한눈에 구별하기는 쉽지 않다. 둘 다 18세기 유럽에서 유행한 건축양식으로, 일반적으로 바로크 양식은 남성적이고 웅장한 반면, 로코코 양식은 화려하고 섬세하다. 로코코 양식은 바로크 양식에 비해 귀족적이며 장식미가 뛰어나다.

TIP 구시가 광장 둘러보는 법

1 매시 정각에 구시청사 천문시계에 등장하는 밀랍 인형을 구경하자. → 2 구시청사 시계탑에 올라 구시가 광장 주변을 조망하자. → 3 구시가 광장 중앙에서 펼쳐지는 다양한 거리 공연을 즐기자. → 4 쉬고 싶다면 구시가 광장의 노천카페에 앉아 생맥주나 커피를 마시며 사람들을 바라보는 것도 재미있다. → 5 틴 교회 내부를 둘러보자. → 6 관심 있다면 킨스키 궁전 내 아시안 아트 갤러리를 둘러보자. → 7 얀 후스 동상 앞에 앉아 포즈를 취하고 사진을 찍어보자.

3

600년 역사를 지닌 천문시계의 인형 쇼 [구시청사 천문시계]

Staroměstský Orloj
Astronomical Clock

구시청사가 프라하에서 가장 주목받는 것은 바로 1410년 개조한 천문시계가 있기 때문이다. 앙상한 뼈만 남은 해골 형태의 죽음의 문지기가 한 손에 든 작은 종을 움직이면 "딸랑 딸랑" 소리와 함께 오싹한 분위기 속에서 세기의 인형 쇼가 시작됨을 알린다. 이윽고 "딩, 딩, 딩" 아주 천천히 간격을 두고 의미심장한 울림처럼 종소리가 나면 2개의 창문이 열리면서 예수의 열두 제자를 표현한 밀랍 인형들이 십자가, 검, 성경책 따위를 들고 모습을 드러낸다. 매시 정각이 되면 이 장면을 보기 위해 수많은 인파가 구름 떼처럼 구시청사 앞에 모여든다.

시계는 위아래 2개의 원으로 구성되어 있는데, 당시의 천동설에 입각한 우주관을 보여준다. 위에 있는 원은 칼렌다륨이라 하여 해와 달과 천체의 움직임을 묘사한 것으로 1년에 한 바퀴를 돌며 연, 월, 일, 시간을 나타낸다. 아래쪽에 있는 원은 플라네타륨인데, 이것은 12개의 계절별 장면을 묘사한 것이다.

지도 P.041A **2권** P.047 **구글 지도 GPS** 50.087082, 14.420629
찾아가기 스타로메스트스카(Staroměstská) 역에서 도보 7분
주소 Staroměstské Náměstí 1/3, 110 00 Praha 1
전화 +420-236-002-629 **홈페이지** www.staromestskaradnicepraha.cz

Talk Talk

천문시계는 누가 만들었을까? 15세기 당시 프라하의 유명한 시계공이던 미쿨라시 카단(Mikuláš Kadaň)과 카를 대학교의 수학자이자 천문학 교수 얀 신델(Jan Šindel)의 합작으로 완성됐다.

천동설 1543년 코페르니쿠스가 지동설을 주장하기 전까지 중세 유럽의 보편적인 천문학적 시각을 보여주는 학설로, 지구가 우주의 중심이며, 고정된 지구 주변을 달과 태양, 화성, 목성 등 여러 행성이 돈다는 주장.

제대로 알고 보기

천문시계탑의 인형 퍼포먼스

천문시계탑에서 매시 정각을 나타낼 때마다 시계 안의 인형들이 나와 퍼포먼스를 선보인다. 프라하의 천문시계는 오늘날에도 제대로 작동하는 세계에서 가장 오래된 천문시계 중 하나다.

1. 12명의 사도
매시 정각 종이 울리면 2개의 문이 열리면서 예수의 열두 제자를 상징하는 인형이 6개씩 짝을 이루어 등장한다.

2. 닭 울음소리
매시 정각에 인형들이 나타날 때 이 시계 장치에서 닭의 울음소리가 들리면 인형들의 퍼포먼스가 끝난다. 퍼포먼스는 약 1~2분간.

3. 천문시계
천동설을 중심으로 지구를 가운데 두고 천체의 움직임을 표현한 것이다. 중심에 까만 공이 지구를 나타낸다. 태양이 파란 부분에 있으면 낮이고, 검은 부분에 있으면 밤이다. 이 천문시계는 3개의 시곗바늘이 있는데, 각각 보헤미아(프라하가 자리한 체코의 지방 이름)의 시간과 바빌론의 시간과 현재의 시간(로마숫자로 표기)을 나타낸다.

4. 죽음의 신과 튀르크인
천문시계 오른쪽 상단에 자리한 2개의 인형이다. 허영과 탐욕의 이름을 지닌 인형과 대칭을 이루는 곳에 자리한다. 두 인형 중 왼쪽의 해골이 죽음의 신을 상징한다. 매시 정각 종이 울리기 시작하면 죽음의 신이 오른손으로 모래시계를 아래로 돌리고 왼손으로 끈을 당기면 문이 열리면서 12명의 사도가 등장한다. 오른쪽 인형은 오스만튀르크 인을 나타낸다.

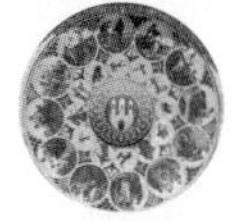

5. 달력판
천문시계탑의 천문시계 바로 밑에 놓인 달력판(calendarium) 중심에는 프라하 시의 심벌이 그려져 있고 이 중심의 주변에는 12개의 월을 의미하는 동물과 농사 풍경이 그려져 있다.

6. 허영과 탐욕
천문시계 왼쪽 상단에 2개의 인형이 놓여 있는데, 왼쪽에는 나르시즘을 나타내는 허영(Vanity)이라는 이름의 인형이 거울을 보는 모습을 보인다. 오른쪽에는 탐욕을 나타내는 그리드(Greed)라는 이름의 인형이 "돈은 누구에게도 주지 않을 거야"라고 말하듯 고개를 젓는 모습을 연출한다.

TIP 소매치기 방지 요령

구시청사 천문시계를 보기 위해 몰려드는 관광객 인파를 상대로 간혹 소매치기가 등장한다는 제보가 들린다. 물론 구시청사 주변 및 구시가 광장에는 대부분 경찰들이 순찰하고 있어 소매치기가 빈번하지는 않다. 하지만 프라하의 어느 곳에서든 소매치기를 주의할 필요가 있기에 몇 가지 방지 요령을 알려주고자 한다.
소매치기의 경우 몸을 일부러 밀치거나 부딪히면서 상대가 당황하거나 중심을 잃는 순간 주머니나 가방 속 물건을 꺼낸다. 인파가 많은 곳에서는 이러한 행동을 하는 사람들을 경계하는 것이 첫 번째 주의 방법이다. 두 번째 방법은 가방 속에 중요한 물건을 두었다면 앞쪽으로 가방을 메는 것이다. 주머니 속에는 두툼한 지갑 대신에 필요한 만큼의 현금만 넣어두는 것이 좋다.

4

30개의 성인상이 돋보이는 [카를교]

Karlův Most

Charles Bridege

지도 P.040C **2권** P.046 **구글 지도 GPS 50.086662, 14.411437**
찾아가기 구시가 광장 끝에서 서쪽으로 난 카를로바(Karlova) 거리를 따라가면 된다. 구시가 광장에서 도보 15분, 프라하 성에서는 말라 스트라나 광장을 지나 도보 20분 **주소** Karlův Most, 110 00 Praha 1
전화 없음 **시간** 24시간 **휴무** 없음 **가격** 무료 **홈페이지** 없음

프라하의 젖줄인 블타바 강 위에 놓인 카를루프 다리(줄여서 카를교라고 부른다)는 구시가 광장과 프라하 성을 연결하기에 수많은 여행자들이 밤낮을 가리지 않고 오가는 곳이다. 카를교는 프라하에서 가장 아름다운 다리이자 유럽 최고의 포토제닉 스폿 중 하나다. 프라하에 카를교가 없었다면 프라하가 오늘날만큼의 명성을 얻지 못했을지도 모른다. 그만큼 오랜 역사를 지닌 이 다리는 유럽에서 최고의 명성을 자랑하는 명소로 자리매김했다.

보행자만 오갈 수 있는 이 아름다운 석교는 621m 길이에 폭이 10m다. 다리 밑에는 16개의 아치가 다리를 든든히 받치고 있다. 또 다리 양 끝에는 고딕 양식의 건축물인 브리지 타워가 서 있는데, 남단의 브리지 타워에 오르면 다리 주변의 블타바 강가의 풍경을 내려다볼 수 있다. 이 다리는 프라하의 성 비투스 성당을 설계한 독일 건축가 페터 파를러의 지휘 아래 1357년에 공사를 시작

말라스트라나 방향

구시가 방향

1 2 3 4 5 6 7 8 9 10 11 12 13 14 15

16 17 18 19 20 21 22 23 24 25 26 27 28 29 30

✔ 카를교 위의 30개의 성상(연도)

1. 성모마리아와 성 베르나르두스(1709년작의 복제)
2. 성 이브(1711년 작의 복제)
3. 성모마리아와 성 도미니쿠스, 토마스 아퀴나스(1708년 작의 복제)
4. 상 바르바라,성 마르가리타, 성 엘리자베트(1705)
5. 청동 십자가(1629)가 놓인 동상, 성모마리아, 성 요한(1861)
6. 피에타(1859)
7. 성 안나, 성 모자(마리아와 아기 예수)(1707)
8. 성 요세프(1854)
9. 예수 그리스도와 메토디우스(1938)
10. 성 프란체스코 자비에르(1711년 작의 복제)
11. 세례 요한(1855)
12. 성 크리스토포루스(1857)
13. 성 노베르트, 바츨라프, 지기스문트(1855)
14. 보르자의 성 프란체스코(1710)
15. 성 얀 네포무츠키(1683)
16. 성 루드밀라, 바츨라프(1720)
17. 파도바의 성 안토니우스(1710)
18. 성 프란체스코(1855)
19. 성 타데오 유다(1708)
20. 성 빈켄티우스 페레리우스, 프로코피우스(이상1712), 브룬티크(1886)
21. 성 아우구스티누스(1708년 작의 복제)
22. 톨렌티노의 성 미쿨라셰(1708)
23. 성 키예타누스(1709)
24. 성 루트가르디스(1710)
25. 성 베네티우스(1714)
26. 성 아달베르투스(1709)
27. 성 비투스(1714)
28. 마타의 성 요한, 바로프의 성 펠릭스, 성 이반(1714)
29. 예수 그리스도와 쌍둥이인 성 코스마와 다미아노(1709)
30. 성 바츨라프(1857)

해 15세기 초에 완성되었다. 카를루프 4세 통치 기간에 조성되어 카를루프라는 이름이 붙었다.

다리 위에는 바로크 양식의 성인 동상 30개가 서 있는데, 원래 1683년부터 1714년까지 보헤미안 출신의 몇몇 조각가가 만든 것으로, 지난 1965년 일부는 국립박물관으로 옮겨 갔고, 오늘날 세워진 것들 중 일부는 복제품이다. 얀 네포무츠키(Jan Nepomucký)를 비롯해 30명의 성인 중 상당수는 14세기 말 당시 성직자로, 당시 보헤미안 왕국의 통치자이던 바츨라프 4세 국왕의 명령으로 카를루프 다리 위에서 블타바 강으로 던져져 순교한 자들이다.

프라하를 제대로 느끼기 위해서는 카를교를 거닐어야 한다. 새벽 5~6시경 도시가 눈을 비비며 잠에서 깨어나기 직전 희뿌연 안개 속에서 기지개를 켜는 모습을 보고 싶다면 카를교만큼 좋은 곳이 없다. 밤새 불을 밝히던 다리 위의 가로등이 꺼지면서 검은 사암으로 만든 성인들의 동상이 실루엣을 드러내면 마치 살아서 꿈틀거리는 것처럼 느껴진다. 이보다 아름다운 정적과 고요의 순간이 또 있을까 싶을 만큼 화장기 없는 이 도시의 맨얼굴을 마주할 수 있다.

얀 네포무츠키(Jan Nepomucký) 얀 네포무츠키는 성직자로서 보헤미아왕국 여왕의 은밀하고도 자기 고백적인 고해성사를 들었다. 훗날 고해성사의 비밀스러운 내용을 폭로하라는 왕의 명령을 거역해 왕의 군대에게 블타바 강 아래로 산 채로 던져져 순교했다.

블타바 강 위에서 즐기는 나이트라이프 파리에 센 강이 흐르고 런던에 템스 강이 흐르듯 프라하에는 블타바 강이 흐른다. 블타바 강 위에서 낭만을 제대로 느끼려면 매일 밤마다 운항하는 리버 크루즈에 몸을 싣는 것도 좋다. 아름다운 선율의 라이브 피아노 연주와 함께 블타바 강 주변의 감미로운 야경을 만끽해보자.

카를교와 완전수 전설에 따르면 카를교를 세울 때 첫 번째 돌을 놓은 시각은 정확히 1357년 7월 9일 5시 31분이라고 한다. 이는 천문학자가 카를루프 4세에게 전해준 행운의 숫자이자 완전수의 결합인 '135797531'을 따라 시각을 정한 것이다(유럽에서는 월수보다 앞서 일수를 쓴다).

5

1968년 프라하의 봄을 상징하는 [바츨라프 광장]

Václavské Náměstí

Vaclav Square

지도 P.070F **2권** P.076 **구글 지도 GPS 50.081747, 14.427189**
찾아가기 광장의 북서쪽 끝은 메트로 A · B선 무스테크(Můstek) 역에서 도보 1분, 광장 남동쪽 끝은 메트로 A · C선 무제움(Muzeum) 역에서 도보 1분
주소 Václavské Náměstí., 110 00 Praha 1
전화 없음 **시간** 24시간 **휴무** 없음
가격 무료 **홈페이지** www.prague.eu/en

바츨라프 광장은 서울 시내 한복판에 있는 광화문 광장처럼 양쪽 대로와 평행한 길쭉한 광장이다. 길이가 750m, 너비가 30m에 달한다. 광화문 광장에 이순신 장군의 동상이 있다면 이곳 바츨라프 광장에는 바츨라프 국왕의 기마상이 자리한다는 점도 비슷하다. 광장 중앙에는 심어놓은 나무와 꽃이 만발해 시민들의 여유로운 산책로로 이용되기에 여행자들도 잠시 발걸음을 멈추고 광장 한편에 앉아 주변을 둘러보는 여유로움을 만끽할 수 있다.

이 광장이 부여하는 역사적 의미를 한 번쯤은 되새길 필요가 있지 않을까 싶다. 바츨라프 광장의 이름은 10세기 체코 국왕 바츨라프 1세 국왕의 이름을 딴 것이다. 바츨라프(Václav)는 국왕이었지만 경건한 크리스천으로 이 나라에 기독교를 전파하는 데 크게 공헌한 인물이다. 비록 비극적으로 동생에게 암살당하고 말지만, 죽은 후에는 국민들에게 성인으로 추앙받았다.

바츨라프 광장을 중심축으로 북서쪽 끝 무스테크 역 동쪽에는 서울의 명동과 비슷한 프라하 최대의 보행자 거리이자 쇼핑 거리가 위치하며 그 반대쪽에는 프라하의 공연 문화를 대변하는 재즈 클럽, 라이브 뮤직 클럽 등이 있어 이 도시의 대표적인 나이트라이프의 메카 역할을 한다. 광장 남동쪽 끝에 위치한 네오 르네상스 건물인 국립박물관 입구에서 광장과 주변을 내려다보는 조망이 또 다른 포토제닉 스폿을 만들어낸다.

Talk Talk

바츨라프 1세 국왕의 비극과 아기의 탄생 935년 9월 바츨라프 1세 국왕이 그의 동생 볼레슬라프(Boleslav)에게 살해당한 뒤 왕권을 찬탈당한다. 공교롭게 그가 죽은 날은 볼레슬라프의 자녀가 태어난 날이었는데, 이 무서운 사건이 일어난 후 볼레슬라프는 아이의 이름을 '무시무시한 향연'이라는 뜻을 지닌 스트라흐크바스(Strachkvas)라고 지었다고 한다.

밀란 쿤데라 Milan Kundera 체코의 대표적인 국민 소설가로 체코 브르노 출신이다. 프란츠 카프카에게 심오한 영향을 받은 작가로, 1929년에 태어나 1950년 반공산당적인 활동이라는 죄목 아래 추방 당했고, 그는 이 사건을 토대로 1967년 첫 소설 《농담》을 출간한다. 1968년 소련의 침공 후 그의 집필 활동이 금지당하자 1975년 프랑스로 망명해 지금까지 살고 있다.

또 이 광장은 프라하의 정치적 근대 역사와 인연이 깊다. 1918년 오스트리아에서 독립했을 때 독립을 기념하는 인파가 이 광장으로 몰려들었으며, 1948년 체코슬로바키아 사회주의 공화국이 이 광장에서 선포되었다. 무엇보다 올드 무비 팬이라면 체코의 국민 소설가 밀란 쿤데라가 1984년에 쓴 소설 《참을 수 없는 존재의 가벼움》을 영화화한 쥘리에트 비노슈 주연의 〈프라하의 봄〉(1988년 작)을 기억할 것이다. 이 영화는 1968년 8월 이 광장에서 구소련군의 탱크에 저항했던 대규모 시위대의 모습을 생생히 묘사하고 있다. 비록 〈프라하의 봄〉으로 상징되는 이 시위는 당시에는 결실을 맺지 못했지만 1989년 이 광장에 모인 민주주의를 열망하는 시민들의 시위로 공산주의 국가의 종지부를 찍고 민주화를 이루는 결실을 이루었다. 바츨라프 광장 주변에는 고급 상점, 레스토랑, 극장 등이 들어서 예로부터 번화가를 이루어왔다.

여행 전 미리보기

바츨라프 광장이 배경인 소설&영화

소설 《참을 수 없는 존재의 가벼움》

〈타임〉의 1980년대 소설 베스트10에 선정된 이 소설은 획일적인 삶에서 벗어나고자 하는 외과 의사와 운명적 사랑을 믿는 여종업원, 사회적 속박에서 벗어나고자 하는 화가 등 각기 다른 4명의 인물을 통해 서로 다른 러브 스토리를 보여준다.

영화 〈프라하의 봄〉

밀란 쿤데라의 소설 《참을 수 없는 존재의 가벼움》을 각색해 만든 1988년 작 멜로 영화다. 감독은 필립 카우프먼이 맡았고 주인공으로는 다니엘 데이 루이스, 쥘리에트 비노슈 등이 열연했다. 러닝타임이 171분인 장편영화다.

TIP 바츨라프 광장의 포토제닉 스폿

바츨라프 광장을 한눈에 바라보려면 국립박물관의 계단을 올라 바츨라프 1세 국왕의 기마상의 뒷모습을 앞에 두고 바츨라프 광장과 주변 건물을 카메라 앵글에 담아보자. 이곳에서 찍는 바츨라프 광장 주변의 야경 역시 근사하다.

MANUAL 3

시크릿 명소

그리다가 그리워졌다

눈빛은 크리스마스트리의 꼬마전구처럼 반짝거렸고,
볼은 상기되었으며, 입은 이제 막 세상을 알아가는
아이처럼 쉴 새 없이 재잘거린다.
프라하의 추억을 나눌 때 그들은 모두 같은 표정이었다.

Name 이대근
Nationality 한국인
Job 외국계 회사 회사원

Q. 프라하에 언제 왔나요? 외국계 회사에 입사하면서 서울과 프라하를 오가다 2013년 9월부터 프라하에 계속 살고 있어요. 유명 관광지 몇 곳을 제외하고는 사람이 붐비는 느낌이 없어서 처음부터 아늑했어요.

Q. 살면서 발견한 맛집이 있다면요? 카페 사보이(Café Savoy)요. 네오 르네상스 스타일의 아름다운 천장을 즐기면서 매일 바뀌는 유럽식 브런치와 향 좋은 커피를 즐길 수 있어요. 최근에 많이 유명해져서 사전에 예약하지 않으면 헛걸음하기 십상이에요. 해산물이 당기면 와인&푸드(Wine&Food)로 향하는데, 제가 개인적으로 가장 좋아하는 식당이에요. 시내와는 조금 떨어져 있지만 캐주얼한 분위기, 라이브 피아노 연주, 그리고 맛 좋은 해산물까지 모두 즐길 수 있어요. 외곽에 있지만 체코는 비교적 택시비가 저렴하니 택시를 타고 가도 좋을 거예요.

Q. 프라하 사람들의 나이트라이프를 알려주세요. 유럽, 그중에서도 체코 하면 맥주를 빼놓을 수 없죠. 다양한 펍이 있지만 전 댄싱 빌딩 쪽 블타바 강 둔치를 추천해요. 여름에만 한시적으로 노상 펍이 영업을 하는데, 프라하 강을 마주하고 맥주를 즐길 수 있죠. 길거리 공연도 많이 열려 볼거리도 많아요. 프라하에는 5000여 개의 클럽이 있어요. 또래 사이에서는 M1 라운지(M1 Lounge), 봄베이 바(Bombay Bar), 하를리스 바(Harley's Bar) 등이 요즘 인기예요. 관광객들에게는 카를교 근처에는 있는 5층짜리 클럽 카를로비 라즈녜(Karlovy Lazně)가 유명하고요. 층마다 음악 장르가 달라서 재미있죠. 카페에서 여가 시간을 보내기도 하고요. 한국이랑 비슷해요.

Q. 프라하 여행자에게 추천하고 싶은 것 한 가지가 있다면? 공연이죠. 우선 재즈 클럽을 추천해요. 미국의 전 대통령 빌 클린턴이 방문했던 레두타 재즈 클럽(Reduta Jazz Club)은 너무 유명하니 재즈 독(Jazz Dock)을 추천할게요. 레두타 재즈 클럽(Reduta Jazz Club)에 비해 연주는 아쉽지만 창문으로 블타바 강이 보여 아쉬움을 달래주죠. 대부분의 재즈 클럽이 지하에 있기 때문에 이렇게 프라하 풍경과 함께 재즈 연주를 들을 공간은 많지 않거든요. 그리고 캐주얼 정장이나 구두 한 켤레 챙겨서 오케스트라 공연을 즐겨보세요. 프라하에서는 1000Kč 정도면 최고의 자리에서 공연을 관람할 수 있으니 저렴하죠. 오페라나 클래식 공연 자체가 두렵다면 발레 공연도 좋아요.

Q. 나에게 프라하란? 삶의 쉼표. 호기롭게 유럽에서의 삶을 선택한 지 벌써 5년이나 되었네요. 유럽에서 근무하면서 이들의 라이프스타일을 엿보며 많이 깨닫게 됐어요. 그동안 제가 너무 바쁘고 급하게 사는 데 익숙해졌던 것 같아요. 지금은 보다 즐길 수 있게 되었어요. 프라하가 제게 과거를 돌이켜 보고 앞으로의 여정을 그리기 위한 '삶의 쉼표'가 되어준 셈이에요.

Name	터너 해리슨(Turner Harrison)
Nationality	미국인
Job	그래픽 디자이너, 밴드 싱어

Q. 프라하에 언제 왔나요? 2005년 교환학생으로 프라하에 왔어요. 그때 여기서 만난 친구들과 밴드 빙(Bing)을 결성했죠. 우리 밴드가 꽤 유명해진 덕에 쭉 머물게 됐어요. 맥주 맛이 환상적이고 물가가 저렴하니 머무르지 않을 이유가 없죠. 게다가 프라하 여자분들도 정말 예쁘거든요. 하하.

Q. 프라하에 대한 첫인상은 어떤가요? 사람들이 프라하는 불친절하다고 얘기하잖요. 저도 그런 줄 알았는데 막상 와보니 전혀 아니에요. 오히려 이들은 사람들 각자를 존중하다 보니, 먼저 다가가지 않고 의견을 강하게 말하지 않을 뿐이죠.

Q. 요즘 프라하에서 인기 있는 음악은 뭐예요? 프라하는 약간 미스터리해요. 요즘에는 록과 팝 펑크가 인기예요. 제가 하는 음악도 록이고요. 하지만 레게나 하드 테크노 등 다양한 음악을 틀어주는 크로스 클럽, 미트 팩토리 클럽도 인기죠. 다양성을 인정하는 성향이 음악에서도 드러나는 것 같아요.

Q. 혼자 즐겨 찾는 곳이 있나요? 레트나 공원을 제일 좋아해요. 정상에서 내려다보는 프라하의 풍경이 정말 아름답거든요. 맥주 한 병 마시고 있으면 성공한 미국 록 밴드가 부럽지 않아요. 개인적으로 프라하에서 살면서 가장 좋은 것 중 하나가 강아지를 어디든 데리고 갈 수 있다는 거예요. 레트나 공원에도 강아지를 데리고 산책하는 사람들을 쉽게 볼 수 있어요.

Q. 프라하 여행자에게 추천하고 싶은 것 세 가지가 있다면? 첫 번째는 '크로스 클럽'이에요. 우리 밴드가 부정기적으로 공연하는 클럽인데, 장담하건대 지금까지 본 것 중 가장 최고일 테니까요. 하하. 둘째, 프라하 근교에 있는 칼슈타인 성을 추천해요. 고딕 양식의 칼슈타인 성을 보고 있으면 중세 유럽 건축의 웅장한 면모에 전율이 느껴질 정도예요. 마지막으로 보트를 타고 프라하를 감상하길 바라요. 반드시 큰 보트가 아닌 작은 패들 보트여야 해요. 큰 보트는 동력기 때문에 시끄러우니까 오히려 방해가 되죠. 프라하를 감상하기에는 패들 보트가 제격이에요.

Q. 가장 좋아하는 체코 요리는 뭔가요? 스비츠코바(Svickova)요! 빵이랑 함께 나오는 쇠고기 요리로 체코 전통 음식이에요. 채소와 과일 부드러운 풍미가 일품이죠. 베지테리언이 되기 전에 참 많이 즐겨 먹던 음식인데 지금은 먹을 수 없어서 정말 아쉬웠죠. 그런데 얼마 전에 콩고기로 만든 스비츠코바를 찾았어요. 구시가지 광장에서 멀지도 않아서 자주 가고 있어요. 프라하 광장에 있는 마이트레아(Maitrea, restaurace-maitrea.cz/en)라는 베지테리언 레스토랑에 오시면 저를 만날 수 있을지도 몰라요. 하하.

Q. 프라하를 한마디로 표현한다면? 기쁨. 프라하에 와서 얻은 게 많아요. 음악을 하면서 친구를 얻었고, 성취감도 맛보았죠. 언제 미국으로 돌아갈지 모르지만 언제나 프라하를 떠올리면 기쁠 것 같아요.

Q. 체코는 이번이 처음인가요? 아니요. 3년 전에 프라하를 처음 찾았고, 그 이후에도 프라하와 체스키 크룸로프를 방문했어요. 프라하는 서유럽 대도시에서 느끼지 못한 고즈넉함이 있죠. 특히 프라하 성과 말라 스트라나 지역에 들어서는 순간 동화책 안으로 들어가는 듯한 신비로운 기분이 들었어요.

Q. 프라하에서 꼭 찍어야 하는 풍경을 꼽는다면요?
첫째, 비셰흐라드 공원에서 바라보는 노을에 물든 블타바 강과 프라하 성의 야경 담기. 두 번째는 카를교에서 동트기 약 20분 전 부터 사진 찍는 것을 적극 추천해요. 세 번째는 카를교의 화약탑에 올라 노을과 야경을 담으면 좋을 것 같아요.

Q. 야경 촬영하는 노하우를 알려주세요. 삼각대가 있다면 조리개를 8 이상으로 조이고 ISO는 100~400 정도로 잡은 후 찍으면 돼요. 삼각대가 없다면 ISO를 3200 이상으로 올리고, 조리개 숫자를 낮추고요. 가장 중요한 것은 야경을 찍는 시간인데, 해가 진 후 30분 정도 지난 후가 가장 아름다우니까 해가 질 때부터 인내심을 가지고 사진을 찍어야 해요. 너무 깜깜할 땐 사진을 찍기도 어렵고, 분위기가 좀 사라져서 아쉽죠.

Name 이준희
Nationality 한국인
Job '아르노스냅(arnosnap.com)' 사진작가

Q. 커플 스냅을 많이 촬영하시는데, 예쁘게 찍히는 방법이 따로 있나요? 정면보다 옆으로 서고, 여성분들이라면 머리카락, 옷깃 등을 살짝 잡아주고, 남성분들은 발을 살짝 꼬면 훨씬 자연스러운 포즈가 연출되죠. 시선은 렌즈를 보지 말고, 렌즈에 있는 사물을 본다고 생각하면 표정도 더욱 자연스러워지겠죠? 지형지물을 이용해 난간 등에 기대면 더욱 편안한 모습의 사진을 남길 수 있어요.

Q. 유럽 스냅 촬영이 많아지고 있어요. 조언을 해주신다면요? 샘플 사진을 보고 마음에 드는 곳을 예약할 텐데, 대부분 그 사진을 찍은 작가가 나오는지 확인은 하지 않는 분들이 많아요. 사진은 기술도 중요하지만 작가의 성향에 따라 결과물이 좌우되거든요. 참고로 제 작업물은 인스타그램 'junny_photo'를 검색하시면 실시간으로 확인할 수 있어요. 유럽, 일본 여행을 계획 중이라면 참고해주세요. 하하.

Q. 작가님의 올해 목표가 있다면요? 포토 에세이를 내고 싶어요. 올해는 어려울지 몰라도 언젠가는 꼭 해보고 싶네요. 그리고 잘 알려지지 않은 지역을 여행하며 좀 더 자연에 다가가는 사진 작업을 하고 싶어요. 시칠리아, 아일랜드, 미얀마, 스리랑카 등지의 잘 떠나려지지 않은 곳들에 특히 관심이 많아요.

Q. 나에게 프라하란? 삶의 이정표 같아요. 프라하를 다시 찾은 후 변하지 않은 풍경을 다른 시선으로 바라보는 저를 발견했거든요. 시간의 흐름을 확인하는 여행이었어요. 사실 우리는 공간을 여행하러 떠나지만, 종종 시간을 여행하는 느낌이 들어요. 특히 프라하에서는 더욱요.

Name 마르케타(Marketa)
Nationality 체코 인
Job 고등학생

Q. 대학생인가요? 아니요, 프라하에 살고 있는 고등학생이에요.
Q. 응원하는 아이스하키 팀이 있나요? 프라하 슬라비아 팀을 응원해요. 거의 매 경기 보러 올 정도로 좋아하죠. 실은 남자 친구가 하키 선수거든요. 한국에서도 아이스하키가 인기 있나요?
Q. 아뇨. 한국에서는 비인기 종목이긴 해요. 남자 친구가 슬라비아 팀 하키 선수인가요? 아뇨. 그냥 학교 팀 선수예요. 하지만 프로 선수가 되는 게 꿈이죠.
Q. 체코의 하키에 대해 자랑 좀 해주세요. 체코는 세계에서 하키를 가장 잘하는 나라 중 하나예요. 동계올림픽에서 메달도 여러 번 땄고요. 체코에서는 축구와 함께 하키가 가장 인기 있는 스포츠랍니다(체코는 현재 세계 랭킹 6위다. 체코는 캐나다, 미국, 러시아, 스웨덴, 핀란드와 함께 남자 아이스하키의 빅 식스(big 6)로 불린다).
Q. 마지막으로 프라하 자랑 좀 해주세요. 프라하는 마법으로 만든 세상 같은 멋진 도시예요. 구시가를 비롯해 도심 곳곳에 중세의 멋이 가득한 건축물들이 꼭꼭 숨어 있죠.

Q. 어디 출신인가요? 프라하에서 멀리 떨어진 체코의 작은 마을 출신이에요. 현재 프라하 구시가 광장 인근의 초코 스토리 매장에서 일하고 있어요. 참, 한국에서 모델로 잠시 활동한 적도 있어요.
Q. 한국에서 모델을 했다고요? 한국 하면 가장 먼저 떠오르는 게 뭔가요? 음식이요. 음식 이름은 기억나지 않지만, 무척 매웠던 게 생각나요. 치킨도 맛있었고요. 커피숍이 많았던 것도 인상적이고 한국 사람들이 소주, 맥주를 많이 마시는 것도 놀라웠어요.
Q. 프라하 자랑을 한다면요? 프라하는 매우 아름다운 고전적인 도시예요. 블타바 강을 사이에 두고 아름다운 건축물들이 길게 늘어서 있죠. 또 프라하는 미식가를 위한 도시이기도 해요. 이 도시에서 지구 상의 모든 음식을 맛볼 수 있어요.
Q. 프라하는 미식가를 위한 도시라고 말했는데, 추천하고 싶은 게 있다면? 크림 소스를 얹은 덤플링이요. 제가 정말 좋아하거든요. 맛있는 음식을 먹고 날씨 좋은 날 강변을 따라 맑은 공기를 마시며 조깅하기를 권해요. 다른 도시에서는 느낄 수 없는, 프라하가 주는 '감동' 같은 게 있거든요. 게다가 프라하는 도심 공원이 많아 아름다운 자연경관을 만끽하며 조깅이 산책을 하기에 좋으니 꼭 도전해보세요!

Name 하나(Hana)
Nationality 체코 인
Job 초코 스토리 직원

Q. 프라하에 여행 오신 건가요? 네, 스위스 베른에서 친구와 짧은 일정으로 여행을 오게 됐어요. 프라하는 중세적인 멋을 풍기는 도시인 점에서는 베른과 닮았어요. 하지만 베른에서는 느낄 수 없는 무언가가 있는 것 같아요.

Q. 그게 무엇일까요? 한마디로 표현하기 어렵지만 예를 들면 프라하의 구시가를 둘러보면 넓은 광장도 있고, 카를교 같은 오래된 석조 다리도 있는 점이 베른과 달라요.

Q. 프라하에서 가장 인상적인 명소는 어디인가요? 페트린 전망대요. 전망대 위에 올라가 보면 아름다운 도시 전체를 360도 파노라마 뷰로 볼 수 있어요. 구시가도 좋아해요. 볼거리가 많아요. 거리 공연도 많고 윈도쇼핑도 즐겁고.

Q. 프라하를 여행하면서 아쉬운 점은? 숍이나 레스토랑에서의 서비스가 스위스만큼 친절하진 않은 것 같아요.

Q. 혹시 프라하에 머무는 동안 쇼핑한 아이템이 있나요? 키홀더 몇 개와 티셔츠 몇 장을 샀어요. 물가가 스위스보다 저렴해서 좋아요. 프라하 여행 일정을 5일로 잡았는데, 5일만 머무르기에는 너무 아쉬운 도시인 것 같아요.

Q. 매일 이곳에서 공연을 하시나요? 아니요. 가끔 해요. 사실 본래 직업은 클럽 DJ예요.

Q. 어떤 음악을 주로 디제잉하죠? 일렉트릭 뮤직이요.

Q. 프라하에서 일렉트릭 뮤직을 듣기에 좋은 곳 한 곳만 소개해주세요. 샤포 루주(Chapeau Rouge)라는 나이트클럽이요. 구시가 광장의 틴 교회 바로 동쪽에 있어요. 친구들과 신나게 놀기 좋아요. 스트레스가 확 풀릴 테니 꼭 가보세요.

Q. 구시가에서 거리 공연을 하게 된 계기가 있나요? 아는 사람의 소개로 플로팅 액팅(floating acting)을 익혔죠. 전 체코 북부 지방 출신인데 가끔 프라하에 와서 이 거리 공연으로 돈을 벌기도 해요. 아무래도 관광객이 많은 도시니까요. 1년 정도 했더니 꽤 유명해져서 SNS에도 가끔 제 사진이 올라오는 걸 볼 수 있어요 .

Q. 거리 공연이 불법은 아닌가요? 프라하 시에서 허가를 받은 사람들은 괜찮아요. 당연히 저도 그중 하나고요.

Q. 프라하를 한마디로 정의한다면 어떤 도시라고 말하고 싶어요? 자유의 도시! 저 같은 사람이 자유롭게 거리 공연을 펼칠 수 있으니까요.

Q. 어디에서 여행 왔나요? 전 독일 남부의 울름이란 도시 출신이에요. 여행은 아니고, 프라하에서 의학을 공부하고 있어요.

Q. 프라하에서 의학을 공부하게 된 계기가 있나요? 프라하는 아주 번잡하지도 않고, 아주 조용하지도 않아서 머물면서 공부하기 좋은 곳이에요. 이곳에서 공부를 한 지 1년 정도 되었네요.

Q. 이곳 사람들과 쉽게 친해졌나요? 처음에는 다소 어렵지만 함께 지내다 보면 나중에는 결국 친해지죠.

Q. 프라하에서 가장 좋아하는 동네가 있나요? 카페 몰이 자리한 신시가지의 이페 파블로바(I.P. Pavlova) 역 주변을 좋아해요. 관광객이 거의 없는 데다 프라하 시민들의 분주한 일상을 엿볼 수 있고, 학생이 많기 때문이죠.

Q. 프라하를 한마디로 정의한다면? 맥주의 도시죠. 개인적으로 체코 맥주인 부드바이저를 무척 좋아해요.

MANUAL 4

—

산 책

프라하 산책로 베스트 6

프라하 관광의 묘미는 프라하 성, 카를교, 구시가 광장 주변의 주옥같은 중세 건축물을 둘러보는 것이다. 하지만 이 도시의 진정한 매력은 사실 아름다운 산책로에 숨겨 있다 해도 과언이 아니다. 프라하의 산책로는 단순한 산책로와 다르다. 이곳의 산책로는 저마다 드라마틱한 시티 뷰를 자랑한다. 게다가 런던이나 파리의 도심 정원에 버금가는, 아니 그 이상의 아름다움을 지닌 정원들이 숨어 있다. 프라하 성에서 가까운 프라하의 대표적인 정원을 둘러보고 킨스키 공원이나 레트나 공원의 언덕에 올라 아름다운 도심 풍경을 감상해보자.

테마별 프라하의 공원

[봄에 가기 좋은 곳]

왕실 정원과 브르트바 정원

↓

화사한 꽃들이 만발한 모습을 만끽할 수 있다.

[여름에 가기 좋은 곳]

킨스키 공원, 레트나 공원

↓

수풀이 우거진 공간을 거닐 수 있다.

[가을에 가기 좋은 곳]

스트로모프카

↓

낙엽을 밟으며 산책할 수 있다.

[겨울에 가기 좋은 곳]

스트로모프카

↓

눈이 내린 후라면 멋진 설경을 감상할 수 있다.

[아이와 가기 좋은 곳]

스트로모프카

↓

근처에 아이들이 방문할 수 있는 천문관이 있어 더욱 좋다.

브르트바 정원

↓

마치 《이상한 나라의 앨리스》 속 정원 같은 모습을 지니고 있다.

QUESTION
내 취향에는 어떤 산책로가 좋을까?

√ 왕실 정원
√ 발트슈테인 정원

YES

시티 뷰를 즐기며
산책을 하고 싶다.

NO

고궁 산책을
즐기고 싶다.

NO

YES

√ 브르트바 정원

무엇보다 주변 관광지와
가까워야 한다.

NO

√ 스트로모프카

YES

√ 킨스키 공원
√ 레트나 공원

왕실 정원

[Královská Zahrada]

Royal Garden

별점 ★★★★

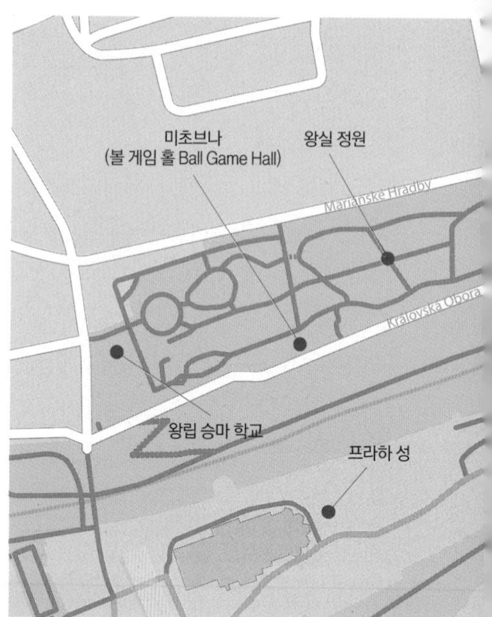

왕실 정원은 프라하 성을 방문한 여행자에게 최고의 산책 코스를 제공한다. 프라하 성에서 왕실 정원으로 들어서려면 출구를 잘 찾아야 한다. 물론 조금만 주의 깊게 살피면 어렵지 않게 출구를 찾을 수 있다. 분수가 자리한 프라하 성의 두 번째 코트야드의 북쪽 게이트를 통과한 뒤 계속 나아가면 1540년에 세운 프르자슈니 다리(Prašný Most)를 건너게 된다. 오른쪽의 사슴 계곡을 지나 계속 걸어가면 왕실 정원으로 들어가는 오른쪽 입구가 나온다. 정원은 다소 영국식 정원을 연상케 할 만큼 잔디가 넓고 덩치 큰 나무들이 조화롭게 배치되어 있다. 이 때문에 정원은 언제나 여유롭고 평화로운 분위기가 감돈다. 이 정원을 더욱 돋보이게 하는 것은 바로 1569년에 세운 미초브나(Míčovna) 건물이다. 당시 이 지역을 통치하던 합스부르크 왕가에서 오늘날의 배드민턴과 흡사한 실내 스포츠를 즐기기 위해 만들었다고 한다. 건물 앞에는 뒤엉킨 군상을 표현한 조각상이 서 있고, 르네상스 시대의 영향을 받은 건물 외관은 스크

TIP 여름 궁전
아름다운 르네상스 건물로 프라하 성 옆 왕실 정원 내에 자리한다. 1538년부터 1560년까지 건축된 건물로 페르디난드 1세 국왕이 그의 아내를 위한 별궁으로 지었다. 오늘날 이곳은 순수 회화와 응용미술 작품을 전시하는 공간으로 사용되고 있다.

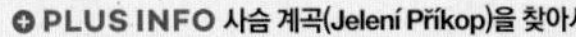

PLUS INFO 사슴 계곡(Jelení Příkop)을 찾아서
아마도 프라하 중심가에서 그리 멀지 않은 곳에 이와 같은 은밀한 계곡이 숨어 있다는 사실에 놀라지 않을 사람은 없을 것이다. 하지만 이곳까지 찾아오는 이들은 프라하를 찾는 전체 방문객 중 큰 비중을 차지하진 않는다. 먼 옛날 사슴들이 뛰어놀았을법한 사슴 계곡은 프라하 성에서 왕실 정원으로 넘어가는 다리 아래에 있다. 정원에서 계곡으로 내려가는 길은 산속의 작은 오솔길을 연상시킬 정도로 폭이 좁고 호젓하다. 깊은 정서를 자아내는 사슴 계곡의 오솔길을 따라 계속 내려가보자. 프라하 성의 정기를 담은 언덕 아래 자연 공간이 선사하는 한 줌의 공기는 어느 곳에서 맛보는 공기보다 청정하다. 오솔길은 언덕 아래의 흐라드차니 지구의 대로와 연결된다. 자연과 이별한 뒤 아스팔트 길을 걷다 보면 지하철역과 트램 정류장까지 쉽게 다다를 수 있다. 사슴 계곡으로 내려가는 오솔길에서는 성 비투스 성당의 뒷모습을 생생하게 엿볼 수 있다. 프라하 성을 방문하는 동안에는 전혀 볼 수 없었던 프라하 성의 감추어진 모습을 은밀하게 엿보는 느낌이라고나 할까? 이제야 프라하 성을 유럽 최고의 고성이라 부르는 이유를 깨닫게 된다. 사실 카를교를 지나 프라하 성을 방문하면 성채로서의 위용은 발견하기 어렵다. 고성의 자태가 철저히 감추어져 있기 때문이다. 하지만 사슴 계곡에서는 고성의 숨은 모습이 여실히 드러난다.

라피토(sgraffito) 방식에 따라 표면을 긁은 뒤 색감을 주입해 벽화를 그렸는데, 생생한 벽화의 모습이 당시 유럽 화풍을 대칭적으로 묘사하고 있다. 공원의 동쪽 끝에는 여름 궁전(Letohrádek)이 아름다운 자태를 뽐내며 서 있는데, 그 모습이 마치 파리의 뤽상부르 공원에 자리한 뤽상부르 궁전을 연상시킬 정도로 인상적이다(물론 규모 면에서는 이곳의 여름 궁전이 훨씬 더 작다). 앞에 분수가 놓인 여름 궁전은 건물 아랫부분에 아치형 구조를 띤 이탤리언 르네상스 스타일로 건축되었다. 분수를 내뿜는 파운틴 주변에는 오래된 나무와 벤치가 놓여 있어 감상적인 분위기를 풍긴다. 이 정원은 일종의 식물원 역할도 한다. 정원에 들어선 나무들의 이름과 위치를 알려주는 안내판이 여름 궁전 근처에 놓여 있어 궁금증을 유발하는 나무들의 이름을 찾아볼 수 있다. 미초브나 건물과 마찬가지로 여름 궁전은 특별 미술 전시회나 특별 이벤트 장소로 종종 사용된다. 아쉽게도 그만큼 일반인의 출입은 다소 제한적이다.

지도 P.086B **2권** P.092
구글 지도 GPS 50.09327, 14.401961
찾아가기 프라하 성 북쪽에 위치, 프라하 성의 두 번째 코트야드에서 도보 3분/22번 트램 탑승 후 여름 궁전 인근에서 하차 **주소** Královská Zahrada Pražský Hrad, 119 08 **전화** +420-224-372-435 **시간** 4 · 10월 10:00~18:00, 5 · 9월 10:00~19:00, 6~7월 10:00~21:00, 8월 10:00~20:00 **휴무** 11~3월 **가격** 무료 **홈페이지** www.hrad.cz/cs/prazsky-hrad

발트슈테인 정원

[Valdštejnská Zahrada]

Wallenstein Garden

별점 ★★★★

발트슈테인 정원을 찾아가려면 입구를 주의 깊게 찾아야 한다. 건물 입구처럼 생긴 대문을 지나치기 쉽기 때문이다. 물론 발트슈테인 왕궁을 통해 접근해도 된다. 프라하 정원 대부분이 그러하듯 이곳도 비밀스러운 모습을 쉽게 공개하고 싶지 않은 욕망 때문에 그 속살을 어렵게 찾아온 방문객들에게만 은밀하게 드러낸다. 이곳은 분수대 조각상을 중심으로 대칭으로 꾸민 조경이 멋진 곳이다. 정원을 둘러싸고 있는 연핑크빛 건물은 은은한 분위기에 감성을 더하는데, 사실 이 건물은 체코 의회에서 사용하는 건물이다. 이곳의 포토제닉 포인트는 바로 곳곳에 놓여 있는 작은 청동 조각상들이다. 대칭의 경계를 이루는 정원길 사이로 신화 속 인물의 모습을 예술적으로 표현한 조각이 일렬로 늘어선 모습은 역동적이라 눈길을 끈다. 이 동상들은 1626년 프라하에 살던 네덜란드 출신 예술가 아드리아엔 데 브리에스(Adriaen de Vries)가 세운 것이다. 특히 켄타우로스를 연상케 하는 반인반마에게서 여인을 되찾고자 하는 남성의 모습을 조각으로 표현한 작품이 분수 중앙에 서 있다. 이번에는 몽둥이를 쳐들고 용을 제압하는 남성의 모습을 힘 있게 표현한 헤라클레스 동상이 핑크빛 건물 앞 연못 중앙에 우뚝 솟아 있어 눈길을 끈다. 공원 맞은편 콘서트가 종종 열리는 살라 테레나(Sala Terrena)의 파빌리온 앞 분수에는 그리스 신화에 등장하는 물의 요정 나이아스의 동상이 아름다운 자태로 자리한다. 무엇보다 개인적으로 가장 흥미로운 것은 공원의 잔디에서 먹이를 찾고 있는 공작새 한 쌍을 발견했다는 사실. 마치 동화 속 숲에서 파랑새를 발견한 것처럼 들뜬 기분으로 공작새가 한 걸음 한 걸음 내딛는 모습을 주의 깊게 바라보는 즐거움까지 덤으로 얻을 수 있다. 참고로 공원 한편의 벽면에서는 종유석으로 이루어진 괴이한 벽을 발견할 수 있는데, 포도송이처럼 주렁주렁 달린 암석 덩어리의 모습을 자세히 들여다보면 사자, 토끼 등 다양한 동물들의 얼굴을 찾을 수 있어 재미있다.

지도 P.096C **2권** P.102

구글 지도 GPS 50.090053, 14.405663

찾아가기 메트로 A선 말로스트란스카(Malostranská) 역에서 하차해 레텐스카(Letenská) 거리를 따라 도보 5분, 발트슈테인 정원 입구는 말로스트란스카 역에서 가까운 레텐스카 거리에도 있고, 발트슈테인 광장에서 발트슈테인 궁전으로 들어가 궁전 앞에 놓인 발트슈테인 정원으로도 들어갈 수 있다. **주소** Wallenstein Palace, 118 00 Prague 1 **전화** +420-257-075-707 **시간** 4~10월 월~금요일 07:30~18:00, 주말 · 공휴일 10:00~18:00(6~9월은 19:00까지) **휴무** 11~3월 **가격** 무료 **홈페이지** www.senat.cz

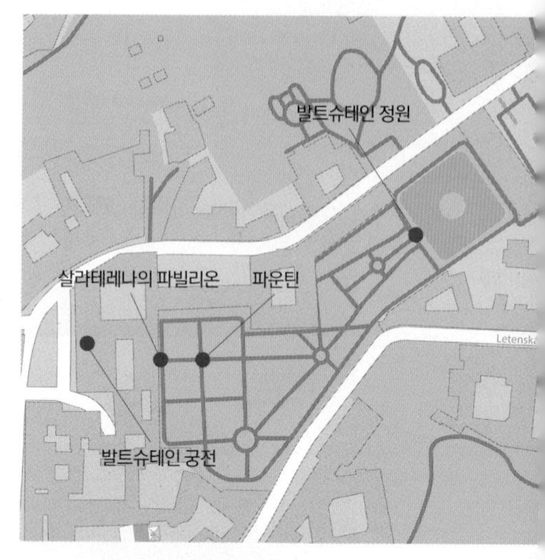

TIP 아드리아엔 데 브리에스
1556년 합스부르크제국 통치하의 네덜란드 헤이그에서 출생한 조각가로, 프라하 왕실의 후원 아래 바로크 스타일의 다채로운 청동 조각품을 만들었다. 1626년 프라하에서 생을 마쳤다.

TIP 발트슈테인 정원에서 펼쳐지는 다양한 이벤트

발트슈테인 정원 서쪽에 자리한 발트슈테인 왕궁 건물의 한 면은 파빌리온으로 이루어져 있다. 이 파빌리온 아래에는 무대가 설치되어 종종 여름밤 다양한 클래식 공연이나 연극이 펼쳐지기도 하며 프라하의 축제 기간에 다채로운 이벤트가 열리는 장소로도 사용된다. 아치형 구조에 기둥으로 장식된 파빌리온 무대 앞에는 물의 요정 나이아스의 동상이 분수 위에 놓여 있어 운치를 더한다. 무엇보다 정원에서 프라하 성의 성 비투스 성당까지 올려다볼 수 있기에 프라하에서 이만큼 아름다운 야외 콘서트 무대를 찾기는 쉽지 않을 것 같다. 부정기적으로 진행하는 콘서트 이벤트 일정을 확인하려면 현지의 프라하 관광청이나 프라하 이벤트 캘린더 홈페이지(www.pragueeventscalendar.com) 등을 통해 알아보는 것이 좋다.

브르트바 정원

[Vrtbovská Zahrada]

Vrtba Garden

별점 ★★★★★

프라하에 비밀의 화원이 있다면 바로 이곳이 아닐까 싶다. 이곳은 오히려 하나의 작은 동화 속 마을과 같다고 말하는 편이 더 정확할지도 모른다. 정원의 언덕 위에서 내려다보면 붉은 기와를 두른 예쁜 건물들이 무리를 이루어 마을을 형성하고 있는 듯한 모습을 보여주기 때문이다. 정원의 화단은 마치 왕실 정원사의 기막힌 손놀림으로 재단되고 정리된 듯한 느낌을 준다. 무엇보다 이 바로크 스타일의 비밀스러운 화원이 가장 마음에 드는 것은 프라하 성에서 멀지 않은 곳에 위치하지만 꼭꼭 숨겨져 있다는 점 때문이다. 그래서 더욱 비밀스럽고 생각하지 못한 것들이 모습을 드러낼 것만 같다. 이곳은 방문객이 많지 않은데, 이곳의 아름다운 풍경을 생각하면 애석한 일이 아닐 수 없다. 적어도 프라하의 톱 5 명소에 꼽아야 하지 않을까, 하는 생각마저 하게 만든다. 브르트바 정원은 1720년 프라하 성의 총책을 맡은 고관이던 브르트바(Vrtba) 백작을 위해 만든 정원이다. 먼저 정원으로 입장하면 입구 역할을 하는 건물 안에 있는 화려한 벽화와 르네상스 스타일의 조각상이 눈에 띈다. 벽화는 오랜 세월 때문인지 빛이 바랬지만 포도 덩굴을 몸에 감고 있

TIP 브르트바 정원 조각상
브르트바 정원의 테라스 위에 놓인 조각상들은 조각가 마티아시 베르나르드 브라운(Matyáš Bernard Braun)이 만든 바로크 스타일의 석상으로 대부분 그리스 로마 신화에 나오는 인물을 묘사했다. 그중 사냥개와 함께 포즈를 취하고 있는 비너스의 야생적인 모습이 인상적이다.

는 조각상은 세월의 흔적이 묻어 있어 오히려 돋보일 정도로 고상한 기품이 느껴진다. 이곳이 정원인지 박물관인지 분간할 수 없을 정도로 미술품에 잠시 눈이 현혹된다. 비너스와 아도니스의 모습을 묘사한 건물 천장 프레스코화에는 작가가 지상낙원을 표현하고자 한 흔적이 잘 드러나 있다. 이곳 정원은 깔끔한 형태로 잘 정돈되어 있다. 높이와 너비가 서로 일치하고 대칭으로 구성된 삼각뿔 형태의 나무가 전체적인 분위기를 단정하게 만든다. 나무 사이에는 붉은 꽃과 하얀 꽃이 섞인 화단이 틈을 메우고 있다. 건물을 타고 올라가는 담쟁이덩굴의 모습도 화려하다. 이곳이 《이상한 나라의 앨리스》에나 어울릴법한 동화적 분위기를 풍기는 가장 큰 이유는 계단식 정원으로 이루어졌기 때문이다. 계단에는 돌기둥 장식이 놓여 있으며 계단과 연결된 테라스에는 예술적 몸짓으로 허공을 휘휘 젓는 로마신화 속 인물들의 조각상이 촘촘히 배치되어 있다. 한 층 위 테라스도 핑크빛 베고니아 화단이 초록빛 나무와 조화를 이룬 모습이 이채롭다. 가장 위 테라스에 오르면 프라하 성은 물론 정원 아래 프라하 시가의 모습이 한눈에 들어온다. 시간적 여유가 있다면 프라하 성에서 한적한 길을 따라 남쪽으로 내려와 프라하의 정원 중 가장 아담하고 동화적인 모습을 담고 있는 이곳을 꼭 방문해보자.

지도 P.096B **2권** P.103
구글 지도 GPS 50.086691, 14.402992
찾아가기 프라하 성과 카를교에서 도보로 각각 15분 소요/12 · 20 · 22 · 57번 트램 탑승 후 정원 인근에서 하차해 도보 5분 **주소** Vrtbovská Zahrada, Karmelitská 373/25, 118 00 Praha 1 **전화** +420-272-088-350
시간 4~10월 10:00~18:00 **휴무** 11~3월 **가격** 성인 69Kč, 학생 · 아동 59Kč, 가족 195Kč **홈페이지** www.vrtbovska.cz/en

TIP 브르트바 정원 건물의 프레스코
프레스코로 표현한 비너스와 아도니스는 윌리엄 셰익스피어의 장편 서사시에 등장하는 인물이다. 프레스코는 아도니스에 대한 비너스의 애뜻한 사랑을 묘사하고 있다. 비너스는 그리스신화에서 아프로디테로 불리기도 한다. 비너스와 아도니스에 대한 사랑 이야기는 다음과 같다. 지상에 내려와 아도니스라는 청년을 보고 한눈에 반한 여신 비너스는 아도니스에게 사냥할 때 야생동물을 주의하라고 일러주지만, 아도니스는 결국 멧돼지의 공격을 받고 쓰러진다. 아도니스의 신음 소리에 천상에서 지상으로 내려온 비너스는 그의 상처를 치료하기 위해 가져온 액체를 상처 위에 뿌렸다. 그러자 그 상처 위에 꽃이 피어났는데, 얼마 안 있어 바람에 꽃잎이 떨어지게 되었다. 꽃처럼 아도니스의 수명도 짧게 다하고 말았다.

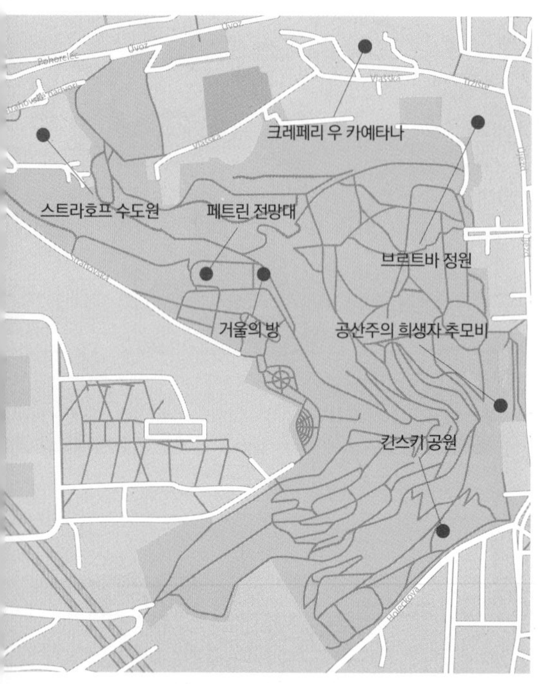

킨스키 공원

[Kinského Zahrada]

Kinsky Park

별점 ★★★★★

구시가 지구에서 레기교를 건너 계속 걸으면 킨스키 공원의 동쪽 입구와 만난다. 공원으로 올라가는 계단에는 누군가가 세운 철제 조각물이 설치되어 있다. 우수에 찬 얼굴의 남성상은 여러 형태의 모습으로 드러나 있는데, 뒤에 선 조각물은 몸이 찢기고 조각 난 섬뜩한 모습을 담고 서 있다. 그 옆에는 페트르진 언덕 위까지 단번에 올라가는 퍼니큘러 철로가 놓여 있다. 섬뜩한 조각상과의 만남을 뒤로한 채 따스한 햇살을 받으며 언덕 위로 발걸음을 옮기는 마음은 새로운 기대감으로 가득 찬다. 아마도 공원 내 파릇한 잔디에서 뿜어져 나오는 듯한 녹색 광선과 보이지 않는 프라하의 맑은 햇살이 주는 효과가 아닐까 싶다. 킨스키 공원은 평지가 아닌 언덕에 위치한 곳이라 걸어 올라가기에는 조금 숨이 가쁘다. 그래도 고개를 돌려 뒤를 돌아보면 조금씩 자태를 드러내는 프라하의 전경이 소름 돋을 정도로 기막히다. 성 비투스 성당의 자태도 점차 분명해진다. 다행히 곳곳에 벤치가 있으니 숨을 돌리며 언덕을 오르자. 공원 내 자리한 청동 조각상에 시선이 간다. 미술관 앞 정원에서나 볼법한 모습이다. 놀랍게도 이 언덕길에도 숲길이 있다. 숲길은 늘 도시민

TIP 네보지제크 레스토랑
네보지제크 호텔 내에 자리한 레스토랑으로, 킨스키 공원의 중턱에 자리해 있다. 멋진 시티 뷰를 선사하며 종종 주말에는 결혼식 피로연이 열리는 장소로도 사용된다. 음식은 체코 전통 메뉴 외에도 일부 인터내셔널 메뉴가 제공된다. 이곳에서 프라하 시가와 블타바 강가의 야경을 바라보며 고상한 디너 타임을 즐겨보자.
홈페이지 www.nebozizek.cz

여행자들이 킨스키 공원을 사랑하는 다섯 가지 이유

1 블타바 강과 구시가를 한눈에 내려다보는 시티 뷰가 환상적이다.
2 완만한 경사로를 거닐며 한가로운 산책을 즐길 수 있는 곳이다.
3 피크닉을 즐길 만한 숨은 공간이 곳곳에 많다.
4 구시가 지구나 프라하 성에서 비교적 가깝다.
5 벤치에 앉아 조용히 책을 읽거나 잠시 사색에 잠기기에 좋다.

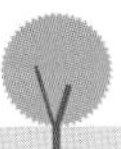

에게 환영받는다. 사색과 산책을 함께 즐길 수 있기 때문이다. 게다가 킨스키 공원은 훌륭한 하이킹 코스도 제공한다. 언덕을 꽤 올라왔다고 느꼈을 때 다시 한 번 뒤를 돌아오면 이번에는 아까 본 붉은 지붕 집들이 아득하게 멀리 보인다. 뿐만 아니라 구시가 광장 주변의 주요 건물들의 자태가 또렷이 윤곽을 드러낸다. 퍼니큘러 역 인근 언덕에는 '네보지제크(Nebozízek)'라는 근사한 레스토랑이 들어서 있다. 이곳은 주말마다 결혼식 피로연 장소로 인기가 있는 곳이기에 별도로 마련된 레스토랑의 테이블에 앉아야만 시티 뷰를 감상하며 커피나 음식을 즐길 수 있다. 조금만 더 오르면 페트르진 타워가 등장한다. 가는 도중에 아주 멋진 목제 테이블도 있다. 도시가 한눈에 바라보이는 언덕 경사면에 놓여 있기에 이보다 더 좋은 피크닉 장소는 없을 것 같다.

지도 P.096H **2권** P.102
구글 지도 GPS 50.079555, 14.398195
찾아가기 12 · 20 · 22 · 57번 트램 탑승 후 레기교 인근에서 하차/ 구시가에서 레기교를 건너 직진하면 킨스키 공원의 페트르진 언덕을 오르는 길이 나온다. **주소** Kinského Zahrada, 150 00 Praha 5 **전화** 없음
시간 24시간 **휴무** 없음 **가격** 무료 **홈페이지** 없음

TIP 페트린 전망대
높이 63m의 전망탑으로 킨스키 공원 위에 자리한다. 1891년 파리만국박람회 때 파리 에펠탑을 본떠 만들었다. 전망대에 오르면 킨스키 공원 주변과 멀리 스트라호프 수도원, 프라하 성 주변도 바라볼 수 있다.
지도 P.096E **2권** P.102
구글 지도 GPS 50.083534, 14.3950950
찾아가기 12 · 20 · 22번 · 57번 트램 승차 후 우예스드(Újezd)에서 하차해 킨스키 공원 남쪽에 자리한 언덕 아래에서 퍼니큘러를 타고 올라간다(도보로 올라갈 경우 약45분 소요).
주소 Petřínské Sady, 118 00 Praha 1 **전화** 없음
시간 11~2월 10:00~18:00, 3월 10:00~20:00, 4~9월 10:00~22:00, 10월 10:00~20:00 **휴무** 퍼니큘러 3월 9~27일, 10월 1~23일
가격 성인 150Kč, 학생 · 아동 80Kč(리프트 이용 시 추가 요금 성인 60Kč, 학생 · 아동 30Kč) 퍼니큘라의 경우 성인 · 학생 32Kč, 아동 16Kč
전화 +420-257-320-112
홈페이지 www.petrinska-rozhledna.cz

레트나 공원

[Letenské Sady]

Letna Park

별점 ★★★

이 공원에서 가장 인상적인 장면은 현지 시민들이 벤치에 앉아 언덕 아래 블타바 강을 내려다보며 시티 뷰를 즐기는 모습이다. 공원의 남동쪽에는 오픈 도어 비어 가든을 형성하는 테이블 세트가 시티 뷰가 펼쳐진 곳에 수십 개나 놓여 있어 날씨 좋은 날에는 시민들이 맥주를 마시거나 피크닉 런치를 맛보며 휴식을 보내기에 좋겠다는 생각을 했다(참고로 맥주는 공원 내 키오스크에서 테이크아웃 형태로 플라스틱 용기에 담아 판매한다). 서울에도 한강과 그 주변을 내려다보며 한적하게 가족과 함께 도시락을 펼쳐놓고 먹을 수 있는 언덕이 있으면 어떨까, 하는 생각도 해보게 된다. 테이블 세트 바로 옆에는 각종 놀이 기구가 놓인 놀이터가 자리해 아이들이 마음껏 뛰어놀 수 있다. 부모들이 벤치에 앉아 맑은 햇살 아래 시티 뷰를 감상하며 휴식을 취할 수 있게끔 아이들을 위한 놀이 시설을 마련한 것이다. 레트나 공원 위에서 내려다보는 블타바 강은 바다처럼 넓게 보인다. 이 강 위를 오가는 유람선과 각종 선박이 한눈에 들어온다. 멀리서 바라보는 프라하 성의 모습도 제법 근사하다. 이 공원의 심장부에는 레트나 테라사(Letna Terása)라는 테라스가 있는데, 원래 이곳은 과거 소련의 독재자 스탈린의 석상이 자리했던 곳이다. 이 석상은 1950년대 중반에 체코슬로바키아 공산당국이 세운 것으로, 1960년대 들어 스탈린의 인기가 식으면서 철거되었다고 한다. 현재에는 스탈린 석상이 있던 자리에 거대한 박절기(음악의 박자를 재는 기구)가 설치되어 있다. 여행자들이 구시가의 유대 인 지구에서 체호프 다리(Čechův Most)를 건너 레트나 테라사에 올라 시티 뷰를 조망하기도 한다.

지도 P.120 **2권** P.120
구글 지도 GPS 50.09565, 14.420088
찾아가기 구시가에서 체호프 다리 건너 북쪽에 위치, 5 · 17 · 53번 트램 탑승 후 레트나 테라사(Letna Terása) 인근에서 하차
주소 Letenské Sady, 170 00 Praha 7 **전화** +420-221-714-444
시간 24시간 **휴무** 없음 **가격** 무료 **홈페이지** 없음

TIP 레트나 공원의 낮과 밤

레트나 공원의 낮은 한적하고 다소 쓸쓸하게 느껴진다. 프라하의 주 관광지인 구시가나 프라하 성 인근에서 다소 떨어져 있어서 그런 듯하다. 공원 내 보이는 사람들도 관광객들보다는 인근 주민이나 산책 나온 시민들이 대부분이다. 모두들 조심스럽게 발걸음을 옮긴다. 마치 졸고 있는 주변 사람들에게 인기척이 들리기라도 할까 봐 매우 조심스럽게 말이다. 한여름 밤 레트나 공원은 수줍음을 뒤로하고 활기찬 민낯을 여과 없이 드러낸다. 블타바 강가와 시가가 한눈에 바라보이는 공원 내 언덕 위에서 흥겨운 비어 가든이 조성된다. 사람들은 맥주잔을 부딪치며 웃음짓는다. 이야기 보따리를 쉴 새 없이 쏟아내는 프라하 시민들이 여름밤을 보내는 모습이 다소 생소하다. 하지만 활기찬 이 도시 분위기와 잘 어울리는 것은 틀림없는 사실이다.

스트로모프카

[Stromovka]

Stromovka

별점 ★★★

이곳은 프라하에서 면적이 가장 방대한 공원으로, 숲 형태로 조성되어 있다. 한마디로 시민의 숲이 갖추어야 할 면모를 단적으로 보여주는 곳이다. 이곳에서 숲을 형성하고 있는 나무들은 제법 크고 높다. 이 때문에 혹자는 이곳을 '트리 파크(Tree Park)'라고 부르기도 하는데, 실제로 스트로모프카라는 이름은 영어로 '플레이스 오브 트리스(Place of Trees)'라는 뜻이다. 옛날 옛적이라면 왕실 사람들이 말을 타고 사냥을 즐겼을법한 왕실 사냥터를 연상케도 한다. 아니나 다를까, 실제로 먼 옛날 이곳은 사슴들이 뛰어노는 디어 파크(Deer Park)였으며 13세기 왕실 사냥터로 공원이 조성되었다고 한다. 굳이 하이킹이 아니더라도 지도 한 장 들고 공원을 구석구석 살펴보며 한나절을 보낸다면 아주 이색적인 도시 속 자연 탐사가 될 것이 분명하다. 물론 자전거를 타고 둘러보아도 좋다. 아무래도 맑고 신선한 공기를 제공하는 숲이므로 육체 건강에도 좋고, 자연 속에서 자신을 되돌아볼 수 있기에 정신 건강에도 좋을 듯하다. 스트로모프카는 프라하의 주요 명소에서는 다소 떨어져 있지만 프라하 시민들의 안식처로 각광받는 곳이자 현지 어린이들이 유치원이나 학교에서 피크닉을 오는 곳으로 인기가 높다. 가을이면 군데군데 쌓인 낙엽 위에서 뒹굴며 노는 아이들의 동심을 엿볼 수도 있다. 유치원 선생님과 동행한 어린이들이은 저마다 형광 조끼를 입고 있어 안전사고에 대비하는 이곳 사람들의 세심한 마음가짐을 엿보게 된다. 이곳이 아이들에게 유익한 학습 현장 역할을 하는 것은 군데군데에서 마주치는 청설모 때문이다. 나무에서 지면으로 내려와 도토리를 갉아 먹는 모습은 아이들뿐 아니라 성인 방문객들에게도 최상의 볼거리를 제공한다. 봄철이면 주변에 화사하게 꽃이 피는 호수를 보고, 여름철 늦은 오후에는 드넓은 잔디에서 공을 차기에도 좋다. 낙엽이 가득한 공원 길은 우수에 찬 도시의 또 다른 면을 보여준다. 스트로모프카 동쪽에는 자녀들과 방문하기 좋은 천체 과학관, 아쿠아리움, 작은 규모의 놀이공원, 아이스하키 링크 등이 자리한다.

지도 P.120 **2권** P.121
구글 지도 GPS 50.108587, 14.431271
찾아가기 홀레쇼비체 지구 서쪽에 위치하며 레트나 공원에서는 북쪽에 위치, 5 · 12 · 14 · 15 · 17 · 53 · 54번 트램 탑승 후 라피다리움(Lapidárium) 인근에서 하차해 공원의 남동쪽 입구로 진입
주소 Stromovka, 170 00 Praha 7 **전화** +420-242-441-593
시간 24시간 **휴무** 없음 **가격** 무료
홈페이지 www.stromovka.cz

TIP 천체 과학관 Planetarium/Planetárium

스트로모프카 공원 동쪽 끄트머리에 위치해 있다. 현재 세계에서 가장 큰 규모의 천체 과학관 중 하나로 최신 장비와 기술을 통해 어두운 공간 속에서 둥근 천장 위 별 모양의 작은 불빛으로 우주의 모습이나 별자리를 보여준다. 아이들과 함께 방문하기 좋다. 영어로도 진행된다.

찾아가기 나드라지 홀레쇼비체(Nádraží Holešovice) 역에서 5 · 12 · 15 · 54번 트램 탑승 후 엑시비션 그라운드 앞에서 하차해 도보로 5분
주소 Královská Obora 233, 170 00 Praha 7 **전화** +420-220-999-002
시간 월요일 08:30~12:00 화~금요일 08:30~20:00 토요일 10:30~20:00 일요일 10:30~18:30
휴무 금요일 **가격** 스페이스 쇼 관람 성인 150Kč, 3~15세 90Kč, 65세 이상 120Kč / 가족(성인2명, 15세미만 자녀4명까지) 360Kč 전시관 성인 50Kč, 3~15세 40Kč, 65세 이상 40Kč
홈페이지 http://planetarium.cz/

TIP 스트로모프카의 다양한 이름

❶ **[트리 파크]** 말 그대로 나무 공원이다. 나무가 많아서인데, 실제로 프라하의 어느 공원보다 나무가 많다. 그 덕분에 가을이면 떨어진 나뭇잎이 공원 내 한가득이다. 스트로모프카는 무엇보다 가을 내내 낙엽 밟으며 산책하기에 좋은 곳이다.
❷ **[플레이스 오브 트리스]** 직역하면 '나무의 장소'라는 뜻이다. 의미는 트리 파크처럼 나무가 많은 공원을 뜻한다.
❸ **[디어 파크]** 13세기 왕실 사냥터로 왕족이 이곳에서 사슴을 사냥했던 유래에 따라 붙은 별칭이다.

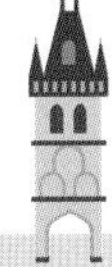

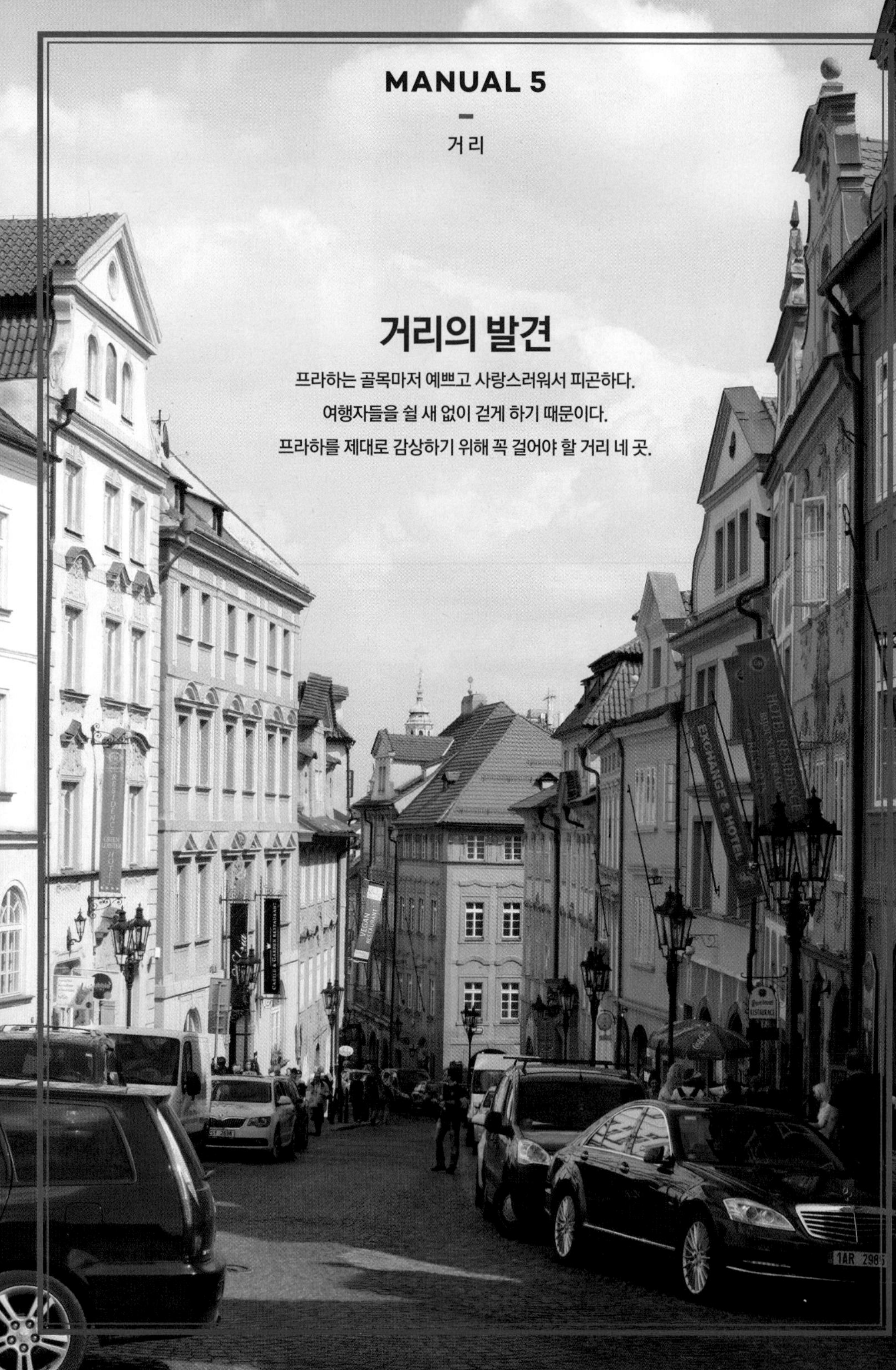

MANUAL 5

거리

거리의 발견

프라하는 골목마저 예쁘고 사랑스러워서 피곤하다.
여행자들을 쉴 새 없이 걷게 하기 때문이다.
프라하를 제대로 감상하기 위해 꼭 걸어야 할 거리 네 곳.

1

황금 소로 Golden Lane / Zlata Ulicka

연금술사가 완성한 거리

황금 소로는 프라하에서 사람들로 붐비는 골목 중 하나지만, 16세기에는 성에서 일하는 시종이나 집사, 보초병과 기술자가 사는 소박한 거리였다. 루돌프 2세가 고용한 연금술사들이 모여 살면서 '황금 소로'라는 별칭이 붙었다. 납으로 금을 만들 수 있다고 믿은 연금술사들은 이곳에서 비법을 완성하기 위해 몰두했던 것. 현재는 15채 정도가 보존되어 있는데 수많은 기념품 가게로 탈바꿈했다. 각각의 가게와 집은 나름의 전설과 흥미로운 이야깃거리를 품고 있어 구경하는 재미가 쏠쏠하다. 가장 유명한 집은 체코의 세계적인 작가인 프란츠 카프카의 작업실이었던 22번지다. 그 외에도 14번지는 마담 드 테베라라는 점쟁이가 살았는데, 제2차 세계대전 중 나치의 패배를 예견한 대가로 나치 손에 죽음을 당했다고 전해지며, 20번지에서는 매년 부활절 전 금요일 자정에 수수께끼 같은 오르간 연주 소리가 흘러나온다는 전설까지 전해지고 있어 여러모로 흥미로운 거리다.

지도 P.086B **2권** P.093 **구글 지도** GPS 50.092042, 14.404221
찾아가기 22 · 23번 트램 탑승 후 프라즈스키 흐라드(Pražský Hrad) 역에서 하차해 프라하 성 입구 쪽으로 60m 직진, 프라하 성 입장 후 180m 직진하다 두갈래 길이 나오면 왼쪽 길로 진입
주소 Zlatá ulička,110 00 Praha 1 - Hradčany

MUST BUY!

거리에서 여러 기념품을 살 수 있다. 가장 의미 있고 실용적인 기념품은 대장장이가 만든 북마크다. 카를 4세와 루돌프 2세의 모습을 본뜬 문진 겸 북마크가 인기 있으며 가격은 약 550Kč 다.

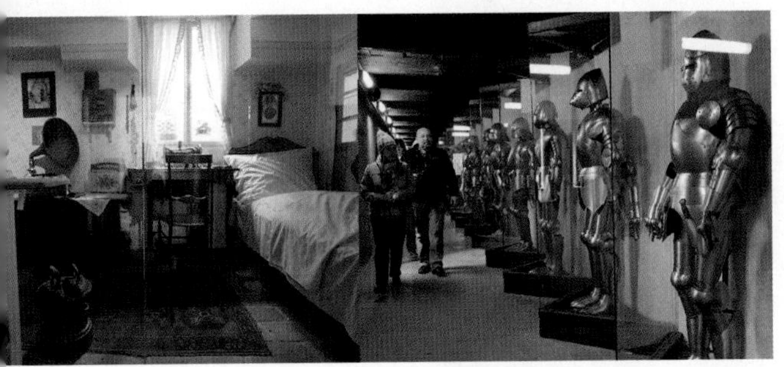

WHO IS FRANZ KAFKA?

프라하에서 태어난 체코의 국민 작가 프란츠 카프카. 그가 살던 당시의 유럽은 혼란기였다. 그는 이 시기를 겪으면서 모순이 가득한 현실에서 실존의 문제와 자신의 정체성 혼란에 부딪혔고, 현대인의 불안한 삶을 표현한 실존주의 소설 《심판》, 《성》 등의 작품을 남겼다. 섬세한 글만큼 예민하기로 유명했던 그에게 가장 좋은 친구 중 하나가 막내 여동생이었다. 황금 소로에 살고 있던 그녀는 카프카에게 그녀의 집에서 작업할 것을 권유했고, 황금 소로 22번지가 바로 그 장소다. 이곳에서 완성한 작품이 프라하 성을 모티브로 한 《성》이다.

2

노비 스베트 Nový Svět

산책하기 좋은 거리

대한항공 광고 중 '달리고 싶은 유럽' 편에서 프라하 스쿠터 투어가 소개됐다. 스쿠터를 타고 달리는 장면이 스치듯 보이는데, 촬영지가 바로 노비 스베트 거리다. '신세계'라는 뜻으로 로레타 성당에서 시작되는 짧은 거리다. 중세에 도시 상공민이 살던 곳이며, 그리 크지 않은 집들이 어깨를 나란히 하고 있다. 사람이 살지 않는 빈집이 많은데, 세월에 변한 모습을 그대로 두어 옛 정취를 느끼기 좋다. 작은 집들을 복원해 파스텔 톤으로 칠한 황금 소로와 분위기가 비슷해 두 거리가 자주 비교되는데, 관광 거리가 없고 관광객이 많지 않아 고즈넉하다. 거리를 산책하는 동안 현지인 두세 명 정도 마주치는 게 다일 정도. 어딜 가나 사람들에 치이는 프라하에서 이렇게 아담하고 조용한 거리를 찾기 힘든 만큼 산책하는 즐거움을 선사하는 것은 물론이고, 웨딩 촬영이나 커플 스냅 촬영을 하기에도 좋다. 집집마다 특색 있는 문과 문고리 모양을 구경하는 것도 노비 스베트에서만 찾을 수 있는 또 하나의 재미다.

TIP

좁은 골목길과 오르막길이 많은 프라하에서 스쿠터처럼 효율적인 교통수단도 없다. 하지만 스쿠터가 부담스럽다면 전기자전거는 어떨까. Scooter ride Prague(www.scooter-ride.com)에서 2시간에 35€로 빌릴 수 있다. 낯선 길을 혼자 달리기 두렵다면 가이드 포함으로 신청할 수도 있다.

노비 스베트 거리에 유명한 맛집이 있다. 체코 외무부 장관과 마거릿 대처도 찾은 '우 즐라테 흐루슈키(U Zlaté Hrušky)'가 그 주인공. 관광객으로 바글거리는 맛집이 아니라 현지인의 맛집을 찾고 싶은 이들에게 추천한다.

지도 P.088 **1권** P.093
구글 지도 GPS 50.090472, 14.392772
찾아가기 22번 트램 탑승 후 브루스니체(Brusnice)에서 하차, 엘레니(Jelení) 방면으로 300m 직진한 후 우회전해 노비 스베트(Nový Svět) 거리로 진입해 40m 걷다 보면 왼쪽에 위치
주소 Nový Svět 3, 118 00 Praha 1
전화 +420-723-764-940
시간 월~일요일 11:00~23:00 **휴무** 없음 **가격** 메인 디쉬 185Kč~ **홈페이지** www.restaurantuzlatehrusky.cz

3

네루도바 Nerudova

볼거리, 먹거리가 가득한 거리

말라 스트라나의 대동맥인 네루도바 거리. 네루도바는 온갖 상점과 레스토랑이 매력적으로 뒤섞여 있다. 특히 눈여겨볼 것은 건물 입구에 있는 간판이다. 간판에는 상징물이 그려져 있는데, 이 상징들은 1770년 프라하에 번지 체계가 도입되기 전까지 주소 역할을 했다. 때문에 상징은 대부분 그 집의 특징을 연상시킬 수 있는 것을 사용한다. 예를 들어 12번지 3개의 바이올린이 그려진 집은 바이올린 제작자의 집이었으며, 34번지 황금 말굽 간판 집은 한때 약국이었다. 현재 이 거리에는 대사관이 몰려 있는데, 이탈리아계 체코 건축가 산티니가 설계한 20번지 툰-호헨슈타인 궁전은 현재 이탈리아 대사관이며, 무어 인 2명이 입구 발코니를 등에 지고 있는 모르진 궁전은 현재 루마니아 대사관이다. 유심히 봐야 할 곳은 47번지다. 2개의 태양이 그려진 집은 체코 시인이자 소설가인 얀 네루다(Jan Neruna)가 살던 곳으로 네루도바라는 거리 이름도 그의 이름에서 따왔다. 이 길은 오르막길이니 성을 내려오면서 즐기는 편이 더 편하다.

산책할 때 입이 심심하다면, 진저브레드 뮤지엄(Gingerbread Museum)을 기억하자. 먹기 아까울 정도로 예쁜 쿠키도 좋지만, 밀전병을 얇게 구워 바닐라, 초코 등 크림을 넣고 돌돌 만 호리케 트루비츠키(Hořické Trubičky)를 먹어보자. 달콤한 체코 전통 간식으로 슈퍼에서도 쉽게 구할 수 있지만, 그 맛은 단연 진저브레드가 최고.

지도 P.096B **2권** P.105
구글 지도 GPS 50.088418, 14.400508
찾아가기 192번 버스 탑승 후 네루도바(Nerudova) 역 하차, 말로스트란스케 나메스티(Malostranské Náměstí) 방향으로 30m 직진 후 좌회전해 네루도바 거리를 120m 직진하면 왼쪽에 위치 **주소** Nerudova 9, Praha 1 **전화** +420-602-307-586
시간 월~일요일 11:00~23:00 **휴무** 없음
가격 호리케 트루비츠키 12Kč
홈페이지 www.gingerbreadmuseum.cz

WHO IS JAN NERUDA?

19세기 체코의 시인이자 소설가. 그는 정열적인 애국자로서 사실주의적 국민문학의 창시자라 불리고 있다. 그의 책 중에 《말라 스트라나의 이야기》는 네루도바 거리에 있는 47번지 집에서 일생을 살았던 그가 동네의 모습을 배경으로 쓴 소설이다. 그곳에 살았던 다양한 사람들을 통해 당시의 말라 스트라나를 상상해볼 수 있다.

4

모스테츠카 Mostecka

사진 찍기 좋은 거리

카를교에서 말라 스트라나로 이어지는 거리로 바로크 건축물이 즐비하다. 그 중에서도 카를교를 등지고 바라본 모스테츠카 거리는 낡고 수수해 오히려 눈을 편하게 한다. 골목 끝에 성 니콜라스 성당이 살짝 걸려 있고, 양옆으로 르네상스, 바로크 건축물이 이어져, 중세로 시간 여행 온 듯한 기분을 만끽하기에 좋다. 카를교를 건너기 위해서는 모두 거쳐야 하는 거리인 만큼, 길 양옆에는 기념품 가게가 가득하다. 그중에서 프라하 전 지역에 지점이 있는 유리공예 기념품점 '블루(Blue)', 카를교 아래쪽 〈돈 조반니〉에 마리오네트를 납품하는 '트루흘라르주 마리온티(Truhlář Marionty)', 젊은 예술가들의 작품들을 구경하기 좋은 '아르텔(Artel)'이 가장 인기 높다. 거리 끝에 큰 슈퍼마켓이 자리해 유제품과 과자 등 프라하의 식문화까지 경험할 수 있다. 거리가 짧아 걷기 아쉽다면 성 니콜라스 성당 앞 카페에 앉아 트램과 바로크 건축물을 보며 망중한을 즐기길 추천한다.

지도 P.096C **구글 지도 GPS 50.087448, 14.405498**
찾아가기 12 · 20 · 22 · 57번 트램 탑승 후 말로스트란스케 나메스티(Malostranské Náměstí) 역 하차, 성 미쿨라셰 성당을 등지고 카를교로 향하는 거리가 모스테츠카 거리
주소 Mostecká 277/15,118 00 Praha-Malá Strana

프라하의 특징 중 하나는 '코블 스톤'이다. 유네스코 세계문화유산으로 지정된 지역인 만큼, 바닥에 오래전에 깔아둔 조약돌인 코블 스톤이 그대로 남아 있는데, 그 빈티지한 분위기를 찍기 좋은 거리가 모스테츠카다. 노을이 지는 시간에 카를교를 등지고 찍으면 노란색으로 물든 거리를 담을 수 있어 서정적인 사진을 완성하기 딱 좋다.

MANUAL 6

건축 기행

중세 유럽 건축의 교과서

프라하에는 중세 유럽 건축의 기승전결이 담겨 있다.
건축이라고는 모래성을 쌓으며 놀아본 게 전부인 사람도 그 맥락을 이해할 수 있는
쉽고 간단한 프라하의 건축물 이야기.

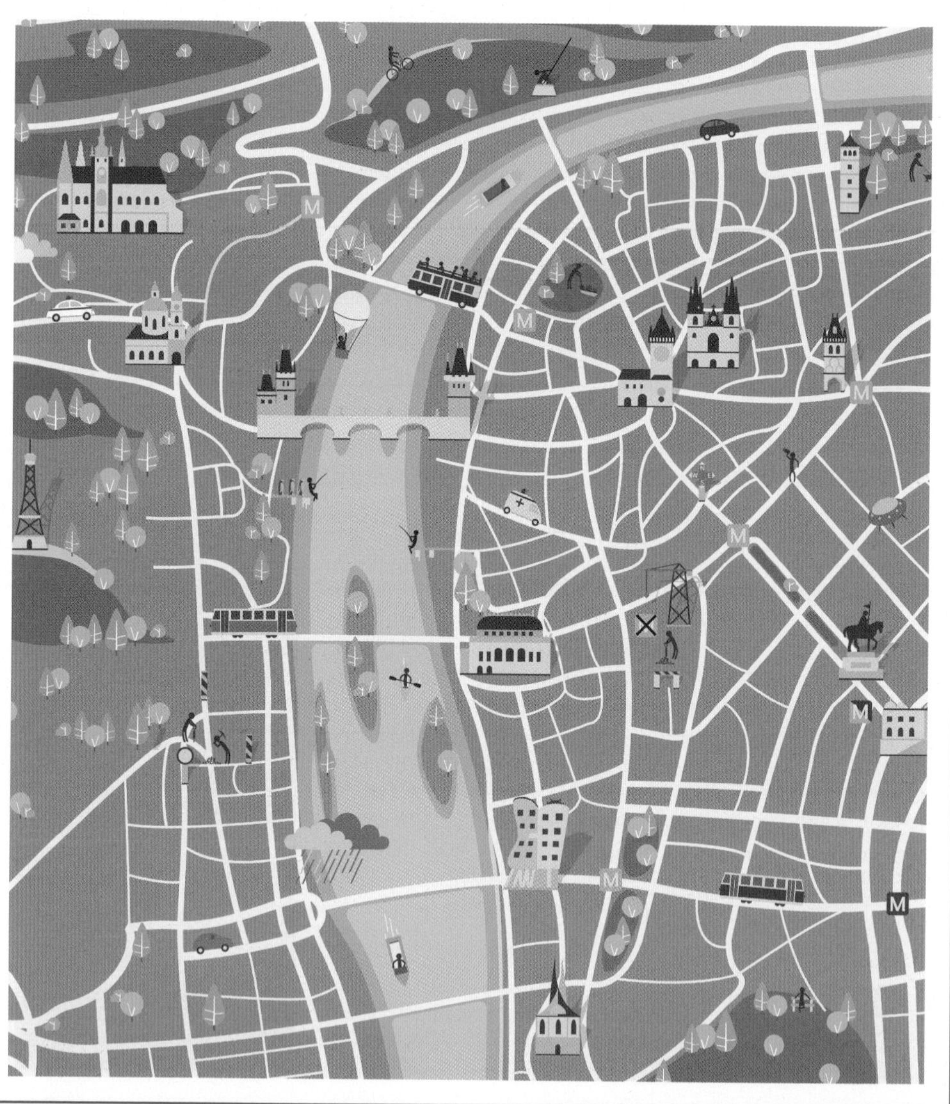

VIEW POINT

중세 유럽 건축사 훑어보기

프라하의 건축물을 제대로 보기 위해서는 먼저 중세 유럽의 건축사부터 알아야 한다. 아래 다섯 가지 건축양식만 알아도 프라하 건축물의 8할은 익힌 셈이다.

로마네스크 양식 → 고딕 양식 → 바로크 양식 → 로코코 양식 → 아르누보 양식

1 로마네스크 양식 Romanesque Style

로마 건축양식을 닮았다 하여 로마네스크라 이름 붙였다. 로마인들은 아치를 만드는 기술을 건축에 적용했는데, 콜로세움이 대표적이다. 당시 아치 공법은 무게가 반원형의 곡선을 따라 분산되기 때문에 적은 비용으로 견고하게 높은 건물을 지을 수 있었다. 로마제국 식민지에 이런 양식이 널리 퍼지면서 반원형 아치를 중심으로 많은 건축물을 지었는데, 프랑스의 건축가들이 이를 조롱하듯 로마스러운 건축물이라고 부른 것. 그 명칭이 고착화되어 '로마네스크'라는 이름으로 확산되었다. 로마네스크 양식의 건물은 추후 고딕 양식과 바로크 양식으로 재건되어 현재는 온전한 로마네스크 양식을 찾기는 어렵다.

11~12C

2 고딕 양식 Gothic Style

대형 건축물이 곧 국가의 위상이던 시기. 로마네스크 건축물을 보완할 건축 기법이 필요했다. 로마네스크 양식은 기본적으로 벽이 두꺼웠고, 내부에는 무거운 천장을 받치기 위한 기둥이 필수였기 때문에 외부의 위용과 달리 내부는 좁고 답답하며 비효율적인 것이 문제였다. 건축가들은 먼저 반원 형태의 아치를 뾰족한 형태로 변경함으로써 버티는 힘을 3~4배로 높였다. 이런 형태는 첨두 아치, 고딕 아치로 불리며 덕분에 창문을 만들 수도 있게 되었다. 또 최적의 벽 두께를 계산해 내부 면적을 늘리면서 어마어마한 크기의 건축물을 만들었다.

FIND IT!

프라하 속 고딕 화약탑, 틴 교회, 성 베드로 바울 성당, 성 비투스 대성당

12~15C

3 바로크 양식 Baroque Style

고딕 양식은 웅장하지만 세련되지 못한 게 사실이다. 이를 보완한 것이 바로크 양식이다. 바로크는 17세기 초 로마에서 시작된 문화 사조로, 연극, 음악, 조각 등 문화 전반에 막대한 영향을 끼쳤다. 14~15세기 초 유럽을 휩쓴 르네상스 운동에 따라 거대함에 초점을 맞춘 고딕 양식과 달리 황금 비율을 적용한 건축물을 만들기 시작했고, 그 후 여기에 화려함을 더한 것이 바로크 양식이다. 세련미의 상징으로 떠오른 바로크 양식은 귀족을 중심으로 퍼졌고, 이후 보다 화려한 것을 원하는 왕족들의 명으로 로코코 양식을 만들어내는 기초가 되었다. 성 니콜라스 성당을 통해 바로크 양식을 확인할 수 있다.

FIND IT!

프라하 속 바로크 성 니콜라스 성당, 로레타 성당

4 로코코 양식 Rococo Style

바로크 양식은 귀족층의 향유물일 뿐 아니라 왕족의 수준을 가늠하는 잣대가 되기도 했다. 이들에게는 바로크 양식을 뛰어넘는 무엇인가가 필요했다. 그들의 욕구를 만족시키기 위해 탄생한 것이 로코코 양식이다. 로코코 양식은 화려함을 지나치게 강조하다 보니 실용성이 떨어졌다. 그래서 주로 건물의 실내와 실외에 장식적인 요소로 사용되었다. 실제로 로코코 양식은 과도하게 화려해 오히려 난잡스러워 보이는 부작용이 있었기에 1세기도 채 안 되는 기간 동안 짧게 인기를 끌다 사라졌다. 이런 이유로 로코코 양식이라는 용어 대신 후기 바로크 양식이라고 부르기도 한다.

FIND IT!

프라하 속 로코코 골츠킨스키 궁전

5 아르누보 양식 Art Nouveau Style

건축에서 아르누보는 그리 수명이 길지 않다. 아르누보는 일부 건축가들의 개인 성향에 가까워 하나의 양식으로 보지 않는 견해도 있다. 아르누보는 전통적인 예술관을 거부한 예술가의 주관성과 창작력에 의한 새로운 예술 양식으로, 전에 없던 유기적, 기하학적인 형태가 가장 큰 특징이다. 또 기계화를 통해 보다 쉽게 얻을 수 있었던 철과 유리를 적극적으로 사용해 발코니를 만들고 건물 구석구석을 장식했다. 아르누보 양식의 건물에서는 철제를 이용한 덩굴 모양, 섬세한 꽃무늬를 많이 찾을 수 있다. 프라하에서는 오베츠니 둠이 가장 대표적이다.

FIND IT!

프라하 속 아르누보 오베츠니 둠

17~18C | 18C | 19~20C

프라하 건축물 BEST 7

프라하의 건축물은 중세에 건축학적, 문학적, 종교적 중심지였던 도시의 영향력을 잘 대변한다. 중세 초기에 샤를 4세가 새로운 예루살렘으로 만들고자 했던 도시이니만큼 고딕 양식, 바로크 양식, 모더니즘 양식까지 한눈에 보여주기 때문이다. 도시의 성장 단계와 중세 유럽의 건축사를 함께 엿볼 수 있는 건축물 7개를 선별했다.

1 틴 교회 Kostel Matky Boží Před Týnem Church of Our Lady before Tyn

프라하 시내에서 구시가지로 가려면 80m 높이의 종탑 2개가 특징인 틴 교회를 찾으면 된다. 로마네스크 양식으로 지은 틴 교회는 1265년부터 250년의 시간을 거쳐 높고 뾰족한 첨탑 모양의 고딕 성당으로 재건되었다. 이곳은 15세기 얀 후스를 추종하던 후스파들의 본거지로 사용되었으며, 이르지 왕이 통치하던 시절 그의 조각상이 세워지고 후스파의 상징인 성배가 새겨지기도 했다. 하지만 이 두 가지는 지금 전혀 찾아볼 수 없다. 이르지 왕이 죽고, 그들의 세력이 기울면서 합스부르크 가문이 모두 없앴기 때문. 역사와 함께 산전수전을 겪은 틴 교회는 1679년 벼락을 맞는 기괴한 일까지 겪으며 건물 전체가 심각한 피해를 입어 또 한 번 공사가 진행됐다. 천장은 조금 더 낮아졌고, 당시 유행하던 바로크 양식을 더했다. 내부에서 곡선 형식과 화려한 장식들을 쉽게 찾아볼 수 있는 이유다. 이런 과정을 거쳐 틴 교회는 외관과 전체 구조는 초 · 중기의 고딕 양식, 실내장식과 천장 구조는 바로크 양식을 띤다.

지도 P.041B **2권** P.049 **구글 지도 GPS 50.087943, 14.422734**
찾아가기 194번 버스 탑승 후 스타로메스트스케 나메스티(Staroměstské Náměstí) 역 하차 후 구시가지 광장으로 나와 얀 후스 동상을 가로질러 약 170m 직진 **주소** Staroměstské Náměstí, 110 00 Praha 1 **전화** +420-222-318-186 **시간** 화~토요일 10:00~13:00 · 15:00~17:00, 일요일 10:30~12:00 **휴무** 월요일 **가격** 무료 **홈페이지** www.tyn.cz

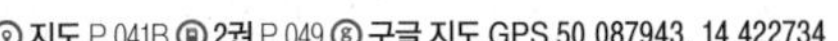

2 성 베드로&바울 성당 Kapitulní Chrám sv. Petra a Pavla St.Peter and Paul Cathedral

건축 당시에는 로마네스크 양식의 성당이었지만 지금은 '고딕 양식'의 성 베드로 바울 성당만 볼 수 있다. 전쟁을 겪으면서 파괴되고, 이를 보수하는 과정에서 로마네스크 양식이 바로크 양식으로, 또다시 고딕 양식으로 변경됐기 때문. 이때 마지막으로 참여한 건축가가 바로 성 비투스 대성당 건축에도 참여한 요제프 모커(Josef Mocker)다. 프라하에서는 그의 손을 거친 건물이 많은데, 관광객들이 가장 쉽게 접할 수 있는 것이 화약탑이다. 그는 성 베드로 바울 성당 재건 프로젝트에 참여하자마자 바로크 양식의 장식과 구조물을 모두 철거하고 카를 4세의 재위 기간에 지은 고딕 양식의 건축물과 유사하게 성 베드로 바울 성당을 완성했다.

지도 P.112G **2권** P.116
구글 지도 GPS 50.065136, 14.417826
찾아가기 3 · 7 · 16 · 17번 트램 탑승 후 비토니(Výtoi) 역 하차, 라시노보(Rašínovo Nábř)에서 스보보도바(Svobodova) 방면 남쪽으로 100m 걷다가 슈툴코바(Štulcova) 방면으로 좌회전해 50m 직진 후 슈툴코바 거리를 따라 400m 직진/메트로 C선 비셰흐라드(Vyšehrad) 역 하차, 누셀스키(Nuselský) 거리에서 북쪽으로 걷다가 오른쪽 계단을 이용한 후 나 부찬체(Na Bučance) 거리를 따라 북쪽으로 약 250m 직진, 삼거리에서 브 페브노스티(V Pevnosti) 거리 쪽으로 우회전 후 350m 직진하다 삼거리에서 좌회전해 크 로툰데(K Rotundě) 거리를 따라 200m 직진
주소 K rotundě 10, Praha 2, Vyšehrad **전화** +420-224-911-353 **시간** 수~월요일 09:30~18:00(12:00~13:00 Closed) **휴무** 없음 **가격** 50Kč **홈페이지** www.prague.eu

3 성 비투스 대성당 Katedrála sv. Víta St. Vitus Cathedral

1344년 프라하가 대주교령으로 승격되면서, 대주교가 미사를 주관할 수 있는 대성당이 필요했다. 카를 4세는 바츨라프 1세 때 로마네스크 양식으로 지은 성 비투스 로툰다를 허물고 아비뇽 교황청의 공사를 책임진 프랑스 건축가 마티어스에게 성 비투스 대성당 건축을 맡겼다. 하지만 마티어스는 4분의 1 정도만 완성한 후 사망했고, 피터 파를레가 공사를 이어받았다. 피터 파를레는 성 비투스 대성당 작업을 계기로 카를교 공사도 맡을 정도로 카를 4세의 신임을 얻는다. 하지만 후스 전쟁이 발발하면서 그는 성 비투스 대성당의 완성을 확인할 수 없었다. 약 400년이 지난 후에야 건축가 요제프 크래너, 요제프 모커, 카밀 힐버트가 재건했다. 모든 구조와 벽체가 완성된 후 조각가 보이테흐 수하르다가 성당 전체의 조각 작업을, 알폰스 무하가 스테인드글라스를 맡았다. 성 바츨라프 왕의 축일인 1929년에 공식적인 공사가 끝났다. 약 600년 만의 완성이었다. 이곳에 카를 4세와 루돌프 2세 등 역대 보헤미아 왕과 성자들의 무덤이 있으며, 화려하게 꾸민 성 바츨라프 예배당과 성 얀 네포무츠키의 유해가 안치된 순은 무덤과 알폰스 무하의 스테인드글라스가 가장 많은 관광객들의 발걸음을 잡는 포인트다.

지도 P.086D **2권** P.092 **구글 지도** GPS 50.091635, 14.400533 **찾아가기** 22 · 23번 트램 탑승 후 프라지스키 흐라드(Pražský Hrad) 역 하차, 프라하 성 입구 쪽으로 60m 직진, 프라하 성 입장 후 50m 직진 **주소** III. Nádvoří 48/2, 119 01, Praha 1 **전화** +420-224-373-368 **시간** 09:00~17:00(일요일은 12:00~16:00) 부정기적으로 진행되는 공연이나 계절별 정확한 입장 시간은 홈페이지 참고 **휴무** 없음 **가격** 성 비투스 대성당 내 티켓 없이 둘러볼 수 있는 free zone이 별도로 있다. 그 외 지역은 티켓을 소지해야 한다. 프라하 성 패스(A/B)의 경우 성 비투스 대성당을 포함하고 있다. A패스 성인 350Kč, 학생175Kč, B패스 성인250Kč, 학생125Kč **홈페이지** www.katedralasvatehovita.cz/cs

WHO IS ALFONS MUCHA?

알폰스 무하는 체코의 일러스트레이터이자 장식 예술가다. 우리에게 잘 알려진 타로 카드 속 그림의 주인이기도 하다. 타로 카드를 보면 배경과 장식에 자연물을 많이 사용했듯이 알폰스 무하는 자연을 특징으로 하는 아르누보 시대의 대표적인 아티스트였다. 참고로 체코슬로바키아의 첫 번째 우표도 무하가 만들었다.

✔ 중세 유럽 건축사의 축소판, 프라하 성

중세 유럽의 건축사를 설명하기에 이보다 좋은 건물이 없다. 10세기 로마네스크 양식으로 지었으나 13세기 중엽에는 초기 고딕 양식이라는 '신기술'이 반영되었고, 14세기에는 고딕 양식의 왕궁, 성 비트 성당까지 추가되었으며 이후에도 곳곳에 후기 고딕 양식, 바로크 양식의 영향으로 수정되었다. 프라하 성의 건축 순서대로 유럽 건축사가 고스란히 이어진다.

1. 구왕궁 Starý Královský Palác / Old Royal Palace
보헤미아 왕자들의 거처인 구왕궁은 지하는 초기 로마네스크 양식, 아치형 문은 고딕 스타일, 벽면은 후기 르네상스 양식, 창문은 바로크 양식으로 한 건물에서 네 가지 양식을 모두 볼 수 있다.

2. 성 이르지 바실리카 Bazilika a Klášter sv. Jiří / Basilica of St.George
아담과 이브를 상징하는 두 탑의 건물. 프라하 성안에 있는 건물 중 가장 오래된 성당으로, 10세기 로마네스크 양식이 이 건물에 고스란히 보존되어 있다.

3. 로젠베르크 궁전 Rožmberský Palác / Rosenberg Palace
로젠베르크 경이 거주를 목적으로 만든 르네상스 양식의 궁전이다. 이후 루돌프 2세의 재산이 되었으며, 2007년 바로크 양식으로 꾸며 대중에게 개방했다.

4 화약탑 Prašná Brána Powder Tower

화약탑은 보헤미아 왕가의 대관식 행렬이 구시가지로 들어가는 통로였다. 13세기쯤 지은 것으로 추정되며, 처음 용도는 진입로에 불과했으나 18세기 러시아와 벌인 전쟁 때 화약을 보관하는 장소로도 쓰였다. 화약을 보관하면서 이곳을 화약탑이라 부르게 된 것. 러시아의 공격으로 피해를 입은 화약탑은 한때 철거 위기에 놓이기도 했지만 시의회에서 대관식 행렬에서 중요한 의미를 차지하는 곳인 만큼 역사적 의의를 이어가자고 합의해 지금의 모습으로 남아 있다. 1880년대에 꼭대기에 시계를 달아 공공의 편의를 도모하면서 고딕 양식 탑으로 재건축되었다.

지도 P.041B **2권** P.048 **구글 지도 GPS 50.087245, 14.428084**
찾아가기 메트로 B선 또는 5·8·14·51·54번 트램 탑승 후 나메스티 레푸블리키(Náměstí Republiky) 역에서 하차해 남서쪽으로 60m 정도 걷다가 팔라디움 백화점을 등지고 서서 좌회전해 약 60m 직진 **주소** Náměstí Republiky 5, Praha 1 **전화** +420-725-847-875 **시간** 11~2월 10:00~18:00, 3월 10:00~20:00, 4~9월 10:00~22:00, 10월 10:00~20:00 **휴무** 토·일요일 **가격** 성인 100Kč, 7세 이상 26세 미만 학생·65세 이상 70Kč **홈페이지** www.muzeumprahy.cz

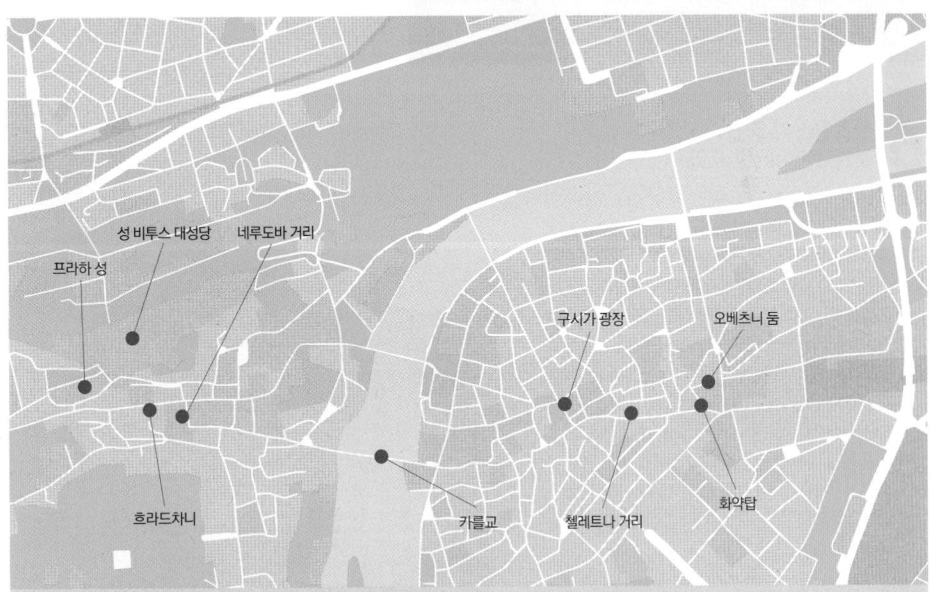

✔ DID YOU KNOW?
'왕의 길(Royal Route)'은 보헤미아 왕국에 새로운 왕이 등극할 때 시민들에게 인사를 함과 동시에 권위를 과시하기 위한 행렬이 지나간 길을 말한다. 왕의 길은 오베츠니 둠 → 화약탑 → 첼레트나 거리 → 구시가지 광장 → 카를교 → 말라 스트라나 → 네루도바 거리 → 흐라드차니 → 프라하 성으로 이어지며, 성 비투스 대성당에서 대관식을 연 후 끝난다.

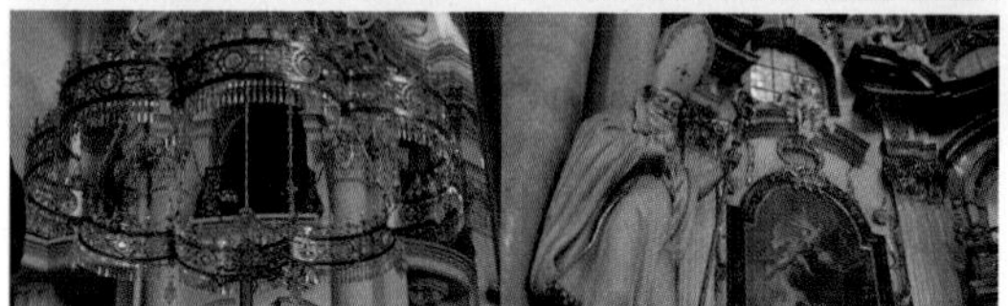

5 성 니콜라스 성당 Kostel sv. Mikuláše St. Nicholas Church

프라하에 성 니콜라스 성당은 구시가지 광장과 말라 스트라나 두 곳에 있다. 그중 말라 스트라나에 있는 성당은 골츠킨스키 궁전을 건축한 킬리안 이그나츠 디엔첸호퍼의 작품으로, 재건축 초기에는 지금보다 많은 내부 장식이 있었다. 하지만 1782년 당시의 오스트리아 황제 요제프 2세가 그의 정치적, 종교적인 취향에 맞지 않는 성당을 사회적 기능을 하지 못하는 성당으로 규정지으면서 폐쇄를 명하는 과정에서 오스트리아제국의 지배하에 있던 많은 성당이 강제로 폐쇄되었다. 현재는 성당 가운데에 화려한 샹들리에와 채광창 근처 성 니콜라스와 성 베네딕트의 프레스코화가 내부를 빛낸다. 미사가 진행되는 일요일 외에는 언제든지 인테리어를 볼 수 있으며, 정기적으로 파이프오르간 연주회도 열리니 관심 있다면 교회 앞 매표소에서 예약하자.

지도 P.041A **2권** P.047
구글 지도 GPS 50.088704, 14.403335
찾아가기 12 · 20 · 22 · 23번 트램 탑승 후 말로스트란스케 나메스티(Malostranské Náměstí) 역에서 하차하면 정면에 위치 **주소** Malostranské Náměstí, Prague Praha 1
전화 +420-257-534-215 **시간** 월~일요일 09:00~17:00
휴무 12월 31일 **가격** 성인 100Kč, 10~26세 60Kč, 10세 미만 무료 **홈페이지** www.stnicholas.cz

6 골츠킨스키 궁전 Palác Golz-Kinských Golz-Kinsky Palace

프라하에서 가장 화려한 건물이라고 할 수 있다. 골츠 공작과 킨스키 가문의 이름에서 따온 골츠킨스키 궁전은 바로크와 로코코 건축의 대가였던 이탈리아 출신의 안젤모 루라고와 킬리안 이그나츠 디엔첸호퍼의 공동 작품이다. 골츠 공작의 의뢰로 건축된 이 건물은 골츠 공작 사후에 황실 외교관이자 당대의 유력 가문 중 하나였던 킨스키 가문에 팔려 킨스키 가문의 거주 궁이 되었다. 화려한 외관만큼 이곳이 품은 역사 또한 대단하다. 1848년 체코 최초의 노벨상 문학 부문 수상자인 베르타 수트네로바가 태어났으며, 19세기 후반 독일어 문법 학교로도 사용되었는데, 이때 프란츠 카프카가 8년간이나 머물렀다. 지금은 갤러리로 운영 중이며, 갤러리를 구경하지 않더라도 잠시 들어가 그들을 떠올려 보시길.

지도 P.041B **2권** P.049 **구글 지도 GPS 50.087777, 14.422855** **찾아가기** 194번 버스 탑승 후 스타로메스트스케 나메스티(Staroměstské Náměstí) 역 하차 후 안 후스 동상 가로질러 약 50m 직진 **주소** Staroměstské Náměstí 12/606 Praha 1 **전화** +420-224-810-758 **시간** 화~일요일 10:00~18:00 **휴무** 월요일 **가격** 무료 **홈페이지** www.ngprague.cz

TIP 투어 프로그램
오베츠니 둠 내부를 구경하고 싶다면 유료 투어 프로그램을 이용하는 것도 좋다. 매일 3~4번의 투어 프로그램을 운영하며, 정확한 시간은 하루 전날 매표소를 통해 확인하는 게 좋다. 성인 290Kč, 10~18세 · 26세 미만 학생 240Kč

7 오베츠니 둠(시민회관) Obecní Dům
The Municipal House

민족주의와 보헤미아의 기운이 프라하에 불어닥친 때, 시의회는 민족의식을 고취하고자 구왕궁이던 오베츠니 둠을 공공건물로 바꾸기로 결정했다. 당시 독일인을 위한 공간인 '슬로반스키 둠'의 맞은편에 체코 인을 위한 건물을 지음으로써 민족의식을 고취시키기 위함이었던 것. 안토닌 발샤네크(Antonín Balšánek)와 오스발드 폴리브카(Osvald Polívka)의 설계로 1605년 공사가 시작됐다. 오베츠니 둠은 아르누보의 대표적인 아르누보 양식 건물로 알려져 있다. 정문 위쪽에는 반원형의 발코니가 있는데, 철제 난간 장식을 눈여겨보면 대부분이 덩굴과 줄기, 당초 모양 등이다. 아르누보는 견고성이 좋지 않다는 단점이 있어 짧은 기간 유행했는데, 이 시기가 정확하게 오베츠니 둠 건축 시기와 일치해 실내와 외관까지 아르누보 양식을 띠고 있다.

지도 P.070C **2권** P.077
구글 지도 GPS 50.087900, 14.427785 **찾아가기** 메트로 B선 나메스티 레푸블리키(Náměstí Republiky) 역 하차/5 · 8 · 14 · 51 · 54번 트램 탑승 후 나메스티 레푸블리키 역 하차
주소 Náměstí Republiky 5, 111 21 Praha 1
전화 +420-222-002-129
시간 10:00~19:00
휴무 없음 **가격** 무료
홈페이지 www.obecnidum.cz

✔ 오베츠니 둠에서 놓치지 말아야 할 즐길 거리

오베츠니 둠을 배경으로 기념사진만 찍고 이동하기에는 아쉽다. 건물 안에는 눈과 귀와 입을 즐겁게 하는 재미가 가득하기 때문이다.

1. 카페 내부로 들어가면 왼쪽에 100년의 역사를 지닌 카페 '카바르나 오베츠니 둠' 이 있다. 아르누보의 화려함을 배경으로 거품이 부드러운 카푸치노를 마실 수 있는 장소로 유명하다. 카페 외에도 건물 지하에 있는 미국식 바도 아르누보를 감상하며 한잔 즐기기에 손색없다.

2. 스메타나 홀 1200석 규모의 대형 콘서트 홀. 19세기 중반에 민족주의 성향의 곡을 많이 발표한 스메타나의 이름을 따 스메타나 홀이라고 불리는 이 공연장은 프라하에 봄이 왔음을 알리는 프라하의 봄 국제 음악 축제의 개막 공연이 열리는 장소인 만큼 콘서트를 경험해보길 권한다.

3. 알폰스 무하의 벽화 당시 최고의 인기 화가인 알폰스 무하. 그의 흔적을 찾는 것 또한 프라하 건축 기행의 재미다. 오베츠니 둠의 실내 장식과 벽화에서도 그 재미가 이어진다. 천장화와 벽화를 유심히 살펴보길 권한다.

WHERE TO GO
그 외 이색 건축물

→ 사선의 미학, 램프 포스트
세계 유일의 '입체파' 가로등이다. 입체파는 기존 건축물들의 복잡한 선과 형태 대신 삼각형, 다각형 등의 형태를 이용해 사선을 강조함으로써 입체감이 돋보이는 효과가 특징이다. 입체파에 대해 더 궁금하다면, 체코 큐비즘 박물관인 '큐비스트'를 추천한다. 입체파 도자기, 유리공예품 등을 감상할 수 있고 입체파 건축물을 중심으로 그린 지도도 구입할 수 있다.

← 춤추는 듯한 곡선이 인상적인 댄싱 빌딩
벨벳 혁명이 끝나고 난 1990년대에 민주화된 체코슬로바키아의 건축가들과 국외 건축가들이 협력해서 지은 건물이다. 당시 세계 볼룸 댄스 챔피언이었던 진저와 브레드라는 커플의 역동적인 춤사위에서 영감을 받아서 제작했다. 건축 초기에는 주변 경관과 어울리지 않는다는 이유로 프라하 시민들의 반대가 심했지만, 지금은 건축학도를 비롯한 전 세계 관광객의 관심을 끄는 건물이다.

MANUAL 7

박물관 투어

체코의 역사와 문화를 한눈에

유럽에 왔으면 박물관을 방문하는 것은 기본 중의 기본이다.
프라하에서 역사와 문화적으로 의미 있는 박물관만 모았다.

프라하의 핵심 박물관만 둘러보려면

√ 국립박물관
√ 유대 인 박물관

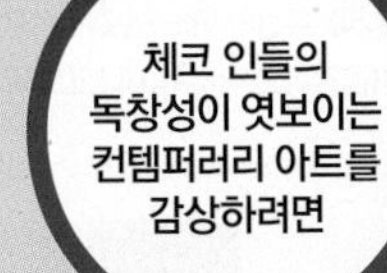

체코 인들의 독창성이 엿보이는 컨템퍼러리 아트를 감상하려면

√ 뮤지엄 캄파
√ 벨레트르즈니 궁전
√ 독스 컨템퍼러리 아트 센터

중세 보물에 관심이 있다면

√ 성 비투스 보물관

QUESTION

취향 저격! 시간이 없다면
나만의 스타일에 맞는 박물관만 골라 가보자.

카프카의 소설을 사랑한다면

√ 프란츠 카프카 뮤지엄

알폰스 무하의 팬이라면

√ 무하 뮤지엄

멋진 조각 작품이 보고 싶다면

√ 라피다리움
√ 트로야 궁전

시간 탐험을 위한 뮤지엄 투어

프라하에는 멋진 중세 건축물만 있는 게 아니다. 유럽의 어느 대도시 못지않게 실로 다양한 박물관과 미술관이 존재한다. 프라하에서 가장 대표적인 박물관은 국립박물관과 스패니시 시나고그에 자리한 유대 인 박물관이다.

국립박물관 Národní Muzeum National Museum

바츨라프 광장 끝 언덕진 곳에 자리한 프라하의 대표적인 박물관이다. 네오 르네상스 스타일로 지은 건물은 요세프 슐츠(Josef Schulz)의 지휘 아래 1890년 완공되었는데, 아마도 프라하에서 성 비투스 성당과 함께 가장 멋진 건축물이 아닐까 싶다. 웅장하면서도 화려한 외관은 마치 궁전을 보는 듯한 착각을 불러일으키며, 아치형 구조와 기둥으로 멋을 낸 내부 역시 섬세한 장식이 돋보인다. 큰 계단 4개가 위층까지 이어져 있는 공간미는 보는 이의 시선을 압도한다. 또 체코의 대표적인 예술가인 드보르자크와 스메타나의 흉상이 서 있으며 다른 한편에는 얀 후스의 동상이 서 있다. 각 전시실에는 선사시대와 중세의 유물, 르네상스와 바로크 시대에 귀족들이 사용한 보석, 체코 인들의 생활양식을 엿볼 수 있는 역사 자료와 유물 등이 전시되어 있다. 또 별도의 공간에 체코 연극에 대한 자료를 비롯해 각종 화폐, 다양한 광물, 동물 표본 등도 소개한다. 국립박물관 앞에는 바츨라프 국왕의 기마상이 놓여 있다. 국립박물관 입구에 올라와 기마상 너머로 내려다보는 바츨라프 광장 전경이 매우 인상적이다. *일부 리모델링 중으로 정상 운영은 2020년도 예상

지도 P.070Ⅰ **2권** P.076
구글 지도 GPS 50.079951, 14.431825
찾아가기 바츨라프 광장 남동쪽 끝 언덕 위에 위치, 메트로 A · C선 무제움(Muzeum) 역에서 도보 2분
주소 Václavské Náměstí 68, 115 79 Praha 1
전화 +420-224-497-111 **시간** 시간 월 · 금요일 10:00~18:00, 화~목요일 11:00~20:00, 토~일요일 10:00~19:00 **휴무** 미정
가격 전시에 따라 다름 **홈페이지** www.nm.cz

국립박물관 신관 Nová Budova Národního Muzea
National Museum New Building

원래 이 건물은 라디오 프리 유럽(Radio Free Europe)이라는 라디오 방송사가 들어섰던 건물이다. 지난 2009년 6월 1일에 국립박물관은 이 건물을 인수했다. 사실 이 건물은 처음에 프라하의 증권거래소로 1938년 지은 건물이다. 그리고 나서 1946년부터 1992년까지는 국회의사당으로도 사용되었다. 그리고 1995년부터 2009년까지 라디오 방송국으로 사용되었다. 현재 이 건물에는 국립박물관 신관의 전시관 외에도 체코 정부의 경제부가 함께 들어서 있다. 국립박물관 신관은 얼마 전 레노베이션한 뒤 다시 오픈했다. 이곳의 전시관은 주로 국립박물관의 특별 전시를 위한 공간으로 사용된다. 현재 〈노아의 방주(Noah's Ark)〉라는 타이틀로 지구 상의 다양한 동물을 박제 형태로 보여주는 전시가 장기적으로 진행되고 있다.

지도 P.070Ⓘ **2권** P.077
구글 지도 GPS 50.079076, 14.431282
찾아가기 메트로 A · C선 무제움(Museum) 역 국립박물관 방향 출구로 나와 도보 3분, 국립박물관과 스테이트 오페라 하우스 사이에 위치
주소 Vinohradskč 1, 110 00 Praha 1 **전화** +420-224-497-111, +420-224-497-118
시간 월 · 화 · 목~일요일 10:00~18:00, 수요일 09:00~18:00(첫째 주 수요일은 10:00~20:00)
휴무 전시에 따라 다름
가격 특별 전시의 경우 전시에 따라 요금이 다를 수 있다. 일반적인 특별 전시 요금은 다음과 같다. 성인 250Kč, 학생 170Kč 가족(성인 2명, 아동 3명 기준) 420Kč, 6세 미만 무료
홈페이지 www.nm.cz/Hlavni-strana

카페 뮤지엄 Kavarna Muzeum
Café Museum

스타일리시한 인테리어와 모던한 감각이 돋보이는 곳이다. 조용한 분위기에서 커피나 음료를 마시며 독서를 하거나 인터넷을 사용하기에 좋은 장소이기에 뮤지엄 방문과는 별도로 이곳 카페에서 시간을 보내는 이들이 적지 않다. 신선한 샌드위치와 가벼운 체코 전통식 수프와 빵을 런치 메뉴로 맛볼 수 있다. 포테이토 수프, 펌프킨 수프, 완두콩 수프 등 요일마다 다른 수프를 선보인다. 아이들을 위한 메뉴도 별도로 제공된다. 스태프 역시 친절하다.

지도 P.070Ⓘ **2권** P.078
구글 지도 GPS 50.079076, 14.431282
찾아가기 메트로 A · C선 무제움(Museum) 역 국립박물관 방향 출구로 나와 도보 3분, 국립박물관 신관 1층.
주소 Budova Národního technického muzea v Praze, Kostelní 42, 170 87 Praha 7 **전화** +420-224-284-511
시간 월~금요일 09:00~19:00, 토~일요일 10:00~19:00
휴무 없음 **가격** 에스프레소 39Kč, 아메리카노 45Kč, 카푸치노 49Kč, 카페 라테 59Kč, 아이스크림을 곁들인 아이스커피 79Kč 포테이토 수프 39Kč, 매시드포테이토를 곁들인 로스트 치킨 94Kč, 훈제연어를 넣은 포테이토 그라탱 139Kč
홈페이지 www.kavarnamuzeum.cz

유대 인 박물관 Židovské Muzeum Jewish Museum

역사적으로 프라하에서 유대 인의 존재는 실로 대단했다. 체코를 대표하는 작가 프란츠 카프카 역시 프라하 출신의 유대 인이다. 카를교의 유일한 장식물이었던 황금 십자가상에 히브리 어(유대 인의 본래 언어)로 된 기도문이 적혀 있을 정도다. 유대 인 박물관은 마이셀, 핀카스, 클라우센 등 여섯 군데의 시나고그에 저마다 전시관을 두고 있는데, 무어리시 스타일의 건축양식이 돋보이는 스패니시 시나고그(Spanish Synagogue) 건물 안에 들어서 전시관이 가장 크고 인상적이다. 다시 말해 유대 인 박물관을 대표한다 해도 과언이 아니다. 1868년 완공된 스패니시 시나고그 건물 내부는 회반죽으로 치장하는 스투코 양식을 적용해 아라베스크 문양으로 곳곳마다 멋을 냈다. 또 벽면과 문에는 동양적인 모티브를 상징하는 문양이 새겨져 있다. 스패니시 시나고그는 프라하의 숨은 보석과 같은 존재다. 프라하에는 주옥 같은 수많은 박물관과 미술관이 있지만 그동안 유대 인 박물관은 크게 주목 받지 못했던 게 사실이다. 유대 인의 역사와 전통에 관심이 없는 여행자라도 잠시 시간을 내 이 신비스러운 곳을 둘러볼 필요가 있다. 내부에는 체코의 보헤미아 지방과 모라비아 지방에 흩어져 살아온 유대 인들과 관련된 유품(18세기부터 제2차 세계대전까지)이 전시되어 있다. 매달 다양한 장르의 콘서트 연주를 연다(공연 스케줄은 홈페이지 참조).

지도 P.060D **2권** P.064 **구글 지도 GPS 50.090305, 14.420958**
찾아가기 구시가 광장에서 북쪽으로 도보 5분/메트로 A선 스타로메스트스카(Staroměstská) 역에서 도보 10분
주소 U staré Školy 141/1, 110 00 Praha 1 **전화** +420-222-749-211 **시간** 4~10월 월~금 · 일요일 09:00~18:00, 11~3월 월~금 · 일요일 09:00~16:30
휴무 토요일 **가격** 성인 350Kč, 학생 · 15세 미만 250Kč, 6세 미만 무료(유대 인 지구 마이셀로바(Maiselova) 거리 15번지에 위치한 티켓 예매처에서 구입 가능)
홈페이지 www.jewishmuseum.cz

성 비투스 보물관

Expozice Svatovítského Pokladu

Exhibition for the Treasure of St. Vitus

성 비투스 성당과 함께 프라하 성의 주요 볼거리인 성 비투스 보물관은 프라하 성 두 번째 코트야드에 자리한 성 십자가 교회 안에 위치한다. 중세와 근대에 막강한 힘을 자랑했던 가톨릭교회의 보물 139점을 한자리에 모아놓고 전시한다. 이 보물들은 순금이나 순은으로 만든 것으로, 화려한 보석으로 치장되어 있다. 아마도 전시품 중 가장 가치 높은 물건은 금으로 만든 십자가 모양의 성 유물함일 것이다. 길이가 50cm 이상 되는 이 물건은 14세기 후반 신성로마제국의 황제 카를 4세의 명령에 따라 가시면류관의 가시 등 십자가에 못 박힌 예수 그리스도의 유물을 담기 위해 제작한 것이다. 이 성 유물함은 22개의 사파이어와 아콰마린, 12개의 진주로 장식되어 있다. 또 가톨릭교회에서 사용하는 현시대(성광(聖光)을 올려놓는 대)는 1766년 만든 것으로 700개 이상의 보석이 박혀 있다. 이것은 이 나라에서 가장 빛나는 바로크 시대의 순금 현시대로 손꼽힌다.

⊙ **지도** P.086D ⓑ **2권** P.092
ⓖ **구글 지도 GPS 50,089736, 14,399955**
ⓒ **찾아가기** 프라하 성 서쪽의 정문을 통해 들어가면 두 번째 코트야드 오른쪽 성 루드 예배당(Chapel of Holy Rood/Kaple Svatého Kříže) 안에 있다. 12 · 20 · 22 · 57번 트램 탑승 후 말라 스트라나(Malá Strana) 광장에서 하차해 도보 10분
ⓐ **주소** Expozice Svatovítského Pokladu. Pražský hrad. 119 01 Praha 1 ⊝ **전화** +420-224-371-111
ⓣ **시간** 10:00~17:00 ⊖ **휴무** 12월 24일(12월 31일에는 16:00까지) ⓒ **가격** 성인 250Kč, 학생 · 65세 이상 125Kč, 가족(성인 2명, 아동 5명까지) 500Kč ⓗ **홈페이지** www.hrad.cz

예술가의 흔적을 만나다

체코 인들의 뛰어난 예술적 열성과 독창성을 엿보려면 컨템퍼러리 아트 전시 공간인 뮤지엄 캄파, 벨레트르즈니 궁전, 독스 등지를 둘러보자.

뮤지엄 캄파 Muzeum Kampa
Museum Kampa

캄파 지구는 늘 북적이는 프라하에 자리한 고요한 섬 같은 동네다. 한동안 캄파 공원 내 한 벽화에 존 레넌의 그라피티가 그려져 있던 것으로 유명세를 타기도 했다. 이곳에 지난 2002년 둥지를 튼 뮤지엄 캄파는 그야말로 모던 아트 공간에 굶주렸던 이들에게 오아시스 같은 곳이 되었다. 뮤지엄 캄파의 전시 작품은 대개 메다 믈라데크(Meda Mladek)와 얀 믈라데크(Jan Mladek) 부부가 수집한 것이다. 체코에서 태어난 이들은 제네바, 파리 등지에서 살면서 서유럽으로 망명해 예술 활동을 한 체코 출신 화가들의 작품을 하나둘 모았다. 뿐만 아니라 1960년대에 슬로바키아, 폴란드, 헝가리, 유고연방 등지를 여행하면서 중부 유럽의 현대미술 작품을 수집해왔다. 영구 전시관에는 이러한 컬렉션 외에도 초기 추상미술 운동의 선구자 프란티셰크 쿠프카(František Kupka)와 큐비스트(cubist) 조각가로 유명한 오토 구트프레운드(Otto Gutfreund)의 작품이 전시되어 있다. 특히 쿠프카는 메다 믈라데크가 1950년대 초반 파리에 머물면서 미술사를 공부하는 동안 알게 된 화가로 이곳에 영구 전시된 그의 작품 '성당(Cathedral/Katedrála)'은 1913년 완성된 그의 대표적인 추상화 작품이다. 이 뮤지엄에는 체코의 모던 아티스트뿐 아니라 세계적으로 유명한 아티스트의 작품을 전시한 상설 전시관도 마련되어 있다.

지도 P.096F **2권** P.103 **구글 지도 GPS 50.084035, 14.408436**
찾아가기 구시가에서 강가 맞은편 카를교와 레기교 사이의 캄파 섬 남쪽에 위치, 메트로 A선 말로스트란스카(Malostranská) 역에서 하차해 도보 15분
/12 · 20 · 22 · 57번 트램 탑승 후 캄파 섬에서 하차해 도보 10분
주소 U Sovových Mlýnů 2, 118 00 Praha 1 – Mala Strana
전화 +420-257-286-147 **시간** 10:00~18:00 **휴무** 없음
가격 어른 330Kč, 학생 · 65세 이상 190Kč, 6세 미만 무료, 가족(성인 2명, 15세 이하 자녀 3명) 600Kč **홈페이지** www.museumkampa.com

장식미술관 Uměleckoprůmyslové Muzeum
Museum of Decorative Arts

유대 인 지구에 자리한 장식미술관은 주요 시나고그와 매우 가깝다. 이곳은 영구 전시관과 상설 전시관으로 나뉘어 있다. 아쉽게도 이곳은 2015년 1월부터 대대적인 개 · 보수를 시작해 2017년 새로운 모습을 선보일 예정이다. 장식미술관은 무엇보다 내부가 화려하다. 마치 궁전에 들어온 것처럼 전시실 공간 하나하나마다 천장이 높고 공간미가 뛰어나다. 이곳에서는 보석류, 의상, 벽지, 가구, 장난감, 생활용품 등 다양한 분야의 물품을 시대별로 보여준다. 특히 비드로 만든 미니어처가 눈길을 끈다. 귀족들의 식기로 사용했을법한 다양한 세라믹 용기와 크리스털로 만든 글라스웨어도 전시되어 있다. 뭐니 뭐니 해도 가장 탐나는 물건은 화려한 문양을 수놓은 서랍이 여러 개 달린 장식함이다.

지도 P.060C **2권** P.066 **구글 지도 GPS 50.089897, 14.416417**
찾아가기 루돌피눔과 유대 인 묘지 사이에 위치, 메트로 A선 스타로메스트스카(Staroměstská) 역에서 도보 5분/17번 · 53번 트램 탑승 후 인근에서 하차 **주소** 17. listopadu 2, Staré Město, 110 00 Praha
전화 +420-778-543-900 **시간** 화요일 10:00~20:00, 수~일요일 10:00~18:00 **휴무** 월요일 **가격** 모든 관 관광티켓 성인 300Kč
홈페이지 www.upm.cz

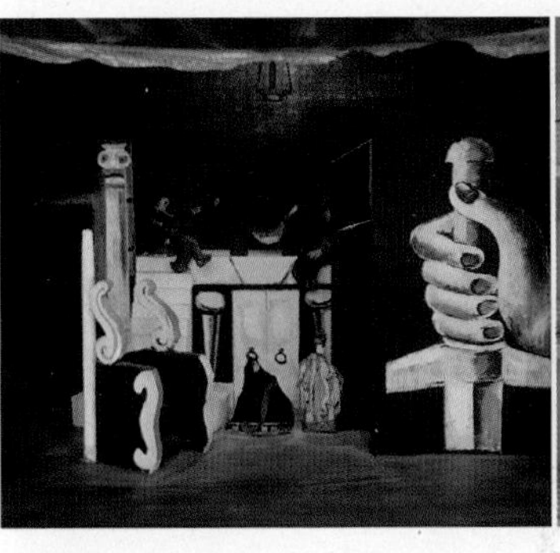

벨레트르즈니 궁전의 층별 구조
1층(G) 전시 없음
1층과 2층 사이의 중간층 상설 전시 공간
2층(1F) 20세기 해외 작품
3층(2F) 1930년대부터 오늘날까지의 체코 작품
4층(3F) 19세기와 20세기의 프랑스 작품
5층(4F) 1900년대부터 1930년까지의 체코 작품

벨레트르즈니 궁전 Veletržní Palác
Trade Fair Palace

이름만 들으면 왕궁 같지만 이곳은 컨템퍼러리 아트 작품을 소개하는 전시관이다. 아방가르드 스타일로 만든 이 건물은 1928년 무역 박람회(Trade Fair) 건물로 사용되었고, 오늘날까지 무역 박람회 궁전이란 이름으로 불린다. 이곳은 1995년부터 현대미술의 아지트가 되었고, 2000년부터는 뭉크, 피카소, 미로, 클림트, 에곤 실러 등 인상파, 후기 인상파 등의 19세기 미술도 함께 소개한다. 대표적 후기 인상파 화가인 폴 고갱과 빈센트 반 고흐의 팬이라면 이곳에 영구 전시된 고갱의 '비행 (Flight-Tahitian Idyll)'(1902), 고흐의 '푸른 밀밭(Green Wheat)'(1889)을 놓치지 말자. 이곳은 모던 아트와 컨템퍼러리 아트에 열광하는 아트 팬들이 가장 흥미로워할 만한 프라하의 대표적인 미술관이다. 건물은 아래층 중앙에 커다란 텅 빈 홀이 천장을 바라보고 있고, 8개 층이 ㅁ자 구조로 이루어져 건축학적으로도 매우 흥미를 자아낸다. 이곳에 전시된 작품은 대부분 체코 출신 로컬 아티스트의 작품으로, 20세기부터 21세기까지 다양한 장르의 미술 작품을 갖추었다. 회화, 그래픽, 조각, 설치미술, 비디오아트 등 분야도 매우 다양하다. 프라하 성과 카를교, 구시가 광장만 둘러본 여행자가 이곳을 잠시 살펴보면 프라하에는 이런 별난 미술관도 있구나, 하는 생각이 들 것이다.

지도 P.120 **2권** P.120 **구글 지도 GPS 50.101972, 14.432945** **찾아가기** 레트나 공원 동쪽 끝에서 북쪽으로 약 300m 거리에 위치, 1·5·12·17·24·26번 트램 탑승 후 인근에서 하차/메트로 C선 블타브스카(Vltavská) 역에서 도보 15분 **주소** Dukelských Hrdinů 47, Holešovice, 170 00 Prague 7 **전화** +420-224-301-122 **시간** 화·목~일요일 10:00~18:00, 수요일 10:00~20:00 **휴무** 월요일 **가격** 성인 200Kč, 학생·60세 이상 100Kč, 가족 250Kč **홈페이지** www.ngprague.cz/en/contact-veletrzni-palace

지도 P.120 **2권** P.121 **구글 지도 GPS 50.106831, 14.447467** **찾아가기** 메트로 C선 나드라지 홀레쇼비체(Nádraží Holešovice) 역에서 도보 10분 **주소** DOX . Poupětova 1, 170 00 Prague 7 **전화** +420-295-568-111 **시간** 월·토·일요일 10:00~18:00, 수·금요일 11:00~19:00, 목요일 11:00~21:00 **휴무** 화요일 **가격** 성인 180Kč, 학생·65세 이상 90Kč, 가족 300Kč, 소인(7~12세) 60Kč, 6세 미만 무료 **홈페이지** www.dox.cz/en

독스 컨템퍼러리 아트 센터
DOX Centrum Současného Umění
DOX Center for Contemporary Art

상대적으로 국내 여행자들에게는 많이 알려지지 않은 곳이지만 체코 현지에서는 컨템퍼러리 아트의 메카로 급부상한 곳이다. 홀레쇼비체 지구에 자리해 구시가 광장이나 프라하 성에서 도보로 방문하기에는 어렵지만 지하철이나 트램을 이용하면 어렵지 않게 방문할 수 있다. 이곳은 비영리 아트 갤러리로, 로컬 아티스트의 따끈따끈한 조각 전시물이나 핫한 영상을 담은 비디오아트를 감상하길 원한다면 반드시 방문하기를 권한다. 건물 자체는 아이보리 컬러의 심플한 빌딩이지만 건물 위에 적힌 'DOX'가 네모, 동그라미, 엑스를 연상케 해 재미나고 기발한 것들로 가득할 것만 같은 상상을 불러일으킨다. 실제로 문을 열고 내부로 들어서는 순간 눈이 번쩍 뜨일 만한 조형물이 관람객을 맞이한다. 전시실에 놓인 사진 작품은 요란하고 기괴하다기보다는 오히려 친근감 넘치는 일상을 독특한 시각으로 바라본 것들이 많다. 근래에는 앤디 워홀의 '첼시 호텔(Chelsea Hotel)', 데이비드 체르니의 '컨트로버셜(Controversial)' 등 유명 아티스트의 특별 전시회를 열기도 했다. 미술관 내 카페에 들어서면 거미 로봇이 천장에 매달린 듯한 모습의 샹들리에가 눈길을 끈다. 미니멀리즘 인테리어가 돋보이는 서점에서는 각종 관련 서적과 아트 포스터, 디자인용품 등을 판매한다.

트로야 궁전 Trojský Zámek
Troja Palace

프라하 동물원과 마주하고 있는 이곳은 프라하 시내에서 다소 떨어진 곳에 자리한다. 그 때문에 시내 인근에 자리한 다른 미술관에 비해 인지도는 다소 떨어진다. 하지만 이 도시에서 가장 인상적인 여름 궁전 중 하나인 트로야 궁전을 바라보는 순간, 아름다운 건축물에 자신도 모르게 반하게 된다. 트로야 궁전은 17세기 후반 보헤미아 귀족이자 당대 영향력 있던 인물인 슈테른베르크(Sternberg) 백작을 위해 세운 궁전이다. 규모와 화려함 면에서 파리의 베르사유 궁전과 비교할 수는 없지만, 프라하의 작은 베르사유 궁전이라 불릴 만한 곳이다. 궁전 앞 정원도 닮았다. 블타바 강가의 다소 언덕진 곳에 자리한 트로야 궁전은 귀족의 저택이라고 하기에는 방대할 정도로 드넓은 공간에 마련된 정원이 마치 왕실 정원처럼 잘 조성되어 있다. 정원 중앙의 분수대에는 물을 뿜어내는 인어상이 서 있다. 건물 자체도 아이보리 톤 벽면에 맑은 오렌지색으로 윤곽을 채색하고 진한 토마토색 지붕으로 멋을 냈다. 무엇보다 정문으로 올라가는 고딕 양식의 계단과 계단 난간에 서 있는, 거무튀튀하지만 고풍스러운 동상들이 신화 속에서나 볼법한 몸짓으로 저마다 특색 있게 배열된 모습이 인상적이다. 이 동상은 사실 그리스신화에 나오는 올림푸스 신과 타이탄 신 사이의 싸움을 묘사한 것이다. 건물 뒤편에는 포도밭이 있는 작은 동산이 자리한다. 건물 내부에는 프레스코와 화려하진 않지만 아늑한 분위기를 내는 샹들리에로 치장되어 있다. 전시된 아이템은 조각품이 대부분이다. 넓은 공간에 많지 않는 작품을 배치해 공간미와 절제미가 돋보인다. 관람객도 많지 않아 조용히 작품을 감상하고 인테리어를 둘러보기에 좋다. 가장 돋보이는 공간은 건물 내 그랜드 홀이다. 합스부르크 왕가의 첫 번째 국왕인 루돌프 1세의 모습과 오스만튀르크에 대적하는 레오폴드 1세의 늠름한 기상을 묘사한 천장의 프레스코는 놓치지 말고 꼭 봐야 한다. 차이니스 룸에 전시된 18세기 중국 벽화도 놓치지 말자. 그 외에도 중국에서 가져온 고가구와 자기가 전시되어 있다.

지도 P.123 **2권** P.123 **구글 지도 GPS 50.116442, 14.412818**
찾아가기 프라하 동물원 옆에 위치, 메트로 C선 나드라지 홀레쇼비체(Nádraží Holešovice) 역에서 112번 버스 탑승 후 종점에서 하차(20분 소요) **주소** U Trojského Zámku 4/1, Troja, 171 00 Praha 7
전화 +420-283-851-614 **시간** 10:00~18:00, 금요일 13:00~18:00(정원은 19:00까지)
휴무 월요일 **가격** 성인 120Kč, 학생 · 10세 이상 60Kč, 65세 이상 30Kč, 가족 250Kč, 영어 가이드 투어(사전 예약) 40Kč **홈페이지** en.ghmp.cz

무하 뮤지엄 Muchovo Muzeum
Mucha Museum

알폰스 무하는 체코의 아르누보 미술을 대표하는 화가다. 실제로 그는 체코 아르누보의 마스터로 불린다. 그는 화가였을 뿐 아니라 일러스트레이터이자 장식미술가이기도 했다. 섬세하고 여성적인 터치가 특징인 그의 작품들은 마치 살아 움직이는 판타지 애니메이션을 보는 것처럼 생동감이 느껴진다. 무하는 체코에서 태어나 파리에서 포스터 디자이너 등으로 활동한 뒤 이름을 크게 알렸다. 그리고 다시 고국으로 돌아와 생을 마칠 때까지 포스터, 스테인드글라스, 가구, 보석, 우표에 이르기까지 다방면의 디자인 활동에 참여했다. 미술관은 3개 구역으로 이루어져 있는데, 그의 포스터, 그림, 스케치, 활동사진, 개인 유물 등이 전시되어 있다. 특히 미술관 한편에서는 그의 일생과 작품 활동을 간략히 담은 다큐멘터리 필름을 상영한다. 건물 내 중앙 코트야드에서는 여름이면 아웃도어 카페를 운영한다. 미술관 내 기념품 숍에는 그의 작품을 새긴 갖가지 기념품과 무하의 대표적인 포스터 작품인 'Cycles Perfecta'(1902) 등의 포스터 복제품을 사려는 손님으로 늘 북적인다.

지도 P.070F **2권** P.077
구글 지도 GPS 50.084368, 14.427642 **찾아가기** 보행자 전용 도로인 나 프르지코페(Na Příkopě) 거리와 바츨라프 광장에서 가깝다. 메트로 A · B선 무스테크(Můstek) 역에서 도보 5분 **주소** Kaunický Palác, Panská 7, 110 00 Praha 1
전화 +420-224-216-415
시간 10:00~18:00(단, 12월 24일 10:00~14:00, 12월 25일 12:00~17:00, 1월 1일 12:00~17:00) **휴무** 없음
가격 어른 300Kč, 학생 · 65세 이상 · 아동 200Kč, 가족(성인 2명, 아동 2명) 750Kč
홈페이지 www.mucha.cz

알폰스 마리아 무하 Alfons Maria Mucha

알폰스 마리아 무하는 1860년 7월 24일, 당시 오스트리아제국에 속한 체코 모라비아 지방의 작은 마을에서 태어났다. 1879년부터는 비엔나에서 무대 배경을 제작하는 일을 했다. 1881년부터는 고국에서 어느 백작의 후원으로 독일 뮌헨 아카데미 오브 파인 아트(Munich Academy of Fine Art)에서 정식으로 미술 공부를 했다. 이후 1887년부터는 파리의 아카데미 쥘리앙(Académie Julian)과 아카데미 콜라로시(Académie Colarossi)에서 미술 공부를 하면서 잡지와 광고지에 삽화를 그리거나 포스터를 만드는 일을 했다. 특히 1894년 르네상스 극장에서 포스터를 그리면서 이름을 알리게 되었다. 이때부터 광고와 포스터, 벽지 등을 디자인했는데, 오늘날 우리에게 알려진 무하의 아르누보 스타일의 그림이 이때 주로 완성되었다. 상업적으로 성공한 무하는 1906년부터 1910년까지 미국 뉴욕에 잠시 머물다 다시 체코 프라하로 돌아와 프라하의 순수 회화 극장(Theater of Fine Arts)의 인테리어 작업에 참여하고, 화폐와 우표를 디자인하는 일에도 관여한다. 성 비투스 성당의 스테인드글라스를 맡아 제작하기도 했다.
78세이던 1939년 7월 14일, 프라하에서 생을 마감했다.

프란츠 카프카
Franz Kafka

도스토옙스키, 알베르 카뮈 등과 함께 실존주의 문학을 대표하는 소설가다. 1883년 7월 3일 유대인 부모의 장남으로 태어났다. 출생지인 프라하에서 줄곧 살았으며 프라하의 중심가에 살았던 덕분에 그의 소설에는 프라하의 구석구석이 담겨 있다. 자신을 고독한 원의 고독한 중심이라고 불렀던 카프카는 낮에는 보험회사에서 일하고 밤에는 소설 쓰는 재미에 흠뻑 빠져 생활했다. 《변신》, 《성(城)》 등 그의 소설은 대부분은 사회에서 고립된 존재의 소외감과 고독을 은밀하면서도 치밀하게 묘사했다. 그는 41세의 젊은 나이로 생을 마쳤기에 많은 작품을 남기지는 못했지만, 그의 다소 난해한 작품은 사후 그의 친구 막스 브로트(Max Brod)에 의해 세상에 알려졌다.

프란츠 카프카 뮤지엄 Franzy Kafky Muzeum
Franz Kafka Museum

프란츠 카프카의 팬이라면 프라하에 카프카 뮤지엄이 있다는 사실만으로도 위안을 삼는다. 그만큼 카프카의 발자취를 조금이라도 더 느끼기기를 원하기 때문이다. 프라하 구시가에는 프란츠 카프카가 살던 집과 그가 일하던 보험회사 건물이 아직도 남아 있지만, 일반인의 출입이 제한된다. 이미 거주자가 생활하고 있거나 다른 용도로 사용되기 때문이다. 카프카 뮤지엄에는 카프카의 다양한 유물이 전시되어 있다. 그가 쓴 글이나 그가 그린 낙서, 그림, 도서관 자료를 토대로 연구한 것들, 일기 등이 소중하게 놓여 있다. 특히 카프카가 출간한 그의 소설 초판 원서를 찾아볼 수 있어 특별하다. 뮤지엄 내에 자리한 숍에서는 그와 관련된 다양한 책과 포스터, 사진이 담긴 엽서 등을 판매한다.

지도 P.096C **2권** P.103 **구글 지도 GPS 50.087955, 14.410508**
찾아가기 카를교를 건너 프라하 성을 방문하기 전에 들르거나 프라하 성 방문 후 카를교를 건너기 전에 방문하는 것이 좋다. 메트로 A선 말로스트란스카(Malostranská) 역에서 도보 10분 **주소** Cihelná 2b, Malá Strana, 118 00 Praha 1 **전화** +420-257-535-507 **시간** 10:00~18:00(단, 12월 24일 10:00~14:00, 12월 25일 12:00~17:00, 1월 1일 12:00~17:00) **휴무** 없음 **가격** 성인 260Kč, 학생 · 65세 이상 180Kč, 가족(성인 2명, 자녀 2명) 650Kč **홈페이지** www.kafkamuseum.cz

지도 P.086D **구글 지도 GPS 50.52577, 14.235415**
찾아가기 프라하 성 두 번째 코트야드 왼쪽 건물 안에 위치
주소 Obrazárna, Hrad, 119 09 Praha 1 **전화** +420-224-373-531
시간 하절기 09:00~17:00, 동절기 09:00~16:00 **휴무** 없음
가격 성인 100Kč, 학생 · 60세 이상 50Kč, 가족(성인 2명, 16세 이하 아동 5명까지) 200Kč **홈페이지** www.obrazarna-hradu.cz

프라하 캐슬 픽처 갤러리
Obrazárna Pražského Hradu
Prague Castle Picture Galley

루돌프 2세의 회화 컬렉션을 소장한 미술관이다. 프라하 성 내에 있으며 프라하 성이 소유한 4000여 점의 회화 작품 중 티치아노 베첼리오(Tiziano Vecellio), 한스 폰 아헨(Hans von Aachen), 페테르 파울 루벤스(Peter Paul Rubens) 등의 작품을 비롯한 100여 점을 엄선해 전시하고 있다. 1552년 비엔나에서 태어나 1612년 프라하에서 사망한 루돌프 2세는 신성로마제국의 황제이자 보헤미아왕국과 헝가리왕국의 통치자였다. 그는 16세기 말부터 회화를 수집해 방대한 컬렉션을 보유하는 등 문화적으로는 많은 치적을 남겼으나 정치적으로는 무능한 모습을 보여 결국 모든 지위를 잃고 이름뿐인 황제로 프라하의 궁정에 유폐되었다. 이 전시관에는 루돌프 2세의 개인 컬렉션 외에도 17세기 중반 이후 수집한 작품이 있는데, 이는 1930년대 기금을 통해 구입한 것들이다. 새롭게 추가된 작품은 대부분 이탈리아, 독일, 플랑드르(Flemish) 화파의 작품으로 구성되어 있다.

라피다리움 Lapidárium
Lapidarium

내셔널 뮤지엄에서 운영하는 프라하의 대표적인 조각 박물관으로, 11세기부터 20세기에 이르는 다양한 형태의 조각품 2000여 점을 전시하고 있다. 라피다리움의 건축학적 아름다움은 보는 이에게 예기치 못한 놀라움을 선사한다. 라피다리움 건물은 원래 여름 궁전으로 쓰였던 곳이다. 처음 이곳의 조각상을 마주하는 순간 마치 카를교 위에 세워놓았던 성상을 모두 가져다 이곳에 모아놓은 것 같다는 생각이 드는데, 실제로 카를교 위의 오리지널 동상 중 상당수를 이곳으로 옮겨놓은 뒤 진열하고 있다. 다시 말해 오늘날 카를교 위에 있는 성상 중 대부분은 복제물이다. 또 카를교뿐 아니라 프라하의 공공장소에 놓였던 동상 중 역사적으로 가치 있는 것들을 이곳에 옮겨 전시하고 있다. 날개 달린 천사상부터 성자의 동상까지 다양한 형태의 동상이 존재한다. 돌을 조각해 만든 중세 유물도 볼 수 있다.

지도 P.120 **2권** P.121
구글 지도 GPS 50.105549, 14.43151
찾아가기 메트로 A선 나드라지 홀레쇼비체(Nádraží Holešovice) 역 앞에서 5 · 12 · 17번 트램 탑승 후 하차해 도보 2분
주소 Výstaviště 422,170 00, Praha 7
전화 +420-702-013-372
시간 4~11월 수요일 10:00~16:00, 목~일요일 12:00~18:00 **휴무** 월 · 화요일, 12~3월
가격 성인 50Kč, 학생 · 60세 이상 30Kč, 가족 90Kč
홈페이지 www.nm.cz

촬영 포인트

프라하의 멋진 뷰 포인트

아무리 사진을 찍기 싫어하고 카메라에 관심이 없더라도 프라하에 와서 제대로 된 사진 한 장 찍지 않고 돌아가는 이는 없다. 프라하에는 그야말로 눈을 휘둥그레하게 할 만한 멋진 뷰 포인트가 곳곳에 숨어 있다. 모든 뷰 포인트가 프라하의 구시가와 블타바 강, 카를교를 바라보고 있지만, 서 있는 위치나 바라보는 각도에 따라 다른 도시 풍경이 신선하고 새로운 기분을 선사한다. 특히 해 질 무렵이나 어둑해진 이후 도심의 야경을 카메라에 담는다면 더욱 멋진 추억이 될 것이다.

사진작가의 작품 같은
도시 풍경 사진을 찍고 싶다면
→ 페트린 전망대, 킨스키 공원, 레트나 공원

프라하 성의 자태를
카메라에 멋지게 담고 싶다면
→ 마네스교, 카를교

QUESTION
나만의 촬영 포인트 찾기!

카를교의 모습을 카메라에
멋지게 담고 싶다면
→ 레기교, 구시가 교탑

구시가 광장 주변의 주옥같은
중세 건축물을 내려다보고 싶다면
→ 구시청사 종탑

프라하의 아름다움을
가장 잘 드러내는 베스트 시티 뷰

1 페트린 전망대 Petřínská Rozhledna
Petřín Lookout Tower

블타바 강이 흐르는 프라하 시내의 전경을 보고 싶다면 페트린 전망대를 빼놓아선 안 된다. 페트린 전망대는 킨스키 공원 언덕 위에 있다. 페트린 전망대로 올라가기 위해서는 킨스키 공원 아래에서 퍼니큘러를 타고 단번에 올라갈 수도 있지만, 킨스키 공원의 아름다운 자연미를 감상하며 오르는 것이 좋다. 페트린 전망대는 높이가 63m인 전망탑이다. 이 전망탑은 1891년 파리만국박람회(오늘날의 엑스포) 때 파리 에펠탑을 1/5로 축소해 만든 것이라고 한다(개인마다 견해차가 있겠지만 작아서 그런지 에펠탑의 위용이 느껴지진 않는다). 계단이 무려 199개나 되는 이 전망대는 걸어서 올라갈 수도 있고, 엘리베이터를 타고 단숨에 올라갈 수도 있다. 전망대에 오르면 킨스키 공원 주변과 멀리 스트라호프 수도원, 프라하 성 주변도 바라볼 수 있다. 페트린 전망대에서 시티 뷰를 감상하는 것은 프라하 관광의 하이라이트다. 비록 구시청사 첨탑에 올라 구시가 광장 주변을 바라보았다 하더라도 이곳에서 보는 프라하 시가의 전경도 놓치지 말자.

지도 P.096E **2권** P.102 **구글 지도 GPS 50.083527, 14.395084**
찾아가기 12 · 20 · 22 · 57번 트램 탑승 후 우예즈드(Újezd)에서 하차해 킨스키 공원 남쪽에 자리한 언덕 아래에서 퍼니큘러를 탑승(도보로 올라갈 경우 약 45분 소요되지만 다양한 경관을 감상할 수 있다) **주소** Petřínské Sady, 118 00 Praha 1 **전화** +420-257-320-112 **시간** 11~2월 10:00~18:00, 3월 10:00~20:00, 4~9월 10:00~22:00, 10월 10:00~20:00 **휴무** 퍼니큘러 3월 9~27일, 10월 12~23일 **가격** 성인 150Kč, 학생 · 아동 80Kč(리프트 이용 시 추가 가격 성인 60Kč, 학생 · 아동 30Kč/퍼니큘러 성인 · 학생 32Kč, 아동 16Kč **홈페이지** www.petrinska-rozhledna.cz

Talk Talk 퍼니큘러, 케이블카인가요?

퍼니큘러는 경사면을 올라가는 전동차의 일종으로, 허공 위 로프에 매달려 가는 케이블카와는 다르다. 다시 말해 경사면의 땅에 밀착해 전기의 힘으로 오르내리는 전동차다.

2 킨스키 공원 Kinského Zahrada Kinsky Park

대부분의 여행자들이 페트린 전망대에 오르기 위해 킨스키 공원을 방문한다. 킨스키 공원은 구시가 남쪽의 대로인 나로드니 거리에서 레기교를 건너 어렵지 않게 도보로 방문할 수 있다. 프라하에서 가장 아름다운 공원 중 하나로 꼽히는 이곳은 일반 공원과는 달리 언덕으로 조성된 곳이어서 지면의 높낮이가 다르다. 특히 레기교 인근의 공원 입구에서 페트린 전망대로 올라가는 길은 산길처럼 경사면이 약간 가파르기에 노약자는 템포를 조절하며 올라야 한다. 이처럼 킨스키 공원의 장점은 다양한 산길이 수풀 사이에 군데군데 놓여 있다는 것이다. 마치 숲길을 걷는 것처럼 로맨틱한 분위기에 젖어 한적한 오후를 보내기에 좋다. 공원 곳곳에는 멋진 조각상이 배치된 휴식처가 마련되어 있어 벤치에 앉아 간단한 스낵으로 점심을 먹거나, 찬란히 내리쬐는 자연광 아래 편히 앉아 독서를 하거나, 음악 감상을 하기에 좋다. 또 킨스키 공원은 언덕 위로 올라가는 길마다 독특한 시티 뷰를 감상할 수 있다는 것도 빼놓을 수 없는 장점이다. 물론 페트린 전망대 꼭대기에 오르면 시원하게 펼쳐진 풍경을 둘러볼 수 있지만, 언덕을 오르는 길에 살짝살짝 들여다보이는 프라하 시가와 강변의 모습은 기대 이상으로 아름답다.

지도 P.096H **2권** P.102 **구글 지도 GPS 50.079555, 14.398195**
찾아가기 12 · 20 · 22 · 57번 트램 탑승 후 레기교 인근에서 하차/ 구시가에서 레기교를 건너 직진하면 킨스키 공원의 페트르진 언덕을 오르는 길이 나온다. **주소** Kinského Zahrada, 150 00 Praha-Praha 5
전화 없음 **시간** 24시간 **휴무** 없음 **가격** 무료 **홈페이지** 없음

Talk Talk

킨스키 공원에서 어디가 포인트인가요?

킨스키 공원의 포인트를 한마디로 말하기는 어렵지만 경사면에 자리한 킨스키 공원을 산책로를 따라 올라가면 블타바 강과 프라하의 구시가와 신시가 일대가 좀 더 명확히 모습을 드러낸다. 베스트 시티 뷰를 위한 킨스키 공원에서의 최종 목적지는 페트린 전망대다(참고로 페트린 전망대에서는 프라하의 시티 뷰를 360도로 조망 가능해 구시가, 신시가, 프라하 성 일대, 스트라호프 수도원 등지를 두루 볼 수 있어 프라하 최고의 시티 뷰 스폿이라 할 수 있다).

킨스키 공원의 독특한 시티 뷰의 디테일!!

킨스키 공원에서는 다른 공원에서의 시티 뷰와 달리 카를교와 카를교 건너편의 구시청사 종탑 건물과 그 주변, 신시가지의 국립극장 등을 명확히 바라볼 수 있다. 또 말라 스트라나 지구를 비롯해 프라하 성 내 성 비투스 대성당의 자태도 엿볼 수 있다.

시티 뷰와 잘 조성된 공원의 자연미를 동시에 카메라에 담아볼 수 있는 곳

3 레트나 공원 Letenské Sady
Letna Park

블타바 강이 아름다워 보이는 것은 프라하 중심을 관통하기 때문이다. 좀 더 정확히 말하자면 아름다운 프라하 시가 사이를 흐르는 블타바 강을 내려다볼 수 있는 곳이 많기에 강과 도시의 수려한 면모가 더욱 잘 드러난다고 말할 수 있다. 레트나 공원 역시 프라하 시가를 끼고 흐르는 블타바 강 일대를 제대로 내려다볼 수 있는 전망대 역할을 한다. 이 공원은 블타바 강과 평행하게 동서로 길게 펼쳐져 있는 데다 언덕 위에 자리해 공원 어느 곳이나 시내를 조망하는 훌륭한 뷰 포인트가 된다. 킨스키 공원에 비해 여행자들의 발걸음이 적은 것은 지리적으로 다소 멀리 있기 때문인데, 좀 더 한적한 곳에서 홀로 조용히 벤치에 앉아 사색하며 시티 뷰를 즐기고 싶다면 레트나 공원 역시 탁월한 선택이다. 레트나 공원은 사계절 내내 이곳의 비어 가든에서 맛 좋은 맥주를 즐길 수 있는데, 여름철에는 특히 밤낮 상관없이 이곳의 비어 가든에서 맥주 한잔을 손에 들고 웃고 떠들며 프라하의 환상적인 시티 뷰를 만끽하는 현지인이나 외국인 여행자가 많다. 공산주의 시절 이 공원은 소련 공산당과 마찬가지로 공산주의의 힘을 과시하는 체코 공산당의 군 열병식이나 군악대의 행진 등 수많은 군부대의 퍼레이드가 펼쳐졌다.

지도 P.120 **2권** P.120 **구글 지도 GPS** 50.09565, 14.420088
찾아가기 구시가에서 체호프 다리를 건너면 바로/5 · 17 · 53번 트램 탑승 후 레트나 테라사 인근에서 하차 **주소** Letenské Sady, 170 00 Praha 7
전화 +420-221-714-444 **시간** 24시간 **휴무** 없음 **가격** 없음
홈페이지 없음

4 구시청사 종탑 Stará radnice věž s hodinami
Old Town Hall Clock Tower

아마도 프라하를 찾는 외국인 중 가장 많은 이가 찾는 전망대가 구시가에 자리한 구시청사 종탑('천문시계탑(Orloj Věž)'이라고도 불림)이 아닐까 싶다. 이곳에 오르면 먼저 구시청사 광장의 얀 후스 동상을 중심으로 주변에 깨알처럼 작아 보이는 수많은 사람들이 흩어져 있는 모습을 내려다볼 수 있다. 돼지고기 바비큐 구이를 파는 가판대 주변에 서서 맥주 한잔에 음식을 맛보는 사람들이 옹기종기 모여 있는 모습도 한눈에 들어온다. 또 구시가의 화려한 중세 건축물을 한눈에 내려다볼 수 있어 좋다. 블타바 강의 시원한 물줄기는 비록 볼 수 없지만 프라하 성과 TV 타워도 시야에 들어온다는 것만으로도 만족스러울 수 있다. 사실 이 전망대는 유리 보호벽이 없는 오픈 에어 스타일이라 머리를 쑥 내밀고 아래를 내려다보면 아찔하고 어지럽다. 구시가 광장 한편에 놓인 틴 교회의 위용도 이곳에서 바라볼 때 배가된다.

지도 P.041A **2권** P.048 **구글 지도 GPS** 50.087082, 14.420629
찾아가기 구시가 광장 남쪽에 위치, 메트로 A선 스타로메스트스카(Staroměstská) 역 · 메트로 A · B선 무스테크(Můstek) 역에서 도보 8분 **주소** Staroměstské Náměstí 1, 110 00 Praha 1
전화 +420-236-002-629 **시간** 월요일 11:00~22:00, 화~일요일 09:00~22:00 **휴무** 없음 **가격** 구시청사 입장 및 종탑 전망대 입장 성인 250Kč, 65세이상 150Kč, 학생 150Kč, 가족 500Kč, 모바일예매210Kč 구시청사 입장 및 신시청사 입장 성인 350Kč, 65세이상 250Kč, 학생 250Kč 가이드 투어(한 달 4회) 20:00 시작. 두시간 동안 진행. 한 달 3번 영어 가이드 투어 진행. 자세한 일정은 홈페이지 참조 **홈페이지** www.staromestskaradnicepraha.cz

카를교를 건너는 사람들을 찍고 싶다면 이곳!

5 구시가 교탑 Staroměstská Mostecká Věž
Old Town Bridge Tower

구시가 교탑으로 올라가려면 작은 통로를 유심히 잘 찾아야 한다. 통로 입구 앞에 작은 안내판이 서 있지만, 자칫 그냥 지나칠 수 있기 때문이다. 게다가 카를교를 오가는 수많은 행인에 비하면 상대적으로 이곳을 찾는 이가 많지 않다. 전망대로 올라가는 카를 교탑의 통로는 비좁은 데다 음습해서 중세의 무시무시한 형무소나 감옥으로 들어가는 길을 연상시킨다. 차갑고 단단한 벽돌로 이루어진 138개의 계단을 따라 이 탑에 오르면 무엇보다 카를교를 오가는 수많은 사람들의 다채로운 모습을 내려다볼 수 있다. 또 멀리 프라하 성과 주변 모습도 한눈에 들어온다. 블타바 강을 유영하는 크루즈 보트와 패들 보트도 눈에 띈다. 비록 구시청사 종탑만큼 높은 곳에서 내려다보는 전망은 아니지만 카를교와 블타바 강, 말라 스트라나 일대를 바라보기에 이보다 더 좋은 전망대는 없다. 이 탑은 원래 카를교와 블타바 강 주변을 살피기 위해 카를교 남단 위에 세운 고딕 양식의 탑이다. 이 탑이 완성된 1380년 무렵에는 북쪽에서 적군을 침입하는 일이 빈번해 구시가를 보호하는 수단으로 사용되었다.

지도 P.041A **구글 지도 GPS 50.086158, 14.413578**
찾아가기 카를교 동쪽 끝에 위치, 메트로 A선 스타로메스트스카(Staroměstská) 역에서 도보 10분 **주소** Staroměstská Mostecká Věž, 110 00 Prague 1 **전화** +420-224-220-569
시간 3 · 10월 10:00~20:00, 4~9월 10:00~22:00, 11~2월 10:00~18:00
휴무 없음 **가격** 어른 100Kč, 학생 · 65세 이상 70Kč **홈페이지** 없음

프라하 성 일대를 찍고 싶다면 이곳.

6 마네스교 Mánesův Most Manes Bridege

마네스교는 카를교 북쪽에 자리한 다리다. 구시가 강변에 놓인 루돌피눔 인근에 자리해 구시가와 말라 스트라나 지구를 연결한다. 마네스는 원래 고대 로마 종교에 등장하는 신으로, 신격화된 사자의 영혼을 가리키지만, 사실 이 다리는 19세기에 활약한 체코의 화가 요세프 마네스(Josef Ma´nes)의 이름을 붙인 것이다. 제1차 세계대전이 발발한 1914년, 착공 3년 만에 완공되었으며 길이는 186m, 폭은 16m다. 보행자 전용 다리인 카를교와는 달리 마네스교는 일반 차량과 전차가 오간다. 마네스교는 프라하 성의 전체적인 윤곽을 제대로 볼 수 있는 곳이기도 하다. 이 다리 남쪽 끝자락에 서서 흐라드차니 지구의 오래된 건물 위로 우뚝 서 있는 프라하 성 내의 화려한 건물들(성 비투스 성당을 비롯해)을 올려다보는 것만큼 기대 이상의 풍광도 없을 것이다. 무엇보다 해 질 무렵 보랏빛으로 어스름해지는 밤하늘 아래 불 밝힌 프라하 성의 자태는 그야말로 황홀하기까지 하다.

지도 P.060C **2권** P.066 **구글 지도** GPS 50.089313, 14.413971
찾아가기 메트로 A선 스타로메스트스카(Staroměstská) 역에서 도보 3분/18번 트램 탑승 후 다리 남단에서 하차 **주소** Mánesův Most,11800 Praha 1 **전화** 없음 **시간** 24시간 **휴무** 없음 **가격** 무료
홈페이지 없음

Talk Talk 마네스교 · 카를교 · 레기교 뷰 포인트 비교

[마네스교] 어떤 면에서 프라하 성 일대의 가장 멋진 뷰를 담을 수 있는 곳 중 하나다. 또 카를교를 중심으로 블타바 강 남쪽 일대의 아름다운 뷰를 선사한다.
[카를교] 관광객들이 가장 많이 몰리는 곳으로, 이 다리에 서서 오가는 행인의 모습을 배경으로 카를교의 유명한 30개의 석상과 함께 프라하 성의 성 비투스 대성당의 모습을 카메라에 담기 좋다.
[레기교] 마네스교와 마찬가지로 카를교의 수평적인 전경과 프라하 성 일대를 한눈에 바라보기에 좋은 곳이다.

7 레기교 Legií Most
Legion Bridge

레기교는 카를교 남쪽에 있으며 마네스교와 마찬가지로 일반 차량과 전차가 오간다. 구시가 인근의 내셔널 시어터에서 스트르젤레츠키(Střelecký) 섬을 가로질러 킨스키 공원까지 연결한다. 화강암으로 만든 레기교는 1899년 착공해 1901년에 완공되었는데, 원래 이 자리에 있던 프란세스 1세 현수교(Francis I Chain Bridge, 1841년 완공)를 대체한 것으로 길이는 345m, 폭은 16m다. 여행자들에게 레기교는 카를교의 전경을 보여주는 역할과 구시가에서 킨스키 공원을 방문할 때 가교 역할을 한다. 레기교에 서서 카를교와 프라하 성, 구시가 일대를 배경으로 사진을 찍어보자. 이곳 야경을 카메라에 담아 보는 것도 좋다.

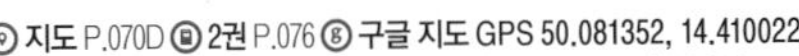

지도 P.070D **2권** P.076 **구글 지도 GPS** 50.081352, 14.410022
찾아가기 메트로 B선 나로드니 트르지다(Národní Třída) 역에서 도보 8분/17 · 18 · 53번 트램 탑승 후 다리 남단에서 하차 **주소** Legií Most 11000 Praha 1 **전화** 없음 **시간** 24시간
휴무 없음 **가격** 무료 **홈페이지** 없음

Talk Talk

사진을 잘 찍는 요령

1 원하는 피사체에 초점을 정확히 맞추고 흔들림 없이 찍는 게 가장 중요하다. 일반적으로 맑은 날이나 어느 정도 어둡지 않다면 자동 모드인 P 모드에 놓고 사진을 찍어도 흔들림 없이 사진이 잘 나온다.

2 아주 어두운 날이나 이미 어둑해진 밤에 사진을 찍으려 한다면 셔터스피드가 느려지기 때문에 삼각대가 필요하다. 삼각대는 카메라의 셔터를 누를 때 카메라가 흔들리지 않도록 해주는 역할을 한다. 카메라가 흔들리면 사진의 초점이 맞지 않는다.

3 야경을 찍을 때 삼각대가 없을 경우에는 카메라를 고정할 만한 장소를 찾아 그곳에 고정한 채 셔터를 누르자.

4 카메라에 ISP(감도)를 조절하는 기능이 있다면 ISP를 400, 800, 1250 등으로 올려 셔터스피드를 보다 빠르게 설정해보자. 셔터스피드가 빠를수록 사진 찍히는 속도가 빠르기 때문에 그만큼 카메라가 흔들리는 것을 방지해준다. 단, ISP의 숫자 즉, 감도수가 올라갈수록 사진의 입자가 거칠게 나온다.

5 자동카메라가 아닌 M 모드(흔히 말하는 매뉴얼(수동) 모드)가 가능한 카메라라면 조리개(노출 변동)와 셔터스피드를 조절해 사진의 밝기와 카메라 셔터의 속도 따위를 조절해 어둠 속에서도 사진이 흔들림 없이 최대한 잘 나오도록 만들 수 있다.

MANUAL 9

근교 여행

프라하만큼이나 흥미진진한 프라하 근교 여행

프라하 여행을 계획한다면 적어도 2~3일 정도는 시간을 내 프라하 근교의 아름다운 여행지를 방문해보자. 프라하의 근교 여행지는 대부분 버스나 기차를 이용해 반나절 또는 한나절 시간을 내 둘러볼 수 있는 곳이다. 마시는 온천수로 유명한 카를로비 바리, 전형적인 중세 타운인 체스키 크룸로프, 대표적인 체코의 중세 고성 칼슈타인 성 등 저마다 특색이 넘쳐난다. 또 여행지마다 아름다운 산책로가 마련되어 중세풍 분위기 속에서 사색에 잠길 수도 있다. 이러한 근교 여행지를 적어도 두어 군데 방문하면서 프라하에서 맛보지 못한 색다른 여행을 만끽해보자.

1

플젠
Pilsen / Plzeň

브루어리 투어로 유명한 맥주 도시

프라하에서 서쪽으로 약 90km 떨어진 곳에 자리한 보헤미아 서부의 작은 도시 플젠은 언뜻 보면 평범한 동유럽 도시 같다. 여행자들에게 플젠은 맥주 도시로 잘 알려져 있다. 그 때문에 이 도시를 찾는 첫 번째 이유는 바로 이곳에 자리한 맥주 공장을 견학하는 것이다. 다행히 방문객을 상대로 하는 브루어리 투어(brewery tour)가 있어 비수기라면 예약 없이도 견학 투어에 참가할 수 있다. 플젠이 맥주 도시로 이름을 알린 건 1842년, 오늘날 독일 바바리아 지방의 맥주 생산업자인 요세프 그롤(Josef Groll)이 이곳에서 필스너(Pilsner)라는 이름으로 맥주를 생산하기 시작하면서부터다. 플젠은 1295년부터 타운이 형성되어 14세기부터 오늘날 독일 남부 뉘른베르크와 레겐스부르크로 향하는 무역로의 거점 도시로 성장했다. 덕분에 후스의 난이 일어난 14세기 무렵에는 프라하와 쿠트나 호라 다음으로 큰 도시가 되기도 했다. 플젠은 14세기에 종교적 비판을 가하던 얀 후스와 그를 지지하는 세력에 맞서 가톨릭 측에 지지를 표명한 사람들이 집결했던 곳이기도 하다. 17세기 말부터 이 도시의 건축양식은 바로크 양식을 따랐다. 1989년부터 이 도시의 구시가는 세계문화유산 보호지로 지정되기도 한 만큼, 플젠의 구시가는 고풍스러운 분위기를 자아낸다. 1918년 체코슬로바키아가 오스트리아-헝가리제국에서 분리 독립했을 때 전통적으로 체코 어보다는 독일어를 주로 사용하던 플젠의 시민들은 오히려 오스트리아에 복속되기를 바랐다. 1933년 이후에는 많은 사람들이 아돌프 히틀러가 자신들을 독일어권 국가에 복속시킬 수 있다는 생각에 나치에 가담하기도 했다. 실제로 제2차 세계대전 이후 포츠담 회담에 따라 이곳을 비롯한 체코의 독일계 주민들 대부분은 체코 영토에서 쫓겨나 독일 등지로 이주했다. 1869년부터 이곳에 베이스를 두고 기계 산업을 진두지휘했던 스코다사가 창립되었는데, 1939년부터 1945년에는 이곳의 공장에서 나치 군을 위한 탱크를 생산하기도 했다. 스코다는 알다시피 체코의 자동차 브랜드인데, 1925년부터 자동차를 생산했으며 지난 2000년에는 독일의 폭스바겐에 인수되어 연간 90여 만 대에 이르는 자동차를 생산하고 있다.

지도 P.144 **2권** P.142
구글 지도 GPS 49.738431, 13.373637
스튜던트 에이전시 버스는 프라하의 메인 버스 터미널인 플로렌츠 터미널 또는 즐리친(Zličín) 역(무스테크 역에서 메트로 B라인으로 약 18분 소요) 앞 즐리친 버스 터미널에서 매시간 플젠행 직행버스를 운행한다(1시간 소요, 요금 100Kč). 기차의 경우 프라하 중앙역에서 매시간 플젠까지 직행열차를 운행한다(1시간 35분 소요, 요금 145Kč).

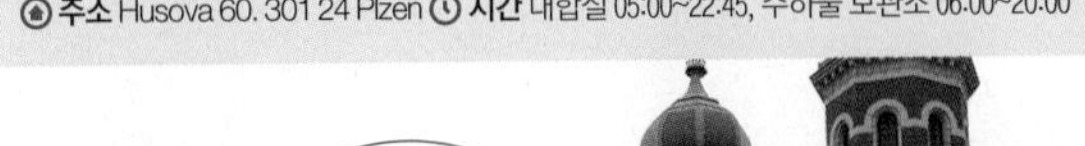

중앙역
플젠 중앙역(Plzeň Hlavní Nádraží)은 시내 중심가의 남동쪽에 자리한다(도보 20분).
구글 지도 GPS 49.743342, 13.388238 **주소** Nádražní 102/9, 326 00 Plzeň

버스 터미널
플젠의 메인 버스 터미널(CAN으로 불림)은 시내에서 서쪽으로 조금 떨어져 있기에 시내에서 찾아가려면 트램(11번 · 12번)을 타는 것이 좋다(트램으로 15분 소요, 도보 50분). **구글 지도** GPS 49.746149, 13.362736
주소 Husova 60. 301 24 Plzen **시간** 대합실 05:00~22:45, 수하물 보관소 06:00~20:00

고풍스러운
분위기를 자랑하는
플젠의 건축물

02

카를로비 바리
Karlovy Vary

마시는 온천수로 유명한 온천 휴양 도시

카를로비 바리는 체코 근교 여행의 숨은 진주다. 인구 6만 명의 이 작은 도시는 마시는 온천수로 유명하다. 도심 곳곳에 온천수가 수도꼭지를 통해 흘러나오는 곳이 자리해 저마다 특이하게 생긴 물컵(spa cup)을 들고 줄을 서서 온천수를 받아 마신다. 라젠스케 포하르(Lázenské Pohár)라고 불리는 이 물컵은 도자기로 만든 것으로 온천수를 마시기 위해 이곳을 방문한 여행자들에게는 그야말로 필수 쇼핑 아이템이다. 카를로비 바리의 온천수는 물론 공짜다. 물은 나트륨 성분이 들어 있어 약간 짭짤한데, 중탄산염, 아황산염 등 미네랄이 풍부하다. 특히 이 온천수를 많이 마시면 만성 변비와 비만, 동맥경화증 등의 치료에 효과가 있다고 한다. 또 온천수로 목욕을 하면 류머티즘, 만성 피부병 등의 치료에도 좋다고 한다. 독일 국경과 가까워 이곳을 찾는 나이 든 단체 독일 여행객들도 심심치 않게 볼 수 있다. 이곳에서 한 컵, 저곳에서 한 컵을 들이켜면 도시를 둘러보는 사이 몇 컵의 온천수를 마셨는지 모를 때도 있다. 모두 몸에 좋다는 온천수를 이곳에 머무는 동안 가급적 많이 마시고자 한다. 카를로비 바리는 원래 체코에서 가장 오래된 온천이 자리한 곳이다. 전설에 따르면 카를 4세가 사냥을 하던 중 사냥개 한 마리가 물에 빠지면서 온천을 발견하게 되었다고 한다. 실제로는 그전부터 이곳은 온천장으로 유명했지만 1358년 카를 황제가 이곳의 온천 중 가장 큰 곳 옆에 사냥을 위한 로지를 만들었다. 그 이후 사람들은 이곳을 '카를의 온천'이라 불렀고, 그 이름이 오늘날까지 카를로비 바리라는 이름으로 전해져오고 있다. 독일어로는 칼스바트(Karlsbad)라고 불리기도 한다. 이곳에 처음으로 스파가 생긴 것은 1522년이다. 그 후 유럽의 귀족과 왕족들이 이곳을 찾아오기 시작했는데, 그중에는 1711년과 1712년 이곳을 방문한 러시아 황제 표트르 대제도 있었다. 예술가들의 발길도 끊이지 않았는데, 괴테는 무려 13번이나 찾아왔다고 한다. 음악가로는 바흐, 베토벤, 브람스, 바그너, 차이콥스키, 슈만, 리스트 등이 이곳을 방문했다고 하니 그들의 음악적 감성을 북돋았을 도시적 아름다움은 굳이 과장하지 않더라도 알 만하다. 도시를 가득 메운 건축물은 대개 19세기와 20세기 초에 세운 것들이다. 네오 르네상스 스타일과 아르누보 양식의 건물이 대부분이다. 온천수로 유명한 곳이지만 카를로비 바리 도시 자체도 매우 아름답다. 오흐르제(Ohře) 강과 테플레(Teplé) 강이 흐르고, 산과 언덕으로 둘러싸인 독특한 지형 아래 화려한 건축물이 들어선 아기자기한 거리 모습이 아름다워 여성 여행자들에게 특히 인기가 높다. 게다가 테플레 강 주변에 놓인 네오 르네상스 양식의 콜로네이드 다섯 군데는 도시의 미관을 더욱 화려하게 해준다. 이 콜로네이드 주변에는 12군데의 온천이 자리한다. 아쉽게도 이곳의 온천은 목욕탕 구조의 온천이 아닌 온천수를 마시는 곳으로서의 역할만 한다. 카를로비 바리에서 온천수로 온천욕을 즐기고 싶다면 칼스바트 플라자 호텔(Carlsbad Plaza Hotel) 등 온천욕이 가능한 호텔에 머물러야 한다.

지도 P.134 **2권** P.132
구글 지도 GPS 50.231852, 12.871962
찾아가기 프라하에서 출발할 경우 기차보다 버스가 더 편리하다 프라하에서 카를로비 바리까지의 거리는 120km이다. 저렴하고 편리한 플릭스 버스(www.flixbus.com)는 프라하에서 카를로비 바리까지 하루 다섯차례 정도 운행한다. (출발 시간 10:20, 12:05, 13:05, 15:05, 16:50 시즌에 따라 변동 가능) 소요 시간은 1시간 45분이며 요금은 약 150~300Kč.

버스 터미널
카를로비 바리의 메인 버스 터미널은 중앙역인 돌니 역(Dolní Nádraží) 내에 자리한다. 시내 중심가에서 북쪽으로 도보로 10분 거리.
ⓖ **구글 지도** GPS 50.2299880, 12.8639812
ⓐ **주소** Západní, 360 01 Karlovy Vary

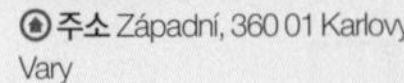

3 쿠트나 호라
Kutna Hora

보헤미아의 반짝이는 은광 도시

체코의 수도 프라하가 위치한 보헤미아 지방의 중앙 평원 지대에는 경치가 아름답고 역사적, 문화적 유산을 간직한 도시가 많다. 기차를 타고 가다 보면 드넓게 펼쳐진 해바라기밭 등 보헤미아 지방의 소박한 정겨움을 만나게 된다. 쿠트나 호라는 보헤미아 중부 지방에 있는 인구 2만여 명의 작은 도시다. 프라하에서 동쪽으로 약 65km 지점에 있어, 프라하에서 당일치기로 다녀올 수 있는 곳이기도 하다. 쿠트나 호라는 13세기 초 은 광산 도시로 건설되어 프라하 다음으로 보헤미아 지방에서 중요한 도시로 발전했다. 역사적 가치가 높은 건축물이 즐비한 이 도시의 역사 지구는 1996년 유네스코 세계문화유산으로 지정되었다. 그런 만큼 얼핏 보아도 도시 곳곳에 숨은 화려했던 과거의 위용을 발견할 수 있다. 1308년 당시 보헤미아왕국의 국왕 바츨라프 2세(Václav II)는 이탈리아에서 화폐 주조 기술자들을 데려왔다. 그리고 이곳에 왕실 조폐국을 설치해 화폐를 주조하도록 했다. 오늘날 구시가의 화려한 건축물은 당대에 세운 것들이다. 1400년 바츨라프 국왕은 이곳으로 자신의 왕궁을 옮겼다. 그 후 쿠트나 호라는 150년 동안 유럽에서 가장 부유하고 화려한 도시 중 하나로 발전했다. 그러나 16세기에 들어서자 은 생산량이 점차 감소했고, 15세기에 후스 전쟁, 17세기에 30년 전쟁을 치르면서 도시는 쇠락의 길을 걸었다. 급기야 1770년 재앙처럼 불어닥친 대화재로 도시의 많은 문화유산이 피해를 입었다. 은광촌이 완전히 폐쇄된 것은 18세기 말이다.

이러한 역사적 영광과 상처를 함께 지닌 이 도시는 오늘날 관광산업으로 제2의 도약을 꿈꾸고 있다. 기념비적인 도시의 건축 문화유산은 정교하고 세련되게 가다듬어졌고, 프라하 외에 색다른 여행지를 찾고자 하는 여행자들에게 숨겨진 매력을 마음껏 발산한다. 쿠트나 호라의 구시가 지구는 걸어 다니면서 볼 수 있을 정도로 작고 밀집되어 있다. 대부분의 명소는 중앙 광장(Palackého Náměstí) 주변에 몰려 있다. 카페와 레스토랑, 아이스크림 가판대가 자리한 중앙 광장에는 이 도시의 한가로운 여유가 넘쳐난다. 고딕 양식에서 입체주의 건축양식까지 다양한 형태의 가옥이 반짝이는 파사드(fasade)의 멋스러운 빛을 발하며 보행자들을 만족시킨다. 구시가를 거니는 방문객들은 이리저리 걷다 보면 잠시 후 자신을 에워싼 시공간에 도취되어 있음을 깨닫게 된다. 이 도시의 구시가에서 가장 처음 대면하는 건물은 이탤리언 궁정 블라슈스키 드부르(Vlašský Dvur)다. 이곳은 바츨라프 2세가 왕궁으로 쓰다가 나중에 왕립 조폐국으로 사용한 건물이다. 그러나 18세기 화폐 주조가 중단되면서 이 건물은 다시 시청사 건물로 쓰였다고 한다.

이탈리안 궁정에서 돌아 나오면 거대한 성 야쿠바 교회(Kostel Sv. Jakuba)가 나온다. 멀리서 이 도시를 바라볼 때 랜드마크가 될 정도로 교회의 탑이 높게 솟아 있다. 또 중세 은광 박물관(Hradek Mining Museum)이 자리해 이곳을 방문하는 여행자들에게 광산에 관련된 옛이야기를 들려준다. 성(聖) 바르보리 성당(Chram Sv. Barbory)으로 올라가는 길 오른쪽에 거대한 건축물이 있는데, 체코에서 두 번째로 큰 예수회 대학(Jesuit College)이다. 17세기에 지은 이 건물은 당시 각지에서 신학을 공부하며 정신과 영혼을 수련하기 위해 몰려든 젊은 수도사로 붐볐다고 한다. 13세기에 세운 성 바르보리 성당은 이 도시가 자랑하는 최고의 건축물이다. 이 건축물은 이 나라의 고딕 말기 양식 건축물 중 가장 돋보이는 건축물로, '보헤미아의 진주'라고 불린다.

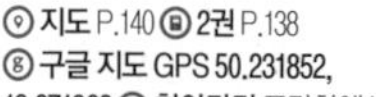

지도 P.140 **2권** P.138
구글 지도 GPS 50.231852, 12.871962 **찾아가기** 프라하에서 동쪽으로 약 65km 지점에 있다. 폴코스트(Polkost, www.csadpolkost.cz/en)에서 운영하는 시외버스는 프라하의 플로렌츠 버스 터미널에서 하루 6차례 쿠트나 호라까지 직행 운행하며 소요 시간은 약 1시간 15분(편도 요금 68Kč). 프라하 메트로 C라인 하예(Háje) 역 인근에 자리한 하예 버스 터미널에서도 매시간 쿠트나 호라행 직행버스가 출발한다(1시간 40분 소요, 편도 요금 70Kč).

쿠트나호라 시내에서 북동쪽으로 약 4km 떨어진 근교 세들레츠(Sedlec)에 있기에 중앙역에 도착해 1번 또는 7번 버스를 타고 시내로 가야 한다. 또는 프라하 중앙역에서 쿠트나 호라 중앙역이 아닌 쿠트나 호라 메스토(Město)까지 가는 표를 사서 쿠트나 호라 중앙역에 도착해 일반적으로 5분 안에 쿠트나 호라 메스토행 기차로 다시 한 번 갈아타야 한다. 메스토 역은 시내 중심에서 동쪽에 자리한다.

쿠트나호라 메스토 역
ⓖ **구글 지도 GPS**
49.949863, 15.276927
⊕ **주소** Kutná Hora město Nádražní, 284 01 Kutná Hora

버스 터미널
시내 북동쪽에 자리한다. 쿠트나 호라 메스토 역에서 북서쪽으로 도보10분
ⓖ **구글 지도 GPS 49.954161 | 15.272251**
⊕ **주소** Kutná Hora, aut.st. 284 01 Kutna Hora

★ 기차의 경우 프라하의 중앙역에서 쿠트나 호라 중앙역까지 1시간 걸린다. 단, 쿠트나 호라 중앙역은 중심가에서 4km 떨어져 있으므로 버스가 기차보다 더 편리하다. 프라하와 쿠트나 호라 간 기차 편도 요금은 약 100Kč다.

4

칼슈타인 성
Karlstejn Castle / Hrad Karlštejn

고상한 기품을 자아내는 성

사실 체코에는 독일이나 프랑스만큼이나 고성이 많다. 단지 우리에게 덜 알려졌을 뿐이고, 여행자들이 프라하에서 대부분의 시간을 보낸 뒤 떠나기 때문에 체코의 고성은 상대적으로 인기가 덜하다. 하지만 체코의 고성은 다른 유럽 국가의 성보다 우리가 상상하는 전형적인 유럽 성채의 모습에 더 가깝다. 게다가 보존도 잘되어 있어 그 모습과 자태가 확연하다. 체코의 대표적인 고성으로는 잉글랜드의 윈저 성을 닮은 흘루보카(Hluboka) 성, 하얀 건물에 빨간 지붕을 두른 코노피슈테(Konopiště) 성, 네오 고딕 양식의 위풍당당한 자태가 멋진 보우조프(Bouzov) 성, 20세기 중반까지 300년 동안 귀족 가문의 저택으로 사용된 보이니체(Bojnice) 성 등 수많은 고성이 보헤미아와 모라비아 지방의 곳곳에 산재해 있다.
보헤미아 중부 지방에 자리한 칼슈타인 성은 프라하에서 지척의 거리에 있을 뿐 아니라 체코의 여러 고성 중 가장 아름답기로 유명해 많은 여행자들이 방문하는 고성이기도 하다. 칼슈타인 성은 1348년 신성로마제국의 황제 카를 4세가 세웠다. 당시 이 성은 왕이 거하는 거처로 만들었는데, 실제로는 왕실의 보물을 숨겨놓기 위해 지었다. 왕관 등 왕가의 보물과 휘장, 주요 문서, 성직자의 유물 등도 보관했다고 한다. 오늘날에는 오디언스 홀, 황제의 침실 등을 공개하는데, 내부에는 마리안 타워, 성모 교회, 성 캐더린 예배당, 그레이트 타워가 있다. 특히 그레이트 타워는 왕실 보물을 숨겨놓던 장소이기에 한번 둘러볼 만하다. 원래 고딕 양식으로 만든 이 성은 16세기에 르네상스 스타일로 변모했다. 그리고 19세기에 들어와 건축 디자이너인 요세프 모츠케르(Josef Mocker)가 원래 모습을 되찾기 위해 다시 한 번 대대적으로 개·보수해 오늘날의 모습을 하게 되었다. 베룬카 강 위 높은 언덕 위에 둥지를 틀고 있는 칼슈타인 성은 다른 고성에 비해 드라마틱한 위치를 자랑한다. 그 때문에 칼슈타인 성은 체코의 또 다른 포토 스폿으로도 소문나 있다. 여름철 성수기에는 단체 방문객을 피해 이른 아침 서둘러 성안을 방문하는 게 좋다.

지도 P.147 **2권** P.146
구글 지도 GPS 49.939504, 14.188046
찾아가기 칼슈타인 성을 방문하려면 먼저 프라하에서 직행열차로 칼슈타인에 도착한 후(40분 소요) 기차역에서 마을을 경유해 언덕 위의 성까지 도보로 30분 정도 가야 한다.

칼슈타인 역
프라하와 칼슈타인을 오가는 교통수단은 오직 기차뿐이다. 프라하의 중앙역에서 30분마다 칼슈타인 방면으로 향하는 베로운(Beroun)행 기차가 오간다. 칼슈타인 역은 규모가 매우 작아 특별한 편의 시설을 갖추고 있지 않다. 칼슈타인 기차역은 칼슈타인 성에서 도보로 30분 정도 떨어진 곳에 위치한다. 거리상 칼슈타인 역에서 칼슈타인 성을 직접 바라볼 수는 없다.
구글 지도 GPS 49.555453 14.102151
주소 Karlštejn Nádražní, 267 18 Karlštejn

5 체스케 부데요비체
České Budějovice

버드와이저의 본고장

1265년 국왕이 방어벽 역할을 할 요새를 세우기 위해 로열 타운으로 지정한 곳이다. 14세기 무렵부터 이곳은 은광 산업과 무역업으로 남부 보헤미아 지방에서 가장 영향력 있는 도시로 성장했는데, 당시에 세운 세련된 르네상스 양식의 건축물이 오늘날 구시가 광장을 중심으로 자리해 있다. 16세기 말에는 동전을 주조하는 왕립 조폐국이 설립되기도 했다. 제1차 세계대전 이후에는 이 도시를 포함한 남부 보헤미아의 일부가 체코슬로바키아에 종속되었다. 제2차 세계대전이 끝난 1945년에는 이 도시의 절반을 차지하던 독일계 주민 대다수가 독일로 추방되었다. 체스케 부데요비체는 인구 10만 명의 큰 도시로, 남부 보헤미아 지방의 대표적인 도시다. 수많은 여행자들이 체스키 크룸로프를 방문하기 위해 이곳에서 기차를 갈아탄다. 프라하나 체스키 크룸로프에 비해 상대적으로 유명세는 덜하지만 프라하와 체스키 크룸로프를 연결하는 역할을 하며 프라하와 오스트리아의 린츠, 잘츠캄머구트, 잘츠부르크 등지를 철로로 연결하는 교통의 요충지다. 상대적으로 대형 쇼핑몰과 슈퍼마켓, 다양한 패션 부티크 숍, 패스트푸드 숍 등 체스키 크룸로프에는 없는 편의 시설을 갖추었다. 이곳은 무엇보다 우리에게 잘 알려진 미국산 맥주인 버드와이저의 본고장이기도 하다. 버드와이저(Budwiser)란 이름 자체가 부데요비체라는 지명에서 나왔다. 비록 이곳에서 관광객을 상대로 진행되는 부드바르 맥주 공장(Budvar Brewery) 견학의 경우 참가자에 따라 반응에 차이는 있지만, 맥주의 본고장에 들러 왁자지껄한 펍이나 바에서 현지인들과 함께 마시는 맥주 맛은 색다를 것이 틀림없다. 멋진 르네상스 스타일의 파스텔톤 가옥들이 중앙 광장 주변에 네모반듯하게 둘러서 있는 모습이 인상적이다. 프라하에서 못다 즐긴 라이브 재즈 콘서트나 클래식 콘서트를 이곳에서 만끽하는 것도 좋다.

지도 P.149 **2권** P.148
구글 지도 GPS 48.975658, 14.480255
찾아가기 프라하에서 직행열차로 2시간 40분 소요되며 오스트리아 린츠에서 직행열차로 2시간 20분 소요된다.

중앙역
체스케 부데요비체의 중앙역은 시내 중심에서 매우 가깝다(도보 1분). 카페, 수하물 보관소 등 다양한 편의 시설을 갖추었다.
구글 지도 GPS 48.9724578, 14.4874801
주소 Nádražní 1759, 370 01 České Budějovice

버스 터미널
체스케 부데요비체 버스 터미널은 체스케 부데요비체 중앙역 바로 앞에 위치한다.
구글 지도 GPS 48.9724578, 14.4874801
주소 Nádražní 1759, 370 01 České Budějovice

6

체코의 아기자기한 동화 속 마을

체스키 크룸로프
Český Krumlov

'체코의 오솔길'이라는 뜻을 지닌 체스키 크룸로프는 많은 이들이 '동화 속 마을' 같다고 표현하는 여행지다. 이러한 유명세로 이 작은 마을을 찾는 방문객이 해마다 늘고 있다. 실제로 체스키 크룸로프는 프라하 다음으로 여행자가 많이 찾는 곳이다. 남부 보헤미안 지방에 위치한 이곳은 인구 1만5000명의 아담한 중세 도시로, 블타바 강이 굽이쳐 흐르는 드라마틱한 지형에 자리한다. 과거 14세기부터 16세기까지 수공업과 상업으로 번영해 부를 이루었는데, 오늘날 이곳에서 볼 수 있는 대부분의 건축물도 그 시기에 세운 것들이다. 이곳을 방문하는 여행자들은 대부분 크룸로프 성 위에서 내려다보는 도시 조망에 감탄사를 연발한다. 실제로 체스키 크룸로프의 구시가 중심과 주변 풍광은 기억에 오래 남을 정도로 기막히게 멋지다. 그래서일까? 체스키 크룸로프의 구시가는 많은 여행자들이 좋아하는 유럽의 베스트 포토 스폿 중 하나다.

크룸로프 성 아래에는 수많은 중세풍 가옥이 놓여 있는데, 그중에는 수도원과 오늘날 맥주 제조 시설로 사용되는 17세기의 옛 무기 저장소도 있다. 구시가의 중심에는 고딕 양식과 바로크 양식이 혼합된 성 비투스 교회가 자리한다. 오래된 건물들이 잘 보존되어서인지 이곳은 1992년 유네스코 세계문화유산으로 지정되었다. 체코에서 프라하 다음으로 여행자가 많이 찾는 곳이며 영화나 드라마 CF 등의 단골 배경지로도 알려졌다. 체스키 크룸로프의 매력은 아무래도 오밀조밀하게 밀집된 구시가의 중세 가옥들 사이를 누비다가 맛있는 음식을 먹고 재미난 민예품이나 로컬 아티스트의 재치가 담긴 예술 장식품을 둘러보는 것이다. 여름철이라면 블타바 강에서 유유자적 보트를 타거나 카누, 카약을 타고 도시 밖으로 나가 아름다운 강산을 둘러보아도 좋다.

지도 P.128 **2권** P.126
구글 지도 GPS 48.812735, 14.317466
찾아가기 프라하 중앙역에서 급행열차를 통해 갈아타지 않고 체스키 크룸로프까지 갈 수 있다.(하루 1회, 2시간 54분 소요) 직행 열차가 아닌 경우에는 체스케 부데요비체에서 기차를 갈아타야 한다. 체코 철도청 홈페이지인 www.cd.cz를 통해 정확한 스케쥴과 요금을 조회할 수 있으며 신용카드로 예매도 가능하다.

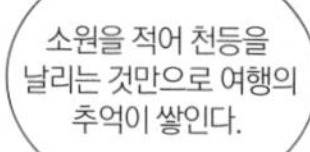

중앙역

구시가 북쪽, 다소 떨어진 언덕 위에 자리해 있다(중앙역에서 구시가 중심가까지 도보 25분). 역의 규모가 작아 편의 시설이 매우 제한적이다.

ⓖ **구글 지도 GPS 48.822219, 14.317457**

주소 Třída Míru 2, Nádražní Předměstí, 381 01

버스 터미널

구시가 중심가 동쪽에 자리해 교통이 편리하다(구시가 광장에서 도보 20분).

ⓖ **구글 지도 GPS 48.811598, 14.322476**

주소 Nemocniční 586, 381 01 Český Krumlov

EATING

우리나라에서는 맛볼 수 없는 프라하의 다양한 음식들. 메인 메뉴는 해산물보다는 육류 위주의 메뉴가 많으며 우리 입맛에도 잘 맞는다. 식사 후에는 한번 손을 대면 멈출 수 없는 체코식 디저트가 우리를 기다린다.

MANUAL 10

체코 음식

CZECHFOOD

체코 음식의 모든 것

체코의 음식은 중부 유럽에 자리한 지리적 특성상
독일, 헝가리, 폴란드 등 주변 국가의 영향을 받았다.
그 때문에 베이컨, 돼지고기, 감자, 덤플링 등이 음식에 주로 등장하고,
그 위에 진한 소스와 구운 채소 등을 얹어 먹는다.

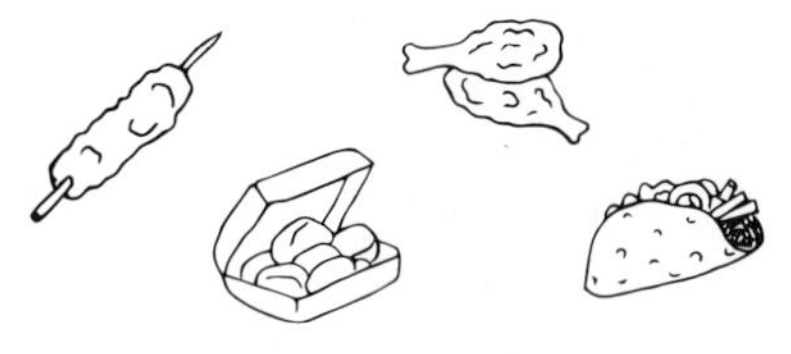

체코 음식에서 감자는 빼놓을 수 없는 재료다. 감자로 만든 일종의 덤플링인 크네들리키를 비롯해 체코식 포테이토 팬케이크인 브람보라크 등이 있다. 고기 요리에는 돼지고기, 쇠고기, 닭고기, 오리고기, 생선 등을 사용하는데, 가장 보편적으로 사용하는 재료는 돼지고기다. 구시가 광장 등 관광 명소의 거리나 먹거리 시장에서는 맥주와 함께 돼지고기 바비큐 요리나 훈제 돼지고기 햄을 직접 팔기도 한다. 참고로 체코의 일부 음식은 다소 짠 편인데, 전통적으로 음식에 소금을 과하게 넣기 때문이다. 구시가 광장을 비롯해 관광 명소 인근에 자리한 프라하의 레스토랑은 음식 질과 서비스에 비해 가격이 비싼 편이다. 하지만 다행히 아직까지 런던, 파리 등지에 비하면 상대적으로 저렴하다. 관광 명소 주변이라 해서 모든 레스토랑의 음식 맛이 형편없고 비싼 것만은 아니다. 프라하 시내의 주요 명소 주변에는 여행자가 가볼 만한 레스토랑이 많다. 특히 여행자가 많이 몰리는 구시가 광장 주변이나 프라하 성 인근에서는 체코 전통 음식 전문 레스토랑을 여럿 찾아볼 수 있다. 그중에는 옥외 테이블을 갖춘 비어 가든이 딸린 레스토랑도 있다. 여름이라면 이러한 곳에서 현지인과 어울려 전통 맥주 맛도 맛보면서 체코 요리의 진수를 느낄 수 있다. 또 프라하는 다양한 인종의 여행자들이 즐겨 찾는 곳이기에 전 세계 곳곳에서 들어온 식문화가 발달했다. 이탤리언 레스토랑은 물론 프렌치 레스토랑, 지중해식 메뉴를 제공하는 레스토랑, 인디언, 차이니스 등 오리엔탈 레스토랑도 다양하다. 게다가 TGI 프라이데이(TGI Friday) 등 세계적으로 유명한 브랜드의 레스토랑이나 코스타(Costa), 스타벅스(Starbucks) 등 카페 체인점, 폴(Paul) 등 베이커리 체인점 등을 찾아볼 수 있다. '레스타우라체(restaurace)'는 체코 어로 레스토랑을 의미하는데, 만일 음식점에 레스토랑(restaurant) 대신 레스타우라체라고 쓰인 간판이 붙어 있다면 현지인들이 주로 가는 곳이기에 음식값이 더 저렴할 것이다. 독일과 마찬가지로 프라하를 비롯해 체코의 도시에도 수많은 비어 홀(beer hall)이 있다. 몇몇 비어 홀에서는 시원한 생맥주와 함께 맛 좋은 현지 음식도 맛볼 수 있다. 마찬가지로 호스포다(hospoda, 체코식 펍)나 비나르나(vinarna, 와인 바)에서도 소시지, 감자, 돼지고기 등의 음식을 제공한다. 프라하에서는 종종 거리에서도 음식을 파는 가판대를 발견할 수 있다. 이러한 길거리 가판대에서는 저렴한 가격으로 맛볼 수 있는 핫도그, 햄버거, 케밥 등의 패스트푸드를 판매한다.

CZECH MENU

1

➡ **모든 음식에 빠지지 않는 감초인 체코식 만두**

크네들리키

Knedliky

여행자들이 체코에서 가장 쉽게 접할 수 있는 음식은 일종의 덤플링인 크네들리키다. 담백한 맛이 일품인 크네들리키는 만두 같기도 하고 빵 같기도 한데, 감자로 만든 것과 빵으로 만든 것 두 가지가 있다. 속에 고기나 과일 잼 등이 들어 있는 것도 있고, 아무것도 들어 있지 않은 것도 있다. 감자로 만든 크네들리키는 감자 안에 고기나 소시지, 햄 따위를 넣고 찌거나 구운 것이다. 빵으로 만든 크네들리키 역시 빵 안에 고기나 소시지를 넣은 것인데, 절인 과일이나 과일 잼을 넣어 디저트용으로 만들기도 한다. 레스토랑에서 맛보는 크네들리키는 보통 안에 아무것도 들어 있지 않은 것으로 고기 메뉴, 채소 등과 함께 나오며 주로 넓은 접시 위에 고기 소스나 크림 소스를 곁들인다.

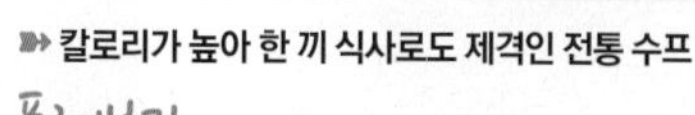

2

➡ **칼로리가 높아 한 끼 식사로도 제격인 전통 수프**

폴레브카

Polévka

추운 날씨에는 따뜻한 수프가 제격이다. 식사 비용을 아끼면서 간단히 점심 식사를 하기에는 수프와 빵 한 조각이 최고의 선택일 수 있다. 물론 빵 대신 크네들리키 1~2개면 충분할 수도 있다(참고로 체코의 수프는 제법 양이 많다). 여느 동유럽 국가와 마찬가지로 겨울철 날씨가 제법 추운 체코에서는 수프가 발달했다. 체코에서는 수프를 폴레브카(Polévka)라고 부른다. 물론 어느 레스토랑이나 수프를 달라고 말하면 못 알아듣는 사람은 없다. 체코의 전통 수프는 크게 감자 수프와 채소 수프로 나눌 수 있는데, 칼로리가 높은 감자 수프는 한 그릇 뚝딱 해치우면 배가 두둑해질 정도로 든든하다. 체코의 대표적인 감자 수프에는 브람보로바 폴레브카(Bramborová Polévka)가 있다. 이 감자 수프에는 감자, 버섯, 당근, 파슬리 등 채소를 주로 넣는다. 채소 수프 역시 감자 수프 못지않게 열량이 높아 브런치나 런치 메뉴로 부족함이 없다. 체코의 대표적인 채소 수프는 젤레니노바 폴레브카(Zeleninova Polévka)다. 이 수프는 완두콩, 양배추, 당근, 토마토, 콜리플라워 등을 넣고 멀겋게 끓인 수프인데, 체코 인들이 아침 식사로 빵과 함께 주로 먹는다. 일반 레스토랑에서는 스타터로 주문해 맛볼 수도 있다. 감자 수프의 경우 레스토랑에 따라 크림이나 고기를 넣은 것도 있다. 참고로 체코의 수프는 짠맛이 좀 강한 편이다.

3

마저럼과 캐러웨이 씨앗으로 맛을 낸

브람보라키

Bramboráky

포테이토 팬케이크는 동유럽 국가에서 흔히 볼 수 있는 음식이다. 브람보라키는 일종의 체코식 포테이토 팬케이크로 납작하고 두툼한 모양새를 띤다. 감자를 얇고 길쭉하게 갈아 달걀, 빵가루와 섞어 구운 것이다(빵가루 대신 밀가루를 사용하기도 한다). 여기에 양념으로 소금과 후춧가루, 마늘을 넣는다. 무엇보다 중요한 성분은 박하류의 요리용 양념인 마조람(Marjoram)으로, 이것을 첨가해야 제맛이 난다. 때로는 향미료 열매인 캐러웨이(Caraway) 씨앗 가루를 넣기도 한다. 지역에 따라 밀가루 반죽이나 사우어크라우트(Sauerkraut, 일종의 양배추 절임)를 섞어 넣거나 훈제 고기를 넣기도 한다. 브람보라키는 프라하에 머무는 동안 간식으로도 맛볼 수 있으며 간단한 점심 식사로 체코 요리 전문 레스토랑에서 먹을 수 있다.

4

구운 치즈 맛이 일품인

스마제니 헤르멜린

Smažený Hermelín

헤르멜린은 일종의 체코 전통 치즈다. 부드럽고 크림이 가득한 프랑스풍 밀크 치즈인 카망베르(Camembert)와 비슷하게 생겼다. 이 치즈는 원래 중부 보헤미아 지방의 세들차니(Sedlčany)의 특산품으로 현재 다양한 브랜드 이름으로 체코 전역에서 판매되고 있다. 레스토랑에서도 이 치즈를 맛볼 수 있는데, 오일에 절인 것과 빵가루를 입혀 기름에 구운 형태로 맛볼 수 있다. 특히 기름에 튀긴 치즈는 스마제니 헤르멜린이라 불리는데(스마제니는 구운(fried)의 뜻을 지닌 체코 어다), 우리나라에서도 볼 수 있는 크로켓과 비슷하게 생겼다. 스마제니 헤르멜린은 부드럽고 담백한 치즈 고유의 맛에 바삭한 튀김 고유의 느낌이 가미되어 색다른 맛을 느끼게 해준다. 스마제니 헤르멜린은 레스토랑에 따라 다르지만 돈가스처럼 큰 것도 있고, 크로켓 형태의 작은 사이즈도 있다. 그 때문에 어떤 이는 스마제니 헤르멜린을 체코의 치즈 크로켓이라고 부르기도 한다. 참고로 빵 속에 든 치즈는 딱딱하지 않고 열에 녹은 상태라 물컹물컹하며 뜨거우니 먹을 때 입이 데지 않도록 조심해야 한다. 감자 칩이나 샐러드와 함께 제공되기도 한다.

MAIN DISH MENU

체코에서만 맛볼 수 있는 메인 음식들. 우리나라에서 쉽게 맛볼 수 없으니 꼭 먹어보자! 해산물보다는 육류 위주의 메뉴가 많으며 우리 입맛에도 잘 맞는 음식이 많다.

1

장작불에 바로 구운 훈제 햄

스타로프라즈스카 슌카

Staroprazska Šunka

올드 프라하 햄(Old Praha Ham)이라 불리는 스타로프라즈스카 슌카(Staroprazska Šunka)는 그야말로 프라하의 명물이다. 천문시계탑 앞 구시가 광장 한편 가판대에서 파는 메뉴로, 기다란 쇠꼬챙이에 엄청난 크기의 돼지고기 햄을 끼운 뒤 양철판 안 장작불 위에 오랫동안 올려놓고 돌려가며 굽는다. 이 훈제 햄은 신기하게도 우리네 족발과 생김새가 다소 비슷하다. 값도 저렴해 부담도 없다. 큰돈 들이지 않고 체코의 전통 음식을 맛보았다고 자부할 수 있다. 구시가 광장을 돌아다니면 훈제 햄 한 조각에 빵 한 조각을 더한 작은 플라스틱 접시를 들고 다니는 이들을 심심치 않게 볼 수 있다. 구시가 광장에서는 늦은 밤에도 광장 중앙에서 사계절 내내 펼쳐지는 다양한 거리 공연을 바라보며 훈제 햄의 부드러운 육질을 맛볼 수 있다. 구시가 광장 외에도 무스테크(Můstek) 역 인근 작은 광장이나 나메스티 레푸블리키(Náměstí Republiky) 역 인근의 파머스 마켓(Farmářský Trh)의 가판대에서도 판매한다.

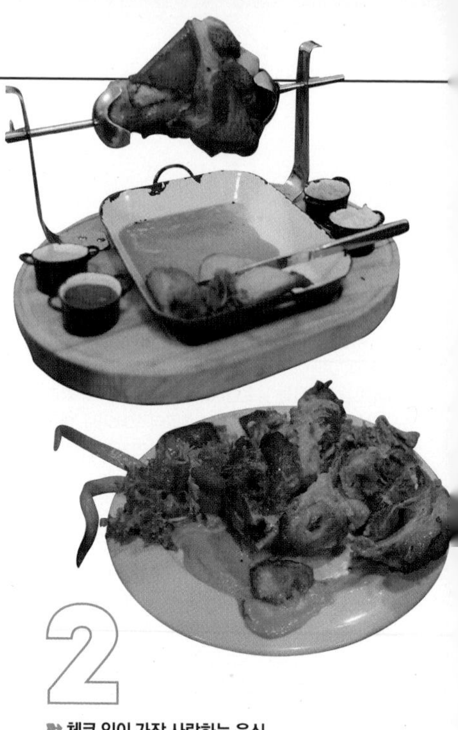

2

체코 인이 가장 사랑하는 음식

페체네 베프르조베

Pečené Vepřové

가족이나 친지, 친척이 한자리에 모여 돼지고기를 맛보는 향연은 체코에서 볼 수 있는 매우 독특한 문화다. 특히 전통적으로 이러한 향연에 제공되는 돼지고기 요리는 집에서 직접 기른 돼지를 잡아 바로 요리한 것인데, 겨울철에 가족과 친지가 한자리에 모일 때 가장 자주 볼 수 있는 풍경이다. 도살된 돼지는 고기뿐 아니라, 내장, 피 등 모든 부분이 다양한 음식 재료로 사용된다. 이처럼 체코 인들에게 돼지고기는 각별한 사랑을 받는다. 여행자들이 체코 요리 전문 레스토랑에서 맛볼 수 있는 가장 일반적인 음식은 페체네 베프르조베(Pečené Vepřové)다. 이것은 오픈에 구운 돼지고기 등심 요리로 레스토랑 등지에서는 로스트 포크(Roast Pork)로 불리기도 한다. 레스토랑의 메뉴를 보다 보면 페체네 베프로베 콜레노(Pečené Vepřové Koleno)를 볼 수 있는데, 이는 체코 인들이 즐겨 먹는 돼지 무릎 부위의 고기로 만든 로스트 포크 요리다. 참고로 콜레노는 돼지 무릎 부위를 뜻한다. 기름기가 없는 담백한 살코기의 육질이 보들보들하고 쫄깃해 한국인의 입맛에 그만이다. 크네들리키나 삶은 감자, 사우어크라우트를 곁들인다.

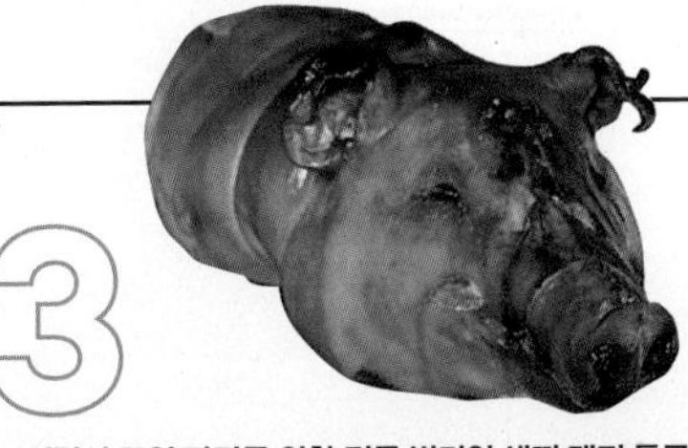

3

여럿이 모인 자리를 위한 전통 별미인 새끼 돼지 통구이

페체네 믈라데호 셀라트카

Pečené Mladého Selátka

새끼 돼지 통구이 하면 일반적으로 스페인이 떠오르지만 프라하에서도 새끼 돼이 통구이를 맛볼 수 있다. 새끼 돼지 통구이는 친인척이 많이 모인 가정에서 큰 행사가 있거나 손님이 여럿 모인 레스토랑에서 주로 등장하는 메뉴다. 레스토랑에서는 특별한 날 5~6명 이상이 모였을 때 이 요리를 주문해 맛보기도 한다. 레스토랑 메뉴에서는 종종 페체네 믈라데호 셀라트카(Pečené Mladého Selátka)라는 이름의 메뉴로 등장한다. 이 메뉴의 특별한 양념은 따로 없다. 따라서 고기 맛도 자극적이지 않다. 이 메뉴는 삶은 감자나 감자 칩을 곁들여 먹으면 좋다. 소스가 필요하다면 브라운 소스나 바비큐 소스를 주문해 고기에 얹어 먹어보자.

4

아삭아삭 씹어 먹는 맛이 일품인

페체나 카흐나

Pečená Kachna

영국의 대표적인 요리에 로스트 비프(Roast Beef)가 있다면 체코에는 로스트 덕(Roast Duck)이 있다. 로스트 덕은 체코에서 페체나 카흐나(Pečená Kachna)라고 불린다(Kachna는 오리를 뜻한다). 페체나 카흐나는 프라하의 주요 체코 요리 전문 레스토랑에서 제공하는 메인 디시다. 오리의 내장과 지방 등을 모두 제거한 뒤 겉에 마늘즙을 바르고 케러웨이 씨앗 가루를 골고루 뿌린 뒤 350℃ 오븐에 두 시간가량 구워 만든다. 아삭아삭 씹어 먹는 맛이 일품인 로스트 덕은 일반적으로 사우어크라우트와 크네들리키나 삶은 감자 등과 함께 먹는다. 참고로 같은 레시피로 만든 로스트 칠면조 요리의 경우 체코에서 전통적으로 가족끼리 함께 모여 크리스마스 점심 메뉴로 먹는다.

5

여행자들이 가장 많이 즐겨 먹는 체코 음식

호베지 굴라시

Hovězí Guláš

프라하의 주요 명소 인근에 자리한 체코 요리 전문 레스토랑에서 가장 흔히 맛볼 수 있는 메뉴가 바로 굴라시(Guláš)다. 원래 굴라시는 헝가리 음식으로, 수프로 널리 알려져 있지만 스튜 형태도 있다. 굴라시는 고기와 채소로 만들며 독특한 풍미를 위해 파프리카와 갖은 양념을 넣는다. 원래 굴라시는 중세부터 헝가리에서 유행한 음식이지만, 오늘날에는 동유럽을 비롯해 남부 유럽과 북유럽에서도 맛볼 수 있는 메뉴가 되었다. 실제로 체코에는 굴라시가 일종의 내셔널 푸드로 자리매김했다 해도 과언이 아니다. 따라서 독특한 체코 미식을 체험하려면 반드시 굴라시를 맛봐야 한다. 체코의 굴라시는 수프가 아닌 스튜 형태지만 어찌 보면 고기 위에 얹는 소스라는 느낌이 더 강하다. 그 때문에 맛은 물론 생김새에서도 헝가리의 굴라시와는 전혀 다른 모습을 띤다. 레스토랑에서 굴라시 메뉴를 주문하면 고기 위에 초콜릿 색깔의 소스를 얹고 앞에서 언급한 크네들리키를 곁들인다. 굴라시 메뉴에서는 돼지고기, 송아지 고기 등 다양한 종류의 고기를 선택할 수 있지만 우리 입맛에 가장 잘 맞는 것은 비프 굴라시(Hovězí Guláš)다(일부 레스토랑에서는 돼지고기와 쇠고기를 섞은 굴라시 메뉴도 제공한다). 비프 굴라시는 실제로 여행자들이 가장 많이 주문하는 메뉴이기도 하다. 살짝 조미한 삶은 쇠고기 위에 양파, 피망, 파프리카, 육즙, 소금 등으로 맛을 낸 굴라시 스튜를 뿌리고 이 굴라시 스튜 소스를 찍어 먹을 수 있는 크네들리키(또는 종종 삶은 감자)를 곁들인다(이때는 안에 아무것도 넣지 않은 크네들리키를 제공하며 양념을 전혀 가미하지 않아 담백한 맛이 난다). 채소와 육즙 향이 가득한 굴라시 스튜의 소스와 어우러진 삶은 고기는 특유의 야들야들함이 식감으로 이어져 혀끝에서 살살 녹는 느낌을 준다. 소스가 좀 짜게 느껴진다면 담백한 크네들리키를 함께 먹으면 된다.

MANUAL 11

레스토랑

입맛 없는 당신을 위한 레스토랑 처방전

체코 전통 요리는 물론, 한국인의 입맛에 맞는 아시안 요리까지 다양한 음식을 맛볼 수 있는 프라하의 레스토랑을 소개한다.

체코 전통 요리
TRADITIONAL

인터내셔널 요리
INTERNATIONAL

6 체코 전통 요리 전문 레스토랑

TRADITIONAL

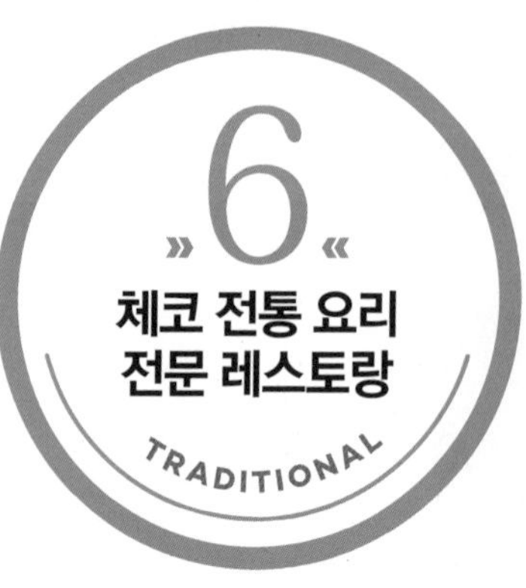

체코 요리는 기본적으로 돼지고기, 쇠고기, 감자 등을 주재료로 한다. 프라하의 주요 명소 주변에는 체코 요리를 전문으로 하는 레스토랑이 넘쳐난다. 무엇보다 중세풍의 낡고 허름한 분위기에서 맛보는 체코 요리의 독특함을 여행자들이 선호하기 때문이다. 일부 체코 요리 전문 레스토랑에서는 밤마다 아코디언 연주, 집시 댄스 등 신명 나는 퍼포먼스가 펼쳐지기도 한다. 건물에 둘러싸인 뜰에 옥외 테이블이나 별도의 아웃도어 비어 가든을 둔 곳도 있어 전통 체코 맥주와 함께 음식을 맛볼 기회를 제공한다.

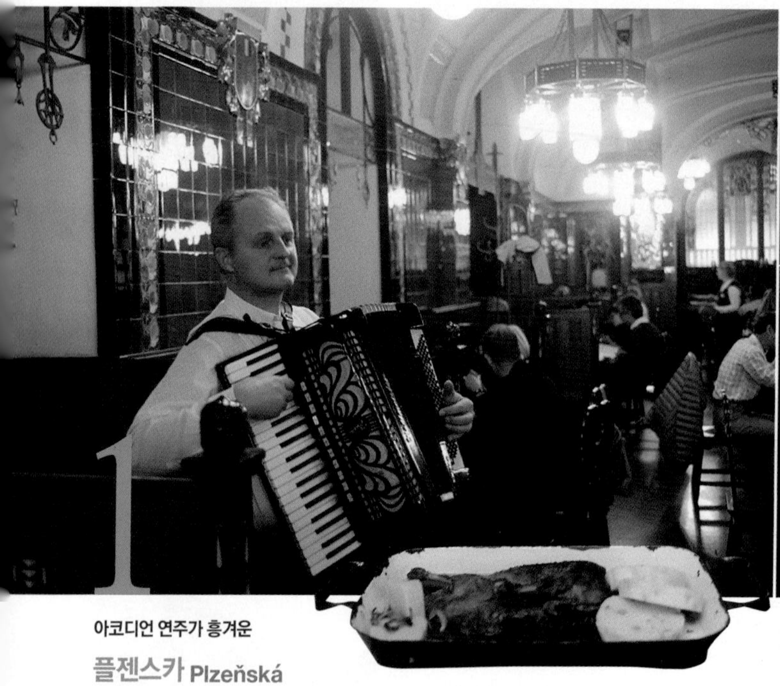

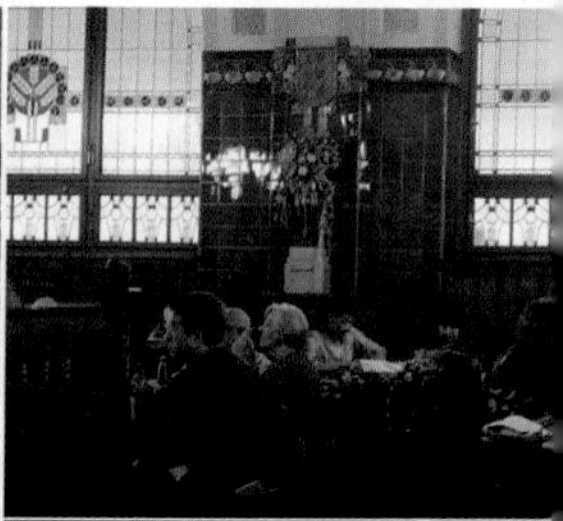

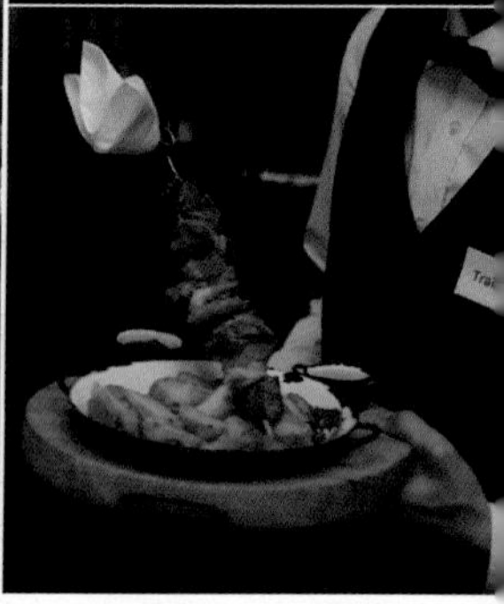

1

아코디언 연주가 흥겨운

플젠스카 Plzeňská

플젠스카 레스토랑은 프라하의 대표적인 아르누보 양식의 건축물인 오베츠니 둠(Obecní Dům) 지하에 있다. 플젠스카라는 이름은 체코의 대표적인 맥주인 필스너 우르켈의 본산지인 플젠의 이름을 따 지은 것이다. 이 레스토랑은 대규모 비어 홀 형태를 띤다. 8~10명가량 앉을 수 있는 목재 테이블과 의자를 갖추었으며 벽면을 모자이크 타일로 장식했다. 무엇보다 이 레스토랑에서 제공하는 모든 음식은 양이 푸짐해 여러 명이 나누어 먹기에 좋다. 체코의 전통 음식을 맛보기 위해서라면 주저 없이 이곳을 선택하는 게 좋다. 기본적으로 체코의 전통 메뉴인 크네들리키를 곁들인 비프 굴라시 요리를 비롯해 로스트 포크 등 각종 돼지고기 요리와 훈제 햄, 소시지 등을 제공한다. 무엇보다 이곳은 로스트 덕같은 오리고기 요리로 유명하다. 또 셰프가 추천하는 스페셜 메뉴인 매콤한 그릴 립(Grill Ribs)도 훌륭하다. 이 레스토랑은 매일 저녁 아코디언 연주를 비롯해 다양한 전통 음악 연주를 선보인다. 외국인 방문객을 위해 영어로 메뉴가 마련되어 있으며 음식 사진도 곁들여 어렵지 않게 원하는 메뉴를 찾을 수 있다.

지도 P.070C **2권** P.077
구글 지도 GPS 50.087623, 14.428249
찾아가기 메트로 B선 나메스티 레푸블리키(Náměstí Republiky) 역에서 도보 2분 **주소** Náměstí Republiky 5, 110 00, Praha
전화 +420-222-002-770
시간 11:30~23:00 **휴무** 없음
가격 치킨&포크 꼬치구이 325Kč, 로스트 햄 435Kč, 스파이시 그릴 립 350Kč, 보헤미안 플래터 1,865Kč **홈페이지** www.plzenskarestaurace.cz

2

체코의 중세 메뉴를 만나다

우 파보우카 U Pavouka

엔터테인먼트를 겸한 체코 전통 음식을 맛보기 원한다면 우 파보우카만 한 곳은 없다. 플젠스카처럼 테이블이 여유 있게 놓인 넓은 공간은 아니지만, 좁고 어두운 공간에서 오래된 목제 테이블 위에 촛불 하나 켜 놓고 왁자지껄한 분위기 속에서 중세풍의 전통 음식과 맥주 또는 와인을 함께 즐길 수 있다. 혹자는 이곳의 어둡고 음습한 분위기를 중세 고성의 지하 감옥 같다고 표현하기도 한다. 하지만 실제로 이러한 분위기 속에서 맛보는 체코 전통 음식의 맛은 더욱 진하게 다가오기 마련이다. 무엇보다 우 파보우카의 가장 큰 매력은 다양한 퍼포먼스를 통해 손님들의 시선을 사로잡는다는 점이다. 이 레스토랑의 좁은 공간에서 집시를 닮은 여성 무희의 벨리댄스를 비롯해 처음 보는 중세 악기 연주 등 다채로운 퍼포먼스가 펼쳐지는데, 무희와 악단 연주자들이 테이블을 돌며 흥을 돋우면 누구나 어깨춤이 절로 난다. 한마디로 춤과 연주를 통해 중세의 문화를 체험할 수 있는 곳이다. 단, 이곳은 단체 손님이 많고 평일에도 자리가 가득 찬다. 음식 가격에 봉사료가 별도로 부과되며 악단과 무희에게 줄 약간의 팁도 필요하다.

지도 P.041B **2권** P.051
구글 지도 GPS 50.087225, 14.424779
찾아가기 메트로 B선 나메스티 레푸블리키(Náměstí Republiky) 역에서 도보 8분/구시가 광장에서 도보 3분
주소 Celetná 17, 110 00 Praha **전화** +420-702-154-432(예약) **시간** 11:00~23:30
휴무 없음 **가격** 포크 넥 스테이크 290Kč, 사슴고기 스테이크 390Kč, 로스트 돼지갈비 320Kč, 미트 플래터(2인분) 389Kč **홈페이지** http://upavouka.com/

3

20세기 초 사교 공간에서 맛보는 정찬

카페 루브르 Café Louvre

처음 이곳을 보았을 때 오래된 첩보 영화에서 보헤미아 군주가 보낸 스파이들이 음모를 꾸미기 위해 모이는 장소로 등장할법한 곳이라고 생각했다. 하지만 실제로는 프라하의 지식인과 기품 있는 중산층의 사교 공간으로 알려진 곳이다. 이곳을 드나들던 예술가와 문인이 한둘이 아니라고 한다. 1902년 문을 열어 오늘날까지 명맥을 이어가고 있는 만큼 프라하의 역사, 문화뿐 아니라 카페 문화의 산증인이기도 하다. 이곳이 특별하게 여겨지는 것은 북적거리는 외국 관광객 위주의 다이닝 공간이 아니라는 점 때문이다. 음식의 맛과 양 모두 풍부하며 가격은 외국 관광객을 주로 상대하는 일반 레스토랑보다 좀 더 저렴하다. 저자가 맛본, 으깬 감자를 곁들인 체코식 전통 돼지고기 요리는 최고의 점수를 줄 만했다. 식사 시간 외에 이곳을 찾는다면 구수하고 진한 커피 향과 함께 바닐라 아이스크림이나 초콜릿 케이크를 즐길 수 있다.

지도 P.070E **2권** P.077 **구글 지도 GPS 50.081995, 14.418788**
찾아가기 메트로 B선 나로드니 트르지다(Národní Třída) 역에서 도보 2분
주소 Národní 22, 110 11 Praha **전화** +420-224-930-949
시간 월~금요일 08:00~23:30, 토 · 일요일 09:00~23:30 **휴무** 없음
가격 아침 메뉴 92Kč~, 체코 런치 219Kč~
홈페이지 www.cafelouvre.cz

4

마구간이 현대식 레스토랑으로

코니르나 Konirna

상대적으로 조용하고 번잡하지 않은 곳이다. 단체 손님의 긴 행렬을 보는 것도 그리 흔치 않은 일이다. 인테리어 역시 감각적인 현대식 레스토랑 모습 자체다. 날씨 좋은 날에는 바깥의 아웃도어 테이블에 앉아 식사를 즐길 수 있다. 이곳에서 제공하는 음식은 모던 스타일의 체코 메뉴와 클래식 체코 메뉴로 나뉜다. 추천 메뉴는 8시간 동안 구워 만든 피클 캐비지와 로즈메리 뇨키를 곁들인 로스트 포크 벨리(Roast Pork Belly)다. 스페셜 메뉴 중에는 브라운 소스를 곁들인 소 위 요리도 있고, 토끼 고기로 만든 전채 요리도 맛볼 수 있다. 레스토랑은 1771년 문을 연 이후 한때 여관으로 사용되었던 역사적인 건물에 자리한다. 레스토랑 이름인 코니르나는 마구간이라는 뜻의 체코 어다. 이 건물은 말 15마리가 머무는 마구간으로도 쓰였다고 한다.

지도 P.096C **2권** P.104
구글 지도 GPS 50.086665, 14.405108 **찾아가기** 12 · 20 · 22 · 57번트램탑승후말라스트라나(Mala Strana) 광장에서 하차해 도보 7분 **주소** Maltézské Náměstí 10, 118 00 Praha
전화 +420-257-534-121
시간 11:00~00:00 **휴무** 없음
가격 체코 전통 메뉴 250Kč~, 2인 메뉴 690Kč, 스타터 220Kč
홈페이지 http://konirna.eu

5

널찍한 비어 가든을 자랑하는

보야누브 드부르 Vojanův Dvůr

구운 돼지고기를 안주 삼아 맥주 한잔 들이켜고 싶다면 이곳이 제격이다. 이곳은 안뜰에 옥외 테이블로 구성한 비어 가든을 갖춘 레스토랑이다. 여름철이면 150명에 달하는 엄청난 인원을 한 번에 수용할 정도로 큰 규모를 자랑한다. 실내 공간까지 치면 족히 300명이 한자리에 모여 식사를 할 수 있을 정도다. 예전에 이곳은 왕실 마구간으로 사용되었다. 이곳에 있던 말은 훗날 바츨라프 광장에 서 있는 기마상의 모델이 되었다고 한다. 이곳의 메뉴는 모던 스타일의 체코 음식이다. 물론 필스너 우르켈 등 체코의 전통 맥주 또한 제공한다. 주요 메뉴로는 크네들리키를 곁들인 비프 굴라시, 베이컨과 치즈를 곁들인 비프 버거, 로스트 포크 너클(Roast Pork Knuckle, 구운 돼지 무릎 고기), 포크 립(Pork Ribs), 연어 스테이크 등이 있다.

지도 P.096C **2권** P.104 **구글 지도 GPS 50.089739, 14.409514** **찾아가기** 메트로 A선 말로스트란스카(Malostranská) 역에서 도보 3분/12번 트램 탑승 후 말라스트란스카 역 인근에서 하차해 도보 3분 **주소** U Lužického Semináře 21, 110 00 Praha **전화** +420-257-532-660 **시간** 매일 11:00~22:00 **휴무** 없음 **가격** 맥주(0.3리터) 50Kč, 메인 디시 240Kč~ **홈페이지** www.vojanuvdvur.cz

6

매주 색다른 스페셜 메뉴를 선보이는

보헤미카 올드 타운 Bohemica Old Town

모던 체코 요리와 인터내셔널 메뉴를 제공하는 레스토랑으로, 스타일리시한 인테리어가 돋보이는 곳이다. 체코 와인을 포함한 다양한 와인을 갖추었으며, 매주 색다른 스페셜 메뉴와 런치 메뉴를 선보이기도 한다. 무엇보다 매주 금요일과 토요일 오후 8시 30분에 다양한 라이브 공연을 펼친다. 맛볼 만한 모던 체코 메뉴로는 비프 굴라시와 포크 슈니첼이 있으며 포테이토 덤플링과 캐비지 퓌레를 곁들인 오리다리 구이도 있다. 그 밖에 연어 스테이크, 비프 텐더로인 스테이크도 추천할 만한 메인 디시다. 좀 더 가벼운 메뉴로는 베지테리언을 위한 채소 리소토, 클럽 샌드위치 등이 있다. 또 이곳에서는 매일 아침에는 뷔페로 운영하는데, 일곱 가지 스위트 페이스트리, 여섯 가지 빵과 일곱 가지 과일, 샐러드 바, 여섯 가지 햄과 살라미, 치즈, 일곱 가지 뜨거운 음식, 네 가지 과일 주스 등을 제공한다.

지도 P.041B **2권** P.051 **구글 지도 GPS 50.087352, 14.426106** **찾아가기** 메트로 B선 나메스티 레푸블리키(Náměstí Republiky) 역에서 도보 7분/구시가 광장에서 도보 4분 **주소** Celetná 29, 110 00 Praha **전화** +420-222-337-807 **시간** 월~금요일 07:00~00:00, 토 · 일요일 07:30~00:00(아침 뷔페 월~금요일 07:00~10:00, 토 · 일요일 07:30~10:30) **휴무** 없음 **가격** 아침 뷔페 350Kč, 스타터 85Kč~, 메인 디시 195Kč~, 디저트 125Kč~

7
인터내셔널 요리 전문 레스토랑
INTERNATIONAL

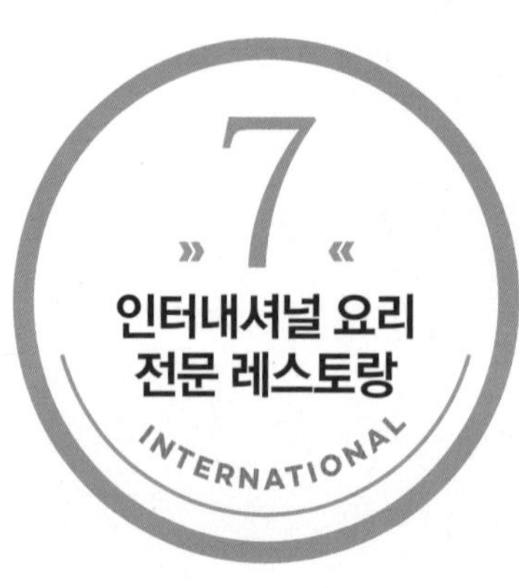

프라하는 유럽의 대표적인 관광지이기에 식도락을 위한 음식 선택의 폭이 넓다. 여행자가 몰리는 구시가 광장 주변이나 프라하 성 주변에서는 어렵지 않게 이탤리언 레스토랑, 프렌치 레스토랑, 지중해 요리 전문 레스토랑 등을 만날 수 있다. 오리엔탈 누들 메뉴 등을 선보이는 타이 레스토랑이나 차이니스 레스토랑도 있으며, 백화점의 푸드코트에서는 스시 등도 맛볼 수 있다.

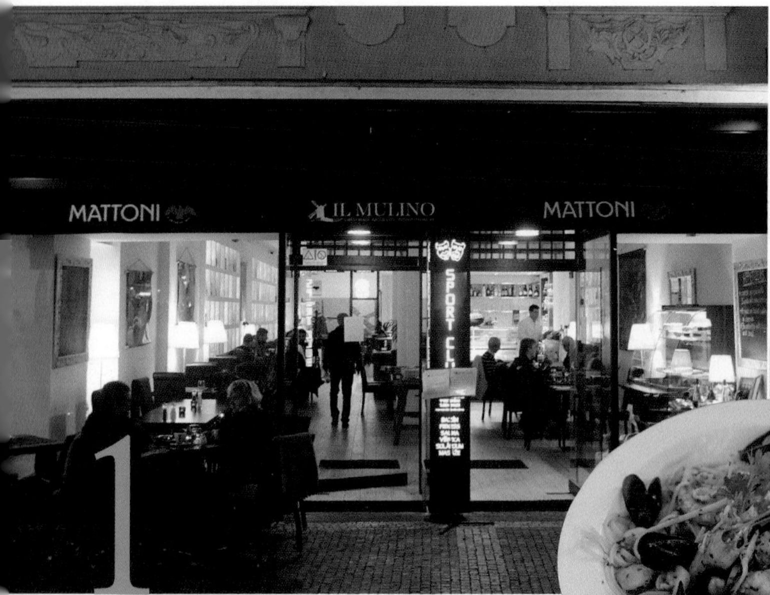

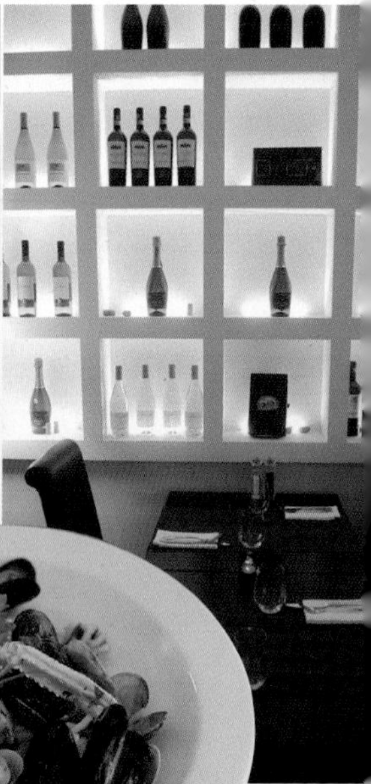

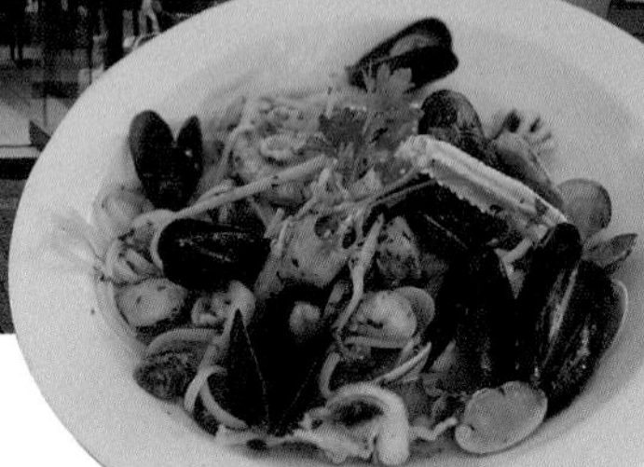

1

맛도 가격도 착한 이탤리언 레스토랑

일 물리노 Il Mulino

2014년 1월 문을 열어 프라하에서는 비교적 젊은 레스토랑에 해당하는 이곳은 사람들이 많이 오가는 구시가 한편에 자리해, 비싸지만 음식 맛은 없는 레스토랑이 아닐까, 하는 선입견이 드는 곳이다. 하지만 늦은 시간에 허기진 배를 움켜쥐고 주문해 맛본 이곳의 시푸드 링귀니 파스타(Linguini with Seafood)는 단연코 내 인생에서 가장 맛있었다고 말할 수 있을 정도에, 양도 꽤 푸짐하고 가격도 비싸지 않았다. 이곳에 대한 리뷰는 극찬 일색이다. 음식 맛이 뛰어나고 비쌀 줄 알았는데, 가격이 저렴하다는 평이 지배적이다. 이탤리언 샌드위치인 파니니, 파스타, 피자, 리소토, 이탈리아 스타일의 스테이크와 생선 요리를 메뉴로 갖추었다. 와인 셀렉션도 훌륭하다. 디저트 중에서는 이탤리언 젤라토가 눈에 띈다. 이 곳 인테리어는 미니멀리즘에 충실해 깔끔한 공간미가 돋보인다. 안으로 들어가면 생각보다 많은 테이블이 놓여 있다. 안쪽 갤러리 공간은 각종 연회나 파티, 피로연을 위한 공간으로도 활용된다. 또 아이들을 위한 공간을 별도로 마련해 부모들이 식사를 하는 동안 아이들이 놀이에 집중할 수 있다. 참고로 와인 한 병을 시키면 가운데 세팅된 핑거 푸드를 마음껏 맛볼 수 있다.

지도 P.041B **2권** P.052
구글 지도 GPS 50.08552, 14.423384
찾아가기 메트로 A선 무스테크(Můstek) 역에서 도보 3분 **주소** Rytířská 22, 110 00 Praha **전화** +420-221-094-305
시간 10:00~23:00
휴무 없음
가격 새우 리조또 320Kč~, 비프 스테이크 620Kč~
홈페이지 www.ilmulino.cz

2

정교한 맛과 독특한 분위기의 두 마리 토끼를 잡고 싶다면

코모 Como

근래 해외 유명 미디어를 통해 맛과 분위기로 소문난 프라하의 대표적인 다이닝 스폿으로 이름을 알린 곳이다. 몇 해 전 'Hot'에서 'Como'로 명칭을 바꾸었다. 이곳은 프란츠 카프카의 실크스크린 작품을 리셉션 벽면에 걸어놓은, 작은 부티크 호텔인 잘타 호텔(Jalta Hotel) 안에 위치한다. 입구 옆 테라스에는 별도의 옥외 테이블이 있어 음식이나 와인을 맛보며 바츨라프 광장으로 오가는 행인의 모습을 엿볼 수 있다. 신선한 재료만 엄선해 만든 다양한 지중해식 요리가 주메뉴다. 포도를 곁들인 세라노 햄(Serrano Ham)이나 아카시아 꿀을 곁들인 염소 치즈 튀김 등 스패니시 타파스(Spanish Tapas) 메뉴를 비롯해 몇몇 전통 체코 음식 메뉴와 스시 메뉴의 놀라운 맛을 경험할 수 있다. 런치 스페셜 메뉴로는 비프 필레 스트립과 와일드 머시룸 리소토를 추천한다. 이곳의 와인 리스트 또한 놀라운데, 와인에 대해 상당한 지식을 갖춘 스태프가 주문한 음식에 가장 잘 어울리는 와인을 선별해 제공한다.

지도 P.070F **2권** P.078
구글 지도 GPS 50.081175, 14.428471
찾아가기 메트로 A · C선 무제움(Muzeum) 역에서 도보 5분
주소 Václavské Náměstí 45, 110 00 Praha 1 **전화** +420-222-247-240 **시간** 07:00~01:00
휴무 연중무휴 **가격** 런치 수프 105Kč, 런치 스타터 145Kč, 런치 파스타 195Kč/고기 메뉴 235Kč, 와인 1잔 115Kč~ **홈페이지** www.comorestaurant.cz

3

지도 P.060D **2권** P.066 **구글 지도** GPS 50.090318, 14.419219
찾아가기 메트로 A선 스타로메스트스카(Staroměstská) 역에서 도보 7분
주소 Pařížská 24, 110 00 Praha **전화** +420-222-329-221
시간 10:00~01:00 **휴무** 없음 **가격** 파스타 245Kč, 메인 디시 325Kč~, 스타터 225Kč~, 마키 롤 스시 295Kč, 사시미 스시 세트 695Kč
홈페이지 없음

뉴욕풍의 세련된 감각의 다이닝을 만나다

바록 Barock

예전 같으면 공산주의자들의 엄격한 눈으로 퇴폐적이라고 영업정지 처분을 받았을법한 바록의 다이닝 공간은 고전미를 풍기는 프라하보다는 오히려 모던함으로 똘똘 뭉친 뉴욕이나 도쿄 롯폰기와 더 잘 어울릴 만하다. 얼핏 봐도 고급스러우면서도 캐주얼한 느낌이 물씬 나는 이 레스토랑에 들어선 순간 남성인 저자의 눈길을 0.1초의 틈도 없이 사로잡은 것은 다름 아닌 내부 곳곳에 걸려 있는, 대형 프레임에 담긴 흑백사진이었다. 1990년대를 주름잡은 늘씬한 여자 모델들과 이름 모를 여배우들의 시선이 치명적인 이브의 유혹처럼 날카롭게 다가옴을 느낄 수 있었다. 이곳에서는 '맛있는 요리와 아름다운 여성들(Delicious Meal & Beautiful Women)'이라는 캐치프레이즈를 내세우고 있지만 테이블에 앉아 있는 손님은 남성보다 세련된 분위기를 선호하는 여성이 더 많은 듯 보였다. 일본 요리와 타이 요리에서 영감을 받은 셰프 자나 자나토바의 스시 메뉴와 오리엔탈 퓨전 메뉴, 현대적인 감각을 더한 체코 전통 메뉴가 인기를 얻고 있다. 한마디로 트렌디한 감각의 음식을 맛보고 싶다면 프라하의 로데오 거리에 위치한 이 레스토랑이 정답이다. 추천할 만한 이곳의 스타터 메뉴로는 튜너 타르타르, 꿀을 발라 구운 염소 치즈, 비프 카르파초 등이다. 그야말로 와인 한잔과 맛보면 그만인 메뉴다. 고기 메뉴로는 아르헨티나 페퍼 스테이크, 뉴질랜드 램 서로인, 비프 웍, 굴라시, 치킨 슈니첼 등을 추천한다. 생선류로는 넙치 · 참치 · 연어 스테이크가 있으며 이 레스토랑의 스페셜리티라 할 수 있는 스시 메뉴는 마키 롤 스시, 사시미 스시 세트 등이 있다.

한적한 곳에 자리한 규모 작은 프렌치 레스토랑

4 비스트로 드 프랑스 Bistro de France

친절한 서비스가 인상적이며 각종 프렌치 메뉴와 주류를 갖춘 비스트로다. 음식 메뉴는 일반 메뉴와 제철 메뉴로 나뉜다. 계절에 따라 신선한 재료로 맛을 낸 음식이 미식가들의 입맛을 돋운다. 프라하에 머무는 동안 한 번쯤은 프렌치 레스토랑의 미각 세계에 빠져보는 것도 좋다. 특히 프랑스의 음식 문화를 좋아하거나 프렌치 메뉴를 한 번도 맛보지 못했다면 말이다. 파리나 도쿄 등지 프렌치 레스토랑의 음식값은 매우 비싸지만 프라하의 프렌치 메뉴는 상대적으로 저렴하다. 점심을 간단하게 먹고 싶다면 치즈를 녹인 양파 수프에 바게트를 곁들여도 좋다. 또 애피타이저로 인도산 처트니 양념과 서양 자두를 곁들인 푸아 그라(Foie Gras)도 맛볼 수 있다. 허브 버터를 곁들인 달팽이 요리는 바게트와 함께 제공된다. 디저트로는 숟가락으로 떠먹는 크렘 브륄레(Crème Brûlée)가 탁월한 선택이다. 식사 외에도 프랑스산 치즈를 곁들여 프렌치 와인을 마시기 좋다.

지도 P.096C 2권 P.105 구글 지도 GPS 50.086289, 14.405406
찾아가기 12 · 20 · 22 · 57번 트램 탑승 후 말라 스트라나(Mala Strana) 광장에서 하차해 도보 5분 주소 Maltézské Náměstí 12, Mala Strana, 118 00 Praha 전화 +420 257-314-839 시간 09:00~20:00
휴무 없음 가격 양파 수프 59Kč~, 푸아 그라 테린 189Kč~, 크렘 브륄레 130Kč~

쿠바의 흥겨운 라이브 밴드 연주와 댄스를 즐길 수 있는 곳

5 라 보데퀴타 La Bodequita

프라하 중심가에서 쿠바 전통 음식을 맛볼 수 있는 곳으로, 무엇보다 매일 밤 이처럼 신명 나는 무대가 펼쳐진다는 점이 놀랍다. 식사 주문도 문을 닫기 전 늦은 밤까지 받으므로 자정 넘어서까지 식사나 음료를 즐길 수 있다. 쿠바 음식을 주로 하지만 메뉴판을 보면 어느 정도 익숙한 인터내셔널 메뉴가 많다. 쿠바 전통 음식을 맛보기 원한다면 토마토 살사를 곁들인 치킨과 시푸드를 쿠바 스타일의 라이스와 함께 제공하는 아로스 쿠바노 메뉴를 선택할 것. 시푸드 마니아라면 허브 버터를 발라 구운 로브스터 메뉴나 코코넛 밀크와 레몬그라스, 굴, 버섯을 곁들인 홍합 메뉴를 추천한다. 스타터로는 비프 카르파초 롤과 로스트 치킨 윙 등이 있고, 그릴에 구운 문어를 올린 포테이토 샐러드도 별미다. 와인과 함께라면 피스타치오를 곁들인 염소 치즈를 추천한다. 이곳 앞에는 멋진 클래식 카가 놓여 있어 인근을 지나가는 행인들의 이목을 끌기도 한다. 라 보데퀴타는 쿠바의 아바나에 자리한 오래된 바와 이름이 같다. 아바나의 라 보데퀴타는 어니스트 헤밍웨이가 즐겨 찾던 곳으로 유명하다.

지도 P.060C 2권 P.066
구글 지도 GPS 50.088524, 14.417159
찾아가기 메트로 A선 스타로메스트스카(Staroměstská) 역에서 도보 1분 주소 Kaprova 5, 110 00 Praha
전화 +420-224-813-922
시간 월 · 화 · 일요일 11:00~02:00, 수~토요일 11:00~04:00/라이브 밴드 연주 20:00 휴무 없음
가격 수프 89Kč~, 아로스 쿠바노 450Kč~, 치킨 브레스트 280Kč~, 로브스터 195Kč~(100g), 디저트 145~149Kč~ 홈페이지 www.labodeguitadelmedio.cz

타이 커리나 진한 육수 맛이 일품인 국수를 맛보고 싶다면

지브라 익스프레스 Zebra Express

프라하에서 며칠간 머물다 보면 적어도 한 번쯤은 아시아 음식이 그리워진다. 그럴 때 이곳을 추천한다. 테이블마다 늘 손님들로 꽉꽉 들어찬 모습을 길을 가다 유리창 너머로 살짝 엿볼 수 있기에 이곳의 음식을 맛보고 싶은 충동에 빠진다. 포장도 가능하다. 아시안 누들 메뉴를 전문하는 이곳에는 누들 외에도 다양한 음식이 총출동한다. 스타터나 샐러드로는 치킨 윙, 베지 스프링 롤, 타이 치킨 샐러드 등이 있으며, 새우와 치킨을 넣은 딤섬도 맛볼 수 있다. 죽순과 오리고기를 넣은 일본식 볶음밥을 비롯한 볶음밥 메뉴도 다양하다. 국수 메뉴로는 양배추를 넣은 차이니스 누들 수프가 있으며, 약간 매운 톰얌 수프도 먹을 만하다. 타이 메뉴의 진수를 맛보려면 아무래도 코코넛 밀크를 넣은 타이 커리 메뉴를 맛보는 게 좋다.

지도 P.041B **2권** P.052
구글 지도 GPS 50.087116, 14.426537 **찾아가기** 메트로 B선 나메스티 레푸블리키(Náměstí Republiky) 역에서 도보 6분, 구시가 광장에서 도보 5분 **주소** Celetná 38. 110 00 Prague **전화** +420-774-727-611 **시간** 11:00~23:00 **휴무** 없음 **가격** 그린커리 229Kč~, 팟타이 199Kč~, 톰얌 145Kč~, 연어 데리야키 329Kč **홈페이지** www.zebranoodlebar.cz

저렴한 가격으로 스시를 마음껏 맛보고자 한다면

마카키코 Makakiko

팔라디움 백화점 위층 식당가에 자리한 회전 초밥 전문점이자 아시아 메뉴 뷔페로 운영되는 곳이다. 따라서 음료수 가격을 제외하고 무제한으로 음식을 먹을 수 있다. 스시는 종류가 많지는 않지만 달걀말이, 연어, 새우, 장어, 참치, 문어 초밥 등을 제공하며 스프링롤, 닭꼬치 등 스시 외의 오리엔탈 메뉴도 회전 초밥 접시에 담아 내온다(참고로 된장국은 별도로 주문해야 한다). 회전 초밥 뷔페 메뉴가 싫다면 개별 주문을 통해 일본식 도시락 벤토나 회, 마키 스시 등도 맛볼 수 있다. 마카키코는 프라하의 대표적인 쇼핑몰 중 하나인 오브호드니 첸트룸 노비 스미호프 (Obchodní Centrum Nový Smíchov)에도 지점을 두고 있다.

지도 P.070C **2권** P.077
구글 지도 GPS 50.089186, 14.428722
찾아가기 메트로 B선 나메스티 레푸블리키(Náměstí Republiky) 역에서 도보 1분
주소 Palladium. Náměstí Republiky 1, 110 00, Praha 1
전화 +420-225-771-888
시간 10:00~23:00/뷔페 런치 11:00~17:00, 디너 17:00~22:00
휴무 연중무휴
가격 월~목요일 런치 338Kč, 디너 418Kč 금~일요일 런치 368Kč, 디너 438Kč
홈페이지 www.makakiko.cz

MANUAL 12

디저트

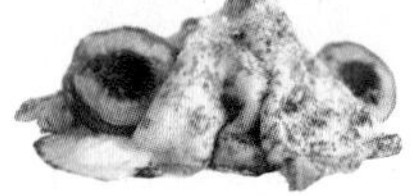

Sweet Road

프라하를 찾을 땐 꼭 맞는 옷보다는 넉넉한 옷을 챙길 것.
한 끼 식사 칼로리 못지않은 체코식 디저트 앞에서 무너져 바지 단추를
살짝 옆으로 옮겨 단 저자가 당신에게 하는 조언이다.

체코 인들이 디저트를 즐기는 방법!

체코 사람들은 대체로 디저트를 즐기진 않았기 때문에 고유의 디저트가 많진 않다. 커피로 식사를 마무리하는 게 일반적. 레스토랑에서도 따로 디저트 주문 여부를 확인하지 않는 경우가 많다. 디저트를 원한다면 메뉴판을 보여달라고 얘기하자. 색다른 디저트도, 종류가 다양한 것도 아니지만 양만큼은 정말 푸짐하다.

For 크레이프를 좋아하는 사람

Palačinky

팔라친키

팔라친키라는 이름은 생소해도 모습은 익숙할 것이다. 얇게 구운 밀가루에 과일이나 잼을 넣어 먹는 프랑스의 크레이프와 굉장히 비슷하기 때문이다. 크레이프 전문 카페 '라 크레페리(La Crêperie)'의 오너는 크레이프와 팔라친키의 가장 큰 차이는 재료라고 말한다. 사실 전통 크레이프는 메밀가루를 쓰고 팔라친키는 밀가루를 쓴다. 그리고 크레이프는 동그랗고 납작한 전용 그릴을 사용한다. 하지만 시간이 지날수록 크레이프와 팔라친키의 구분이 어려워지고 있다. 팔라친키를 크레이프 전용 그릴에 구워내기도 하고, 크레이프도 밀가루를 주원료로 사용하기 때문이다. 이름이 무엇이든 제철 과일을 가득 넣고, 생크림을 올린 이 디저트를 한입 가득 넣고 오물거리면 하루 동안의 여독이 모두 풀린다.

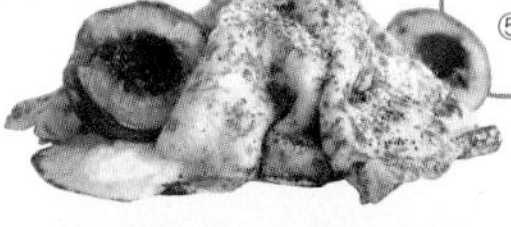

여기가 맛집

where
카페 슬라비아 Café Slavia

comment
슈거 파우더를 솔솔 뿌린 팔라친키에 아이스크림까지 곁들여 나온다. 디저트를 좋아한다면 이 메뉴가 인기 있을 수밖에 없다는 걸 알 것이다. 맛이 없을 수 없는 조합이다.

지도 P.040E **2권** P.053 **구글 지도 GPS** 50.081565, 14.413304 **찾아가기** 9·17·18·22·53·57·58·59번 트램 탑승 후 나로드니 디바들로(Národní Divadlo) 역 하차, 국립극장 맞은편에 위치 **주소** Smetanovo nábř. 1012/2, 110 00 Praha 1-Staré Město **전화** +420-224-218-493 **시간** 월~금요일 08:00~00:00, 토~일요일 09:00~00:00 **휴무** 없음 **가격** 팔라친키 슬라비아 128Kč **홈페이지** www.cafeslavia.cz

✔ 뚝딱뚝딱! 집에서 팔라친키 만들기

재료

밀가루 200g, 우유 500ml, 달걀 2개, 식용유 · 소금 · 슈거 파우더 · 아이스크림 · 휘핑크림 · 좋아하는 과일 약간씩

만드는 법

① 볼에 밀가루와 우유, 달걀, 소금을 넣어 부드러운 반죽 상태가 될 때까지 섞는다.
② 완성된 반죽을 20분간 휴지시킨다.
③ 달군 프라이팬에 식용유를 살짝 두른 후 반죽 1큰술을 올린 다음 동그랗고 얇게 굽는다.
④ 취향에 따라 과일이나 아이스크림을 ③안에 채워 동그랗게 만다.
⑤ 슈거 파우더를 뿌리고 휘핑크림을 올려 마무리한다.

For 과일을 좋아하는 사람

Ovocné Knedlíky

오보츠네 크네들리키

우리나라에서 돈가스나 스테이크 같은 메인 메뉴에 주로 밥을 곁들이듯이, 체코에서는 크네들리키라는 빵이 함께 나온다. 흔히 일반 가정에서는 크네들리키를 동그랗고 긴 덩어리로 반죽한 후 삶아 적당한 두께로 썰어낸다. 여기에 다양한 과일이나 훈제 고기, 베이컨 등을 채워 만두처럼 만들어 먹기도 해 '덤플링'이라 부르기도 한다. 이때 구운 과일을 넣으면 훌륭한 디저트도 된다. 오보츠네(ovocné)는 체코 어로 과일이라는 뜻으로 후식용 크네들리키를 오보츠네 크네들리키(Ovocné Knedlíky)라고 한다. 카페에서는 버터와 치즈가 함께 나오는데, 살짝 발라서 먹으면 진가를 알 수 있다. 일반적으로 밀가루 반죽에 딸기 · 복숭아 · 자두 잼 등을 넣어 만든다. 집집마다 고유의 레시피가 있어 한 집안의 식문화를 대변하는 메뉴이기도 하다.

여기가 맛집

where

카페 사보이 Café Savoy

comment

홈메이드식과 가장 비슷한 맛을 낸다. 제철 과일을 넣고 슈거 파우더와 버터를 곁들인 게 기본이고, 초콜릿, 사워크림, 시나몬 등 토핑을 추가로 선택할 수 있다.

지도 P.096F **2권** P.104 **구글 지도 GPS 50.080914, 14.407475**
찾아가기 6 · 9 · 12 · 20 · 22 · 57 · 58번 트램 탑승 후 우예즈드(Újezd) 역 하차, 블타바 강 쪽으로 180m 직진하면 오른쪽에 위치 **주소** Vítězná 124/5,150 00 Praha 5
전화 +420-257-311-562 **시간** 월~금요일 08:00~22:30, 토 · 일요일 09:00~22:30
휴무 없음 **가격** 사보이 크네들리키 258Kč **홈페이지** cafesavoy.ambi.cz

For 새콤한 맛보다 달콤한 맛을 좋아하는 사람

Medovník

메도브니크

메뉴판을 볼 때 알아두면 좋은 단어 중 하나가 메드(med), 즉 꿀이다. 체코에서는 꿀이 설탕보다 저렴하고 품질이 우수하다. 꿀을 이용한 전통 음식이 발달한 이유다. 메도브니크는 '허니 케이크'라고도 불리는데, 케이크 시트를 원형으로 여러 장 구운 다음 꿀과 달콤한 크림을 발라가며 켜켜이 쌓아 올려 완성한다. 처음 먹을 땐 덜 맛있게 느껴질 수도 있다. 강렬한 단맛이 아니고, 우리나라의 쌀 케이크처럼 식감이 살짝 퍼석하기 때문. 하지만 먹을수록 은근히 당기는 게 메도브니크의 매력이다. 체코를 떠날 때까지 메도브니크를 맛보지 못했다면 공항에서 마를렌카(Marlenka) 브랜드의 케이크를 사 먹으면 된다. 클래식 허니 케이크, 코코아 허니 케이크, 레몬 허니 케이크 등 종류도 다양하다.

여기가 맛집

where

카페 콜로레 Café Colore

comment

'케이크 맛집'이라는 유명세 때문에 일찍 품절되는 경우가 많다. 메도브니크가 없더라도 실망하지 말고 직원에게 추천받아 다른 케이크라도 시도해보길.

지도 P.070E **2권** P.078 **구글 지도 GPS 50.081293, 14.422714**
찾아가기 3 · 6 · 9 · 20 · 51 · 54번 트램 탑승 후 바츨라브스케 나메스티(Václavské Náměstí) 역 하차 후 도보 약 5분 **주소** Palackého 740/1, 110 00 Praha 1-Nové Město
전화 +420-224-518-816 **시간** 월~금요일 08:00~23:00, 토~일요일 09:00~23:00
휴무 없음 **가격** 케이크 한 조각 140Kč~, 커피 48Kč **홈페이지** www.cafecolore.cz

For 도넛을 좋아하는 사람

Koblíha
코블리하

유럽의 중심에 위치한 지리적 이점과 한때 가톨릭 중심지였다는 이유로 체코에는 다양한 국적의 사람들이 드나들었다. 그 때문에 체코에서 맛본 디저트는 큰 특징 없어 다른 나라에서 맛본 디저트를 떠올리게 한다. 코블리하도 예외가 아니다. 미국의 도넛, 체코의 이웃 나라인 폴란드의 파치키와 맛과 모양이 비슷하다. 가장 쉽게 던킨도넛을 떠올리면 된다. 동그란 모양으로 속에는 과일 잼을 넣고, 슈거 파우더나 초콜릿을 입혀 마무리한다. 달콤한 맛이 강하기 때문에 이를 싫어하는 이들에게는 권하지 않는다. 맛을 예측할 수 있는 디저트지만 현지의 맛과 분위기를 즐길 겸 한 번 정도 먹어보는 것도 괜찮다. 현지에서는 점심과 저녁 사이에 폭식을 줄이고 허기를 달랠 간식으로 코블리하를 즐겨 먹는다.

여기가 맛집

where
크루스타 Krusta

comment
트르들로와 코블리하, 콜라츠 등 체코식 빵을 판매해 언제나 관광객들이 문전성시를 이룬다. 회전율이 빠른 집은 맛있을 수밖에 없다는 불문율을 확인할 수 있다.

지도 P.041A **2권** P.051 **구글 지도 GPS 50.085940, 14.418490**
찾아가기 194번 버스 탑승 후 마리안스케 나메스티(Mariánské Náměstí) 역 하차 후 도보 3분 **주소** Karlova 44, 110 00, Praha **전화** +420-211-221-415
시간 월~일요일 08:00~23:00 **휴무** 없음
가격 코블리하 40Kč **홈페이지** www.pekarnakrusta.cz

Štrudl
슈트루들

슈트루들의 고향은 확실치 않다. 대략 15세기 말 체코, 오스트리아에서 생겨났다는 것이 일반적인 설이다. 슈트루들은 얇게 늘여 편 반죽에 과일을 얹어 말아 구운 전통 베이커리로, 사과를 넣어 만든 애플 슈트루들이 가장 유명하다. 애플파이와 맛도 만드는 방식도 비슷하다. 강력분, 소금, 버터를 미지근한 물로 반죽해 만드는데, 이 반죽을 휴지시킨 뒤 종이처럼 얇게 늘여 펼쳐놓고 사과나 체리 등을 채워 말아 구워낸다. 이렇게 돌돌 말아 구운 빵을 자르면 단면이 소용돌이 같은 모양을 띤다. 이 모습 때문에 '소용돌이'라는 뜻의 슈트루들이라는 이름이 붙었다고 한다. 구운 빵에 슈거 파우더를 뿌리거나 쿠키 반죽을 잘게 부숴 만든 소보로를 얹으면 달콤함이 배가 된다.

여기가 맛집

where
카페 슬라비아 Café Slavia

comment
체코의 디저트를 먹을 땐 단맛을 잡아주는 커피가 필수다. 슈트루들도 마찬가지. 설탕에 절인 사과가 가득 들어 있는 애플 슈트루들은 단맛을 좋아하는 이들이 즐길 만한 메뉴.

지도 P.040E **2권** P.053 **구글 지도 GPS 50.081565, 14.413304**
찾아가기 9 · 17 · 18 · 22 · 53 · 57 · 58 · 59번 트램 탑승 후 나로드니 디바들로(Národní Divadlo) 역 하차, 국립극장 맞은편에 위치 **주소** Smetanovo nábř. 1012/2, 110 00 Praha 1-Staré Město **전화** +420-224-218-493 **시간** 월~금요일 08:00~00:00, 토~일요일 09:00~00:00 **휴무** 없음 **가격** 슈트루들 128Kč **홈페이지** www.cafeslavia.cz

길거리 음식 BEST 3

No. 1

브람보라키 Bramboráky

체코 어로 감자가 브람보르(Brambor)다. 감자를 갈아 밀가루, 채소, 소시지 등을 섞어 구워내는 빈대떡을 브람보라키, 감자 수프를 브람보라치카라 부른다. 브람보라키는 기름지고, 소금, 후춧가루, 마늘로 간해 짭조름한 맛 때문에 맥주와도 최고의 궁합을 자랑한다.

가격 50Kč

No. 2

트르들로 Trdlo

두툼한 봉에 돌돌 말아 불에 구운 빵에 설탕과 시나몬 가루를 솔솔 뿌려준다. 따뜻할 때 먹으면 겉은 달달하면서 바삭하고 속은 닭고기처럼 촉촉해 여행자의 영혼을 달래준다. 월넛, 시나몬, 아몬드 등 토핑이 진화하고 있지만 이런 전통 먹거리는 오리지널이 진리다.

가격 50~60Kč

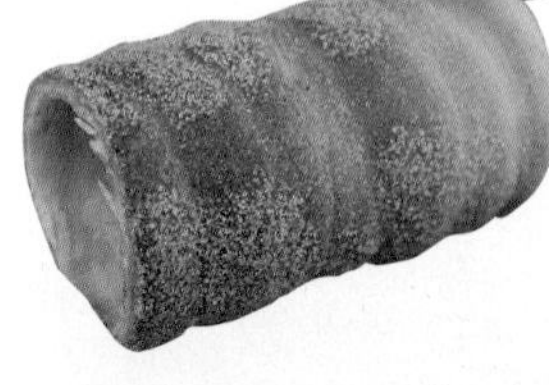

No. 3

그릴 치즈 Grilled Cheese

부활절이나 크리스마스 등에 장이 열리면, 다양한 치즈를 늘어놓고 판매하는 상점을 쉽게 만날 수 있다. 그곳에서 즉석에서 치즈를 구워 바게트 빵 위에 올리고, 갈릭 소스나 블루베리 소스 중 하나를 곁들인다. 우리나라에서 먹던 그릴 치즈보다 밀도가 높아 더 쫀득하다.

가격 60~65Kč

GRILL CHEESE
60,- Kč
WITH MARMALADA
WITH GARLIC
65,- Kč
2,50€ / 2,70€

슈퍼에서 꼭 사 먹어야 하는 주전부리 BEST 3

No. 1

오플라트키 Oplatky

카를로비 바리의 전통 과자. 웨하스 맛으로 공항에서 선물용으로 구입할 수도 있다. 콜로나다(Kolonada) 브랜드가 가장 유명하며 헤이즐넛, 바닐라, 초코 등 맛이 다양하다.

가격 한 상자 89Kč
찰떡궁합! 오플라트키+아메리카노

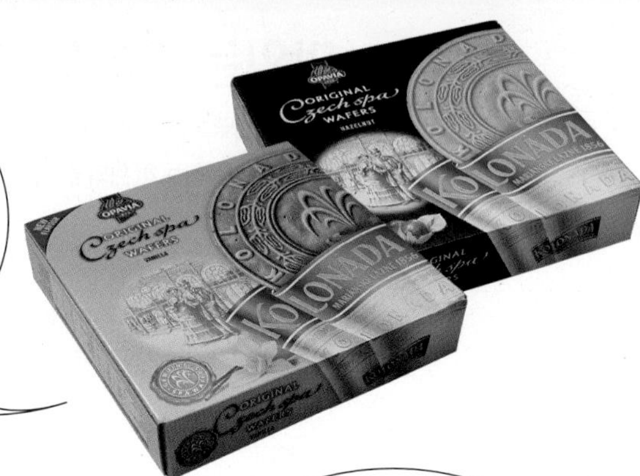

No. 2

보헤미아 Bohemia

맥주에 잘 어울리는 짭조름한 감자 과자도 인기다. 보헤미아(Bohemia)는 동유럽에서 쉽게 볼 수 있는 감자 칩 브랜드로 맥주 안주로는 빼빼로처럼 생긴 기다란 막대 과자가 찰떡궁합.

가격 24Kč
찰떡궁합! 보헤미아+맥주

No. 3

푸딩 Pudding

브랜드도 맛도 선택의 폭이 넓은 푸딩. 바닐라 크림을 얹은 푸딩부터 끼니 대용으로도 손색없는 쌀이 들어 있는 푸딩까지 꼭 맛봐야 할 주전부리다.

가격 라이스 푸딩 20Kč
찰떡궁합! 푸딩+과일 잼

MANUAL 13

카 페

맛있는 프라하, 카페

미각세포를 강하게 자극하는 아이스크림부터 달콤한 케이크까지,
프라하의 카페가 선사하는 혀 위의 즐거움은 이토록 폭넓다.

QUESTION
취향 따라 카페 골라 가기

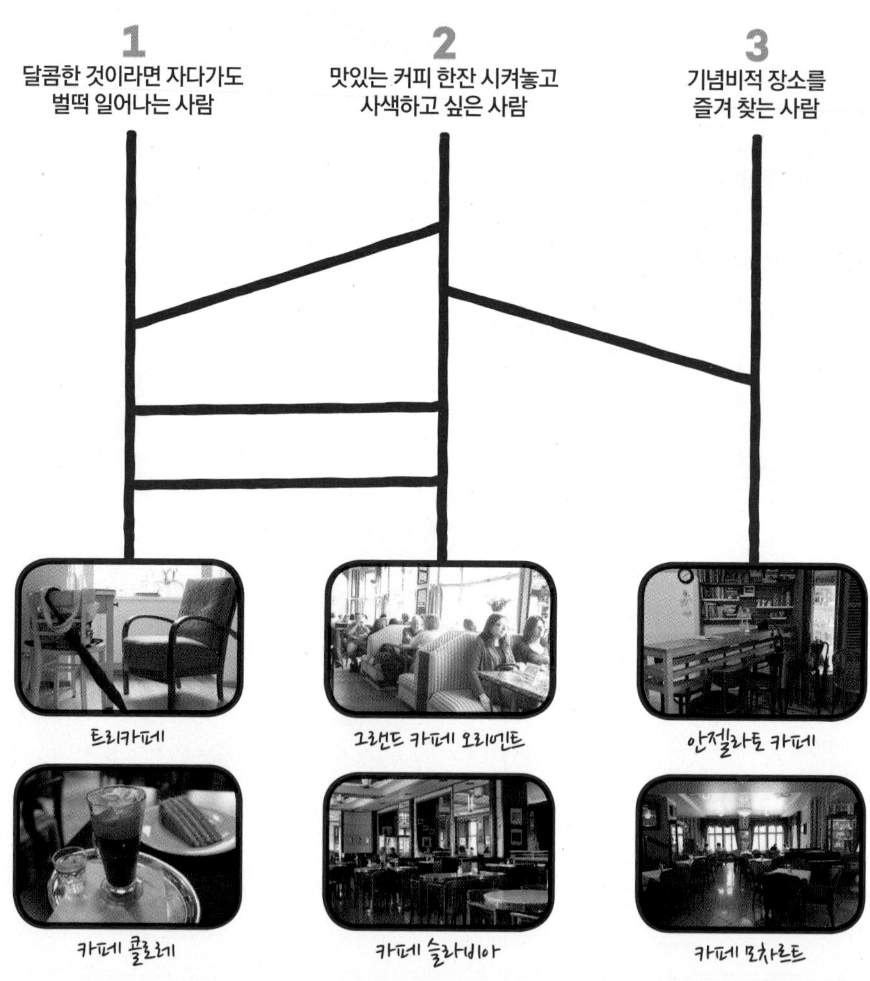

MENU

체코 카페 메뉴판 단어 정리

[BEVERAGE]

horká čokoláda	핫 초콜릿
hočká čokoláda	다크 초콜릿
mléčná čokoláda	밀크 초콜릿
mléko	우유
čaj	차
čerstvá máta	민트
med	꿀
● 음료 온도	
teplý nápoj	뜨거운(hot) 음료
teplý nápoj	따뜻한(warm) 음료
studený nápoj	차가운(cold) 음료
chladný nápoj	시원한(cool) 음료

[COFFEE]

káva	커피
espresso velká	에스프레소 라지 사이즈
dvojité espresso	더블 에스프레소
vídečská káva	비엔나 커피

[CAKE]

domácí dorty	홈메이드 케이크
čokoládový dort	초콜릿 케이크
medový dort	허니 케이크
mrkvový koláč	당근 케이크
jablečný závin	사과 스투르들
palačinky	팔라친키

커피 ★★★ | 디저트 ★★★★★ | 분위기 ★★

안젤라토 카페 Angelato Café

이탈리아 젤라토를 그리워하는 이들에게 천국 같은 곳이 바로 안젤라토 카페다. 커피도 메뉴에 있지만 이곳을 찾는 손님들은 대부분 젤라토를 선택한다. 재료 본연의 맛을 잘 살리면서도 인공색소, 인공 향신료를 넣지 않아 뒷맛이 깔끔해 아이스크림을 다 먹은 후 목이 마르지 않다는 게 이곳 젤라토의 특징. 세계 어디를 가나 인기 있는 초콜릿 아이스크림부터 더위를 달래줄 상큼한 레몬 셔벗, 오랫동안 숙성한 포도로 만든 달콤한 디저트 와인인 말라가 맛 아이스크림까지, 어떤 아이스크림을 선택해도 만족스러울 것이다. 만약 담백한 맛을 좋아한다면 파르메산 치즈 아이스크림을 추천한다. 모든 아이스크림은 10Kč을 추가하면 초콜릿이 잔뜩 묻은 슈거 콘으로 변경할 수 있다.

추천 메뉴

시나몬이 첨가된 재스민 라이스 jasmínová rýže se skořicí
호두를 더한 파르메산 치즈 parmezán s vlašským
초콜릿 맛 čokoláda, 호두 맛 vlašský

지도 P.070E **2권** P.078 **구글 지도 GPS** 50.084990, 14.421740
찾아가기 메트로 B선(Můstek) 역 하차, 융마노보 나메스티(Jungmannovo Náměstí)에서 나 무스트쿠(Na Můstku) 방면으로 80m 직진 후 좌회전해 나 무스트쿠 거리를 130m 직진, 좌회전해 리티르주스카(Rytířská) 거리를 30m 정도 걷다 보면 오른쪽에 위치
주소 Rytirska 27, Prague 110 00, Praha1 **전화** +420-224-235-123 **시간** 월~일요일 11:00~21:00 **휴무** 없음 **가격** 1스쿱 40Kč, 2스쿱 75Kč, 3스쿱 95Kč, 4스쿱 115Kč **홈페이지** www.angelato.cz

커피★★★ | 디저트★★★★ | 분위기★★★★★

카페 모차르트 Café Mozart

천문시계탑 맞은편 건물 2층에 자리한 카페 모차르트의 자랑거리는 바로 핫 초콜릿! 모차르트 초코를 주문하면 뜨거운 우유와 함께 생초콜릿이 막대에 꽂혀서 나온다. 생초콜릿을 우유에 넣고 저으며 입맛에 맞게 초콜릿 농도를 조절할 수 있다. 초콜릿은 밀크와 다크 초콜릿 중 선택할 수 있다. 이곳의 또 다른 자랑거리는 '뷰'다. 2층 창가 자리에 앉으면 정면에 천문시계가 보인다. 정각에 진행되는 천문시계 쇼를 보기 가장 좋은 장소. 인형들의 움직임을 제대로 확인하려고, 또는 시야를 가로막은 사람들 머리를 피하려고 까치발을 들 필요도 없다. 구시가지 광장에서 가장 우아하게 천문 시계를 바라볼 수 있는 곳을 찾는다면 이곳이 정답이다.

추천 메뉴

모차르트 초코 Mozart chocolate

지도 P.041B **2권** P.053 **구글 지도 GPS 50.087077, 14.420805**
찾아가기 194번 버스 탑승 후 스타로메스트스케 나메스티(Staroměstské Náměstí) 역 하차, 얀 후스 동상을 가로질러 천문시계까지 직진, 천문시계 맞은편에 위치 **주소** Staroměstské Náměstí 481/22, 110 00 Praha 1-Staré Město **전화** +420-221-632-520 **시간** 일~화요일 08:00~22:00, 수~토요일 08:00~19:30 **휴무** 없음 **가격** 모차르트 초코 89Kč **홈페이지** www.cafemozart.cz

커피★★★★★ | 디저트★★★★★ | 분위기★★★★★

트리카페 Tricafé

여행 중 오래 사귄 친구 같은 카페를 발견하면 유레카를 외치게 된다. 트리카페를 찾았을 때도 속으로 유레카를 외쳤다. 친구처럼 친절한 바리스타, 맛있는 커피에 카를교와 가까운 지리적 이점까지 충분히 매력적이었기 때문. 내부는 친구의 집 거실처럼 꾸며져 있다. 소파, 책장, 식탁 등 가구는 디자인도 출신도 제각각이지만, 아늑한 분위기로 어색함 없이 잘 어울린다. 트리카페는 건강한 먹거리를 원칙으로 한다. 농약이나 화학비료를 사용하지 않은 유기농 원두를 직수입해 사용하고, 케이크 같은 디저트도 선별한 재료로 직접 만든다. 커피와 어울리는 케이크부터 식사를 대신할 만한 키슈까지 베이커리 종류가 다양하다. 특히 이곳의 케이크는 강추다.

추천 메뉴

라떼 café Latte

당근 케이크 mrkvový koláč

지도 P.041A **2권** P.050 **구글 지도 GPS 50.085591, 14.414735**
찾아가기 17 · 18 · 53번 트램 탑승 후 카를로비 라즈네(Karlovy Lázně) 역 하차, 스메타노보 나브르주에서 아넨스카(Anenská) 방면 북쪽으로 100m 직진 후 우회전해 아넨스카 거리를 70m 정도 걷다 보면 왼쪽에 위치
주소 Anenská 3, Praha 1 **전화** +420-222-210-326
시간 월~토요일 08:30~20:00, 일요일 10:00~18:00 **휴무** 없음
가격 라떼 79Kč **홈페이지** tricafe.weebly.com

커피★★★★ | 디저트★★★★★ | 분위기★★★

카페 콜로레 Café Colore

입구에 들어서자마자 진열장을 가득 채운 케이크가 먼저 눈에 들어오는 카페 콜로레. 자리에 앉으면 유니폼을 입은 직원이 음료, 와인, 식사 세 가지 메뉴판을 건넨다. 이곳에서는 오스트리아 커피로 유명한 율리우스 마이늘(Julius Meinl)을 사용한다. 달콤한 커피가 좋다면 휘핑크림을 가득 올린 비엔나커피가 좋겠지만, 이곳에서는 카푸치노와 함께 케이크를 곁들이길 권한다. 프라하의 정통 케이크인 허니 케이크부터 되직한 초콜릿이 인상적인 초콜릿 케이크 등 종류가 다양하다.

지도 P.070E 2권 P.078 구글 지도 GPS 50.081293, 14.422714 찾아가기 3 · 6 · 9 · 20 · 51 · 54번 트램 탑승 후 바츨라브스케 나메스티(Václavské Náměstí) 역 하차, 보디체코바(Vodičkova)에서 남서쪽으로 160m 걷다가 우회전해 팔라츠케호(Palackého) 거리를 120m 직진하면 오른쪽에 위치 주소 Palackého 740/1, 110 00 Praha 1-Nové Město 전화 +420-224-518-816 시간 월~금요일 08:00~23:00, 토~일요일 09:00~23:00 휴무 없음 가격 케이크 한 조각 140Kč~, 커피 48Kč
홈페이지 www.cafecolore.cz

추천 메뉴
- 허니 케이크 medový dort
- 초콜릿 케이크 čokoládový dort
- 비엔나커피 vídeňská káva

커피★★★ | 디저트★★★★ | 분위기★★★★

그랜드 카페 오리엔트 Grand Café Orient

큐비즘을 논할 때 빠지지 않고 등장하는 곳이 그랜드 카페 오리엔트다. 체코 유일의 큐비즘 양식 카페로, 1912년에 문을 열었다. 큐비즘은 직선과 기하학적 무늬 등을 이용해 입체감을 주는 양식이다. 건물 1층에는 큐비즘 갤러리 큐비스트가 있다. 날이 좋을 땐 2층 테라스 자리에 앉아 첼레트나 거리를 바라보는 것도 이곳의 특권. 그랜드 카페 오리엔트는 2층 외벽 모서리에 검은 마리아 동상이 있어 '검은 마돈나의 집'이라고도 불린다.

지도 P.041B 2권 P.050 구글 지도 GPS 50.087280, 14.425532 찾아가기 194번 버스 탑승 후 스타로메스트스케 나메스티(Staroměstské Náměstí) 역 하차, 얀 후스 동상 가로질러 틴 교회를 끼고 첼레트나(Celetná) 거리로 진입 후 270m 직진하면 오른쪽에 위치 주소 Ovocný Trh 569/19, 110 00 Praha - Staré Město 전화 +420-224-224-240 시간 월~금요일 09:00~22:00, 토~일요일 10:00~22:00 휴무 없음 가격 카푸치노 70Kč, 베네체크 40Kč 홈페이지 www.grandcafeorient.cz

추천 메뉴
- 카푸치노 cappuccino
- 베네체크 kubistický věneček

커피★★★ | 디저트★★★★ | 분위기★★★

카페 슬라비아 Café Slavia

1884년에 문을 연 이곳은 국립극장 바로 앞에 있어 주로 예술가들이 드나들었다. 체코의 국민 작곡가 스메타나와 체코의 하벨 대통령이 단골이었으며, 독일 시인 릴케도 이곳을 찾았다. 체코 전통 디저트인 팔라친키나 스튜루들을 맛볼 수 있는 카페로도 유명하지만, 가장 흥미로운 메뉴는 압생트다. 압생트(absinth)는 보헤미안들이 즐겨 마신 술이다. 도수가 무려 70도에 이르며 환각 작용을 한다는 이유로 유럽의 몇몇 국가에서는 제조가 금지되기도 했다고 압생트에 살짝 적신 각설탕에 불을 붙이고 마시기 때문에 마시는 게 어렵진 않다.

지도 P.040E 2권 P.053 구글 지도 GPS 50.081565, 14.413304 찾아가기 9 · 17 · 18 · 22 · 53 · 57 · 58 · 59번 트램 탑승 후 나로드디 디바들로(Národní Divadlo) 역 하차, 국립극장 맞은편에 위치 주소 Smetanovo nábř. 1012/2, 110 00 Praha 1-Staré Město 전화 +420-224-218-493 시간 월~금요일 08:00~00:00, 토~일요일 09:00~00:00 휴무 없음 가격 팔라친키 슬라비아 128Kč, 슈트루들 118Kč 홈페이지 www.cafeslavia.cz

추천 메뉴
- 사과 슈트루들 apple strudel
- 팔라친키 palačinky
- 압생트 absinth

MANUAL 14

맥주

체코 맥주의 모든 것

체코는 독일과 함께 유럽 최대의 맥주 생산국 중 하나로 세계 최고의 맛을 자랑하기도 한다. 우리에게 다소 낯설지만 사실 체코 맥주는 유럽에서 매우 인기가 높다. 유럽 인에게 체코 맥주는 특유의 쓴맛에 목으로 넘어가는 상쾌한 느낌이 좋은 맥주라는 인식이 강하다. 눈을 자극하는 체코 맥주 특유의 담황색도 유혹적이다.

《맥아즙의 농도에 따른 분류》

농도	분류
18%	PORTER 포터
13~18%	SPECIÁLNÍ 스페치알니
11~12%	LEŽÁK 레자크
8~10%	VÝČEPNÍ 비체프니
7%	LEHKÉ 레흐케

체코 맥주 소개
Czech Beer Introduce

맥주는 보리의 전분을 당으로 전환해 수분과 함께 추출한 뒤 효모로 발효시켜 알코올성 음료로 만든 것이다. 보리에 물을 부어 싹이 트게 한 다음에 말린 것을 맥아라고 하는데, 이것은 녹말을 당분으로 바꾸는 효소를 함유하고 있다. 영어로는 몰트(malt)라고 한다. 맥아에 물을 넣고 즙으로 만든 맥아즙은 맥주를 양조하는 데 기본 원료이며 여기에 홉(hop)을 가해 맥주를 만든다. 다시 말해 맥주는 맥아즙과 홉, 물로 만든다. 홉은 뽕나뭇과에 속한 식물의 암꽃을 응달에서 바람에 말린 것을 말하는데, 맥주 특유의 향기와 맥주 맛의 특성을 혀끝으로 느끼게 해준다. 체코 어로 맥주는 피보(pivo)라고 한다. 대부분의 체코 맥주는 라거 맥주에 속한다. 라거 맥주는 발효 시 효모가 맥주 바닥에 가라앉아 발효되는 맥주를 일컫는데, 버드와이저, 하이네켄, 칼스버그 등 오늘날 대량생산되는 맥주 중 대부분이 라거 맥주에 속한다. 체코 인 한 명당 마시는 맥주량(1년 평균 330L, 성인 1인 기준)은 독일인이나 호주인과 흡사할 정도로 상당하다. 체코 인들은 맥주를 마실 때 때와 장소를 구분하지 않는다. 프라하를 비롯한 체코의 모든 도시에서는 적어도 밤 10시나 11시까지 맥주를 마실 수 있는 펍이나 레스토랑을 찾을 수 있다. 물론 프라하에는 좀 더 늦게까지 맥주를 마실 수 있는 곳도 많다. 공원이나 거리의 벤치에 앉아 맥주를 마셔도 뭐라 하는 사람이 없다.

체코 전역에는 60여 군데의 맥주 양조장이 있다. 스타로프라멘(Staropramen)을 비롯한 체코의 유명 양조장을 갖춘 프라하 브루어리스(Prague Breweries)는 현재 세계에서 두 번째로 큰 양조 회사인 벨기에의 인터브루(Interbrew)에서 오래전 인수한 뒤 현재까지 운영하고 있다. 프라하 브루어리스가 체코 국내 맥주 시장의 13%대의 점유율을 보이며 필스너 우르켈(Pilsner Urquell) 등 플젠 지방의 주요 맥주를 생산하는 양조 회사를 운영하는 남아공의 SAB(South Africa Breweries)는 체코 국내 맥주 시장의 절반 가까이 점유하고 있다. 세계 맥주 시장 점유율의 25%를 차지하는 세계 최대 맥주 회사인 앤호이저 부시(Anheuser Busch)는 벨기에와 브라질 상파울루에 본사를 둔 회사로, 우리가 잘 아는 버드와이저, 코로나 등 세계적으로 인기 있는 수많은 맥주를 생산한다.

재미있는 사실은 이 회사에서 생산하는 버드와이저(Budweiser)의 이름이 사실 체코에서 가장 큰 맥주 수출업체인 부드바르(Budvar)에서 따왔다는 점이다. 부드바르는 독일어로 부트바이저(Budweiser)로 표현된다(영어로는 버드와이저로 발음한다). 비슷한 이름 때문에 논란을 빚은 앤호이저 부시는 오랫동안 체코의 맥주 회사 부드바르를 인수하려고 노력했지만, 자신들의 맥주를 지키고자 하는 체코 국민들의 열성과 체코 정부의 노력에 힘입어 그 꿈이 무산되고 말았다. 비록 세계적으로는 앤호이저 부시에서 생산하는 버드와이저 맥주가 체코에서 생산하는 부드바르보다 훨씬 더 유명하지만, 부드바르는 물과 홉, 맥아즙 외에 화학 원료는 사용하지 않는다는 자부심을 가지고 있다.

체코 맥주 역사
Czech Beer History

13세기부터 15세기까지 유럽의 도시들이 성장하고 상업이 발달하면서 함께 태어난 산업이 바로 맥주를 생산하는 양조 산업이다. 고품질의 맥주를 대량생산하려면 맥주 양조의 지식이나 기술은 물론, 양조를 위한 설비도 필요하다. 하지만 19세기까지만 해도 오늘날과 같은 고품질의 맥주를 만드는 것은 그리 쉬운 일이 아니었다. 기록에 의하면 프라하의 경우 10세기 말 이미 베네딕트 수도원에서 맥주를 양조했다. 하지만 이는 수도사를 위한 것일 뿐 대량생산을 위한 것은 아니었다. 대중화된 체코의 맥주 전통은 13세기 체코의 서부 보헤미안 지방의 플젠(Plzeň)에서 시작되었다. 이런 연유로 체코 맥주를 단순히 플젠산 맥주라 부르기도 한다. 세계에서 가장 널리 알려진 체코 맥주는 바로 필스너 우르켈이다. 필스너 우르켈은 독일인 양조 기술자를 고용해 1842년부터 플젠 지방에서 생산했으며 체코 국내에서 선풍적인 인기를 끌자 당시 오스트리아-합스부르크왕국에 수출하기도 했다. 체코에서 가장 오래된 맥주 중 하나는 크루쇼비체(Krušovice)라 불리는 맥주로 중부 보헤미아 지방의 크루쇼비체 마을에서 1581년에 탄생했다. 오늘날까지 생산되기에 슈퍼에서도 어렵지 않게 구할 수 있다. 로고의 중앙에 보헤미아왕국을 상징하는 왕관 그림이 그려져 있다.

프라하나 오스트리아의 린츠 등지에서 여행자들에게 인기 있는 체스키 크룸로프로 가기 위해서는 체스케 부데요비체(České Budějovice)라는 도시에서 기차를 갈아타야 한다. 체스케 부데요비체는 독일식 이름인 부트바이스(Budweis)로 유명하다. 1876년 앤호이저 부시 양조 회사가 버드와이저라는 명칭을 사용하면서 체코의 로컬 양조 회사와 트레이드마크 사용 권리에 대한 마찰을 빚었다.

체코 맥주 종류
Czech Beer Kind

체코 맥주의 종류를 나누는 법에는 크게 두 가지가 있다. 하나는 맥아즙의 농도에 따른 분류인데, 맥아즙의 농도에 따라 다음과 같이 분류한다. 맥아즙의 농도가 18% 이상일 경우 포터(porter)라 부르고, 맥아즙의 농도가 13~18%인 경우 스페셜(special)이라는 의미의 스페치알니(speciální)라고 부른다. 11~12%인 경우에는 레자크(ležák)라고 부르는데, 이는 체코 어로 라거 비어(lager Beer)라는 뜻이다. 또 맥아즙의 농도가 8~10%인 경우에는 체코 어로 바텐더라는 뜻의 비체프니(výčepní)라고 부른다. 7% 이하인 경우에는 라이트(Light)라는 의미의 레흐케(lehké)라고 한다. 또 한 가지의 분류 방법은 색에 따른 것인데, 밝은 맥아를 주로 사용해 만든 맥주를 스베트라(světlá)라고 하며, 검은 맥아를 주로 사용해 만든 맥주를 체코 어로 '어둡다'라는 의미의 트마바(tmavá)라 부른다. 폴로트마바(polotmavá)는 체코 어로 '약간 어두운'이라는 뜻을 지닌 단어로 밝은 맥아와 검은 맥아를 섞어 만든 맥주를 일컫는다. 르제자나(řezaná)는 스베트라(světlá) 맥주와 트마바 맥주를 섞어 만든 것이다. 일반적으로 체코 맥주 브랜드에는 세계적으로 잘 알려진 필스너 우르켈, 부드바르, 코젤(Kozel) 등이 있다. 체코 내에서의 실제 소비량 순위도 1위가 필스너 우르켈이고 2위가 부드바르, 3위가 코젤이다. 플젠산 맥주인 필스너 우르켈은 독일어로 '원천'이라는 뜻을 지니고 있다. 이 맥주는

체코 어로 '플젠스키 프라즈드로이(Plzeňský Prazdroj)'라고 부른다. 체코산 황금빛 맥주의 대명사인 이 맥주는 위에서 언급한 대로 19세기에 플젠 지방에서 탄생했다. 필스너 우르켈은 맥주의 종류상 라거에 속하며 일반적인 라거 맥주보다 알코올 농도가 낮고 쓴맛이 강하다. 이 맥주는 생맥주로 마실 때와 병맥주로 마실 때 약간의 차이가 있지만, 깨끗하고 진한 맛은 어느 것이나 똑같다. 필스너 우르켈 생맥주는 약간 매운맛이 가미된 듯한 느낌을 준다. 이러한 연유로 병맥주로 마실 때보다 맛의 깊이가 더 풍부하다. 수많은 체코 인들이 필스너 우르켈을 가장 선호하는 이유는 뒷맛이 개운하기 때문이 아닐까 생각된다. 부드바르 역시 체코의 맥주 종류에서 빼놓을 수 없는 브랜드다. 많은 여행자들이 세계적으로 생산되고 있는 버드와이저와 체코산 부드바르의 맛을 비교해보고자 한다. 물론 체코 인을 비롯해 상당수의 맥주 마니아들은 체코산 부드바르가 오리지널이라고 여긴다. 아무튼 확실한 점은 부드바르가 지닌 보리의 맛은 버드와이저와 다르다는 점이다. 부드바르의 맛은 필스너 우르켈보다 가볍다는 느낌을 준다.

체코에도 흑맥주가 있다. 체코산 흑맥주의 대표 주자는 코젤이다. 코젤의 색이 검은 이유는 거뭇한 맥아를 사용하기 때문이다. 이 거뭇한 맥아는 단맛을 내는데, 이 때문에 코젤을 마시면 약간의 단맛을 느낄 수 있다. 코젤 맥주에는 숫자가 적혀 있는데, 이는 알코올 도수를 나타내는 게 아니라 발효하기 전 맥아즙의 당분 농도를 나타내는 숫자다. 이 숫자가 커질수록 맛도 진해지고 알코올 농도도 올라간다고 한다. 덧붙여 코젤에는 두 종류가 있다. 하나는 '11°Medium'인데 숫자는 알코올 도수가 아니고, 바링도라고 하는 발효 전 보리 국물의 당분 농도를 나타내는 숫자다. 이 숫자가 커질수록 맛도 진해져 알코올 도수도 올라간다고 한다. 그 밖의 맥주로는 크루쇼비체(Krušovice)가 있는데, 이 맥주는 코젤보다 가벼운 느낌의 맥주로, 단맛도 코젤보다 덜하다. 스타로브르노(Starobrno)는 강력한 맛이 매우 독특한 맥주로, 단맛과 쓴맛의 밸런스가 좋은 맥주라는 평을 듣고 있다. 베르나르드(Bernard)는 가볍지만 상큼한 맛이 인상적인 맥주로 혹자는 알코올을 첨가한 보리차 같다라고 말하기도 한다. 베르나르드 맥주 중에는 사과 향을 가미한 것도 있다. 무알코올 맥주 중에는 비렐(Birell)이 단연코 최고로, 일반 펍에서도 맛볼 수 있다.

《체코 내 실제 소비량 순위》

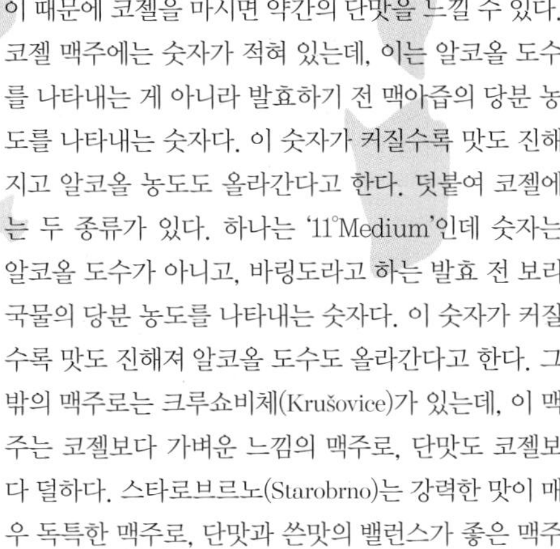

1
PILSNER URQUELL
필스너 우르켈

BUDVAR
부드바르

KOZEL
코젤

맥주 맛이 훌륭한 프라하 베스트 펍

우 즐라테호 티그라
U Zlatého Tygra

구시가 광장 인근에 자리한 전통 펍으로 '황금 호랑이'라는 의미다. 이 때문에 펍 입구 위에 호랑이 형태의 부조가 새겨져 있다. 사실 중세에 호랑이는 전쟁의 잔인함을 상징한다 하여 형상화하는 것이 금기시되던 동물이었는데, 15세기 이후로는 유럽의 펍을 비롯한 곳곳에서 호랑이 형상의 문장이나 조각을 만들었다고 한다. 프랑스 전 수상을 비롯해 유명 인사들이 즐겨 찾던 이곳은 프라하의 대표적인 전통 펍으로 최고의 필스너 우르켈을 경험할 수 있는 곳으로 소문났다. 이 때문에 주중에도 예약하지 않으면 자리를 구하기 어려울 때가 많다. 예약 없이 맥주를 곁들인 저녁 식사를 하기 위해서는 오후 3시경부터 가서 자리를 차지하는 게 좋다. 이곳에서는 돼지고기 스테이크 등 체코 전통 메뉴를 제공한다. 바에 앉을 경우 자리를 쉽게 구할 수도 있다. 음식 메뉴는 구운 돼지고기 등 대부분 체코 전통 음식을 선보인다. 펍의 분위기는 한마디로 분주함 가운데 정겨움이 가득하다.

지도 P.040C **2권** P.050
구글 지도 GPS 50.085815, 14.417984
찾아가기 구시가 광장에서 남서쪽으로 도보 3분 **주소** Husova 17, 110 00 Praha
전화 +420-222-221-111 **시간** 15:00~23:00
휴무 없음 **가격** 필스너 우르켈 0.45L 45Kč~, 뮐러 투르가우, 세인트 로렌트(이상 와인) 0.2L 45Kč~, 포크 스테이크 100g 150Kč~, 로스트 포크 넥 150g 100Kč~, 굴라쉬 150g 100Kč~, 홈메이드 소시지 80Kč~

호스테네치 우 코코우라
Hostenec U Kocoura

그다지 크지도 작지도 않은 공간에 특별한 장식이나 화려한 인테리어는 찾아볼 수 없는 펍이다. 프라하 성 인근의 여행자들이 오가는 번잡한 거리 위에 자리해 있지만 오히려 소박하고 꾸밈없는 내부 구조가 눈길을 끈다. 세월의 흔적이 묻어 있는 오래된 목재 테이블 역시 이곳의 지난 시절을 대변해 준다. 호스테네치 우 코코우라는 예전에 하벨 전 체코 대통령이 찾던 곳으로 유명한 전통 펍이다. 오늘날에도 일반 관광객보다 오히려 체코 사람들에게 인기가 더 많다. 저자가 방문했을 당시 대낮인데도 몇몇 테이블에 손님들이 앉아 담소를 나누며 맥주를 마시고 있었다. 서비스는 베이식하지만 가벼운 전통음식을 체코 생맥주와 함께 맛볼 수 있고, 전통적인 분위기를 지닌 곳이라 이곳을 방문한 여행자들에게 호평을 얻고 있다. 필스너 우르켈 맥주와 버나드 맥주를 취급하며 소시지, 치즈, 크네들리키 등 펍 푸드(pub food)도 맛볼 수 있다.

지도 P.096B **2권** P.104
구글 지도 GPS 50.088704, 14.401957
찾아가기 12 · 20 · 22 · 57번 트램 탑승 후 말라 스트라나(Malá Strana) 광장에서 하차해 도보 3분 **주소** Nerudova 2, Malá Strana,118 00 Praha 1 **전화** +420-257-530-107
시간 14:00~22:00 **휴무** 없음
가격 필스너 우르켈 36Kč, 비렐 26Kč

두엔데
Duende

저녁과 늦은 밤이면 현지인으로 북적이는 펍으로, 길가에서 유리를 통해 흥겨운 내부 모습이 엿보인다. 이곳에서 취급하는 맥주 종류는 필스너 우르켈과 버나드 두 가지다. 버나드는 생맥주로, 필스너 우르켈의 경우 병맥주로 제공하며 버나드 맥주의 경우 여과하지 않은 라거 맥주 형태인 버나드 12도 판매한다. 이 펍에서는 칵테일을 비롯해 다양한 리큐어도 맛볼 수 있다. 위스키에 크림을 넣어 만든 아이리시 크림 리큐어인 베일리스(Baileys)와 럼에 바닐라 향과 멕시칸 커피, 사탕수수를 넣어 만든 리큐어인 칼루아(Kahlua), 칵테일로 만들어 먹거나 맥주에 섞어 먹기 좋은 예거마이스터(Jagermeister), 아몬드 향이 진한 아마레토(Amaretto) 등도 맛볼 수 있다. 펍에서 맛볼 수 있는 스낵류로는 전통식 허니 케이크, 믹스 너츠(mixed nuts), 햄버거, 감자튀김 등이 있다. 주류 외에 커피, 차, 소프트 드링크도 판매한다.

지도 P.040C **2권** P.050
구글 지도 GPS 50.084226, 14.414264
찾아가기 카를교와 카를로바(Karlova) 거리 사이 도로에 난 좁은 길을 따라 남쪽으로 도보 5분 **주소** Karoliny Světlé 30, Staré Město, 110 00 Praha 1 **전화** +420-775-186-077
시간 월~금요일 13:00~00:00, 토요일 15:00~00:00, 일요일 16:00~00:00 **휴무** 없음
가격 버나드 맥주 42Kč(0.5L) **홈페이지** www.barduende.cz

필스너 우르켈 브루어리 투어
Pilsner Urquell Brewery Tour

→ START

1 몰트와 홉을 섞는 대형 구리 컨테이너

2 필스너 우르켈의 역사를 보여주는 비디오 상영

3 맥주를 보관하는 지하 저장소 방문

프라하 근교에 자리한 플젠은 중세의 모습을 간직한 곳이지만 체스키 크룸로프나 쿠트나 호라처럼 고풍스러운 분위기로 관광객들의 눈길을 끄는 곳은 아니다. 하지만 이곳은 무엇보다 체코의 대표적인 맥주인 필스너 우르켈의 본고장이라는 사실 하나만으로 많은 여행자들의 주목을 받고 있다. 플젠을 방문하는 대다수 여행자들은 이 도시의 시내에 자리한 맥주 공장을 방문해 견학 투어에 참가한다. 견학 투어는 매일 영어와 체코 어로 나누어 서너 차례 진행하며 전체 소요 시간은 약 2시간이다. 공장 내에는 대규모 체코 전통 요리 레스토랑이 자리해 이곳에서 생산하는 맥주와 함께 식사를 즐길 수 있다. 투어는 다채로운 프로그램으로 진행된다. 맨 처음 방문하는 곳은 자동화 기기를 통해 병과 캔에 맥주를 담는 현대식 시설물이다. 그런 다음 1842년 처음으로 생산된 필스너 우르켈의 역사를 보여주는 비디오 상영을 비롯해 몰트와 홉을 섞어 맥주를 만드는 대형 구리 컨테이너를 둘러보고 맥주를 보관하는 지하 통로를 방문해 참나무 통에 보관한 맥주를 유리잔에 담아 시음하는 것으로 투어를 마무리한다. 이곳의 맥주 공장은 현대식 설비를 갖춘 제조 공정을 통해 다량의 맥주를 생산한다. 이곳에서 생산되는 병맥주와 캔맥주는 모두 기계화된 현대 시설을 통해 만든다. 맥아즙과 홉, 물을 섞어 맥주를 양조하는 대형 컨테이너는 구리로 이루어졌는데, 이는 구리가 전기와 열전도율이 매우 높기 때문이다. 또 맥주를 보관하는 방식은 철저히 전통 방식을 따른다. 낮은 온도를 유지하는 지하 터널식 저장소에 와인 통과 비슷하게 생긴 거대한 참나무 통에 맥주를 보관한다.

지도 P.144 **2권** P.145
구글 지도 GPS 49.747712, 13.38746
찾아가기 플젠 중앙역(Plzen Hl.n.)에서 북쪽으로 약 400m, 도보 10분
주소 U Prazdroje 7, 304 97 Plzeň **전화** +420-377-062-888 **시간** 4월 08:00~18:00, 5~9월 08:00~19:00, 10~3월 08:00~17:00
휴무 없음
가격 투어 요금 199Kč
홈페이지 www.prazdrojvisit.cz

FINISH

MANUAL 15

-

와 인

CZECH WINE

세계 와인 시장에서 프랑스, 이탈리아 등지에서 생산한 와인에 비해 인지도가 떨어지는 것은 사실이지만 체코 와인은 오랫동안 자체적인 전통문화를 유지해왔다. 독특한 매력이 있는 체코 와인의 세계로 빠져보자.

체코 와인 이야기

대부분의 체코 와인은 오스트리아와 경계를 이루고 있는 모라비아 남부 지방에서 생산된다. 보헤미아 지방에도 바인야드(Vineyard, 포도밭)가 없는 것은 아니지만 모라비아 지방은 체코 전체 바인야드의 96%를 차지한다(심지어 프라하에도 바인야드가 있지만 와인 생산량이 매우 적다). 이 때문에 체코 와인을 모라비아 와인이라 부르기도 한다. 또 엘베(Elbe) 계곡 주변에서도 양질의 와인이 생산된다. 체코의 베스트 와인은 체코 제2의 도시이자 모라비아 지방 최대 도시인 브르노(Brno)에서 남동쪽에 자리한 모라브스케 슬로바츠코(Moravské Slovácko) 지방이다. 해마다 여름철 민속 축제로 유명한 모라브스케 슬로바츠코 지방은 체코에서도 문화색이 강한 곳이다. 이 지방은 온화한 기후와 지형적인 특성으로 체코에서 가장 맛 좋은 와인을 생산한다. 무엇보다 이 지방에서는 경사면 땅속에 동굴 형태의 와인 저장소를 만든 뒤 입구만 회벽으로 만들어놓은 것이 이채롭다. 플제(Plže)라고 불리는 이 와인 저장소는 여러 개가 한데 모여 있는데, 페트로브(Petrov) 마을에서 가장 쉽게 찾아볼 수 있다. 체코 와인 중 가장 많은 생산을 차지하는 종류는 **뮐러-투르가우(Müller-Thurgau)**와 **그뤼너 펠트리너(Grüner Veltliner)**로 각각 11.2%와 11%의 점유율을 보인다. 화이트 와인인 뮐러-투르가우는 독일, 오스트리아, 헝가리, 체코를 비롯해 호주, 뉴질랜드, 미국, 일본에서도 생산된다. 화이트 와인인 그뤼너 펠트리너는 오스트리아, 체코, 슬로바키아 지방에서만 생산된다. 체코 와인 중에는 이 두 가지 외에도 벨슈리슬링(Welschriesling), 리슬링(Riesling), 소비뇽 블랑(Sauvignon Blanc), 피노 블랑(Pinot Blanc), 샤르도네(Chardonnay) 등도 있다. 프라하의 파머스 마켓 등지의 가판대에서 구입할 수 있는 메도비나(Medovina)는 체코산 벌꿀로 만든 허니 와인이다. 이것은 물에 벌꿀을 섞어 발효시킨 것으로, 종종 과일 열매나 시나몬 등을 넣어 발효시켜 향이 색다른 허니 와인을 만들기도 한다. 와인 마니아라면 프라하를 방문하는 동안 체코산 와인 한 병을 선물로 구입하고 싶을 것이다. 참고로 여행자가 와인 숍에서 구입할 수 있는 체코 와인 중에는 아르누보 화가 알폰스 무하의 그림이 그려진 고급 상자에 담긴 것도 있다.

↑ **뮐러-투르가우** Müller-Thurgau

↑ **그뤼너 펠트리너** Grüner Veltliner

와인 마시기 실전 편

잔을 들어야 하나 말아야 하나? 아직 술이 남았는데 채워야 하나 말아야 하나? 와인을 마시면서 우리가 흔히 접하는 소주, 맥주와는 다른 에티켓에 고개를 갸우뚱할 때가 있다. 아래의 설명만 따른다면 이제는 고민할 필요가 없다.

✔ 기본 상식 OX 테스트

상대방의 와인 잔이 다 비기 전에 와인을 따라주는 것이 좋다.

우리가 흔히 마시는 소주나 맥주는 잔을 다 비우고 새롭게 술을 받는 것이 예의다. 하지만 와인은 예외다. 상대방의 잔이 바닥을 보이기 전에 따라주어야 한다. 받는 사람이 글라스 입구에 살짝 손가락을 대고 있다면, 와인을 그만 받겠다는 의미이므로 더 따르지 않도록 주의해야 한다.

상대방에게 와인을 받을 때는 두 손으로 잔을 들어 받는다.

와인 글라스는 테이블 위에 그대로 놓고 받는 것이 예의다. 우리가 주로 마시는 소주나 맥주의 경우 두 손으로 받는 것이 예의지만, 와인의 경우는 예외다. 윗사람이 따라주는데 가만히 받기만 하는 것이 민망하다면 잔 받침 위에 한 손을 가볍게 올려놓으면 된다.

와인을 따를 때는 잔의 2/3 이상 따르는 것이 좋다.

와인은 향을 느끼기 위해 잔을 기울여 흔들기 때문에 양이 너무 많으면 넘칠 수 있다. 레드 와인의 경우 잔의 1/3~1/2 정도, 화이트 와인의 경우 1/2 정도 따르는 것이 보통이다. 샴페인의 경우는 잔의 70%를 채우는 것이 좋다. 소주나 맥주처럼 잔에 가득 따르는 것은 예의가 아니다.

체코의 대표적인 와인의 특징

화이트 와인

팔라바 palava 와인

두 가지 향이 서로 다른 포도를 섞어 만든 와인이다. 대표적인 브랜드로는 뮐러-투르가우가 있다. 체코 남서부 모라비아 지방의 팔라바 지역에서 생산된다. 신맛과 과일 향이 덜하다. 다른 와인보다 더 단맛이 특징이다. 체코에서 가장 인기 있는 화이트 와인이다.

케르너 kerner 와인

리슬링 와인과 트롤링거 와인을 혼합한 화이트 와인이다. 포도 향이 강한 게 특징이며 단맛도 강하다. 처음 화이트 와인을 접하는 와인 비기너들이 선호하는 와인이기도 하다.

레드 와인

네로네트 neronet 와인

프라하 북쪽에 자리한 멜니크(Mělnik) 지역에서 주로 생산되는 와인으로 피노, 카베르네 소비뇽 등 서로 다른 종류의 포도를 혼합해 만들기에 여러 가지 포도의 특성이 살아 있는 것이 특징이다. 부드러운 신맛과 포도 향이 뛰어나며 프라하와 주변 지역에서 쉽게 구할 수 있는 와인이다.

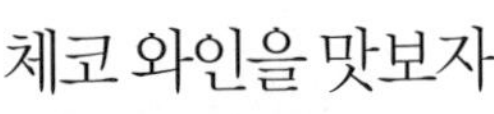

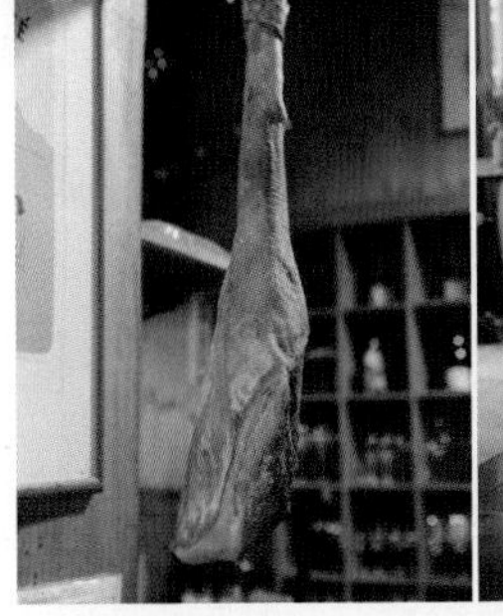

모나르흐
Pohostinec Monarch

'난 맥주 팬이 아니라 와인 팬이라서 프라하에 와서 와인을 꼭 마셔야겠다'는 사람이 있다면 주저하지 말고 이곳으로 달려가야 한다. 모나르흐는 프라하 구시가 지구에 자리한 레스토랑이자 와인 바로, 와인 숍을 겸하고 있으며 지하에 대규모 와인 저장소인 와인 셀러를 두고 있다(참고로 비니 스클레프(Vinný Sklep)는 와인 셀러를 의미하는 체코 어다). 프라하에 머무는 동안 체코 와인을 제대로 맛보려면 이곳을 방문하는 게 좋다. 이 레스토랑은 체코 전역에서 생산되는 와인과 함께 즐기기 좋은 치즈, 하몬, 문어 등 다양한 스패니시 타파스 메뉴를 제공하는 곳으로도 유명하다. 마치 도서관에 장서가 진열되어 있듯이 오래된 와인병이 나란히 벽면의 장식장을 위아래로 가득 메우고 있다. 천장이 높은 널찍한 공간에 목재로 이루어진 테이블과 의자가 가지런히 놓여 있고, 유리창을 통해 바깥 공간이 훤히 들여다보이는 내부 구조 역시 눈길을 끈다.

지도 P.040C **2권** P.052 **구글 지도 GPS 50.083852, 14.418144** **찾아가기** 메트로 B선 나로드니 트르지다(Národní Třída) 역에서 도보 5분 **주소** Na Perštýně 15, Staré Město, 110 00 Praha **전화** +420-703-182-801(예약) **시간** 15:00~00:00 **휴무** 없음 **가격** 와인 1잔 100~200Kč **홈페이지** https://monarch.cz

---

그뢰보브카 와이너리
Gröbovka Winery

빌라 그뢰보브카(Villa Gröbovka)는 1890년대 왕립 바인야드가 자리한 언덕 위에 있던 저택으로 귀족인 모리츠 그뢰브의 여름 별장으로 사용되었다. 예전에 모리츠 그뢰브의 사유지였던 바인야드 주변이 오늘날에는 일반인에게 개방된 퍼블릭 파크인 하브리츠코비 사디(Havlíčkovy Sady)로 변모했다. 빌라 그뢰보브카 인근에 자리한 그뢰보브카 와인 갤러리는 프라하의 대표 와이너리로 다양한 와인을 맛볼 수 있는 곳이다. 일반인의 경우 이곳에서 진행하는 와인 테이스팅 투어를 통해 체코 와인의 진수를 경험할 수 있는데, 이곳에서 일하는 소믈리에의 가이드 투어를 통해 체코 와인에 대한 설명을 들은 뒤 여덟 가지 서로 다른 맛의 와인 샘플을 맛볼 수 있다. 이곳의 와인 셀러에 마련된 별도의 공간에서 친구, 친지 등 여러 명과 함께 최대 5시간 동안 와인 파티를 벌일 수도 있는데, 치즈와 빵, 올리브 오일 등이 제공된다.

지도 P.082 **2권** P.083 **구글 지도 GPS 50.06926, 14.444961**
찾아가기 메트로 A선 나메스티 미루(Náměstí Míru) 역에서 택시로 10분/4 · 10 · 16 · 22번 트램 탑승 후 하블리츠코비 사디(Havličkovy Sady) 인근에서 하차해 도보 15분 **주소** Havlíčkovy Sady 2, 120 00 Prague 2 **전화** +420-774-803-293 **시간** 금요일 14:00~22:00 (현재 금요일만 오픈) **휴무** 일요일 **가격** 290Kč(와인 테이스팅 및 파티 1인당 요금) **홈페이지** www.sklepgrebovka.cz

SHOPPIN

전통 시장부터 화려한 쇼핑몰까지. 프라하 전통 인형부터 최신 유행 아이템까지. 편안한 신발과 두둑한 경비만 챙기면 프라하에서 사지 못할 물건은 없다. 다만 점점 가벼워져 가는 지갑만 신경쓰도록 하자.

G

MANUAL 16

전통 시장

전통 시장에 가면

관광객이 즐겨 찾는 덕에 관광지보다 유명해진 시장과 소박하고
생경한 프라하의 풍경이 담긴 시민들의 시장까지, 도시와 함께 자란 시장을 들여다보았다.
프라하와 함께 자란 전통 시장 네 곳, 그리고 그곳에서 찾아낸 보물들.

1 **프라하에 다녀왔다! 기념품이 필요하다면!**
→ 하벨 시장

2 **프라하 사람들이 먹는 음식을 맛보고 싶다면!**
→ 파머스 마켓

3 **예술가가 그려주는 자화상이 궁금하다면!**
→ 카를교 노점상

4 **프라하 사람들의 진짜 생활 모습을 보고 싶다면!**
→ 블레시 트르히 벼룩시장

1 없는 것 빼고 다 있는 하벨 시장

바츨라프 광장에서 구시가지 광장으로 연결되는 큰 도로를 따라 구시가지 광장으로 걸어가다 보면 온갖 기념품을 파는 전통 시장이 나온다. 바로 하벨 시장이다. 프라하의 관광 명소를 그린 손거울, 그림, 액자 등 다양한 기념품과 신선한 채소, 과일, 꽃 등을 함께 판다. 소리에 반응해 발을 구르면서 괴기스러운 웃음소리를 내는 마귀할멈 인형, 맥주컵이 매달린 오프너, 다양한 체위를 묘사한 주사위까지 구경하는 재미가 가득하다. 대부분 공장에서 찍어낸 듯한 기념품이라 선뜻 지갑을 열게 되진 않지만, 회사 동료들에게 나눠줄 기념품을 다량으로 구입하기에는 나쁘지 않다. 상큼한 블루베리나 체리 옆에 적힌 금액은 100g 기준이니, 구입하기 전에 꼭 정확한 가격을 확인해야 한다.

지도 P.040D **2권** P.054 **구글 지도 GPS 50.084743, 14.421003**
찾아가기 메트로 B선 무스테크(Můstek) 역 하차, 나 프르지코페(Na Příkopě) 거리에 있는 뉴요커(New Yorker) 건물 옆길로 진입 후 190m 직진하면 정면에 위치 **주소** Havelská 13, 110 00 Praha 1-Staré Město
전화 +420-224-227-186 **시간** 09:00~18:00 **휴무** 없음 **가격** 과일 100g 49Kč~, 맥주 오프너 50Kč~ **홈페이지** 없음

프라하를 여행 중인 신혼부부라면 짓궂은 주사위를 구입하는 게 어떨까. 주사위에는 숫자 대신 여러 가지 성 관계 모습이 그려져 있는데, 뭘 꼭 해보자는 게 아니라 둘 사이의 은밀한 기념품 하나 정도는 괜찮을 테니까.

✔ DID YOU KNOW?

하벨 시장은 왜 하벨 시장인가요?

약 1232년에 형성된 시장으로, 우리나라의 5일장처럼 처음에는 명칭이 따로 없었다. 사람들 사이에서 이 시장을 지칭할 때마다 사용한 랜드마크가 시장 맞은편에 있는 하벨 교회였다. '하벨 교회 앞 시장'이라 부르다가 하벨 시장으로 굳은 것. 현재 하벨 교회는 관광객들에게 개방하지 않으며, 교회 안에는 프라하의 화가 카렐 슈크레타의 무덤이 있다고 전해진다.

프라하 시민들의 식재료 창고 파머스 마켓

하벨 시장이 관광객들이 즐겨 찾는 시장이라면, 현지인들은 파머스 마켓을 즐겨 찾는다. 프라하 백화점 팔라디움과 오베츠니 둠 사이에 있는 리퍼블리키 광장에서 열리는 장으로, 매주 화요일부터 목요일까지 운영한다. 저렴하면서도 싱싱한 채소는 물론, 손수 만든 과일 잼, 체코 전통 빵 등 여기저기 찾아다니며 구입해야 할 전통 먹거리를 한 번에 만날 수 있다. 몇 대를 거쳐 내려오는 레시피로 만든 빵과 파이, 그릴에 갓 구운 프라하 전통 소시지에 생맥주를 한잔 더하면 한 끼 식사로도 훌륭하다. 파머스 마켓 한편에 여럿이 둘러앉을 수 있는 식탁과 의자가 있어 먹을 장소를 찾아다닐 필요도 없다.

지도 P.070C **2권** P.079 **구글 지도 GPS 50.088022, 14.429848**
찾아가기 5 · 8 · 14 · 51 · 54번 트램 탑승 후 나메스티 레푸블리키(Náměstí Republiky) 역 하차, 40m 정도 큰 도로를 향해 직진, 좌회전해 나메스티 레푸블리키에 진입한 후 20m 직진, 다시 한 번 좌회전해 40m 정도 직진하면 정면에 위치 **주소** Nám. Republiky 2090/3A, 110 00 Praha 1-Nové Město
전화 매장별 상이 **시간** 화~목요일 09:00~20:00 **휴무** 금~월요일
가격 감자 요리 70Kč, 꿀 50Kč~ **홈페이지** www.farmarsketrhyprahy1.cz

파머스 마켓은 다른 시장보다 볼거리가 풍부하다. 수공예품을 들고 온 이들 덕분이다. 유리공예 액세서리를 직접 만드는 과정이나 대장장이가 금속을 달구고 두드리며 연장을 만드는 과정을 볼 수 있어 더없이 즐거운 시장이다. 체코의 각 지방에서 올라온 꿀, 라벤더를 이용한 초나 비누, 방향제 등은 부피가 크지 않아 선물용으로도 좋다.

TIP! 여행자가 알아두면 좋은 슈퍼마켓

✔ 피브니 갈레리에 Pivní Galerie

홀레쇼비체 지구에 있는 맥주 전용 숍.
체코 전역의 소규모 양조장에서 빚은 다양한 맥주를 만날 수 있으며, 이곳에서 마시거나 사 가지고 갈 수도 있다. 구시가지 광장에서는 많이 떨어져 있지만 찾아가볼 만하다.
지도 P.120 **2권** P.122
구글 지도 GPS 50.105180, 14.449332
찾아가기 12 · 14번 트램 탑승 후 우 프루호누(U Průhonu) 역 하차, 오른쪽 사거리까지 직진 후 좌회전해 50m 정도 걸으면 오른쪽에 위치
주소 U Průhonu 1156/9, 170 00 Praha 7-Holešovice **전화** +420-220-870-613
시간 월~금요일 12:30~20:00
휴무 토~일요일 **가격** 맥주별 상이
홈페이지 www.pivnigalerie.cz

✔ 알버트 Albert

에어비앤비나 레지던스처럼 음식을 조리할 수 있는 곳에서 묵고 있는 여행자라면 반가운 슈퍼마켓이다. 주로 식품을 취급하고, 그 외에도 관광지에 비해 저렴하게 주전부리와 물을 구입할 수 있다. 팔라디움 지하 외에도 신시가지 광장에서 세 곳의 알버트를 만날 수 있다.
지도 P.070E **2권** P.079
구글 지도 GPS 50.084617, 14.423749
찾아가기 메트로 A · B선 무스테크(Můstek) 역으로 나와 광장 끝까지 걸은 후 나 무스트쿠(Na Můstku) 거리로 진입하면 오른쪽에 위치
주소 Na Můstku 16, 110 00 Praha 1
전화 +420-800-402-402 **시간** 06:00~23:00
휴무 없음 **가격** 물 10Kč 전후 **홈페이지** www.albert.cz

3

가난한 예술가들의 전시회 카를교 노점상

카를교는 구시가지와 말라 스트라나를 연결하는 다리로, 보행자 전용 다리다. 프라하 여행 중 수없이 지나다니는 다리지만, 날씨나 기분에 따라 매번 다른 느낌으로 다가온다. 오전 10시쯤이면 카를교는 관광객과 함께 거리의 화가와 음악가, 노점상으로 북적이기 시작한다. 다리 위가 거대한 복합 예술 공간으로 변모하는 시간이다. 예술가와 상인은 모두 국가에서 허가받은 사람들로, 관광지를 실물 그대로 그린 수채화, 그래픽적으로 재해석한 그림까지 화풍도 각양각색이다. 기념이 될 만한 초상화를 그리는 사람들도 쉽게 볼 수 있다. 이 밖에도 가죽공예 팔찌, 유리공예로 만든 영롱한 빛깔의 귀고리 등 지나가는 여성들의 지갑을 열게 하는 기념품도 많다. 매일 나오지 않는 상인도 있으니, 맘에 드는 게 있다면 바로 구입해야 한다.

MUST DO!

프라하 화가들에게 초상화를 의뢰하는 것은 잊지 못할 추억이 된다. 초상화를 그리는 시간은 20~30분 정도. 금액은 특징을 살려 간단하게 그려내는 캐리커처는 약 400Kč이며, 좀 더 정밀한 개인 초상화는 약 1000Kč. 가판대에 화가들의 작품이 놓여 있으므로, 화풍을 미리 보고 맘에 드는 작가를 선택하면 된다. 단, 이곳에 앉아 그림을 그린다면 외국인들의 카메라 세례를 받을 각오는 해야 한다.

지도 P.040C **2권** P.046
구글 지도 GPS 50.086484, 14.411480
찾아가기 17 · 18 · 53번 트램 탑승 후 카를로비 라즈녜(Karlovy Lázně) 역 하차, 프라하 성이 보이는 방향으로 블타바 강을 따라 200m 직진, 좌회전해 20m 직진하면 정면에 카를교 위치
주소 Karlův Most, 110 00 Praha 1
전화 없음 **시간** 노점상은 오전 10시부터 모이기 시작 **휴무** 없음
가격 자화상 약 400Kč(흑백), 액세서리 120Kč~ **홈페이지** 없음

4

추억을 공유하는 블레시 트르히 벼룩시장

2004년부터 '유럽에서 가장 큰 벼룩시장'이라는 캐츠프레이즈를 걸고 운영하는 플리마켓이다. 구시가지에서 30분 정도 떨어져 있으며, 20Kč 또는 1€를 내야 입장할 수 있다. 벼룩시장에는 체코 현지인들이 사용하는 온갖 식기부터 인형, 장난감 등 잡동사니가 가득하다. 따로 테이블을 대여해주지 않기 때문에 창의적인 판매대를 구경하는 재미도 있다. 수레를 개조해 팔기도 하고, 컨테이너 박스 안에서 펼쳐놓고 팔기도 하며, 본인의 차에 차량 부품을 진열해서 팔기도 한다. 아주 오래된 물건부터 용도를 알 수 없는 제품까지, 호기심을 자극하는 물건이 많지만 매주 주말 오전에만 구경할 수 있고, 시내에서 조금 떨어져 있기 때문에 관광객이 많이 찾진 않는다. 하지만 체코 인들의 생생한 삶을 체험하고 싶다면 추천한다.

구글 지도 GPS 50.111149, 14.519841
찾아가기 19번 트램 또는 메트로 B선 탑승 후 콜베노바(Kolbenova) 역 하차, 맞은편에 위치
주소 Kolbenova, Praha 9
전화 없음
시간 토~일요일 06:00~14:00
휴무 월~금요일
가격 16세 이상 입장료 20Kč, 장난감 등 작은 제품 20~100Kč, 옷 100~150Kč
홈페이지 blesitrhy.cz

MANUAL 17

쇼핑 스트리트

SO, HOT STREET

프라하 골목골목을 헤매며 예쁜 물건을 찾던 저자가 선정한 쇼핑 스트리트 네 곳.
이 거리에서 여자들의 발걸음은 빨라지고, 남자들의 지갑은 닫힐 줄 모른다.
편안한 신발과 경비를 두둑하게 챙겼다면 이제 그곳으로 나갈 시간이다.

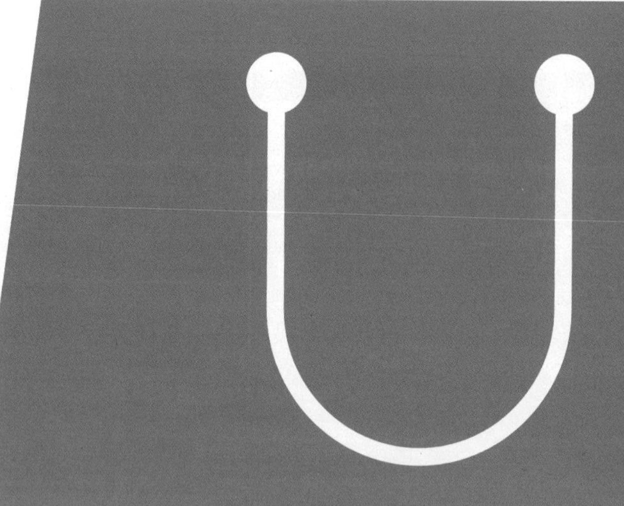

QUESTION

나만의 쇼핑 스트리트 찾기

PART 1

쇼핑할 아이템이
다양하다면

PART 2

패션 피플을
구경하고 싶다면

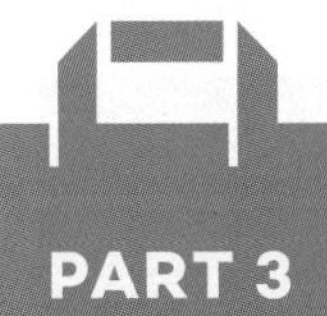

PART 3

옷보다 손바닥만 한
소품을 좋아한다면

PART 4

명품 쇼핑이 프라하
여행의 목표 중 하나라면

나 프르지코페 거리

파리츠스카 거리

바츨라프 광장 거리

첼레트나 거리

지름신 강림하는 쇼핑 스폿

Knihy Books
바츨라프 광장 거리

Van Graaf
바츨라프 광장 거리

Kubista
첼레트나 거리

Pohadka
첼레트나 거리

프라하 만남의 장소, 바츨라프 광장 거리

'프라하의 봄' 사건 당시 점령군과 시위대의 격전지였던 바츨라프 광장. 국립박물관 앞 바츨라프 기마상을 등지고 서면 광장이 한눈에 들어온다. 광장 앞 큰 도로를 중심으로 좌우에 쇼핑몰이 줄지어 서 있다. 바츨라프 광장은 프라하의 명동 같은 곳. 다양한 브랜드 숍이 모여 있는 쇼핑몰과 패스트 패션 브랜드 숍이 많기 때문에 프라하의 트렌드를 가장 쉽고 빠르게 접할 수 있는 장소이기도 하다. 의류 쇼핑몰, 화장품 쇼핑몰부터 서점까지 다양한 곳을 둘러보고 싶다면 이 거리가 가장 적합하다.

1. 신발 브랜드 바타 Bata
체코 로컬 브랜드. 바츨라프 광장의 매장은 규모가 꽤 커 다양한 종류의 신발과 가방 숍 등이 입점되어 있다. 바타가 궁금하다면 작은 매장보다 이곳에서 제대로 구경하길.

Marks & Spencer
Landrover

바츨라프 동상
A3 Sport (multi shop)
Knithy Books (bookstore)
Levi's
multi shop (adidas, vans..)
Rolex
Bata
Pro

Reserved
C&A
Desi

H&M
Gate
Sephora
Van Graaf

2. 화장품 브랜드 세포라 Sephora
여행 중 자주 마주치는 세포라. 프랑스의 화장품 편집 숍쯤으로 생각하면 된다. 국내에서 품귀 현상을 일으킨 제품도 구입할 수 있다는 것이 장점.

3. 쇼핑몰 반 그라프 Van Graaf
스포티한 영국 의류 브랜드 슈퍼드라이(Superdry), 가격 대비 질이 좋은 가방을 구할 수 있는 스웨덴 브랜드 마르크 오폴로(Marc O'polo), 심플하면서 트렌디한 독일 브랜드 에스올리버(S'oliver) 등 유럽 브랜드가 가장 많은 쇼핑몰이다.

4. 서점 크니히 북스 Knihy Books
프라하의 모든 것을 찾아볼 수 있는 서점. 관광객이 많은 거리인 만큼 지하에서 국가별 프라하 가이드북, 레시피 북, 역사와 전설에 대한 정보를 얻을 수 있다.

1. 커피 율리우스 마이늘
Julius Meinl
유럽 여행에서 자주 만날 수 있는 150년 역사의 오스트리아 커피 브랜드. 최초로 갓 볶은 커피를 판매한 곳으로 품질, 노하우, 전통을 아직까지 유지하고 있어 인기다.

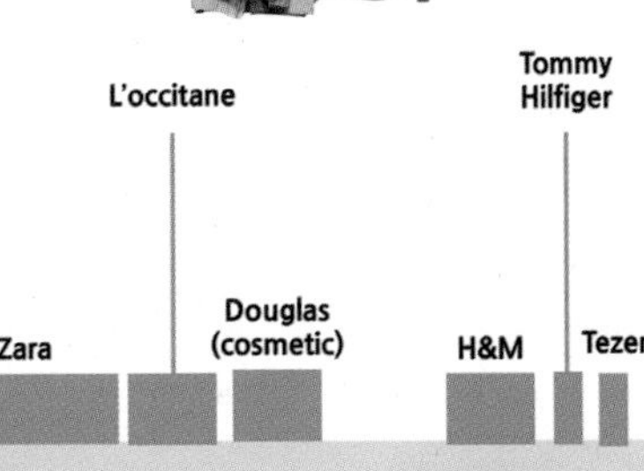

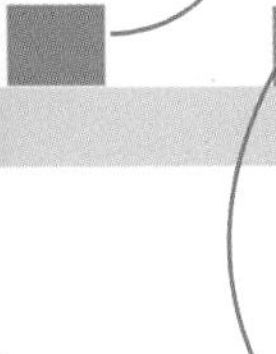
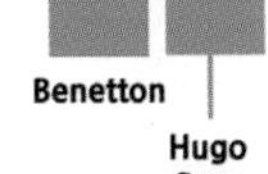

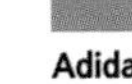

Julius Meinl
NewYorker
Bershka
Zara
L'occitane
Douglas (cosmetic)
H&M
Tommy Hilfiger
Tezenis

Benetton
Hugo Boss
Mango
Adidas
Adidas
Maxmara
Nike

2. 쇼핑몰 뉴요커
New Yorker
유럽 전역에서 쉽게 볼 수 있는 쇼핑몰로 체코에만 30개의 매장이 있을 정도. 대부분 저렴한 젊은 브랜드로, 갑자기 날씨가 더워지거나 추워져 옷이 필요할 때 가볍게 쇼핑하기 좋다.

나 프르지코페 거리

국립박물관을 뒤로하고 바츨라프 광장을 따라 쭉 내려오면 삼거리가 나온다. 오른쪽이 바로 '해자 위의 거리'라는 뜻의 나 프르지코페 거리다. 수 세기 전 이곳에 적의 침입을 막기 위해 만든 연못인 해자를 조성했으며, 지금은 그 자리에 다양한 브랜드의 숍과 카페가 가득하다. 카페 테라스에 앉아 스타일 좋은 프라하 사람들을 구경하다 보면 시간이 금세 지나간다. 망고, 자라 등 우리에게 친숙한 브랜드도 많지만 쇼핑보다는 거리 분위기를 느끼는 정도로 여행하기를 권한다.

첼레트나 거리

화약탑에서 시작한 '왕의 길'은 이 첼레트나 거리를 따라 구시가 광장으로 이어진다. 구시가지 광장과 연결되어 있는 좁은 골목길에는 흥미로운 숍이 가득하다. 우선 이 거리를 찾을 땐 시간을 넉넉하게 잡아야 한다. 거리가 긴 것은 아니지만 프라하 기념품으로 좋은 목각 장난감, 여자라면 눈에 하트가 그려지는 크리스털 액세서리와 그릇, 재미있는 박물관까지 있어 발걸음이 좀처럼 빨라지지 않기 때문. 먹거리도 많아 먹고 구경하고 쇼핑하기 가장 좋은 거리다.

1. 크리스털 브랜드 블루 프라하 Blue Praha
크리스털 제품 말고도 예쁜 엽서나 자석을 사기 좋은 곳이다. 다른 지역 숍에서 판매하는 자석보다 모던하고 세련된 제품이 많아 추천한다.

2. 세계적인 플레이어를 본뜬 마트료시카 숍, 수브니어 숍 Souvenir Shops
세계적인 운동선수들의 특징을 살려 만든 마트료시카를 판매하는 숍. 이근호 선수를 본뜬 제품도 볼 수 있어 반갑다.

Kubista
Pohadka
Souvenir Shops
Knihkupectvi Karolinum (bookstore)
Museum of Torture
Manufaktura
Viva Praha
Choco-Story (museum)
B

Bohemia Crystal
Guess
Bohemia Crystal
Swarovski

3. 큐비즘 제품 숍 쿠비스타 Kubista
프라하에서 만날 수 있는 큐비즘 건축물만 모은 지도, 큐비즘을 표방한 그릇과 액세서리가 가득해 큐비즘 박물관이 따로 없다. 다른 곳에서 쉽게 볼 수 없는 디자인 제품이라 더욱 가치 있는 곳.

4. 목각 장난감 숍 포하드카 Pohadka
체코 여행 기념품으로 목각 장난감만 한 것도 없다. 스네이크 큐브, 육각 큐브 등 모양이 다양한 큐브부터 목각 체스까지 다양하다. 가격도 저렴하고 부피도 부담 없어 선물용으로 좋다.

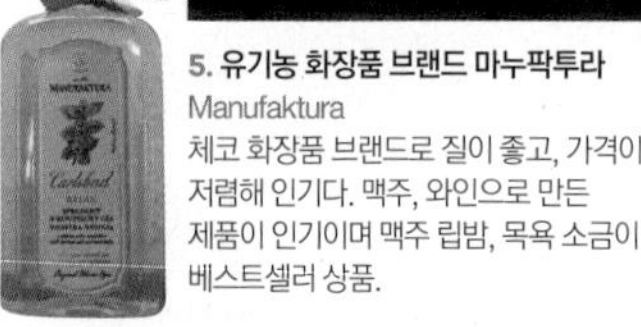

5. 유기농 화장품 브랜드 마누팍투라 Manufaktura
체코 화장품 브랜드로 질이 좋고, 가격이 저렴해 인기다. 맥주, 와인으로 만든 제품이 인기이며 맥주 립밤, 목욕 소금이 베스트셀러 상품.

프라하에도 아웃렛이 있을까?
물론 있다. '패션 아레나 아웃렛 센터(Fashion Arena Outlet Center)'는 다른 유럽 도시들에 비해 접근성이 좋지만, 브랜드가 다양하지 않아 아쉽다. 특히 하이엔드 명품 라인을 찾는다면 비추. 이곳은 우리가 흔히 명품이라 부르는 브랜드가 입점되어 있지 않고, 이케아, 아디다스, 나이키, 오니츠카 타이거, 라코스테, 베네통, 디젤 등이 대부분이다. 중저가 브랜드에 관심이 있다면 찾아가볼 만하다.

구글 지도 GPS 50.075186, 14.538848
찾아가기 메트로 A선 데포 호스티바르(Depo Hostivar) 역 하차, 아웃렛 셔틀버스 탑승(아웃렛행 셔틀버스 시간 확인 필수)
주소 Zamenhofova 440 108 00 Praha 10 – Štěrboholy
전화 +420-234-657-111 **시간** 10:00~20:00
휴무 없음 **가격** 매장별 상이
홈페이지 www.fashion-arena.cz

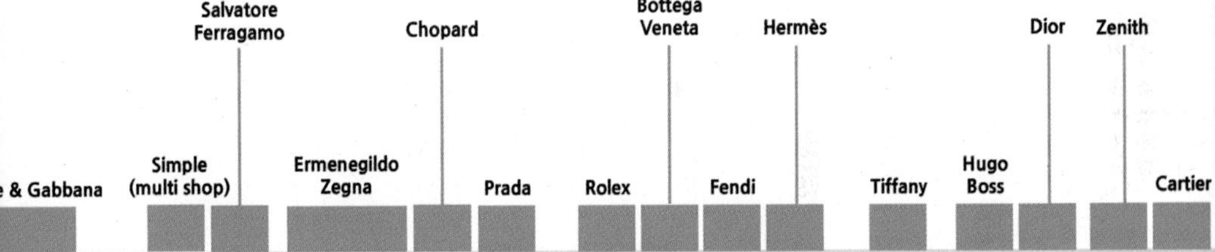

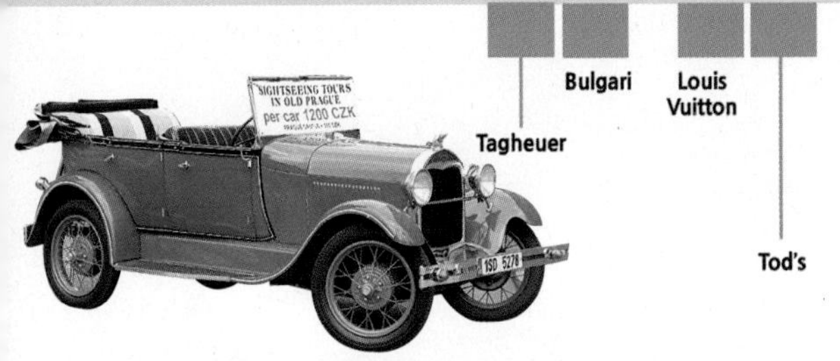

프라하의 샹젤리제, 파리츠스카 거리

유대인 지구에 있는 파리츠스카 거리. 구시가 광장까지 이어지는 푸른 가로수 길에는 베르사체나 조르지오 아르마니, 에르메스, 디올, 까르띠에, 스와로브스키 같은 하이엔드 명품 숍이 모두 모여 있다. 개인적으로 프라하에서의 명품 쇼핑은 권하지 않는다. 무엇보다 가격이 저렴하지 않기 때문. 하지만 제품을 구입하지 않는다고 이 아름다운 거리에서 윈도쇼핑의 즐거움마저 포기하진 말길. 명품을 구경하러 온 관광객들에게 걸맞은 멋진 카페도 많으므로 한번 걸어볼 만하다.

MANUAL 18

쇼핑몰

Shopping Mall

날이 덥거나 추워도 OK!
쇼핑을 하다가 배가 고프면 푸드코트로 달려가면 되고
다리가 아프면 카페에 앉아 잠시 쉬어 가도 되는 그곳!
기념품부터 명품까지 한번에 둘러볼 수 있는
프라하의 쇼핑몰을 소개한다.

프라하 젊은이들이 가장 즐겨 찾는 백화점

Nový Smíchov Obchodní Centrum
노비 스미호프 쇼핑몰

노비 스미호프 쇼핑몰이 자리한 스미호프는 원래 우울하기 그지없는 산업 지구였다. 하지만 근래 들어 노비 스미호프 쇼핑몰을 비롯해 몇 군데에 프라하의 대표적인 부티크 호텔이 들어서면서 홀레쇼비체(Holešovice) 지구처럼 프라하에서 새롭게 주목받는 동네 중 하나가 되었다. 노비 스미호프 쇼핑몰은 원래 공장이 들어서 있던 건물을 개조해 만든 곳이다. 지상 3층, 지하 2층으로 이루어져 있으며 150개의 상점이 들어서 있다. 이 쇼핑몰에 들어선 뷰티 브랜드로는 바디샵, 에스티 로더, 맥, 크리니크, 세포라, 록시땅 등이 있다. 이 쇼핑몰에 매장이 들어선 패션 브랜드로는 타미 힐피거, 아르마니 진스, 망고, 뉴요커, 리바이스, 라코스테, 게스, H&M, 자라, 막스&스펜서 등이다. 그 외에 스포츠 매장과 아동용품 매장이 있으며 전자제품 매장과 인테리어용품 매장이 별도로 마련되어 있다.
프라하의 많은 젊은이들이 이 쇼핑몰을 찾는 이유 중 하나는 무엇보다 엔터테인먼트 시설이 잘 갖추어져 있기 때문인데, 프라하에서 최첨단 시설을 자랑하는 멀티 영화 상영관이 자리한다. 12개의 상영관을 갖춘 시네마 시티를 비롯해 에퀴녹스 볼링 센터, 게임장, 스포츠바, 피트니스 클럽 등이 들어서 있다. 그 밖의 편의 시설로는 늦게까지 영업하는 대형 슈퍼마켓인 하이퍼마켓을 비롯해 환전소, 세차장, 애완용품점, 여행사 등이 있다.
이곳은 식도락에서도 다양한 즐거움을 준다. 버블로지(Bubbleology)에서는 다양한 버블티의 감각적인 맛을 즐길 수 있고, 프렌치 스타일 카페인 폴(Paul)에서는 크루아상이나 팽 오 쇼콜라 등 프렌치 제빵류에 감미로운 블랙 커피 한잔을 여유롭게 즐길 수 있다. 2층에는 푸드코트로 불릴 만큼 다양한 음식을 제공하는 레스토랑이 몰려 있다. 칵투스(Kaktus)는 프라하에서 쉽게 볼 수 없는 멕시칸 레스토랑으로, 저렴한 가격으로 패스트푸드 스타일의 멕시칸 음식을 맛볼 수 있다. 마카키코 러닝 스시(Makakiko Running Sushi)는 회전 초밥 뷔페로 비교적 저렴한 가격에 다양한 스시와 차이니스 푸드를 맛볼 수 있는 곳이다. 러빙 헛(Loving Hut)은 베지테리언을 위한 셀프서비스 뷔페로, 오리엔탈 스타일의 채소 메뉴를 비롯해 다양한 별미를 맛볼 수 있다. 카바르나 쿠크라르나 크레페리에(Kavarna Cukrarna Creperie)는 다양한 프렌치 스타일의 크레이프를 맛볼 수 있는 레스토랑 타입의 공간이다. 그 밖에 다양한 과일 샐러드와 과일 주스를 판매하는 프루티시모(Frutisimo), 유럽 곳곳에서 만날 수 있는 시푸드 전문 다이닝 스폿인 노드시(Nordsee), 그리스 스타일의 케밥 샌드위치 등을 파는 패스트 전문점인 기로스 지알(Gyros-GR), 맥도날드, KFC 등이 입점해 있다.
슈퍼마켓인 하이퍼마켓의 경우 매일 6시부터 자정까지 영업을 한다. 레스토랑의 경우 밤 11시까지 영업을 하는 곳도 있다. 멀티 영화 상영관의 경우 주중에는 오전 11시 30분부터 새벽 1시까지, 주말에는 오전 9시 30분부터 새벽 1시까지 운영한다.

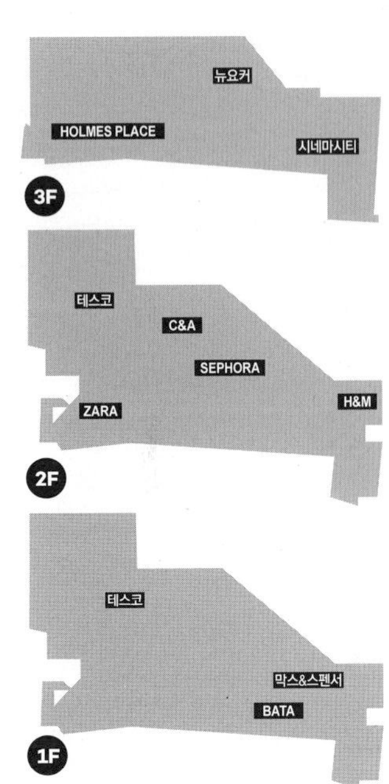

지도 P.106 2권 P.107
구글 지도 GPS 50.07317, 14.402395
찾아가기 메트로 B선 안델(Anděl) 역에서 도보 1분
주소 Plzeňská 8, Anděl, 150 00 Praha 5
전화 +420-251-511-151
시간 09:00~21:00 휴무 없음
가격 성인 105Kč, 6~16세 · 26세 미만 학생 · 65세 이상 55Kč, 6세 미만 25Kč
홈페이지 cz.club-onlyou.com/Novy-Smichov

Palladium
팔라디움

팔라디움은 프라하에서 쇼핑과 식도락, 도심 속 휴식을 기대하는 여행자들의 모든 요구를 충족시킬 만한 멀티 쇼핑 공간이다. 특히 비가 내리거나 몹시 추운 날이라면 언제든지 찾아와 다양한 쇼핑 거리를 눈으로 즐기며 카페나 주스 바에 앉아 잠시 휴식을 취할 수도 있다. 또 다양한 먹거리가 준비되어 있어 오리엔탈 푸드는 물론 초콜릿, 페이스트리 등 간식거리도 찾을 수 있어 좋다. 이곳은 무엇보다 프라하 시내에 자리해 쉽게 찾아갈 수 있다.
팔라디움은 패션쇼에 서는 모델들이 드나들 만한 스타일리시한 쇼핑몰로 눈길을 끌었다. 겉모습은 차분해 보일 정도로 단아한 근대식 아르누보 스타일 건물이지만 실제로 그 안을 들여다보면 세계 어느 곳에 내놓아도 전혀 손색없을 정도로 화려하고 고급스럽다. 더욱이 도보로 구시가 광장에서 몇 분 안 되는 곳에 위치해 현지인은 물론 외국 관광객들에게도 큰 인기를 끌고 있다. 39,000m^2 면적의 드넓은 공간에 지상 3층, 지하 2층으로 구성되어 있다. 이 쇼핑몰에 들어선 상점은 모두 170개이며 30군데의 레스토랑이 자리한다. 맨 위층에는 스포츠 바, 크레페 숍을 비롯해 지중해 음식, 아랍 음식, 라틴 음식, 스시 뷔페, 몽골리언 바비큐 등 세계 각국 음식을 맛볼 수 있는 레스토랑이 있다. 특히 이곳의 스시 뷔페는 프라하의 몇 안 되는 스시 뷔페 레스토랑 중 하나이며, 몽골리언 바비큐 푸드 섹션에서는 몽골리언 스타일의 다양한 그릴 메뉴를 맛볼 수 있다. 1층과 2층에는 카페, 주스 바, 베이커리, 초콜릿 전문 숍이 자리하며 지하에서는 식품점, 델리카트슨, 시푸드 숍을 찾아볼 수 있다.
외국 여행자들에게 흥미로운 서점과 기념품 숍을 포함해 캘빈 클라인, 에스프리, 에스티 로더, 게스, C&A, H&M, 막스&스펜서 등 해외 유명 패션 브랜드 매장도 입점해 있다. 특히 세일이 시작되는 여름철이나 크리스마스 이후 겨울철에는 저렴한 가격으로 의류를 구입할 수 있다. 카툰이나 애니메이션을 좋아한다면 지하에 자리한 카툰 숍에서 다양한 액션 히어로의 피겨, 코믹 시리즈 책 등을 둘러볼 수 있다. 그 밖에 슈퍼마켓, 비자 카드와 아멕스 카드를 사용할 수 있는 ATM, 약국, 미용실, 피트니스 센터 등 각종 편의 시설이 들어서 있기도 하다. 무엇보다 텍스 리펀드 오피스가 별도로 자리해 외국 여행자들이 쇼핑 후 면세를 받을 수 있도록 돕는다. 팔라디움 쇼핑몰은 크리스마스와 1월 1일에도 문을 열며, 부활절이나 크리스마스 등에는 쇼핑몰 앞에 상설 가판대가 들어서 다양한 민예품과 전통 음식 등을 선보인다. 쇼핑몰 내에서는 달러화 사용이 불가하며 체코 현지 통화와 유로화, 신용카드만 사용할 수 있다.

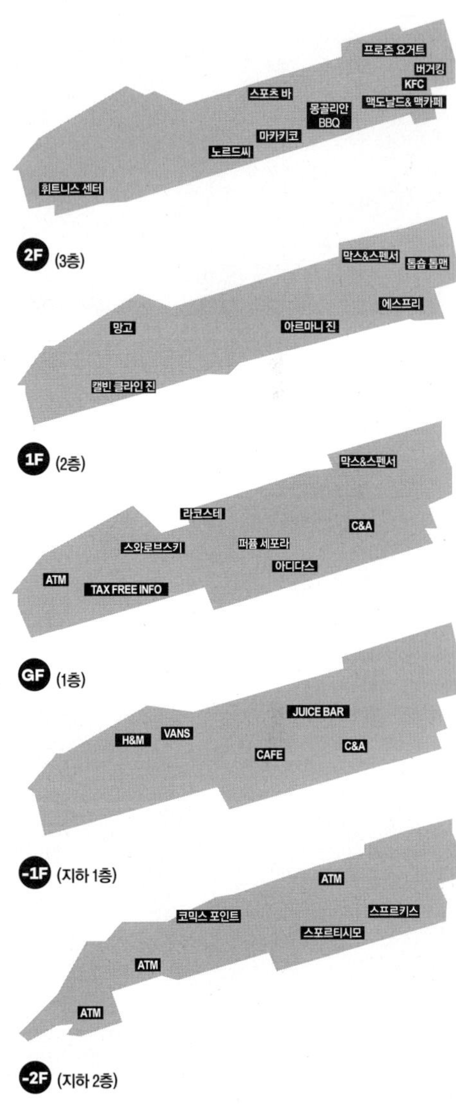

지도 P.070C 2권 P.078
구글 지도 GPS 50.089186, 14.428722
찾아가기 메트로 B선 나메스티 레푸블리키(Náměstí Republiky) 역에서 도보 1분 주소 Paladium, Náměstí Republiky 1078/1, 110 00 Praha 1
전화 +420-224-770-250
시간 월~수 · 일요일 09:00~21:00, 목~토요일 09:00~22:00
휴무 부정기적 가격 매장별 상이 홈페이지 www.palladiumpraha.cz

MANUAL 19

로컬 브랜드

MADE BY CZECH

체코 브랜드를 딱 7개만 골랐다. 싸지만 허접한 것,
비싸면서 쓸모없는 것은 다 버리고 싸고도 좋은 것, 비싸지만 명분이 확실한 것만 모았다.

NO. 1 마리오네티 트루흘라르주 Marionety Truhlář

인형의 한 종류인 마리오네트는 인형극을 위해 만든 것으로, 관절이 나누어져 있고 부분부분 실로 연결되어 움직임을 표현할 수 있다. 체코에 마리오네트 인형이 많고 인형극이 발달한 이유는 과거 오스트리아 지배하에서 독일어만 쓰도록 강요받던 시기에 인형극에서만은 체코 어를 쓸 수 있도록 허용했기 때문. 체코 인들은 자국의 문화를 보호하기 위해 인형극을 발전시켰다. 하벨 시장이나 다른 장난감 가게에서도 빠지지 않는 게 마리오네트 인형인데, 〈돈 조반니〉 인형극에 납품하는 '트루흘라루주 마리오네트'에 비하면 모두 조악하다. 모두 공장에서 찍어낸 것이기 때문에 나뭇결이 살아 있지 않다. 트루흘라루주 마리오네트는 직접 손으로 깎아서 만들어 얼굴 표정, 근육까지 표현해 자세히 볼수록 더욱 놀랍다.

지도 P.096C **2권** P.105
구글 지도 GPS 50.087242, 14.407399
찾아가기 12 · 20 · 22 · 57번 트램 탑승 후 말로스트란스케 나메스티(Malostranské Náměstí) 역 하차, 모스테츠카(Mostecká) 거리를 따라 200m 정도 걷다가 카를교 왼쪽 아랫길로 들어서면 오른쪽에 위치
주소 U Lužického Semináře 5,118 00 Praha 1-Malá Strana
전화 +420-602-689-918
시간 월~일요일 10:00~19:00 **휴무** 없음
가격 마리오네트 DIY 패키지 100Kč, 완성품 12000Kč 선
홈페이지 www.marionety.com

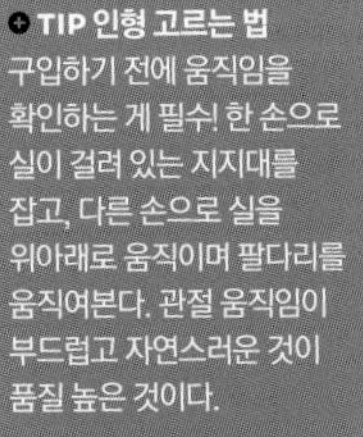

TIP 인형 고르는 법
구입하기 전에 움직임을 확인하는 게 필수! 한 손으로 실이 걸려 있는 지지대를 잡고, 다른 손으로 실을 위아래로 움직이며 팔다리를 움직여본다. 관절 움직임이 부드럽고 자연스러운 것이 품질 높은 것이다.

✔ 마리오네트 DIY 키트
완제품뿐만 아니라 마리오네트 DIY 키트를 판매한다. 얼굴과 몸통이 각각 분해된 상태로 들어 있어 집까지 들고 오기도 편하다. 페인트로 몸통을 칠하고, 색연필로 눈, 코, 입을 그려 원하는 표정을 만든 후 설명서대로 연결하면 끝. 설명서 외에도 유튜브에 완성하는 과정을 담은 영상이 있으니 어려움 없이 만들 수 있다.

체코를 대표하는 크리스털 제품을 사기 전에 품질 확인하기

1 마음에 드는 제품이 있다면 먼저 햇빛에 비춰보자. 불순물이 없는 것이 좋은 제품이다.

2 손으로 만져보며 흠집이나 울퉁불퉁한 부분이 없는지 살펴보자. 매끈하게 마감되었는지 알아보는 과정이다.

3 바닥 위에 올려놓자. 바닥에 올렸을 때 흔들림 없이 잘 밀착되는 것이 좋은 제품이다.

4 마지막으로 '보헤미안 크리스털 메이드 인 체코'라고 쓰인 스티커가 붙어 있다면 문제없다.

TIP
모제르는 굉장히 고가다.
체코 브랜드 중에서 조금 더 저렴한 크리스털 제품을 구입하고 싶다면 블루 프라하(www.bluepraha.cz)를 추천. 유리 공예품을 300Kč 선에 구입할 수 있다.

No. 2 모제르 Moser

크리스털로 만든 액세서리 브랜드 '스와로브스키'. 오스트리아로 가서 이 브랜드를 만든 스와로브스키가 체코 사람이라는 사실을 아는지? 프라하 근교에는 크리스털 공장이 200여 곳에 이른다. 크리스털의 재료인 사암이 풍부하기 때문이다. 세계 10대 유리공예 거장 중 7명이 체코 출신일 정도로 뛰어난 손재주도 한몫했다. 이들의 손을 거쳐 커팅한 크리스털을 보면 지갑을 열 수밖에 없다. 거리를 걷다 보면 쉽게 볼 수 있는 크리스털 제품 중 어디서 사야 진짜 좋은 물건을 구할 수 있을까? 최고급으로 평가받는 것이 '모제르 글라스'다. 유럽 왕족의 주요 행사장에서 늘 볼 수 있어 '왕의 유리잔'이라는 별명이 붙었으며, 유럽 상류층에서도 대물림하는 제품이다. 프라하 시내에 구시가지 광장과 신시가지 광장, 두 곳에 매장이 있으며, 공장 직영 상점을 찾으면 일반 가게보다 10~15% 저렴하게 아름다운 광채를 내는 생활 속 보석을 구입할 수 있다.

지도 P.070E **2권** P.079
구글 지도 GPS 50.087522, 14.425504
찾아가기 메트로 B선 무스테크(Můstek) 역 하차, 나 프르지코페(Na Příkopě) 거리로 300m 직진 후 오른쪽에 위치
주소 Na Příkopě 12, 110 00 Prague 1 Černá Růže
전화 +420-224-211-293
시간 월~금요일 09:00~20:00, 토요일 09:00~19:00, 일요일 11:00~19:00
휴무 없음
가격 와인 잔 1600Kč
홈페이지 www.moser-glass.com

찾아갈 만한 로드 숍 1

큐부스 디자인 스튜디오 Qubus Design Studio

신발, 의류, 액세서리부터 독특한 디자인의 리빙 제품까지 다양한 브랜드의 제품을 큐레이팅한 컨템퍼러리 편집 숍. 덴마크 디자인 브랜드 헤이(Hay), 입체파 디자인 제품을 판매하는 체코의 쿠비스타(Kubista) 등 유럽 전역의 디자인 브랜드를 만날 수 있다.

지도 P.040B **2권** P.053 **구글 지도 GPS 50.090421, 14.423958**
찾아가기 5·8·14·24·51·54·56번 트램 탑승 후 들로우하 트르지다(Dlouhá Třída) 역 하차, 들로우하(Dlouhá)에 진입해 300m 정도 걷다가 우회전해서 10m 걸으면 왼쪽에 위치
주소 Rámová 1071/3,110 00 Praha **전화** +420-222-313-151 **시간** 월~토요일 11:00~19:00
휴무 일요일 **가격** 품목별 상이 **홈페이지** www.qubus.cz

✔ 유리공예 제품 직접 만들기
구시가지 광장 근처에 있는 파인 아트 갤러리, 'GOF+FA'. 아티스트 안토닌 만토의 유리공예 작품이 전시되어 있으며, 전시 외에도 관광객을 대상으로 체험 프로그램을 운영하기도 한다. 프로그램은 2시간가량 소요되며, 안토닌 만토의 작품을 함께 감상한 뒤 자신만의 작품을 하나씩 만들 수 있다. 사전에 홈페이지를 통해 예약해야 한다.
↖ www.mantogallery.com

NO. 3 아르텔 Artel

아르텔은 체코의 럭셔리 크리스털 브랜드로 뉴욕과 프라하에 아트 숍을 운영한다. 아르텔은 뉴욕 타임스에 소개될 정도로 아트 컬렉터들의 눈길을 끄는 브랜드다. 판타지풍 아이템을 가득 담은 보물 상자라고 표현해도 좋을까? 아르텔은 프라하를 대표하는 컨템퍼러리 디자인 브랜드의 선두 주자라는 자부심이 대단하다. 숍 내부 공간에 실제 모습과 흡사한 모형 개가 한 마리 서 있는데, 모형인데도 가까이 다가서면 마치 으르렁거릴 듯 생생한 모습이 인상적이다. 아르텔은 보헤미안 스타일의 개성을 담은 유리공예품으로 유명하기도 하다. 컵, 그릇, 장식용 자기 등 정교한 유리 제품에 다이내믹하면서도 독창적인 문양이 새겨져 있다. 그 외에도 빈티지 스타일의 슈트케이스가 눈에 띈다. 로컬 디자이너들의 위트 넘치는 감성이 묻어 있는 장식용품과 디자인 제품도 찾아볼 수 있다. 카를교 북쪽의 말라 스트라나 지구에도 지점이 있으며 온라인 쇼핑몰을 통해서도 제품을 구입할 수 있다.

지도 P.096C **2권** P.105
구글 지도 GPS 50.087352, 14.426106
찾아가기 12·20·22·57번 트램 탑승 후 말로스트란스케 나몌스티(Malostranské Náměstí) 역 하차, 모스테츠카(Mostecká) 거리를 따라 카를교 초입까지 직진, 카를교를 건너지 말고 왼쪽에 있는 샛길로 내려가면 왼쪽에 위치
주소 U Lužického semináře 7. 118 00 Prague 1
전화 +420-251-554-008
시간 10:00~20:00
휴무 없음
가격 반지 570Kč, 지우개 150Kč
홈페이지 www.artelglass.com

찾아갈 만한 로드 숍 2

바자르 앤티크 Bazar Antique

체코 어로 '고물'이라는 뜻의 'starozitnosti(스타로지트노스티)'라고 큼직하게 쓰여 있는 골동품점. 고서부터 찻잔, 인형, 귀여운 모양의 코르크 마개까지 집에 하나쯤 두어도 좋을 리빙 제품을 판매한다. 중고품이지만 관리가 잘되어 있어 상태가 좋고, 가격대가 다양해 찾아가볼 만하다.

지도 P.040B **2권** P.053 **구글 지도 GPS 50.089838, 14.423956**
찾아가기 5·8·14·24·51·54·56번 트램 탑승 후 들로우하 트르지다(Dlouhá Třída) 역 하차, 들로우하(Dlouhá)에 진입해 300m 정도 걸으면 왼쪽에 위치 **주소** Dlouhá 707/22, 110 00 Praha-Staré Město **전화** +420-222-320-993 **시간** 월~토요일 10:00~18:00 **휴무** 일요일
가격 와인 마개 800Kč **홈페이지** 없음

No. 4 쿠비스타 Kubista

사실 프라하는 체코 특유의 입체주의 예술로 표현되는 큐비즘(cubism)의 메카다. 체코의 큐비즘은 예술가의 작품뿐 아니라 도시 건축에도 영향을 미쳤다. 관광객들의 발길이 뜸한 구시가 광장에서 남쪽으로 1시간 정도 내려가면 큐비즘을 도시에 표현하고자 했던 건축가들의 입체주의적 건물을 발견할 수 있다. 지난 2002년 오픈한 큐비스타는 프라하의 입체주의를 잠시나마 엿볼 기회를 제공하는 콘셉트가 독특한 아트 숍이다. 입체주의뿐 아니라 아르 데코, 기능주의(functionalism)에 관련된 서적, 포스터, 회화 등을 볼 수 있다. 뿐만 아니라 기하학적으로 표현한 세라믹 제품, 생활용품, 장식용품도 있다. 1930년대 스타일의 체어, 소파 등 빈티지 가구도 볼 수 있으며, 전등과 샹들리에도 있다. 입체주의 패턴으로 만든 다양한 액세서리도 눈길을 끈다.

지도 P.041B **2권** P.055
구글 지도 GPS 50.087046, 14.425389
찾아가기 메트로 B선 무스테크(Můstek) 역에서 하차 후 나 프르지코페(Na Příkopě) 거리에서 뉴요커(New Yorker)를 지나 다음 골목에서 좌회전해 한 블록 직진 후 우회전하면 왼쪽에 위치
주소 Ovocný Trh 569/19, Staré Město, 110 00 Praha 1 **전화** +420-224-236-378
시간 화~일요일 10:00~19:00
휴무 월요일
가격 찻잔 세트 1590Kč, 보석함 2000Kč
홈페이지 www.kubista.cz

No. 5 바타 Bata

체코에서 태어나 인도의 국민 신발 브랜드가 된 바타. 바타는 세계 최초의 신발 제조업자인 토마스 바타가 설립했으며, 현재 63개국에서 제작과 판매가 이뤄지는 다국적 기업이다. 바타는 현지에 맞는 제품을 내놓는 데 주력한다. 인도에서는 심플하면서도 저렴한 제품을 출시하고 이탈리아에서는 고가 전략으로 고급 가죽 신발을 판매하는 식. 종전 후 체코는 극심한 경제적 어려움을 겪었는데, 바타는 기존 신발보다 가격이 50%나 저렴한 신제품을 내놓기도 했다. 또 토마스 바타는 직원들과 동반 성장을 목표로 회사를 운영해 디자이너들에게 사택을 제공하고, 성과급 제도를 도입하기도 했으며 공장 주변에 학교와 병원까지 지어 직원 복지를 위해 애썼다. 그야말로 혁신적인 경영을 펼친 셈인데, 그 때문에 나중에는 즐른 시의 시장으로 선출되기도 했다. 품질 못지않은 경영 철학으로 바타는 세계적인 브랜드로 성장했다.

지도 P.070E **2권** P.079
구글 지도 GPS 50.083569, 14.423792
찾아가기 메트로 A선 무스테크(Můstek) 역에서 국립박물관을 등지고 바츨라프 광장 끝까지 내려오면 길 끝 왼쪽에 위치
주소 Václavské Náměstí. 6, 110 00 Praha 1
전화 +420-221-088-478
시간 월~금요일 09:00~21:00, 토요일 09:00~20:00, 일요일 10:00~20:00
휴무 없음
가격 구두 약 300Kč
홈페이지 www.bata.com

No. 6 마누팍투라 Manufaktura

카를로비 바리 온천수와 체코의 맥주를 더한 제품을 판매하는 브랜드가 '마누팍투라'다. 맥주, 와인 등 천연 재료로 만든 목욕 제품, 기초 제품 등을 판매한다. 여행객들이 친구에게 줄 선물로 가장 많이 구입하는 것이 바로 맥주 립밤. 진짜 맥주를 넣는 것은 아니고 맥주 효소를 첨가한 제품이니 어린아이가 사용해도 문제없다. 립밤은 한화 5000원 정도로 저렴한 편인데 보습력까지 좋아 받는 사람도 주는 사람도 모두 만족스럽다. 여름에는 시원한 향의 모히토 핸드크림이, 겨울에는 목욕 소금이 인기다. 핸드크림은 8000원 선, 목욕 소금은 250g에 5000~6000원 정도로 대부분 저렴하다. 2100Kč 이상 구입하면 그 자리에서 바로 세금을 환급받을 수 있으므로 여기저기에서 사는 것보다는 미리 구경하고, 프라하를 떠나기 전에 한 번에 구입하는 게 이득이다. 프라하 구시가 중심지나 황금 소로 부근에 다양한 제품을 취급하는 매장이 있고 공항에서도 구매할 수 있다.

지도 P.040C **2권** P.054
구글 지도 GPS 50.085887, 14.420622
찾아가기 말라 스트라나, 프라하 성, 구시가지, 신시가지에 모두 있으며 구시가지 매장이 가장 편리하다. 구시가 광장 근처에 위치
주소 Melantrichova 970/17, 110 00 Praha 1-Staré Město
전화 +420-230-234-392
시간 월~일요일 10:00~20:00
휴무 없음 **가격** 맥주 샴푸 169Kč **홈페이지** www.manufaktura.cz

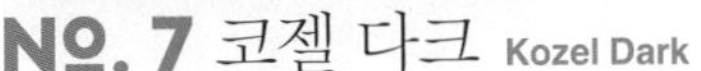

No. 7 코젤 다크 Kozel Dark

프라하를 찾은 사람들이 너 나 할 것 없이 찾는 게 코젤 다크다. 코젤은 염소를 뜻하는 체코 어. 프랑스의 한 화가가 벨코 포포비키에 잠시 머물렀는데 마을 사람들의 환대에 대한 보답으로 마을 양조장을 위한 심벌 마크를 만들어 선물했다. 염소가 많은 마을인지라 염소를 그렸는데, 그것이 지금의 코젤 심벌이다. 코젤 다크는 전통 제조법으로 맥아의 향과 맛을 보완한 덕에 갈색이 돌며 부드러운 캐러멜 향을 선사하는 것이 특징이다. 거품까지 어두운 빛을 띠는 코젤 다크는 미묘하고 향기로운 홉의 혼합으로 적당한 쌉쌀함을 유지해 권위 있는 주류 잡지 〈비어 커리어(Beer Courier)〉가 최고의 맥주로 선정하기도 했다. 코젤 직영점인 코즐로브나 아프로포스(Kozlovna Apropos)에서 그 맛을 직접 체험할 수 있다.

지도 P.040C **2권** P.053
구글 지도 GPS 50.087424, 14.415310
찾아가기 17 · 18 · 53번 트램 탑승 후 스타로메스트스카(Staroměstská) 역 하차, 카를교 쪽으로 100m 내려가면 왼쪽에 위치
주소 Křižovnická 4, 110 00 Praha 1-Staré Město
전화 +420-222-314-573
시간 월~목요일 11:00~00:00, 금~토요일 11:00~01:00, 일요일 11:00~00:00 **휴무** 없음
가격 코젤 31~89Kč, 비프 버거 235Kč
홈페이지 www.kozlovna-apropos.cz www.kozelbeer.com

MANUAL 20

쇼핑 아이템

프라하에서 왔어요

그곳의 맛도, 멋도, 기분도 모두 다 주고 싶어 신중에 신중을 거듭해 고른 프라하 쇼핑 아이템 10선.

1 벌꿀주

체코의 크리스마스 마켓에 가면 종이컵을 감싸 쥐고 홀짝이는 사람들을 쉽게 볼 수 있다. 그들이 마시는 것이 바로 메도비나(Medovina)다. '꿀'이라는 뜻의 메드(med)와 '와인'이라는 뜻의 비노(vino)가 합쳐진 이름에서 알 수 있듯, 벌꿀을 발효해 만드는 술이다. 프라하가 그리울 때마다 한잔씩 마시기 좋다.

주소 Billa(슈퍼마켓), V Celnici 1031/4

2 청동 문진

황금 소로에 사는 사람들은 다양한 방식으로 그 길의 역사를 보호하고 알리기 위해 노력한다. 그 일환으로 청동 북마크를 만들었다. 가볍고 아기자기한 작은 북마크도 많았지만, 루돌프 2세의 모습을 재현한, 디테일이 돋보이는 문진을 골랐다. 카를 4세 문진과 오랫동안 고민했지만 후회 없다.

주소 황금 소로, Zlatá Ulička, 110 00 Praha 1

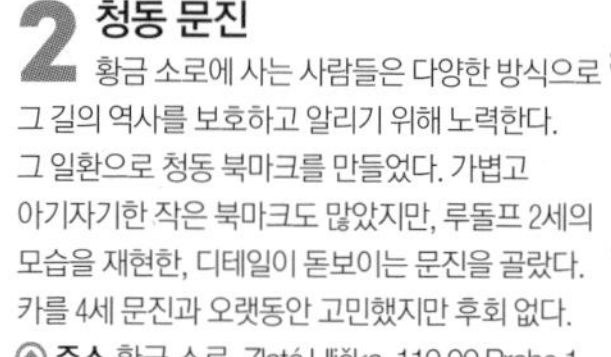

3 디자인 지도

환상적인 브런치를 맛볼 수 있는 레스토랑을 다시 찾아가려 했더니 도저히 찾을 수 없었다. 골목이 많은 프라하에서는 흔한 일이다. 그래서 이 지도가 매우 유용하다. 랜드마크가 되는 건물들을 입체적으로 그려 어느 곳이든 쉽게 찾을 수 있고 지도 자체로도 예뻐서 소장 가치가 충분하다.

주소 Knihkupectvi Karolinum(서점), Celetná 18, Prague 1

4 USB독서등&우산

'필론(Pylones)'은 프랑스 디자인 소품점이다. 우산 없이 왔다가 만난 소나기 때문에 플라밍고 우산을 구입했다. 가볍고 개성 있는 제품이라 여행용으로 제격이었다. 〈인터스텔라〉의 여운 때문에 우주인 독서등도 샀다. 국내에도 매장이 생겼지만, 가격 면에서 유럽에서 구입하는 게 이득이다.

주소 Pylones, 28, Října,110 00 Praha 1-Staré Město

5 책

여행을 떠나면 그 지역 색채가 가득한 책을 꼭 사 온다. 이번에는 전통 요리 레시피와 전설 등 쉽고 간단한 영문 책자를 선택했다. 전설과 개국 신화를 팝업북으로 표현한 동화책은 무슨 이야기인지 세세하게 읽지 않고 책장에 꽂아만 두어도 가격 이상의 가치가 있을 테니까.

주소 Knihkupectvi Karolinum(서점), Celetná 18, Prague 1

6 아르텔 반지

이름도 예술적인 '아르텔(Artel)'은 신진 디자이너들의 작품을 파는 편집 숍이다. 액세서리부터 문구까지 종류도 가지가지. 그중 한국에서는 절대 살 수 없는 키치 아이템 '크림 반지'를 골랐다. 검지에 낀 반지를 볼 때마다 연애를 시작한 듯 달콤해진다. 아르텔 매장은 프라하 내 세 곳이 있으며, 카를교 부근 지점이 접근성이 높다.

주소 Artel, U Lužického semináře 82/7,118 00 Praha 1

8 핸드크림&립밤

명실공히 체코를 대표하는 코즈메틱 브랜드 마누팍투라. 저렴한 데다 보습력도 좋아 인기가 높다. 어깨가 계속 부딪힐 만큼 북적이는 첼레트나 마누팍투라에서 지인들을 위해 맥주 립밤과 모히토 핸드크림을 골랐다. 아침에 바르면 오후 내내 촉촉할 정도. 역시 훌륭하다. 매장은 시내에 여러 곳 있으나, 2100Kč 이상 구입 시 세금을 환급받을 수 있으므로 한 곳에서 쇼핑하는 것이 좋다.

주소 Manufaktura, Celetná 558/12,110 00 Praha 1

7 스네이크 큐브

'프라하에서 해야 할 101가지'라는 목록이 있다면 그중 반드시 끼어 있을법한 것이 있다. 손재주 뛰어난 체코 인들이 내놓은 목각 제품 구경하기. 체스부터 인형까지 종류가 다양한데, 뱀처럼 기다란 스네이크 큐브를 골랐다. 정육면체를 완성해야 하는데, 1년이 넘도록 완성하지 못하고 있다.

주소 Pohadka, Celetná 568/32,110 00 Praha 1-Staré Město

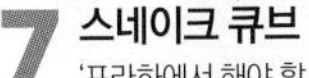

9 하드 록 카페 핀

여행을 좋아하는 사람들은 기념품을 통일해서 모으기도 한다. 하드 록 카페는 지역의 관광 명소, 유명 아이템을 테마로 배지를 만드는데, 부피가 작아 운반할 때 부담 없고, 모아놓으면 통일감도 있어 수집하기 좋다. 매년 리미티드 에디션을 내놓기 때문에 같은 지역을 다시 여행하더라도 또 한 번 들를 만하다.

주소 Malé Náměstí, 142/3, 110 00 Praha

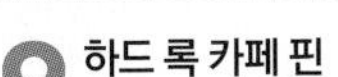

10 책갈피

고민 없이 선택하는 선물 중 하나가 지역 특징을 담은 자석이다. 하지만 개인적으로 자석보다는 실용성 높은 책갈피를 선호한다. '블루 프라하(Blue Praha)'에서 작지만 인상적인 책갈피를 샀다. 블루 프라하에는 프라하의 풍경을 담은 작은 아이템이 많아 선물 고르기 좋다.

주소 Blue Praha, Celetná 2, Praha 1

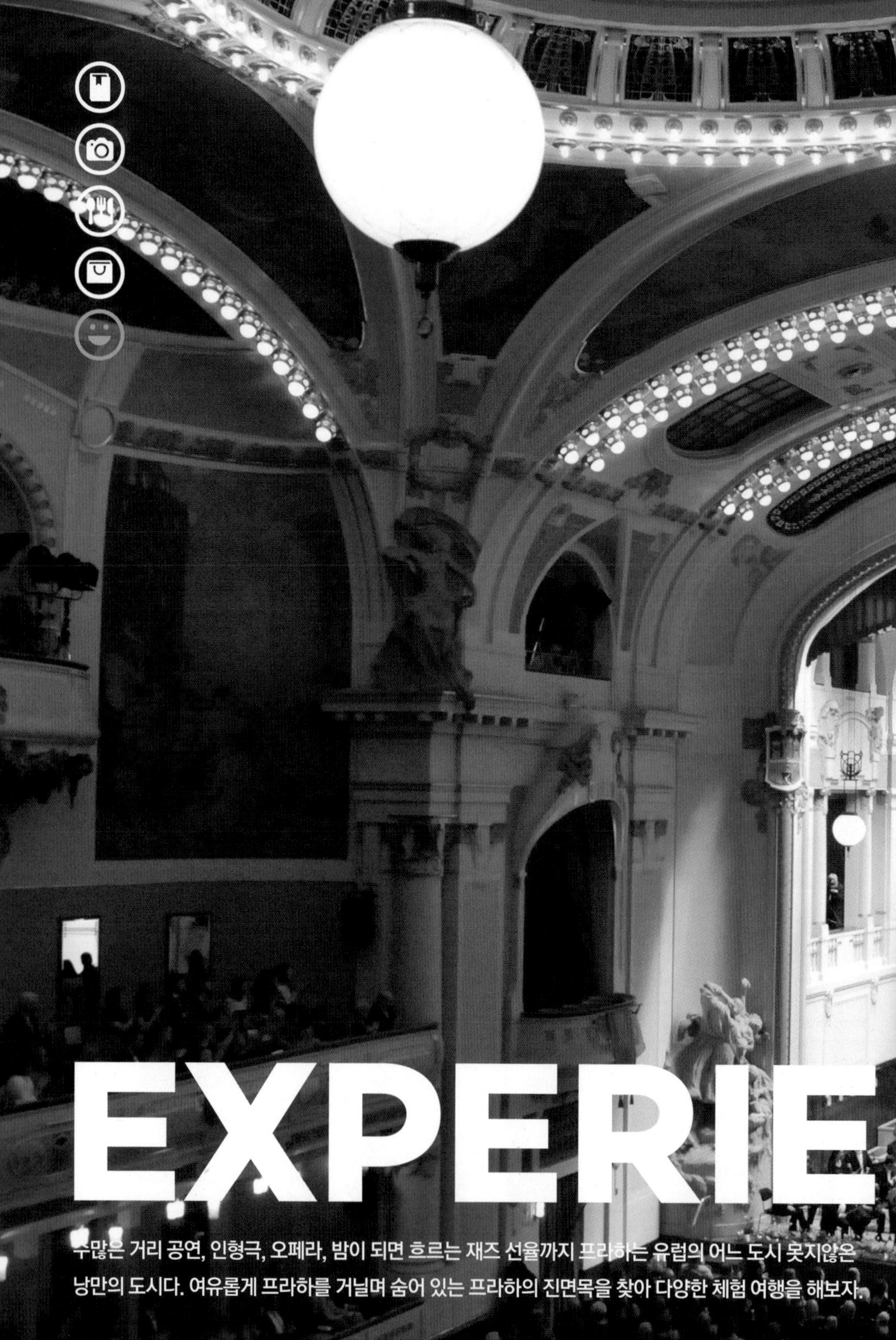

EXPERIE

수많은 거리 공연, 인형극, 오페라, 밤이 되면 흐르는 재즈 선율까지 프라하는 유럽의 어느 도시 못지않은 낭만의 도시다. 여유롭게 프라하를 거닐며 숨어 있는 프라하의 진면목을 찾아 다양한 체험 여행을 해보자.

SMETANA
CE

MANUAL 21

액티비티

프라하를 즐기는 아홉 가지 방법

프라하를 즐기는 수많은 방법 중 제일은 프라하를 직접 체험하는 것이다. 블타바 강을 유유히 건너는 리버 크루즈와 패들 보트부터 도시의 진면목을 볼 수 있는 자전거와 클래식 카 투어까지, 시간 여유가 있다면 현지에서 큰 인기를 끄는 아이스하키와 축구 경기를 관람해보자.

QUESTION

프라하를 즐기는 나만의 액티비티 찾기

한순간도 몸을 가만히 둘 수 없는 열혈 스포츠 마니아라면

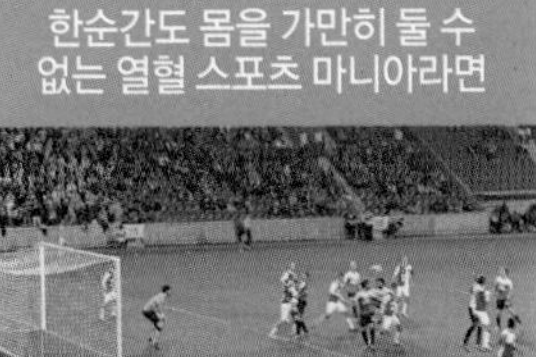

→ 아이스하키, 축구 등 스포츠 관람

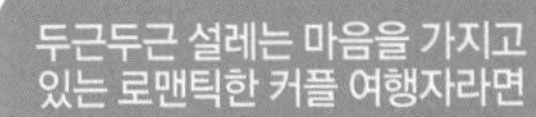

두근두근 설레는 마음을 가지고 있는 로맨틱한 커플 여행자라면

→ 블타바 강을 누비는 리버 크루즈

도시의 구석구석을 누비고 싶은 탐험가 스타일이라면

→ 도심 산책, 자전거, 세그웨이, 클래식 카 투어

| 동심으로 돌아가 블타바 강에서 패들 보트를 타보자 |

유럽의 어느 도시를 가봐도 프라하의 블타바 강만큼 패들 보트 타기가 성행하는 곳은 없다. 저자가 프라하를 처음 방문했던 20여 년 전이나 지금이나 여전히 패들 보트는 강 위를 둥실둥실 떠다닌다. 패들 보트는 백조나 오리 모양부터 최근에 도입된 우스꽝스러운 모습의 자동차 모양까지 다양한 모습을 띤다. 패들 보트 외에도 노를 저어 다닐 수 있는 로잉 보트도 빌릴 수 있다. 날씨 좋은 화창한 날 보트를 빌려 강에서 유유자적 휴식을 취하는 사람들도 많다. 가끔 한여름철 비키니 차림으로 패들 보트를 빌려 강 위에서 선탠을 하는 사람들도 있다. 야간에도 보트를 대여가 가능하기에 강 위를 떠다니며 환상적인 프라하 강변의 시티 뷰를 즐겨보는 것도 좋을 듯하다.

지도 P.070G **2권** P.080 **구글 지도 GPS 50.079318, 14.412244**
찾아가기 국립극장 앞 슬로반스키(Slovansky) 섬에 있는 간이식 선착장에서 패들 보트를 대여하면 된다. 국립극장 남쪽에 놓인 다리를 건너 슬로반스키 섬으로 들어갈 수 있다.
주소 Slovansky Ostrov, 110 00 Praha1 **전화** +420-777-870-511 **시간** 09:00~22:00(또는 23:00)
휴무 12월 25일 **가격** 패들 보트 200Kč, 로잉 보트 200Kč, 모터 보트 250Kč(1시간 기준이며 모터 보트는 30분 기준, 4인까지 탑승 가능) **홈페이지** www.slovanka.net

| 로맨틱한 선율이 흐르는 리버 크루즈 |

프라하에서 무언가 로맨틱한 무드에 젖길 원한다면 리버 크루즈에 몸을 실어보자. 프라하의 중심가를 유유히 흐르는 블타바 강은 길이가 무려 430m에 달하는 체코에서 가장 긴 강이다. 이 강은 해발 1172m의 보헤미안 포레스트에서 발원해 체스키 크룸로프, 체스키 부데요비체, 프라하를 거쳐 프라하 북부에 자리한 멜니크(Mělník)에서 독일의 엘베 강과 합류한다. 프라하의 중심을 흐르는 블타바 강은 강 폭이 그리 넓지 않다. 그럼에도 수많은 리버 크루즈 유람선이 낮과 밤 내내 이 강 위를 오간다. 밤에 운영하는 리버 크루즈 중에는 저녁 식사가 포함된 크루즈도 있다. 이 경우 식사는 전통 음식이 포함된 뷔페식으로 진행되기도 하며 감미로운 피아노 연주를 곁들인다. 프라하의 가장 대표적인 리버 크루즈는 에브로프스카 보드니 도프라바(Evropská Vodní Doprava)에서 운영하는 크루즈다. 이 크루즈는 마네스교 북동쪽에 자리한 체호프교(Čechův Most) 남단에서 시작해 1시간 또는 2시간 일정으로 프라하 성과 카를교 인근을 둘러본다. 식사가 포함된 크루즈 투어의 경우 일반적으로 3시간 일정으로 프라하의 주요 지역을 둘러본다. 이 투어의 경우 라이브 뮤직 공연이 포함되어 있다. 고상한 다이닝 서비스를 즐기면서 블타바 강변의 야경을 감상하고 싶다면 '스위트 프라하'라는 이름의 크루즈 투어를 추천한다. 이 크루즈 투어는 구르메 다이닝을 체험하고 싶은 여행자를 위한 프로그램으로, 알라 카르테 메뉴에 와인을 곁들인 고품격 디너를 제공한다(참고로 일반 디너 크루즈의 경우 알라 카르테 메뉴가 아닌 뷔페식 디너다). 연인과 함께라면 밸런타인 크루즈가 제격이다. 연인이나 허니무너를 위한 별도의 크루즈 투어로 역시 와인을 곁들인 고상한 디너 메뉴가 준비된 스페셜 크루즈 상품이다. 예약은 온라인 예매가 가능하며 시내 주요 여행사나 호텔, 관광 안내소 등지에서도 쉽게 할 수 있다.

에브로브스카 보드니 도프라바 Evropská Vodní Doprava

구글 지도 GPS 50.110124, 14.402195(사무실)

찾아가기 사무실은 포드바바(Podbaba) 역에서 남동쪽에 위치(도보로 10분 소요), 크루즈 선착장은 체호프교(Čechův Most) 남단 5번 선착장을 찾아가면 된다(유대 인 지구 북쪽에 자리).

주소 Papírenská 6, 160 00 Praha 6(사무실)

전화 +420-233-322-688/(예약) +420-605-700-007

시간 오른쪽 표 참조

휴무 부정기적

가격 오른쪽 표 참조

홈페이지 www.evd.cz

✔ **에브로프스카 보드니 도프라바 Evropská Vodní Doprava 크루즈 정보(시즌에 따라 변동)**

1시간 크루즈	식사 불포함	성인 €14~ 아동 €8~	10:00~22:00
2시간 크루즈	식사 불포함	성인 €20~ 아동 €12~	12:00, 15:00, 16:30 출발
2시간 런치 크루즈	런치 뷔페, 라이브 뮤직	성인 €34~ 아동 €22~	12:00 출발
3시간 디너 크루즈	디너 뷔페, 라이브 뮤직	성인 €49~ 아동 €32~	19:00 출발
스위트 프라하 크루즈	3코스 요리, 라이브 뮤직	에센셜 시트 €99, 골드 시트 €139	20:00 출발

PLUS INFO

프라하 베니스 Prague Venice

프라하 베니스(Prague Venice)라는 이름의 크루즈 회사는 좀 더 작은 크루즈 보트를 이용한다. 운항 시간은 45분이다. 45분간 주로 카를교와 뮤지엄 캄파 주변을 돈다. 이 크루즈 보트의 선착장은 카를교 동쪽 끝과 서쪽 끝 다리 밑에 있다. 또 마네스교 서쪽 끝에도 선착장이 있다. 15분 간격으로 운항하며 겨울철에도 운항한다. 승객들에게 맥주와 아이스크림을 무료로 제공한다.

구글 지도 GPS 50.086459, 14.413927
찾아가기 선착장은 카를교 동쪽 끝과 서쪽 끝 다리 밑에 있다. 또 마네스교 서쪽 끝에도 선착장이 있다. 사무실은 카를교 동쪽 끝에서 북쪽에 자리한다(도보 2분). **주소** Křižovnické Náměstí 3, Prague(사무실)
전화 +420-776-776-779 **시간** 10:30~17:00(15분 간격, 45분 소요) **휴무** 없음
가격 14€ **홈페이지** www.prague-venice.cz

프라즈스카 파로플라베브니 스포레츠노스트 Pražská Paroplavební Společnost

크루즈 보트의 경우 총 15시간 일정으로 프라하 라시노보(Rašínovo) 선착장(지라스쿠브(Jiráskův) 다리 남쪽)을 출발해 북쪽의 멜니크를 다녀오는 크루즈 상품을 제공하고 있다. 참고로 멜니크는 고성과 와인 산지로 유명한 중세풍 타운으로 인기 많은 근교 여행지 중 하나다. 프라하에서 오전 7시에 출발해 오후 1시 멜니크에 도착한 후 다시 오후 3시 30분에 출발해 밤 10시에 프라하로 돌아오는 코스다. 세 가지 코스 메뉴(전통식)가 포함된 상품으로 성인은 2990Kč, 아동은 1490Kč이다. 여름철에 한해 7, 8월 토요일에 각각 한 번씩 출발한다. 그 외에도 55분간의 프라하 크루즈(성인 260Kč, 아동 160Kč) 프라하 동물원까지의 크루즈 (55~75분 소요, 성인 150Kč~, 아동 100Kč~) 슬라피(Slapy 프라하 남쪽에 위치)까지 운행하는 스팀보트 투어(9시간 반 소요, 성인 490Kč~, 아동 260Kč~) 멜니크까지 크루즈(식사 제외) 15시간 소요. 성인 690Kč~, 아동 340Kč~ 등 다양한 크루즈 상품을 선보이고 있다.

구글 지도 GPS 50.04279, 14.24487
찾아가기 크루즈 보트는 라시노보(Rašínovo) 선착장에서 출발한다. 라시노보 선착장은 지라스쿠브교(Jiráskův Most) 남쪽에 위치한다. 즉 팔라츠케호교(Palackého Most)와 지라스쿠브교 사이에 자리한다. 구시가에서 14번 · 17번 트램 탑승 후 지라스코보 나메스티(Jiráskovo Náměstí) 에서 하차해 지라스쿠브교의 라시노보 선착장까지 도보로 5분 걸린다. 참고로 지라스쿠브교는 레기교 남쪽에 자리한 다리다. **주소** Rašínovo Dok, 120 00 Praha **전화** +420-224-931-013/+420-224-930-017
시간 7~8월 토요일 07:00~22:00 **휴무** 1~6월, 9~12월, 7~8월은 토요일을 제외한 나머지 요일
가격 성인 2990Kč, 아동 1490Kč **홈페이지** www.paroplavba.cz

패신저 페리 Passenger Ferry

위의 회사는 프라하와 프라하 인근을 연결하는 패신저 페리(Passenger Ferry)도 운항한다. 탑승객을 운송하는 여객선인 패신저 페리의 경우 매년 4월부터 9월까지 매일 5차례(오전 11시, 오후 2 · 4 · 5 · 6시) 운항하며, 내셔널 시어터 인근의 선착장에서 출발해 1시간 동안 비셰흐라드(Vyšehrad), 슈트르젤레스키 섬(Střelecký Island) 등지를 둘러본다. 프라하 시내에서 프라하 동물원과 그 인근의 트로야 성을 방문할 계획이라면 오고 가는 중 한 번은 이 패신저 페리를 이용하는 것도 좋다. 트로야의 선착장까지 1시간 15분 소요된다.

| 근사한 시티 뷰를 제공하는 공원 산책하기 |

프라하는 유럽의 어느 도시보다도 아름다운 공원이 도처에 자리한다. 이 도시에서만큼은 공원을 걷는 것만큼 멋진 액티비티는 없다. 특히 프라하의 일부 공원은 언덕 위에 자리해 환상적인 파노라믹 시티 뷰를 선사한다. 프라하에서 공원을 산책하는 것은 어쩌면 여행자들에게 가장 기본적인 액티비티일지도 모른다. 프라하의 중심가에서 가장 쉽게 방문할 수 있는 공원은 프라하 성 인근에 자리한 왕실 정원(Royal Garden)이다. 늦은 오후 한가롭게 공원을 거닐면서 잠시 벤치에 앉아 독서를 즐기기에 좋다. 공원 곳곳에 놓인 조각상이나 꽃밭 주변을 거닐면서 이 공원이 전해주는 감미로운 무드를 만끽해보자. 킨스키 공원은 오르막길을 지닌 공원으로 언덕 위까지 오르려면 약간의 체력이 필요하다(물론 퍼니큘러를 타고 단번에 언덕 위까지 오를 수도 있다). 언덕 위에는 페트린 전망대가 있다.

킨스키 공원이 훌륭한 산책로로 첫손에 손꼽히는 이유는 언덕을 오르면서 서서히 드러나는 프라하의 시티 뷰를 점차적으로 만끽할 수 있다는 점 때문이다. 또 곳곳에 숨어 있는 아웃도어 테이블에 앉아 가져온 음식으로 식사를 할 수도 있다. 구시가에서 강 건너 북쪽에 자리한 레트나 공원 역시 아름다운 시티 뷰를 자랑한다. 이곳에는 여름철 흥겨움을 자아내는 비어 가든이 별도로 마련되어 있어 여행자뿐 아니라 시민들의 사랑을 한 몸에 받는 곳이기도 하다. 레트나 공원에서 북쪽으로 조금 떨어진 곳에 위치한 스트로모브카 공원은 프라하의 허파 구실을 하는 거대한 숲이다. 이곳은 프라하의 어느 공원보다 산책로, 하이킹 코스가 다양하게 마련되어 있어 3~4시간 넘게 공원을 돌며 산책과 하이킹을 즐길 수 있다.

→ 주요 공원 정보

왕실 정원
지도 P.086B 2권 P.092
구글 지도 GPS 50.09327, 14.401961 **찾아가기** 프라하 성 북쪽에 위치, 프라하 성의 두 번째 코트야드에서 도보 3분/22번 트램 탑승 후 여름 궁전 인근에서 하차 **주소** Královská Zahrada Pražský Hrad, 119 08
전화 +420-224-372-435 **시간** 4 · 10월 10:00~18:00, 5 · 9월 10:00~19:00, 6 · 7월 10:00~21:00, 8월 10:00~20:00 **휴무** 11~3월 **가격** 무료
홈페이지 www.hrad.cz

스트로모프카
지도 P.120 **2권** P.121
구글 지도 GPS 50.108587, 14.431271
찾아가기 홀레쇼비체 지구 서쪽에 자리하며 레트나 공원 북쪽에 위치, 5 · 12 · 14 · 15 · 17 · 53 · 54번 트램 탑승 후 라피다리움 인근에서 하차해 공원의 남동쪽 입구로 진입
주소 Stromovka, 170 00 Praha 7,
전화 +420-242-441-593
시간 24시간 **휴무** 없음
가격 무료 **홈페이지** www.stromovka.cz

레트나 공원
지도 P.120 **2권** P.120
구글 지도 GPS 50.09565, 14.420088
찾아가기 구시가에서 체호프교 건너 북쪽에 위치, 5 · 17 · 53번 트램 탑승 후 레트나 테라사 인근에서 하차
주소 Letenské Sady, 170 00 Praha 7
전화 +420-221-714-444
시간 24시간 **휴무** 없음
가격 무료 **홈페이지** 없음

킨스키 공원
지도 P.096H **2권** P.102
구글 지도 GPS 50.079555, 14.398195
찾아가기 구시가에서 레기교를 건너 계속 직진하면 킨스키 공원의 페트르진 언덕을 오르는 길이 나온다. 12 · 20 · 22 · 57번 탑승 후 레기교 인근에서 하차
주소 Kinského Zahrada, 150 00 Praha 5
전화 없음 **시간** 24시간 **휴무** 없음 **가격** 무료
홈페이지 없음

| 도보로 도시 탐방 |

프라하의 구석구석을 둘러보는 데 걷는 것만큼 효과적인 방법도 없다. 프라하의 주요 명소는 대부분 도보로 방문할 만한 거리 내에 있기에 미리 효과적으로 동선을 짠다면 트램이나 메트로를 타지 않고 도보만으로 구시가 광장 주변과 말라 스트라나 지구는 물론 홀레쇼비체 지구나 비셰흐라드, 혹은 스미호프 지구까지 도시의 이곳 저곳을 둘러볼 수 있다.

자전거 타기

자전거 역시 프라하를 둘러보는 데에 유용한 교통수단이다. 그렇지만 언덕 위를 오르내릴 때도 각별한 주의가 필요하다. 또 복잡하고 인파가 많은 구시가 광장 주변 등지보다는 보다 한적한 곳을 찾아 자전거를 타는 게 좋다. 프라하에서 대표적인 자전거 대여점은 시티바이크 프라하(CityBike Prague)다. 이곳은 자전거(전동 자전거 포함) 대여뿐 아니라 자전거 투어 프로그램을 제공한다. 자전거 투어의 경우 영어를 구사하는 가이드와 함께 프라하 중심가의 주요 명소를 둘러보는 투어다.

구글 지도 GPS 50.08805, 14.4265
찾아가기 메트로 B선 나메스티 레푸블리키(Náměstí Republiky) 역에서 도보 5분/구시가 광장에서 도보 5분 **주소** CityBike Prague: Královodvorská 5, 110 00 Praha **전화** +420-776-180-284 **시간** **가격**

종류	요금	시간
시티 라이드 투어	650Kč	매일 10:30, 13:30, 16:30출발
캐슬 라이드 투어	650Kč	매일 10:30, 13:30, 16:30출발
프라이빗 투어	840Kč	요청에 따라 시간 조정 가능
칼슈타인 성 방문 셀프 투어	790Kč	매일 09:45

자전거 대여 2시간 350Kč, 1일 550Kč, 24시간 700Kč
휴무 12월 25일 **홈페이지** www.citybike-prague.com

세그웨이 Segway 투어

세그웨이는 2001년 미국에서 개발한 이륜차로 두 바퀴로 움직이는 고가의 교통수단이다. 운전자는 선 채 핸들을 움직여 이동한다. 세그웨이 투어는 세그웨이를 이용해 가이드와 함께 프라하의 숨은 명소를 둘러보는 투어 프로그램. 시작한 지 얼마 되지 않았지만 젊은 여행자들 중심으로 좋은 반응을 얻고 있다.

구글 지도 GPS 50.53112, 14.257791
찾아가기 인터콘티넨털 호텔 앞에 위치, 스타로메스트스카(Staroměstská) 역에서 도보 12분 **주소** 대여소 Náměstí Curieových 5, 110 00 Praha 1
전화 +420-725-006-666
시간 투어 10:00~13:00
오피스 영업시간 09:30~22:00
휴무 부정기적
가격

종류	1인 요금	2인 요금
1시간 30분 투어	1750Kč	2700Kč
2시간 투어	2000Kč	3000Kč
3시간 투어	2400Kč	3400Kč

홈페이지 www.segwayprague.eu

클래식 카 투어

구시가 광장 주변이나 프라하 성 주변의 도로나 골목길을 배회하다 보면 멋진 올드 클래식 카가 몇 대 서 있는 모습을 볼 수 있다. 모두 관광객을 위한 투어 전용 차량으로 대부분 1920~1930년대 체코산 클래식카(프라가 알파(Praga Alfa) 등)를 사용한다. 오픈카 형태의 차량으로 차량에 따라 최대 4명까지 탑승 가능하며, 구시가 광장 주변과 유대 인 지구, 프라하 성 주변 등 프라하의 명소 곳곳을 1~2시간 동안 둘러보게 된다.

찾아가기 프라하 성 인근 말라 스트라나 광장 또는 구시가 광장 주변, 첼레트나 거리 등지에서 쉽게 찾아볼 수 있지만 머무는 호텔에서 하루 이틀 정도 먼저 예약하면 원하는 시간에 호텔로 픽업 · 리턴 서비스를 해준다.
주소 Custom Travel Services, Blanická 922/25, 120 00 Praha 2
전화 +420-773-103-102
시간 투어 1시간(원하는 시간을 요구하면 투어 스케줄 조율이 가능하다)
휴무 1월 10일~3월 15일
가격 1500Kč(1시간 기준, 인원 1~4명), 3000Kč (2시간 기준), 샴페인 1병 300Kč
홈페이지 www.private-prague-guide.com

| 아이스하키 관람 |

아쉽게도 아이스하키는 국내에서 비인기 스포츠다. 국내에는 2003년 설립된 한국, 일본, 중국, 러시아의 8~9개 아이스하키 프로팀이 참여하는 아시안 리그가 있다. 하지만 홍보 부족과 관심 부족으로 다른 스포츠에 비해 경기장을 직접 찾는 관중 수는 그리 많지 않다. 아이스하키는 경기장에서 직접 찾아가 관람할 때 어느 스포츠보다 흥미진진하다. 얼음판에서 몸싸움을 벌이며 사투를 벌이는 선수들의 모습을 보면서 관중은 환희를 느낀다.

아이스하키는 북미와 북유럽, 동유럽 등지에서 매우 인기 있는 스포츠다. 체코에서도 축구와 함께 가장 인기 많은 스포츠인데, 체코의 아이스하키 팀은 캐나다, 스웨덴, 러시아, 핀란드, 미국 등과 함께 세계 선수권 대회에서 줄곧 5위권 안에 드는 강팀이다. 체코 아이스하키 리그는 엑스트랄리가(Extraliga)라고 불린다. 이 리그는 체코슬로바키아에서 슬로바키아가 분리 독립되고 나서 1993년에 설립되었는데, 현재 14개 팀이 풀 리그로 매년 9월부터 다음 해 3월까지 시즌을 치른다. 세계아이스하키연맹은 이 엑스트랄리가를 북미의 NHL리그, 러시아의 KHL리그 다음으로 수준 높은 아이스하키 리그로 평가한다. 프라하에는 현재 엑스트랄리가 소속 팀이 2개 있다. O2 아레나와 팁스포트(Tipsport) 아레나를 홈으로 사용하는 HC 스파르타 프라하 팀(www.hcsparta.cz)과 O2 아레나를 홈으로 사용하는 HC 슬라비아 프라하 팀(www.hc-slavia.cz)이다. 특히 HC 스파르타 프라하 팀은 역대 4회 우승한 강팀이다. 프라하 현지에서 아이스하키를 관람하려면 먼저 해당 팀이나 경기장의 웹사이트를 통해 경기 일정을 확인하는 게 좋다. 플레이 오프가 아닌 일반 경기의 경우 1시간 이전에 경기장에 도착하면 일반적으로 입장권(300~400Kč 정도)을 어렵지 않게 구입할 수 있다.

O2 아레나 02 Arena
구글 지도 GPS 40.712784, 74.005941
찾아가기 메트로 B선 체스코모라브스카(Českomoravská) 역 남동쪽에 위치, 도보 2분
주소 Českomoravská 2345/17,190 00 Praha 9
전화 +420-266-771-000
시간 주중 경기는 주로 오후 6~7시에 시작하며, 주말 경기는 일반적으로 오후 2~5시에 시작
휴무 4~8월 **가격** 300~400Kč
홈페이지 www.o2arena.cz

팁스포트 아레나 Tipsport Arena
지도 P.120 **2권** P.122
구글 지도 GPS 50.106942, 14.43412
찾아가기 메트로 C선 나드라지 홀레쇼비체(Nádraží Holešovice) 역 앞에서 5 · 12 · 17번 트램 탑승 후 엑시비션 그라운드 앞에서 하차해 도보 2분
주소 Za Elektrárnou 419/1,170 00 Praha
전화 +420-266-727-443
시간 주중 경기는 오후 6~7시에 시작, 주말 경기는 일반적으로 오후 2~5시에 시작
휴무 4~8월 **가격** 300~400Kč
홈페이지 www.tipsportarena-praha.cz

| 축구 경기 관람 |

축구는 체코에서 가장 인기 많은 스포츠다. 체코는 국제적으로도 동유럽의 축구 강국으로 잘 알려져 있다. 체코 성인 남자축구 팀은 이미 유럽 팀 간의 국가 대항전인 유로 시리즈나 월드컵에서 좋은 성적을 내고 있다. 피파 랭킹에서도 줄곧 상위권을 유지한다. 체코의 최상위 프로 축구 리그인 시노트 리가(Synot Liga)는 현재 16개 팀으로 구성되어 있다. 시노트 리가는 매 시즌 8월에 시작해 이듬해 5월에 끝난다. 프라하에는 AC스파르타 프라하(www.sparta.cz) 팀과 SK슬라비아 프라하 팀이 이 리그에 포함되어 있으며 AC스파르타 프라하 팀은 무려 12차례나 챔피언에 올랐다. 이 팀은 1만9000석을 갖춘 제네랄리 아레나(Generali Arena)를 홈으로 사용한다. SK슬라비아 프라하 팀(www.slavia.cz)은 2008년 개장한 2만1000석 규모의 에덴 아레나(Eden Arena, 시노트 팁 아레나(Synot Tip Arena)라고도 불림)를 홈으로 사용하고 있다. 프라하 동쪽에 자리한 이 경기장은 국제경기가 열릴 때 체코 국가 대표팀의 홈그라운드로도 사용된다. 입장권은 현장에서 경기 시작 1시간 전쯤 미리 가서 구입하는 게 좋다.

제네랄리 아레나 Generali Arena

지도 P.120 **2권** P.122
구글 지도 **GPS 50.099829, 14.415923**
찾아가기 메트로 C선 블타브스카(Vltavská) 역에서 1 · 25 · 56 트램 탑승 후 경기장 앞에서 하차
주소 M. Horákové 1066/98,170 82 Praha 7
전화 +420-296-111-400
시간 주중에는 오후 6~7시경에 시작,주말에는 일반적으로 오후 5시경에 시작
휴무 6~7월
가격 840Kč~(주말 경기는 일반적으로 하루 전에 예매해야 한다)
홈페이지 www.sparta.cz

에덴 아레나 Eden Arena

구글 지도 **GPS 50.068071, 14.47096**
찾아가기 메트로 C선 이페 파블로바(I.P Pavlova) 역에서 22번 트램 탑승 후 경기장 앞에서 하차(10분 소요)
주소 U Slavie 1540/2a,Vršovice,100 00 Praha 10
전화 +420-272-118-100
시간 주중에는 오후 6~7시경에 시작, 주말에는 일반적으로 오후 5시경에 시작
휴무 6~7월 **가격** 840Kč~(주말 경기의 경우 일반적으로 하루 전에 예매해야 한다. SK슬라비아 프라하 온라인 티켓 구입 www.ticketportal.cz(체코어))
홈페이지 www.synottiparena.cz

프라하의 필수 엔터테인먼트

프라하만큼 공연 문화가 다양한 도시는 드물다. 프라하는 자타가 공인하는 세계 최고의 거리 공연 메카다.
구시가 광장, 카를교 주변에서 날마다 다채로운 거리 공연이 펼쳐진다.
고상한 분위기 속에서 클래식 연주나 발레, 오페라, 현대무용을 관람할 멋진 콘서트홀도 군데군데 자리한다.
이 밖에도 어두운 공간에서 환상적인 마임극을 선보이는 프라하만의 자랑거리, 블랙 시어터 공연이 있다.
감미로운 선율이 프라하의 밤하늘을 아름답게 수놓는 라이브 재즈 공연 등도
놓치지 말아야 할 엔터테인먼트다.

QUESTION
내게 맞는 공연 찾기!

START HERE

여행지에서 공연을 본 경험이 있다.

No → 여행지에 왔으면 현지에서만 먹을 수 있는 음식을 꼭 먹는 편이다.

- Yes → 프라하에서만 볼 수 있는

블랙 라이트 공연, 꼭두각시 인형극

- No → 언제 어디서나 무료로 감상할 수 있는

프라하 거리 공연

Yes → 고전 건축이나 클래식에 관심이 많다.

- Yes → 클래식의 진수를 맛볼 수 있는

국립극장, 루돌피눔, 이스테이츠 시어터, 스메타나 홀

- No → 자유롭게 온몸으로 공연을 느낄 수 있는

뉴 스테이지 재즈 클럽, 록카페

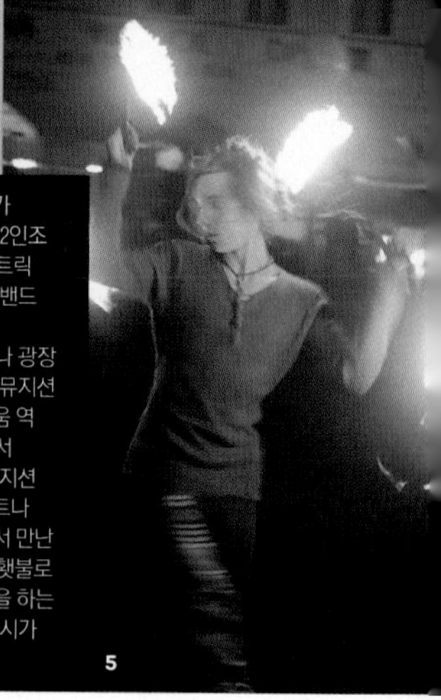

1 구시가 광장의 2인조 일렉스트릭 뮤지션 밴드 **2** 말라 스트리나 광장 인근의 뮤지션 **3** 뮤제움 역 인근에서 만난 뮤지션 **4** 첼레트나 거리에서 만난 기인 **5** 횃불로 저글링을 하는 모습(구시가 광장)

언제 어디서나 무료로 감상할 수 있는

프라하의 거리 공연

거리 공연은 거리에서 즉흥적으로 이루어지는 모든 공연 형태를 말한다. 공간과 시간의 제약을 받지 않을뿐더러 별도의 관람료가 없다. 그저 길을 걷다 거리 공연을 하는 광경과 맞닥뜨리면 지켜보면 그만이다. 거리 공연의 종류는 실로 다양하다. 전통적으로 마임극이나 3~4개의 곤봉을 허공에서 돌리면서 묘기를 부리는 저글링, 외줄 타기나 외발자전거 타기 등 서커스를 방불케 하는 각종 묘기 등이 인기를 끌어왔다. 여기서 재즈 연주나 록 연주, 클래식 연주 등을 펼치는 솔로이스트에서부터 5~6인조 악단까지 다양한 스트리트 뮤지션이 길거리 콘서트를 주도한다. 프라하는 그야말로 거리 공연의 1번지다. 예전에는 런던의 코벤트 가든이 거리 공연의 메카였으나 요즘에는 프라하로 번지수를 옮긴 듯하다. 물론 유럽의 주요 대도시마다 거리 공연이 성행한다. 관광객들이 많이 몰리는 여름철에 특히 더하다.

연중 내내 관광객으로 붐비는 프라하에서는 언제 어느 때나 다채로운 거리 공연을 관람할 수 있다. 거리 공연 장소도 다양하다. 가장 빈번하게 거리 공연이 펼쳐지는 곳은 구시가 광장이다. 이곳에서는 밤낮을 가리지 않고 거리 공연이 끊이지 않는다. 카를교 역시 거리 공연의 천국이다. 카를교 위를 지나갈 때면 언제 어디서나 거리의 악사들이 연주하는 감미로운 선율이 오

6 카를교의 재즈 악단 **7** 시립 회관 인근에서 만난 거리 악사 **8** 핸드폰을 보며 잠시 휴식을 취하고 있는 마임 공연자

1 카를교 주로 라이브 재즈 또는 거리의 악단이 이곳에서 공연을 한다. 종종 꼭두각시 인형극을 선보이는 악단도 등장한다. **2 구시가 광장** 프라하의 거리 공연의 메카다. 낮과 밤 상관없이 저글링, 마임꾼, 악단 등 다양한 재주꾼이 등장해 오가는 사람들을 즐겁게 해준다. **3 첼레트나 거리** 구시가와 연결된 보행자 중심 거리인 이곳에서 마임, 저글링, 각종 묘기 등이 펼쳐진다. **4 나 프르지코페 거리** 첼레트나 거리와 마찬가지로 무스테크 전철역 주변에서 종종 다양한 묘기, 악단 연주 등이 펼쳐진다.

감을 휘젓는 듯하다. 재즈 악단이 놀라운 솜씨를 선보일 때도 있고, 바이올린 연주나 아코디언 연주가 펼쳐질 때도 있다. 굳이 고상한 극장을 찾지 않아도 이 다리 위에서 체코의 명물인 꼭두각시 인형극을 동전 한두 개의 팁으로 관람할 수 있다. 구시가 광장에서 바츨라프 광장으로 가는 길목이나 나 프르지코페 거리에서도 거리 공연이 빈번하게 이루어진다. 한 번도 본 적 없는 독특한 악기로 우리에게 친숙한 음악을 들려주는 이도 있으며, 외계인 분장을 하고 마임극을 하는 이도 있다. 가장 최근에 본 특이한 스트리트 퍼포먼스 중 하나는 허공에 떠 있는 도인의 모습이었다. 지면에 한 사람이 앉아 있고, 그 사람이 들고 있는 막대기를 손에 잡은 채 앉아 있는 자세로 공중 부양한 또 다른 사람의 모습을 구시가 골목에서 발견했는데, 저자는 두 눈을 의심할 정도로 깜짝 놀랐다. 처음에는 사람이 아닌 밀랍 인형이라 생각했지만, 숨 쉬는 모습과 발가락을 움직이는 모습을 보고 실제 사람이라는 사실을 알게 되었다. 혹시 투명한 와이어가 공중 부양하는 사람의 몸을 지탱하는 게 아닐까, 라는 생각을 했지만 그 역시 아니었다. 좀처럼 알아내기 힘든 알쏭달쏭한 마술 쇼가 프라하 시내 한복판에서 펼쳐진 셈이다. 밤에 개최되는 거리 공연도 흥겹다. 사방이 어둑해진 뒤 구시가 광장에 가면 무언가 색다른 일이 펼쳐진다. 테크노 음악을 틀어놓고 형광봉을 이용해 무술 같은 퍼포먼스를 리드미컬하게 보여주는 사람들도 만날 수 있다. 여름밤이면 가끔 깡통에 담은 연료에 불을 붙여 허공에서 휘휘 돌리며 일종의 불쇼(fire show)를 선보이는 사람들도 만날 수 있다.

블랙 라이트 공연 관람

프라하에 와서 〈캣츠〉나 〈미스 사이공〉 같은 뮤지컬을 볼 수는 없는 일이다. 우리에게 잘 알려지지는 않았지만 프라하에서만 즐길 수 있는 특별한 공연이 있다. 바로 블랙 이미지 퍼포먼스(Black Image Performance)다. 이 공연은 일종의 마임극으로, 프라하에 온 이상 프라하가 대표하는 이 공연을 한 번쯤은 감상해보길 바란다. 이 공연의 특성은 불빛이라고는 거의 없는 어둠을 배경으로 형광색 물체와 형광염료 바른 의상을 입은 배우의 코믹하고 재치 있는 몸동작을 통해 관객들에게 이전까지 체험하지 못했던 놀라운 경험과 웃음을 선사하는 것이다. 물론 배우는 대사 없이 몸짓으로만 관객을 압도한다. 공연 도중 인형이 등장해 인형극의 성격을 띠는 것도 흥미롭다. 블랙 라이트 공연은 프라하 시내의 여러 극장에서 선보이는데, 내용과 소재가 모두 다르다. 대표적인 블랙 라이트 공연 장소로는 블랙 라이트 시어터 스르네츠(Black Light Theater Srnec)와 구시가에 자리한 판타스티카 시어터(Fantastika Theater)가 있다.

[블랙 라이트 시어터 스르네크]
지도 P.070E **2권** P.080
구글 지도 GPS 50.085002, 14.424856 **찾아가기** 메트로 A · B선 무스테크(Můstek) 역에서 도보 3분
주소 Palác Savarin, Na Příkopě 10, 110 00 Praha 1 **전화** +420-774-574-475 **시간** 20:00 **휴무** 공연에 따라 다름 **가격** 입장료 580Kč
홈페이지 www.srnectheatre.com

[판타스티카]
지도 P.040C **2권** P.056
구글 지도 GPS 50.085615, 14.415028 **찾아가기** 카를교 동쪽 끝에서 도보 3분 **주소** Palac Unitaria, Karlova 8. 110 00 Prague 1 **전화** +420-222-221-366 **시간** 일반적인 공연시간은 20:00(종종 18:00에도 공연, 자세한 사항은 홈페이지 참고) **휴무** 공연에 따라 다름 **가격** 720Kč **홈페이지** www.tafantastika.cz

프라하에서만 볼 수 있는

특별한 공연

〈돈 조반니〉는 무슨 내용?
전설적인 바람둥이 돈 후안을 모델로 만든 주인공 돈 조반니는 만나는 여자마다 유혹한 뒤 상처를 주는 매우 방탕한 젊은 귀족이다. 약혼자가 있는 돈나 안나는 돈 조반니의 집요한 유혹을 받는다. 돈나 안나의 아버지는 이 사실을 알고 결투를 청하나 결국 돈 조반니의 칼에 찔려 죽는다. 돈나 안나의 약혼자인 돈 오타비오는 약혼녀의 복수를 위해 돈 조반니를 죽일 결심을 한다. 스토리의 결론은 돈 조반니는 여러 여자를 유혹한 것에 따른 벌을 받게 된다는 내용이다. 이 인형극은 익살스러운 몸짓을 통해 스토리를 희극적으로 표현하고 있으며 국립 마리오네트 극장에서 상연된다.

꼭두각시 인형극 관람

꼭두각시 인형극은 프라하의 대표적인 공연 예술 중 하나다. 유럽의 다른 도시에서는 쉽게 볼 수 없는 공연 예술 장르로, 프라하의 꼭두각시 인형극은 오랜 역사를 자랑한다. 가장 잘 알려진 꼭두각시 인형극으로는 동명의 모차르트의 오페라곡을 인형극으로 만든 〈돈 조반니(Don Giovanni)〉가 있다. 〈돈 조반니〉는 1787년 모차르트가 작곡한 오페라, 같은 해 10월 29일 프라하의 이스테이츠 극장에서 초연되었다. 무궁무진한 상상력이 만들어낸 결과라는 극찬을 받은 오페라이며 2막으로 이루어져 있다. 국립 마리오네트 극장에서는 〈돈 조반니〉 외에도 모차르트의 또 다른 오페라로 만든 인형극인 〈마술 피리〉를 공연한다. 성수기인 여름철에는 하루나 이틀 전에 미리 극장의 티켓 오피스를 방문해 예매하거나 온라인 예매(www.ticketsonline.cz)를 하는 것이 좋다.

[국립 마리오네트 극장]
지도 P.040C **2권** P.056
구글 지도 GPS 50.087694, 14.41768
찾아가기 메트로 A선 스타로메스트스카 (Staroměstská) 역에서 도보 2분
주소 Žatecká 98/1, 110 00 Praha
전화 +420-224-819-322 **시간** 마술피리 공연 18:00, 돈 조반니 공연 20:00 (보다 자세한 공연일정은 홈페이지 참고)
휴무 12월 24 · 25 · 31일, 1월 1일
가격 성인 590Kč, 학생 490Kč
홈페이지 www.mozart.cz

자유롭게 온몸으로 공연을 느낄 수 있는

클럽 카페 공연

뉴 스테이지에서의

현대무용 공연 관람

현지어로 노바 스체나(Nová Scéna)로 불리는 이곳은 현대무용, 발레, 체임버 오케스트라, 라테르나 마지카 등의 공연을 위해 만든 공간이다. 오늘날에는 라테르나 마지카 같은 멀티 장르의 공연을 위한 무대로 사용된다. 이 때문에 라테르나 마지카 시어터라는 별명으로 불리기도 한다. '매직 랜턴(magic lentern)'이란 뜻의 라테르나 마지카는 무용과 필름, 멀티미디어 따위의 여러 장르가 결합된 독특한 장르의 예술이다. 라테르나 마지카의 대표적인 작품으로는 〈니벨룽겐의 반지〉, 〈오디세우스〉 등이 있다. 이 극장에서는 라테르나 마지카 외에도 현대무용이나 블랙 라이트 공연, 어린이를 위한 공연과 축제 등을 선보이기도 한다. 또 다양한 예술영화가 상영되기도 하며 다양한 멀티 장르의 퍼포먼스를 선보이거나 실험성 강한 현대무용을 상연하기도 한다. 뉴 스테이지와 국립극장 앞에 있는 피아제타(Piazetta) 광장은 다양한 장르의 예술이 펼쳐지는 실험 무대일 뿐 아니라 다양한 소셜 이벤트를 펼치는 공간이다.

지도 P.070E **2권** P.080
구글 지도 GPS 50.081210, 14.414719
찾아가기 메트로 B선 나로드니 트르지다(Národní Třída) 역에서 도보 14분
주소 Národní 4, 110 00 Praha 1
전화 +420-224-931-482 **시간** 월~금요일 09:00~18:00, 토 · 일요일 10:00~18:00 **휴무** 없음
가격 공연과 좌석에 따라 다름
홈페이지 www.novascena.cz

록카페에서의

라이브 록 공연 관람

이곳에 오면 프라하 사람들의 일상이 음악 속에서 시작되어 음악으로 끝난다는 말을 실감할 수 있다. 굳이 연령을 구분 지을 수는 없지만, 레두타 재즈 클럽이 30~40대 이상 연령의 팬을 확보한 곳이라면, 록카페는 10대에서 40~50대에 이르는 폭넓은 연령대의 팬이 모여드는 곳이다. 수많은 체코의 록 뮤지션들이 이곳에서 공연을 펼쳤을 만큼 로커들의 아지트와 같은 곳이다. 체코 젊은이들과 함께 어울려 함성을 지르며 록 음악에 열광하기 위해서는 지치지 않는 체력이 필수다. 레두타 재즈 클럽과 마주보고 있는 이곳은 큰 무대와 넓은 스탠딩 테이블을 갖추었으며 소파를 놓은 공간은 무대와 떨어진 곳에 따로 마련되어 있다. 라이브 록 밴드의 공연은 대개 오후 8~10시경에 시작된다. 홈페이지에 나온 정보를 보거나 록카페 입구 앞에 공시된 공연 스케줄을 보고 자신이 원하는 장르의 음악을 선택해 원하는 날짜에 방문해보자.

지도 P.070E **2권** P.078
구글 지도 GPS 50.082011, 14.418418
찾아가기 메트로 B선 나로드니 트르지다(Národní Třída) 역에서 도보 3분
주소 Národní 20, 110 00 Praha 1
전화 +420-775-207-205 **시간** 월~목요일 12:00~03:00 금요일 12:00~04:00 토요일 17:00~04:00 일요일 17:00~01:00(티켓박스오픈일 · 월요일 휴무 화~금요일 16:00~22:00 토요일 17:00~22:00) **휴무** 없음 **가격** 150~300Kč(공연에 따라 다름) 음료 별도 위스키 60Kč~, 맥주 38Kč~ **홈페이지** www.rockcafe.cz

레두타 재즈 클럽에서의

라이브 재즈 공연 관람

왠지 프라하에서 듣는 재즈의 선율은 새로울 것 같다는 생각을 했다. 실제로 프라하만큼 재즈와 어울리는 도시는 없는 듯하다. 프라하의 모든 장소와 건물이 재즈의 선율처럼 리드미컬하고 다이내믹하기 때문이다. 프라하에서 듣는 라이브 재즈 음악의 비용은 상대적으로 저렴하다. 그만큼 프라하는 재즈 마니아나 재즈에 대해 음악적 깊이를 더해 가려는 이들에게는 참으로 고마운 도시다. 프라하의 신비로운 마법은 레두타 재즈 클럽이라는 작은 공간에서도 느낄 수 있다. 프라하의 중심가에는 재즈 클럽이 여러 군데 있지만 레두타 재즈 클럽은 그야말로 재즈 클럽의 여왕이라고 불릴 만한 곳이다. 서슬 퍼렇던 공산국가 시절인 1958년부터 문을 연 곳으로, 프라하에서 가장 오래된 재즈 클럽이다. 지난 1994년 당시 미국 대통령 빌 클린턴이 프라하를 방문했을 때 이곳에 들러 즉흥적으로 색소폰을 연주해 화제가 된 적이 있다. 공연은 주로 오후 9시 30분부터 시작되며 종종 오후 7시경에 시작하는 경우도 있다. 국립극장에서 멀지 않은 곳에 위치한다.

지도 P.070E **2권** P.080
구글 지도 GPS 50.082151, 14.418570
찾아가기 메트로 B선 나로드니 트르지다(Národní Třída) 역에서 도보 3분
주소 Národní 20, 110 00 Praha 1
전화 +420-224-933-487 **시간** 21:00~00:00
휴무 없음 **가격** 300Kč~ **홈페이지** www.redutajazzclub.cz

국립극장에서의 발레 관람

체코 출신의 건축가 요세프 지테크(Josef Zitek)가 1868년 네오 르네상스 스타일로 만든 프라하의 국립극장은 체코의 문화 예술 부흥기의 심벌 같은 존재다. 오늘날의 건물은 1881년 화재 이후에 요세프 슐츠(Josef Schulz)가 새롭게 재건축해 1883년 다시 문을 연 뒤 스메타나의 오페라를 공연했다. 그 후 1970년대와 1980년대 대대적인 개 · 보수를 통해 외관과 인테리어를 교체했다. 로비의 천장에는 체코 미술의 황금기에 그린 19세기 후반의 프레스코가 그려져 있다. 국립극장은 오늘날 프라하의 대표적인 오페라, 발레 공연 장소다. 홈페이지나 관광 안내소, 티켓 오피스를 통해 관람을 원하는 요일의 공연 정보를 얻자. 프라하에 머무는 동안 한 번쯤은 프라하에서 가장 인상적인 콘서트홀인 국립극장에서 근대의 귀족이 된 기분으로 오페라나 발레를 감상하는 것도 좋을 듯하다.

지도 P.070D **2권** P.076 **구글 지도 GPS** 50.081262, 14.413474 **찾아가기** 나로드니 트르지다(Národní Třída) 역에서 도보 15분 **주소** Národní 2, 110 00 Praha 1 **전화** +420-224-901-448 **시간** 일반적으로 19:00에 시작 **휴무** 공연에 따라 다름 **가격** 공연과 좌석에 따라 다름(500~800Kč) **홈페이지** www.narodni-divadlo.cz

클래식의 진수를 맛볼 수 있는

프라하의 대형 극장 공연

루돌피눔에서의 오케스트라 연주 관람

혹자는 이곳을 국립극장, 스메타나 홀과 함께 프라하의 3대 공연 관람 명소로 손꼽는다. 시내 중심에 이처럼 화려한 공연 장소가 서너 군데 이상 자리한 유럽 도시를 찾아볼 수 없다. 1884년 완공된 루돌피눔은 요세프 지테크과 요세프 슐츠의 설계로 지은 프라하의 대표적인 네오 르네상스 양식의 건축물이다. 겉으로 보면 왕궁처럼 생겼는데, 블타바 강변에 놓여 있어 강가 맞은편에서 바라보면 더욱 화려한 자태를 뽐낸다. 루돌피눔 내부는 단아하고 차분하다. 메인 홀 무대 중앙에 그리스 신전 모양의 파사드 모형이 장식되어 있다. 이곳에서는 체코 필하모닉 오케스트라의 정기 연주를 감상할 수 있다. 이곳의 메인 홀은 드보르자크 홀이라 불리는데, 이곳에서 매년 5월 열리는 프라하 음악 축제의 다채로운 공연이 펼쳐진다.

지도 P.060C **2권** P.065 **구글 지도 GPS** 50.090172, 14.415219 **찾아가기** 스타로메스트스카(Staroměstská) 역에서 도보 5분 **주소** Alšovo Nábřeží 12, 110 00 Praha 1 **전화** +420-227-059-227 **시간** 일반적으로 18:00~20:00에 시작 **휴무** 공연에 따라 다름 **가격** 공연과 좌석에 따라 다름 **홈페이지** www.ceskafilharmonie.cz

이스테이츠 시어터에서의 오페라 관람

1787년 10월 29일 모차르트의 최고의 오페라 걸작으로 불리는 〈돈 조반니〉의 첫 공연이 이루어진 곳으로 유명하다. 3년간의 공사를 통해 1783년 완공된 극장으로, 프라하에서 가장 오래된 극장이다. 카스파르 헤르만 퀴니겔(Caspar Herman Künigel) 백작이 설계한 이 극장은 프라하의 네오 클래식 초기 건축물로서 역사적 가치를 지닌다. 내부 곳곳은 기둥을 비롯해 바닥을 모두 대리석으로 만들었다.

1859년부터 1874년 사이에 대대적으로 리모델링해 천장을 그로테스크한 문양으로 치장했는데, 어디선가 모차르트의 우아한 선율이 흘러나올 것만 같은 분위기다. 현재 이곳에서는세계적으로 유명한 오페라 작품을 비롯해 체코의 민족적 자긍심을 대변하는 오페라를 공연한다. 특히 여름철마다 종종 모차르트의 〈돈 조반니〉 오페라 공연이 펼쳐진다.

지도 P.040D **2권** P.056 **구글 지도 GPS 50.086143, 14.423231** **찾아가기** 무스테크(Můstek) 역에서 도보 7분 **주소** Železná Ulice/Ovocný Trh 1, 110 00 Praha 1 **전화** +420-224-901-448 **시간** 일반적으로 19:00 또는 20:00에 시작(티켓 판매 10:00~18:00) **휴무** 공연에 따라 다름 **가격** 공연과 좌석에 따라 다름(30~1200Kč) **홈페이지** www.narodni-divadlo.cz

[공연 관람 에티켓]

1. 가급적 말쑥한 차림으로 공연에 참석하자(반바지나 슬리퍼 차림으로 입장을 삼가자).
2. 공연 중 핸드폰은 꺼놓자.
3. 공연 중에는 소음을 내거나 움직이는 동작을 자제하자.
4. 공연 시작 20~30분 전부터 입장해 차분한 마음으로 공연을 기다리자.

스메타나 홀에서의 오케스트라 연주 관람

구시가 광장 가까이에 자리한 대형 콘서트홀로, 프라하의 대표적인 아르누보 건물로 유명한 시민 회관 오베츠니 둠(Obecní Dům)에 자리한다. 스메타나는 체코의 대표적인 음악가 이름이다. 1824년생인 베드르지흐 스메타나는 교향시 '나의 조국'과 오페라 〈팔려간 신부〉 등 주옥같은 작품을 작곡했으며 1884년 프라하에서 생을 마감했다. 스메타나 홀은 체코의 아르누보 일러스트레이터로 유명한 알폰스 무하가 인테리어 디자인에 참여한 것으로 유명하다. 매년 5월 이 콘서트홀에서는 체코의 대표적인 작곡가인 스메타나의 '나의 조국'을 연주한다. 이곳에서는 거의 매일 밤 체임버 오케스트라, 심포니 오케스트라 연주 등 다양한 연주회가 열린다. 홈페이지의 월별 스케줄을 통해 이곳에서 펼쳐지는 다양한 클래식 콘서트의 정보를 얻을 수 있다. 스메타나 홀이 자리한 시민 회관 지하에 체코 전통 레스토랑을 비롯해, 1층에 최고급 파인 다이닝 레스토랑 등이 자리해 콘서트 전후에 언제든 식사나 음료를 즐길 수 있다.

지도 P.070C **2권** P.077 **구글 지도 GPS 50.087623, 14.428249** **찾아가기** 나메스티 레푸블리키(Náměstí Republiky) 역에서 도보 1분 **주소** Náměstí Republiky 5, 110 00 Praha 1 **전화** +420-222-002-107 **시간** 일반적으로 18:00~20:00에 시작 **휴무** 공연에 따라 다름 **가격** 공연과 좌석에 따라 다름 **홈페이지** www.obecnidum.cz

MANUAL 23

바 & 클럽

NIGHT FEVER

낮의 열기가 식은 프라하의 밤은 어느 도시보다 찬란하다.
5000여 개의 크고 작은 클럽은 밤하늘의 별보다 화려하게 반짝이고,
낮게 깔린 밤공기 사이사이로 유쾌한 사람들의 웃음소리가 퍼진다.
프라하의 밤이 낮보다 아름다울 수밖에 없는 이유다.

QUESTION

내 취향에는 어떤 클럽이 좋을까?

1. 친구와 함께

봄베이 바 M1 라운지 카를로비 라즈네

2. 연인과 함께

어노니머스 바

3. 가족과 함께

아가르타 레두타 재즈 클럽

DO& DON'T

프라하 클럽 가이드

1. 풀 메이크업에 드레스업을 해야 한다?!

DON'T! 다른 유럽 도시처럼 복장 규제가 심하지 않은 것이 프라하 클럽의 장점. 관광하던 복장 그대로 들어가도 크게 문제되지 않는다. 클럽 입문자에게 제격.

2. 입장료를 내고 음료도 반드시 사야 한다?!

DON'T! 입장료가 있는 클럽이나 바의 경우, 굳이 음료를 따로 살 필요는 없다. 누구 하나 그런 걸로 눈치 주는 이 없으니 마시고 싶지 않다면 분위기만 즐기면 된다.

3. 선곡을 요청하면 안 된다?!

DO! 아무리 소규모 클럽이라고 해도 DJ가 묻지도 않았는데 이 곡 틀어달라, 저 곡 틀어달라 하는 것은 실례. 미리 유튜브에 올라온 영상을 통해 분위기와 음악을 듣고 결정하는 것도 방법.

어노니머스 바 Anonymous Bar

FBI와 CIA를 비웃듯 전 세계를 누비는 명실상부 세계 최고의 해커 집단, 어노니머스. 2012년 실체를 드러내지 않는 이들의 특징을 콘셉트로 한 바가 문을 열었다. 실내에 들어서면 바 이름처럼 누가 누구인지 모르게 가면을 쓰고 있다. 이런 독특한 콘셉트로 세계 여러 매체에 소개된 바 있다. 워낙 술은 취하지 않을 정도로만 마시는 게 저자의 음주 습관이지만, 이곳은 술을 잘 못 마시는 사람마저 뭐든 술술 들이켜게 만드는 분위기다. 〈브이 포 벤데타〉, 어노니머스에 평소 관심이 있던 형제가 만든 바로, 가구부터 페인팅까지 모두 직접 담당했다. 칵테일 메뉴판을 들여다보면 어디에서도 본 적 없는 칵테일 이름이 눈에 들어온다. '에어 메일'을 시키면 칵테일과 함께 스탬프가 찍힌 엽서와 펜이 함께 서빙된다. 편지를 써서 레스토랑 앞 메일 박스에 넣을 수도 있다. 영화에서 영감을 받아 만든 칵테일, '브이즈 블러드(V's Blood)'는 수액 주사처럼 나온다. 모두 어노니머스 바에서 자체 개발한 것이기에 이곳에서만 맛볼 수 있다. 하지만 이름 때문에 선택해도 될지 몰라 혼란스럽다면, 주저하지 말고 바텐더에게 부탁하자. 장난기 가득한 표정을 짓고 있는 마스크가 당신을 가만히 바라보다가 금세 어울릴 만한 칵테일을 만들어줄 테니. 바텐더들은 마술이나 춤에도 재능이 많아 끊임없이 재미있는 퍼포먼스를 펼친다.

지도 P.041A **2권** P.050
구글 지도 GPS 50.085498, 14.420086
찾아가기 메트로 B선 탑승 후 무스테크(Můstek) 역 하차, 웅마노보 나메스티(Jungmannovo Náměstí)에서 웅마노바(Jungmannova) 방면 100m 걷다가 우회전해 웅마노바(Jungmannova) 거리로 진입해 20m 직진, 이어서 페를로바(Perlová) 거리를 130m 직진, 미할스카(Michalská) 거리를 100m 걷다 보면 오른쪽에 위치
주소 Michalská 432/12, 110 00 Praha
전화 +420-608-280-069
시간 일~목요일 17:00~02:00, 금~토요일 17:00~03:00 **휴무** 없음
가격 위스키 145Kč~
홈페이지 www.anonymousbar.cz

WHAT TO DO
연인에게 추천하는 바

프라하의 정취를 느낄 수 있다기보다, 맛과 분위기만 놓고 선별한 데이트 장소다. 일정이 여유로운 연인에게만 추천.

1 파스 아 파스 Pas à Pas
첫 번째 데이트 장소로 완벽한 와인 바. 관광객이 거의 없어 아늑하고 가격 대비 맛이 좋다. 게다가 바로 옆에 강이 있어 다음 코스를 짜기에도 훌륭한 위치. www.pasapas.cz

2 틴스카 바 앤드 북스 Týnská Bar and Books
우아한 분위기를 찾고 있다면 이곳으로 향하자. 가볍게 와인 한잔하러 가기에는 조금 부담스러운 클래식한 분위기로, 연인 외에 손님이나 어른을 대접하기에도 좋다. www.barandbooks.cz/tynska

3 레드 피프 Red Pif
프라하 연인들 사이에서 최고의 와인 바로 꼽히는 곳. 환상적인 와인 리스트를 보유하고 있으며, 음식까지 놀라운 수준. 방문 전 예약은 필수다. www.redpif.cz

4 재즈 독 Jazz Dock
강가에 있는 작은 바로, 전망이 환상적이다. 라이브 재즈 연주를 들으며 프라하를 감상할 곳을 찾고 있다면 이곳이 정답. www.jazzdock.cz

5 부다 바 Buddha Bar
아시안 푸드와 칵테일을 즐길 수 있는 바. 매일 밤 9시부터 진행되는 DJ의 라이브 음악에 맞춰 가는 게 포인트이며, 실내가 모두 금연이라 쾌적하다. www.buddhabarhotelprague.com

M1 라운지 M1 Lounge

프라하에서도 스타일 좋은 청춘들에게 요즘 가장 즐겨 찾는 바가 어디냐고 물으면 아마도 'M1 라운지'라고 답할 것이다. 군더더기 없이 깔끔한 브랜드 로고에서 모던한 스타일의 클럽임을 먼저 알 수 있다. 어두컴컴한 실내는 테이블에서 새어 나오는 파랗고 투명한 빛 덕분에 몽환적인 분위기가 연출되고, 한편에 마련된 DJ 부스에서는 R&B, 힙합, 인디 록, 그리고 하우스 음악까지 DJ의 스타일에 맞는 다양한 음악이 흘러나온다. M1 라운지 인기의 80%는 바로 선곡이 책임진다. 귀가 먹먹할 만큼 크게 울리는 음악이 심장박동을 더 빠르게 만들고, 보디빌더 같은 바텐더가 즉석에서 만들어주는 칵테일에 취하니 이보다 더 신나는 밤이 없다. 평일 저녁엔 정장 차림의 말끔한 회사원들이 많지만, 주말에는 그 분위기가 완전히 바뀌어 화려한 복장의 일명 드레스투킬한 사람들로 가득 찬다. 몸을 곧추세우며 들어가야 할 것 같은 클럽인지라 옷차림에도 약간 제약이 있다. 여행자라도 최근 한국인의 여행 유니폼인 등산복은 삼가고 모자도 시내 관광 때나 쓰는 게 좋다. 카니예 웨스트, 맷 데이먼, 일라이저 우드 등 인기 스타들이 이곳을 다녀가면서 인기를 증명했다. 나라를 막론하고 클럽에서는 종종 불미스러운 일들이 벌어질 때도 있는데, 이곳에서는 그런 노파심은 접어두어도 좋다.

지도 P.040B **2권** P.057 **구글 지도 GPS 50.089641, 14.423274** **찾아가기** 194번 버스 탑승 후 마스나(Masná) 역 하차, 말라슈투파르트스카(Maláštupartská) 방면 50m 직진하면 오른쪽에 위치 **주소** Masná 705/1, 110 00 Praha **전화** +420-227-195-235 **시간** 일~목요일 19:00~03:00, 금~토요일 19:00~05:00 **휴무** 없음 **가격** 티라미수 마티니 185Kč, 워싱턴 애플 155Kč, M1 쿨러 145Kč **홈페이지** www.m1lounge.com

카를로비 라즈녜 Karlovy Lázně

카를교 근처에 중부 유럽에서 가장 유명한 클럽이 있다. 5층짜리 건물 전체가 클럽인 라즈녜가 그 주인공. 거대한 규모 때문에 유럽에서 클럽 좀 다녀본 친구들에게는 호기심의 대상인 곳이다. 스윙 뮤직, 힙합, 테크노 등 층별로 음악 장르가 달라 쭉 둘러본 후 맘에 드는 곳에서 놀 수 있다는 것이 이곳의 가장 큰 장점. 한국인뿐만 아니라 관광객이 많아 새로운 친구를 사귀기에도 좋은 장소다. 평소에도 인기가 많지만 특히 금요일 자정 이후에는 줄을 서야 할 정도. 실내에도 새벽 1~2시에 가장 많고 그 시간이 지나면 조금 한가해지니 참고하자.

지도 P.040C **2권** P.057
구글 지도 GPS 50.084750, 14.413449
찾아가기 194번 버스 탑승 후 마스나(Masná) 역 하차, 말라슈투파르트스카(Maláštupartská) 방면 50m 직진하면 오른쪽에 위치 **주소** Smetanovo nábřeží 198/1, 110 00 Praha 1
전화 +420-222-220-502 **시간** 월~일요일 21:00~05:00
휴무 없음 **가격** 입장료 200Kč, 짐 보관 비용 30Kč
홈페이지 www.karlovylazne.cz

친구들과 편하고
신나게 프라하의 밤을 즐기고
싶다면 추천해요!

봄베이 바 Bombay Bar

크고 작은 바가 하나둘 들어서더니 어느새 클럽 거리가 된 들로우하(Dlouhá) 거리. 이 거리에서도 가장 뜨거운 클럽은 봄베이 바다. 프라하에 어둠이 깔리기 시작하면 이곳에 들어가려는 개성 넘치는 사람들로 입구가 언제나 붐빈다. 100석 정도라고 하지만 춤을 출 수 있는 공간이 넓지 않아 제대로 놀지 못하는 게 아닐까 걱정하는 것도 잠시. 좁은 공간에서 일렉트로닉 댄스음악에 맞춰 칵테일에 취해 춤을 추고 있노라면, 영화 〈코요테 어글리〉의 한 장면이 떠올라 규모에 대한 아쉬움을 달래준다. 아쉬움을 거두는 데 칵테일도 일조한다. 체코에서도 칵테일이 맛있는 바로 잘 알려져 있는데, 고급 럼, 신선한 과일, 그리고 친절한 바텐더가 칵테일 맛의 비결. 기본인 듯 보여도 세 가지를 다 갖춘 곳은 흔치 않다. 160종류 이상의 칵테일과 위스키, 코냑, 와인 등 100가지 술이 구비되어 있으니 입맛과 분위기에 맞게 골라 마시면 된다. 가장 인기 있는 메뉴는 쿠바의 대표적인 럼인 아바나 라이트에 라임 주스와 콜라를 섞어 청량감이 좋은 쿠바 리브르(Cuba Libre)와 주스와 아바나 라이트에 슈거 시럽을 넣어 달콤한 맛이 특징인 다이커리 플레이버(Daiquiri Flavoured)다. 이곳에서 춤을 추다 보면 가장 당기는 맛일 것이다.

지도 P.040B **2권** P.057 **구글 지도 GPS 50.090041, 14.423173**
찾아가기 194번 버스 탑승 후 마스나(Masná) 역 하차, 말라슈투파르트스카(Maláštupartská) 방면 100m 직진, 우회전해 20m 걷다가 들로우하(Dlouhá)로 진입해 50m 걷다 보면 왼쪽에 위치
주소 Dlouhá 13, 110 00 Praha 1 **전화** +420-222-324-040
시간 일~수요일 19:00~04:00, 목요일 19:00~05:00, 금~토요일 19:00~06:00 **휴무** 없음
가격 쿠바 리브르 112Kč, 다이커리 플레이버 145Kč **홈페이지** www.bombay-bar.cz

★★★★★ BEST

아가르타 Agharta

요란하지 않아 더 세련돼 보이는 재즈 바, 아가르타. 프라하 지상에서 다양한 클래식 공연을 감상했다면, 지하로 내려와 재즈에 심취해보자. 재즈 레이블 아르타(ARTA)에서 운영하는 아가르타 재즈 클럽은 세 영역으로 구분된다. 바텐더와 수십 가지 술을 진열한 작은 바, 동굴을 모티브로 한 무대 공간, 아가르타만의 티셔츠, 앨범 등을 판매하는 기념품 숍. 무대 앞 좌석을 차지하려면 공연 20~30분 전에 도착하는 게 좋다. 아가르타 밴드의 연주는 재즈에 관심 없던 사람도 몸을 들썩이게 하고, 박수 치게 하며, 때론 감상에 젖게 한다. 이곳에서 코를 찡하게 만드는 샴페인이나 칵테일 한잔을 마시며 프라하의 밤을 후회 없이 마음껏 즐겨보길. 매일 9시에 공연이 시작되며 매일 뮤지션이 다르니 홈페이지를 통해 미리 확인하고 예약하는 게 좋다.

지도 P.041B **2권** P.056
구글 지도 GPS 50.086502, 14.422049
찾아가기 194번 버스 탑승 후 마스나(Masná) 역 하차, 말라슈투파르트스카(Maláštupartská) 방면 50m 직진하면 오른쪽에 위치 **주소** Železná 491/16, 110 00 Praha 1 **전화** +420-222-211-275
시간 월~일요일 19:00~01:00(공연은 매일 21:00부터) **휴무** 없음
가격 입장료 250Kč, 필스너우르켈 300ml 40Kč, 오렌지 패션(음료) 95Kč
홈페이지 www.agharta.cz

TIP 관광지가 된 클럽
관광지 못지않게 유명세를 타고 있는 클럽도 있다. 프라하의 속살을 감상하려면 작은 곳을 찾는 것이 좋겠지만, 그것보다 남들 다 가는 곳을 꼭 가봐야 하는 성격이라면 이곳부터 섭렵하자.

레두타 재즈 클럽 Reduta Jazz Club

1957년에 문을 열었다고 되어 있지만 정식으로 오픈한 것은 1958년. 연극, 뮤지컬 공연을 하는 장소로 시작한 곳. 1994년 빌 클린턴이 이곳을 방문해 하벨 대통령과 함께 맥주를 마시고, 색소폰 연주까지 한 것으로 화제가 되었다. 30석 정도의 자그마한 클럽이지만 유명인들의 발자취와 함께 연주가 수준급이라 언제나 관광객으로 문전성시를 이룬다. 매일 저녁 멋진 올드 재즈 공연이 열리며, 입구에서 관련 음반을 구입할 수도 있다. 매번 세션이 바뀌면서 새로운 음반이 나오므로 맘에 들었다면 지금 사두는 것이 좋다.

지도 P.070E **2권** P.080 **구글 지도 GPS 50.082151, 14.418570**
찾아가기 194번 버스 탑승 후 마스나(Masná) 역 하차, 말라슈투파르트스카(Maláštupartská) 방면 50m 직진하면 오른쪽에 위치 **주소** Národní 20, 110 00 Praha 1
전화 +420-224-933-487 **시간** 월~일요일(재즈 공연 매일 21:00~00:00) **휴무** 없음
가격 300Kč **홈페이지** www.redutajazzclub.cz

MANUAL 24

호텔

STARRY STARRY

Night in Prague

프라하 호텔

하루 종일 계속될 것 같던 눈부신 태양이 지고 나면
머리 위로 쏟아질 듯 수많은 별들이 프라하 밤하늘을 촘촘히 채운다.
그 밤에 머물면 좋을 숙소 다섯 곳.

-PRAGUE HOTEL AWARD-

엄지 척! 프라하 호텔 어워드

최고의 조식

1. 포시즌스 호텔

2. 아리아 호텔

3. 야스민 호텔

최고의 베딩

1. 포시즌스 호텔

2. 부다바 호텔

3. 호텔 요세프

최고의 서비스

1. 호텔 요세프

2. 아리아 호텔

3. 부다바 호텔

최고의 위치

1. 포시즌스 호텔

2. 부다바 호텔

3. 호텔 요세프

✔ 체코 관광청이 꼽은 로맨틱 호텔
가격이나 위치에 상관없이 아름다운 정원에 캔들 디너가 펼쳐지거나 앤티크한 가구로 가득한 로맨틱 호텔들.

1. 프라하 성 아래의 소박한 호텔, **우 라카 U Raka**

2. 중부 보헤미아의 대표 캐슬 호텔, **샤토 므첼리 Château Mcely**

3. 체스키 크룸로프에서 느끼는 르네상스, **호텔 루제 Hotel Růže**

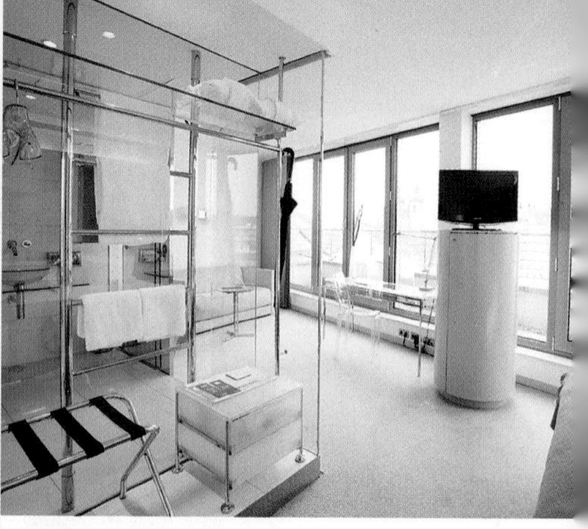

호텔 요세프 Hotel Josef

숙소를 정하기 전 주관적인 기준을 세우고, 객관적인 평가를 확인하는 것은 필수다. 가격은 합리적인지, 위치는 괜찮은지 꼼꼼하게 따져볼 필요가 있다. 호텔 요세프는 그런 조건을 만족시키기에 충분하다. 우선 도보로 5분 거리에 백화점 팔라디움과 대형 슈퍼마켓 빌라가 있어 허기진 배를 달래고, 갈증을 해소할 수 있어 편리하다. 게다가 오베츠니 둠, 화약탑 같은 관광 명소도 5분이면 도착한다. 위치가 좋다고 룸 상태에 대한 기대치를 낮출 필요는 없다. 둘이 누워도 남을 정도로 넓은 침대와 모던하고 깔끔한 커튼과 침구로 마무리한 방은 느긋한 휴식을 보장한다. 영국 브랜드인 올라 카일리의 코즈메틱이 어메니티로 마련되어 있는 욕실, 네스프레소 머신이 있는 미니 바는 작은 디테일까지 신경 쓴 흔적이 엿보여 기분 좋아진다. 이 호텔의 감동은 책상에 마련된 손바닥만 한 지도에서 방점을 찍는다. 호텔 주변의 조깅 코스가 표시된 지도다. 달리기를 싫어하는 사람들을 위해 짧은 코스도 준비되어 있다. 낯선 거리를 혼자 걷기 꺼려진다면 매주 화 · 금요일에 진행하는 '사이트싱 조깅(Sightseeing Jogging)'을 신청하면 된다. 30~45분 정도 훈련된 스태프를 따라 달리는데, 전력 질주를 하는 게 아니기 때문에 달리는 것에 대한 부담은 내려놓아도 된다. 7시 30분에 호텔에서 모여 출발하며 유명 거리와 구시가지를 달리면서 기본적인 관광 정보를 함께 전달한다. 정기 조깅 외에도 이메일로 문의하면 일정을 조정해 간단하게 호텔 주변 투어를 진행해주기도 한다. 15분 정도면 끝나는데 호텔 주변 맛집, 주변에 있는 조각상, 갈 만한 곳을 정리해준다. 프라하를 홀로 찾은 이라도 이곳에서 묵는다면 든든할 것이다.

지도 P.040B **2권** P.057 **구글 지도 GPS 50.090002, 14.426107** **찾아가기** 26번 트램 탑승 후 들로우하 트르지다(Dlouhá Třída) 역에서 하차 , 레볼루츠니(Revoluční)에서 들로우하(Dlouhá) 방면으로 걷다가 사거리에서 우회전해 들로우하 거리로 진입, 140m 직진 후 좌회전해 리브나(Rybná)에 진입해 65m 걷다 보면 왼쪽에 위치 **주소** Haštalská S.R.O. Rybná 20 110 00 Prague 1 **전화** +420-221-700-901 **시간** 체크인 12:00~ **휴무** 없음 **가격** 더블룸 1박 약 20만 원~ **홈페이지** wwww.hoteljosef.com

★★★★★
은은한 라운지 뮤직이
감미로운 곳

부다바 호텔 Buddha-bar Hotel

재미있는 친구를 만들고 싶은 사람, 하룻밤을 머물더라도 이것저것 느껴보고 싶은 사람이라면 부다바 호텔보다 적당한 곳이 없을 것이다. 부다바라는 이름에서 알 수 있듯이 디자인 면에서 불교적 색채가 강한 호텔이다. 실내에 커다란 불상이 있고, 화려한 샹들리에와 붉은색 조명으로 개성 강한 모습이 특징인 부다바는 디자인만큼 유명한 것이 음악이다. 자신들의 브랜드를 드러낼 수 있는 컴필레이션 음반을 제작한 뒤 부다바 매장에서만 활용한다. 이 음반들은 한때 유럽 전역에 라운지와 일렉트로닉 음악 열풍을 주도했으며, 주요 호텔, 파티, 패션쇼 등에서 감각 있는 음악으로 사랑받아 전 세계적으로 판매되고 있다. 부다바 호텔 방에 들어서면 이 모든 사실을 직접 확인할 수 있다. 붉은색이 가득한 방에 용 문양이 이름의 출처를 떠올리게 하고, 흘러나오는 음악들이 그 분위기와 잘 어울리는 것을 확인할 수 있다. 음악으로 아이덴티티를 드러내는 호텔이니만큼 뱅앤올룹슨 스피커를 선택해 음향에도 신경 썼다. 침실 천장에 스피커가 있는 것은 물론 곳곳에 설치된 스피커 덕에 반신욕을 할 때도, 화장실에 앉아 있어도 소리가 멀어지는 법이 없다. 듣고 싶은 음악을 방 안 가득 틀어놓기만 하면 분위기나 음향에 있어서 나만의 클럽이 따로 없다. 좀 더 분위기를 내고 싶다면 들로우하(Dlouhá) 거리로 나가보자. 프라하에서 가장 최근 핫한 클럽이 가득한 거리로 부다바 호텔에서 느린 걸음으로 10분이면 충분하다. 새벽까지 신나게 놀아도 호텔이 가까워 걱정 없다.

지도 P.040D **2권** P.057
구글 지도 GPS 50.088265, 14.425687 **찾아가기** 메트로 B선 나메스티 레푸블리키(Náměstí Republiky) 역 하차 후 나 포르지치(Na Poříčí)에서 나메스티 레푸블리키 방면으로 40m 직진, 우회전해 나메스키 레푸블리키 역에 진입해 60m 직진, 좌회전해 나메스티 레푸블리키 거리에서 30m 직진, 우회전해 우 오베츠니호 도무(U Obecního Domu) 거리를 120m 직진, 좌회전해 라로드보르스카(Rálodvorská) 거리를 40m 직진 후 우회전해 리브나(Rybná) 거리를 50m 직진 후 좌회전해 야쿠브스카(Jakubská) 거리에 들어서면 왼쪽에 위치 **주소** Jakubská 649/8 - 110 00 Prague 1 **전화** +420-221-776-300 **시간** 체크인 12:00~ **휴무** 없음 **가격** 더블 룸 1박 약 35만 원~ **홈페이지** www.buddhabarhotelprague.com

포시즌스 호텔 Four Seasons Hotel Prague

3대가 함께 떠나는 여행은 들을 땐 흐뭇해져도, 막상 현실로 닥쳐오면 골치가 아프다. 아이들은 디즈니랜드 관람이나 물놀이처럼 활동적인 것을 원하는 데 비해 부모님은 조용하게 휴식을 취하고 싶어 하는 등 서로 원하는 것이 다르기 때문이다. 이 상반된 요구를 절충할 수 있는 호텔이 포시즌스 호텔이다. 우선 포시즌스 호텔은 오랜 시간 한자리를 지키고 있으며 우아하고 고고한 분위기다. 프라하에서 가장 넓은 스위트룸으로도 유명하지만, 슈피리어 룸도 캐리어 2~3개쯤은 어지럽게 펼쳐놓아도 될 만큼 충분히 여유롭다. 포시즌스 호텔 프라하의 매력은 방 크기보다 뷰와 위치. 레스토랑에 앉아 조식을 먹을 땐 프라하 성을 마주할 수 있고, 리버 뷰인 방이라면 블타바 강과 가장 가까이에서 하룻밤을 보낼 수 있다. 대로변에 있기 때문에 시티 뷰인 방조차 유대 인 지구 풍경이 시원하게 펼쳐져 훌륭하다. 호텔에서 느긋하게 시간을 보내는 것만으로 부모들이 원하는 바는 충족될 것이다. 아침에 눈을 뜨자마자 놀러 나가자는 아이들이 있다면, 비디오 게임기를 대여하거나, 수영장으로 데려가거나, 아니면 가까이에 있는 카를교나 프라하 성으로 가면 된다. 호텔에서 나와 오른쪽으로 두세 블록만 직진하면 카를교가 3분 거리에 있고, 왼쪽으로 가면 프라하 성으로 향하는 마네수프 다리가 나온다. 카를교를 찬찬히 둘러보고 싶다면 오전 8시 전후가 좋다. 거리가 가까운 만큼 카를교에서 셀프 웨딩을 계획하는 커플에게도 최적의 위치다. 허니문으로 이곳을 찾는 커플에게는 베갯잇에 커플의 이니셜을 새겨 선물로 주기도 한다. 그런 베개라면 평생 신혼여행 첫날처럼 살 수 있지 않을까.

지도 P.040C **2권** P.057
구글 지도 GPS **50.087742, 14.414854**
찾아가기 17 · 18번 트램 탑승 후 스타로메스트스카(Staroměstská) 역 하차, 크르지조브니츠카(Křižovnická) 거리에서 벨레슬라비노바(Veleslavínova) 방면 70m 직진, 우회전해 벨레슬라비노바에 진입하면 왼쪽에 위치
주소 Veleslavínova 2a/1098 110 00 Prague 1 **전화** +420-221-427-000 **시간** 체크인 12:00~
휴무 없음 **가격** 더블 룸 1박 약 55만 원~ **홈페이지** www.fourseasons.com/prague

그란디움 프라하 Hotel Grandium Prague

★★★★★
프라하 역 인근이라 교통이 편리

여행지를 선택하는 것 못지않게 호텔을 선택할 때도 취향이 드러난다. 접근성과 경제성을 고려하는 합리적인 여행자라면 프라하에서는 호텔 그란디움 프라하가 안성맞춤이다. 야스민 호텔로 불렸던 곳을 이름을 바꿔 재오픈했다. 장점은 그대로다. 호텔에서 5분 정도 산책하듯 걸으면 알폰스 무하 박물관, 바츨라프 광장에 도착한다. 물론 신시가지는 구시가지에 비해 관광요소가 많은 지역은 아니지만 기차를 타고 타 도시로 이동할 일이 많은 여행객들에게 중요한 것이 바로 기차역과의 접근성. 신시가지 광장 한복판에 있기 때문에 저녁 늦게까지 쇼핑이나 식사를 즐기는 사람들로 북적거리고 대중교통 수단이 많기 때문에 밤늦도록 프라하를 누벼도 부담 없을 만큼 편하다. 그러면 시끄러운 게 아니냐고 물을 수도 있다. 섣부른 판단은 금물. 그란디움 호텔은 최적의 위치를 자랑하면서도 완벽한 방음과 암막 커튼 덕에 대낮에도 숙면을 취할 수 있다. 실내는 디자인 호텔이라는 명칭에 맞게 심플하지만 그린 · 그레이 · 브라운 컬러로 포인트를 줘 안락하면서도 고급스러운 분위기다. 이 호텔을 경험한 사람들이 마지막으로 칭찬하는 것이 바로 푸짐한 조식이다. 1층에 있는 레스토랑은 통창으로 햇빛이 가득 들어오고, 구슬 같은 조형물이 천장에 달려 그 빛을 반사해 밝고 화사해 레스토랑에 발을 들이는 순간부터 기분이 좋아진다. 시리얼, 빵, 요구르트 종류가 다양해 먹는 시간도 즐겁다. 저녁이 되면 체코식 누들 바로 바뀌는데, 시간이 없어 제대로 된 체코식 식사를 못해봤다면 이곳을 이용해보자. 이 모든 장점은 많은 여행사들이 에어텔 상품에 이 호텔을 선택하는 것으로 증명된다.

지도 P.070F **2권** P.080
구글 지도 GPS 50.082274, 14.429851
찾아가기 Hlavní nádraží역을 등지고 신시가지 광장쪽으로 걷다가 사거리에서 우회전해서 1-2분 정도 걸으면 좌측에 위치 **주소** Politických vězňů 913/12, 110 00 Nové Město
전화 +420-234-100-100
시간 체크인 12:00~ **휴무** 없음
가격 더블룸 13만 원~
홈페이지 www.hotel-grandium.cz/en/

아리아 호텔 Aria Hotel

★★★★★
클래식 무드의 고상한 호텔

끊임없이 탄성을 지르게 하는 아리아 호텔은 마치 유럽 귀족 별장 같다. 한국인들에게는 조금 낡은 듯한 느낌이겠지만, 유럽 인들은 클래식한 분위기가 주는 가치를 중요하게 여긴다. 그래서 아리아 호텔에서 묵었다는 것은 많은 것을 의미한다. 경제적인 여유가 있다는 것, 음악에도 관심이 있다는 것을 알 수 있다. 부다바 호텔이 클럽 음악이라면 아리아 호텔은 클래식이다. 유명 아티스트들의 이미지와 사인이 담긴 그릇 장식장부터 심상치 않은 기운이 느껴진다. 방문에는 모차르트, 스메타나 등 예술가들의 이름과 이미지가 붙어 있다. 방마다 한 명의 예술가를 콘셉트로 삼아 실내에 들어가면 그와 관련된 음악을 들을 수 있도록 되어 있다. 모던한 스타일을 좋아하는 여행객이라면 가구나 실내 분위기에서 아쉬움이 남을 수 있다. 하지만 아쉬움을 달랠 기타 공간이 충분하다. 이곳에는 일반 호텔에서는 볼 수 없는 '뮤직 라이브러리', '뮤직 살롱'이 있다. 음악 CD, DVD 등이 빽빽하게 채워져 있고, 이 음반들을 라이브러리나 자신의 방에서 들을 수 있다. 음반 리스트를 짜는 뮤직 디렉터가 있을 정도. 음악 관련 서적이 100여 권 있어 책을 읽으며 뮤직 살롱에서 시간을 보낼 수도 있다. 루프 가든 테라스에 있는 레스토랑에서 빨간 지붕이 빼곡한 도시 풍경을 바라보면서 식사를 한 다음 호텔 뒤 바로크 스타일의 브르트보브스카(Vrtbovska) 정원으로 향한다. 유네스코 세계문화유산에 등재된 곳으로 호텔 손님들은 이곳으로 바로 들어갈 수 있다. 5월 초부터 10월 말까지만 개방하니 기간을 확인하는 것이 좋다. 음악과 정원의 조화 덕에 아리아 호텔은 텔레그래프(Telegraph), 트립어드바이저(Tripadvisor) 등에서 전 세계 베스트 럭셔리 호텔 톱 50 리스트에 올랐다.

지도 P.096B **2권** P.105
구글 지도 GPS 50.087844, 14.402639
찾아가기 12·20·22·57번 트램 탑승 후 말로스트란스케 나메스티(Malostranské Náměstí) 역 하차, 모스테츠카(Mostecká) 방면으로 70m 직진 후 좌회전해 카르멜리트스카(Karmelitská) 거리를 70m 직진, 우회전해 트르지슈테(Tržiště) 거리를 80m 정도 걷다 보면 왼쪽에 위치
주소 Tržiště 9 Prague 1
전화 +420-225-334-111
시간 체크인 12:00 ~
휴무 없음
가격 더블 룸 1박 약 30만 원~
홈페이지 www.ariahotel.net

★★★★★
깨끗하고 아늑한
부티크 호텔

NYX 프라하 NYX Hotel Prague

퓨전 프라하 호텔이 있던 자리에 캐쥬얼 감각의 닉스 호텔이 들어섰다. 이미 유럽, 이스라엘, 사이프러스 등 전세계 여러 곳에 지점을 두고 있는 닉스 호텔은 젊은 감각의 부티크 호텔을 선호하는 여행자들에게 좋은 반응을 얻고 있다. 프라하 중앙역에서 도보 5분 정도 위치로 대부분의 관광지를 도보로 이용할 수 있다. 아늑하고 깨끗하다는 평이 주를 이루며 조식도 좋은 평을 받고 있다. 특히 1층에 설치된 엔터테인먼트 시설은 아이들에게 인기가 있다.

지도 P.070F **2권** P.080 **구글 지도 GPS 50.084018, 14.427934**
찾아가기 무스테크(Můstek) 역에서 도보 5분 **주소** Panská 9, 110 00 Praha 1 **전화** +420-226-222-800 **시간** 체크인 15:00 ~ **휴무** 없음
가격 싱글룸 10만원~ 더블룸 15만원~ **홈페이지** www.leonardo-hotels.com/nyx-prague

★★★★★
미니멀리즘
부티크 호텔

안델스 호텔 Anděl's Hotel

감각적인 4성급 부티크 호텔로 전체 객실 수는 239개다. 안델(Anděl)은 체코 어로 천사를 의미한다. 인테리어는 미니멀리즘을 강조한 화이트 컬러에 빨간색 소파 등으로 포인트를 주었다. 심플한 객실은 모던한 시설을 자랑한다. 이곳은 원래 산업 시설이 들어섰던 곳으로, 과감하게 레노베이션해 호텔로 만들었다. 백화점이 들어선 스미초프 지구에 자리해 머무는 동안 구시가지나 말라 스트라나 지구와는 또 다른 프라하 모습을 엿볼 수 있다.

지도 P.106 **2권** P.107 **구글 지도 GPS 50.071328, 14.402801**
찾아가기 안델(Anděl) 역에서 도보 5분 **주소** Stroupežnického 21, Smíchov, 150 00 Praha 5 **전화** +420-296-889-688
시간 체크인 15:00 ~ **휴무** 없음 **가격** 스탠더드 더블 룸 15만 원~
홈페이지 www.vi-hotels.com

안젤로 호텔 Angelo Hotel

구시가 지구와 말라 스트라나 지구를 벗어난 곳에서 머물고자 한다면 안델스 호텔과 마찬가지로 이 호텔에 머무는 것은 탁월한 선택 중 하나다. 안델스 호텔의 이웃사촌 격인 이 호텔은 모던한 공간에 다양한 색감을 이용한 인테리어가 눈길을 끈다. 이 호텔의 스위트룸은 멋진 시티 뷰를 자랑하는 프라이빗 테라스를 갖추고 있다. 호텔 로비는 1970년대를 연상시키는 재즈 바 콘셉트로 꾸몄다.

지도 P.106 **2권** P.107 **구글 지도 GPS 50.070657, 14.401558**
찾아가기 안델(Anděl) 역에서 도보 5분
주소 Radlická 1G, Smíchov, 150 00 Praha **전화** +420-234-801-111
시간 체크인 3시~ **휴무** 없음
가격 슈피리어 싱글 2200Kč~, 슈피리어 더블 2300Kč~
홈페이지 www.vi-hotels.com

★★★★★
안델스 호텔의
이웃사촌

DAY-60

무작정 따라하기 : 여행 떠나기 전 준비할 것

D-60

여권 등 필요한 서류 체크하기

1. 준비할 서류 미리 보기

- □ 여권
- □ 여행자보험
- □ 항공권
- □ 국제운전면허증(렌터카 이용 시)
- □ 유스호스텔 회원증(유스호스텔 이용 시)
- □ 국제학생증(해당자, 관광의 주요 목적지가 박물관과 미술관 등의 유적지일 경우 유리)

2. 여권 만들기

여권은 해외여행 시 필요한 개인 신분증이다. 여권을 발급받는 데 짧게는 3일, 길게는 7일 정도 소요되므로 미리 신청하는 게 좋다. 비행기 탑승과 출입국 심사, 그리고 호텔 체크인, 렌터카 이용 등의 상황에서 여권을 제시해야 하므로 이런 상황에서는 여권을 미리 준비해둔다. 종종 해외에서 물건을 살 때도 카드 소유주가 맞는지 확인차 여권을 요구하기도 하므로, 면세 쇼핑이 아니더라도 쇼핑할 때는 지참해야 한다.

✔ 여권 만들기

신청 기관 각 광역시청, 도청이나 서울시 모든 구청 여권과

신청 서류 여권용 사진 1장(6개월 이내 촬영한 사진), 신분증(주민등록증, 운전면허증), 여권발급신청서 1부(여권과 비치)

여권 종류와 수수료 10년 복수여권(48면) 5만3000원, 5년 복수여권 4만5000원, 1년 단수여권 2만 원

*만 25세 미만의 군 미필자의 경우, 국외여행허가서 필요

*단수여권은 한국을 출국해 1개 국가 이상 국가별 1회 방문한 후 한국으로 돌아오면 유효기간이 남아 있더라도 효력이 상실된다. 종종 단수여권을 인정하지 않는 국가도 있으므로 여행 계획을 세우기 전 외교부 여권안내 홈페이지(www.passport.go.kr)를 참고.

✔ 여권 유효기간

유효기간이 6개월 이상 남아 있어야 출입국 시 문제가 없다. 유효기간이 얼마 남지 않았을 경우에는 재발급받거나 유효기간을 연장해야 한다. 단, 전자여권만 가능하며 구여권은 유효기간 연장이 불가능하다.

✔ 긴급여권

긴급한 출국 상황을 앞두고 여권에 문제가 최소 4일 전에 발견됐다면 긴급여권을 신청할 수 있다. 여권발급신청서, 여권용 사진 1매(6개월 이내 촬영한 사진), 가족관계기록사항에 관한 증명서, 신분증, 병역 관계 서류(25~37세 병역 미필 남성 : 국외여행허가서, 18~24세 병역 미필 남성 : 없음, 기타 18~37세 남성 : 주민등록초본 또는 병적증명서 등), 항공권 사본, 긴급성 증명 서류(의사소견서, 사망진단서, 사업상 증명 서류), 신청사유서를 준비해 전국 여권사무 대행 기관에 접수하면 된다. 수수료는 일반여권 발급 수수료와 동일하며, 당일 오후 3시까지 접수하면 48시간 안에 처리가 가능하다.

✔ 여권 유효기간

일반적으로 여권의 유효기간이 6개월 이상 남아 있어야 출입국이 가능하다. 여권이 있다고 하더라도 유효기간이 얼마 남지 않았을 경우에는 재발급받거나 유효기간을 연장해야 한다. 단, 전자여권만 가능하며, 구 여권은 유효기간 연장이 불가능하다.
더욱 자세한 사항은 외교부 여권안내(www.passport.go.kr) 참고.

3. 해외 여행자보험 들기

혹시 모르는 사고를 대비해 가입하는 것으로 해외여행에는 필수다. 사고 이후에 가입이 어려우므로 미리 각 화재보험사(KB손해보험, 삼성화재, 한화손해보험 등)를 통해 가입해야 하며, 이미 출국한 상태라면 인터넷 신청으로 편하게 접수할 수도 있다. 종종 은행에서 환전 서비스로 여행자보험을 들어주거나, 카드 혜택에 무료 여행자보험 가입이 있는 경우도 있으므로 확인해보는 게 좋다. 해당 기관의 보험 상품과 기간별 요금이 천차만별이므로 해당 기관의 홈페이지에서 직접 확인한 후 본인의 상황에 맞는 것으로 신청한다.

4. 국제운전면허증 만들기

렌트를 계획 중이라면 국제운전면허증을 만들어야 한다. 국제운전면허증의 소지자는 가맹국 내에서 운전할 수 있다. 국내 운전면허증이 있는 사람에 한해 전국 운전면허시험장이나 지정 경찰서에서 접수가 가능하다. 유효기간은 교부받은 날로부터 1년. 혹여 국내 운전면허증의 효력이 정지된다면 국제운전면허증 또한 효력이 사라진다. 본인 신청 시 본인 여권, 운전면허증, 여권용 사진 또는 반명함판 사진 1매 필요. 수수료 8500원.

5. 유스호스텔 회원증 만들기

성별, 나이 불문하고 모든 여행자가 유스호스텔 회원증을 만들 수 있다. 호스텔링 인터내셔널 홈페이지(www.kyha.or.kr)에서 나이와 구성에 맞는 수수료를 확인할 수 있다. 프라하는 서유럽 국가들에 비해 숙박비가 부담스러운 곳은 아니다. 하지만 외국인 친구들을 사귈 수 있다는 장점이 있어 호스텔을 선호하기도 한다. 국제연맹 유스호스텔 이용 시 회원증이 필요하지만 사설 유스호스텔은 회원증 없이도 이용할 수 있다.

6. 국제학생증 만들기

만 12세 이상으로 대학원을 포함한 국내 학생증 소지자라면 누구나 발급받을 수 있다. 국제학생증은 박물관이나 미술관 등의 유적지 관람에 특히 유용하다. 프라하의 경우 입장료를 내는 관광지가 많으므로 국제학생증이 있으면 큰 도움이 된다. 학교 홈페이지나 ISIC 홈페이지(www.isic.co.kr)에서 신청할 수 있다. 졸업을 앞두고 있다면 학기가 끝나기 전에 미리 신청해둔다. 여권 사진 1장, 신분증(여권, 주민등록증, 운전면허증 중 택1), 학생 증빙서류 1부(1달 이내 발행한 증명서만 유효), 휴학생의 경우 휴학증명서 필요.

D-58
예산 짜기

1. 예산 항목 만들기

- □ 항공 요금
- □ 교통비(공항-시내, 시내에서의 이동 경비)
- □ 숙박비
- □ 식비
- □ 입장료

2. 항목별 지출 예상 경비

여행 경비는 쓰기 나름이다. 초저가 배낭여행을 한다면 1일 2000Kč 정도도 충분하고, 중급 호텔에 머물고 파인 다이닝을 즐기려면 1일 5000Kč 정도다. 물론 고급 호텔에 머무르고 다양한 액티비티까지 누리고 싶다면 필요한 경비는 그 이상이다. 일반적으로 식비와 교통비 정도만 현금으로 준비하고 나머지는 카드로 지불하는 게 좋다.

① 항공 요금(85만~130만 원)

유럽은 성수기와 비수기, 그리고 얼리버드와 여행 시점에 구입하는 비용 차가 심한 편이다. 비수기에 외국 항공사의 경유 항공편을 이용하면 항공권 비용을 줄일 수 있다. 체코는 관광 목적인 경우 3개월 무비자로 입국이 가능하다.

② 입장료(프라하 카드 2일권 성인 58€)

프라하 카드(www.praguecard.com)를 구입하면 대부분의 관광지 입장이 가능하고, 시내 교통과 공항까지 셔틀버스를 이용할 수 있다. 2·3·4일권이 있으며 관광지를 몰아서 루트를 잘 짜면 2~3일권으로도 충분하다. 단, 관광지 위주로 여행할 게 아니라면 시간에 구애받지 않고 그때그때 입장료를 내는 게 낫다.
또 학생이라면 프라하 카드를 저렴하게 구입할 수도 있고, 각 관광지 매표소에서 국제학생증으로 할인받을 수도 있다. 프라하 카드는 프라하 하벨 공항 터미널 1/2에 위치한 Prague City Tourism이나 구시가 광장 천문시계 옆에 있는 구시청사 1층, 중앙역 인포메이션 센터에서 구입하거나 홈페이지에서 온라인 구매 후 지정된 장소에서 픽업 가능하다.

③ 식비(길거리 주전부리 50~100Kč, 캐주얼 레스토랑 이용 시 200Kč, 파인 다이닝 레스토랑 600~1000Kč)

서유럽 배낭여행자들이 배불리 먹을 수 있는 곳이 프라하다. 그만큼 저렴한 물가로 유명하다. 메인과 디저트, 음료까지 주문해도 1만 원이 넘지 않고 호텔 레스토랑에서 식사를 해도 3만~4만 원 선이다. 슈퍼마켓과 길거리 음식을 주로 이용한다면 빵과 맥주를 사도 5000원이면 충분하다. 식비만큼은 정말 부담 없어서 매 끼니 맥주나 디저트까지 곁들이게 된다.

④ 현지 교통비(24시간권 110Kč)

프라하 시내만 돌아볼 계획이라면 도보로도 충분하다. 공항에서 시내까지 왕복 교통편과 근교로 이동하는 교통편 정도만 지출하면 된다. 하지만 걷는 데 흥미가 없다면 24시간권을 구입할 수 있다. 프라하 카드가 있다면 카드 제시 후 이용하면 된다.

3. 1일 체류비

항공권과 숙박비를 제외한 1일 체류비는 대략 800~1000Kč. 캐주얼 레스토랑 기준으로 파인 다이닝 레스토랑을 즐기는 식도락가라면 1500Kč으로 넉넉하게 잡아야 한다. 또 프라하에는 합리적인 가격대의 공연이 많이 준비되어 있다. 추가로 인형극이나 클래식, 발레 공연 등을 계획 중이라면 이 금액도 따로 준비한다.

Tip 유심칩 구입하기

길 찾기나 여행 정보를 바로바로 검색할 때 유용해서 인터넷 로밍을 하는데, 그보다는 현지에서 유심칩을 사는 게 훨씬 저렴하고 통화 품질도 우수하다. 시내에서 '보다폰'이나 '티모바일' 매장에서 구입할 수 있으며, 데이터 전용 유심칩과 전화와 데이터를 함께 쓸 수 있는 통합 유심칩 중에서 고르면 된다. 구입 전에 휴대폰 기종에 맞는지만 한 번 확인하면 된다.

4. 보편적인 5박 7일 총비용

저렴한 항공권을 구입하고, 3성급 호텔을 2인 1실로 쓴다고 가정했을 때의 여행 비용이다.

항공 요금 100만 원(직항)

5박 숙박비 20만 원(약 8만 원 X 5박=40만 원(2인))

체류비 약 34만 원(1000Kč X 7일)

합계 100만 원 + 40만 원 + 34만 원 = 174만 원

D-55

항공권 구입하기

항공권을 저렴하게 구입하면 숙박비를 제외한 현지 생활비 정도가 차이나므로 가장 치밀하게 준비해야 한다. 적어도 55일 전에는 준비해야 남들보다 비싸게 샀다는 억울함을 접을 수 있다. 여유가 된다면 그 전부터 항공사나 여행사 뉴스레터를 구독해 잘 살피면서 특가 항공권이 없는지 관심을 갖도록 하자.

1. 편안한 직항 항공사

대한항공 kr.koreanair.com

체코항공 www.csa.cz

2. 합리적인 경유 항공사

네덜란드항공, 루프트한자 독일항공, 핀에어 등 다양한 경유 항공편을 통해 프라하로 갈 수 있다. 일반적으로 경유 항공사는 직항 항공사보다 요금이 15~20% 정도 저렴하다. 또 경유지에서 체류를 할 수 있어 원하는 지역 항공사를 선택한다면 직항보다 더 다양한 경험을 할 수 있어 일부러 경유 항공사를 선호하는 사람들도 많다. 항공사마다, 그리고 각 요금 규정마다 경유 조건이 다르므로 미리 꼼꼼하게 확인하는 게 중요하다.

> **Tip 경유/환승 항공편 이용 시 유의할 점**
> 경유할 계획이 아니라면 공항 대기 시간이 짧은 항공편이 편하다. 하지만 1시간 정도의 짧은 경유 시간은 오히려 연착 시 대비하기 어렵고, 공항 규모가 커서 이동을 해야 한다면 시간이 부족할 수도 있어서 적어도 2시간 30분 정도 여유를 두는 것이 가장 좋다.

3. 항공권 결제 시 체크리스트

✔ 항공 출·도착 및 대기 시간

밤 도착이라면 도착 후 관광 대신 숙박을 해야 한다. 숙박비만 더 들어가는 일정이 되는 것이므로 주로 오전이나 낮 도착 비행기가 유리하다. 일반적으로 대한항공, 체코항공, 에미리트항공, 카타르항공이 도착 시간이 좋고, 유럽 항공사들은 밤 도착이다. 항공편에 따라 스케줄은 달라지므로 꼼꼼하게 확인해야 한다.

✔ 마일리지 적립 여부

유럽은 장거리 노선으로 100% 마일리지 적립을 한다면 적어도 국내선 항공권이 보너스로 생길 정도다. 무조건 저렴한 항공권을 선택하기보다는 마일리지 적립 여부를 고려해 선택하길 권한다.

✔ 요금 조건

우리가 구입하는 대부분의 항공권은 할인 항공권으로 다양한 조건이 딸려 있다. 항공권마다 최소 · 최장 체류 기간이 있기도 하고, 리턴일 변경 불가, 취소 수수료 등의 제약이 있기도 하다. 온라인 결제 시 이런 조건을 스스로 확인해야 하므로 주의가 필요하다.

> **Tip 항공권 어디에서 구입할까?**
> 각 항공사 홈페이지와 항공권 가격비교 사이트를 비교해가며 사는 것이 좋다.
> **인터파크 투어** tour.interpark.com
> **와이페이모어** www.whypaymore.co.kr
> **지마켓 투어** gtour.gmarket.co.kr
> **스카이스캐너** www.skyscanner.co.kr

D-45

숙소 예약하기

1. 호텔 vs 호스텔

미리 말하자면 프라하는 식사만큼 숙소 또한 가성비가 좋다. 서유럽의 다른 도시에 비해 훌륭한 컨디션의 호텔을 보다 저렴하게 예약할 수 있으므로 서유럽 배낭여행 중이라면 이곳에서 잠시 여독을 푸는 것도 방법이다. 2인실 기준으로 1박에 7만~10만 원 선에서도 위치 좋고 깨끗한 호텔이 많기 때문에 서둘러 예약하면 저렴하게 이용할 수 있다. 문제는 혼자 여행을 갔을 경우, 2인 요금을 내고 룸을 빌려야 하기 때문에 가격 부담이 크다는 것. 그럴 땐 호스텔이 좋다. 호스텔도 호텔 못지않게 깨끗한 컨디션을 자랑하는 데다가 동행자를 만날 수도 있다.

2. 숙소 예약

같은 호텔이라 할지라도 호텔 예약 사이트마다 가격이 다르므로 손품을 팔아 열심히 찾아보는 수밖에 없다. 기왕이면 같은 호텔 브랜드를 쭉 이용하거나, 하나의 호텔 예약 사이트만 애용하면 각 사이트에서 마일리지나 할인 혜택을 추가로 받을 수 있다. 호텔을 고를 땐 트립어드바이저(tripadvisor.com) 같은 여행 리뷰 사이트에서 다른 여행자들의 후기를 참고하면 된다.

✔ 숙소 예약 사이트

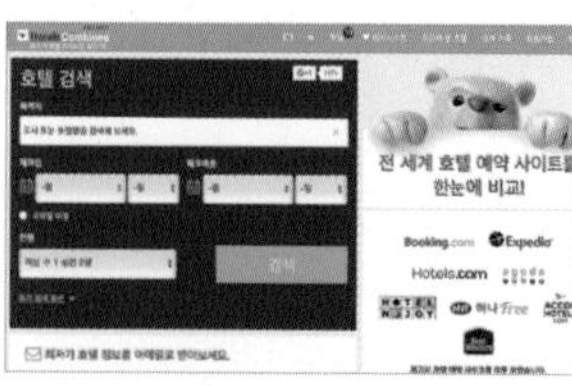

호텔스컴바인
www.hotelscombined.co.kr

부킹닷컴 www.booking.com

호텔스닷컴kr.hotels.com

에어비앤비 www.airbnb.co.kr

아고다 www.agoda.com

D-40 여행 정보 수집하기

1. 온라인으로 정보 수집하기

① 체코관광청

www.czechtourism.com
서울시 마포구 독막로7길 59, 4층
02-322-4210
2013년에 한국에도 체코관광청 사무소가 개관했다. 홍대 캐슬프라하 빌딩, 이곳에서 프라하 관련 문의도 하고, 각종 가이드북까지 받아올 수 있다.

② 프라하관광청

www.prague.eu/en
전세계에서쏟아져나오는프라하 관련기사들이나현지의축제및이벤트 정보를가장정확하게확인할수있다.

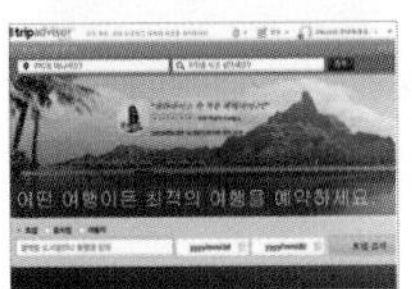

③ 트립 어드바이저

tripadvisor.com
프라하를 다녀간 전 세계 여행자들이 써놓은 리뷰를 확인할 수 있다. 맛집, 호텔을 찾을 때 특히 유용하며 사이트에서 바로 레스토랑 예약, 지도를 통해 찾아가는 방법까지 한 번에 해결할 수 있다.

④ 유랑

cafe.naver.com/firenze
유럽 여행에 대한 궁금증을 가장 쉽고 빠르게 해결할 수 있는 곳이다. 정보량이 방대하고 정제되지 않아, 가이드북이나 기타 자료를 통해 일정을 짜고 궁금한 내용이나 현지 정보를 얻는 정도로 참고하면 좋다.

⑤ 유즈잇

www.use-it.travel
유즈잇은 유럽 여러 도시에서 만날 수 있는 무료 지도다. 지역 아티스트들이 재능 기부 형식으로 만들어 무료 배포만 하며, 지역마다 표지에 현지 아티스트의 작품으로 채워져 있어 수집 욕구를 자극할 정도로 예쁘다. 젊은 배낭여행자들을 위해 현지인들이 생생한 정보를 담아 진짜 그들이 즐기는 날것의 도시를 만날 수 있다.

⑥ 루이 비통 프라하 시티 가이드(앱)

가장 좋은 가이드는 여행자와 취향이 잘 맞는 사람일 것이다. 루이비통은 1998년부터 매년 《시티 가이드》를 출판하다가 최근에는 앱으로도 제작하고 있다. 루이 비통의 시선을 담아낸 설명과 감각적인 사진이 가득하며 특히 도시에서의 24시간을 추천하는 코스는 초보 여행자가 보기 굉장히 편하다.

2. 여행 가이드북

전체 밑그림을 그리는 데 가장 유용한 도구는 가이드북이다. 도시별 추천 루트와 유명 관광지들이 정리되어 있어 일정에 맞춰 주요 스폿을 결정했다면 세부 사항은 자신의 취향에 맞게 찾아 채워나가면 되기 때문. 온라인에 각종 정보가 넘쳐나지만 그래도 여전히 가이드북을 들고 떠나는 데에는 다 이유가 있다.

3. 책, 영화 등

프라하를 배경으로 한 소설이나 역사의 배경 지식을 알고 떠나면 훨씬 재미있는 여행이 된다. 활자가 부담스럽다면 프라하를 소개한 여행 프로그램을 참고해도 좋다.

✔ 책

《성》, 《변신》 등. 카프카는 프라하를 여행할 때 빠질 수 없는 대표적인 인물이다. 그의 작품을 한두 권 읽고 가는 건 기본이다. 참고로 《성》은 실제로 프라하 성의 황금 소로에 머물며 완성한 작품으로, 소설의 배경이라고 한다.
《말라 스트라나 이야기》는 1870년대 프라하 성 근처에 살던 얀 네루다가 쓴 소설로 당시의 말라 스트라나 거리를 굉장히 잘 묘사하고 있다. 읽고 떠나면 여행하면서 과거를 상상하는데 도움이 된다.
《일생에 한 번은 프라하를 만나라》, 《프라하가 사랑한 천재들》은 프라하에서 나고 자란 아티스트, 유명인의 전반적인 내용을 담고 있으므로, 문화 · 역사 기행에 관심이 있다면 추천한다.

✔ 방송

EBS 〈세계테마기행〉 2010년 5월 17~20일 '동유럽의 낭만, 체코'
KBS1 〈걸어서 세계 속으로〉 2006년 5월 6일 '프라하의 봄을 가다'
2012년 12월 22일 '겨울의 길목-체코'

2015년 10월 24일 '체코, 축제의 땅, 모라비아의 가을'

✔ 영화
〈프라하의 봄〉(1989), 〈미션 임파서블〉(1996), 〈러브러브 프라하〉(2006), 〈뷰티 인사이드〉(2015)

D-25

여행 계획 세우기

여행의 테마를 정하다

✔ 먹방 투어
프라하에서 맛집을 찾아다닐 생각이라면 트립어드바이저를 활용하면 된다. 프라하는 맥주로 유명한 만큼 근교 도시로의 비어 투어도 즐길 수 있고, 전통 디저트를 따라다니는 카페 투어도 해볼 만하다. 무엇보다 미식의 도시 파리, 로마보다 가격적으로 부담 없이 즐거운 먹방 투어를 할 수 있다는 것이 가장 큰 장점이다.

✔ 열혈 관광지 탐색 모드
프라하를 하루만 보고 이동하는 배낭여행자도 많다. 프라하 성과 카를교, 구시가지가 이곳의 전부라고 생각하면 오산. 중세 유럽의 건축사를 한눈에 볼 수 있을 만큼 다양한 건축양식이 혼재되어 있는 곳이 프라하다. 게다가 이런 건물 하나하나가 중세 유럽 역사의 구심점이 될 만큼 중요하다. 프라하에 서려 있는 이 모든 역사를 확인하고 싶다면 미리 역사, 문화 관련 충분한 공부를 하고 떠나야 한다.

✔ 공연 마니아
프라하는 즐길 거리도 많다. 시내에 크고 작은 공연장이 있어 매일같이 수많은 공연이 쏟아진다. 클래식 공연은 물론 공연장의 수준도 높다. 클래식에 조예가 깊지 않고, 외국어에 약하다면 눈으로만 봐도 즐거운 인형극이나 어둠 속에서 색으로 스토리를 전하는 블랙 라이트 공연이 좋다. 크고 작은 재즈 펍까지 당신을 매료시킬 준비를 하고 있다.

D-15

면세점 쇼핑 미리 하기

1. 온라인 면세점

공항 면세점에 비해 10~15% 정도 저렴하게 물건을 구입할 수 있다. 온라인 사이트에서 미리 면세점 물건을 구입한 후 출국 수속을 모두 마친 후 각 면세점의 인도장으로 가서 찾기만 하면 된다. 단, 물건을 인수받기 위해서는 반드시 여권과 항공권을 제시해야 하며, 면세점에 따라 굉장히 줄이 긴 곳도 있으므로 면세품을 찾아야 한다면 공항에 미리 도착해서 수속을 서둘러야 한다.

Tip 아낌없이 쏟아지는 적립금!
오프라인보다 온라인이 조금 더 할인된 가격이고, 여기에 각 면세점 적립금까지 더하면 그 차이가 크다. 인터넷 적립금은 온라인 사이트에서 누구나 받을 수 있다. 최근에는 모바일 적립금까지 주고 있어 꼼꼼히 챙겨야 한다. 하지만 적립금 사용 한도가 30%밖에 안 되기 때문에 사야 할 게 많다면 번거롭더라도 다양한 면세점을 활용해야 알차게 혜택을 누릴 수 있다.

2. 오프라인 면세점

출국 60일 전부터 여권과 항공권 정보만 있으면 쇼핑을 할 수 있다. 오프라인 면세점은 주로 서울, 부산 등 주요 도시에서만 만날 수 있고, 실제로 물건을 살펴본 후 결제까지 할 수 있어 쇼핑에 실패할 확률이 적다. 특히 선글라스나 주얼리 등은 홈페이지에서 보는 것과 실물의 차이도 크고 본인에게 어울리는지도 확인해야 하기 때문. 오프라인 면세점을 이용할 계획이라면 최근 신규 영업권을 딴 곳을 노려보자. 할인 폭이 조금 더 크거나 오픈 이벤트를 진행할 수 있다.

3. 기타 면세점

떠나는 날까지 못 산 물건이 있다면 마지막 관문이 있다. 공항과 기내 면세점이다. 인천국제공항은 면세점이 크고 물건이 다양해 쇼핑을 계획하고 있다면 적어도 3시간 전에 수속을 밟아야 한다. 기내 면세점은 환율을 저렴하게 쳐준다는 장점이 있지만 인기 높은 제품만 판매해 품목이 한정적이라는 것이 단점이다.

D-10

환전하기

1. 환전하는 법

한국에서 코룬으로 환전하는 일은 번거롭다. 코루나를 보유하고 있는 은행을 찾기 쉽지 않을뿐더러 지점마다 보유액도 다르기 때문. 게다가 한국에서의 환율은 비싼 편이므로 유로나 달러로 환전한 후 현지에서 바꾸는 것을 추천한다. 일반적으로 유로가 가장 이득이다. 번거로운 게 싫다면 외환은행 앱을 통해 '사이버 환전' 신청을 하고 원하는 지점에서 원하는 때에 받는 방법도 있다. 사이버 환전은 방문보다 수수료 우대율이 높아 고액인 경우 비용을 절약할 수 있고 일정 금액 이상일 때는 여행자보험까지 무료로 가입할 수 있다. 프라하 시내에는 굉장히 많은 환전소가 있어 환전소를 찾기 못해 어려운 일은 거의 없지만 환전소마다 수수료와 환율이 달라 비교할 필요는 있다.

2. 현금과 카드 비율

프라하에서 카드 사용이 안 돼 불편을 겪는 일은 드물다. 물건 사는 일 외에 ATM 현금 서비스도 받을 수 있으며 그때그때 환율을 적용하기 때문에 여행 출발 시점보다 환율이 떨어진다면 이득을 볼 수 있다. 현금은 전체 예산의 80% 정도만 환전하고 나머지는 카드를 쓴다고 계산하면 된다. 아니면 일상 식비, 교통비까지 환전하고, 현지 액티비티는 카드로 결제해도 된다. 하지만 근교 여행까지 준비 중이라면 현금 비율을 조금 더 많이 챙기는 게 좋다.

3. 체크카드

현금에 비해 부피도 적고, 안전하며 거래 은행 계좌와 연결돼 잔고 이상의 과소비를 막을 수 있다. 돈이 다 떨어졌을 때는 가족에게 부탁해 계좌로 입금받으면 문제 해결. 체크카드의 가장 큰 단점이라면 한국에서 환전할 때보다 환율이 좋지 않고 1일 인출 금액이 정해져 있다는 것 정도다.

짐 꾸리기

짐 꾸리기 체크리스트

- □ 여권 (여권 복사본 2장, 여권 사진 3장)
- □ 항공권
- □ 여행 경비
- □ 캐리어 또는 여행용 배낭
- □ 시내 관광 시 들고 다닐 작은 가방
- □ 카메라
- □ 여벌 옷과 속옷
- □ 세면도구
- □ 작은 우산
- □ 자외선 차단제 및 각종 화장품
- □ 선글라스
- □ 자물쇠(민박이나 호스텔 이용 시 필요)
- □ 비상 약품
- □ 휴대전화

있으면 유용한 물품

- □ 지퍼 백(남은 과일을 보관할 때 용이)
- □ 물티슈
- □ 손톱깎이
- □ 수영복(호텔 이용 시 유용)
- □ 슬리퍼, 수면 안대
- □ 마스크 팩

기내에 가져가면 안 되는 물품

- □ 용기 1개당 100ml 초과 또는 총량 1L를 초과하는 액체류
- □ 곤봉류
- □ 가스 및 화학물질, 폭발물 및 탄약, 인화물질
- □ 칼, 가위, 면도날, 송곳 등 무기로 사용 가능한 물품
- □ 총기류

*최근 휴대폰 배터리는 수화물 캐리어가 아닌 기내 반입 필수로 수정

D-DAY

출국하기

1. 공항 이동

공항버스나 공항철도 또는 자가용을 이용해서 갈 수 있다. 자가용을 가져간다면 1일 실외 주차 8000원, 6일부터는 4000원으로 이용하는 주차 대행 서비스를 이용하면 좋다. 입국 시 세관을 통과하면서 전화하면 입국장 출구까지 차량을 인계해준다. 지역에 따른 대중교통 수단의 운행 시간과 요금 정보는 홈페이지를 통해 확인할 수 있다.

공항철도 홈페이지 www.arex.or.kr
공항리무진 홈페이지 www.airportlimousine.co.kr

2. 탑승 수속 및 수화물 부치기

최소 출발 2시간, 성수기와 면세점 쇼핑을 할 계획이라면 3시간 전에는 공항에 도착하는 것이 안전하다. 각 항공사에서 얼리 체크인을 통해 좌석을 찜했다면 수화물 부치는 수속으로 바로 진행할 수 있다. 부칠 수 있는 수화물 크기와 개수는 항공사와 노선마다 다르므로 반드시 짐을 쌀 때 미리 체크해야 한다.

3. 출국 심사

탑승 수속 후 받은 탑승권과 여권을 챙겨 출국장으로 들어간다. 세관 신고 및 보안 검색을 마친 후, 출국 심사대로 가서 여권과 탑승권을 보여주면 된다. 자동 출입국 심사 서비스를 미리 등록하면 더 빠르게 이동할 수 있다.

4. 면세점 쇼핑/항공사 라운지 이용

출국 심사가 모두 끝나면 면세점 쇼핑을 할 수 있다. 면세점에서 구입한 제품이 있을 경우에는 면세품 인도장에 가서 받으면 된다. 면세품 구입 시 자동으로 면세품 인도장 안내 문자가 온다. 항공 노선에 따라 위치가 다르므로 잘 기억해야 한다. PP카드 등 멤버십 카드가 있다면 항공사 라운지에서 출국 때까지 휴식을 취할 수 있다.

5. 탑승

탑승은 보통 항공기 출발 시간 20~30분 전부터 시작된다. 탑승 시간에 맞춰 탑승구에 가면 되는데, 항공사마다 셔틀 트레인과 연결된 별도의 탑승동으로 이동해야 하므로 시간을 넉넉하게 잡아야 한다.

INDEX

TRAVEL MEMO

TRAVEL MEMO

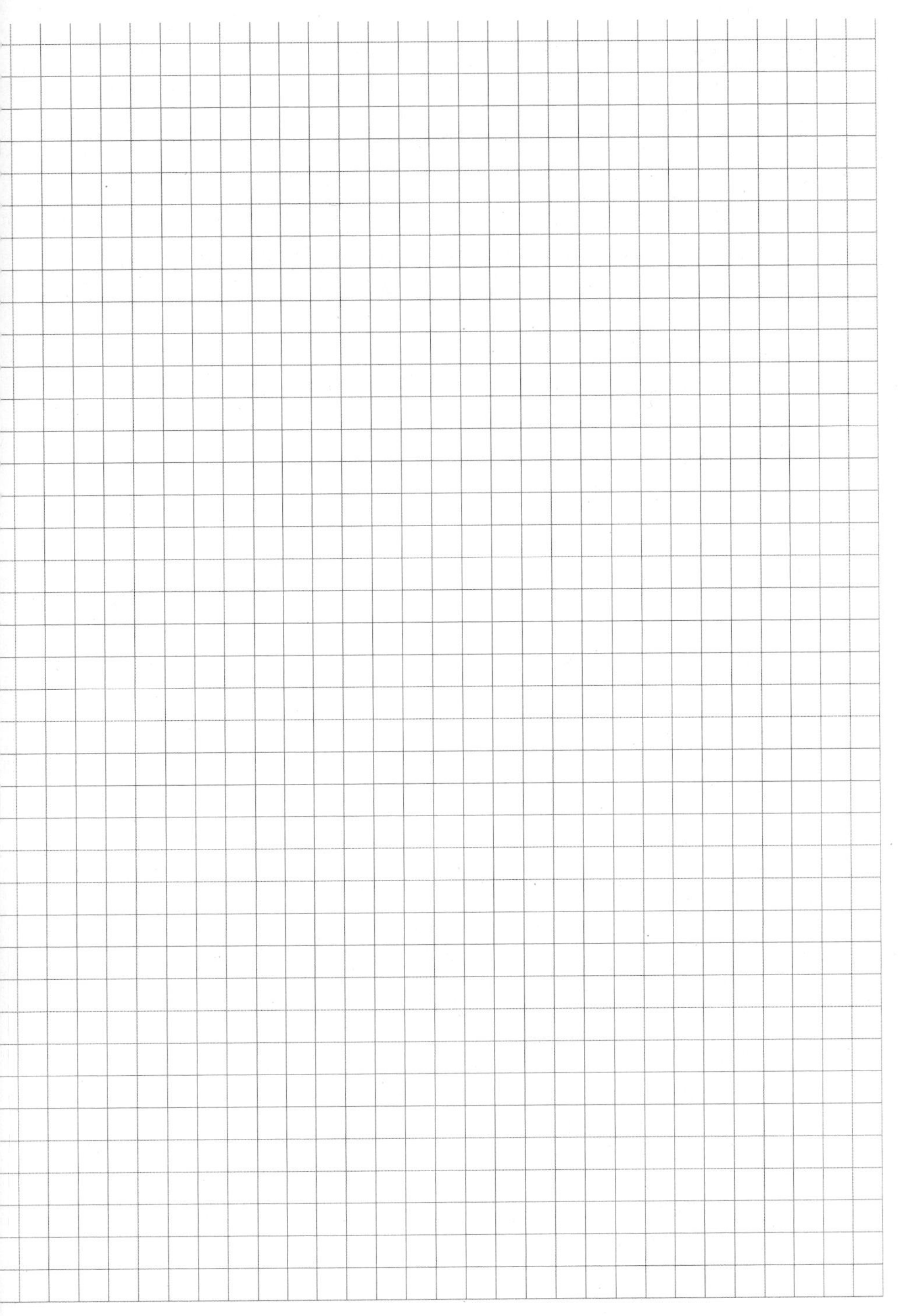

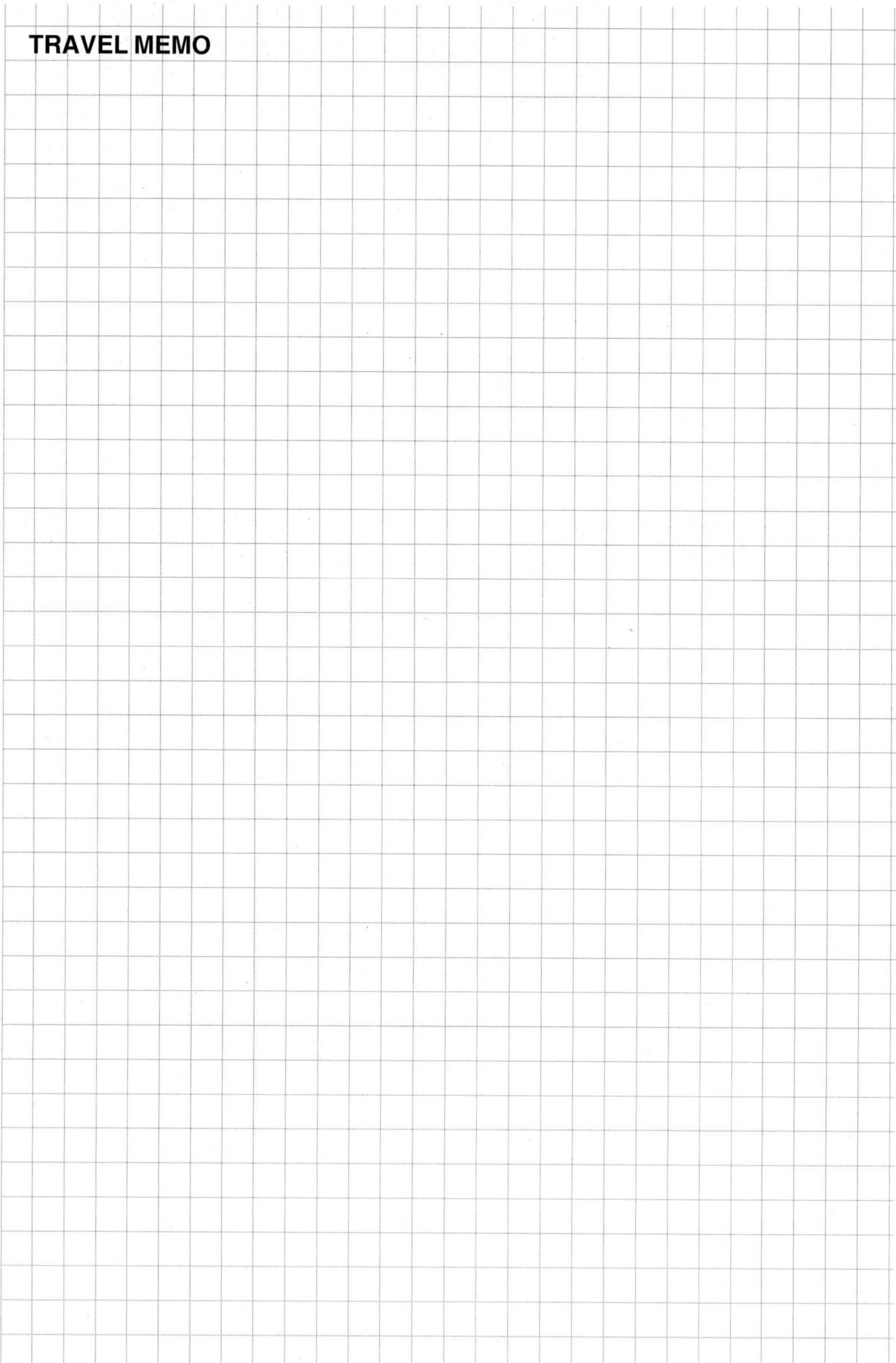
TRAVEL MEMO

구글 지도 GPS 사용하는 법

길을 잃지 않도록 도와주는 여행 필수 앱 '구글 GPS' 사용법을 소개합니다. 이 책에서는 장소의 이름만으로는 검색되지 않는 작은 맛집까지 위치 검색을 할 수 있도록 구글 GPS 좌표를 모두 넣었습니다. 구글 지도 검색 창에 아래와 같이 좌표를 입력하고 편리하게 사용하세요.

1 애플 앱스토어, 구글 플레이스토어 검색 창에 구글 맵스(Google Maps) 검색 후 앱을 다운로드하세요.

2 검색창에 구글 GPS코드를 입력하고 검색합니다.

3 장소를 확인하고 이름을 누릅니다.

4 아래에 있는 별표를 눌러 위치를 저장합니다.

5 검색 창 옆에 메뉴를 누르세요.

6 메뉴를 누르면 나오는 '내 장소'를 누르세요.

7 여행지에서 내 위치를 선택한 뒤 저장 리스트에서 목적지를 선택하고 경로를 찾아가세요.

당신의 여행 목적이 무엇이든! 고민할 필요 없이 GO!

무작정 따라하기 시리즈 사용법

STEP 1

어디를 가고 무엇을 먹을까?

미리 보는 테마북(1권)을 펼친다.
관광, 식도락, 쇼핑, 체험 등 나의 여행 목적과 취향에 맞는 테마 매뉴얼을 체크한다.

STEP 2

어떻게 여행할까?

가서 보는 코스북(2권)을 펼친다.
1권에서 체크한 테마 장소를 2권 지도에 표시해 나만의 여행 동선을 정한다.

1권에서 소개하는 모든 장소에는 관련 여행 정보가 기재된 2권 코스북 페이지가 표시되어 있어요.

STEP 3

드디어 출국!

이제부터 가벼운 여행 시작~
2권만 여행 가방 속에 쏙 넣는다.

1권은 숙소에 두고 다음 날 일정을 체크할 때 사용하세요!

13980
ISBN 979-11-6050-684-6

무작정 따라하기 프라하
The Cakewalk Series-prague

값 17,000원

프라하

PRAGUE

체스키 크룸로프 | 카를로비 바리 | 쿠트나 호라 | 플젠

김후영·변지우 지음

2019-2020 최신판

TRAVEL

무작정 따라하기

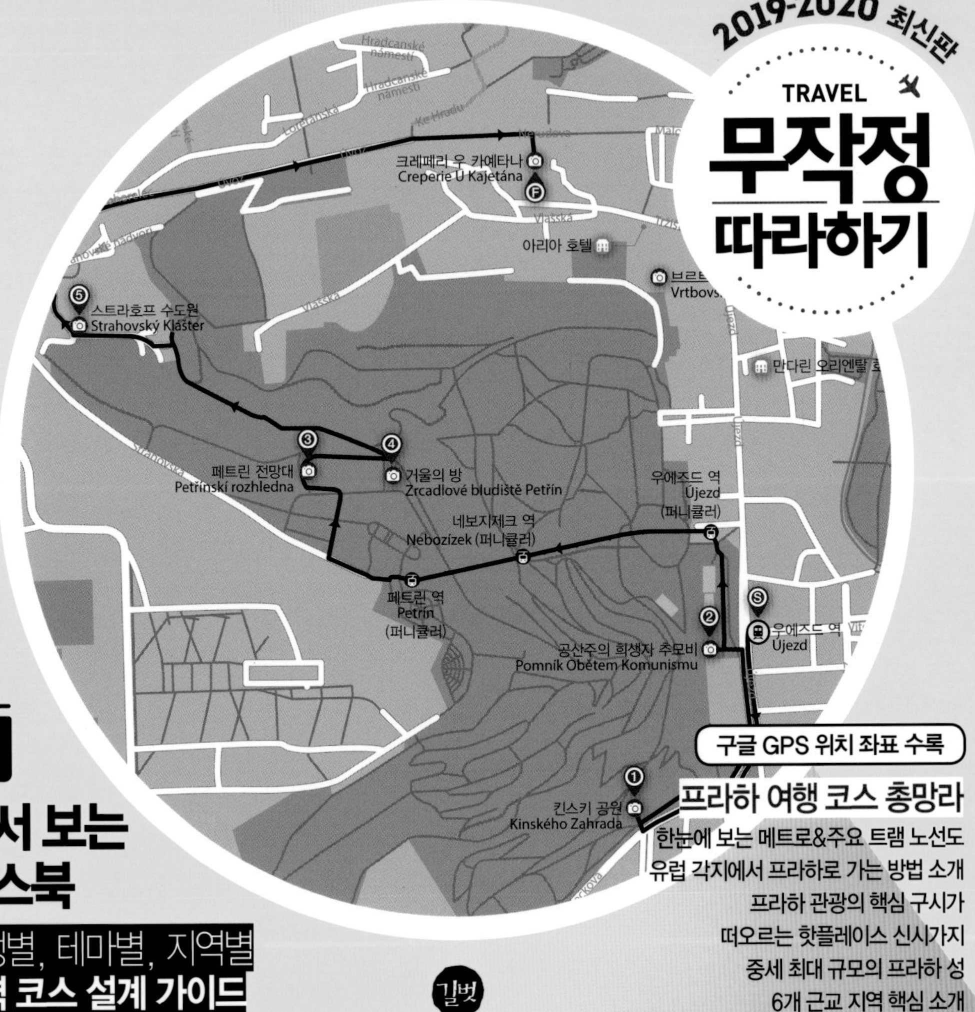

구글 GPS 위치 좌표 수록

프라하 여행 코스 총망라

한눈에 보는 메트로&주요 트램 노선도
유럽 각지에서 프라하로 가는 방법 소개
프라하 관광의 핵심 구시가
떠오르는 핫플레이스 신시가지
중세 최대 규모의 프라하 성
6개 근교 지역 핵심 소개

2

가서 보는 코스북

일정별, 테마별, 지역별
완벽 코스 설계 가이드

길벗

프라하
PRAGUE

김후영 · 변지우 지음

가서 보는 코스북

길벗

무작정 따라하기 프라하

The Cakewalk Series-prague

초판 발행 · 2016년 7월 5일
초판 3쇄 · 2017년 9월 25일
개정판 발행 · 2019년 1월 4일
개정판 3쇄 · 2019년 9월 10일

지은이 · 김후영, 변지우
발행인 · 이종원
발행처 · (주)도서출판 길벗
출판사 · 등록일 1990년 12월 24일
주소 · 서울시 마포구 월드컵로10길 56(서교동)
대표전화 · 02)332-0931 | **팩스** 02)323-0586
홈페이지 · www.gilbut.co.kr | **이메일** gilbut@gilbut.co.kr

편집팀장 · 민보람 | **기획 및 책임편집** · 서랑례(rangrye@gilbut.co.kr) | **취미실용 책임 디자인** · 강은경 | **제작** · 이준호, 손일순, 이진혁
영업마케팅 · 한준희 | **웹마케팅** · 이정, 김진영 | **영업관리** · 김명자 | **독자지원** · 송혜란, 홍혜진

초판 진행 · 한인숙 | **디자인** · 별디자인 | **개정판 전산편집** · 도마뱀 | **지도** · 팀맵핑 | **교정교열** · 이정현
CTP **출력 · 인쇄 · 제본** · 보진재

ISBN 979-11-6050-684-6(13980)
(길벗 도서번호 020114)

정가 17,000원

"

독자의 1초를 아껴주는 정성!

세상이 아무리 바쁘게 돌아가더라도

책까지 아무렇게나 빨리 만들 수는 없습니다.

인스턴트식품 같은 책보다는

오래 익힌 술이나 장맛이 밴 책을 만들고 싶습니다.

땀 흘리며 일하는 당신을 위해

한 권 한 권 마음을 다해 만들겠습니다.

마지막 페이지에서 만날 새로운 당신을 위해

더 나은 길을 준비하겠습니다.

독자의 1초를 아껴주는 정성을 만나보십시오.

"

INSTRUCTIONS

무작정 따라하기 일러두기

이 책은 전문 여행 작가 2명이 1년 동안 프라하를 누비며 찾아낸 인기 명소와 함께,
독자 여러분의 소중한 여행이 완성될 수 있도록 테마별, 지역별 다양한 코스와 지역 정보를 소개합니다.
이 책에 수록된 관광지, 맛집, 숙소, 교통 등의 여행 정보는 2019년 8월 기준이며 최대한 정확한 정보를 싣고자 노력했습니다.
하지만 출판 후 또는 독자의 여행 시점과 동선, 현지 상황에 따라 변동될 수 있으므로 주의하실 필요가 있습니다.

1권 미리 보는 테마북

1권은 프라하의 다양한 여행 주제를 소개합니다. 자신의 취향에 맞는 테마를 체크한 후 기본정보 맨 앞에 있는 2권 페이지 연동 표시를 참고, 2권의 관련 지역과 지도에 체크하여 여행 계획을 짜실 때 참고하세요.

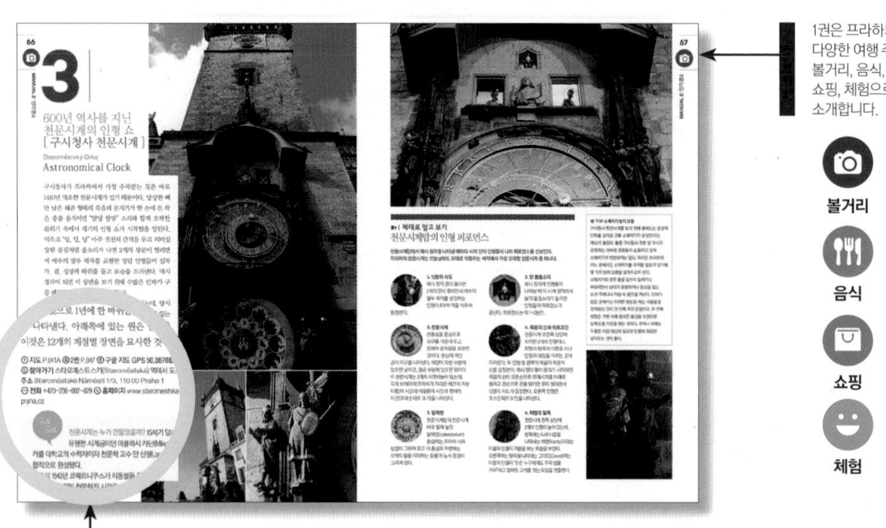

1권은 프라하의 다양한 여행 주제를 볼거리, 음식, 쇼핑, 체험으로 소개합니다.

볼거리

음식

쇼핑

체험

구글 지도 GPS 위치를 쉽게 검색하도록 구글 지도 검색창에 입력하면 바로 위치를 알 수 있는 구글 지도 GPS 좌표를 알려줍니다. 구글 지도 검색창에 좌표를 입력하세요.

찾아가기 교통편은 각 교통 기관의 공식 사이트에서 제공한 정보를 기준으로 작성했습니다. 도보 소요 시간의 경우 최단 거리를 기준으로 작성했습니다.

전화, 시간, 휴무, 가격, 홈페이지 등 해당 사항이 없을 경우에도, 독자가 다시 찾아보는 번거로움을 없애기 위해 해당 항목을 삭제하지 않고 '없음'으로 표시했습니다.

가격 모든 가격은 코룬으로 표시했습니다. 입장료 및 음식 가격은 수시로 변동하니 떠나기 전 홈페이지를 통해 체크하시기 바랍니다.

홈페이지 해당 장소 지역의 공식 홈페이지를 기준으로 합니다.

MAP 2권에 해당되는 지역의 메인 지도 페이지입니다. 그곳이 어느 지역, 어디에 자리하는지 체크하세요!

1권/2권 1권일 경우 2권에 해당되는 페이지를 표시. 여행 동선을 짤 때 참고하세요! 2권일 경우 1권에서 소개한 페이지를 표시했습니다.

2권 가서 보는 코스북

2권은 프라하를 세부적으로 나눠 지도, 코스와 함께 소개합니다. 종일, 한나절 코스 등 일정별, 테마별 코스를 지역별로 다양하게 제시합니다. 1권 어떤 테마에 소개된 곳인지 페이지 연동 표시가 되어 있으니, 참고해서 알찬 여행 계획을 세우세요.

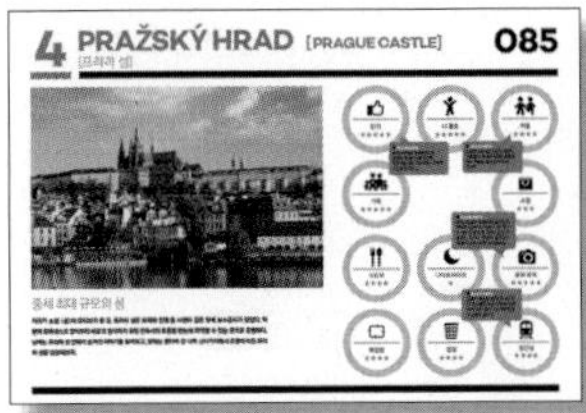

지역마다 식도락, 쇼핑, 문화 유적 등 어떤 특징이 있는지 별점으로 재미있게 보여줍니다.

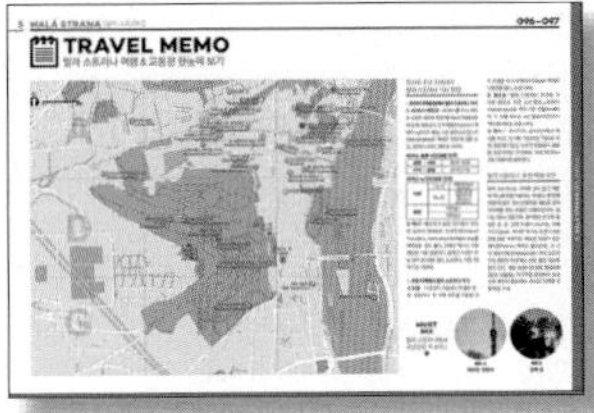

교통편 한눈에 보기

세부 지역별로 주요 장소에서 그곳으로 가는 교통편을 소요 시간, 비용과 함께 자세히 소개합니다.

여행 한눈에 보기

세부 지역별로 소개하는 볼거리, 음식점, 상점, 체험 장소 위치를 실측 지도로 자세하게 소개합니다. 지도에는 영문 표기와 관련 책 페이지 표시를 함께 구성해 현지에서 조금 더 편리하게 길을 찾을 수 있도록 도와줍니다.

코스 무작정 따라하기

그 지역을 하루 동안 완벽하게 돌아볼 수 있는 종일 코스를 기준으로 한나절 또는 지역 대표 테마 코스를 지도와 함께 소개합니다.

① 모든 코스는 대표 역이나 정류장에서부터 시작합니다.
② 주요 스폿별로 그다음 장소를 찾아가는 방법과 소요 시간을 알려줍니다.
③ 주요 스폿은 기본적으로 영업시간과 간단한 소개글로 설명합니다.
④ 스폿별로 머물기 적당한 소요 시간을 추천, 표시했습니다.
⑤ 코스별로 사용한 교통비, 입장료 등을 영수증 형식으로 소개해 일일이 찾아봐야 하는 번거로움을 최소화했으며 쇼핑 비용은 개인 취향에 따라 다르므로 지출 명세에서 제외했습니다.

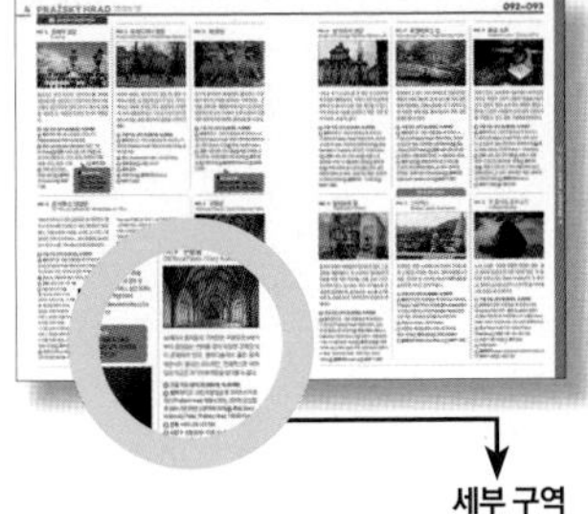

세부 구역

앞서 소개한 스폿을 포함해 그 지역 볼거리, 음식점, 쇼핑점, 체험 장소를 랜드마크가 되는 주요 볼거리를 기준으로 소개합니다. 랜드마크가 되는 주요 볼거리를 줌인으로 표시하고, 그 근처에 있는 다양한 스폿을 소개해 여행의 편리함을 더합니다.

지도에 사용된 아이콘

CONTENTS

2권 가서 보는 코스북

INTRO 들어가기

구시가 OLD TOWN

유대 인 지구 ŽIDOVSKÁ ČTVRT

신시가지 NOVÉ MĚSTO

지즈코프 ZIZKOV

비노흐라디 VINOHRADY

프라하 성 PRAŽSKÝ HRAD

말라 스트라나 MALÁ STRANA

스미호프 SMICHOV

브르제브노프 BREVNOV

비셰흐라드 VYŠEHRAD

홀레쇼비체 지구와 부베네츠 지구 HOLEŠOVICE & BUBENEČ

PLUS 1

트로야 TROJA

PLUS 2

크벨리와 레트냐니 KBELY & LETNANY

체스키 크룸로프 ČESKÝ KRUMLOV

근교 지역 2

카를로비 바리 KARLOVY VARY

쿠트나 호라 KUTNÁ HORA

플젠 PLZEŇ

칼슈타인 성 HRAD KARLŠTEJN

체스케 부데요비체 ČESKÉ BUDĚJOVICE

INTRO

무작정 따라하기 프라하 지역 한눈에 보기

PRAGUE
프라하

한국에서 가는 시간	약11시간
대표 공항	프라하 바츨라프 하벨 국제공항 (Prague Vaclav Havel International Airport)
베스트 스폿	구시가 광장, 카를교, 프라하 성과 성 비투스 성당, 구시청사 종탑과 천문시계, 킨스키 공원,
머스트 두(Must Do) 리스트	구시가 광장 등지에서의 거리 공연 관람, 마네스교 위에서 일몰 감상, 클래식 공연 관람, 블랙라이트 시어터 공연 관람, 구시청사 종탑 위에서 시가지 조망, 카를교 위에서 야경, 프라하의 정원 산책
식도락 리스트	크네들리키, 스타로프라즈스카 슌카, 호베지 굴라시, 트르들로, 필스너 우르켈

구시가 OLD TOWN 2권 P.038

테마
관광, 역사, 건축, 식도락, 엔터테인먼트

예상 소요 시간
7h 40min

볼거리 ★★★★★
식도락 ★★★★★
쇼 핑 ★★★★★

특징
중세의 멋을 간직한 고건물들이 즐비한 곳으로 프라하 관광의 핵심 지역

유대 인 지구 ŽIDOVSKÁ ČTVRŤ/JEWISH QUARTER 2권 P.058

테마
관광. 역사

예상 소요 시간
6h 39min

볼거리 ★★★
식도락 ★★★
쇼 핑 ★★★

특징
13세기부터 형성된 유대 인들의 집단 거주지 그들의 역사가 궁금하다면 놓치지 말자.

신시가지 NOVÉ MĚSTO/NEW TOWN 2권 P.068

테마
관광, 역사, 건축, 식도락, 엔터테인먼트

예상 소요 시간
7h 30min

볼거리 ★★★
식도락 ★★★★★
쇼 핑 ★★★★★

특징
시민들의 만남을 위한 공간. 쇼핑할 곳들도 많아 여성 여행자들에게 강추

프라하 성 PRAŽSKÝ HRAD/PRAGUE CASTLE 2권 P.084

테마
관광, 역사, 건축, 식도락

예상 소요 시간
7h 30min

볼거리 ★★★★★
식도락 ★★★★
쇼 핑 ★★★

특징
프라하 성이 자아내는 중세적인 분위기를 느낄 수 있는 곳

말라 스트라나 MALÁ STRANA/MALA STRANA 2권 P.094

테마
관광, 역사, 식도락, 산책

예상 소요 시간
5h 30min

볼거리 ★★★★★
식도락 ★★★★★
쇼 핑 ★★★★★

특징
프라하 성 아래의 작은 마을. 여유로운 중세 시대 산책을 즐길 수 있는 곳

비셰흐라드 VYŠEHRAD/VYSEHRAD 2권 P.110

테마
관광, 역사

예상 소요 시간
3h 35min

볼거리 ★★★★
식도락 ★
쇼 핑 ★

특징
체코 최초의 성채 블타바 강과 프라하 전경을 내려다 보기에 가장 좋은 곳

홀레쇼비체와 부베네츠 HOLEŠOVICE & BUBENEČ 2권 P.118

테마
관광, 산책

예상 소요 시간
6h

볼거리 ★★★★
식도락 ★★
쇼 핑 ★

특징
주목 받고 있는 문화 일번지 & 녹지가 풍성한 거주 지역으로 놓치면 후회하는 곳

트로야 지구 TROJA 2권 P.122

테마
관광, 건축

예상 소요 시간
5h

볼거리 ★★★
식도락 ★
쇼 핑 ★

특징
동물원 방문과 트로야 성에서의 미술 관람 가족 여행자에게 추천하는 곳

근교 체스키 크룸로프 CESKY KRUMLOV 2권 P.126

테마
관광, 건축

예상 소요 시간
1~2 DAY

볼거리 ★★★
식도락 ★★★
쇼 핑 ★★★

특징
여유로운 체코의 분위기를 제대로 느낄 수 있는 중세풍의 동화 속 마을

근교 카를로비 바리 KARLOVY VARY 2권 P.132

테마
관광, 건축

예상 소요 시간
1~2 DAY

볼거리 ★★★
식도락 ★★
쇼 핑 ★★

특징
여성적인 섬세함을 지닌 중세 도시로 마시는 온천수가 유명하다

PRAGUE
프라하 교통 한눈에 보기

1 단계 — 2 단계 — 3 단계 — 4 단계 — 5 단계

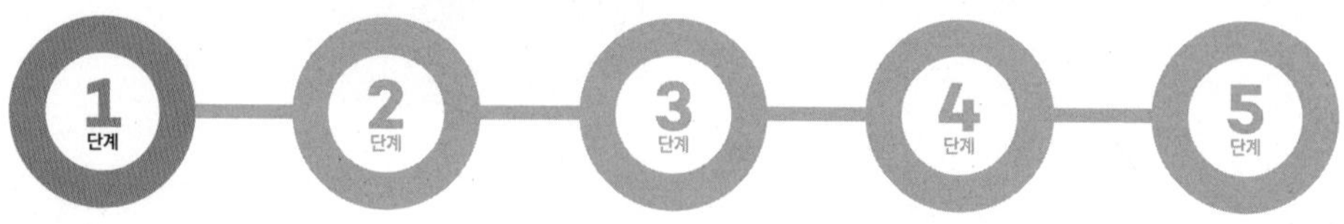

무작정 따라하기 1단계 **프라하 이렇게 간다**

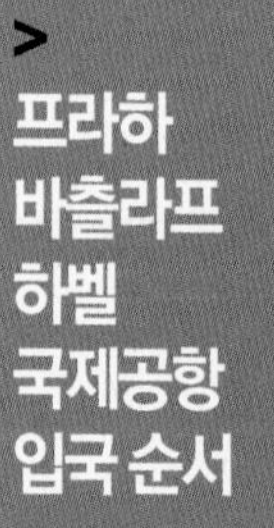

>
프라하 바츨라프 하벨 국제공항 입국 순서

프라하 바츨라프 하벨 국제공항 입국 순서

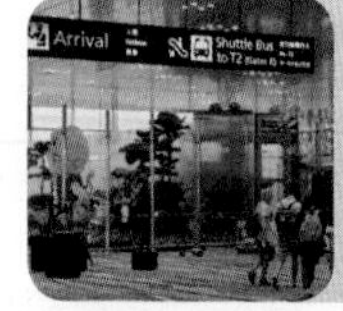

1 항공기에서 내리면 'Arrival(도착)' 또는 'Baggage Claim(수하물 찾기)'이라고 표기된 안내를 따라 이동한다.

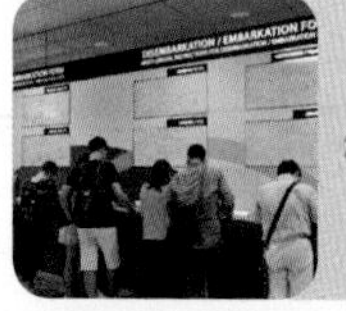

2 입국 심사는 유럽연합(EU)과 비유럽연합(Non-EU)으로 구분된다. 비유럽연합 쪽 심사대에 서서 질문에 답변한다.

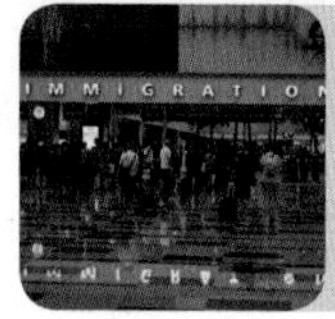

3 입국 심사대를 통과한 뒤 수하물 수취대로 이동해 본인이 타고 온 항공편의 수하물이 나오는 수취대를 찾아 수하물이 나올 때까지 기다린다.

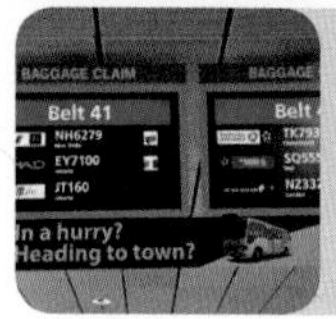

4 수하물을 찾은 후에는 세관신고대를 거쳐 입국장으로 나온다. 신고할 것이 없으면 초록색으로 쓰인 'Nothing to Declare'로 나오면 된다.

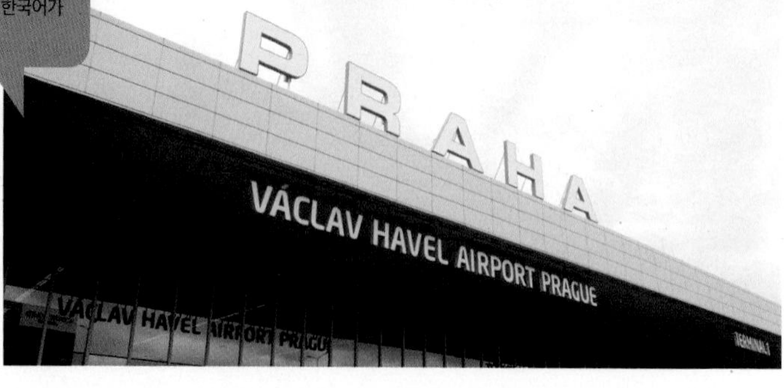

PLUS INFO
프라하 국제공항 홈페이지 한국어 안내
세계 그 어느 국제공항 홈페이지보다 다양하고 실용적인 정보가 담겨 있다.
www.pragueairport.co.uk/ko

PLUS INFO
한국이나 유럽 등지에서 항공편을 이용해 체코의 프라하 국제공항으로 입국할 때 별도의 입국신고서나 세관신고서를 작성하지 않아도 된다.

PLUS INFO
프라하 바츨라프 하벨 국제공항 곳곳의 한국어 안내 표기
대한항공이 체코항공의 최대 주주가 되고 대한항공과 체코항공의 인천-프라하 직항편이 운항되면서 프라하 바츨라프 하벨 공항 곳곳에는 체코 어, 영어와 함께 한국어가 표기되어 있다.

> 프라하 바츨라프 하벨 국제공항 한눈에 보기

프라하 바츨라프 하벨 국제공항 한눈에 보기

터미널 1·2·3으로 구성

터미널 1(T1) – 영국, 아일랜드, 북미, 중동, 아프리카, 아시아행 항공편이 주로 이용한다.

터미널 1을 이용하는 주요 항공사

Air Lingus(에어 링구스 아일랜드항공), Aeroflot(아에로플로트 러시아항공), Azerbaijan Air(아제르바이잔항공), British Air(영국항공), CSA(체코항공–유럽 외 지역(한국 포함)행), Delta Air(델타항공), Easy Jet(이지젯 저가 항공–영국, 아일랜드행), Emirates Air(에미리트항공), 대한항공, Turkish Air(터키항공), Wizz Air(위즈 에어 저가항공–런던행), Ryan Air(라이언에어 저가항공)

터미널 2(T2) – 유럽연합 회원국과 기타 유럽행 항공편이 주로 이용한다.

터미널 2를 이용하는 주요 항공사

Aegean Air(에게안 그리스항공), Air Baltic(에어 발틱 라트비아 저가 항공), Air France(에어프랑스), Air Malta(에어 몰타), Air One(이탈리아 저가 항공), Alitalia(알리탈리아항공), Austrian Air(오스트리안항공), Brussels Air(브뤼셀항공), CSA(체코항공–유럽행), Easy Jet(이지젯 저가 항공–영국, 아일랜드 외 유럽행), Finnair(핀란드항공), Germanwings(저먼윙스 독일 저가 항공), KLM(로열더치 네덜란드항공), Lufthansa(루프트한자 독일항공), Norwegian(노르웨지안 노르웨이 저가 항공), SAS(스칸디나비아항공), Vueling(부엘링 스페인 저가 항공), Wizz Air(위즈 에어 저가 항공–영국 외 유럽행), Ryan Air(라이언에어 저가항공)

> **PLUS INFO**
> **프라하 국제공항의 역사**
> 1937년 완공되었으며 근래에 현대적 시설과 인테리어를 위해 대대적인 개·보수를 진행하고 있다. 2012년 10월 5일 프라하 루지네 국제공항에서 프라하 바츨라프 하벨 국제공항으로 개칭되었다.

터미널 3(T3) – 전세기 등 개인 항공편 및 주요 행사용으로 사용된다.

터미널 1과 터미널 2 사이 이동하기

도보로 이동 가능(10분 소요)하나 짐이 많거나 거동이 불편한 경우 미니버스나 택시를 이용할 수도 있다.

> 공항 내 편의 시설

공항 내 편의 시설

프라하 바츨라프 하벨 공항은 연중 24시간 문을 연다. 공항 안내 데스크에는 항상 영어를 구사하는 직원이 공항 정보를 제공한다.
별도의 프라하 관광 안내소에서도 지도를 비롯해 공항에서 도심으로 가는 교통편 정보를 비롯해 다양한 정보를 얻을 수 있다. 이 밖에도 도착 로비에는 호텔 예약, 핸드폰 대여, 렌터카 대여 부스가 별도로 마련되어 있다. 공중전화는 동전을 이용해 사용 가능하나 신문 판매소에서 전화카드를 구입해 사용할 수도 있다.
패스트푸드의 경우 터미널 1과 터미널 2 사이 공용 구역에 맥도날드와 서브웨이가 자리해 있다. 터미널 1에서 터미널 2 가는 길에 빌라(Billa)라는 대형 슈퍼마켓이 있다.
터미널 2의 2층에는 카페테리아 스타일의 셀프서비스 식당인 프라하(Praha)가 자리한다. 공항 내 식당과 카페는 오전 7시부터 오후 9시까지 영업하나 일부는 24시간 운영하기도 한다. 음식과 음료는 환승 구역보다 공용 구역이 더 저렴하다.

> **PLUS INFO**
> **공항 주요 정보**
> 안내 전화번호:
> 승객 전용
> +420-220-111-888
> 수하물 안내
> +420-220-116-072
> 분실물 신고 및 안내
> +420-220-114-283
> **프라하 국제공항 노선도**
> 웹사이트 참조
> prg.fltmaps.com/en
> 프라하 국제공항을 기점으로 전 세계 모든 항공 노선이 표시되어 있다(항로, 거리, 시간, 항공사명 등 표기).

프라하 국제공항 터미널 간략 지도 MAP

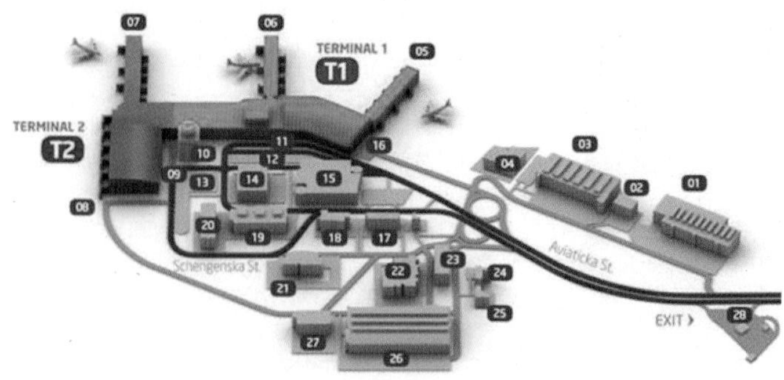

OPERATIONAL AREA NORTH

01 CARGO SKYPORT
02 VETERINARY STATION
03 CARGO MENZIES
04 GASTRO HROCH
05 PIER A
06 PIER B
07 PIER C
08 PIER D
09 TAXI, BUS
10 CONTROL TOWER
11 TAXI, BUS
12 SHORT TERM PARKING
13 SHORT TERM PARKING
14 HOTEL MARRIOTT / EUROPORT
15 LONG TERM PARKING C
16 VIP
17 POLICE
18 HEATING PLANT
19 AIRPORT BUSINESS CENTRE
20 LONGTERM PARKING A
21 APC CSA
22 AIR CZECH CATERING
23 LONG TERM PARKING D - LOWCOST
24 HOTEL TRANZIT
25 TRAVEL SERVICE BUILDING
26 HANGAR F
27 AIRPORT CENTRAL FIRESTATION
28 GAS STATION

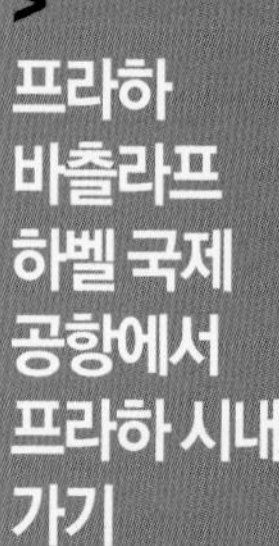

1. AE(Airport Express)버스

나 홀로 여행자가 저렴하게 이동하기에는 AE(Airport Express)버스가 가장 좋다.
아쉽게도 공항에서 도심까지 바로 가는 지하철이나 기차, 트램은 없다. AE버스는 공항 출발 기준으로 오전 5시부터 오후 9시 30분까지 30분 간격으로 운행한다(공항-프라하중앙역 구간 기준 30~40분 소요). 공항 내 공항버스 정류장은 터미널 1과 터미널 2 앞에 각각 위치한다. 버스 티켓은 운전사에게 구입할 수 있으며 성인 60Kč, 6~15세는 30Kč, 6세 미만은 무료다.
웹사이트(www.cd.cz)에서 온라인 구매도 가능하며, 프라하 중앙역에서 기차표와 함께 구입 시 32Kč의 할인된 금액으로 AE버스 티켓을 구입할 수 있다.

AE버스

AE버스 운행 시간(30분 간격)

공항 → 시내	05:30~22:30
시내 → 공항	05:45~21:15

AE버스 탑승지역

구분	노선	정류장
시내	C노선	중앙역(Hlavni Nádraží)
	B노선	나메스티 레푸블리키(Náměstí Republiky) 역
공항	터미널 1	
	터미널 2	

AE(Airport Express)버스 주요 버스 정류장

프라하 중앙역(Praha Hlavní Nádraží)

프라하공항에서 프라하 인근의 다른 도시로 이동할 때 프라하 중앙역으로 가서 기차를 타는 것이 좋다. 지하철 C선과 연결되는 프라하 중앙역 앞 빌소노바(Wilsonova) 거리 앞에 AE버스 정류장이 있다. 승차를 위한 정류장은 플로렌츠 방향의 빌소노바 거리에 있으며, 하차하는 정류장은 박물관 방향의 빌소노바 거리에 있다.

프라하 나메스티 레푸블리키(Náměstí Republiky) 역

지하철 B선과 연결되는 나메스티 레푸블리키 역 인근 팔라디움 쇼핑몰 앞의 정류장에서 승하차할 수 있다.

일반 시내버스

2. 일반 시내버스

공항에서 이용할 수 있는 시내버스는 119·100·191번 버스 등이 있다. 모두 오후 11시 40분까지 운행한다. 모두 터미널 1의 D·E·F 출구 앞 정류장과 터미널 2의 C·D·E 출구 앞 정류장에 정차한다. 버스 티켓은 키오스크에서 구입 가능하며 운전사에게 직접 구입할 수도 있지만 금액이 큰 지폐는 받지 않는다(운전사에게 직접 구입 시 추가 요금 부과). 터미널 1과 터미널 2의 도착 홀에 지하철, 트램, 버스 티켓을 구입할 수 있는 부스가 별도로 마련되어 있으며, 영문으로 'Metro-Tram-Bus'라고 크게 쓰인 간판이 있다.

119번 시내버스: 마지막 정류장인 나드라지 벨레슬라빈(Nádraží Veleslavín) 역에서 내려 지하철 A선으로 갈아탈 수 있다. 이곳에서 도심까지는 지하철로 약 15분 걸린다. 단 이 전철역에는 에스컬레이터가 없기 때문에 짐이 많을 경우에는 불편할 수 있다.
100번 시내버스: 즐리친(Zličín) 역까지 가서 지하철 B선을 타고 바츨라프 광장 인근의 무스테크(Můstek) 역이 있는 도심까지 가거나 프라하 근교나 체코의 주요 도시로 이동하는 시외버스 터미널이 자리한 플로렌츠(Florenc) 역까지 갈 수 있다. 즐리친 역에서 도심까지는 지하철로 약 30분 소요된다.
191번 시내버스: 지하철 B선과 연결되는 안델(Anděl) 역으로 운행한다(약 48분 소요).
510번 시내버스: 야간(00:15~05:00)에만 운행하며 신시가지의 IP 파블로바 역으로 운행한다(약 45분 소요).
기본요금: 성인 32Kč, 아동 16Kč(운전사에게 직접 구입할 경우 성인 40Kč, 아동 20Kč)/대형 수하물이나 큰 배낭, 여행 가방, 자전거 따위를 동반할 경우 16Kč의 추가 요금을 지불해야 한다.
주어진 시간 내 지하철, 트램, 버스 등 대중교통을 무제한으로 이용할 수 있는 교통 패스의 경우 24시간 패스는 110Kč, 72시간 패스는 310Kč이다(보다 자세한 정보는 웹사이트 www.dp-praha.cz 참조).

미니버스

3. 미니버스

체다즈(Cedaz) 미니버스는 20인용 미니버스로, 공항에서 구시가와 가까운 나메스티 레푸블리키 역 인근의 브이 첼니치(V Celnici) 거리까지 운행한다. 공항에서 도심 방향은 오전 7시 30분부터 오후 7시까지 30분 간격으로 운행되며, 도심에서 공항 방향 역시 오전 7 시30분부터 오후 7시까지 30분 간격으로 운행된다. 요금은 150Kč이며 6세 미만에 한해 무료 승차가 가능하다. 차량은 승객이 다 차야 출발하기에 최고 30분 정도 기다려야 할 수도 있다. 승객 한 명당 큰 수하물은 하나만 허용되기에 수하물이 많거나 대형 수하물이 있는 사람은 이용할 수 없다.
공항 내 정류장: 터미널 1F 출구 앞, 터미널 2E 출구 앞 도심 내 정류장
주소: 1, V Celnici 1035, 110 00 Praha 1
전화 : +420-220-116-758

택시

4. 택시

가장 편리하지만 가격이 가장 비싸다. 구시가까지 약 30분 정도 소요되며 요금은 약 600~800Kč 정도다.

무작정 따라하기 2단계 프라하 시내 교통 한눈에 보기

프라하 여행은 도보가 기본이다. 먼 거리라 해도 시내 중심가에는 곳곳에 멋진 명소가 있기에 걸어 다니며 도시의 멋을 음미할 수 있다. 하지만 경우에 따라 대중교통을 이용하는 것도 편리하다. 더군다나 시내 중심에서 벗어난 도심의 외곽 지대를 방문할 때는 지하철이나 버스, 트램을 이용해야 한다. 프라하 시내 교통 전화 안내(07:00~21:00) +420-296-191-817
유용한 애플리케이션-'Prague Public Transport': 구글 플레이 스토어(Google Play Store)에서 이 앱을 검색해 핸드폰에 저장한 뒤 활용해보자. 프라하의 대중교통인 지하철 노선도, 트램 노선도, 야간 교통편 노선도, 공항-시내 구간 교통 노선도 등의 정보를 상세히 소개한다.

> 교통 패스

프라하에서는 교통 패스 한 장으로 지하철, 트램, 버스 어느 것이나 이용할 수 있다. 또 주어진 시간(30분, 90분, 24시간, 72시간)에 한해 무제한 환승과 이용이 가능하다. 교통 패스는 지하철역 매표소나 자동판매기에서 구입할 수 있으며, 시중에서는 'Tabak(타바크, 담배)'란 안내판이 적힌 간이 상점이나 신문 가판대, 관광 안내소, 일부 일반 상점에서도 구입 가능하다. 자동판매기로 표를 구입할 경우 '영어' 버튼을 눌러 영어로 안내되는 지시에 따라 현금(동전)을 넣고 표를 구입하면 된다. 탑승 시 버스 기사에게서 90분짜리 티켓을 구입할 수 있는데 이 경우 32Kč이 아닌 40Kč을 지불해야 한다. 참고로 만 6세 미만은 무료다.

일반 교통 패스 종류

일반 교통 패스 종류

패스 종류	성인 및 15세 이상	어린이(6세 이상 14세 이하)
30분 사용 패스	24Kč	12Kč
90분 사용 패스	32Kč	16Kč
1일권(24시간)	110Kč	55Kč
3일권(72시간)	310Kč	165Kč

*장기 교통 패스의 경우 구입 시 신분증(여권 등)이 필요하다(성인, 아동 구분 없음).
1개월권은 550Kč, 3개월권은 1480Kč, 5개월권은 2450Kč, 1년권은 4750Kč이다.
*30분 90분 패스 이용 시 캐리어용 티켓은 별도로 구매해야한다. 개당 16Kč이며, 펀칭 후 300분간 유효하다.

> METRO 지하철

공산주의 시절 소련의 도움으로 1974년 처음으로 개통된 프라하의 지하철은 메트로라고 불린다. 빠르고 안전하고 편리한 프라하의 지하철은 A, B, C, 3개의 노선으로 이루어져 있다. 프라하의 지하철역은 총 61개 역으로 이루어져 있으며, 지하철 노선은 총 62km를 커버한다. A선은 초록색, B선은 노란색, C선은 빨간색을 이용한다.
따라서 A선 역의 경우 초록색 안내판이 놓여 있다. 프라하의 지하철은 런던, 파리처럼 노선망이 폭넓지는 않아 이용하는 데 약간 제약이 따르지만 구시가와 프라하 성 주변 내에서의 이동을 제외한 다른 지역으로 이동 시에는 요긴하다.

1. 환승역

환승역(구간별 환승 소요 시간 5~7분) 무스테크(Můstek) 역-A선과 B선을 연결한다.
무제움(Muzeum) 역-A선과 C선을 연결한다. 플로렌츠(Florenc) 역-B선과 C선을 연결한다.

2.
운행 시간

운행 시간 각 노선마다 매일 오전 4시 45분 출발, 막차는 첫 번째 역에서 밤 12시 정각에 출발한다. 일반적으로 러시아워인 이른 아침과 늦은 오후 시간의 지하철 운행 간격은 2~3분이다. 그 밖의 시간에는 4~10분 간격으로 운행한다.

3.
주의사항

주의 사항 처음 사용하는 티켓은 지하철 탑승 전 지하철역의 펀치기에 넣고 펀칭해야 한다. 지하철표나 교통 패스는 늘 본인이 소지해야 한다. 간혹 검표원이 표 검사를 하는데, 표가 없으면 벌금을 내야 한다. 프라하 지하철 안에는 간혹 큰 개를 데리고 타는 승객도 있다. 인근에 부랑자나 맥주를 마시고 있는 사람이 있으면 자리를 피하는 게 좋다. 지하철에 오르면 안내 방송을 통해 다음 정차할 역의 이름을 알려주지만, 듣지 못하는 경우도 있으니 본인이 하차할 역을 미리 확인해두는 게 좋다.

알면 유익한 지하철 이용 시 필수 단어

eskalátor – 에스컬레이터
metro – 지하철
stanicemetra – 지하철역
výstup – 출구(나가는 곳)
linka(A, B, C) – 라인(A, B, C)
přestup – 환승
vstup – 입구(타는 곳)

> TRAM 트램

전차로 불리는 트램은 지하철과 함께 프라하 여행에서 가장 유용한 교통수단이다. 프라하의 트램은 지하철보다 노선이 월등히 많은 데다 타고 내리기 편리하다. 더군다나 거동이 불편한 어르신을 모시고 있거나 유모차, 캐리어를 끌고 아이들과 함께 여행한다면 오르내리고 갈아타기 불편한 지하철보다 트램이 더 편리할 수 있다. 구시가 지구를 비롯해 주요 관광지의 트램 정류장에서는 안내판을 통해 출 · 도착 정보를 알려준다. 관광 안내소 등지에서 반드시 트램 노선도를 받아 자신의 루트에 맞는 트램을 찾아 효율적으로 활용해보자.

운행 시간

나이트 트램 운행 시간
지하철이 운행하지 않는 야간(오전 12시부터 오전 4시 30분까지)에는 나이트 트램을 이용할 수 있다. 단, 이 시간 동안에는 트램의 운행 간격이 노선에 따라 15~25분 정도다. 일반적으로 러시아워 등 피크타임에는 운행 간격이 노선에 따라 2~10분이며, 낮에는 5~15분 간격으로 운행한다. 해당 트램의 노선도를 보면 트램 정류장에 'M'이라고 표기된 경우 지하철역에 하차하는 것을 의미한다. 처음 사용하는 30분 또는 90분 패스는 트램에 올라타 펀치기에 넣고 펀칭해야 한다. 패스(티켓)는 탑승 전 미리 구입해야 한다. 종종 무임승차 승객을 적발하기 위해 검표를 하기도 한다. 무임승차 시에는 적지 않은 벌금을 내야 한다.

프라하 트램 관련 정보 czech-transport.com

> BUS 시내버스

프라하 관광 시 버스는 트램이나 지하철보다 제한적으로 이용된다. 버스를 이용할 경우 버스 노선을 필히 숙지해 하차할 곳을 정확히 알아두어야 한다. 예를 들어 저자의 경우 프라하 성 인근에서 스트라호프 수도원에 갈 때, 홀레쇼비체 지구에서 프라하 동물원을 찾아갈 때 버스를 이용했다. 이 구간의 경우 버스 외에는 다른 교통수단이 거의 없기 때문이다. 이처럼 프라하의 구석구석을 들여다보고자 할 때 버스를 꼭 이용해야 하는 경우도 있는데, 미리 관광 안내소에서 버스 노선 지도를 받아 활용하거나 프라하 버스 노선 앱을 핸드폰에 저장해 사용하는 게 편리하다. 프라하 시내버스는 100번부터 291번 버스까지 프라하 전역으로 운행한다. 각 버스 정류장에는 해당 버스의 도착 시간이 적힌 안내판이 있다.

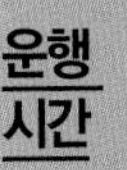

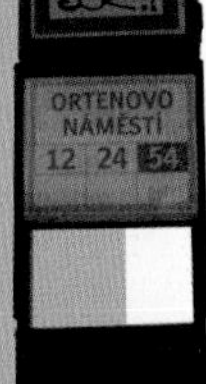

운행 시간

나이트 버스 운행 시간
지하철이 운행하지 않는 야간에는 나이트 버스(Night Bus)를 이용할 수 있다. 나이트 버스의 경우 자정 이후부터 운행하며 주로 지하철과 트램이 운행하지 않는 시간이나 지역에서 운행한다. 나이트 버스의 번호는 501번부터 513번까지다. 낮에 운행하는 버스의 경우 노선과 지역에 따라 운행 간격이 2~20분이며, 나이트 버스의 경우는 15~25분 정도다. 트램과 마찬가지로 처음 사용하는 30분 또는 90분 패스는 트램에 올라타 펀치기에 넣고 펀칭해야 한다.

무작정 따라하기 3단계 프라하에서 체코 내 도시로

프라하에서 체코의 주요 도시로 이동하는 교통수단은 다음과 같다.

> 항공

체코는 작은 나라이기에 실제적으로 일반 여행자들이 체코의 국내선 구간을 이용하는 경우는 드문 편이다. 단, 체코항공은 프라하 국제공항의 터미널 2에서 오스트라바행 항공편을 하루 두 차례 운항한다(편도 1시간 소요).

체코항공 홈페이지 www.csa.cz

> 기차

프라하의 중앙역은 흘라브니 나드라지(Hlavní Nádraží)라 불리며 현지에서 'Prahahl.n'으로 표기한다. 이곳에서 체코 전역으로 향하는 기차가 출발한다. 또 다른 기차역인 홀레쇼비체(Holešovice) 역에서도 체코의 일부 지역으로 향하는 기차가 출발한다.

프라하 중앙역과 홀레쇼비체 역 관련 사이트 www.cd.cz

기차 출 · 도착 및 기타 정보 관련 사이트 www.bahn.de

프라하 중앙역 기타 정보

구글 지도 GPS 50.083214, 14.435139

찾아가기 지하철-중앙역(Hlavní Nádraží)에서 하차. 프라하 국제공항에서 AE버스(공항버스)로 5 · 9 · 26번 트램 탑승 후 역 앞에서 하차

주소 Wilsonova 8, 120 00 Prague, Czech Republic

전화 +420-224-214-886, +420-224-217-948

시간 03:25~00:35

역내 주요 편의 시설: 패스트푸드 · 약국 · 서점 · 슈퍼마켓 · 카페 · 미용실

수하물 보관소 사용 요금: 50Kč(24시간)

소요 시간

프라하-체코 주요 도시 구간의 소요 시간(직행편)

프라하 → 쿠트나호라 약 50분
프라하 → 카를로비 바리 약 3시간 15분
프라하 → 플젠 약 1시간 35분
프라하 → 체스케 부뎨요비체 약 2시간 25분
프라하 → 브르노 약 2시간 30분
프라하 → 오스트라바 약 2시간 50분~3시간 20분
참고) 체스케 부뎨요비체 → 체스키 크룸로프 약 45분

> 버스

아무래도 버스가 기차보다 더 많은 지역을 커버한다. 요금 면에서도 조금 더 저렴하기도 하며, 기차보다 운행 횟수가 더 많은 구간도 있다. 이 때문에 체코 여행을 하는 여행자들이 기차보다 버스를 더 선호하기도 한다. 프라하의 메인 버스 터미널은 플로렌츠 터미널(Autobusové Nádraží Praha Florenc)이다. 이곳에서 스튜던트 에이전시(Student Agency) 버스를 비롯해 레오 익스프레스(Leo Express), 아리바 스트레드니체키(Arriva StredniCechy) 등의 버스 회사가 프라하와 체코 내 여러 도시를 운행한다. 스튜던트 에이전시 버스는 여행자들이 가장 많이 이용하는 체코의 주요 버스 회사다.

프라하의 또 다른 버스 터미널은 홀레쇼비체 기차역 인근에 자리한 홀레쇼비체 버스 터미널(Autobusovénádraží Praha Holešovice)이다. 이곳에서는 오스트라바(Ostrava), 올로모우츠(Olomouc) 등 주로 체코의 북동부 지역의 도시로 향하는 버스가 출발한다. 참고로 프라하 지하철 C선의 하예(Háje) 역 인근에 자리한 하예 버스 터미널에서도 일부 버스 회사에서 운영하는 시외버스가 프라하와 체코의 일부 도시를 운행한다.

플로렌츠 버스 터미널 홈페이지 florenc.cz
홀레쇼비체 버스 터미널 홈페이지 www.uan.cz/holesovice
스튜던트 에이전시 버스 회사 홈페이지 www.studentagencybus.com

스튜던트 에이전시 버스의 체코 내 주요 목적지

브르노(Brno), 체스키 크룸로프(Český Krumlov), 체스케 부뎨요비체(České Budějovice), 헤브(Cheb), 카를로비 바리(Karlovy Vary), 올로모우츠(Olomouc), 오스트라바(Ostrava), 플젠(Plzeň), 타보르(Tabor), 텔치(Telč)

무작정 따라하기 4단계 프라하에서 유럽으로, 유럽에서 프라하로

유럽의 주요 항공사와 주요 저가 항공사가 프라하와 유럽의 주요 도시를 연결한다.

> 항공

항공은 기차나 버스에 비해 빠르다는 장점이 있다. 단, 단거리 구간의 경우 공항까지의 이동과 시내 이동 시간을 고려한다면 기차나 버스가 더 빠를 수 있다. 저가 항공을 이용한다면 저렴한 요금으로 장거리 여행을 즐길 수 있다. 예를 들어 저렴한 요금으로 프라하에서 런던, 파리, 북유럽, 그리스, 터키 등지도 방문할 수 있다. 프라하를 취항지로 하는 대표적인 저가 항공으로는 스마트 윙, 라이언 에어, 이지젯, 위즈 에어 등이 있다.

스마트 윙 에어 Smart Wings Air

2004년에 설립된 체코의 저가 항공사로 프라하 바츨라프 하벨 국제공항을 베이스로 유럽의 주요 도시를 취항하며 유럽 외 지역으로는 대서양 연안의 카나리아제도(스페인령), 튀니지, 터키, 이스라엘(텔아비브), 아랍에미리트(두바이) 등지까지 운항한다.

스톱오버 stopover

한국에서 체코로 여행할 때 루프트한자, 에어프랑스, KLM, 영국항공, 알이탈리아, 터키항공 등을 이용하면 승객의 요구에 따라 각각 프랑크푸르트, 파리, 암스테르담, 런던, 밀라노, 이스탄불 등지에서 스톱오버(Stopover)를 할 수 있다(단, 스톱오버 요청 시 추가 항공 비용이 들 수 있으며, 스톱오버 기간은 항공사마다, 항공 스케줄마다 다르다).

항공사별 목적지

항공사별 목적지(프라하 출 · 도착 기준, 직항편)

스마트 윙 Smart Wing: www.smartwings.com

유럽의 주요 도시를 비롯한 런던 게트윅(LGW), 암스테르담(AMS), 스톡홀름, 튀니지, 두바이(DXB), 텔아비브(TLV), 키프로스, 터키 안탈랴(AYT), 그리스 산토리니, 그리스 크레타, 스플리트, 두브로브니크 등

라이언 에어 Ryan Air: www.ryanair.com

런던 스탠스테드(STN), 더블린(DUB), 브뤼셀(CRL)

이지젯 Easy Jet: www.easyjet.com

런던 게트윅(LGW), 런던 스탠스테드(STN), 맨체스터(MAN), 에든버러(EDI), 브리스틀(BRS), 파리 샤를드골(CDG), 암스테르담(AMS), 바젤(BSL), 밀라노(MXP), 베니스(VCE), 로마(FCO), 나폴리(NAP)

위즈 에어 Wizz Air: wizzair.com

런던 루튼(LTN), 밀라노-베르가모(BGY), 나폴리(NAP), 바리(BRI), 베니스-트레비소(TSF), 로마 치암피노(CIA), 로마 피우미치노(FCO), 텔아비브(TLV)

체코항공 CSA: www.csa.cz

런던 히스로(LHR), 파리 샤를 드골(CDG), 암스테르담(AMS), 프랑크푸르트(FRA), 로마(FCO), 부다페스트(BUD), 마드리드(MAD), 바르샤바(WOW), 서울(ICN) 등

유럽의 기타 항공 및 주요 목적지

스칸디나비아항공 www.flysas.com(코펜하겐), 핀에어 www.finnair.com(헬싱키), 터키항공 www.turkishairlines.com(이스탄불), 스위스항공 www.swissair.com(취리히), KLM www.klm.com(암스테르담)

유럽 외 지역의 직항 항공편과 주요 목적지

에미리트항공 www.emrates.com(아랍에미리트 두바이)
플라이두바이항공 www.flydubai.com(아랍에미리트 두바이)
하이난항공 www.hainanairlines.com(중국 베이징)
아제르바이잔항공 www.azal.az(아제르바이잔 바쿠)
대한항공 www.koreanair.com(한국 인천공항)

> 기차

유럽에서 기차는 가장 편리한 교통수단 중 하나다. 유럽 어느 곳이나 기차 노선이 발달되어 있기 때문에 노선이 항공이나 버스보다 월등히 많다. 게다가 기차는 각 연결하는 도시마다 시내 중심으로의 접근성이 뛰어나 이동 시간이 단축된다. 단, 일반적으로 국제선 구간의 경우 버스보다 요금이 비싸다. 또 야간 기차의 경우 추가 요금을 내거나 필수적으로 간이침대(이용료 별도)를 사용해야 하는 경우도 있다.

유레일 패스나 동유럽 패스 또는 다른 형태의 기차 패스로 프라하를 비롯해 유럽의 주변 지역을 여행할 경우 독일 철도청 사이트(www.bahn.de)나 체코 철도청 사이트(czech-transport.com)를 통해 프라하를 출 · 도착하는 국제선 구간을 조회할 수 있다. 체코 철도청 사이트에서는 신용카드를 사용해 국제선 노선의 버스, 기차 등의 온라인 티켓을 구매할 수 있다(유로화로 결제).

기차 패스를 구입하고자 할 때는 레일유럽 홈페이지(www.raileurope.co.kr)를 통해 구입 가능하다. 체코를 포함한 기차 패스로는 글로벌 패스, 체코 패스, 체코-독일 패스, 체코-오스트리아 패스, 동유럽 4개국(체코, 헝가리, 폴란드, 슬로바키아) 패스 등이 있다(시즌과 사용 기간에 따라 가격이 다르다). 일반적으로 주어진 시간 내에 많은 곳을 둘러볼 경우 기차 패스는 유용할 수 있지만 그렇지 않다면 본인이 원하는 몇몇 구간별로 버스나 기차 티켓을 따로 구매하는 것이 더 경제적일 수 있다. 프라하의 중앙역에서 유럽의 주요 도시로 향하는 기차를 탈 수 있다.

1. 레일 패스 요금

체코를 포함하는 레일 패스 요금(단위- 유로, 2018년 기준)

2등석의 경우 만 12세 이상 만 25세 이하의 학생에게만 적용됨.

종류	기간	1등석	2등석
글로벌 패스 (유럽 전지역, 터키포함, 영국제외)	15일 패스 22일 패스 1개월 패스	597 768 942	391 502 616
체코 패스	3일 이용(30일 내) 5일 이용(30일 내) 8일 이용(30일 내)	78 119 176	53 80 116
*체코-독일 패스(유레일 셀렉트 2개국 패스에 해당	4일 이용 10일 이용	271 441	218 354
**체코-오스트리아 패스(유레일 셀렉트 2개국 패스에 해당)	4일 이용 10일 이용	198 320	160 258
***동유럽 4개국 패스	5일 이용(30일 내)	465	374

*,**,***의 경우에는 다양한 기간(3,4,5,6,8,10,15일 등)에 따라 요금이 다르며 체코에 인접한 다른 나라(슬로바키아,폴란드 등)들을 선택할 수 있으며 선택한 나라에 따라 요금이 달라짐

2. 소요 시간

프라하-유럽 주요 도시 구간의 소요 시간

프라하 ➜ 비엔나 약 4시간/약 7시간(완행)
프라하 ➜ 부다페스트 약 6시간 45분/약 8시간 40분(야간)
프라하 ➜ 베를린 약 5시간 15분
프라하 ➜ 드레스덴 약 2시간 20분
프라하 ➜ 브라티슬라바 약 4시간/약 5시간 40분(완행)
프라하 ➜ 바르샤바 약 8시간 45분(야간)
프라하 ➜ 뮌헨 약 4시간 40분/약 5시간 50분(완행)

> 버스

프라하와 유럽의 주요 도시를 연결하는 버스 회사로는 스튜던트 에이전시(www.studentagency.eu)와 유로라인(www.eurolines.com)이 있다. 이 두 회사 모두 플로렌츠 버스 터미널에 사무실을 두고 있다. 스튜던트 에이전시, 유로라인 모두 해당 홈페이지를 통해 신용카드로 티켓을 구입할 수 있다(이티켓 발행). 버스 회사마다 구간별로 각기 다른 프로모션 할인 요금과 일반 요금을 제공한다.

스튜던트 에이전시 버스의 일부 국제선 구간의 경우 차내에 각 좌석마다 무료 와이파이 사용과 개인 모니터 스크린을 통한 영화 감상(다양한 선택)이 가능하다. 버스로 여행할 경우 탑승지와 도착지의 위치를 구글맵 등을 통해 미리 숙지하는 것이 좋다. 시내가 아닌 도심 외곽에 도착할 경우 시내 또는 본인의 숙소까지 가는 교통편을 미리 알아두는 것이 편리하다. 프라하의 플로렌츠 버스 터미널에서 스튜던트 에이전시와 유로라인의 국제선 구간 버스를 탑승할 수 있다.

1. 유로라인 패스 요금

유로라인 패스(아래 금액은 유로 기준, 2018년 요금)

30일 연속 사용 패스	성인	학생(만 25세 미만)
low season(비수기)	340	265
mid season	350	280
high season(성수기)	425	350

15일 연속 사용 패스	성인	학생(만 25세 미만)
low season(비수기)	225	195
mid season	245	210
high season(성수기)	320	270

2. 소요 시간

프라하-유럽 주요 도시 구간의 소요 시간(유로라인 버스 기준)

프라하 ➜ 비엔나 약 4시간
프라하 ➜ 부다페스트 약 7시간 30분
프라하 ➜ 베를린 약 4시간 30분
프라하 ➜ 드레스덴 약 2시간
프라하 ➜ 브라티슬라바 약 4시간
프라하 ➜ 바르샤바 약 10시간 10분
프라하 ➜ 뮌헨 약 5시간

무작정 따라하기 5단계 프라하 국제공항에서 귀국하기

> **프라하 국제 공항에서 귀국하기**

1. 공항 도착 전 인터넷을 통해 탑승할 항공편의 터미널을 확인한다.
2. 공항에 도착해 탑승 수속을 하기 전 세금 환급(VAT refund)을 받을 물건이 있다면 리펀드 오피스(refund office)로 가서 세금 환급을 신청한다.

TIP 세금 환급(tax refund) 받기

프라하에서 쇼핑한 후 세금을 환급받을 수 있는 것은 유럽연합에 거주하지 않는 자만 해당된다. 따라서 유학생이나 교민의 경우 유럽연합 국가에 거주하는 자는 대상에서 제외될 수 있다.

① 프라하 시내의 상점 또는 백화점 등지에서 규정한 세금 환급 가능 최저액인 2001Kč 이상일 경우 구입한 물건 계산서와 함께 세금 환급 신청서를 요청할 수 있다(단, 세금 환급 가능 최저액인 2001Kč은 여러 군데에서 산 물건값의 합산이 아닌 하루 동안 한 군데에서 산 물건값의 합산을 말한다).

② 한 매장 또는 한 쇼핑몰이나 한 백화점에서 산 물건값의 총액이 2001Kč 이상일 경우 해당 매장, 또는 쇼핑몰, 백화점의 세금 환급 담당 부서 또는 담당자에게 세금 환급 신청서(tax free form)를 받아 세부 사항을 작성한다.

③ 공항에서 출국할 때 공항 내 리펀드 오피스로 가서 구매한 물건을 보여주고 세금 환급 신청서를 영수증과 함께 제출한다.

④ 이상이 없을 경우 담당자가 신청서에 도장을 찍어주면 이를 우체통에 넣으면 된다(우편 봉투에 우편요금이 포함되어 있기에 별도로 우표를 붙일 필요는 없다). 이 우편 봉투가 해당 주소로 전달되면 세금 환급은 본인의 신용카드로 추후에 입금된다.

3. 해당 항공편의 터미널로 이동해 항공사의 체크인 카운터를 찾아간다.
4. 여권과 이티켓을 보여주고 수하물 태그를 붙인 뒤 보딩 패스를 받는다.
5. 출국 수속을 한다. EU 국가로 이동 시에는 별도의 출국 수속이 필요 없다.
6. 해당 게이트로 이동해 탑승을 기다린다.

메트로 & 트램 노선도

METRO & TRAM ROUTES

TRAM 1 ... 26

Metro A B C

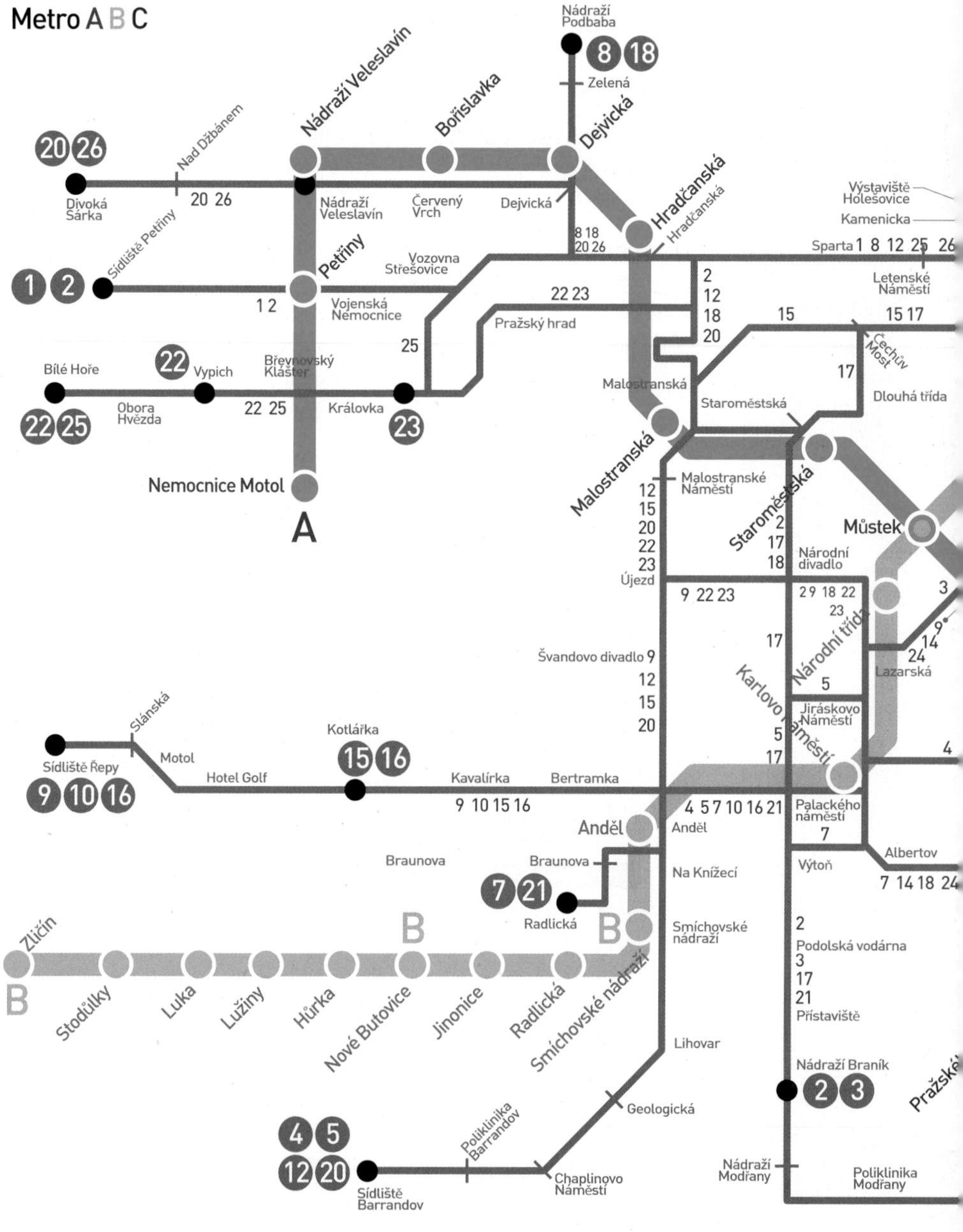

Nádraží Podbaba
8 18
Zelená
Nádraží Veleslavín
Bořislavka
Dejvická
20 26
Nad Džbánem
Divoká Šárka
20 26
Nádraží Veleslavín
Červený Vrch
Dejvická
Hradčanská
Hradčanská
8 18 20 26
Výstaviště Holešovice
Kamenicka
Sparta 1 8 12 25 26
Sídliště Petřiny
Petřiny
Vozovna Střešovice
1 2
1 2
Vojenská Nemocnice
22 23
2 12 18 20
Letenské Náměstí
Pražský hrad
15
15 17
Čechův Most
25
Bílé Hoře
22
Vypich
Břevnovský Klášter
17
Malostranská
Dlouhá třída
Obora Hvězda
22 25
Královka
Staroměstská
22 25
23
Malostranská
Nemocnice Motol
A
Malostranské Náměstí
12 15 20 22 23
Újezd
Staroměstská
2 17 18
Můstek
Národní divadlo
9 22 23
2 9 18 22 23
3
Národní třída
17
9 14 24
Lazarská
Švandovo divadlo 9 12 15 20
Karlovo náměstí
5
Jiráskovo Náměstí
5 17
Slánská
Sídliště Řepy
9 10 16
Motol
Hotel Golf
Kotlářka
15 16
Kavalírka
9 10 15 16
Bertramka
4 5 7 10 16 21
4
Anděl
Anděl
Palackého náměstí
7
Braunova
Braunova
Na Knížecí
Výtoň
Albertov
7 14 18 24
7 21
Radlická
B
B
Smíchovské nádraží
2
Podolská vodárna
3 17 21
Přístaviště
Zličín
B
Stodůlky
Luka
Lužiny
Hůrka
Nové Butovice
Jinonice
Radlická
Smíchovské nádraží
Lihovar
Nádraží Braník
2 3
Pražské
Geologická
4 5 12 20
Poliklinika Barrandov
Sídliště Barrandov
Chaplinovo Náměstí
Nádraží Modřany
Poliklinika Modřany

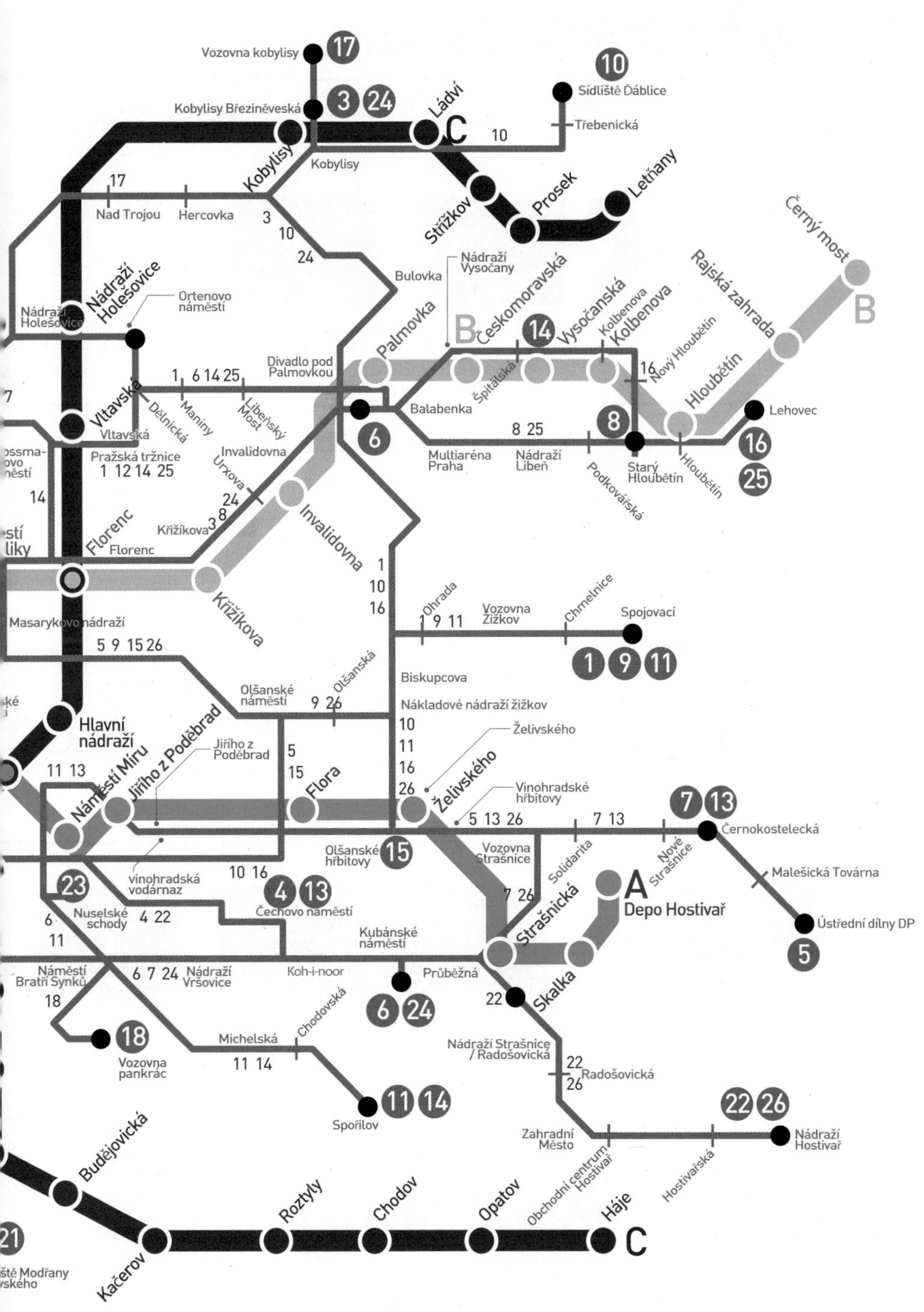

Vozovna kobylisy
17
10
Sídliště Ďáblice
Kobylisy Březiněveská
3
24
Ládví
C
Třebenická
Kobylisy
Kobylisy
Střížkov
Prosek
Letňany
17
Nad Trojou
Hercovka
3
10
24
Bulovka
Nádraží Vysočany
Černý most
Rajská zahrada
B
Nádraží Holešovice
Nádraží Holešovice
Ortenovo náměstí
Palmovka
B
Českomoravská
14
Vysočanská
Kolbenova
Kolbenova
Nový Hloubětín
Hloubětín
Divadlo pod Palmovkou
Špitálská
16
1 6 14 25
Maniny
Libeňský Most
Vltavská
Dělnická
Vltavská
Balabenka
Lehovec
6
8
16
Pražská tržnice
1 12 14 25
Invalidovna
Multiaréna Praha
8 25
Nádraží Libeň
Podkovářská
Starý Hloubětín
Hloubětín
25
Urxova
24
14
Křižíkova
3 8
Invalidovna
Florenc
Florenc
Křižíkova
1
10
16
Ohrada
1 9 11
Vozovna Žižkov
Chmelnice
Spojovací
Masarykovo nádraží
5 9 15 26
1
9
11
Olšanské náměstí
Olšanská
9 26
Biskupcova
Nákladové nádraží žižkov
Hlavní nádraží
Jiřího z Poděbrad
Jiřího z Poděbrad
5
15
10
11
16
26
Želivského
Želivského
Náměstí Míru
11 13
Flora
Vinohradské hřbitovy
5 13 26
7 13
7
13
Černokostelecká
Olšanské hřbitovy
15
Vozovna Strašnice
Solidarita
Nové Strašnice
Malešická Továrna
vinohradská vodárnaz
10 16
23
4
13
Čechovo náměstí
7 26
Strašnická
A
Depo Hostivař
Ústřední dílny DP
6
11
Nuselské schody
4 22
Kubánské náměstí
5
Náměstí Bratří Synků
6 7 24
Nádraží Vršovice
Koh-i-noor
Průběžná
Skalka
18
22
6
24
18
Vozovna pankrác
Michelská
Chodovská
11 14
Nádraží Strašnice / Radošovická
22
26
Radošovická
Spořilov
11
14
22
26
Zahradní Město
Nádraží Hostivař
Budějovická
Obchodní centrum Hostivař
Hostivařská
Roztyly
Chodov
Opatov
Háje
C
21
Kačerov

COURSE

프라하 완전 정복 5박 6일 코스

START!

1 DAY — 6min — ① — 7min — ② — 2min — ③ — 7min — ④ — 1min — ⑤ — 1min — ⑥

① 댄싱 빌딩 P.076

카를로보 나메스티역 하차 후 레슬로바 거리를 따라 400m 직진 도보 6분

② 슬로반스키 섬 P.076

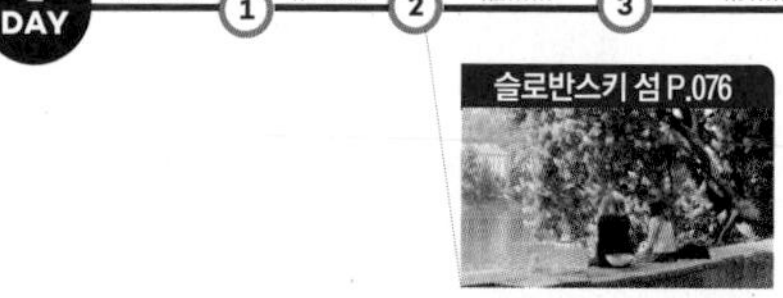
댄싱 빌딩을 등지고 우회전해 블타바 강을 따라 200m 정도 걷다가 왼쪽에 있는 슬로반스키 섬과 이어진 다리로 진입한다.

③ 조핀 가르덴 P.078

슬로반스키 섬 중앙에 위치

④ 레기교 P.076

섬 밖으로 나와 댄싱 빌딩 반대 방향으로 블타바 강을 따라 200m 정도 걷는다. 도보 7분

⑤ 국립극장 P.076

레기교 삼거리에서 레기교를 등지고 오른쪽에 국립극장이 보인다. 도보 1분

⑥ 카페 슬라비아 P.053

국립극장 바로 맞은편에 카페가 보인다. 도보 1분

⑱ — 7min — ⑲ — 7min — ⑳ — 5min — ㉑ — 5min

⑱ 화약탑 P.048

틴 교회에서 도보 7분

⑲ 바츨라프 광장 P.076

화약탑에서 도보 7분

⑳ 국립박물관 P.076

바츨라프 광장 북서쪽 끄트머리에서 도보 7분

㉑ 국립박물관 신관 P.077

국립박물관에서 도보 5분

DINNER

바츨라프 광장 주변에서 식사

3 DAY — 5min — ㉒ — 10min — ㉓ — 5min — ㉔

㉒ 발트슈테인 정원 P.102

말로스트란스카 역에서 도보 5분

㉓ 황금 소로 P.093

발트슈테인 정원에서 도보 10분

㉔ 성 비투스 대성당 P.092

황금 소로에서 도보 5분

15 min — ㉜ — 20min — ㉝ — 20min — ←

㉜ 페트린 전망대 P.102

킨스키 공원 입구에서 도보 15분

㉝ 레기교 P.076

페트린 전망대에서 도보 20분

DINNER

구시가 지구의 체코 전통 식당에서 식사

프라하 여행 코스 무작정 따라하기

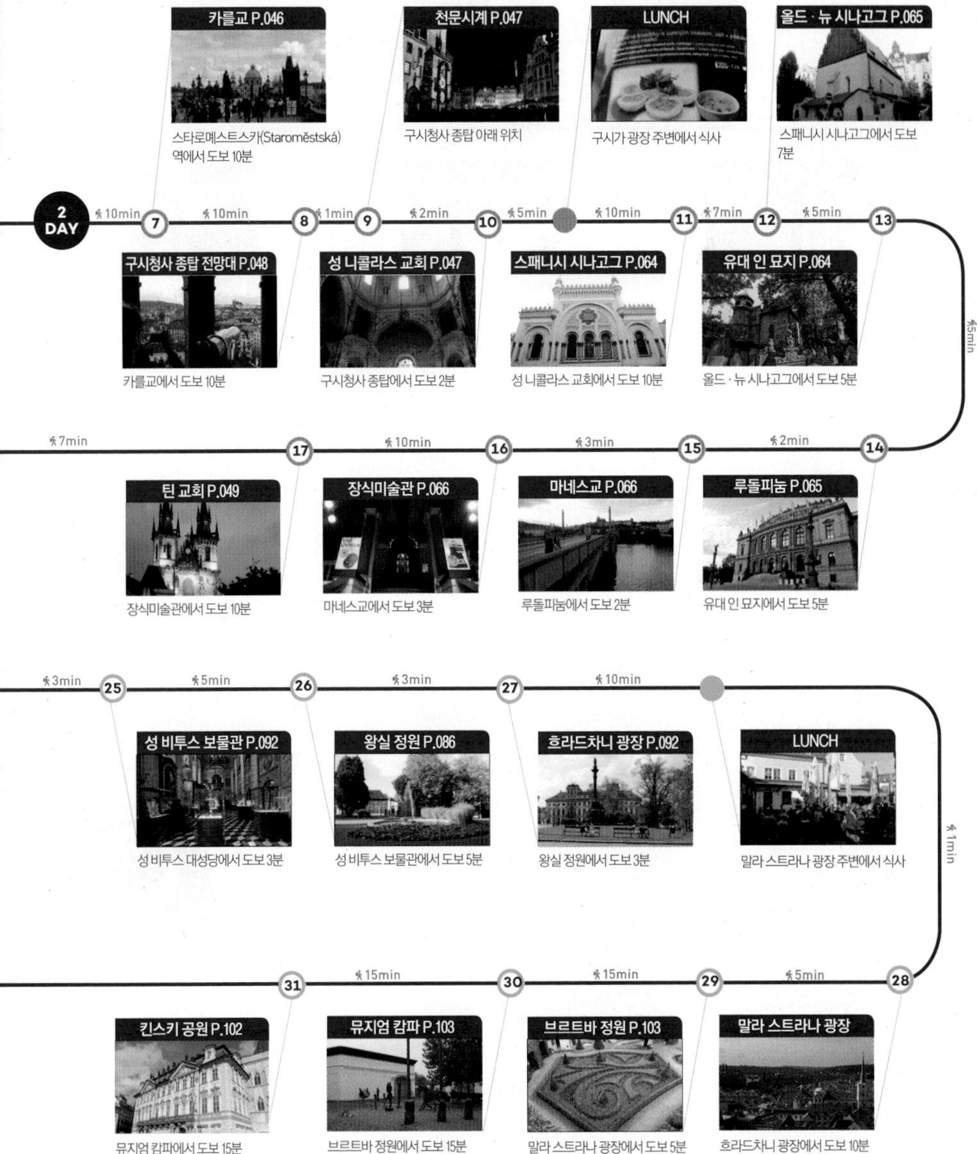

프라하 완전 정복 5박 6일 코스

START!

4 DAY

트램17min + 🚶3min → 34 → 트램 5min + 🚌20min → 35 → 🚌20min + 트램 5min → 36 → 🚶15min → 37 → 🚶1min →

트로야 궁전 P.123

독스 센터 인근에서 5번 트램 탑승 후 나드라지 홀레쇼비체 역에서 하차(5분 소요)해 112번 버스 탑승, 종점에서 하차(20분 소요)

벨레트르즈니 궁전 P.120

라피다리움에서 도보 15분

독스 센터 P.121

블타브스카(Vltavská) 역 앞에서 5번 트램 탑승 후 하차해 도보 3분(총 20분 소요)

라피다리움 P.121

트로야 궁전에서 112번 버스 탑승 후 나드라지 홀레쇼비체 역에서 하차(20분 소요)해 5번 트램 탑승, 엑시비션 그라운드 앞에서 하차(5분 소요)

LUNCH

벨레트르즈니 궁전 내 카페에서 간단하게 식사

46

🚇10min

비셰흐라드 묘지 P.116

비셰흐라드(Vyšehrad) 역에서 도보 20분

DINNER

구시가로 이동해 식사

RECIEPT

입장료	**3204Kč~**
댄싱 빌딩	무료
국립극장	공연과 좌석에 따라 다름
구시청사 종탑 전망대	250Kč
성 니콜라스 교회	무료
스페니시 시나고그/올드 뉴 시나고그 + 유대인 묘지	350Kč
루돌피눔	무료
장식미술관	100Kč
틴 교회(도네이션)	25Kč
화약탑	100Kč
국립박물관	전시에 따라 다름
발트슈테인 정원과 궁전	무료
황금 소로+성 비투스 대성당	350Kč
성 비투스 보물관	250Kč
왕실 정원	무료
브르트바 정원	69Kč
뮤지엄 캄파	300Kč
킨스키 공원	무료
페트린 전망대	150Kč
독스 센터	180Kč
트로야 궁전	120Kč
라피다리움	50Kč
벨레트르즈니 궁전	170Kč
국립 기술 박물관	220Kč
레트나 공원	무료
스트라호프 수도원	120Kč
무하 뮤지엄	240Kč
드보르자크 박물관	50Kč
비셰흐라드 묘지	무료
푸투라 갤러리	무료
모차르트 뮤지엄	110Kč
교통비	**474Kč**
교통 패스 1일권(3회)	330Kč
30분 사용 패스 (6회)	144Kč
식비	
아침 식사(6회)	900Kč
점심 식사(6회)	1500Kč
저녁 식사(6회)	1800Kč 이상

TOTAL

7878Kč~

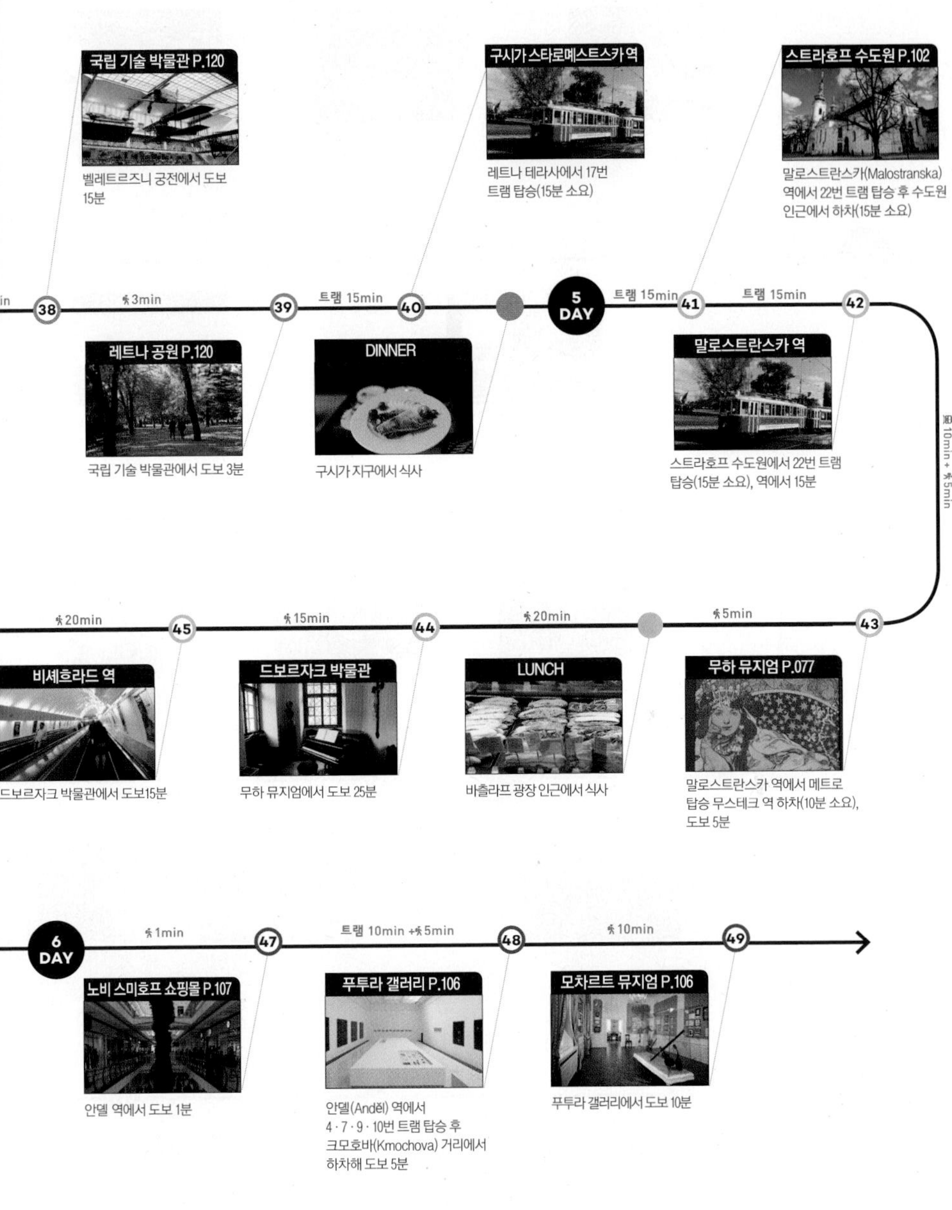

국립 기술 박물관 P.120
벨레트르즈니 궁전에서 도보 15분
구시가 스타로메스트스카 역
레트나 테라사에서 17번 트램 탑승(15분 소요)
스트라호프 수도원 P.102
말로스트란스카(Malostranska) 역에서 22번 트램 탑승 후 수도원 인근에서 하차(15분 소요)
min
38
3min
39
트램 15min
40
5 DAY
트램 15min
41
트램 15min
42
레트나 공원 P.120
국립 기술 박물관에서 도보 3분
DINNER
구시가 지구에서 식사
말로스트란스카 역
스트라호프 수도원에서 22번 트램 탑승(15분 소요), 역에서 15분
10min + 5min
20min
45
15min
44
20min
5min
43
비셰흐라드 역
드보르자크 박물관에서 도보15분
드보르자크 박물관
무하 뮤지엄에서 도보 25분
LUNCH
바츨라프 광장 인근에서 식사
무하 뮤지엄 P.077
말로스트란스카 역에서 메트로 탑승 무스테크 역 하차(10분 소요), 도보 5분
6 DAY
1min
47
트램 10min + 5min
48
10min
49
노비 스미호프 쇼핑몰 P.107
안델 역에서 도보 1분
푸투라 갤러리 P.106
안델(Anděl) 역에서 4·7·9·10번 트램 탑승 후 크모호바(Kmochova) 거리에서 하차해 도보 5분
모차르트 뮤지엄 P.106
푸투라 갤러리에서 도보 10분

프라하와 근교까지 여유로운 5박 6일 코스

START!

1 DAY

🚶5min

① 구시가 광장 P.048

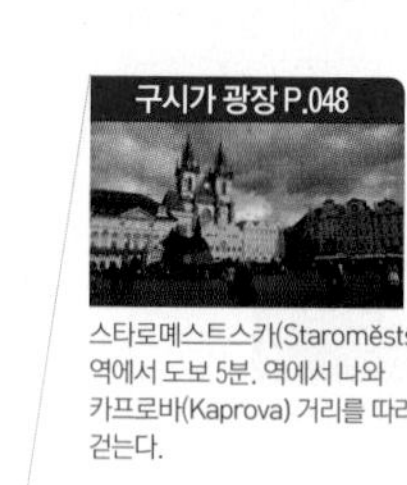

스타로메스트스카(Staroměstská) 역에서 도보 5분. 역에서 나와 카프로바(Kaprova) 거리를 따라 걷는다.

🚶1min

② 구시청사 종탑 전망대 P.048

구시가 광장 남쪽에 위치.

🚶1min

③ 천문시계 P.047

구시청사 종탑 아래 위치. 매시 정각에 천문시계 안에 놓인 작은 밀랍 인형들의 퍼포먼스가 펼쳐진다.

🚶5min

LUNCH

일 물리노(Il Mulino) 천문시계에서 도보로 5분.

🚶20min

④ 카를교 P.046

구시청사 종탑에서 도보 15분.

⑫ 스패니시 시나고그 P.064 (유대 인 박물관)

마네스교에서 도보 15분. 마네스교를 건너 시로카 거리를 따라 걷는다.

🚶15min

⑬ 구시가 광장 P.048

스패니시 시나고그에서 도보 15분.

🚶15min

⑭ 나 프르지코페 거리 P.048

구시가 광장에서 도보 15분.

🚶5min

DINNER

플젠스카(Plzenska)에서 전통 요리

2 DAY

🚶10min

⑮ 성 미쿨라셰 성당 P.103

말로스트란스카 역에서 도보 10분

🚶10min

⑯ 프란츠 카프카 뮤지엄 P.103

성 미쿨라셰 성당에서 도보 10분

🚶5min

㉒ 페트린 전망대 P.102

추모비를 등지고 큰 도로를 따라 오른쪽으로 450m 직진 도보 3분, 퍼니큘러 5분

🚶20min

DINNER P.102

페트린 언덕 중턱에 있는 네보지제크 레스토랑에서 저녁식사

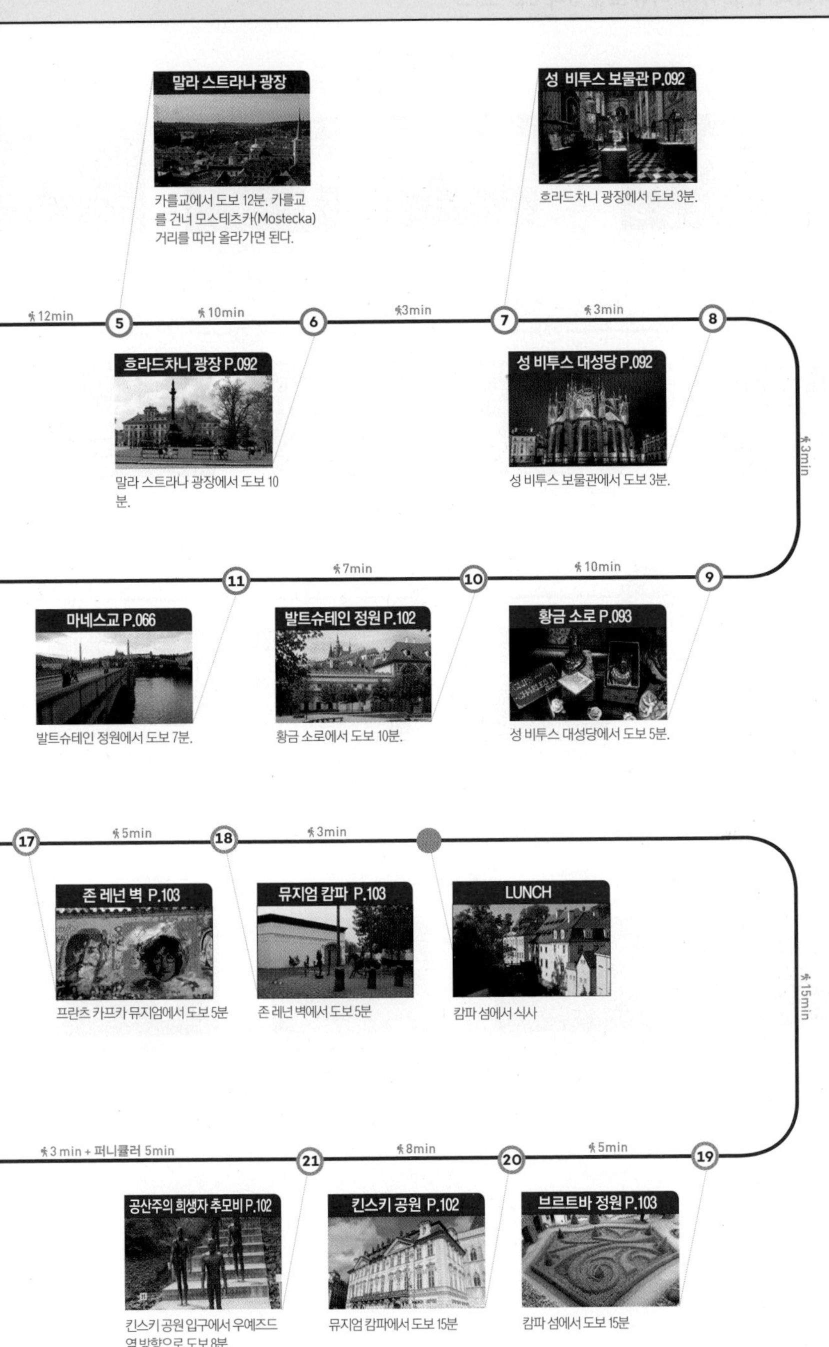

말라 스트라나 광장
카를교에서 도보 12분. 카를교를 건너 모스테츠카(Mostecka) 거리를 따라 올라가면 된다.
성 비투스 보물관 P.092
호라드차니 광장에서 도보 3분.
12min
5
10min
6
3min
7
3min
8
호라드차니 광장 P.092
말라 스트라나 광장에서 도보 10분.
성 비투스 대성당 P.092
성 비투스 보물관에서 도보 3분.
3min
11
7min
10
10min
9
마네스교 P.066
발트슈테인 정원에서 도보 7분.
발트슈테인 정원 P.102
황금 소로에서 도보 10분.
황금 소로 P.093
성 비투스 대성당에서 도보 5분.
17
5min
18
3min
존 레넌 벽 P.103
프란츠 카프카 뮤지엄에서 도보 5분
뮤지엄 캄파 P.103
존 레넌 벽에서 도보 5분
LUNCH
캄파 섬에서 식사
15min
3 min + 퍼니큘러 5min
21
8min
20
5min
19
공산주의 희생자 추모비 P.102
킨스키 공원 입구에서 우예즈드 역 방향으로 도보 8분
킨스키 공원 P.102
뮤지엄 캄파에서 도보 15분
브르트바 정원 P.103
캄파 섬에서 도보 15분

프라하와 근교까지 여유로운 5박 6일 코스

3 DAY

트램 15min → 23 → 트램 15min → 24 → 🚇 15min → 25 → 🚶 20min → 26 → 🚶 1min → 27 → 🚶 1min → 28 → 🚶 3min → 29 → 🚇 10min → ●

23 말로스트란스카 전철역

스트라호프 수도원에서 22번 트램 탑승(15분 소요), 역에서 15분

24 스트라호프 수도원 P.102

말로스트란스카(Malostranska) 역에서 22번 트램 탑승 후 수도원 인근에서 하차(15분 소요)

25 비셰흐라드 전철역

메트로 A선 말로스트란스카 역에서 탑승, 무제움 역에서 C선으로 환승 후 비셰흐라드 역 하차. (15분 소요)

26 비셰흐라드 묘지 P.116

비셰흐라드(Vyšehrad) 역에서 도보 20분

27 성 베드로 & 바울 성당 P.116

공동묘지와 바로 붙어 있다. 도보 1분

28 조각 공원 P.116

성당 정문에서 좌회전해 석조 대문을 통화하면 바로 나온다. 도보 1분

29 로툰다 성당 P.116

조각 공원에서 도보 3분

DINNER

구시가 지구에서 식사

6 DAY

37 → 🚶 30 min + 퍼니큘러 3min → 38 → 🚶 30min + 🚌 2h 15min → ● → 39 → 🚌 2h 55min + 🚶 20min → 🚶 15min → 40 → 🚶 3min → 41 → 🚶 1min → ● → 🚶 3min → 42

37 핫 스프링 콜로네이드 P.137

캐슬 콜로네이드에서 도보 7분

38 다이아나 전망대 P.136

핫 스프링 콜로네이드에서 도보 30분 떨어진 곳에서 퍼니큘러를 타고 3분 소요

DINNER

프라하로 돌아와 구시가 지구에서 식사

39 체스키 크룸로프 성 P.130

프라하의 안델 역 인근에 자리한 나 크니제치 버스 터미널에서 버스로 2시간 55분, 체스키 크룸로프 버스 터미널에서 체스키 크룸로프 성까지 도보 약 20분

40 에곤 실레 아트 센터 P.131

체스키 크룸로프 성에서 도보 15분

41 스보르노스티 광장 P.131

에곤 실레 아트 센터에서 도보 3분

LUNCH

스보르노스티 광장 인근에서 식사

42 비타 교회 P.131

스보르노스티 광장에서 도보 3분

n + 🚶30min — 31 — 🚶10min — ● — 🚶20min + 🚌40min — 32 — 🚶5min — ● — **5 DAY** — 🚌2h 15min + 🚶15min — 33 — 🚶5min — 34 — 🚶7min — 35 — 🚶5min — 36 — 🚶5min — ● — 🚶7min

31 칼슈타인 성 P.147

프라하 중앙역에서 기차로 40분, 기차역에서 고성까지 도보 30분

LUNCH

칼슈타인 고성 마을에서 식사

32 카를교 P.046

반나절 정도 칼슈타인 고성에 다녀온 뒤 프라하의 구시가와 카를교에서 거리 공연 등을 감상하며 한가한 시간을 보내자.

DINNER

구시가 지구에서 식사

33 파크 콜로네이드 P.136

프라하 플로렌츠 버스 터미널에서 버스 탑승 후(2시간 15분 소요) 카를로비 바리 버스 터미널에 하차해 도보 15분

34 밀 콜로네이드 P.136

파크 콜로네이드에서 도보 5분

35 마켓 콜로네이드 P.136

밀 콜로네이드에서 도보 7분

36 캐슬 콜로네이드 P.136

마켓 콜로네이드에서 도보 5분

LUNCH

카를로비 바리 시내에서 식사

프라하로 돌아와 구시가 지구에서 식사

RECIEPT

입장료	**3039Kč~**
구시청사 종탑 전망대	250Kč
성 비투스 보물관	250Kč
성 비투스 대성당+황금 소로	350Kč
스패니시 시나고그	350Kč
프란츠 카프카 뮤지엄	200Kč
뮤지엄 캄파	300Kč
브르트바 정원	69Kč
킨스키 공원	무료
페트린 전망대	150Kč
스트라호프 수도원	120Kč
비셰흐라드 묘지	무료
성 베드로 & 바울 성당	50Kč
조각 공원	무료
로툰다 성당	무료
칼슈타인 고성 (1시간 가이드 투어)	330Kč
다이아나 전망대(왕복)	120Kč
체스키 크룸로프 성 (가이드 투어)	320Kč
에곤 실레 아트 센터	180Kč
비타 교회	무료
교통비	**1422Kč**
30분 사용 패스 (8회)	192Kč
교통패스 1일권 (2회)	220Kč
칼슈타인 왕복 기차 요금	110Kč
체스키 크룸로프 왕복 버스 요금	500Kč
카를로비 바리 왕복 버스 요금	400Kč
식비	
아침 식사(6회)	900Kč
점심 식사(6회)	1500Kč
저녁 식사(6회)	1800Kč 이상

TOTAL

8661Kč~

맥주가 좋은 당신을 위한 6박 7일 코스

START!

1 DAY

🚶10min

1 카를교 P.046 
스타로메스트스카(Staroměstská) 역에서 도보 10분

🚶10min

2 구시청사 종탑 전망대 P.048 
카를교에서 도보 10분

🚶1min

3 천문시계 P.047 
구시청사 종탑 아래 위치

🚶2min

4 성 니콜라스 교회 P.047 
구시청사 종탑에서 도보 2분

🚶5min

LUNCH 
구시가 광장 인근에서 식사

🚶10min

5 스패니시 시나고그 P.064 
성 니콜라스 교회에서 도보 10분

🚶7min

6 올드 · 뉴 시나고그 P.065 
스패니시 시나고그에서 도보 7분

🚶5min

7 유대 인 묘지 P.064 
올드 · 뉴 시나고그에서 도보 5분. 묘지 입구는 묘지 남쪽에 위치한다.

🚶5m

18 성 비투스 대성당 P.092 
황금 소로에서 도보 5분

🚶3min

19 성 비투스 보물관 P.092 
성 비투스 대성당에서 도보 3분

🚶5min

20 왕실 정원 P.086 
성 비투스 보물관에서 도보 5분

🚶3min

21 흐라드차니 광장 P.092 
왕실 정원에서 도보 3분

🚶10 min

LUNCH 
말라 스트라나 광장 인근에서 식사

🚶1min

22 말라 스트라나 광장 
흐라드차니 광장에서 도보 10분

🚶5 min

23 브르트바 정원 P.103 
말라 스트라나 광장에서 도보 5분. 입구는 정원 북쪽에 위치

🚶15min

24 뮤지엄 캄파 P.103 
브르트바 정원에서 도보 15분. 뮤지엄은 블타바 강변에 위치

29 에곤 실레 아트 센터 P.131 
체스키 크룸로프 성에서 도보 15분

🚶3min

30 스보르노스티 광장 P.131 
에곤 실레 아트 센터에서 도보 3분

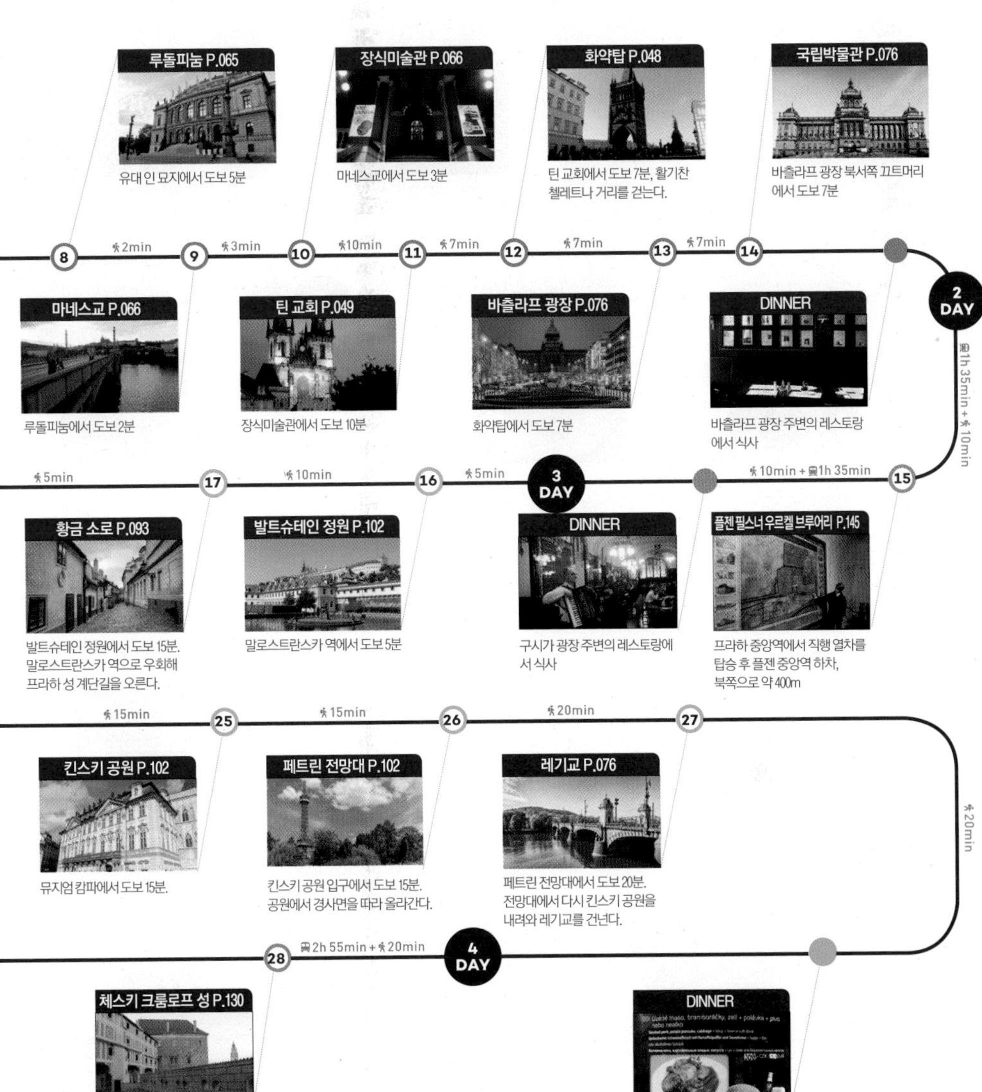

프라하의 안델 역 인근에 자리한 나 크니제치 버스 터미널에서 버스로 2시간 55분, 체스키 크룸로프 버스 터미널에서 체스키 크룸로프 성까지 도보 약 20분

맥주가 좋은 당신을 위한 6박 7일 코스

1min

LUNCH

스보르노스티 광장 인근에서 식사

32 비타 교회 P.131

스보르노스티 광장에서 도보 3분

3min

DINNER

스보르노스티 광장 인근에서 식사

5 DAY

50min

33 체스케 부데요비체 P.149

중앙역이나 버스 터미널에서 마이(Máj)행 5번 트롤리 버스 탑승 후 드루츠바-이기(Družba-IGY)에서 하차해 2번 트롤리 버스로 갈아타 부드바르 맥주 공장 하차

2h 30min

DINNER

프라하로 돌아와 구시가 지구에서 식사

RECIEPT

입장료	3604Kč~
구시청사 종탑 전망대	250Kč
성 니콜라스 교회	무료
스패니시 시나고그 / 올드 · 뉴 시나고그 + 유대인 묘지	350Kč
루돌피눔	무료
장식미술관 미정	100Kč
틴 교회(도네이션)	25Kč
화약탑	100Kč
국립박물관	전시에 따라 다름
필스너 우르켈 브루어리 투어	250Kč
발트슈테인 정원과 궁전	무료
황금 소로+성 비투스 대성당	350Kč
성 비투스 보물관	250Kč
왕실 정원	무료
브르트바 정원	69Kč
뮤지엄 캄파	350Kč
킨스키 공원	무료
페트린 전망대	150Kč
체스키 크룸로프 성 (가이드 투어)	320Kč
에곤 실레 아트 센터	180Kč
비타 교회	무료
부드바르 맥주 공장 (가이드 투어)	120Kč
댄싱 빌딩	무료
국립극장	공연과 좌석에 따라 다름
독스 센터	180Kč
트로야 궁전	120Kč
라피다리움	50Kč
벨레트르즈니 궁전	170Kč
국립 기술 박물관	220Kč
레트나 공원	무료

교통비	1142Kč~
30분 사용 패스 (8회)	192Kč
교통 패스 1일권 (2회)	220Kč
플젠 왕복 버스 요금	200Kč
프라하-체스키 크룸로프 편도 버스 요금	250Kč
체스키 크룸로프-체스케부데요비체 기차 요금	60Kč
체스케 부데요비체-프라하 편도 기차 요금	220Kč

식비	
아침 식사(7회)	1050Kč
점심 식사(7회)	1750Kč
저녁 식사(7회)	2100Kč 이상

TOTAL

9646Kč~

LUNCH

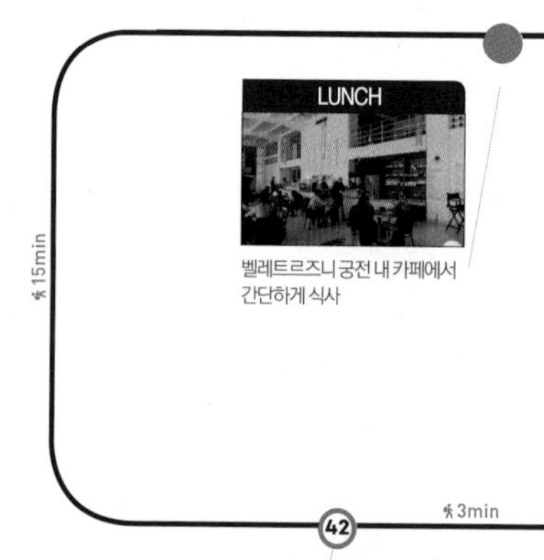

벨레트르즈니 궁전 내 카페에서 간단하게 식사

15min

42 국립 기술 박물관

벨레트르즈니 궁전에서 도보 15분

3min

레트나 공원 P.120

국립 기술 박물관에서 도보 3분

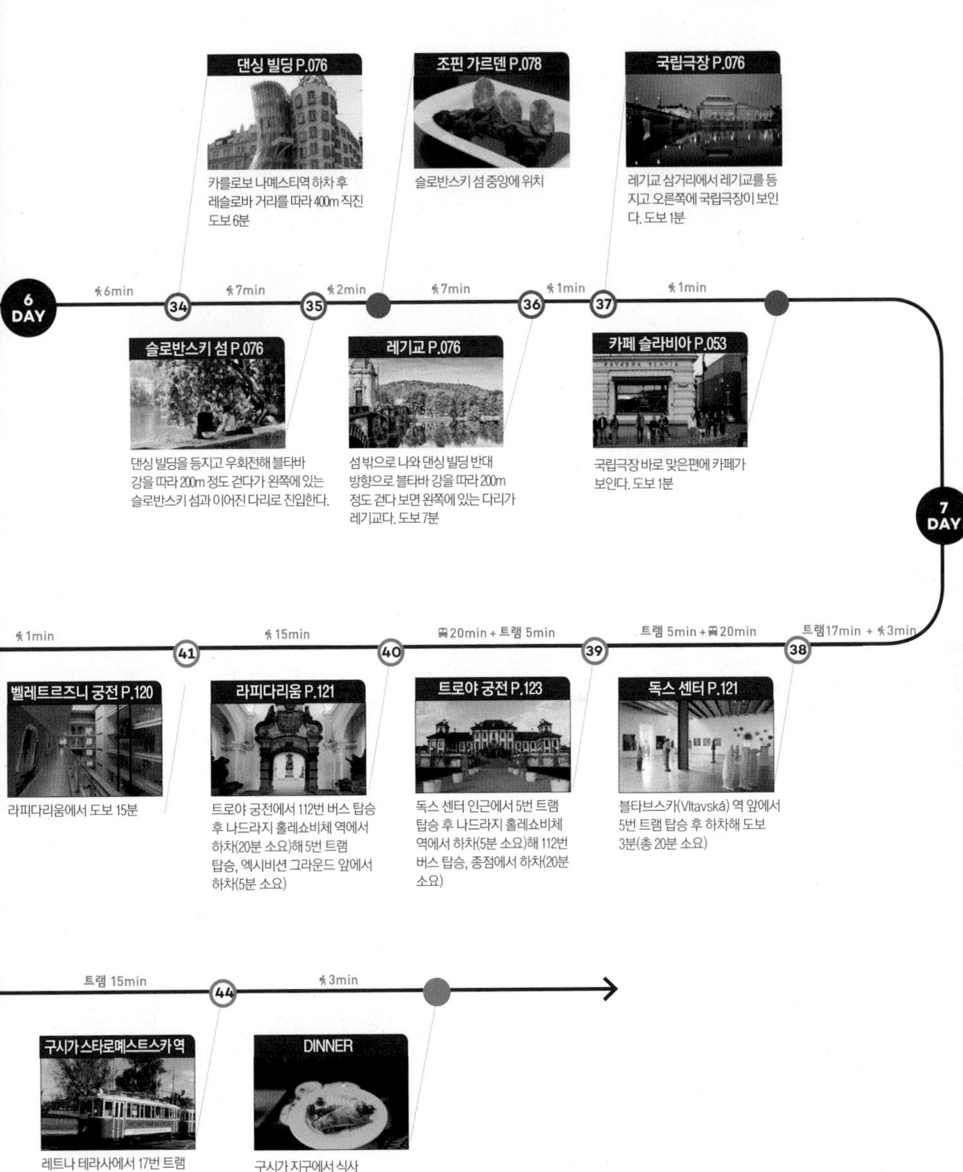
6 DAY
6min
34
댄싱 빌딩 P.076
카를로보 나메스티역 하차 후 레슬로바 거리를 따라 400m 직진 도보 6분
7min
35
슬로반스키 섬 P.076
댄싱 빌딩을 등지고 우회전해 블타바 강을 따라 200m 정도 걷다가 왼쪽에 있는 슬로반스키 섬과 이어진 다리로 진입한다.
2min
조핀 가르덴 P.078
슬로반스키 섬 중앙에 위치
7min
36
레기교 P.076
섬 밖으로 나와 댄싱 빌딩 반대 방향으로 블타바 강을 따라 200m 정도 걷다 보면 왼쪽에 있는 다리가 레기교다. 도보 7분
1min
37
국립극장 P.076
레기교 삼거리에서 레기교를 등지고 오른쪽에 국립극장이 보인다. 도보 1분
1min
카페 슬라비아 P.053
국립극장 바로 맞은편에 카페가 보인다. 도보 1분
7 DAY
트램 17min + 3min
38
독스 센터 P.121
블타브스카(Vltavská) 역 앞에서 5번 트램 탑승 후 하차해 도보 3분(총 20분 소요)
트램 5min + 20min
39
트로야 궁전 P.123
독스 센터 인근에서 5번 트램 탑승 후 나드라지 홀레쇼비체 역에서 하차(5분 소요)해 112번 버스 탑승, 종점에서 하차(20분 소요)
20min + 트램 5min
40
라피다리움 P.121
트로야 궁전에서 112번 버스 탑승 후 나드라지 홀레쇼비체 역에서 하차(20분 소요)해 5번 트램 탑승, 엑시비션 그라운드 앞에서 하차(5분 소요)
15min
41
벨레트르즈니 궁전 P.120
라피다리움에서 도보 15분
1min
트램 15min
44
구시가 스타로메스트스카 역
레트나 테라사에서 17번 트램 탑승(15분 소요)
3min
DINNER
구시가 지구에서 식사

프라하 전도

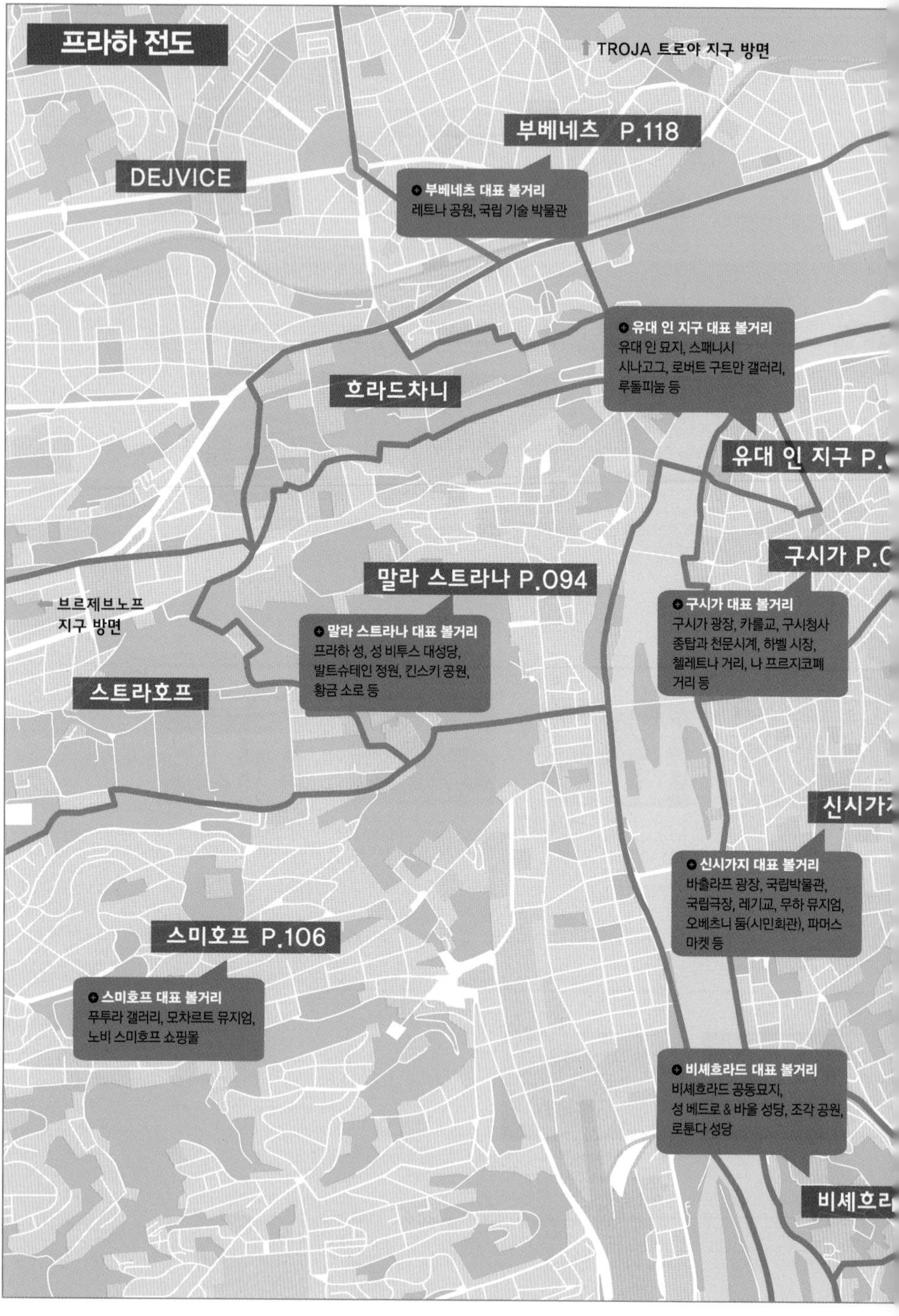

TROJA 트로야 지구 방면

부베네츠 P.118

DEJVICE

부베네츠 대표 볼거리
레트나 공원, 국립 기술 박물관

유대 인 지구 대표 볼거리
유대 인 묘지, 스패니시 시나고그, 로버트 구트만 갤러리, 루돌피눔 등

흐라드차니

유대 인 지구 P.0

구시가 P.0

말라 스트라나 P.094

브르제브노프 지구 방면

구시가 대표 볼거리
구시가 광장, 카를교, 구시청사 종탑과 천문시계, 하벨 시장, 첼레트나 거리, 나 프르지코페 거리 등

말라 스트라나 대표 볼거리
프라하 성, 성 비투스 대성당, 발트슈테인 정원, 킨스키 공원, 황금 소로 등

스트라호프

신시가지

신시가지 대표 볼거리
바츨라프 광장, 국립박물관, 국립극장, 레기교, 무하 뮤지엄, 오베츠니 둠(시민회관), 파머스 마켓 등

스미호프 P.106

스미호프 대표 볼거리
푸투라 갤러리, 모차르트 뮤지엄, 노비 스미호프 쇼핑몰

비셰흐라드 대표 볼거리
비셰흐라드 공동묘지, 성 베드로 & 바울 성당, 조각 공원, 로툰다 성당

비셰흐라

크벨리, 레트냐니 지구 방면
홀레쇼비체 P.118
홀레쇼비체 대표 볼거리
독스 컨템퍼러리 아트센터,
피브니 갈레리에
KARLIN
58
지즈코프 P.081
지즈코프 대표 볼거리
지즈코프 텔레비전 타워, 카를린
스튜디오, 프란츠 카프카 묘지
8
P.068
비노흐라디 P.082
비노흐라디 대표 볼거리
하블리체크 공원,
빌라그레보브카, 파빌론
그레보브카, 바인야드 전망대
VRŠOVICE
드 P.110
NUSIE

1 OLD TOWN
[구시가]

프라하 관광의 핵심

유럽에서 가장 아름다운 광장으로 손꼽히는 구시가 광장은 거리 공연의 메카이기에 밤낮으로 늘 북적이고 흥겨운 분위기가 가득하다. 구시가 광장 주변에는 프라하의 주옥같은 중세 건축물인 구시청사, 틴 교회, 골츠 킨스키 궁전, 성 니콜라스 성당 등이 포진해 있어 중세의 멋을 더한다. 구시가 광장에서 카를교까지 이어지는 카를로바 거리와 구시가 광장에서 화약탑까지 이어지는 첼레트나 거리는 프라하의 대표적인 보행자 거리로 카페, 레스토랑, 기념품 가게 등이 들어서 있다.

039

인기
★★★★★

나 홀로
★★★★★

커플
★★★★★

PLUS INFO
프라하를 방문하는 모든 여행자들이 구시가 광장을 방문한다.

PLUS INFO
구시가는 늘 북적이기에 나 홀로 여행해도 전혀 외롭지 않다.

가족
★★★★★

쇼핑
★★★★★

PLUS INFO
프라하를 방문하는 모든 여행자들은 아이들에게 구시가 광장에서 펼쳐지는 재미난 거리 공연을 보여주자.

PLUS INFO
구시가 어디를 가나 기념품 가게, 디자인 숍, 아트 숍을 만날 수 있다.

식도락
★★★★★

나이트라이프
★★★★

문화 유적
★★★★★

PLUS INFO
카를로바 거리와 첼레트나 거리에는 다양한 먹거리를 제공하는 레스토랑, 카페 등이 포진해 있다.

복잡함
★★★★★

청결
★★★★

접근성
★★★★★

TRAVEL MEMO
구시가 여행 한눈에 보기

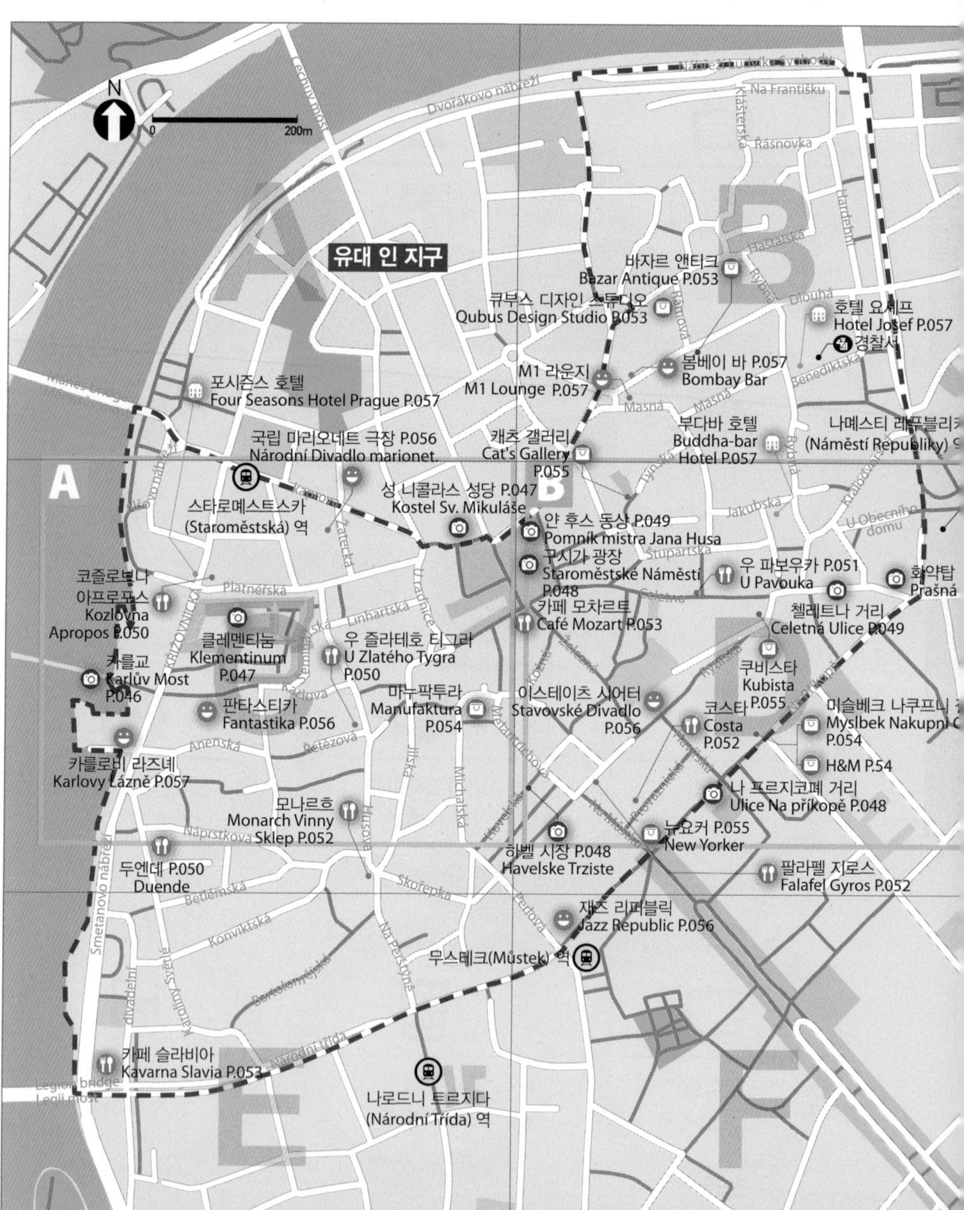

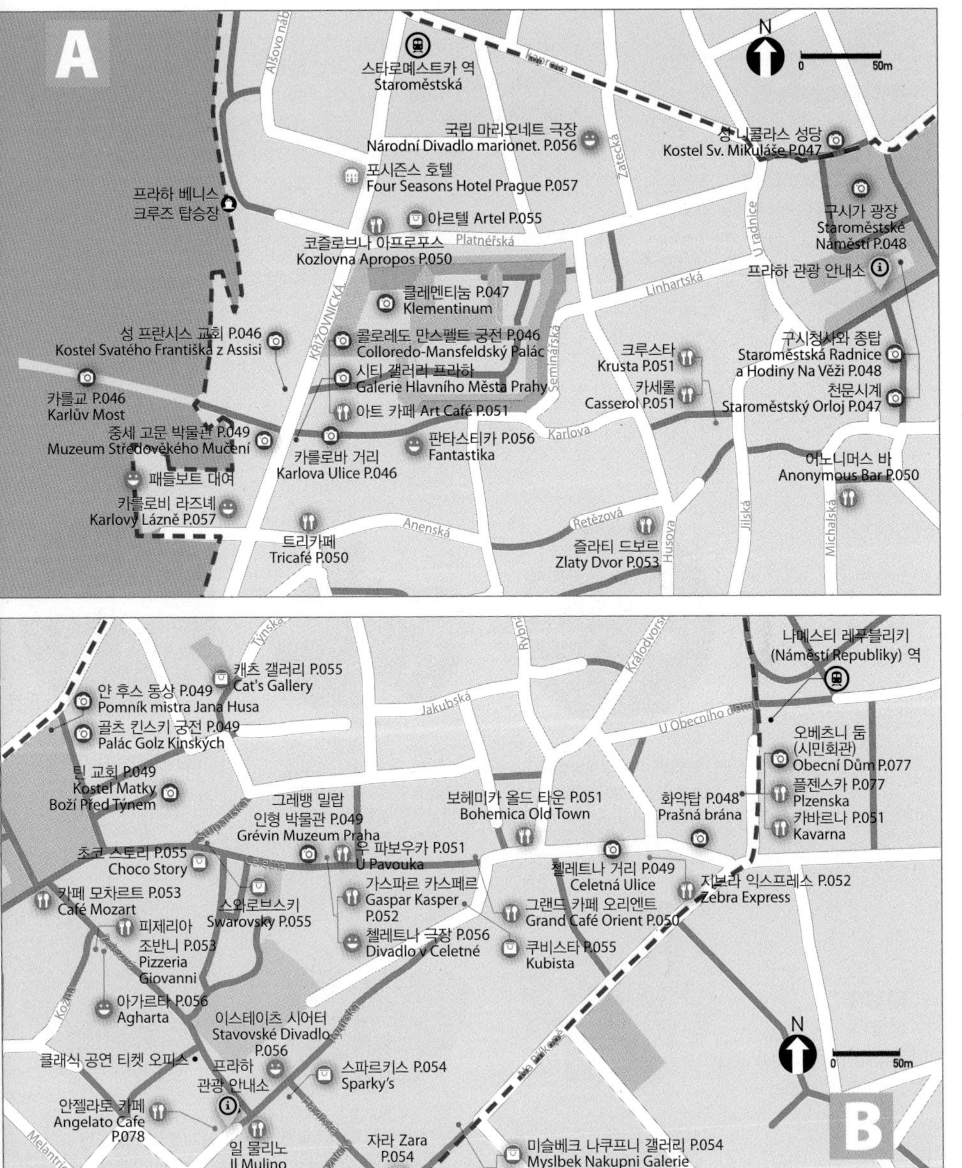
A
스타로메스트카 역
Staroměstská
국립 마리오네트 극장
Národní Divadlo marionet. P.056
성 니콜라스 성당
Kostel Sv. Mikuláše P.047
포시즌스 호텔
Four Seasons Hotel Prague P.057
프라하 베니스 크루즈 탑승장
아르텔 Artel P.055
코즐로브나 아프로포스
Kozlovna Apropos P.050
구시가 광장
Staroměstské Náměstí P.048
프라하 관광 안내소
클레멘티눔 P.047
Klementinum
성 프란시스 교회 P.046
Kostel Svatého Františka z Assisi
콜로레도 만스펠트 궁전 P.046
Colloredo-Mansfeldský Palác
시티 갤러리 프라하
Galerie Hlavního Města Prahy
크루스타
Krusta P.051
카세롤
Casserol P.051
구시청사와 종탑
Staroměstská Radnice a Hodiny Na Věži P.048
천문시계
Staroměstský Orloj P.047
카를교 P.046
Karlův Most
아트 카페 Art Café P.051
중세 고문 박물관 P.049
Muzeum Středověkého Mučení
판타스티카 P.056
Fantastika
카를로바 거리
Karlova Ulice P.046
어노니머스 바
Anonymous Bar P.050
패들보트 대여
카를로비 라즈녜
Karlovy Lázně P.057
트리카페
Tricafé P.050
즐라티 드보르
Zlaty Dvor P.053
B
나메스티 레푸블리키 (Náměstí Republiky) 역
캐츠 갤러리 P.055
Cat's Gallery
얀 후스 동상 P.049
Pomník mistra Jana Husa
골츠 킨스키 궁전 P.049
Palác Golz Kinských
틴 교회 P.049
Kostel Matky Boží Před Týnem
오베츠니 둠 (시민회관)
Obecní Dům P.077
플젠스카 P.077
Plzenska
카바르나 P.051
Kavarna
그레뱅 밀랍 인형 박물관 P.049
Grévin Muzeum Praha
보헤미카 올드 타운 P.051
Bohemica Old Town
화약탑 P.048
Prašná brána
초코 스토리 P.055
Choco Story
우 파보우카 P.051
U Pavouka
첼레트나 거리 P.049
Celetná Ulice
카페 모차르트 P.053
Café Mozart
스와로브스키
Swarovsky P.055
가스파르 카스페르
Gaspar Kasper P.052
그랜드 카페 오리엔트
Grand Café Orient P.050
지브라 익스프레스 P.052
Zebra Express
피제리아 조반니 P.053
Pizzeria Giovanni
첼레트나 극장 P.056
Divadlo v Celetné
쿠비스타 P.055
Kubista
아가르타 P.056
Agharta
이스테이츠 시어터
Stavovské Divadlo P.056
클래식 공연 티켓 오피스
프라하 관광 안내소
스파르키스 P.054
Sparky's
안젤라토 카페
Angelato Cafe P.078
일 물리노
Il Mulino P.052
자라 Zara P.054
미슬베크 나쿠프니 갤러리 P.054
Myslbek Nakupni Galerie
H&M P.054

TRAVEL MEMO
구시가 교통편 한눈에 보기

프라하 주요 지역에서 구시가 가는 방법

프라하 국제공항에서 구시가 가기

① **버스+메트로** – 프라하공항에서 100번 버스를 타고 메트로 B선의 즐리친(Zličín) 역까지 가서 그곳에서 다시 메트로를 타고 구시가의 메트로 B선 나메스티 레푸블리키(Náměstí Republiky) 역이나 스타로메스트스카(Staroměstská) 역 등으로 이동하면 된다(50분 소요, 약 40Kč).

② **AE버스** – 공항버스의 경우 공항에서 30분 간격으로 프라하 중앙역까지 운행(33분 소요, 60Kč)하며 그곳에서 메트로를 이용해 구시가의 주요 역으로 이동할 수 있다.

③ **택시** – 프라하 국제공항에서 구시가까지 약 30분 소요되며 요금은 약 600~800Kč다.

주변 지역에서 구시가 가기

① **도보** – 프라하 성이나 유대 인 지구, 국립박물관 인근이나 바츨라프 광장 주변 등지에서는 도보로 쉽게 구시가를 방문할 수 있다.

② **메트로** – 프라하의 주요 지역에서 메트로를 이용해 구시가의 메트로 A선 스타로메스트스카 역이나 메트로 B선 나메스티 레푸블리키 역까지 쉽게 찾아갈 수 있다.

③ **트램** – 프라하 성 인근이나 신시가지 등지에서 구시가까지 편리하게 연결한다.

구시가 지구 추천 여행 수단

① **도보** – 구시가 지구는 도보로 둘러보아야 한다. 그리 넓은 지역이 아니기에 걸어 다니면서 충분히 명소를 둘러볼 수 있다. 게다가 구시가 지구의 작은 골목마다 흥미로운 상점, 카페, 레스토랑 등이 숨어 있기에 걸어 다니면서 나만의 보물을 발견할 수 있다.

② **마차** – 구시가 광장 한편에서 마차를 타고 구시가 지구를 둘러볼 수 있다. 총 4명까지 탑승 가능하다. 1시간 2800Kč(마차 대여료), 옵션 → (투어 가이드 별도 1시간 1200Kč)

MUST ENJOY

구시가에서 이것만은 꼭 즐기자!

No. 1
블타바 강가를 조망할 수 있는 카를교를 거닐며 다리 위에서 펼쳐지는 라이브 연주와 거리 공연을 즐기자.

No. 2
라이브 음악, 마임, 저글링, 마술 쇼 등 구시가 광장에서 밤낮으로 펼쳐지는 다양한 거리 공연을 즐겨보자.

No. 3
국립 마리오네트 극장에서 오페라 인형극인 〈돈 조반니〉나 〈마술 피리〉를 감상하자.

MUST DO

구시가에서 이것만은 꼭 하자!

No. 1
구시청사 종탑에 올라 구시가 광장 주변을 조망해보자.

No. 2
구시청사 종탑 아래에 놓인 천문시계에서 정시마다 종소리와 함께 등장하는 시계 속 예수의 열두 제자 모형을 눈여겨보자.

No. 3
성 니콜라스 성당, 틴 교회 등 구시가지의 주옥같은 교회 건축물의 화려한 내부를 둘러보자.

코스 무작정 따라하기

발걸음이 가벼운 반나절 코스

프라하의 시민들이 사랑하는 거리를 쭉 둘러보는 일정이다.

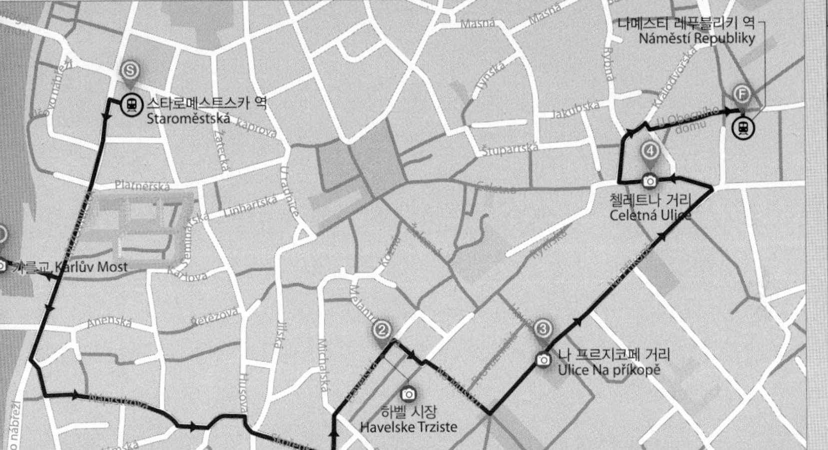

start

S. 스타로메스트스카 역

도보 10분

1. 카를교

도보 15분

2. 하벨 시장

도보 5분

3. 나 프르지코페 거리

도보10분

4. 첼레트나 거리

도보 5분

F. 나메스티 레푸블리키 역

Start

S 스타로메스트스카 역

Staroměstská

역에서 나와 남쪽 방향으로 크르지초브니츠카(Křičovnická) 거리를 따라 성 프란시스 교회까지 내려가 우회전하면 카를교가 나온다.

도보 10분→카를교

→

1h

1 카를교

Charles Bridge

밤낮없이 여행자들로 북적이는 프라하의 명소.

24시간

블타바 강을 따라 내려가다가 나프르지코바 거리를 따라 우회전 후

도보 15분→하벨 시장

→

1h

2 하벨 시장

Havelske Trziste

하벨스카(Havelská) 거리에 자리하며 민예품, 기념품등을 파는 가판대가 길게 늘어서 있다.

09:00~18:00

하벨 시장 끝에서 좌회전 후

도보 5분→나 프르지코페 거리

→

1h

3 나 프르지코페 거리

Ulice Na příkopě

젊은 연인들을 비롯해 프라하 시민들이 사랑하는 널찍한 보행자 도로로 산책하기에 좋은 거리다.

24시간

나프르지코페 거리를 쭉 걷다가 끝에서 좌회전 하면 첼레트나 거리다.

도보 10분→첼레트나 거리

1h

4 첼레트나 거리

Celetná Ulice

구시가 광장과 레푸블리키 광장을 연결하는 구시가의 거리

24시간

첼레트나 거리에서 오베츠니 둠 방향으로 가면 역이 나온다

도보5분→나메스티 레푸블리키 역

←

Finish

F 나메스티 레푸블리키 역

Náměstí Republiky

RECEIPT

볼거리	4시간
이동 시간	45분

TOTAL

4HOURS 45MIN

(식사 시간, 공연 관람 시간 제외)

교통비	24Kč

메트로 1회 이용

TOTAL

24Kč

(성인 1인 기준, 간식비 별도)

코스 무작정 따라하기

구시가지의 핵심 명소를 따라 여행하는 코스

사진에 관심 많은 여행자들에게 추천해주고 싶은 구시가의 주옥같은 포토제닉 명소를 소개한다.

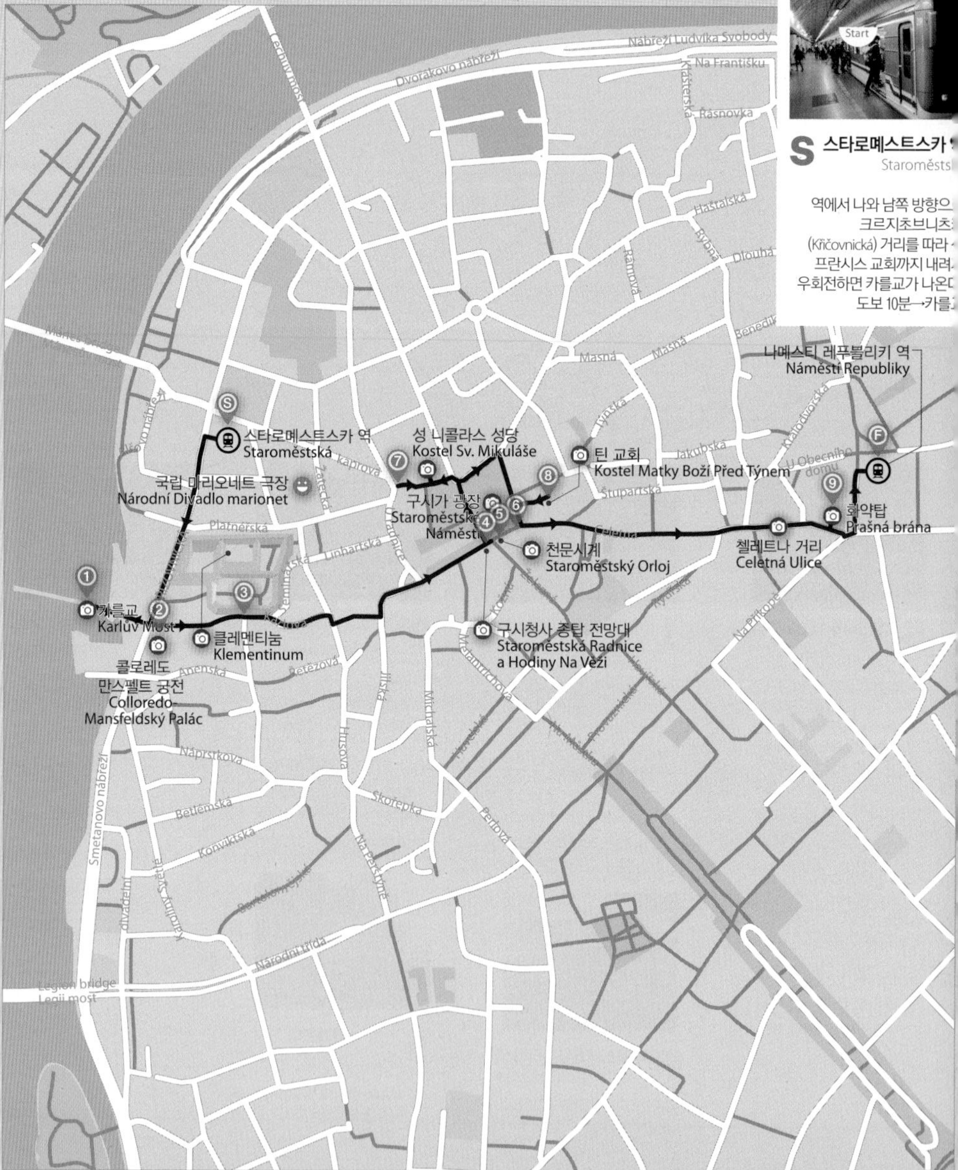

Start

S 스타로메스트스카 역
Staroměsts

역에서 나와 남쪽 방향으
크르지초브니츠
(Křičovnická) 거리를 따라
프란시스 교회까지 내려
우회전하면 카를교가 나온
도보 10분→카를

Ⓢ 스타로메스트스카 역
Staroměstská

국립 마리오네트 극장
Národní Divadlo marionet

① 카를교
Karlův Most

② 콜로레도 만스펠트 궁전
Colloredo-Mansfeldský Palác

③ 클레멘티눔
Klementinum

④⑤ 구시가 광장
Staroměstské Náměstí

천문시계
Staroměstský Orloj

구시청사 종탑 전망대
Staroměstská Radnice a Hodiny Na Věži

⑦ 성 니콜라스 성당
Kostel Sv. Mikuláše

⑧ 틴 교회
Kostel Matky Boží Před Týnem

첼레트나 거리
Celetná Ulice

⑨ 화약탑
Prašná brána

Ⓕ 나메스티 레푸블리키 역
Náměstí Republiky

Nábřeží Ludvíka Svobody
Dvořákovo nábřeží
Na Františku
Kozí
Rásnovka
Haštalská
Rybná
Dlouhá
Benediktská
Masná
Týnská
Jakubská
Králodvorská
U Obecního domu
Štupartská
Celetná
Na Příkopě
Kaprova
Žatecká
Platnéřská
Linhartská
Křižovnická
Karlova
Anenská
Řetězová
Jilská
Husova
Michalská
Melantrichova
Železná
Kožná
Rytířská
Havelská
Na Můstku
Náprstkova
Betlémská
Konviktská
Skořepka
Perlova
Na Perštýně
Bartolomějská
Smetanovo nábřeží
Národní třída
Legion bridge
Legií most

카를교
Charles Bridge

없이 여행자들로 북적이는 프라하의 명소.
ⓒ24시간

를교에서 카를로바 거리를 라가면 오른쪽에 콜로레도 스펠트 궁전이 나온다. 바로 안뜰 아트 카페가 자리한 건물이다.
보 5분→콜로레도 만스펠트 궁전

→

30min

2 콜로레도 만스펠트 궁전
Colloredo Mansfeld Palace
(시티 갤러리 프라하 City Gallery Prague)

1735년 오스트리아제국 왕자인 빈첸츠 파울 만스펠트(Vinzenz Paul Mansfeld)가 지은 집.
ⓒ화~일요일 10:00~18:00 (단, 1월 11일부터 1월 31일까지는 16:00까지) 휴무 월요일

카를로바 거리를 따라 조금 걸어가다 클리멘트 교회(St. Clement Church) 사이로 들어가면 클레멘티눔과 연결된 길이 나온다.
도보 3분→클레멘티눔

→

1h

3 클레멘티눔
Clementinum

11세기경 세인트 클레멘트 교회로 사용되던 건물이다.
ⓒ1~2월 10:00~16:30, 3~10월 10:00~19:00, 11~12월 10:00~18:00

다시 카를로바 거리로 나와 구시가 광장 방면으로 쭉 걸으면 오른쪽에 천문시계를 발견할 수 있다.
도보 5분→구시청사 종탑 전망대

→

30min

4 구시청사 종탑 전망대
Old Town Hall Clock Tower Lookout

구시가 광장의 대표적인 건축물이자 랜드마크.
ⓒ월요일 11:00~18:00, 화~일요일 09:00~18:00 (종탑은 22:00까지)

종탑에 올라 구시가를 조망한 뒤 내려와 종탑 아래 놓인 천문시계를 살펴보자.
엘리베이터 1분→천문시계

↓

30min

5 천문시계
Astronomical Clock

세계에서 가장 잘 보존되어 있는 중세의 천문시계로 구시청사 종탑 아래 설치되어 있다.
ⓒ24시간

구시가 광장 남쪽에 자리한 천문시계 왼쪽에 구시가 광장이 있다.
도보 1분→구시가 광장

←

1h

6 구시가 광장
Old Town Square

주옥같은 프라하의 역사적인 건축물이 밀집한 곳.
ⓒ24시간

구시가 광장 북쪽에 성 니콜라스 성당이 자리해 있다.
도보 1분→성 니콜라스 성당

←

30min

7 성 니콜라스 성당
St. Nicholas Church

프라하의 대표적인 바로크 양식의 성당.
ⓒ3~10월 09:00~7:00, 11~2월 09:00~16:00, 일요 예배 10:00

성 니콜라스 성당에서 나와 구시가 광장을 가로지르면 광장 동쪽에 틴 교회가 위치해 있다. 도보 3분→틴 교회

←

30min

틴 교회
Church of Our Lady before Týn

14세기에 착공해 16세기 완공된 가톨릭교회로 고딕 스타일의 트윈 타워가 인상적인 구시가 광장의 랜드마크.
ⓒ3~10월 화~토요일 10:00~13:00 · 15:00~17:00, 요일 10:30~12:00(11~2월에는 시간이 단축된다) 휴무 월요일

틴 교회에서 나와 첼레트나 행자 거리를 따라가면 거리 끝에 화약탑이 서 있다.
도보 7분→화약탑

↓

30min

화약탑
Powder Gate

1475년에 세운 고딕 양식의 탑.
ⓒ3월 10:00~20:00, 4~9월 10:00~22:00, 10월 10:00~20:00, 11~2월 10:00~18:00

바로 근처에 나메스티 레푸블리키 역이 있다.
도보 3분→나메스티 레푸블리키 역

→

finish

F 나메스티 레푸블리키 역
Náměstí Republiky

RECEIPT

볼거리 ---------- 7시간
이동 시간 ---------- 40분

TOTAL
7HOURS 40MIN
(식사 시간, 공연 관람 시간 제외)

교통비 ---------- 24Kč
메트로 1회 이용

콜로레도 만스펠트 궁전 60Kč
시티 갤러리

클레멘티눔 ---------- 300Kč
가이드 투어
구시청사 종탑 전망대 250Kč
틴 교회 ---------- 25Kč
화약탑 ---------- 100Kč
성 니콜라스 성당 ---------- 70Kč

TOTAL
829Kč
(성인 1인 기준, 간식비 별도)

↓
start

S. 스타로메스트스카 역
▼ 도보 10분 ▼
1. 카를교
▼ 도보 5분 ▼
2. 콜로레도 만스펠트 궁전
▼ 도보 3분 ▼
3. 클레멘티눔
▼ 도보 5분 ▼
4. 구시청사 종탑 전망대
▼ 엘레베이터 1분 ▼
5. 천문시계
▼ 도보 1분 ▼
6. 구시가 광장
▼ 도보 1분 ▼
7. 성 니콜라스 성당
▼ 도보 3분 ▼
8. 틴 교회
▼ 도보 7분 ▼
9. 화약탑
▼ 도보 3분 ▼
F. 나메스티 레푸블리키 역

SIGHTSEEING

No.1 카를교
Charles Bridge / Karlův Most

프라하의 성 비투스 성당을 설계한 독일 건축가 페터 파를러가 1357년에 착공해 15세기 초에 완성되었다. 카를루프 4세 통치 기간에 놓여 카를루프라는 이름으로 불리게 되었다(이 다리의 정확한 명칭은 카를교가 아닌 카를루프교다). 카를교는 구시가와 프라하 성이 있는 말라 스트라나 지구를 연결한다. 카를교의 길이는 621m이며 폭은 10m다.

구글 지도 GPS 50.086477, 14.411437 **찾아가기** 메트로 A선 스타로메스트스카(Staroměstská) 역에서 도보 10분, 구시가 광장 끝에서 서쪽으로 펼쳐진 카를로바(Karlova) 거리를 따라가면 된다. **주소** Karlův Most, 110 00 Praha 1 **전화** 없음 **시간** 24시간 **휴무** 없음 **가격** 무료 **홈페이지** 없음 **MAP** P.040C **1권** P.050, 068

No.1-1 카를교의 30개 동상

카를교에는 바로크 양식으로 만든 30개의 성인 동상이 서 있는데, 원래 1683년부터 1714년 사이에 보헤미안 출신의 몇몇 조각가가 만든 것이다. 사실 이 동상들은 1965년 모두 국립박물관으로 옮겨 갔고, 오늘날 서 있는 것은 모두 복제품이다. 얀 네포무츠키(Jan Nepomucký)를 비롯해 30명의 성인 중 상당수는 14세기 말 성직자들로, 당시 보헤미안 왕국의 통치자이던 바츨라프 4세 국왕의 명령으로 카를루프 다리 위에서 블타바 강으로 던져져 순교한 자들이다. 프라하를 제대로 느끼기 위해서는 안개 자욱한 새벽녘에 카를교를 걸어야 한다. 밤새 불을 밝히던 다리 위의 가로등이 꺼지면서 검은 사암으로 만든 동상이 실루엣을 드러내며 마치 살아 있는 듯한 모습은 잊지 못할 장면이다.

No.2 성 프란시스 교회
Kostel Svatého Františka z Assisi

오르간 연주회가 열리는 명소로 유명한 곳이다. 프랑스 부르공디공국 출신의 건축가가 1679년 완성한 바로크 건축양식의 교회다. 내부에는 별도의 미술 전람회 공간도 갖추었다. 매일 오후 8시부터 1시간가량 오르간 연주회가 열리곤 한다. 연주회 티켓은 현장이나 온라인상(홈페이지)에서 구입 가능하다.

구글 지도 GPS 50.086459, 14.413927 **찾아가기** 메트로 A선 스타로메스트스카(Staroměstská) 역에서 도보 10분, 카를교 동쪽 끝에서 도보 1분 **주소** Křižovnickém Náměstí 3, 111 00 Praha 1 **전화** +420-221-108-289 **시간** 10:00~20:00 **가격** 성인 450Kč, 60세 이상 · 학생 390Kč, 아동(10~15세) 250Kč **홈페이지** www.pragueticketoffice.com **MAP** P.041A

No.3 카를로바 거리
Karlova Street / Karlova Ulice

카를로바 거리는 아마도 프라하의 구시가에서 가장 북적이는 거리가 아닐까 싶다. 포석이 깔린 보행자 전용 도로인 이곳은 중세의 모습을 간직하고 있다. 거리 주변에는 관광객들의 입맛에 맞을 만한 레스토랑, 카페, 상점, 극장, 아트 갤러리 등이 밀집되어 있다.

구글 지도 GPS 50.075754, 14.419752 **찾아가기** 메트로 A선 스타로메스트스카(Staroměstská) 역에서 도보 10분 **주소** Karlova 181/18 110 00 Praha 1 **전화** 매장별 상이 **시간** 24시간 **휴무** 매장별 상이 **가격** 매장별 상이 **홈페이지** 없음 **MAP** P.041A

No.4 콜로레도 만스펠트 궁전
Colloredo Mansfeld Palace / Colloredo-Mansfeldský Palác

자칫 카를로바 거리를 걷다가 지나치기 쉬운 곳이다. 1735년 오스트리아 제국 왕자인 빈첸츠 파울 만스펠트(Vinzenz Paul Mansfeld)의 명령으로 지은 집이다. 프라하가 오스트리아에 점령된 후에는 당시 프라하의 귀족 소유가 되었다가 제2차 세계대전 이후 체코슬로바키아의 고등과학원으로 사용되었다. 처음에는 로마네스크 양식으로 지었다가 고딕 양식을 거쳐 17세기 초 리모델링하면서 후기 르네상스 양식의 건축물로 모습이 바뀌었다. 혹자는 이곳을 프라하의 바로크 양식 건축물 중 가장 본보기가 되는 건축물이라고 말한다. 그만큼 인테리어가 화려하고 호화스럽다. 이 건물의 3층에는 프라하 시티 갤러리의 컨템퍼러리 아트 상설 전시회가 종종 열린다.

구글 지도 GPS 50.08597, 14.414609 **찾아가기** 메트로 A선 스타로메스트스카(Staroměstská) 역에서 도보 10분, 카를교에서 구시가 광장 방면으로 카를로바 거리를 걷다가 오른쪽에 '아트 카페'란 안내판을 찾으면 그 건물 안으로 들어가면 된다. **주소** Karlova 2, 110 00 Praha 1 **전화** +420-222-232-053 **시간** 화~일요일 10:00~18:00(1월 11~31일은 16:00까지) **휴무** 월요일 **가격** 성인 60Kč, 학생 · 60세 이상 30Kč **홈페이지** www.ghmp.cz/colloredo-mansfeldsky-palac **MAP** P.040A

No. 5 성 니콜라스 성당
St. Nicholas Church / Kostel Sv. Mikuláše

프라하의 대표적인 바로크 양식의 성당으로 1732년부터 디엔첸호퍼가 설계해 3년 뒤 완공되었다. 돔 양식을 띠며 전체 높이는 79m다. 성당 내부는 루카스 크라커(Lukas Cracker)가 그린 천장화로 장식되어 있다. 프란토세크 이그나크 플라처(Frantossek Ignac Platzer)가 만든 조각상도 인상적이다. 바로크 오르간은 6m에 이를 정도로 긴 4000개의 파이프로 이루어져 있다. 79m의 종탑은 돔과 연결되어 있는데, 이 종탑 위에 오르면 구시가 광장과 주변을 내려다보는 멋진 조망을 즐길 수 있다. 로코코 스타일의 종탑은 안셀모 루라고(Anselmo Lurago)가 1751년부터 1756년까지 완성한 것이다. 성 니콜라스 성당는 일반 여행자들이 장엄한 성당 안에서 비발디, 바흐, 모차르트 등의 바이올린, 오르간 연주회에 참여할 수 있는 몇 안 되는 성당이다. 연주회는 대개 오후 6시에 시작한다. 자세한 정보는 관광 안내소에 문의하거나 홈페이지(pragueticketoffice.com)를 참조할 것.

Ⓖ **구글 지도** GPS 50.51608, 14.251092
Ⓢ **찾아가기** 메트로 A선 스타로메스트스카(Staroměstská) 역에서 도보 3분 **주소** Kostel Sv. Mikuláše. Staroměstské Nám. 110 00 Praha 1 **전화** +420-257-534-215 **시간** 3~10월 09:00~17:00, 11~2월 09:00~16:00/일요 예배 10:00 **가격** 입장료 성인 100Kč, 10~26세 60Kč, 10세 미만 무료, 연주회 성인 490Kč, 학생 300 Kč **홈페이지** www.stnicholas.cz **MAP** P.040C, 041A **1권** P.104

No. 6 클레멘티눔
Clementinum / Klementinum

11세기경 세인트 클레멘트 교회로 사용되던 건물이다. 중세에는 도미니칸 수도원이 자리했고, 이후 1556년 예수회 대학 건물로 사용되었다. 1622년에는 카를 대학의 도서관으로 사용되었으며 1781년부터 국립도서관으로 용도가 바뀌었다. 현재 이곳은 국립도서관으로 사용되고 있다 인테리어가 화려한 바로크 양식이라 가이드 투어를 통해 둘러볼 것을 추천한다. 또 내부의 미러 채플(Mirror Chapel)은 현재 120석의 소규모 콘서트홀로 사용되고 있다. 이곳에서 다양한 클래식 콘서트 공연을 즐길 수 있다. 가이드 투어는 오전 10시부터 30분 간격으로 진행되며 소요 시간은 약 45분이다.

Ⓖ **구글 지도** GPS 50.086972, 14.417202
Ⓢ **찾아가기** 카를로바 거리에서 클레멘트 교회 옆 골목으로 들어가야 한다. 메트로 A선 스타로메스트스카 (Staroměstská) 역에서 도보 12분 **주소** Mariánské Náměstí 5, 110 00 Praha 1 **전화** +420 222-220-879(가이드 투어 +420-733-129-252) **시간** 3월15일~10월15일 매일 10:00-18:00, 10월16일~12월15일 월~목,일요일 10:00-17:30, 금 · 토요일 10:00-18:00, 12월16일~1월10일 매일 10:00-18:00, 1월11일~3월14일 월~목,일요일 10:00-17:30, 금 · 토요일 10:00~18:00 **가격** 가이드 투어 성인 300Kč, 학생 · 65세 이상 200Kč, 7세 미만 무료, 가족(성인 2명, 아동 3명 기준) 900Kč. 공연 가격, 좌석의 위치에 따라 일반적으로 490~690Kč(콘서트 내용에 따라 가격 변동) **홈페이지** www.klementinum.com **MAP** P.040C

No. 7 천문시계
Astronomical Clock / Staroměstský Orloj

오를로이(Orloj)라고 알려진 천문시계탑은 1410년 시계 제작자인 미큘라스가 만든 것이다. 그 후 1490년에 하누스가 장식 등 세부 사항을 추가했다. 시계 자리와 달력은 1866년 체코 출신 화가 요세프 마나스(J. MaŇes)의 솜씨다. 오전 9시부터 오후 11시까지 정시마다 종소리와 함께 시계 속 예수의 열두 제자 모형이 등장한다.

Ⓖ **구글 지도** GPS 50.086871, 14.420188
Ⓢ **찾아가기** 메트로 A선 스타로메스트스카(Staroměstská) 역에서 도보 7분, 구시청사 종탑 아래 **주소** Staroměstské Nám 1/3, 110 00 Praha 1 **전화** +420-236-002-629 **시간** 24시간 **휴무** 없음 **홈페이지** www.staromestskaradnicepraha.cz **MAP** P.041A **1권** P.066

No. 8 화약탑
Gate / Prašná brána

1475년에 세운 고딕 양식의 탑으로 이 탑을 경계로 탑 안쪽을 구시가, 바깥쪽을 신시가로 불렀다. 탑에 오르면 주변을 조망할 수 있으며 탑 내부에는 국립박물관에서 관장하는 특별 전시회가 열린다.

구글 지도 GPS 50.087279, 14.427774 **찾아가기** 메트로 B선 메트로 B선 나메스티 레푸블리키(Náměstí Republiky) 역에서 도보 1분, 구시가 광장과 연결된 첼레트나 거리 끄트머리에 위치 **주소** Nám. Republiky 5, 110 00 Praha 1 **전화** +420-725-847-875 **시간** 3월 10:00~20:00, 4~9월 10:00~22:00, 10월 10:00~20:00, 11~2월 10:00~18:00 **가격** 성인 100Kč, 65세 이상 70Kč, 7세 이상 26세 미만·학생 70Kč **홈페이지** www.muzeumprahy.cz/prasna-brana **MAP** P.041B **1권** P.102

No. 9 하벨 시장
Havel Market / Havelske Trziste

구시가 광장에서 쉽게 찾아갈 수 있는 벼룩시장으로 하벨스카(Havelská) 거리에 자리한다. 관광객을 주로 상대로 하는 곳이기에 민예품, 기념품 등을 판매한다. 눈길을 끄는 쇼핑 아이템으로는 목각 인형, 인형극에 쓰이는 꼭두각시 인형, 옛날에 귀족 자제들이 갖고 놀았을법한 고풍스러운 의상을 입은 여자아이 인형 등이 있다. 기념품 외에도 과일이나 초콜릿 등 먹거리나 채소, 꽃, 가죽 제품도 판매한다.

구글 지도 GPS 50.085231, 14.421386 **찾아가기** 메트로 A·B선 메트로 A·B선 무스테크(Můstek) 역에서 도보 5분 **주소** Havelská Market, 110 00 Prague 1 **전화** 없음 **시간** 09:00~18:00 **휴무** 매장별 상이 **홈페이지** 없음 **MAP** P.040D **1권** P.177

No. 10 나 프르지코페 거리
Na Prikope Street / Ulice Na Příkopě

메트로 B선 나메스티 레푸블리키 역 방면으로 길게 뻗은 나 프르지코페 거리는 젊은 연인들을 비롯해 프라하 시민들이 사랑하는 널찍한 보행자 도로로 산책하기에 좋으며 벤치에 앉아 오가는 행인을 바라보기에도 좋은 곳이다. 현재 이 거리에는 모제르, H&M, 자라 등 매장과 체르나 루체, 나쿠프니 갤러리 등 작은 규모의 쇼핑몰이 들어서 있다. 거리 주변에서 종종 공연이 펼쳐지기도 하며 저녁 무렵에는 맥주와 소시지 등을 파는 간이음식점이 들어서기도 한다.

구글 지도 GPS 50.084228, 14.423616 **찾아가기** 메트로 A·B선 무스테크(Můstek) 역에서 도보 1분, 바츨라프 광장 앞에 위치 **전화** 없음 **시간** 24시간 **휴무** 없음 **홈페이지** 없음 **MAP** P.040D **1권** P.183

No. 11 구시가 광장
Old Town Square / Staroměstské

카를교, 프라하 성과 함께 프라하의 3대 관광 명소다. 살아 있는 박물관이라 불릴 정도로 구시청사, 틴 교회, 골츠 킨스키 궁전, 성 니콜라스 성당 등 프라하의 아름다운 역사적인 건축물이 밀집해 있다. 각종 거리 공연 등이 펼쳐진다.

구글 지도 GPS 50.087569, 14.421187 **찾아가기** 메트로 A선 스타로메스트스카(Staroměstská) 역에서 도보 5분, 카를교에서 도보 10분, 바츨라프 광장에서 도보 12분 **주소** Staroměstské Náměstí, Staré Město, 110 00 Praha 1 **전화** +420-221-714-444 **시간** 24시간 **휴무** 없음 **가격** 무료 **홈페이지** www. prague.eu/en **MAP** P.041A **1권** P.064

No. 12 구시청사와 종탑
Town Hall & Clock Tower / Staroměstská Radnice a Hodiny Na Věži

구시청사는 구시가 광장의 대표적인 건축물이자 프라하를 소개하는 사진이나 포스터 등에 단골로 등장하는 이 도시의 랜드마크다. 구시가 광장 한편에 구시청사와 함께 높이 69.5m의 종탑이 서 있다. 점차 몸체가 커지고 개·보수를 거쳐 후기 고딕 양식과 르네상스 스타일로 완성되었다. 가이드 투어를 통해 이곳의 예배당과 히스토리컬 홀, 지하 공간 등을 둘러볼 수 있다. 무엇보다 구시청사의 종탑은 구시가를 조망할 수 있는 멋진 전망대가 들어선 곳이다. 방문객들은 이곳에 서서 옹기종기 모인 구시가 광장과 주변의 멋진 중세풍 가옥들을 내려다볼 수 있다.

구글 지도 GPS 50.086871, 14.420188
찾아가기 메트로 A선 스타로메스트스카(Staroměstská) 역에서 도보 7분, 구시가 광장 남쪽에 위치
주소 Staroměstské Nám. 1/3, 110 00 Praha 1
전화 +420-236-002-629
시간 월요일 11:00~18:00, 화~일요일 09:00~18:00(종탑은 22:00까지) **휴무** 없음
가격 구시청사 입장 및 종탑 전망대 입장 성인 250Kč, 65세이상 150Kč, 학생 150Kč, 가족 500Kč, 모바일 예매 210Kč 구시청사 입장 및 신시청사 입장 성인 350Kč, 65세이상 250Kč, 학생 250Kč 가이드 투어(한 달 4회) 20:00 시작. 두시간 동안 진행. 한 달 3번 영어 가이드 투어 진행. (자세한 일정은 홈페이지 참조)
홈페이지 www.staromestskaradnicepraha.cz **MAP** P.041A **1권** P.122

No. 13 그레뱅 밀랍 인형 박물관

Grévin Museum Praha / Grévin Muzeum Praha

프라하에 존재하는 몇 군데의 밀랍 인형 박물관 중 하나다. 체코의 유명 아이스하키 플레이어나 세계적으로 유명한 정치인, 브래드 피트, 앤젤리나 졸리 등 유명 영화배우, 존 레논 등 팝스타의 밀랍 인형을 전시한다.

구글 지도 GPS 50.087231, 14.424276 **찾아가기** 메트로 B선 메트로 B선 나메스티 레푸블리키(Náměstí Republiky) 역에서 도보 5분 **주소** Celetná 15, 110 00 Praha **전화** +420-226-776-776 **시간** 월~목요일 10:00~19:00 금·토요일 09:00~21:00 **휴무** 없음 **가격** 온라인 예매 시 10% 할인 적용. 성인 390Kč, 학생 340Kč, 65세이상 340Kč, 6세이상 250Kč, 5세이하 무료, 가족 940Kč **홈페이지** www.chocotopia.cz/#grevin **MAP** P.041B

No. 14 틴 교회

Church of Our Lady before Týn / Kostel Matky Boží Před Týnem

14세기에 착공해 16세기 완공된 가톨릭교회로 고딕 스타일의 트윈 타워가 인상적인 구시가 광장의 랜드마크다. 교회 높이는 80m 이며 내부는 바로크 스타일로 다소 어두운 편이다.

구글 지도 GPS 50.087736, 14.422685 **찾아가기** 메트로 A선 스타로메스트스카(Staroměstská) 역에서 도보 7분, 구시가 광장 동쪽의 첼레트나 거리 주변에 위치 **주소** Kostel Matky Boží Před Týnem. Staroměstské Náměstí 110 00 Praha 1 **전화** +420-222-318-186 **시간** 3~10월 화~토요일 10:00~13:00 · 15:00~17:00, 일요일 10:30~12:00(11~2월에는 단축) **휴무** 월요일 **가격** 무료(25Kč의 도네이션이 요구된다) **홈페이지** www.tyn.cz **MAP** P.041B **1권** P.099

No. 15 중세 고문 박물관

Museum of Medieval Torture / Muzeum Středověkého Mučení

개인이 운영하는 작은 박물관으로 오싹한 공포 체험을 하고 싶다면 한번 들러볼 만한 곳이다. 중세에 고문할 때 사용했던 무시무시한 도구와 자료를 전시하고 있다. 일부 전시관에서는 밀랍 인형을 사용해 고문받는 장면 등을 묘사하고 있다.

구글 지도 GPS 50.085988, 14.414236 **찾아가기** 메트로 A선 스타로메스트스카(Staroměstská) 역에서 도보 10분, 카를교 동쪽 끝에서 도보 1분 **주소** Křižovnické Náměstí 1, 111 00 Praha 1 **전화** +420-723-360-479 **시간** 10:00~22:00 **휴무** 없음 **가격** 성인 160Kč, 학생 · 60세 이상 · 아동 100Kč, 가족(성인 2명, 아동 2명 기준) 420Kč **홈페이지** www.museumtortury.cz **MAP** P.041A

No. 16 얀 후스 동상

John Hus Monument / Pomník Mistra Jana Husa

얀 후스는 15세기에 활약한 체코의 종교개혁자로, 마르틴 루터나 칼뱅보다 앞서 종교개혁을 부르짖은 인물이다. 그는 가톨릭의 타락성을 알리고 종교를 개혁하고자 한 죄로 그의 추종자들과 함께 로마 가톨릭에 의해 화형당한다. 오늘날의 동상은 그가 사망한 지 500년이 지난 1915년 세워졌다.

구글 지도 GPS 50.51581, 14.251616 **찾아가기** 메트로 A선 스타로메스트스카(Staroměstská) 역에서 도보 7분, 구시가 광장 중앙에 위치 **주소** Staroměstské Náměstí, Staré Město, 110 00 Praha 1 **전화** +420-221-714-444 **시간** 24시간 **휴무** 없음 **가격** 무료 **홈페이지** www. prague.eu/en **MAP** P.041A

No. 17 골츠 킨스키 궁전

Golz Kinský Palace / Golz Palác Kinských

로코코 스타일의 궁전으로 틴 교회 옆에 자리해 있다. 현재 이곳에는 국립 미술관에서 관장하는 아시안 아트 갤러리(National Museum of Asian Arts)가 들어서 있다. 고대 동양 미술은 물론 아시아의 컨템퍼러리 아트, 이슬람 아트 등 다방면의 예술품이 전시되어 있다.

구글 지도 GPS 50.087777, 14.422855 **찾아가기** 메트로 A선 스타로메스트스카(Staroměstská) 역에서 도보 12분 **주소** Staroměstské Náměstí 12/606 Praha 1 **전화** +420-224-810-758 **시간** 화~일요일 10:00~18:00 **휴무** 월요일 **가격** 무료. 전시 관람은 성인 100Kč, 60세 이상 · 학생 50Kč **홈페이지** www.ngprague.cz **MAP** P.041B **1권** P.104

No. 18 첼레트나 거리

Celetna Street / Celetná Ulice

구시가 광장과 레푸블리키 광장을 동서로 연결하는 구시가의 대표적인 거리다. 거리를 가운데 두고 흥미로운 상점, 카페, 레스토랑, 극장, 박물관 등이 즐비하게 늘어서 있다. 종종 거리 골목에서 마임이나 마술 쇼 등 흥미진진한 거리 공연도 펼쳐진다. 이 거리 주변을 감싼 중세풍 건물을 감상하는 즐거움도 놓칠 수 없다.

구글 지도 GPS 50.088333, 14.428791 **찾아가기** 메트로 B선 메트로 B선 나메스티 레푸블리키(Náměstí Republiky) 역에서 도보 1분, 구시가 광장과 연결 **주소** Staré Město, 110 00 Praha 1 **전화** 없음 **시간** 24시간 **휴무** 매장별 상이 **가격** 매장별 상이 **홈페이지** 없음 **MAP** P.040D **1권** P.184

EATING

No. 1 우 즐라테호 티그라 U Zlatého Tygra

프랑스 전 수상을 비롯해 유명 인사들이 즐겨찾던 이곳은 프라하의 대표적인 전통 펍으로 최고의 필스너 우르켈을 경험할 수 있는 곳으로 소문났다. 이 때문에 주중에도 예약하지 않으면 자리를 구하기 어려울 때가 많으니 참고하시길. 맥주와 함께 돼지고기 스테이크 등 체코 전통메뉴도 맛볼 수 있다.

구글 지도 GPS 50.085815, 14.417984
찾아가기 구시가 광장에서 남서쪽으로 도보 3분 **주소** Husova 17, 110 00 Praha **전화** +420-222-221-111 **시간** 15:00~23:00 **휴무** 없음 **가격** 필스너 우르켈 0.45L 45Kc~, 뮐러 투르가우, 세인트 로렌트(이상 와인) 0.2L 45Kc~, 포크 스테이크 100g 150Kc~ **홈페이지** www.uzlatehotygra.cz/en **MAP** P.040C **1권** P.168

No. 2 코즐로브나 아프로포스 Kozlovna Apropos

프라하를 찾은 사람들이 너나 할 것 없이 찾는 게 코젤다크다. 코젤다크는 갈색이 돌며 부드러운 캐러멜 향을 선사하는 것이 특징이다. 거품까지 어두운 빛을 띠는 코젤 다크는 미묘하고 향기로운 홉의 혼합으로 적당한 쌉쌀함을 유지해 여자들이 특히 좋아하기도 한다.

구글 지도 GPS 50.087424, 14.415310
찾아가기 17 · 18 · 53번 트램 탑승 후 스타로메스트스카(Staroměstská) 역 하차, 도보 7분 **주소** Křižovnická 4, 110 00 Praha 1-Staré Město **전화** +420-222-314-573 **시간** 월~목요일 11:00~00:00, 금~토요일 11:00~01:00, 일요일 11:00~00:00 **휴무** 없음 **가격** 코젤 31~89Kč, 비프버거 235Kč **홈페이지** www.kozlovna-apropos.cz **MAP** P.040C **1권** P.195

No. 3 그랜드 카페 오리엔트 Grand Café Orient

큐비즘 스타일의 인테리어로 유명한 카페로, 1912년에 문을 열었다. 카페 내부에는 큐비즘 장식물이 있어 흥미를 자아내기도 한다. 아웃도어 테라스의 테이블에 앉아 커피 한잔을 마시며 첼레트나 거리의 행인을 바라보는 것도 즐겁다.

구글 지도 GPS 50.087280, 14.425532
찾아가기 메트로 A · B선 무스테크(Můstek) 역에서 도보 15분 **주소** Ovocný Trh 569/19, 110 00 Praha 1 **전화** +420-224-224-240 **시간** 월~금요일 09:00~22:00, 토 · 일요일 10:00~22:00 **휴무** 없음 **가격** 카푸치노 70Kč, 브렉퍼스트 콤플리트 메뉴 185Kč, 바게트 샌드위치 135~165Kč, 각종 칵테일 155Kč **홈페이지** www.grandcafeorient.cz **MAP** P.041B **1권** P.163

No. 4 트리카페 Tricafé

카를교 인근에 자리한 조용한 카페로 집처럼 꾸며 아늑한 분위기를 자아낸다. 무엇보다 유기농 원두로 맛을 낸 커피 맛이 일품이다. 케이크 같은 디저트도 엄선한 재료로 직접 만든다. 진한 블랙커피와 함께 당근 케이크와 펌프킨 치즈 케이크를 맛볼 것을 추천한다. 과일을 가득 넣은 타르트도 훌륭하다.

구글 지도 GPS 50.085591, 14.414735
찾아가기 메트로 A선 스타로메스트스카(Staroměstská) 역에서 도보 10분 **주소** Anenská 3, 110 00 Praha 1 **전화** +420-222-210-326 **시간** 월~토요일 08:30~20:00, 일요일 10:00~18:00 **휴무** 없음 **가격** 라떼 79Kč **홈페이지** tricafe.weebly.com
MAP P.041A **1권** P.162

No. 5 두엔데 Duende

구시가에 자리한 펍으로 맥주를 마시려는 사람들로 늘 북적인다. 버나드는 생맥주 형태로, 필즈너 우르켈은 병맥주로 제공한다. 칵테일을 비롯해 다양한 리큐어도 맛볼 수 있다. 허니 케이크, 믹스 너츠, 감자튀김 등과 커피, 소프트 드링크도 판매한다.

구글 지도 GPS 50.084226, 14.414264
찾아가기 카를교와 카를로바 거리 사이의 도로 사이에 난 좁은 길을 따라 남쪽으로 도보 5분, 메트로 C선 나로드니 트르지다(Národní Třída) 역에서 도보 15분 **주소** Karoliny Světlé 30, 110 00 Praha 1 **전화** +420-775-186-077 **시간** 월~금요일 13:00~00:00, 토요일 15:00~00:00, 일요일 16:00~00:00 **휴무** 없음 **가격** 버나드 맥주 45Kč(0.5L) **홈페이지** www.barduende.cz **MAP** P.040C **1권** P.168

No. 6 어노니머스 바 Anonymous Bar

세계 최고의 해커 집단, 어노니머스. 2012년 실체를 드러내지 않는 이들의 특징을 콘셉트로 한 바가 문을 열었다. 실내에 들어서면 누가 누구인지 모르게 가면을 쓰고 있다. 이런 독특한 콘셉트로 세계 여러 매체에 소개되기도 했다.

구글 지도 GPS 50.085498, 14.420086
찾아가기 메트로 A · B선 무스테크(Můstek) 역에서 도보 10분 **주소** Michalská 432/12, 110 00 Praha 1 **전화** +420-608-280-069 **시간** 일~목요일 17:00~02:00, 금 · 토요일 17:00~03:00 **휴무** 없음 **가격** 위스키 145Kč~ **홈페이지** www.anonymousbar.cz
MAP P.041A **1권** P.218

No. 7 카바르나 Kavarna

카페 겸 레스토랑으로 커피와 차, 각종 음료 외에도 간단한 런치 메뉴나 스낵 등은 물론 저녁에는 디너 메뉴를 맛볼 수 있다.

구글 지도 GPS 50.087279, 14.427774 **찾아가기** 메트로 B선 나메스티 레푸블리키(Náměstí Republiky) 역에서 도보로 1분, 시립 회관 1층 **주소** Náměstí Republiky 5, 110 00 Praha 1 **전화** +420-222-002-763 **시간** 07:30~23:00 **휴무** 없음 **가격** 아이스커피 60Kč, 와인 1잔 120~130Kč, 수프 65Kč, 체코 전통 메뉴 210~280Kč **홈페이지** www.vyseh-rad2000.cz **MAP** P.041B

No. 8 아트 카페 Art Café

콜로레도 만스펠트 궁전 내 안뜰에 자리한 카페다. 가운데 파운틴이 놓여 있고 비교적 조용해 인파로 북적거리는 골목길에서 잠시 들러 아웃도어 테이블에 앉아 음료를 마시며 휴식을 취하기에 좋다. 런치 메뉴로는 샌드위치나 스낵 등 가벼운 음식도 맛볼 수 있다.

구글 지도 GPS 50.08597, 14.414609 **찾아가기** 메트로 A선 스타로메스트스카(Staroměstská) 역에서 도보 10분, 카를교에서 구시가 광장 방향으로 카를로바 거리를 따라가다 오른쪽에 위치 **주소** Karlova 2, 110 00 Praha 1 **전화** +420-776-143-432 **시간** 10:00~22:00 **휴무** 없음 **가격** 에스프레소 39Kč, 카페라테 69Kč, 민트티 59Kč, 맥주(0.5L) 35Kč, 샐러드 165Kč~, 로스트 비프 샌드위치 155Kč **홈페이지** www.artcafekarlova.cz/ **MAP** P.041A

No. 9 크루스타 Krusta

구시가에 자리한 베이커리로 체코의 유명한 빵인 트르들로(Trdlo)를 판매한다. 트르들로는 바닐라 향과 아몬드, 버터, 밀크 등을 넣고 겉에 살짝 설탕을 입혀 구운 빵이다. 이곳에서 파는 일종의 프렌치 페이스트리인 복숭아를 얹은 플룬더 파이(Plunder Pie)나 프렌치 크루아상의 맛 또한 일품이다.

구글 지도 GPS 50.086066, 14.418764 **찾아가기** 메트로 A선 스타로메스트스카(Staroměstská) 역에서 도보 10분 **주소** Karlova 44, 110 00 Praha 1 **전화** +420-211-221-409 **시간** 월~토요일 07:00~다음날 05:00, 일요일 07:00~24:00 **휴무** 없음 **가격** 트르들로 60Kč, 플룬더 파이 48Kč **홈페이지** https://trdlokarluvmost.business.site **MAP** P.041A **1권** P.157

No. 10 카세롤 Casserol

보헤미안 음식 전문 레스토랑으로 크루스타 베이커리가 자리한 건물 지하에 있다. 깔끔하고 스타일리시한 인테리어가 인상적인 곳으로 로스트 덕 브레스트, 로스트 피글렛 너클, 램 스튜, 로스트 치킨, 로스트 레인보 트라우트 등 다양한 메인 디시를 제공한다.

구글 지도 GPS 50.086066, 14.418764 **찾아가기** 메트로 A선 스타로메스트스카(Staroměstská) 역에서 도보 10분 **주소** Karlova 44, 110 00 Praha **전화** +420-211-221-420 **시간** 11:30~다음 날 00:00 **휴무** 없음 **가격** 로스트 덕 브레스트 294Kč, 로스트 피글렛 너클 354Kč, 램 스튜 288Kč, 로스트 레인보 트라우트 276Kč, 로스트 치킨 218Kč, 수프 55Kč~, 샐러드 198 Kč~, 디저트 130~160Kč **홈페이지** casserol.cz **MAP** P.041A

No. 11 보헤미카 올드 타운 Bohemica Old Town

모던 체코 요리와 인터내셔널 메뉴를 제공하는 레스토랑. 바르첼로 올드 타운 프라하 호텔 내에 있다. 매주 색다른 위클리 스페셜 메뉴와 런치 메뉴를 선보인다. 매주 금요일과 토요일 오후 8시 30분에 다양한 라이브 공연을 펼친다.

구글 지도 GPS 50.087352, 14.426106 **찾아가기** 메트로 B선 메트로 B선 나메스티 레푸블리키(Náměstí Republiky) 역에서 도보 5분 **주소** Celetná 29, 110 00 Praha 1 **전화** +420-222-337-807 **시간** 월~금요일 07:00~다음 날 00:00, 토·일요일 07:30~다음 날 00:00 **휴무** 없음 **가격** 수프 65Kč, 체코 전통 음식 세트 메뉴 499Kč, 아침 뷔페 350Kč, 메인 디시 195Kč~ **MAP** P.041B **1권** P.149

No. 12 우 파보우카 U Pavouka

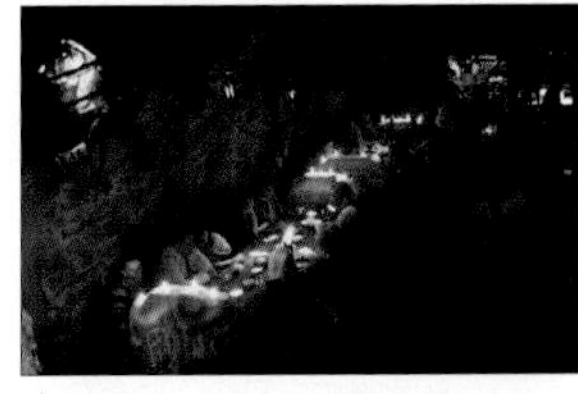

체코 전통 음식을 맛볼 수 있는 곳으로 언제나 단체 관광객으로 분주하다. 실내 분위기는 레스토랑이기보다는 중세 선술집 분위기를 물씬 풍긴다. 벨리댄스 공연을 비롯해 흥겨운 전통 악단의 연주를 들을 수 있다. 가급적 예약하는 게 좋다.

구글 지도 GPS 50.087225, 14.424779 **찾아가기** 메트로 B선 메트로 B선 나메스티 레푸블리키(Náměstí Republiky) 역에서 도보 8분, 구시가 광장에서 도보 3분 **주소** Celetná 17, 110 00 Praha 1 **전화** +420-702-154-432(예약) **시간** 11:00~23:30(라이브 공연 20:00~22:30) **휴무** 없음 **가격** 포크 넥 스테이크 290Kč, 사슴고기 스테이크 390Kč, 로스트 돼지갈비 320Kč, 미트 플래터(2인분) 389Kč **홈페이지** http://upavouka.com **MAP** P.041B **1권** P.147

No. 13 가스파르 카스페르 Gaspar Kasper

첼레트나 극장이 자리한 건물 2층에 자리한 작은 카페다. 건물 내에 정원이 있어 한적한 분위기를 뽐낸다. 카페 손님은 여행자보다 극장을 찾는 사람들이나 프라하의 문인, 예술가가 주를 이룬다. 커피, 맥주, 와인, 홈메이드 레모네이드 등을 제공한다.

구글 지도 GPS 50.087225, 14.424779
찾아가기 메트로 B선 메트로 B선 나메스티 레푸블리키(Náměstí Republiky) 역에서 도보 8분, 구시가 광장에서 도보 3분 **주소** Celetná 17, 110 00 Praha 1 **전화** +420-224-809-179 **시간** 월~금요일 09:00~23:30, 토요일 14:00~23:30, 일요일 14:00~22:30 **휴무** 12월 24~25일 **가격** 커피 35~50Kč, 맥주 35~50Kč **MAP** P.041B

No. 14 모나르흐 Pohostinec Monarch

프라하 구시가 지구에 자리한 레스토랑이자 와인 바이며 와인 숍을 겸하고 있다. 지하에는 대규모 와인 셀러를 두고 있다(참고로 'Vinny Sklep'은 와인 셀러를 의미하는 체코 어다). 이 레스토랑은 체코 전역에서 생산되는 와인과 즐기기에 좋은 치즈, 하몬, 문어 등 다양한 타파스 메뉴를 제공한다.

구글 지도 GPS 50.083852, 14.418144
찾아가기 메트로 C선 나로드니 트르지다(Národní Třída) 역에서 도보 5분 **주소** Na Perštýně 15, 110 00 Praha 1 **전화** +420-703-182-801(예약) **시간** 15:00~다음 날 00:00 **휴무** 없음 **가격** 와인 1잔 100~200Kč **홈페이지** https://monarch.cz
MAP P.040C **1권** P.173

No. 15 팔라펠 지로스 Falafel Gyros

그리스식 케밥을 전문으로 하는 패스트푸드점이다. 저렴하게 한 끼를 때우려면 이곳에서 케밥을 테이크아웃해 나 프르지코페 거리의 벤치에 앉아 오가는 사람들을 바라보며 식사를 하는 것도 좋다. 케밥 외에도 토르티야, 피자 등을 판매한다.

구글 지도 GPS 50.084831, 14.422498
찾아가기 메트로 A · B선 무스테크(Můstek) 역에서 도보 2분 **주소** Na Můstku 1, 110 00 Praha 1 **전화** +420-725-977-928 **시간** 11:00~다음 날 01:00 **휴무** 없음 **가격** 도너 케밥 콤보 메뉴 114Kč~, 토르티야 콤보 메뉴 120Kč~ **홈페이지** 없음 **MAP** P.040D

No. 16 코스타 Costa

런던, 파리 등지에서도 찾을 수 있는 세계적인 카페 브랜드로 전 세계 커피 마니아의 까다로운 입맛을 사로잡고 있다. 뉴요커가 자리한 건물 옆에 자리하며 1, 2층으로 이루어져 있다. 저녁 이후에는 비교적 한적한 2층 공간에 자리 잡고 앉아 조용히 음악을 들으며 커피를 맛볼 수 있다.

구글 지도 GPS 50.084622, 14.42301
찾아가기 메트로 A · B선 무스테크(Můstek) 역에서 도보 1분 **주소** Provaznická 1, 110 00 Praha **전화** +420-224-247-191 **시간** 08:00~21:00 **휴무** 없음 **가격** 카푸치노 · 카페라테 69Kč~, 에스프레소 49Kč~ **홈페이지** www.costa-coffee.cz/kavarny **MAP** P.040D

No. 17 지브라 익스프레스 Zebra Express

누들 전문 레스토랑이다. 팟타이 등 각종 누들 외에도 스키야키, 딤섬 등 다양한 아시아 메뉴를 제공하는 이곳은 오픈 키친 형태의 인테리어가 돋보인다. 점심시간에는 자리가 없어 기다려야 할 때도 있다. 태국식 커리를 좋아한다면 재스민 라이스와 함께 제공하는 비프 커리나 레드 치킨 커리를 추천한다.

구글 지도 GPS 50.087116, 14.426537
찾아가기 메트로 B선 나메스티 레푸블리키(Náměstí Republiky) 역에서 도보 5분 **주소** Celetná 38, 110 00 Praha 1 **전화** +420-774-727-611 **시간** 매일 11:00~23:00 **휴무** 없음 **가격** 팟타이 199Kč~, 톰얌 145Kč~, 연어데리야키 329Kč **홈페이지** www.zebranoodlebar.cz **MAP** P.041B **1권** P.153

No. 18 일 물리노 Il Mulino

겉으로는 평범해 보이는 수많은 이탤리언 레스토랑 중 하나로 생각되지만 놀랍게도 이곳은 프라하의 알려지지 않은 맛집이다. 조용하고 깨끗한 데다 가격도 저렴한 편이다. 시푸드 파스타를 좋아한다면 특히 해산물이 가득한 링귀니 파스타는 꼭 맛봐야 할 메뉴다. 각종 파스타, 피자 메뉴를 비롯해 생과일주스, 케이크, 아이스크림 등을 맛볼 수 있다.

구글 지도 GPS 50.08552, 14.423384
찾아가기 메트로 A · B선 무스테크(Můstek) 역에서 도보 5분, 에스테이츠 극장 인근에 위치
주소 Rytířská 22, 110 00 Praha 1 **전화** +420-221-094-305 **시간** 10:00~23:00 **휴무** 없음 **가격** 새우 리조또 320Kč, 비프 스테이크 620Kč **홈페이지** www.ilmulino.cz **MAP** P.041B **1권** P.150

No. 19 피제리아 조반니
Pizzeria Giovanni

다양한 파스타와 피자를 맛볼 수 있는 곳으로 마르게리타 피자를 비롯해 모차렐라 치즈와 토마토, 토마토소스로만 맛을 낸 카프리 피자를 선보인다. 안초비와 갈릭, 케이퍼, 올리브로 맛을 낸 시칠리안 피자도 별미다. 비교적 저렴한 가격으로 와인을 마실 수 있어 좋다.

구글 지도 GPS 50.086567, 14.421548 **찾아가기** 메트로 A · B선 무스테크(Můstek) 역에서 도보 12분, 구시가 광장에서 메트로 A · B선 무스테크 역으로 가는 작은 거리 오른쪽에 위치 **주소** Kožná 11, 110 00 Praha 1 **전화** +420-221-632-605 **시간** 09:00~다음 날 00:00 **휴무** 없음 **가격** 마르게리타 피자 165Kč~, 파스타 135Kč~, 메인디시 290Kč~, **홈페이지** http://giovanni-praha.com **MAP** P.041B

No. 20 즐라티 드부르
Zlaty Dvur

라이브 재즈 레스토랑으로 라이브 재즈를 들으며 식사를 즐길 수 있다. 여름철에는 정원에 아웃도어 테이블을 놓아 흥겨운 비어 가든을 마련한다. 체코의 전통 맥주와 함께 굴라시 등 전통 체코 음식을 맛볼 수 있다. 라이브 재즈 공연은 매일 오후 7시부터 10시까지 진행된다.

구글 지도 GPS 50.0851, 14.418055 **찾아가기** 메트로 C선 나로드니 트르지다(Národní Třída) 역에서 도보 10분 **주소** Husova 9, 110 00 Praha 1 **전화** +420-224-248-602 **시간** 12:00~다음 날 00:00 **휴무** 없음 **가격** 허니 로스트 포크립 299Kč, 로스트 포크 199Kč, 빅 체코 플래트 299Kč **홈페이지** http://zlatydvur.cz **MAP** P.041A

No. 21 카페 모차르트
Café Mozart

천문시계 탑 맞은편에 자리 잡고 있기에 2층의 창가 자리에 앉아 천문시계를 바라보기 좋다. 피아노 연주가 흘러나오는 클래식한 분위기 속에서 커피나 차를 마시며 휴식을 취할 수 있다. 진하고 달콤한 핫초콜릿인 모차르트 초코(Mozart Choco)로 유명하다.

구글 지도 GPS 50.087077, 14.420805 **찾아가기** 메트로 A선 스타로메스트스카(Staroměstská) 역에서 도보 10분 **주소** Staroměstská Náměstí 481/22, 110 00 Praha 1 **전화** +420-221-632-520 **시간** 월 · 화 · 일요일 08:00~22:00, 수~토요일 08:00~19:30 **휴무** 없음 **가격** 모차르트 초코 89Kč **홈페이지** www.cafemozart.cz **MAP** P.041B **1권** P.162

SHOPPING

No. 1 마누팍투라
Manufaktura

카를로비 바리 온천수와 체코의 맥주를 더한 제품을 판매하는 코스메틱 브랜드가 '마누팍투라'다. 여행객들이 친구에게 줄 선물로 가장 많이 구입하는 것이 바로 맥주 립밤. 진짜 맥주를 넣는 것은 아니고 맥주효소를 첨가한 제품이니 어린아이가 사용해도 문제없다.

구글 지도 GPS 50.085887, 14.420622 **찾아가기** 말라 스트라나, 프라하 성, 구시가지, 신시가지에 모두 있으며 구시가지 매장이 가장 편리하다. 구시가지 광장 근처에 위치 **주소** Melantrichova 970/17,110 00 Praha 1-Staré Město **전화** +420-230-234-392 **시간** 월~일요일 10:00~20:00 **휴무** 없음 **가격** 맥주 샴푸 169Kč **홈페이지** www.manufaktura.cz **MAP** P.040C **1권** P.195

PLUS TIP
2100Kč 이상 구입하면 그 자리에서 바로 세금을 환급받을 수 있다.

No. 2 큐부스 디자인 스튜디오
Qubus Design Studio

신발, 의류, 액세서리부터 독특한 디자인의 리빙 제품까지 다양한 브랜드의 제품을 큐레이팅 한 컨템퍼러리 편집 숍. 덴마크 디자인 브랜드 헤이(HAY), 입체파 디자인 제품을 판매하는 체코의 쿠비스타(KUBISTA) 등 유럽 전역의 디자인 브랜드를 만날 수 있다.

구글 지도 GPS 50.090421, 14.423958 **찾아가기** 5 · 8 · 14 · 24 · 51 · 54 · 56번 트램 탑승 후 들로우하 트리다(Dlouhá Třída) 역 하차, 도보 10분 **주소** Rámová 1071/3,110 00 Praha **전화** +420-222-313-151 **시간** 월~토요일 11:00~19:00 **휴무** 일요일 **가격** 품목별 상이 **홈페이지** www.qubus.cz **MAP** P.040B **1권** P.192

No. 3 바자르 앤티크 Bazar Antique

체코어로 '고물'이라는 뜻의 'starozitnosti(스타로지트노스티)'라고 큼직하게 쓰여 있는 골동품 점. 고서부터 찻잔, 인형, 귀여운 모양의 코르크 마개까지 집에 하나쯤 두어도 좋을 리빙 제품을 판매한다. 중고품이지만 관리가 잘되어 있어 상태가 좋고, 가격대가 다양해 찾아가볼 만하다.

구글 지도 GPS 50.089838, 14.423956
찾아가기 5·8·14·24·51·54·56번 트램 탑승 후 들로우하 트리다(Dlouhá Třída) 역 하차, 도보 10분 **주소** Dlouhá 707/22, 110 00 Praha-Staré Město **전화** +420-222-320-993
시간 월~토요일 10:00~18:00 **휴무** 일요일
가격 와인 마개 800Kč **홈페이지** 없음
MAP P.040B **1권** P.193

No. 4 H&M H&M

스웨덴에서 탄생한 중저가 패션 브랜드. 남녀 의상은 물론 아동복, 유아복, 신발, 가방, 액세서리, 선글라스에 이르기까지 여러 연령층을 만족시키는 다양한 패션 아이템을 제공한다. 간혹 서유럽의 H&M 매장에서 찾아볼 수 없는 멋진 아이템도 있다. 여름철과 겨울철에 대대적인 세일을 한다. 나 프르지코페 거리의 미슬베크 나쿠프니 갤러리에 자리해 있다.

구글 지도 GPS 50.085767, 14.425335
찾아가기 메트로 A·B선 무스테크(Můstek) 역에서 도보 5분 **주소** Na Příkopě 19–21, 110 00 Praha 1 **전화** +420-224-423-412 **시간** 월~토요일 09:00~20:00, 일요일 10:00~19:00 **휴무** 없음 **가격** 품목별 상이 **홈페이지** www.hm.com **MAP** P.041B

No. 5 자라 Zara

1975년 창립한 스페인의 대표적인 캐주얼 패션 브랜드. 스타일리시한 감각의 의류와 패션 아이템을 저렴한 가격에 제공하는 것으로 유명하다. 근래에는 의류뿐 아니라 홈웨어, 데코용품도 생산한다. 프라하에는 나 프르지코페 거리와 스미호프 지구에 매장이 있다.

구글 지도 GPS 49.225146, 15.864142
찾아가기 메트로 A·B선 무스테크(Můstek) 역에서 도보 2분 **주소** Na Příkopě 15, 110 00 Praha 1 **전화** +420-224-239-861
시간 월~토요일 10:00~21:00, 일요일 11:00~20:00 **휴무** 없음 **가격** 품목별 상이
홈페이지 www.zara.com/cz **MAP** P.041B

No. 6 하벨 시장 Havel Market / Havelské Tržiště

프라하 여행자들이 비교적 쉽게 찾아갈 수 있는 시장이다. 특히 구시가 광장에서 쉽게 갈 수 있다. 하벨스카(Havelská) 거리에 자리하며 민예품, 기념품, 과일, 채소, 초콜릿 등을 파는 가판대가 길게 늘어서 있다. 12월부터 크리스마스 장식으로 치장되며 흥미로운 크리스마스 아이템을 판매한다.

구글 지도 GPS 50.085278, 14.2530
찾아가기 메트로 A·B선 무스테크(Můstek) 역에서 도보 5분 **주소** Havelská 13, 110 00 Praha 1 **전화** +420-224-227-186 **시간** 09:00~18:00 **휴무** 없음 **가격** 매장별 상이
홈페이지 없음 **MAP** P.040D **1권** P.177

No. 7 미슬베크 나쿠프니 갤러리 Myslbek Nakupni Galerie

H&M 등 스타일리시한 캐주얼웨어 숍 등이 자리한 작은 쇼핑몰이다. 1996년 오픈한 이곳은 체코의 조각가인 요세프 바츨라프 미슬베크의 이름을 땄다. 이곳은 나 프르지코페 거리에 자리해 있는데, 아케이드 형태의 공간을 갖추어 나 프르지코페 거리와 구시가를 연결한다.

구글 지도 GPS 50.085767, 14.425335
찾아가기 메트로 A·B선 무스테크(Můstek) 역에서 도보 5분 **주소** Na Příkopě 19–21, 110 00 Praha **전화** +420-224-835-000 **시간** 월~토요일 09:00~20:00, 일요일 10:00~19:00 **휴무** 12월 25~26일, 1월 1일(12월 24일은 15:00까지) **가격** 매장별 상이 **홈페이지** www.ngmyslbek.cz **MAP** P.041B

No. 8 스파르키스 Sparky's

체코의 유명한 장난감 전문점으로 뉴욕에 토이저러스, 런던에 햄리스가 있다면 프라하에는 스파르키스가 있다. 어린이를 동반한 여행이라면 이곳에 들러볼 필요가 있다. 내로라하는 유럽 장난감 브랜드의 다양한 장난감 아이템이 가득하다. 팔라디움 백화점 안에도 대형 매장이 있다.

구글 지도 GPS 50.085637, 14.423838
찾아가기 메트로 A·B선 무스테크(Můstek) 역에서 도보 5분 **주소** Havířská 2, 110 00 Praha **전화** +420-224-239-309 **시간** 매일 10:00~19:00 **휴무** 12월 25~26일, 1월 1일 **가격** 품목별 상이 **홈페이지** www.sparkys.cz
MAP P.041B

No. 9 아르텔
ARTĚL CONCEPT STORE

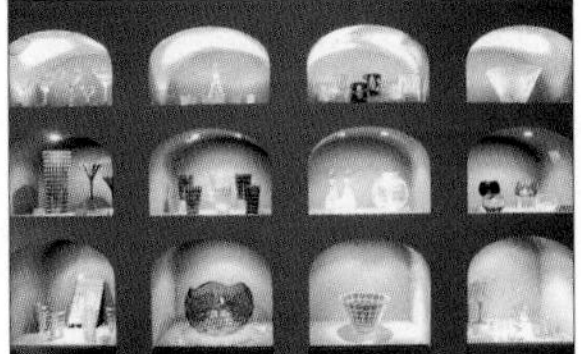

뉴욕과 프라하에 아트 숍을 운영하는 아르텔은 뉴욕 타임스에 소개될 정도로 아트 컬렉터들의 눈길을 끄는 브랜드 숍이다. 보헤미안 스타일의 개성을 담은 유리공예품, 빈티지 스타일의 슈트케이스, 위트 넘치는 장식품, 기발한 디자인 제품, 빈티지 가구, 소파 등을 취급한다.

구글 지도 GPS 50.087493, 14.415418
찾아가기 메트로 B선 나메스티 레푸블리키(Náměstí Republiky) 역에서 도보 5분, 입구는 리브나(Rybná) 거리에 위치 **주소** Platnéřská 7, 110 00 **전화** +420-226-254-700 **시간** 매일 10:00~19:00 **휴무** 없음 **가격** 지우개 150Kč **홈페이지** www.artelglass.com
MAP P.041A **1권** P.193

No. 10 쿠비스타
Kubista

프라하의 큐비즘에 대해 잠시나마 엿볼 수 있는 기회를 제공하는 독특한 콘셉트의 아트 숍이다. 큐비즘뿐 아니라 아르 데코, 기능주의(Functionalism)에 관련된 서적, 포스터, 회화 등을 만나볼 수 있다. 뿐만 아니라 기하학적인 방식으로 입체주의를 물건 속에 표현한 세라믹 제품, 생활용품, 장식용품도 있다.

구글 지도 GPS 50.087046, 14.425389
찾아가기 메트로 B선 나메스티 레푸블리키(Náměstí Republiky) 역에서 도보 5분 **주소** Ovocný Trh 569/19, 110 00 Praha **전화** +420-224-236-378 **시간** 화~일요일 10:00~19:00 **휴무** 월요일 **가격** 찻잔 세트 1590Kč **홈페이지** www.kubista.cz **MAP** P.041B **1권** P.194

No. 11 캐츠 갤러리
Cat's Gallery

고양이가 그려진 티셔츠, 가방, 액세서리, 머그컵, 파우치, 키홀더 등은 기본이고 마그네틱, 액자, 재떨이, 스카프 등도 있다. 수십만 마리 고양이의 심장이 함께 뛰는 것과 같은 느낌을 받았다면 믿을 수 있을는지. 집사들에게 천국과도 같은 공간이다.

구글 지도 GPS 50.088404, 14.423008
찾아가기 메트로 B선 나메스티 레푸블리키(Náměstí Republiky) 역에서 도보 12분 **주소** Týnská 9, 110 00 Praha 1 **전화** 없음 **시간** 10:00~18:00 **휴무** 12월 25~26일, 1월 1일 **가격** 품목별 상이 **홈페이지** 없음 **MAP** P.041B

No. 12 초코 스토리
Choco Story

프라하의 유일한 초콜릿 박물관으로 2008년에 오픈했다. 호기심으로 이곳을 들락날락하는 이들이 꽤 많다. 다양한 형태의 초콜릿 외에도 각종 초콜릿 쿠키나 초콜릿 퍼지(fudge), 캔디 등을 갖추고 있다. 2015년 봄부터 초콜릿 뷔페 서비스를 제공하기 시작했다. 초콜릿 마니아들에게 반가운 소식이 될 듯.

구글 지도 GPS 50.087266, 14.423087
찾아가기 메트로 B선 나메스티 레푸블리키(Náměstí Republiky) 역에서 도보 12분 **주소** Celetná 557/10, 110 00 Praha 1 **전화** +420-2240-242-953 **시간** 09:30~19:00(크리스마스와 여름철 성수기를 전후해 변동 가능) **휴무** 없음 **가격** 성인 270Kč, 학생 · 6~15세 · 65세 이상 199Kč, 부모 동반 시 6세 미만 무료 **홈페이지** choco-story-praha.cz **MAP** P.041B

No. 13 스와로브스키
Swarovsky

크리스털을 사용해 만든 각종 제품으로 유명한 브랜드다. 1895년 창립했으며 본사는 오스트리아에 있다. 세계 곳곳에서 매장을 운영하며 시계, 액세서리, 패션 아이템 등 다양한 제품을 만들고 있다. 첼레트나 거리를 비롯해 구시가의 말레 나메스티(Malé Náměstí)와 팔라디움 백화점에도 지점이 있다.

구글 지도 GPS 50.087289, 14.423242
찾아가기 메트로 B선 나메스티 레푸블리키(Náměstí Republiky) 역에서 도보 12분 **주소** Celetná 7, 110 00 Praha 1 **전화** +420-222-315-585 **시간** 월~토요일 10:00~20:00, 일요일 12:00~20:00 **휴무** 없음 **가격** 품목별 상이 **홈페이지** www.swarovsky.com **MAP** P.041B

No. 14 뉴요커
New Yorker

뉴요커는 유럽에서 인기 많은 중저가 패션 브랜드로 독일에 본사를 두고 있다. 각종 남녀 의상을 비롯해 슈즈, 가방, 선글라스 등 다양한 패션 액세서리와 패션 아이템을 취급한다. 프라하의 뉴요커 매장은 유럽에서 가장 넓은 면적을 자랑하며 메트로 A · B선 무스테크 역 인근 나 프르지코페 거리의 모퉁이에 자리한다.

구글 지도 GPS 50.084343, 14.423411
찾아가기 메트로 A · B선 무스테크(Můstek) 역에서 도보 1분 **주소** Na Příkopě 1, 110 00 Praha 1 **전화** +420-224-422-011 **시간** 09:00~21:00 **휴무** 없음 **가격** 품목별 상이 **홈페이지** www.newyorker.de **MAP** P.040D **1권** P.183

ACTIVITY

No.1 판타스티카 Fantastika

프라하 시내에 자리한 블랙 라이트 시어터 중 하나다. 존 테니얼 원작의《이상한 나라의 앨리스》를 소재로 매일 두 차례 블랙 라이트 공연을 하며 각 공연은 45분간 진행된다. 카를로바 거리에 위치해 카를교나 구시가 광장에서 비교적 가깝다.

구글 지도 GPS 50.085615, 14.415028 **찾아가기** 카를교 동쪽 끝에서 도보 3분, 메트로 A선 스타로메스트스카(Staroměstská) 역에서 도보 10분 **주소** Palac Unitaria, Karlova 8. 110 01 Prague 1 **전화** +420-222-221-366 **시간** 공연 시작 시간 19:00, 21:30(티켓 오피스 11:00~21:30) **휴무** 공연에 따라 다름 **가격** 720Kč **홈페이지** www.tafantastika.cz **MAP** P.040C **1권** P.212

No.2 이스테이츠 시어터 Estates Theater / Stavovské Divadlo

1787년 10월 29일 모차르트 최고의 오페라 걸작으로 불리는 〈돈 조반니〉의 첫 공연이 이루어진 곳으로 유명하다. 여름철에는 종종 〈돈 조반니〉 공연이 펼쳐진다. 오페라 외에도 발레, 드라마 등의 공연이 열린다.

구글 지도 GPS 50.086143, 14.423231 **찾아가기** 메트로 A · B선 무스테크(Můstek) 역에서 도보 7분 **주소** Železná ulice/Ovocný Trh 1, 110 00 Praha 1 **전화** +420-224-901-448 **시간** 일반적으로 19:00 또는 20:00에 시작(티켓 오피스 10:00~18:00) **휴무** 없음 **가격** 공연에 따라 좌석에 따라 다름, 일반적으로 30~1200Kč(〈돈 조반니〉의 경우 온라인 예매 시 1390~1990Kč) **홈페이지** www.narodni-divadlo.cz **MAP** P.040D **1권** P.215

No.3 첼레트나 극장 Celetna Theater / Divadlo v Celetné

첼레트나 거리 안쪽에 자리한 작은 극장. 극장 앞에 코트야드가 펼쳐져 한적하고 평온한 분위기를 만끽할 수 있다. 이곳은 체코의 드라마나 연극을 주로 상연하는데, 외국 드라마나 연극을 체코 어로 소개한다.

구글 지도 GPS 50.087225, 14.424779 **찾아가기** 메트로 B선 나메스티 레푸블리키(Náměstí Republiky) 역에서 도보 10분 **주소** Celetná 17, 110 00 Praha 1 **전화** +420-222-326-843 **시간** 일반적으로 18:00~20:00에 공연 시작(티켓 오피스 월~금요일 10:00~19:30, 토 · 일요일 14:00~19:30) **휴무** 없음 **가격** 120~450Kč **홈페이지** www.divadlovceletne.cz **MAP** P.040D

No.4 국립 마리오네트 극장 Národní Divadlo Marionet

모차르트의 오페라 〈돈 조반니〉를 인형극으로 만든 작품을 상연한다. 그 외에 〈마술 피리〉도 오페라 인형극으로 공연한다. 성수기인 여름철에는 하루나 이틀 전에 미리 극장의 티켓 오피스를 방문해 예매하거나 온라인 예매(www.ticketsonline.cz)를 하는 것이 좋다.

구글 지도 GPS 50.087694, 14.417687 **찾아가기** 메트로 A선 스타로메스트스카(Staroměstská) 역에서 도보 2분 **주소** Žatecká 98/1, 110 00 Praha 1 **전화** +420-224-819-322 **시간** 마술피리 공연 18:00, 돈 조반니 공연 20:00 (보다 자세한 공연일정은 홈페이지 참고) **휴무** 12월 24 · 25 · 31일, 1월 1일 **가격** 성인 590Kč, 학생 490Kč **홈페이지** www.mozart.cz **MAP** P.040C **1권** P.212

BAR & CLUB

No.1 재즈 리퍼블릭 Jazz Republic

무스테크 역 인근 건물 지하에 위치한 150석 규모의 라이브 뮤직 클럽이다. 라이브 음악과 함께 각종 음식과 음료도 제공한다. 이곳에서 라이브로 즐길 수 있는 음악은 재즈, 블루스, 펑크, R&B, 솔, 퓨전, 크로스오버, 얼터너티브, 라틴 음악 등이다. 매달 일정을 브로슈어나 홈페이지를 통해 공지한다. 내부에는 흡연자를 위한 공간이 별도로 마련되어 있다.

구글 지도 GPS 50.083302, 14.421963 **찾아가기** 메트로 A · B선 무스테크 역에서 도보로 7분 **주소** Jilská 1a, Prague 1, Old Town **전화** +420-221-183-552 **시간** 라이브 쇼 21:15~22:15, 22:30~23:45 (단 화요일은 22:15부터) **휴무** 없음 **가격**공연에 따라, 좌석에 따라 다름. 100Kč~ **홈페이지** www.jazzrepublic.cz **MAP** P.040F

No.2 아가르타 Agharta

프라하의 대표적인 라이브 재즈 카페 중 하나다. 구시가 광장에서 매우 가까운 거리에 있는 건물 지하에 자리한다. 라틴 펑크 재즈, 그루브 재즈, 모던 재즈 등을 선보이는 수준 높은 재즈 밴드가 매일 밤 감미로운 재즈 선율을 들려준다. 주말에는 자리가 꽉 차기도 하며 온라인 예매를 하는 것이 좋다. 공연 관람 시 음식도 주문할 수 있다.

구글 지도 GPS 50.086502, 14.422049 **찾아가기** 메트로 A · B선 무스테크(Můstek) 역에서 도보 12분 **주소** Železná 491/16, 110 00 Praha 1 **전화** +420-222-211-275 **시간** 19:00~01:00(공연은 일반적으로 21:00부터) **휴무** 없음 **가격** 일반적으로 250Kč(해당 홈페이지를 통한 온라인 예매 시) **홈페이지** www.agharta.cz **MAP** P.041B **1권** P.221

No. 3 카를로비 라즈녜 Karlovy Lázně

카를교 근처에 자리한 곳으로 명실상부 중부 유럽에서 가장 유명한 클럽 중 하나다. 5층짜리 건물 전체에 클럽이 들어서 있다. 스윙 뮤직, 힙합, 테크노 등 층별로 다른 장르의 음악을 들려준다. 외국 방문객이 많아 새로운 친구를 사귀기에도 좋은 곳. 금요일 자정 이후에는 줄을 서서 입장해야 할 정도로 인기가 많다.

구글 지도 GPS 50.084750, 14.413449
찾아가기 메트로 A선 스타로메스트스카(Staroměstská) 역에서 도보 12분 **주소** Smetanovo Nábřeží 198/1, 110 00 Praha 1 **전화** +420-222-220-502 **시간** 21:00~05:00 **휴무** 없음 **가격** 200Kč, 짐 맡기는 비용 30Kč
홈페이지 www.karlovylazne.cz
MAP P.040C **1권** P.219

No. 4 봄베이 바 Bombay Bar

칵테일에 취해 일렉트로닉 댄스 음악에 맞춰 춤을 추는 사람들이 눈에 띈다. 160종 이상의 칵테일과 위스키, 코냑, 와인 등 100가지 주류를 제공한다. 아바나 라이트에 라임 주스와 콜라를 섞어 만든 쿠바 리브르를 추천한다. 주스와 아바나 라이트에 슈거 시럽을 넣어 달콤한 다이커리 플레버도 인기 만점이다.

구글 지도 GPS 50.090041, 14.423173
찾아가기 메트로 B선 나메스티 레푸블리키(Náměstí Republiky) 역에서 도보 15분 **주소** Dlouhá 13, 110 00 Praha 1 **전화** +420-222-324-040 **시간** 일~수요일 19:00~04:00, 목요일 19:00~05:00, 금·토요일 19:00~06:00 **휴무** 없음 **가격** 하우스 와인 48Kč, 싱글몰트 위스키 140~210Kč **홈페이지** www.bombay-bar.cz
MAP P.040B **1권** P.218

No. 5 M1 라운지 M1 Lounge

프라하의 시크한 피플에게 인기 많은 나이트 클럽. 모던 감각의 클럽으로 R&B, 힙합 등 현란한 음악이 DJ 박스에서 흘러나온다. 평일 엔 정장 차림의 말끔한 회사원들이 많지만, 주말에는 화려하게 멋을 낸 사람들로 가득하다. 카니예 웨스트, 맷 데이먼 등의 유명 인사들이 다녀가면서 인기를 증명했다.

구글 지도 GPS 50.089641, 14.423274
찾아가기 메트로 B선 나메스티 레푸블리키(Náměstí Republiky) 역에서 도보 15분 **주소** Masná 705/1, 110 00 Praha **전화** +420-227-195-235 **시간** 일~목요일 19:00~03:00, 금·토요일 19:00~05:00 **휴무** 없음 **가격** 티라미수 마티니 185kč, 워싱턴 애플 155kč, M1 쿨러 145kč
홈페이지 www.m1lounge.com **MAP** P.040B **1권** P.219

HOTEL

No. 1 호텔 요세프 Hotel Josef

도보로 5분 거리에 백화점 팔라디움과 대형 슈퍼마켓 빌라가 있어 허기진 배를 달래고, 갈증을해소 할 수 있으며 오베츠니 둠, 화약탑 같은 관광 명소도 5분이면 도착한다. 위치만큼 실내 컨디션도 훌륭하고 호텔 주변을 달리는 조깅 프로그램까지 운영해 가격 대비 가장 만족도가 좋다.

구글 지도 GPS 50.090002, 14.426107
찾아가기 26번 트램 탑승 후 들로우하 트르지다(Dlouhá Třída) 역에서 하차, 도보 10분
주소 Haštalská S.R.O. Rybná 20 110 00 Prague 1 **전화** +420-221-700-901 **시간** 체크인 12:00~ **휴무** 없음 **가격** 더블 룸 1박 약 20만원~ **홈페이지** wwww.hoteljosef.com
MAP P.040B **1권** P.224

No. 2 부다바 호텔 Buddha-bar Hotel

부다바 호텔은 자신들의 아이덴티티를 드러낼 수 있는 컴필레이션 음반을 제작한 뒤 부다바 매장에서만 활용한다. 뱅앤올룹슨 스피커를 선택해 침실, 욕실은 화장실에 앉아 있어도 훌륭한 음향에 휩싸일 수 있다. 게다가 가장 최근 핫한 클럽이 가득한 거리가 가까이에 있어 새벽까지 신나게 놀아도 걱정 없다.

구글 지도 GPS 50.088265, 14.425687
찾아가기 메트로 B선 나메스티 레푸블리키(Náměstí Republiky) 역 하차 후 도보 12분
주소 Jakubská 649/8 - 110 00 Prague 1
전화 +420-221-776-300 **시간** 체크인 12:00~ **휴무** 없음 **가격** 더블 룸 1박 약 35만원~ **홈페이지** www.buddhabarhotel-prague.com **MAP** P.040D **1권** P.225

No. 3 포시즌스 호텔 Four Seasons Hotel Prague

프라하에서 가장 넓은 스위트룸으로도 유명하지만, 슈피리어 룸도 캐리어 2~3개쯤은 어지럽게 펼쳐놓아도 될 만큼 충분히 여유롭다. 리버뷰 룸이라면 블타바 강과 가장 가까이에서 하룻밤을 보낼 수 있다. 허니문으로 이 곳을 찾는 커플에게는 베갯잇에 커플의 이니셜을 새겨 선물로 주기도 한다.

구글 지도 GPS 50.087742, 14.414854
찾아가기 17·18번 트램 탑승 후 스타로메스트스카(Staroměstská) 역 하차, 도보 5분
주소 Veleslavínova 2a/1098 110 00 Prague 1 **전화** +420-221-427-000 **시간** 체크인 12:00~ **휴무** 없음 **가격** 더블 룸 1박 약 60만원 **홈페이지** www.fourseasons.com/prague **MAP** P.040C **1권** P.226

2 ŽIDOVSKÁ ČTVR

[유대 인 지구]

유대 인들의 숨결을 느낄 수 있는 지역

20세기 초 오늘날의 유대 인 지구를 새롭게 개발하려는 당국의 정책을 통해 예로부터 존재하던 유대 인 교회와 문화 유적을 보존하고자 하는 움직임이 있었다. 그러한 움직임의 결과로 오늘날의 요세포프(Josefov) 지역에 유대 인 지구가 자리 잡게 되었다. 프라하에 유대 인들이 처음 자리를 잡은 것은 10세기부터이고, 13세기 들어 강제 이주된 유대 인들이 모여 사는 집단 거주지가 형성되었다.

인기
★★★

나 홀로
★★★★

커플
★★★

PLUS INFO
유대 인 박물관으로 사용하는 스패니시 시나고그가 가장 인기 있는 명소다.

PLUS INFO
늘 북적이는 구시가에 비해 나름 한적하기에 홀로 차분하게 명소를 둘러보자 .

가족
★★★

쇼핑
★★★

PLUS INFO
골목골목마다 크고 작은 디자인 숍, 아트 숍 등이 숨어 있다.

식도락
★★★

나이트라이프
★

문화 유적
★★★

복잡함
★★★

청결
★★★★

접근성
★★★★

TRAVEL MEMO
유대 인 지구 여행 & 교통편 한눈에 보기

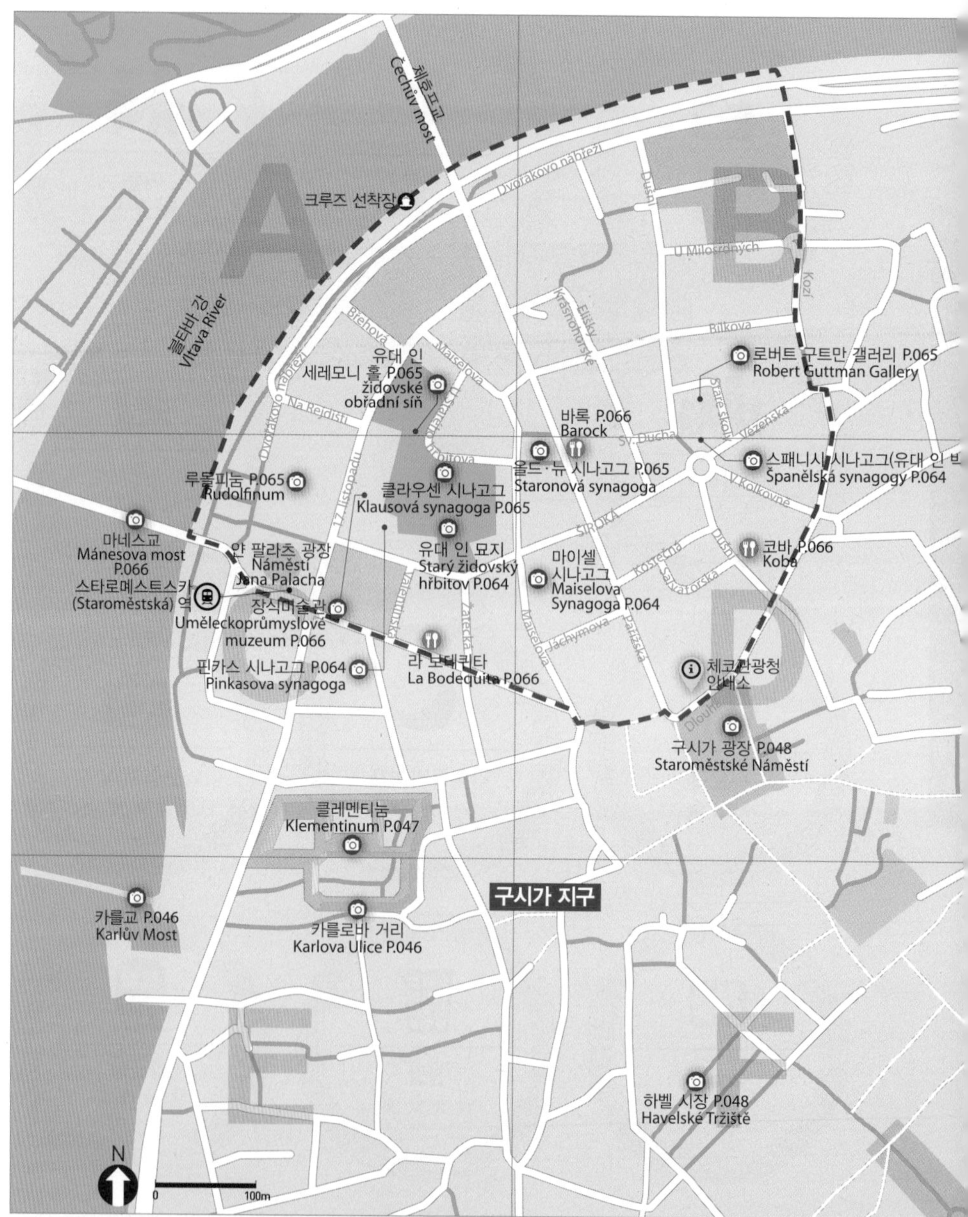

프라하의 주요 지역에서 유대 인 지구로 가는 방법

프라하 국제공항에서 유대 인 지구 가기

① **버스+메트로** - 프라하 공항에서 100번 버스를 타고 메트로 B선의 즐리친(Zličín) 역까지 가서 다시 메트로를 타고 구시가의 전철역인 스타로메스트스카(Staroměstská) 역으로 이동하면 된다(50분 소요, 요금 약 40 Kč).

② **AE버스** - AE버스의 경우 공항에서 30분 간격으로 프라하 중앙역까지 운행(33분 소요, 요금 60Kč)하며 그곳에서 메트로를 이용해 유대 인 지구의 스타로메스트스카 역으로 이동할 수 있다.

③ **택시** - 프라하 국제공항에서 유대 인 지구까지 약 30분 소요되며 요금은 약 600~700Kč다.

주변 지역에서 유대 인 지구 가기

① **도보** - 구시가 지구에서는 도보로 쉽게 구시가지 북쪽에 자리한 유대 인 지구를 방문할 수 있다. 프라하 성 인근에서는 마네스교를 건너 유대 인 지구에 다다를 수 있다. 또 유대 인 지구 동쪽에 접해 있는 지즈코프(Žižkov) 지구에서도 도보로 방문 가능하다. 레트나 공원에서는 체호프 교(Čechův Most)를 건너 도보로 갈 수 있다.

② **메트로** - 프라하의 주요 지역에서 메트로를 이용해 유대 인 지구 인근에 자리한 메트로 A선 스타로메스트스카 역이나 메트로 B선 나메스티 레푸블리키(Náměstí Republiky) 역까지 쉽게 찾아갈 수 있다.

③ **트램** - 구시가지와 프라하 성 인근, 레트나 공원 인근, 지즈코프 지구 등지에서 유대 인 지구까지 편리하게 연결한다.

유대 인 지구 추천 여행 수단

① **도보** - 유대 인 지구는 행정적으로 구시가지에 포함된다. 유대 인 지구는 이 책에 소개된 면적이 작은 지역 중 한 곳이다. 따라서 도보로 쉽게 주요 명소를 둘러볼 수 있다 유대 인 지구를 둘러보기 위해 굳이 메트로, 트램, 버스를 탈 필요는 없다(참고로 트램의 경우 유대 인 지구 내에서 운행이 제한적이다).

MUST DO
유대 인 지구에서 이것만은 꼭 보자!

No. 1
유대 인 지구의 대표적인 시나고그인 스패니시 시나고그의 화려한 내부를 둘러보자.

No. 2
500년이 넘는 역사를 지닌 유대 인 묘지를 방문해보자.

No. 3
유대 인 박물관 티켓을 구입해 올드·뉴 시나고그 등 크고 작은 유대 인 예배당을 방문해보자.

MUST ENJOY
유대 인 지구에서 이것만은 꼭 즐기자!

No. 1
해 질 무렵 마네스교 위에서 프라하 성과 주변 경관을 감상해보자.

No. 2
루돌피눔에서 체코 필하모닉 오케스트라의 정기 연주를 감상해보자.

코스 무작정 따라하기

유대 인 지구의 핵심 명소를 따라 여행하는 코스

유대 인 지구는 프라하의 다른 지구에 비해 규모가 작아 최대 반나절에서 최소 2~3시간이면 주요 명소를 다 둘러볼 수 있다. 이곳의 주요 명소는 스패니시 시나고그다.

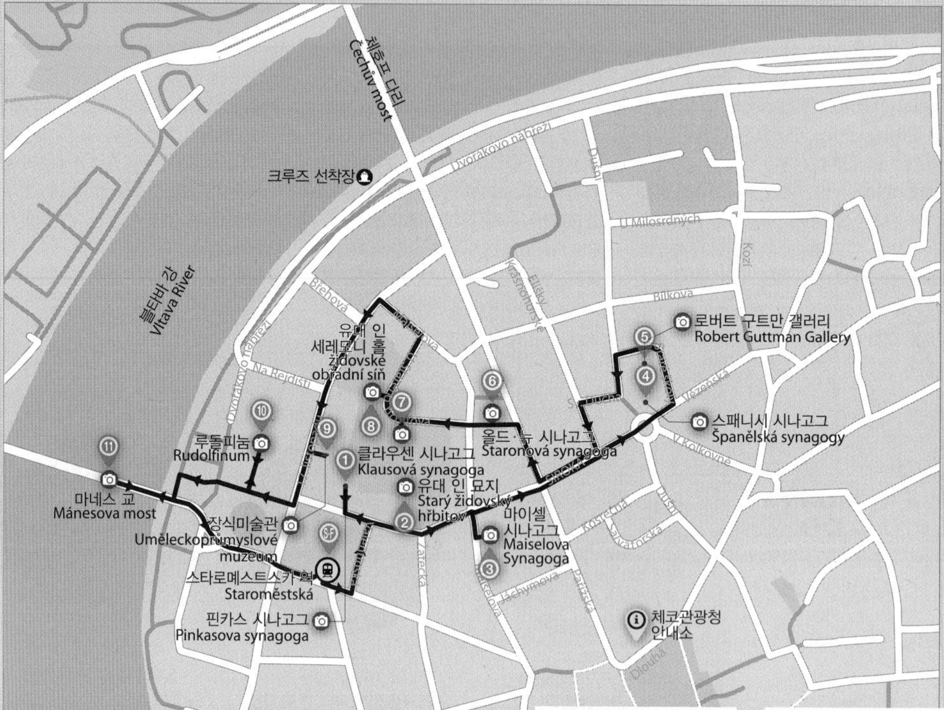

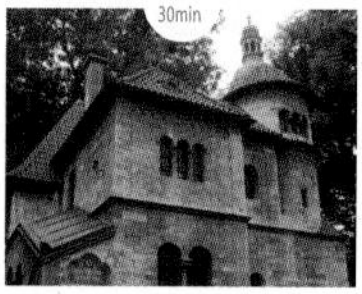

체흐프 다리
Čechův most
크루즈 선착장
블타바 강
Vltava River
유대 인 세레모니 홀
židovské obřadní síň
로버트 구트만 갤러리
Robert Guttman Gallery
스패니시 시나고그
Španělská synagogy
올드·뉴 시나고그
Staronová synagoga
클라우센 시나고그
Klausová synagoga
유대 인 묘지
Starý židovský hřbitov
루돌피눔
Rudolfinum
마네스 교
Mánesova most
장식미술관
Uměleckoprůmyslové muzeum
마이셀 시나고그
Maiselova Synagoga
스타로메스트스카 역
Staroměstská
핀카스 시나고그
Pinkasova synagoga
체코관광청 안내소

30min

8 유대 인 세레모니 홀
Jewish Ceremony Hall

유대 인 묘지로 이송되기 전 시체를 안치하거나 장례를 치르던 곳.

장식미술관으로 가려면 마이셀로바(Maiselova) 거리를 따라 시계 반대 방향으로 한 바퀴 돌아야 한다.
도보 5분→장식미술관

→

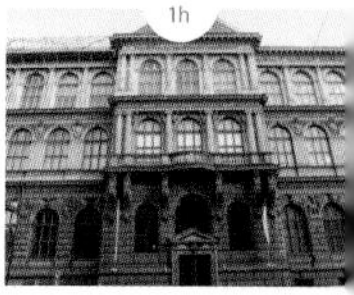

1h

9 장식미술관
Museum of Decorative Art

왕실과 귀족의 골동품, 장식품 응용미술품, 디자인 작품, 의상 등 장식미술과 관련된 작품을 전시하는 곳

장식미술관 길 건너 왼쪽에 루돌피눔이 자리한다
도보 2분→루돌피눔

S 스타로메스트스카 역
Staroměstská

에서 나와 북쪽 방향으로 한 록 떨어진 야나 팔라하(Jana Palacha) 거리까지 가서 우회전하면 핀카스 시나고그가 나온다.

도보 3분→핀카스 시나고그

1 핀카스 시나고그
Pinkas Synagogue

유대 인을 추모하기 위한 기념관.

핀카스 시나고그 바로 오른쪽 옆에 유대 인 묘지로 들어가는 입구가 있다.

도보 2분→유대 인 묘지

2 유대 인 묘지
Old Jewish Cemetry

1478년부터 300년 동안 프라하에 거주한 유대 인들이 사후에 묻힌 곳.

유대 인 묘지 입구에서 나와 야나 팔라하 거리를 걷다 첫 번째 코너에서 우회전하면 마이셀 시나고그가 나온다.

도보 2분→마이셀 시나고그

3 마이셀 시나고그
Maisel Synagogue

16세기 말 가장 화려한 인테리어를 자랑하는 유대 인 예배당.

마이셀 시나고그에서 나와 인근 시로카(Široká) 거리를 따라 동쪽으로 올라가면 왼쪽에 카프카 조형물과 함께 스패니시 시나고그가 나온다.

도보 5분→스패니시 시나고그

4 스패니시 시나고그
Spanish Synagogue

유대 인들에 관련한 유품과 역사적 자료(18세기부터 제2차 세계대전까지)가 전시되어 있는 곳.

스패니시 시나고그 북쪽에 작은 골목 건너편에 로버트 구트만 갤러리가 있다.

도보 1분→로버트 구트만 갤러리

5 로버트 구트만 갤러리
Robert Guttman Gallery

체코에서 성장한 유대 인 화가들이 19세기 말부터 20세기 초까지 만든 작품을 선보이는 곳.

로버트 구트만 갤러리에서 다시 시로카(Široká) 거리까지 나온 뒤 파르지즈스카 거리를 따라 북쪽으로 조금 올라가면 왼쪽에 좁다란 체르베나(Červená) 거리가 나온다. 그곳에 올드 · 뉴 시나고그가 자리한다.

도보 10분→올드 · 뉴 시나고그

6 올드 · 뉴 시나고그
Old New Synagogue

1270년에 세운 유대 인 예배당으로 유럽에서 가장 오랜 역사를 지닌 유대 인 예배당.

클라우센 시나고그는 올드 · 뉴 시나고그 왼쪽 가까이에 있다.

도보 1분→클라우센 시나고그

7 클라우센 시나고그
Klausen Synagogue

1573년 막시밀리안 2세가 프라하의 게토 지구를 방문한 것을 기념해 세운 예배당.

유대 인 세레모니 홀은 클라우센 시나고그에 인접해 있다.

도보 1분→유대 인 세레모니 홀

루돌피눔
Rudolfinum

프라하의 대표적인 클래식 콘서트홀.

마네스교는 루돌피눔 앞 작은 광장에서 왼쪽에 자리한다.

도보 2분→마네스교

11 마네스교
Mánes Bridge

프라하의 숨은 포토제닉 스폿.

마네스교에 서서 프라하 성과 블타바 강 주변을 감상한 뒤 프라하 성 방면으로 이동하거나 타로메스트스카(Staroměstská) 역으로 이동한다.

도보 5분→스타로메스트스카 역

F 스타로메스트스카 역
Staroměstská

RECEIPT

볼거리 ---------- 6시간
이동 시간 ---------- 39분

TOTAL
6HOURS 39MIN
(식사 시간 및 공연 관람 시간 등 제외)

교통비 ---------- 없음
도보 이동
요금
530Kč(유대 인 타운 티켓)

TOTAL
530Kč
(성인 1인 기준, 식비, 공연 관람료 및 기타 경비 제외)

start

S. 스타로메스트스카 역
도보 3분
1. 핀카스 시나고그
도보 2분
2. 유대 인 묘지
도보 2분
3. 마이셀 시나고그
도보 5분
4. 스패니시 시나고그
도보 1분
5. 로버트 구트만 갤러리
도보 10분
6. 올드 · 뉴 시나고그
도보 1분
7. 클라우센 시나고그
도보 1분
8. 유대 인 세레모니 홀
도보 5분
9. 장식미술관
도보 2분
10. 루돌피눔
도보 2분
11. 마네스교
도보 5분
F. 스타로메스트스카 역

SIGHTSEEING

No. 1 핀카스 시나고그
Pinkas Sinagogue / Pinkasova Synagoga

1535년 호로비츠(Horowitz) 가문이 세운 예배당으로 제2차 세계대전 이후에는 나치에게 학살된 보헤미아와 모라비아의 유대 인을 추모하기 위한 기념관으로 사용되었다.

구글 지도 GPS 50.089283, 14.417005
찾아가기 메트로 A선 스타로메스트스카(Staroměstská) 역에서 도보 3분
주소 Široká 3, Staré Město, 110 00 Praha Zlatá **전화** +420-222-749-211 **시간** 4~10월 월~금 · 일요일 09:00~18:00(11~3월에는 16:30까지) **휴무** 토요일, 유대 인 휴일 **가격** 유대인 박물관 티켓(7일간 유효)으로 입장 가능. 성인 350Kč, 6~15세 및 26세 미만 학생 250Kč, 65세 이상 250Kč, 6세 미만 무료, 가족(성인 2명, 자녀 4명까지) 성인 각 350Kč, 자녀 각 100Kč
홈페이지 www.jewishmuseum.cz
MAP P.060C

No. 2 유대 인 묘지
Old Jewish Cemetry / Starý Židovský Hřbitov

1478년부터 300년 동안 프라하에 거주한 유대 인들이 사후에 묻혔던 곳이다. 당시 유대 인들은 다른 곳에 관을 묻을 수 없었다. 이곳은 세월이 지나면서 조금씩 크기가 넓어졌지만, 공동묘지치고는 규모가 작다. 규모가 작은 관계로 수백 년 동안 한자리에 12개의 관이 층층이 놓였다. 작은 규모의 공동묘지에 1만2000개에 달하는 묘비가 놓여 있다는 사실만으로 얼마나 공간이 부족했는지 짐작할 수 있다. 실제로는 10만여 구의 관이 묻혀 있을 것으로 추정하기도 한다. 이곳에서 가장 오래된 묘비는 1439년에 세운 유대 인 시인이자 학자였던 아비그도르 카라(Avigdor Kara)의 묘비다. 이곳에 묻힌 사람들 중에는 랍비(유대교 율법학자)이자 수학자로 수많은 유대 인들에게 존경받는 인물이던 유다 로우 벤 베자렐(Judah Loew Ben Bezalel)이 있다.

구글 지도 GPS 50.090452, 14.417324
찾아가기 메트로 A선 스타로메스트스카(Staroměstská) 역에서 도보 3분
주소 Starý Židovský Hřbitov, Široká, Staré Město, 110 00 Praha **전화** +420-222-749-211
시간 4~10월 월~금 · 일요일 09:00~18:00(11~3월에는 16:30까지) **휴무** 토요일, 유대 인 휴일
가격 유대인 박물관 티켓(7일간 유효)으로 입장 가능. 성인 350Kč, 6~15세 및 26세 미만 학생 250Kč, 65세 이상 250Kč, 6세 미만 무료, 가족(성인 2명, 자녀 4명까지) 성인 각 350Kč, 자녀 각 100Kč
홈페이지 www.jewishmuseum.cz **MAP** P.060C

No. 3 스패니시 시나고그 (유대 인 박물관)
Spanish Sinagogue / Španělská Synagogy

스패니시 시나고그는 1868년 프라하에서 가장 오래된 유대교 학교가 있던 자리에 세워졌다. 이곳은 무어리시 스타일의 건축양식이 돋보이는 건물로도 유명하다. 스패니시 시나고그는 프라하의 숨은 보석과 같은 존재라고도 할 수 있다. 유대 인의 역사와 전통에 관심없는 여행자라도 잠시 시간을 내어 신비스러운 시나고그의 내부를 둘러보길 권한다. 내부는 아라베스크 문양을 사용해 회반죽으로 곱게 꾸몄다. 인테리어에서 오리엔탈 모티브도 잘 드러나 있다. 이러한 장식미는 벽면이나 대문에서도 볼 수 있다. 전시 공간에는 체코의 보헤미아 지방과 모라비아 지방에 흩어져 살아온 유대 인들에 관련한 유품과 역사적 자료(18세기부터 제2차 세계대전까지)가 전시되어 있다.

구글 지도 GPS 50.090305, 14.420958 **찾아가기** 메트로 A선 스타로메스트스카(Staroměstská) 역에서 도보 10분 **주소** U staré školy 1, 110 00 Praha 1 **전화** +420-222-749-211 **시간** 4~10월 월~금 · 일요일 09:00~ 18:00(11~3월에는 16:30까지) **휴무** 토요일, 유대 인 휴일 **가격** 유대인 박물관 티켓(7일간 유효)으로 입장 가능 (성인 350Kč, 6~15세 및 26세 미만 학생 250Kč, 65세 이상 250Kč, 6세미만 무료, 가족 (성인 2명, 자녀 4명까지) 성인 각 350Kč, 자녀 각100Kč **홈페이지** www.jewish museum.cz
MAP P.060D
1권 P.110

PLUS TIP
스패니시 시나고그 입구 옆에 놓인 카프카 조형물은 조각가 야로슬라브 로나(Jaroslav Rona)가 1993년 만들었으며 2003년부터 지금의 자리에 세워졌다. 이 조형물은 길이가 무려 375cm에 달한다. 무엇보다 기괴한 것은 투명인간이 입은 것 같은 옷의 조형물이 우뚝 서 있고, 그 위에 카프카의 모습을 본뜬 조형물이 목마를 탄 것 같은 자세로 앉아 있다는 점이다. 이 조형물을 만든 조각가는 꿈을 꾸고 있는 듯 몽환적인 카프카의 소설적 분위기를 표현하기 위해 실체가 없는 조형물을 통해 실존주의의 단면을 나타내고자 한 듯 보인다. 카프카와 그 가족은 이 조형물이 서 있는 곳 인근의 두스니(Dušní) 거리 27번지에 살았다고 한다.

No. 4 마이셀 시나고그
Maisel Synagogue / Maiselova Synagoga

오늘날 볼 수 있는 예배당은 20세기 초에 고딕 양식으로 새로 지은 예배당이고, 원래의 예배당은 1689년 유대 인 지구를 황폐케 한 대화재 때문에 전소되었다.

구글 지도 GPS 50.088781, 14.418677
찾아가기 메트로 A선 스타로메스트스카(Staroměstská) 역에서 도보 5분
주소 Maiselova 10, 110 00 Praha 1
전화 +420-222-749-211 **시간** 4~10월 월~금 · 일요일 09:00~18:00(11~3월에는 16:30까지)
휴무 토요일, 유대 인 휴일 **가격** 유대인 박물관 티켓(7일간 유효)으로 입장 가능 (성인 350Kč, 6~15세 및 26세 미만 학생 250Kč, 65세 이상 250Kč, 6세 미만 무료. 가족 (성인 2명, 자녀 4명까지) 성인 각 350Kč, 자녀 각100Kč **홈페이지** www.jewishmuseum.cz **MAP** P.060D

No. 5 클라우센 시나고그
Klausen Synagogue / Klausová Synagoga

1573년 막시밀리안 2세가 프라하의 게토 지구를 방문한 것을 기념해 세운 예배당으로 1694년에 완공되었다. 오늘날의 건물은 1880년대에 대대적인 개·보수를 통해 새로워진 모습을 담고 있다.

구글 지도 GPS 50.090037, 14.417031
찾아가기 메트로 A선 스타로메스트스카(Staroměstská) 역에서 도보 8분
주소 U starého Hřbitova 3a, 110 00 Praha
전화 +420-221-711-511 **시간** 4~10월 월~금·일요일, 09:00~18:00(11~3월에는 16:30까지)
휴무 토요일, 유대 인 휴일 **가격** 유대인 박물관 티켓(7일간 유효)으로 입장 가능 (성인 350Kč, 6~15세 및 26세 미만 학생 250Kč, 65세 이상 250Kč, 6세 미만 무료. 가족 (성인 2명, 자녀 4명까지) 성인 각 350Kč, 자녀 각100Kč **홈페이지** www.jewishmuseum.cz **MAP** P.060C

No. 6 유대 인 세레모니 홀
Jewish Ceremony Hall / Židovské Obřadní Síň

유대 인 묘지로 이송되기 전 시체를 안치하거나 장례를 치르던 곳이다. 유대 인의 관습과 전통을 소재로 한 다양한 미술 작품이 전시되어 있다.

구글 지도 GPS 50.086567, 14.42349
찾아가기 메트로 A선 스타로메스트스카(Staroměstská) 역에서 도보 8분
주소 Ovocny Trh 3, 110 00 Prague 1
전화 +420-222-749-211
시간 4~10월 월~금·일요일, 09:00~18:00(11~3월에는 16:30까지) **휴무** 토요일, 유대 인 휴일
가격 유대인 박물관 티켓(7일간 유효)으로 입장 가능 (성인 350Kč, 6~15세 및 26세 미만 학생 250Kč, 65세 이상 250Kč, 6세 미만 무료. 가족 (성인 2명, 자녀 4명까지) 성인 각 350Kč, 자녀 각100Kč **홈페이지** www.jewishmuseum.cz
MAP P.060A

No. 7 루돌피눔
Rudolfinum

프라하의 대표적인 클래식 콘서트홀 중 하나다. 1884년 완공되었으며 프라하의 대표적인 네오 르네상스 양식의 건축물이기도 하다. 이곳에서는 체코 필하모닉 오케스트라의 정기 연주를 감상할 수 있고, 메인 홀인 드보르자크 홀에서는 매년 5월 열리는 프라하 음악 축제의 다채로운 공연이 펼쳐진다.

구글 지도 GPS 50.090172, 14.415219
찾아가기 메트로 A선 스타로메스트스카(Staroměstská) 역에서 도보 3분
주소 Alšovo Nábřeží 12, 110 00 Praha 1
전화 +420-227-059-227
시간 공연은 일반적으로 18:00~20:00에 시작
휴무 공연에 따라 다름 **가격** 공연과 좌석에 따라 다름 **홈페이지** www.rudolfinum.cz
MAP P.060C **1권** P.214

No. 8 로버트 구트만 갤러리
Robert Guttman Gallery

체코에서 성장한 유대 인 화가들이 19세기 말부터 20세기 초까지 만든 작품을 선보인다. 냉전 시대와 컨템퍼러리 모던 아트도 전시하고 있다. 갤러리의 이름은 잘 알려진 프라하 출신의 화가 로버트 구트만의 이름을 땄다.

구글 지도 GPS 50.090582, 14.420873
찾아가기 메트로 A선 스타로메스트스카(Staroměstská) 역에서 도보 10분
주소 U Staréškoly 3 . 110 00 Praha 1
전화 +420-221-711-511 **시간** 4~10월 월·금·일요일 09:00~18:00(11~3월에는 16:30까지)
휴무 토요일, 유대 인 휴일 **가격** 유대인 박물관 티켓(7일간 유효)으로 입장 가능 (성인 350Kč, 6~15세 및 26세 미만 학생 250Kč, 65세 이상 250Kč, 6세 미만 무료. 가족 (성인 2명, 자녀 4명까지) 성인 각 350Kč, 자녀 각100Kč **홈페이지** www.jewishmuseum.cz **MAP** P.060

No. 9 올드·뉴 시나고그
Old New Sinagogue / Staronová Synagoga

1270년에 세워진 유대 인 예배당으로 유럽에서 가장 오랜 역사를 지닌 유대 인 예배당으로 알려져 있다. 또 프라하에 세워진 초기 고딕 양식 건축물의 전형적인 예를 보여주는 건물이기도 하다. 13세기 이 건물이 세워질 무렵에는 새로운 예배당이란 이름으로 불렸다가 16세기 이후에 여러 채의 유대 인 예배당이 주변에 들어서면서 오래된 예배당이란 닉네임이 붙어 오늘날의 독특한 이름을 갖게 되었다. 현지 발음으로 스타로노바 시나고그라고도 불린다. 내부의 메인 홀은 오늘날에도 중세의 모습 그대로를 간직하고 있다. 이 건물은 다행히 17세기 대화재를 비롯해 19세기에 슬럼가를 대대적으로 정리할 때조차도 꿋꿋이 살아남은 건축물이다. 비록 규모는 작지만 오늘날에도 프라하에 거주하는 유대 인들의 예배 공간으로 사용되고 있다.

구글 지도 GPS 50.089677, 14.418386
찾아가기 메트로 A선 스타로메스트스카(Staroměstská) 역에서 도보로 7분
주소 Maiselova 18, 110 00 Praha 1 **전화** +420-222-749- 211
시간 4~10월 월~금·일요일 09:00~18:00(11~3월에는 16:30까지)
휴무 토요일, 유대 인 휴일 **가격** 성인 220Kč, 6~15세 및 26세 미만 학생 150Kč, 65세 이상 150Kč, 6세 미만 무료, 유대 인 타운 티켓은(성인 530Kč) 박물관 티켓 관람 가능 지역 외 올드·뉴 시나고그까지 입장 가능 **홈페이지** www.jewishmuseum.cz **MAP** P.060D

No. 10 장식미술관
Museum of Decorative Arts / Uměleckoprůmyslové Muzeum

1885년 설립된 미술관으로 왕실과 귀족의 골동품, 장식품, 응용미술품, 디자인 작품, 의상 등 장식미술과 관련된 작품을 전시한다. 박물관이 자리한 건물은 1899년 요세프 슐츠가 네오 르네상스 건축양식으로 완공한 건물이다. 이곳은 무엇보다 보헤미아 지역의 다채로운 장식 문화를 엿볼 수 있는 장식품이 많아 흥미를 끈다. 전시 공간의 인테리어 역시 돋보인다. 장식품은 주로 유리공예품, 도자기공예품, 그래픽 아트 작품, 메탈 작품, 목공예품 등이다. 그 밖에도 벽시계, 탁상시계, 가구, 장난감 따위도 볼 수 있다. 지난 2015년 1월 이후로 재건축을 통해 2018년 새로운 모습으로 다시 문을 열었다.

구글 지도 GPS 50.089897, 14.416417 **찾아가기** 메트로 A선 스타로메스트스카(Staroměstská) 역에서 도보 2분 **주소** 17, listopadu 2, 110 00 Praha 1 **전화** +420-778-543-900 **시간** 화요일 10:00~20:00 수~일요일 10:00~18:00 **휴무** 월요일 **가격** 전시에 따라 다름 성인 100Kč~, 학생 60Kč~, 모든 관 관광 티켓 성인 300Kč **홈페이지** www.upm.cz **MAP** P.060C **1권** P.112

No. 11 마네스교
Mánes Bridge / Mánesova Mostu

마네스교는 프라하의 숨은 포토제닉 스폿이다. 이곳에 서서 카를교와 프라하 성 주변을 바라볼 수 있다. 무엇보다 해 질 무렵과 어둑해질 무렵의 전망이 환상적이다. 마네스교는 블타바 강 위에 놓인 다리로 카를교 북쪽 인근에 자리한다. 3년간의 공사를 거쳐 1914년 완공된 마네스교는 콘크리트로 만든 다리인데, 완공 당시에는 프라하에서 가장 현대적인 다리로 불리기도 했다.

구글 지도 GPS 50.089313, 14.413971
찾아가기 메트로 A선 스타로메스트스카(Staroměstská) 역에서 도보 5분 **주소** Mánesův Most,11800 Praha 1 **전화** 없음 **시간** 24시간 **휴무** 없음 **가격** 무료 **홈페이지** 없음 **MAP** P.060C **1권** P.124

EATING

No. 1 바록
Barock

프라하의 로데오 거리라 불리는 파르지즈스카(Pařížská) 거리에 위치한 곳으로 스타일리시한 감각의 바 & 레스토랑이다. 일본과 태국 요리에서 영감을 받은 셰프 자나 자나토바의 스시 메뉴와 오리엔탈 퓨전 메뉴, 체코 전통 음식 메뉴가 인기를 얻고 있다.

구글 지도 GPS 50.090318, 14.419219
찾아가기 메트로 A선 스타로메스트스카(Staroměstská) 역에서 도보 10분 **주소** Pařížská 24, 110 00 Praha 1 **전화** +420-222-329-221 **시간** 10:00~01:00 **휴무** 없음 **가격** 샐러드 195Kč~, 톰얌 365Kč, 버거 295Kč, 누들 325Kč~, 파스타 245Kč **홈페이지** 없음 **MAP** P.060D **1권** P.151

No. 2 라 보데퀴타
La Bodequita

쿠바 음식을 전문으로 하는 레스토랑이자 모히토 칵테일을 즐길 수 있는 칵테일 바다. 북미 음식과 미국 남부 음식인 크레올 푸드도 제공한다. 매일 밤 흥겨운 라틴 밴드와 쿠바 밴드의 라이브 연주를 들을 수 있다.

구글 지도 GPS 50.088524, 14.417159
찾아가기 메트로 A선 스타로메스트스카(Staroměstská) 역에서 도보 1분
주소 Kaprova 5, 110 00 Praha 1 **전화** +420-224-813-922 **시간** 월·화·일요일 11:00~02:00 수~토요일 11:00~04:00(라이브 라틴 밴드 화~토요일 19:30~21:30, 라이브 쿠바 밴드 매일 21:00~00:00) **휴무** 없음 **가격** 스타터 175Kč~, 로브스터 195Kč(100g당) **홈페이지** www.labodeguitadelmedio.cz **MAP** P.060C **1권** P.152

No. 3 코바
Koba

유대 인 지구에 자리한 몇 안 되는 한식당 중 하나다. 불고기, 삼겹살 등 고기류와 김치찌개, 된장찌개, 비빔밥 등 한식을 비롯해 짜장면, 짬뽕도 제공한다. 여름철에는 냉면도 맛볼 수 있다. 오전 11시부터 오후 2시까지는 런치 메뉴(149Kč)를 판매한다.

구글 지도 GPS 50.089391, 14.421398
찾아가기 메트로 A선 스타로메스트스카(Staroměstská) 역에서 도보 12분
주소 Dušní 6, 110 00 Praha 1
전화 +420-222-313-888 **시간** 11:00~23:00 **휴무** 없음 **가격** 냉면·불고기 350Kč, 짜장면·제육볶음·삼겹살·비빔밥·짬뽕 320Kč, 김치찌개 280Kč **홈페이지** 없음
MAP P.060D

3 NOVÉ MĚSTO
[신시가지]

만남의 장소

카를 4세가 포화 상태인 구시가지를 보완하기 위해 개발한 곳이 신시가지다. 신시가지의 바츨라프 광장은 체코슬로바키아공화국 선포하고 민주화를 위한 시민운동 '벨벳 혁명'이 일어나는 등 역사적 사건이 펼쳐진 무대였고, 요즘은 만남의 장소로 유명하다. 대부분이 평지라 걷는 데 부담은 없지만, 공원이 마땅치 않으므로 저질 체력이라면 신시가지에 포진한 카페를 활용해 루트를 짜자.

인기
★★★★

나 홀로
★★★★

커플
★★

PLUS INFO
다른 지역에서 출발한 기차가 신시가지 쪽으로 들어오고, 역사적으로 의미 있는 장소이기 때문에 많은 여행자들이 이곳을 찾는다.

PLUS INFO
신시가지에는 쇼핑 숍이 즐비하다. 쇼핑할 땐 다른 사람과 보폭을 맞추거나 눈치를 보지 않아도 되는 '나 홀로족'이 가장 편한 법!

가족
★★★

쇼핑
★★★★★

PLUS INFO
관광객이 모이는 곳에 먹거리가 가득한 것은 진리. 시장, 길거리 음식을 비롯해 각각의 쇼핑몰에서도 저렴하고 맛있는 음식이 당신을 기다리고 있다.

식도락
★★★★★

나이트라이프
★★★★★

문화 유적
★★★

PLUS INFO
신시가지에는 재즈 바가 많이 몰려 있다. 재즈에 관심이 없고, 연주의 질을 구분할 수 없는 막귀라도 충분히 감동받을 수 있는 공연이니 도전해보시길.

복잡함
★★★

청결
★★★★

접근성
★★★★

TRAVEL MEMO

신시가지 여행 & 교통편 한눈에 보기

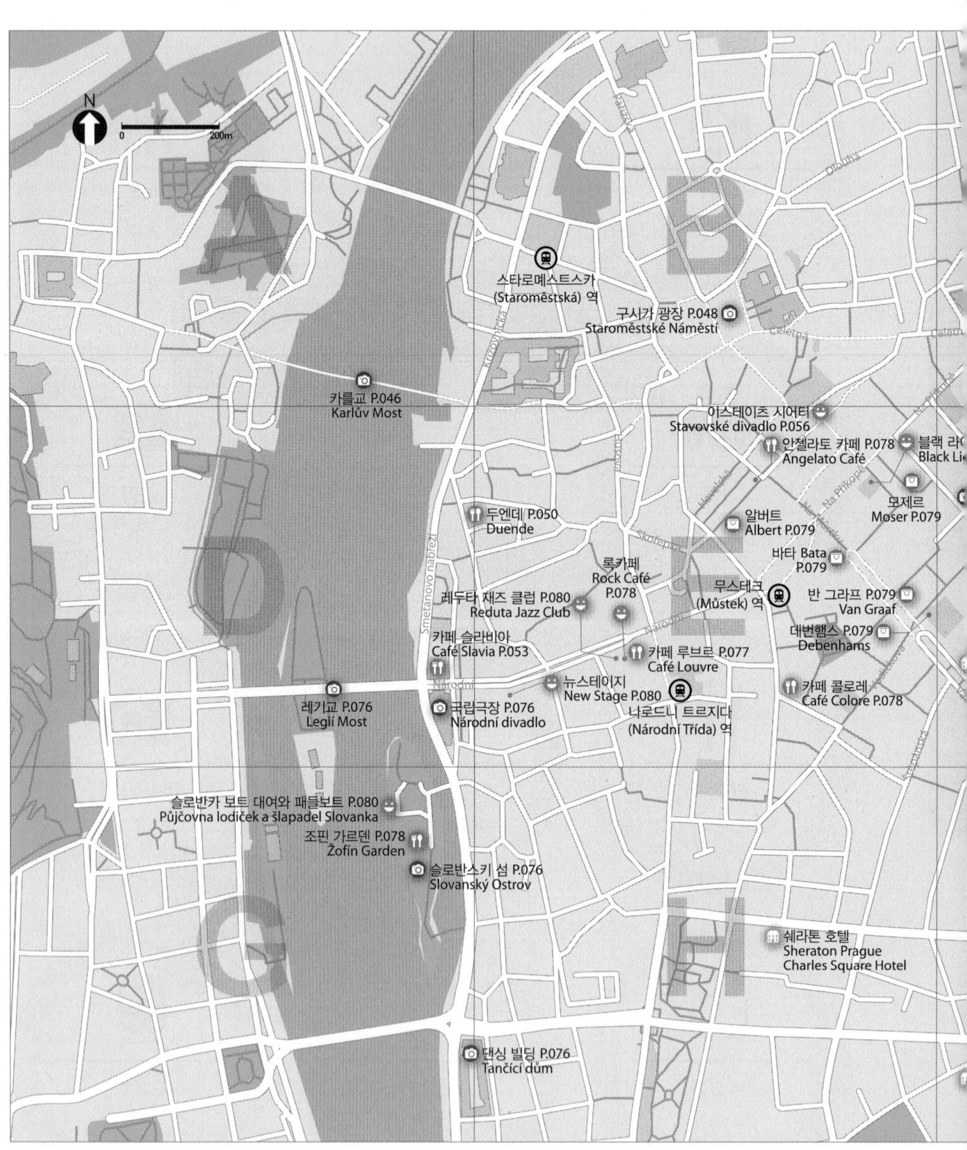

프라하 주요 지역에서 신시가지 가는 방법

프라하 국제공항에서 신시가지 가기

① **AE버스+메트로** – AE버스를 이용한다면 메트로 C선의 프라하 중앙역(Hlavní Nádraží)에 도착. 걸어서 신시가지로 이동할 수도 있지만 캐리어가 있다면 끌고 돌길을 걷기가 쉽지 않을 터. 한 정거장 거리지만 메트로 C선을 타고 무제움(Muzeum)역까지 가길 권한다(약 1시간 소요, AE버스 60Kč, 메트로 24Kč).

AE버스 운행 시간(30분 간격)

공항 → 시내	06:35~22:05
시내 → 공항	05:45~21:15

AE버스 노선도(30분 간격)

시내	C노선	중앙역(Hlavni Nádraží)
	B노선	나메스티 레푸블리키 역 (Náměstí Republiky)
공항	터미널 1	
	터미널 2	

② **택시** – 행선지가 같은 친구들이 있다면 모아서 에어포트 트랜스퍼(Airport Transfers, www.airportprague.org)를 예약하는 것도 좋다. 언제나 택시는 가장 편안한 이동 방법이다. 출퇴근 시간이 아닐 경우 25~30분 정도 소요된다. 차량 1대 약 600~780Kč.

주변 지역에서 신시가지로 가기

① **메트로** – 신시가지를 여행할 땐 메트로가 가장 편하다. 국립박물관에서 여행을 시작한다면 메트로 A · C선이 지나가는 무제움(Muzeum) 역을, 바출라프 광장에서 쇼핑할 계획이라면 메트로 A · B선이 지나는 무스테크(Můstek) 역만 기억하면 된다. 책에서 소개한 첫 번째 루트대로 댄싱 빌딩에서 여행을 시작할 예정이라면 메트로 B선 카를로보 나메스티(Karlovo Náměstí) 역이 좋다. 요금 24Kč.

② **트램** – 구시가지 쪽에서 이동한다면 14 · 24번 트램을 타고 바츨라브스케 나메스티(Václavské Náměstí) 역에서 하차하면 바츨라프 광장이고, 프라하 성에서 이동한다면 22번 트램을 타고 국립극장 근처인 나로드니 디바들로(Národní Divadlo) 역까지 올 수 있다. 책에서 소개한 두 번째 루트대로 여행하려면 5 · 14 · 24번 트램을 타고 팔라디움이 보이는 나메스티 레푸블리키(Náměstí Republiky) 역에서 내리면 된다. 요금24Kč.

③ **택시** – 구시가지에서 탑승 시 약 5~10분. 프라하 성, 말라 스트라나에서 탑승할 경우 약 20~30분 소요된다. 요금 약 100~300Kč.

신시가지 추천 여행 수단

프라하는 사실 어느 동네나 걸어 다니는 게 가장 효율적이지만, 신시가지에서 도보를 추천하는 이유는 조금 다르다. 시장과 쇼핑몰이 많은 신시가지야말로 구경거리가 많아 힘들거나 지루하지 않기 때문. 바츨라프 광장에서는 다양한 공연이 펼쳐지고, 유럽 브랜드 숍이 줄지어 서 있다. 짐이 무겁다면 택시나 교통수단을 이용하겠지만, 두 손이 가볍다면 언제나 도보가 정답이다.

MUST SEE
신시가지에서 이것만은 꼭 보자!

No. 1
슬로반스키 섬

No. 2
시민 회관

No. 3
레기교

코스 무작정 따라하기

신시가지 인증샷 코스

구시가지나 말라 스트라나보다 현대적인 건물로 가득하지만 신시가지에도 의미 있는 건물이 많다. 유명 관광지를 꼭 들러야 만족스러운 여행자를 위해 필수 스폿만 골라서 묶은 루트다. 거리는 꽤 되지만 보트도 타고, 공원에 들러 쉴 수도 있으므로 힘들진 않다. 오베츠니 둠 공연을 예약했다면 시간을 잘 조절해서 이동하자.

Start

S **댄싱 빌딩** Dancing House

07:00~19:00

댄싱 빌딩을 등지고 우회전해 블타바 강을 따라 200m 정도 걷다가 왼쪽에 있는 슬로반스키 섬과 이어진 다리로 진입한다.
도보 6분→슬로반스키 섬

2h

1 **슬로반스키 섬** Slavonic Island

패들 보트로 갈 수 있는 섬으로, 여유가 된다면 배를 타고 프라하를 천천히 감상해보자.
06:00~23:00

섬 중앙에 조핀 가르덴 레스토랑이 있다.
도보 2분→조핀 가르덴

40min

2 **조핀 가르덴** Žofín Garden

미슐랭 가이드가 주목하는 레스토랑.
월~토요일 11:00~22:00, 일요일 11:00~15:00

섬 밖으로 나와 댄싱 빌딩 반대 방향으로 블타바 강을 따라 200m 정도 걷다 보면 왼쪽에 있는 다리가 레기교다.
도보 7분→레기교

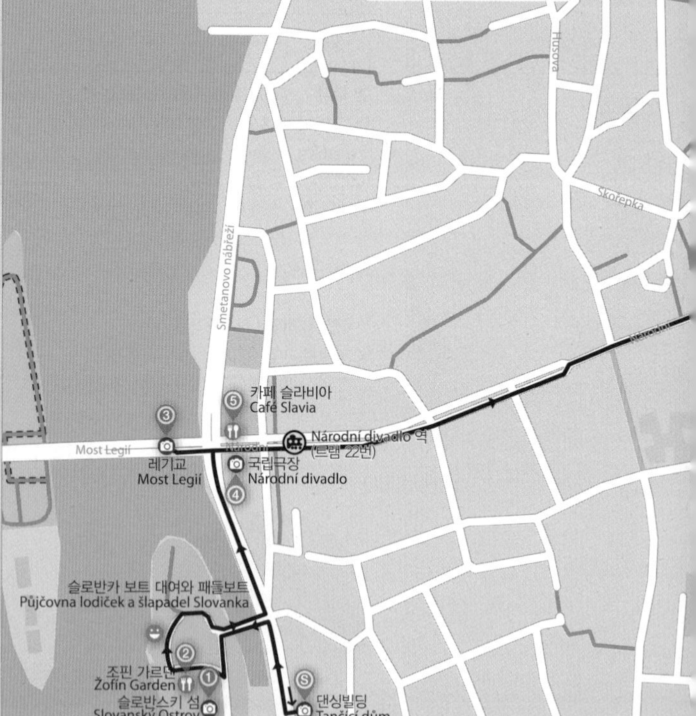

Karlův most
Křižovnická
Husova
Skořepka
Smetanovo nábřeží
Národní
Staroměstské
⑤ 카페 슬라비아 Café Slavia
③ 레기교 Most Legií
Most Legií
Národní divadlo 역 (트램 22번)
④ 국립극장 Národní divadlo
슬로반카 보트 대여와 패들보트 Půjčovna lodiček a šlapadel Slovanka
② 조핀 가르덴 Žofín Garden
① 슬로반스키 섬 Slovanský Ostrov
Ⓢ 댄싱빌딩 Tančící dům

3 **레기교**
Legion Bridge

프라하 성과 카를교 야경을 한 번에 볼 수 있는 장소.
24시간

레기교 삼거리에서 레기교를 등지고 오른쪽에 있는 게 국립극장, 왼쪽에 있는 것이 카페 슬라비아다.
도보 1분→국립극장

2h

4 **국립극장**
National Theatre

스메타나가 후원하던 공연장. 발레에 관심이 있다면 서둘러 예매하는 게 좋다.
매표소 10:00~18:00

국립극장 맞은편에 있는 카페다.
도보 1분→카페 슬라비아

40min

5 **카페 슬라비아**
Café Slavia

체코의 문학가, 음악가의 단골 카페. 이곳에서 체코 전통 디저트와 함께 고흐가 즐겨 마시던 독주, 압생트를 마실 수 있다.
월~금요일 08:00~00:00, 토~일요일 09:00~00:00

국립극장 맞은편에 있는 카페다.
도보 20분→무하 뮤지엄

1h

6 **무하 뮤지엄**
Mucha Museum

타로 카드 속 그림을 그렸던 무하의 작품이 가득한 곳.
10:00~18:00

미술관을 등지고 우회전해 삼거리가 나올 때까지 걸어 내려간다. 삼거리에서 우회전해 나 프리코폐(Na Příkopě) 거리를 따라 300m 정도 걸으면 왼쪽에 위치.
도보 8분→오베츠니 둠

Finish

F **오베츠니 둠(시민 회관)**
The Municipal House

공연은 감동적이고, 카페는 로맨틱하고, 레스토랑 음식까지 훌륭하다.
공연 18:00~20:00, 오베츠니 둠 관광 10:00~19:00

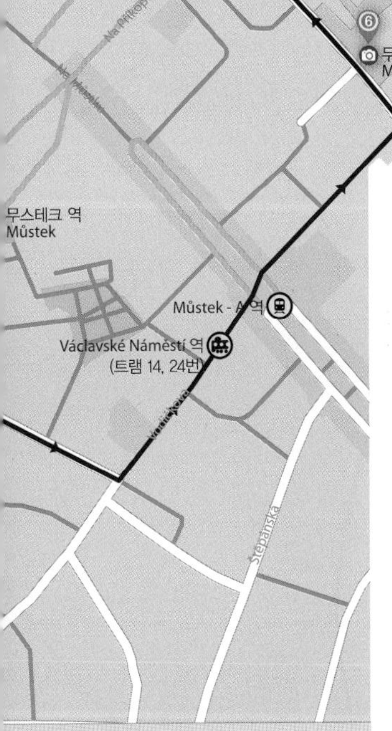

RECEIPT

볼거리	5시간 10분
식사 및 디저트 시간	1시간 20분
이동 시간	45분

TOTAL
7HOURS 15MIN

교통비 트램	24Kč
입장료 알폰스 무하 박물관 240Kč, 오베츠니 둠 연주회 700Kč	940Kč
조핀 가르덴 슈니첼 229Kč, 필스너우르켈 500ml 49Kč	278Kč
카페 슬라비아 팔라친키 128Kč, 카푸치노48Kč	176Kč

TOTAL
1418Kč
(성인 1인 기준, 쇼핑 비용 별도)

start

S. 댄싱 빌딩
도보 6분
1. 슬로반스키 섬
도보 2분
2. 조핀 가르덴
도보 7분
3. 레기교
도보 1분
4. 국립극장
도보 1분
5. 카페 슬라비아
도보 20분
6. 무하 뮤지엄
도보 8분
F. 오베츠니 둠 (시민 회관)

코스 무작정 따라하기

관광은 잊고 먹고, 마시고, 즐겨라!

여행에서 남는 건 먹고 마시고 즐긴 기억뿐이라고 주장한다면, 이번 루트가 딱이다. 관광지를 최대한 쏙 빼고 프라하 젊은 사람들이 자주 가는 카페, 관광객이 꼭 가는 카페와 재즈 클럽 등을 선별했기 때문. 신시가지에는 저렴하게 먹고 놀 만한 장소가 넘쳐나기 때문에 관광객뿐만 아니라 프라하 시민들도 휴일이나 밤에 이곳으로 모여든다.

S 파머스 마켓 Farmer's Market

프라하 시민들이 자주 먹는 먹거리나 수공예품을 구경할 수 있다. 매일 열리는 게 아니므로 요일 확인은 필수.
⊙ 화~목요일 09:00~20:00, 휴무 금~월요일

14 · 24 · 26 · 54번 트램 탑승 후 나메스티 레푸블리키(Náměstí Republiky) 역 하차, 맞은편 분홍빛의 거대한 쇼핑몰 팔라디움이 보인다.
도보 2분→팔라디움

→

1 팔라디움 Paladium

프라하를 대표하는 백화점. 이곳의 일식 레스토랑 마카키코에서 런치 메뉴로 저렴하게 점심을 먹을 수 있다.
⊙ 월~수요일, 일요일 09:00~21:00, 목~토요일 09:00~22:00

팔라디움 입구에서 오베츠니 둠 뒷길인 크랄로드보르스카(Králodvorská) 거리를 따라 약 750m 정도 가면 오른쪽에 안젤라토 카페가 보인다.
도보 12분→안젤라토 카페

↓

2 안젤라토 카페 Angelato Café

프라하에서 가장 맛있는 아이스크림을 찾고 있다면 이곳이 정답!
⊙ 월~일요일 11:00~21:00

카페에서 나와 좌회전해 30m만 걸어가면 정면에 나 무스트쿠(Na Můstku) 거리가 펼쳐진다. 이 거리를 따라 쭉 직진하면 바츨라프 광장이 나오고 오른쪽에 바타 매장이 있다.
도보 3분→바타

→

3 바타 Bata

체코 국민 신발 브랜드, 바타. 이 매장에서는 바타 외에도 다양한 브랜드의 신발을 취급한다.
⊙ 월~금요일 09:00~21:00, 토요일 09:00~20:00, 일요일 10:00~20:00

바타 매장에서 나와 맞은편으로 이동, 바츨라프 기마상 쪽으로 150m 올라가면 왼쪽에 위치.
도보 3분→반 그라프

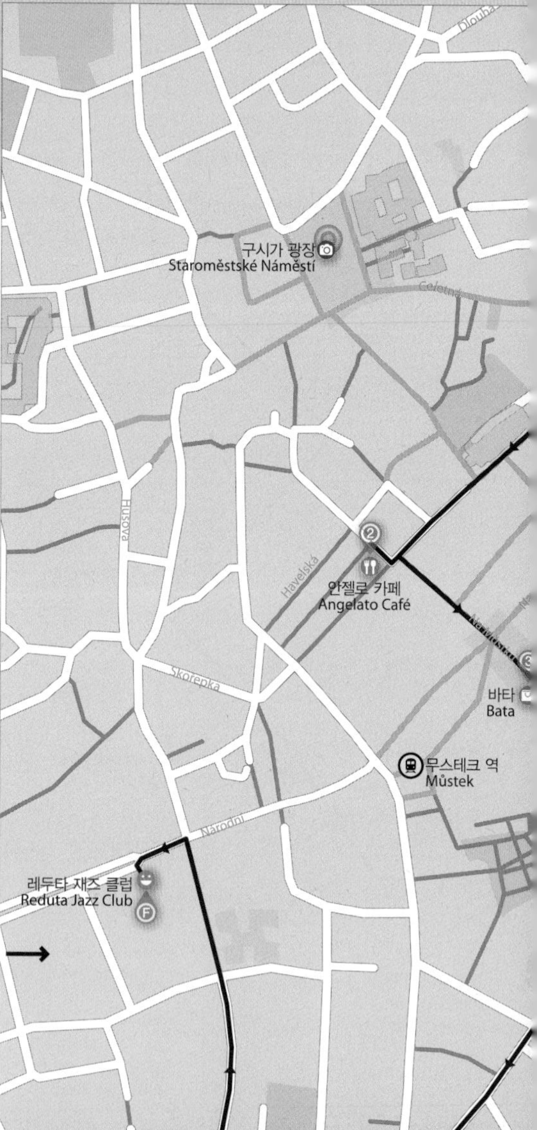

구시가 광장 Staroměstské Náměstí
Dlouhá
Celetná
Husova
Havelská
② 안젤로 카페 Angelato Café
Na Můstku
바타 Bata
Skořepka
무스테크 역 Můstek
Národní
레두타 재즈 클럽 Reduta Jazz Club
→

start

S. 파머스 마켓

도보 2분

1. 팔라디움

도보 12분

2. 안젤라토 카페

도보 3분

3. 바타

도보 3분

4. 반 그라프

도보 1분

5. 데번햄스

도보 4분+트램 5분

F. 레두타 재즈 클럽

팔라디움 Paladium

나메스티 레푸블리키 역 Náměstí Republiky

파머스 마켓 Farmer's Market

시민회관 Obecní dům

화약탑 Prašná brána

RECEIPT

볼거리	5시간 30분
식사 및 디저트 시간	40분
이동 시간	30분

TOTAL
6HOURS 40MIN

교통비 트램	48Kč
입장료 레두타 재즈 클럽	350Kč
마카키코 성인 뷔페 주중 런치	318Kč
안젤라토 카페 아이스크림 2스쿱	75Kč

TOTAL
791Kč
(성인 1인 기준, 쇼핑 비용 별도)

1h

4 반 그라프
Van Graaf

유럽 브랜드가 모여 있는 쇼핑몰.
월~토요일 08:00~21:00, 일요일 09:00~20:00

반 그라프에서 바츨라프 기마상 방향으로 80m 정도 올라가면 왼쪽에 데번햄스 쇼핑몰이 있다.
도보 1분→데번햄스

1h

5 데번햄스
Debenhams

영국계 쇼핑몰로 다양한 상품이 매력적인 쇼핑몰.
월~토요일 09:00~20:00, 일요일 10:00~20:00

데번햄스 맞은편에 있는 골목으로 들어가 바츨라브스케 나메스티(Václavské Náměstí) 역에서 9번 트램 탑승 후 나로드니 트리다(Národní Třída) 역 하차, 큰길로 나가 좌회전해서 20m 정도 걸으면 왼쪽에 위치.
도보 4분+트램 5분→레두타 재즈 클럽

2h

F 레두타 재즈 클럽
Reduta Jazz Club

빌 클린턴의 즉흥 연주로 더욱 유명해진 재즈 클럽.
월~금요일 10:00~03:00, 토요일 17:00~03:00, 일요일17:00~01:00

SIGHTSEEING

No. 1 댄싱 빌딩
Dancing House / Tančící dům

벨벳 혁명이 끝나고 난 1990년대 체코슬로바키아 건축가들과 국외 건축가들이 협력해 지은 작품으로, 당시 세계 볼룸 댄스 챔피언이던 진저와 브레드라는 커플의 역동적인 춤사위에서 영감을 받아서 제작되었다.

Ⓖ **구글 지도** GPS 50.075403, 14.414264
Ⓢ **찾아가기** 메트로 B선 카를로보 나메스티(Karlovo Náměstí) 역 하차 후 레슬로바(Resslova) 거리를 따라 400m 직진 **주소** Jiráskovo Nám. 1981/6,120 00 Praha 2 **전화** +420-605-083-611 **시간** 07:00~19:00 **휴무** 없음 **가격** 무료 **홈페이지** tancici-dum.cz **MAP** P.070H **1권** P.105

PLUS TIP
꼭대기층의 프렌치 레스토랑 진저&프레드 뷰도, 맛도 좋아 높은 점수를 얻고 있다. 메인 메뉴가 250~400Kč 정도. ginger-fred-restaurant.cz.

No. 2 슬로반스키 섬
Slavonic Island / Slovanský Ostrov

슬라브 조약을 체결한 곳으로, '슬라브 섬'이라고도 불린다. 관광객이 그다지 많지 않아 조용하게 쉴 수 있는 정원이 특징. 블타바 강 전경이 펼쳐지는 곳이니 보트를 빌려 타길 추천.

Ⓖ **구글 지도** GPS 50.078932, 14.413268
Ⓢ **찾아가기** 17번 트램 탑승 후 나로드니 디바들로(Národní Divadlo) 역에서 하차, 정면에 있는 다리를 통해 슬로반스키 섬으로 진입
주소 Slovanský Ostrov 226,110 00 Praha
전화 없음 **시간** 06:00~23:00 **휴무** 없음
가격 무료 **홈페이지** 없음 **MAP** P.070G

No. 3 레기교
Legion Bridge / Most Legií

레기교는 구시가 인근의 국립극장에서 스트레체츠키(Střelecký) 섬을 가로질러 킨스키 공원까지 연결된다. 이곳에 서면 카를교와 함께 프라하 성 전경이 펼쳐져 야경을 감상하기 가장 좋다.

Ⓖ **구글 지도** GPS 50.081352, 14.410022 Ⓢ **찾아가기** 메트로 B선 나로드니 트리다(Národní Třída) 역에서 도보 8분, 또는 17 · 18 · 53번 트램 탑승 후 다리 남단에서 하차 **주소** Legií Most 110 00 Praha 1 **전화** 없음 **시간** 24시간 **휴무** 없음 **가격** 무료 **홈페이지** 없음 **MAP** P.070D **1권** P.125

No. 4 국립극장
National Theatre / Národní Divadlo

전통 오페라, 연극, 발레 공연장으로 사용되는데, 외국어에 약한 여행자라면 발레 공연이나 셰익스피어, 차이코프스키 등과 같은 익숙한 작품을 추천한다. 홈페이지에서 미리 일정에 맞는 공연을 체크해야 한다.

Ⓖ **구글 지도** GPS 50.081262, 14.413474
Ⓢ **찾아가기** 메트로 A · B선 무스테크(Můstek) 역 하차, 도보 10분 **주소** Národní 2, 110 00 Praha 1
전화 +420-251-640-793 **시간** 매표소 10:00~18:00 **휴무** 공연에 따라 다름
가격 공연과 좌석에 따라 다름(500~800Kč)
홈페이지 www.nationaltheatre.cz
MAP P.070D **1권** P.214

No. 5 국립박물관
National Museum / Narodni Muzeum

바츨라프 광장 끝 언덕진 곳에 자리한 프라하의 대표적인 박물관. 각 전시실에는 선사시대와 중세의 유물, 르네상스와 바로크 시대에 귀족들이 사용한 보석류 등이 전시되어 있다. 국립박물관 앞에 놓인 바츨라프 국왕의 기마상은 광장의 포토 스폿이기도 하다. *일부 리모델링 중으로 정상 운영은 2020년도 예상

Ⓖ **구글 지도** GPS 50.079951, 14.431825
Ⓢ **찾아가기** 메트로 A · C선 무제움(Muzeum) 역에서 도보 2분 **주소** Václavské Náměstí 68, 115 79 Praha 1 **전화** +420-224-497-111 **시간** 월 · 금요일 10:00~18:00, 화~목요일 11:00~20:00, 토~일요일 10:00~19:00 **가격** 전시에 따라 다름 **홈페이지** www.nm.cz **MAP** P.070I **1권** P.108

No. 6 바츨라프 광장
Václavské Náměstí

광화문 광장에 이순신 장군의 동상이 있다면 바츨라프 광장에는 바츨라프 국왕의 기마상이 있다. 이 광장은 1918년 오스트리아로부터의 독립을 기념하는 인파가 몰렸던 곳이며, 1948년 체코슬로바키아 사회주의공화국이 이 광장에서 선포되었다.

Ⓖ **구글 지도** GPS 50.081747, 14.427189
Ⓢ **찾아가기** 광장의 북서쪽 끝은 메트로 A · B선 무스테크(Můstek) 역에서 가깝고 광장의 남동쪽 끝은 메트로 A · C선 무제움(Muzeum) 역에서 도보 약 2분 **주소** Václavské Náměstí, 110 00 Praha 1 **전화** 없음 **시간** 24시간 **휴무** 없음 **가격** 무료 **홈페이지** 없음 **MAP** P.070F **1권** P.054, 070

PLUS TIP
무하 뮤지엄에서 프란츠 카프카 뮤지엄 입장권을 반액으로 구입할 수 있으니 카프카 뮤지엄도 갈 생각이라면 참고!

No.7 무하 뮤지엄
Mucha Museum / Muchovo Muzeum

타로 카드 속 그림을 그린 화가, 알폰스 무하. 그는 체코의 아르누보 미술을 대표하는 화가이자, 장식미술가이기도 하다. 미술관 한편에서 상영하는 다큐멘터리 필름을 보면 그의 작품을 이해하는 데 도움이 된다.

구글 지도 GPS 50.084368, 14.427642 **찾아가기** 메트로 A · B선 무스테크(Můstek) 역에서 도보로 7분 **주소** Kaunický Palác, Panská 7, 110 00 Praha 1 **전화** +420-224-216-415 **시간** 10:00~18:00 **휴무** 없음 **가격** 어른 300Kč, 학생 · 65세 이상 · 아동 200Kč, 가족(성인 2명, 아동 2명) 750Kč **홈페이지** www.mucha.cz **MAP** P.070F **1권** P.115

No.8 오베츠니 둠 (시민 회관)
The Municipal House / Obecní dům

정문 위쪽의 반원형 발코니를 보면 자연 요소를 최대한 구현한 아르누보 양식의 영향을 받았음을 알 수 있다. 베란다에 장식된 덩굴과 줄기, 당초 모양 등이 그 증거다. 공연을 놓치지 말자.

구글 지도 GPS 50.087900, 14.427785 **찾아가기** 메트로 B선 나메스티 레푸블리키(Náměstí Republiky) 역에서 도보 5분 **주소** Náměstí Republiky 5, 111 21 Praha 1 **전화** +420-222-002-129 **시간** 공연 18:00~20:00, 오베츠니 둠 관광 10:00~19:00 **휴무** 없음 **가격** 투어 프로그램 성인 290Kč **홈페이지** www.obecnidum.cz **MAP** P.070C **1권** P.105, 215

PLUS TIP
스메타나 홀에서 매년 5월 '프라하의 봄' 축제 시작 때 스메타나의 '나의 조국'이 연주된다.

No.9 국립박물관 신관
Nová Budova Národního Muzea

국립박물관 신관은 얼마 전 레노베이션한 뒤 다시 오픈했다. 이곳의 전시관은 주로 국립박물관의 특별 전시를 위한 공간으로 사용된다.

구글 지도 GPS 50.079076, 14.431282 **찾아가기** 메트로 A · C선 무제움(Museum) 역 국립박물관 방향 출구로 나와 도보 3분, 국립박물관과 스테이트 오페라 하우스 사이에 위치 **주소** Vinohradskč 1, 110 00 Praha 1 **전화** +420-224-497-111, +420-224-497-118 **시간** 월 · 화 · 목~일요일 10:00~18:00, 수요일 09:00~18:00(첫째 주 수요일은 10:00~20:00) **휴무** 전시에 따라 다름 **가격** 특별 전시의 경우 전시에 따라 요금이 다를 수 있다. 일반적인 특별 전시 요금은 다음과 같다. 성인 250Kč, 학생 170Kč, 가족(성인 2명, 아동 3명 기준) 420Kč, 6세 미만 무료 **홈페이지** www.nm.cz/Hlavni-strana **MAP** P.070I **1권** P.109

EATING

No.1 카페 루브르
Café Louvre

한때 프라하의 지식인과 기품 있는 중산층의 사교 공간으로 알려진 곳. 1902년 문을 열어 오늘까지 명성을 이어가고 있으며, 음식의 맛과 양이 풍부하고 저렴해 관광객들에게 인기다. 추천 메뉴는 으깬 감자를 곁들인 체코식 전통 돼지고기 요리인 포크 텐더로인.

구글 지도 GPS 50.081995, 14.418788 **찾아가기** 메트로 B선 나로드니 트리다(Národní Třída) 역에서 도보 1분 **주소** Národní 22, 110 11 Praha **전화** +420-224-930-949 **시간** 월~금요일 08:00~23:30, 토 · 일요일 09:00~23:30 **휴무** 없음 **가격** 아침 메뉴 92Kč~, 체코 런치 219Kč~ **홈페이지** www.cafelouvre.cz **MAP** P.070E **1권** P.148

No.2 플젠스카
Plzeňská

오베츠니 둠 지하에 자리한 플젠스카는 체코의 대표 맥주인 필스너 우르켈의 본산지인 플젠의 이름을 따온 것이다. 체코 전통 음식을 찾고 있다면 이곳이 정답. 매일 저녁 다양한 전통음악 연주에 비프 굴라시, 로스트 덕까지 완벽한 한 끼가 여기에 있다.

구글 지도 GPS 50.087623, 14.428249 **찾아가기** 메트로 B선 나메스티 레푸블리키(Náměstí Republiky) 역에서 도보 5분 **주소** Náměstí Republiky 5, 110 00 Praha **전화** +420-222-002-770 **시간** 11:30~23:00 **휴무** 없음 **가격** 치킨&포크 꼬치구이 325Kč, 로스트 햄 435Kč, 스파이시 그릴 립 350Kč, 보헤미안 플래터 1,865Kč **홈페이지** www.plzenskarestaurace.cz **MAP** P.070C **1권** P.146

No.3 카페 슬라비아
Café Slavia / Kavarna Slavia

프라하에서 가장 유명한 카페이자 레스토랑. 1884년에 문을 연 이곳은 국립극장을 찾는 예술가들이 즐겨 찾았다. 작곡가 스메타나와 하벨 대통령이 자주 드나들었고 독일 시인 릴케와 힐러리 클린턴도 들렀다고 한다. 이곳에서는 체코의 전통 디저트를 맛볼 수 있다.

구글 지도 GPS 50.081744, 14.413277 **찾아가기** 9 · 17 · 18 · 22 · 53 · 57 · 58 · 59번 트램 탑승 후 나로드디 디바들로(Národní Divadlo) 역 하차, 국립극장 맞은편에 위치 **주소** Smetanovo Nábřeží 2, 110 00 Praha 1 **전화** +420-224-218-493 **시간** 월~금요일 08:00~다음 날 00:00, 토 · 일요일 09:00~00:00 **휴무** 없음 **가격** 팔라친키 슬라비아 128Kč **홈페이지** www.cafeslavia.cz **MAP** P.070D **1권** P.155, 157, 163

No. 4 조핀 가르덴 Žofín Garden

《미슐랭 가이드》에 소개된 식당. 넓은 공원에 자리해 식사하는 내내 힐링이 되는 기분이 든다. 다크 코젤과 함께 가격 대비 만족스러운 체코 전통 음식을 맛볼 수 있다. 일요일 브런치는 좀 더 저렴하다.

구글 지도 GPS 50.078793, 14.412890
찾아가기 17번 트램 탑승 후 나로드니 디바들로(Národní Divadlo) 역에서 슬로반스키 섬 진입 **주소** Slovanský Ostrov 226/8, 110 00 Praha-Nové Město **전화** +420-774-774-774
시간 월~토요일 11:00~22:00, 일요일 11:00~15:00
휴무 없음 **가격** 스비치코바 245Kč, 햄버거 298Kč, 필스너우르켈 500ml 49Kč **홈페이지** www.zofingarden.cz
MAP P.070G

No. 5 안젤라토 카페 Angelato Café

아이스크림이 주는 행복을 안다면 프라하에서 안젤라토 카페를 꼭 들러야 한다. 재료 본연의 맛을 잘 살리면서도 인공색소, 인공 향신료를 넣지 않아 뒷맛이 깔끔한 것이 특징. 담백한 맛을 좋아한다면 마스카르포네 치즈 아이스크림을 추천.

구글 지도 GPS 50.084990, 14.421740
찾아가기 메트로 A · B선 무스테크(Můstek) 역 하차, 도보 8분 **주소** Rytirska 27, Prague 110 00, Praha1 **전화** +420-224-235-123
시간 월~일요일 11:00~21:00 **휴무** 없음
가격 1스쿱 45Kč, 2스쿱 80Kč, 3스쿱 115Kč, 4스쿱 135Kč **홈페이지** www.angelato.cz
MAP P.070E **1권** P.161

No. 6 카페 콜로레 Café Colore

입구에 들어서자마자 진열장을 가득 채운 케이크가 먼저 눈에 들어오는 곳. 오스트리아 커피로 유명한 율리우스 마이늘(Julius Meinl)을 사용한다. 달콤한 것을 좋아한다면 휘핑크림을 가득 올린 비엔나커피에 허니 케이크가 안성맞춤!

구글 지도 GPS 50.081293, 14.422714
찾아가기 메트로 A · B선 무스테크(Můstek) 역에서 도보 5분 **주소** Palackého 740/1, 110 00 Praha 1-Nové Město **전화** +420-224-518-816
시간 월~금요일 08:00~23:00, 토~일요일 09:00~23:00 **휴무** 없음 **가격** 케이크 한 조각 140Kč~, 커피 48Kč~ **홈페이지** www.cafecolore.cz **MAP** P.070E **1권** P.156, 163

No. 8 코모 Como

신선한 재료만 엄선해 만든 다양한 지중해식 요리가 주메뉴인 레스토랑이다. 포도를 곁들인 세라노 햄(Serrano Ham)이나 아카시아 꿀을 곁들인 염소 치즈 튀김 등 스패니시 타파스(Spanish Tapas) 메뉴를 비롯해 몇몇 전통 체코 음식 메뉴를 경험할 수 있다. 와인 리스트 또한 훌륭하다.

구글 지도 GPS 50.081175, 14.428471
찾아가기 메트로 A · C선 무제움(Muzeum) 역에서 도보 5분 **주소** Václavské Náměstí 45, 110 00 Praha 1 **전화** +420-222-247-240
시간 07:00~01:00 **휴무** 연중무휴
가격 런치 수프 105Kč, 런치 스타터 145Kč, 런치 파스타 195Kč/고기 메뉴 235Kč, 와인 1잔 115Kč~ **홈페이지** www.comorestaurant.cz
MAP P.070F **1권** P.151

No. 9 록카페 Rock Café

레두타 재즈 클럽이 30~40대 이상 연령의 팬을 확보한 곳이라면, 록카페는 폭넓은 연령대의 팬이 모여드는 곳이다. 수많은 체코의 록 뮤지션들이 이곳에서 공연을 펼쳤을 정도로 로커들의 아지트다.

구글 지도 GPS 50.082011, 14.418418
찾아가기 메트로 B선 나로드니 트리다(Národní Třída) 역에서 도보 3분 **주소** Národní 20, 110 00 Praha 1 **전화** +420-775-207-205 **시간** 월~목요일 12:00~03:00 금요일 12:00~04:00 토요일 17:00~04:00 일요일 17:00~01:00 (티켓박스오픈 일 · 월요일 휴무, 화~금요일 16:00~22:00, 토요일 17:00~22:00) **휴무** 없음 **가격** 입장료(예매필요) 150~300Kč(공연에 따라 다름), 음료 별도 위스키 60Kč~, 맥주38Kč~ **홈페이지** www.rockcafe.cz **MAP** P.070E **1권** P.213

No. 10 카페 뮤지엄 Kavárna Muzeum

스타일리시한 인테리어와 모던한 감각이 돋보여 박물관에 관심 없는 이들도 많이 찾는다. 신선한 샌드위치와 가벼운 체코 전통식 수프와 빵을 런치 메뉴로 맛볼 수 있다. 포테이토 수프, 펌프킨 수프, 완두콩 수프 등 요일마다 선보이는 수프 메뉴가 인기.

구글 지도 GPS 50.079076, 14.431282
찾아가기 메트로 A · C선 무제움(Museum) 역 국립박물관 방향 출구로 나와 도보 3분, 국립 박물관 신관 1층 **주소** Budova Národního technického muzea v Praze, Kostelní 42, 170 87 Praha 7 **전화** +420-224-284-511 **시간** 월~금요일 09:00~19:00, 토~일요일 10:00~19:00 **휴무** 없음 **가격** 카페 라테 59Kč, 포테이토 수프 39Kč, 훈제연어를 넣은 포테이토 그라탱 139Kč **홈페이지** www.kavarnamuzeum.cz **MAP** P.070I **1권** P.109

SHOPPING

No.1 팔라디움 Palladium

쇼핑과 식도락, 도심 속 휴식을 기대하는 여행자들의 다양한 요구를 충족시킬 만한 멀티 쇼핑 공간이다. 부활절이나 크리스마스 등 명절에는 쇼핑몰 앞에 상설 가판대가 들어서 다양한 민예품과 전통 음식 등을 선보인다.

구글 지도 GPS 50.089186, 14.428722
찾아가기 메트로 B선 나메스티 레푸블리키(Náměstí Republiky) 역에서 오른쪽으로 도보 1분(분홍색 건물)
주소 Paladium, Náměstí Republiky
전화 +420-224-770-250
시간 월~수요일 · 일요일 09:00~21:00, 목~토요일 09:00~22:00 **휴무** 부정기적
홈페이지 www.palladiumpraha.cz
MAP P.070C **1권** P.188

No.2 파머스 마켓 Farmer's Market

팔라디움과 오베츠니 둠 사이에 있는 리퍼블라키 광장에서 열리는 장으로, 매주 화요일부터 목요일까지 개최된다. 몇 대를 거쳐 내려오는 레시피로 만든 빵과 손수 만든 과일잼은 물론 소시지, 맥주 등 먹거리, 수공예품까지 판매한다.

구글 지도 GPS 50.088022, 14.429848
찾아가기 5 · 8 · 14 · 51 · 54번 트램 탑승 후 나메스티 레푸블리키(Náměstí Republiky) 역 에서 도보 3분 **주소** Náměstí Republiky, Praha 1
전화 없음 **시간** 화~목요일 09:00~20:00
휴무 금~월요일
가격 감자 요리 70Kč, 꿀 50Kč~
홈페이지 www.farmarsketrhyprahy1.cz
MAP P.070C **1권** P.178

No.3 바타 Bata

바타는 세계 최초의 신발 제조업자인 토마스 바타가 설립한 브랜드다. 현재 63개국에서 제작과 판매가 이뤄지는 다국적 기업으로, 편안하고 저렴한 국민 신발로 사랑받고 있다. 신발은 물론 가방과 액세서리까지 취급한다.

구글 지도 GPS 50.083569, 14.423792
찾아가기 메트로 A · B선 무스테크(Můstek) 역에서 국립박물관을 등지고 바츨라프 광장 끝까지 내려오면 길 끝 왼쪽에 위치 **주소** Václavské Náměstí 6, 110 00 Praha 1 **전화** +420-221-088-478 **시간** 월~금요일 09:00~21:00, 토요일 09:00~20:00, 일요일 10:00~20:00 **휴무** 없음 **가격** 구두 약 300Kč **홈페이지** www.bata.com
MAP P.070E **1권** P.194

No.4 반 그라프 Van Graaf

일교차가 심한 날씨 때문에 옷이 필요하다면 반 그라프로 향한다. 디자이너 컬렉션, 인터내셔널 브랜드까지 5개 층이 의류 브랜드로 가득하다. 국내에서 접하기 어려운 유럽 브랜드를 다양하게 갖추고 있다는 것이 매력적이다.

구글 지도 GPS 50.083028, 14.425854
찾아가기 메트로 A · B선 무스테크(Můstek) 역에서 하차, 바츨라프 광장 쪽으로 직진, 기마상을 등지고 바츨라프 광장 중앙 오른쪽에 위치
주소 Václavské Náměstí 17, 147 00 Praha
전화 +420-222-815-111 **시간** 월~토요일 08:00~21:00, 일요일 09:00~20:00 **휴무** 없음
가격 매장별 상이 **홈페이지** www.van-graaf.com/en **MAP** P.070E **1권** P.182

No.5 알버트 Albert

에어비앤비나 레지던스처럼 음식을 조리할 수 있는 곳에서 묵고 있는 여행자라면 반가운 슈퍼마켓이다. 주로 식품을 취급하고, 그 외에도 관광지에 비해 저렴하게 주전부리와 물을 구입할 수 있다. 팔라디움 지하 외에도 신시가지 광장에서 세 곳의 알버트를 만날 수 있다.

구글 지도 GPS 50.084617, 14.423749
찾아가기 메트로 A · B선 무스테크(Můstek)역에서 도보 10분 거리 **주소** Na Můstku 16, 110 00 Praha 1 **전화** +420-800-402-402
시간 06:00~23:00 **휴무** 없음 **가격** 물 약 10Kč **홈페이지** www.albert.cz
MAP P.070E **1권** P.178

No.6 모제르 Moser

프라하 근교에는 크리스털 공장이 200여 곳에 이른다. 크리스털의 재료인 사암이 풍부하기 때문이다. 최고급 크리스털 제품으로 평가받는 것이 '모제르 글라스'다. 유럽 왕족의 주요 행사 장에서 늘 볼 수 있어 '왕의 유리잔'이라고 불리기도 한다.

구글 지도 GPS 50.087522, 14.425504
찾아가기 메트로 B선 무스테크(Můstek) 역에서 도보 10분 거리
주소 Na Příkopě 12, 110 00 Prague 1 Černá Růže **전화** +420-224-211-293 **시간** 월~금요일 09:00~20:00, 토요일 09:00~19:00, 일요일 11:00~19:00 **휴무** 없음 **가격** 와인 잔 1600Kč
홈페이지 www.moser-glass.com
MAP P.070E **1권** P.192

ACTIVITY

No.1 블랙 라이트 시어터 스르네크
Black Light Theater Srnec

'블랙 이미지 퍼포먼스'는 프라하에서만 즐길 수 있는 특별한 공연이다. 일종의 마임극으로 깜깜한 극장에서 형광색 물체와 형광염료 바른 의상을 입은 배우가 대사 없이 몸짓으로만 관객과 소통한다. 이전까지 체험하지 못한 놀라운 경험일 것이다.

구글 지도 GPS 50.085002, 14.424856
찾아가기 메트로 A · B선 무스테크(Můstek) 역에서 도보 3분
주소 Palác Savarin, Na Příkopě 852/10, Praha 1 **전화** +420-774-574-475
시간 일반적인 공연시간은 20:00 (종종 18:00에도 공연, 홈페이지 참조)
휴무 공연에 따라 다름 **가격** 580Kč
홈페이지 www.srnectheatre.com
MAP P.070E 1권 P.212

No.2 슬로반카 보트
Půjčovna lodiček a Šlapadel Slovanka

날씨 좋은 화창한 날 백조나 오리 모양 보트를 빌려 블바타 강에서 휴식을 취할 수 있으며, 야간에도 보트 대여가 가능하기에 강 위를 떠다니며 색다른 눈높이로 환상적인 프라하 강변의 시티 뷰를 즐길 수 있다.

구글 지도 GPS 50.079318, 14.412244
찾아가기 슬로반스키 섬 북동쪽에 위치
주소 Slovansky Ostrov, 110 00 Prague 1
전화 +420-777-870-511 **시간** 09:00~22:00(또는 23:00) **휴무** 12월 25일
가격 200~250Kč(1시간 기준, 3~4인까지 탑승 가능) **홈페이지** slovanka.net
MAP P.070G 1권 P.201

No.3 레두타 재즈 클럽
Reduta Jazz Club

프라하에서 가장 오래된 재즈 클럽이자, 빌 클린턴이 방문해 즉흥적으로 색소폰을 연주해 화제가 된 곳이기도 하다. 거의 매일 밤 모던 재즈부터 컨템퍼러리, 라틴 재즈까지 다양한 재즈 공연이 펼쳐진다.

구글 지도 GPS 50.082151, 14.418570
찾아가기 메트로 B선 나로드니 트리다(Národní Třída) 역에서 나와 블타바 강 반대쪽으로 나로드니(Národní) 거리를 1분 정도 걸으면 오른쪽에 위치 **주소** Národní 116/20, 110 00 Praha **전화** +420-224-933-487
시간 월~금요일 10:00~03:00, 토요일 17:00~03:00, 일요일17:00~01:00 **휴무** 없음
가격 일반 300Kč~
홈페이지 www.redutajazzclub.cz
MAP P.070E 1권 P.213, 221

No.4 뉴스테이지
New Stage

현지어로 노바 스체나(Nová Scéna)로 불리는 이곳은 현대무용, 발레, 체임버 오케 스트라, 라테르나 마지카 등의 공연을 위해 만든 공간이다. 현대무용이나 블랙 라이트 공연 그리고 다양한 예술영화가 상영되기도 하며 멀티 장르의 퍼포먼스가 펼쳐지거나 실험성 강한 현대무용을 상연하기도 한다.

구글 지도 GPS 50.081210, 14.414719
찾아가기 나로드니 트르지다(Národní Třída) 역에서 도보 14분
주소 Národní 4, 110 00 Praha 1
전화 +420-224-931-482 **시간** 월~금요일 09:00~18:00, 토 · 일요일 10:00~18:00 **휴무** 없음
가격 공연과 좌석에 따라 다름
홈페이지 www.novascena.cz
MAP P.070E 1권 P.213

HOTEL

No.1 그란디움 프라하
Grandium Prague

접근성과 경제성을 고려하는 합리적인 여행자라면 프라하에서는 그란디움 프라하가 안성맞춤이다. 호텔에서 5분 정도 산책하듯 걸으면 무하 뮤지엄, 바츨라프 광장에 도착한다. 신시가지 광장 한복판에 있기 때문에 밤늦도록 프라하를 누벼도 부담 없을 만큼 편하다. 푸짐한 조식은 덤.

구글 지도 GPS 50.082274, 14.429851
찾아가기 Hlavní nádraží역에서 도보로 5분 거리
주소 Politických vězňů 913/12, 110 00 Nové Město **전화** +420-234-100-100
시간 체크인 12:00~ **휴무** 없음
가격 더블룸 13만 원~
홈페이지 www.hotel-grandium.cz/en/
MAP P.070F 1권 P.287

No.2 NYX 프라하
NYX Hotel Prague

퓨전 프라하 호텔이 있던 자리에 캐쥬얼 감각의 닉스 호텔이 들어섰다. 이미 유럽, 이스라엘, 사이프러스 등 전세계 여러 곳에 지점을 두고 있는 닉스 호텔은 젊은 감각의 부티크 호텔을 선호하는 여행자들에게 좋은 반응을 얻고 있다.

구글 지도 GPS 50.084018, 14.427934
찾아가기 메트로 A · B선 무스테크(Můstek) 역에서 도보 5분
주소 Panská 9, 110 00 Praha 1
전화 +420-226-222-800
시간 체크인 15:00~ **휴무** 없음
가격 싱글룸 80€, 더블룸 90~100€
홈페이지 www.leonardo-hotels.com/nyx-prague
MAP 070F 1권 P.229

⊕ PLUS 1 지즈코프

지즈코프 지구는 신시가지 지구 동쪽에 자리해 있다. 한국 여행자들에게는 생소한 곳이지만 프라하의 대표적인 현대 건축물 중 하나인 TV 타워가 있으며, 체코 문학을 대표하는 프란츠 카프카의 묘지가 자리한 신 유대 인 묘지가 있다.

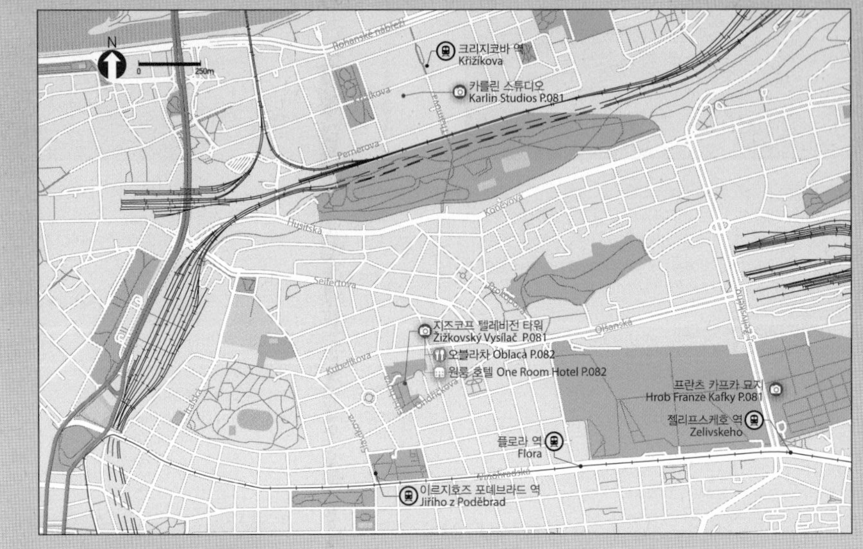

SIGHTSEEING

No. 1 지즈코프 텔레비전 타워
Zizkov TV Tower / Žižkovský Vysílač

체코 출신의 건축가 바츨라프 아울리츠키(Václav Aulický)가 설계해 7년간의 공사 끝에 1992년 완공된 TV 타워로 1980년대 공산주의 시대에 건축된 마지막 현대 건축물이자 공산주의 체제의 마지막 유물로 평가받는다. 216m 높이의 타워 맨 위층에 멋진 전망대와 호텔, 레스토랑, 바 라운지가 자리한다.

구글 지도 GPS 50.081064, 14.451108
찾아가기 메트로 A선 이르지호 즈 포데브라드(Jiřího Z Poděbrad) 역에서 도보 10분
주소 Mahlerovy sady 1, 130 00 Praha 3
전화 +420-210-320-081 **시간** 08:00~00:00
휴무 **가격** 성인 180Kč, 아동 100Kč, 가족 420Kč **홈페이지** towerpark.cz
MAP P.081

No. 2 카를린 스튜디오
Karlin Studios

공장을 개조해 만든 전시 공간으로, 로컬 아티스트의 스튜디오도 함께 자리해 있다. 공장의 원래 구조 형태가 그대로 남아 있어 방문객들의 눈길을 끈다. 종종 프라하에서 가장 인상적인 베스트 컨템퍼러리 아트 작품을 전시한다. 특별 전시가 없을 때에는 문을 닫기에 방문 전 홈페이지를 통해 진행 중인 전시 이벤트를 확인하는 것이 좋다.

구글 지도 GPS 50. 092057, 14.450933
찾아가기 메트로 B선 크리지코바(Krizikova) 역에서 도보 7분 **주소** Krizikova 34, Praha 8
전화 +420-251-511-804 **시간** 화~일요일 12:00~18:00(단, 특별 전시가 없을 경우 문을 닫음)
휴무 월요일 **가격** 무료 **홈페이지** www.karlinstudios.cz **MAP** P.081

No. 3 프란츠 카프카 묘지
Franz kafka Grave / Hrob Franze Kafky

신 유대 인 묘지(Nový Židovský Hřbitov) 안에 자리한다. 신 유대 인 묘지는 구시가지 인근의 유대 인 지구에 자리한 유대 인 묘지보다 더 방대한 면적을 차지하고 있다. 카프카 묘지는 신 유대 인 묘지 남동쪽에 위치하며 젤리프스케호 역에서 북동쪽 방면으로 7분 정도 걸어가면 찾을 수 있다.

구글 지도 GPS 50. 079331, 14.473504
찾아가기 메트로 A선 젤리프스케호(Želivského) 역에서 도보 7분 **주소** Izraelská 1, 130 00 Praha 3 **전화** +420-226-235-248
시간 5~9월 08:00~19:00, 3 · 4 · 10월 08:00~18:00, 11~2월 08:00~17:00 **휴무** 없음
가격 무료
홈페이지 www.kehilaprag.cz
MAP P.081

EATING

No.1 오블라차
Oblaca

TV 타워 전망대 아래 자리한 럭셔리 레스토랑으로 멋진 전망과 함께 고상한 다이닝 경험을 제공한다. 스타터 메뉴로 푸아그라 미니 버거가 있다. 와인과 함께 곁들여 먹을 수 있는 카르파치오 메뉴도 맛볼 만하다. 매일 늦은 밤까지 영업을 하며 밤에는 감미로운 분위기 속에서 와인이나 칵테일 등을 마시기에 좋다.

구글 지도 GPS 50.081064, 14.451108
찾아가기 메트로 A선 이르지호 즈 포데브라드(Jiřího z Poděbrad) 역에서 도보 10분 **주소** Mahlerovy Sady 1, 130 00 Praha 3
전화 +420-210-320-086
시간 08:00~01:00 **휴무** 부정기적 **가격** 푸아그라 미니 버거 265Kč, 카르파치오 295Kč **홈페이지** www.facebook.com/oblaca
MAP P.081

HOTEL

No.1 원룸 호텔
One Room Hotel

TV 타워 안에 자리한 호텔이다. 전망대 아래 자리하며 객실은 단 하나다. 이 객실은 기막힌 시티 뷰를 제공하며 드넓은 면적에 모던 감각의 가구와 편의 시설로 꾸며져 있다. 객실이 하나인 만큼 예약이 필수다.

구글 지도 GPS 50.081064, 14.451108
찾아가기 메트로 A선 이르지호 즈 포데브라드(Jiřího z Poděbrad) 역에서 도보 10분 **주소** Mahlerovy Sady 1, 130 00 Praha3
전화 +420-257-318-46
시간 +420-210-320-081 **휴무** 없음
가격 549€(2인 기준, 성수기에는 가격 변동)
홈페이지 www.oneroomhotel.cz **MAP** P.081

PLUS 2 비노흐라디

신시가지 동쪽, 신 유대 인 묘지 서쪽에 자리한다. 언덕 위에 하블리체크 공원(Havlicek Gardens/Havlíčkovy Sady)이 있으며 공원 안에 19세기 건축물인 빌라 그레보브카와 프라하의 대표적인 와이너리인 그뢰보브카 와이너리가 있다.

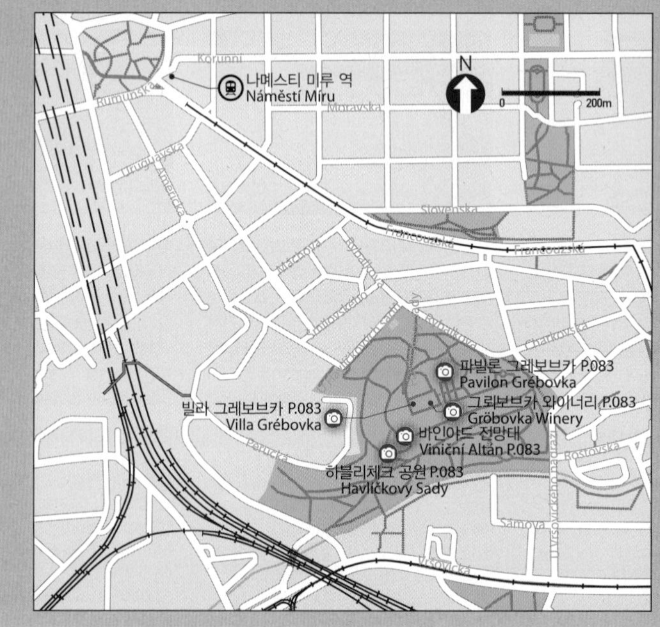

SIGHTSEEING

No.1 하블리체크 공원
Havlicek Gardens / Havlíčkovy Sady

비노흐라디 지구의 대표적인 공원으로 언덕 위에 자리한다. 공원 내에 바인야드가 조성되어 있으며 빌라 그레보브카와 그레보브카 와이너리가 있다. 많은 연인들의 데이트 장소로 사랑받으며 유모차를 끌고 공원을 산책하는 부모들의 모습을 쉽게 볼 수 있다.

구글 지도 GPS 50.069554, 14.444778
찾아가기 메트로 A선 나메스티 미루(Náměstí Míru) 역에서 트램 4·10·16·22번 트램 탑승 후 마호바(Machova) 거리에서 하차해 언덕을 올라간다. 가장 편하게 가는 방법은 나메스티 미루 역에서 택시를 타는 것이다. **주소** Vinohvady, 120 00 Praha 2 **전화** +420-236-044-111 **시간** 11월~3월 06:00~22:00, 4월~10월 06:00~24:00 **가격** 무료 **홈페이지** 없음
MAP P.082

No.2 빌라 그레보브카
Villa Grébovka

비노흐라디 지구에서 가장 주목할 만한 건축물 중 하나다. 왕립 바인야드가 자리한 언덕 위에 놓인 저택으로 1890년대 후반에 세운 건물이다. 광산업과 철도산업으로 많은 부를 얻은 모리츠 그뢰브라는 인물의 여름 별장으로 만들어졌다. 현재는 직업 훈련과 교육을 위한 비영리단체의 본부로 사용된다.

구글 지도 GPS 50.069242, 14.444870
찾아가기 메트로 A선 나메스티 미루(Náměstí Míru) 역에서 4·10·16·22번 트램 탑승 후 마호바(Machova) 거리에서 하차해 언덕을 올라 도보 약 15분. 가장 편하게 가는 방법은 나메스티 미루 역에서 택시를 이용하는 것이다. **주소** Havlíčkovy Sady, 120 00 Praha 2 **전화** 없음 **시간** 밖은 24시간 내부 개방 안함 **가격** 무료 **홈페이지** 없음
MAP P.082

No.3 파빌론 그레보브카
Pavilon Grébovka

빌라 그레보브카 옆에 자리한 파빌론 스타일의 레스토랑으로 독특한 외관이 인상적이다. 여름철에는 건물 앞 코트야드에 야외 테이블이 펼쳐져 전통 음식과 함께 맥주를 마시는 사람으로 가득하다.

구글 지도 GPS 50.069704, 14.445619
찾아가기 메트로 A선 나메스티 미루(Náměstí Míru) 역에서 택시로 10분, 또는 4·10·16·22번 트램 탑승 후 하브리츠코비 사디 인근에서 하차해 도보 15분 **주소** Pavilon Grébovka, Havlíčkovy Sady 2188, 120 00, Praha 2
전화 +420-725-000-334
시간 10:00~22:00 **휴무** 부정기적
가격 피자135Kč~, 버거 185Kč~, 케이크 한 조각 50Kč **홈페이지** www.pavilongrebovka.cz
MAP P.082

No.4 그뢰보브카 와이너리
Gröbovka Winery

빌라 그레보브카 인근에 자리한 그뢰보브카 와인 갤러리는 프라하의 대표적인 와이너리로 와인 테이스팅을 통해 이곳에서 직접 생산하는 와인을 구매할 수 있는 곳이다.

구글 지도 GPS 50.06926, 14.444961
찾아가기 메트로 A선 나메스티 미루(Náměstí Míru) 역에서 택시로 10분, 또는 4·10·16·22번 트램 탑승 후 하브리츠코비 사디 인근에서 하차해 도보 15분
주소 Havlíčkovy Sady 2, 120 00 Praha 2 **전화** +420-774-803-293
시간 금요일 14:00~22:00 (현재 금요일만 오픈) **휴무** 일요일
가격 290Kč(와인 테이스팅과 방문객으로 구성된 와인 파티 참여)
홈페이지 www.sklepgrebovka.cz
MAP P.082 **1권** P.173

No.5 바인야드 전망대
Vineyard Gazebo / Viniční Altán

목재로 만든 2층 구조의 정자로, 포도밭 위에 있어 멋진 주변 경관을 선사한다. 프라하에서는 보기 드물게 오픈 에어 와인 가든이 마련되어 체코의 가장 맛 좋은 와인과 함께 소시지나 샐러드 등을 맛볼 수 있다. 하지만 레스토랑으로 운영되는 곳은 아니기에 개인적으로 방문해 식사하는 것은 어렵다. 단체 예약을 통해 각종 연회나 와인 파티, 결혼식 피로연 장소로만 활용된다. 일부 공간은 미술 전시 공간으로도 사용된다.

구글 지도 GPS 50.068655, 14.444347
찾아가기 메트로 A선 나메스티 미루(Náměstí Míru) 역에서 4·10·16·22번 트램 탑승 후 마호바(Machova) 거리에서 하차해 도보 약 15분. 가장 편하게 가는 방법은 나메스티 미루 역에서 택시를 이용하는 것이다.
주소 Havlíčkovy Sady 1369, 120 00 Praha 2
전화 +420-222-516-887 **시간** 11:00~22:30 **휴무** 부정기적
가격 음료 50Kč~ **홈페이지** www.vinicni-altan.cz MAP P.082

4 PRAŽSKÝ HRA
[프라하 성]

중세 최대 규모의 성

카프카 소설 《성》의 모티브가 된 곳. 프라하 성은 화재와 전쟁 등 사연이 깊은 탓에 보수공사가 잦았다. 덕분에 로마네스크 양식부터 바로크 양식까지 유럽 건축사의 흐름을 한눈에 파악할 수 있는 곳으로 유명하다. 낮에는 프라하 성 안에서 숨겨진 이야기를 찾아보고, 밤에는 블타바 강 너머 신시가지에서 조명에 비친 프라하 성을 감상해보자.

인기
★★★★★

나 홀로
★★★★★

커플
★★★★

PLUS INFO
유네스코에도 문화유산으로 등록된 체코의 보물인 만큼, 프라하를 들른 관광객들은 한 번쯤 이곳을 찾게 된다.

PLUS INFO
대통령 궁이었던 정원이 굉장히 아름답다. 곳곳에서 웨딩 촬영을 하는 커플을 쉽게 볼 수 있는 이유다.

가족
★★★★★

쇼핑
★★★

PLUS INFO
건축, 역사에 박식하지 않다면 팁 투어를 신청하길 권한다. 팁 투어는 가이드 투어 후 만족한 만큼 지불하는 식인데 관광객 만족도가 꽤 높다. cafe.naver.com/ruexp

식도락
★★★★

나이트라이프
★

문화 유적
★★★★★

PLUS INFO
상점이 즐비한 네루도바 거리부터 고즈넉한 노비 스베트 거리까지 모두 걸어 다니려면 편안한 신발은 필수다.

복잡함
★★★★

청결
★★★★

접근성
★★★★

TRAVEL MEMO

프라하 성 여행 & 교통편 한눈에 보기

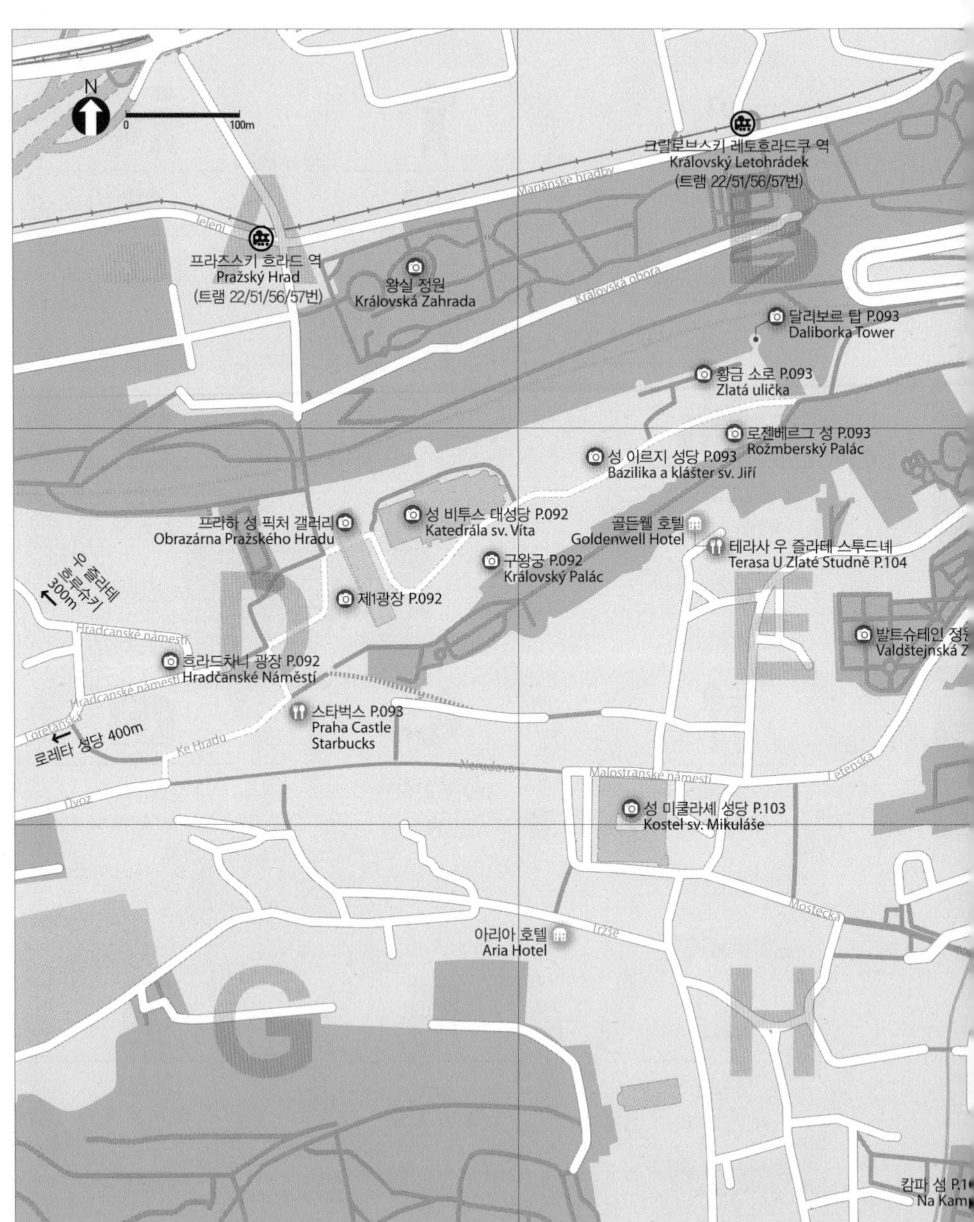

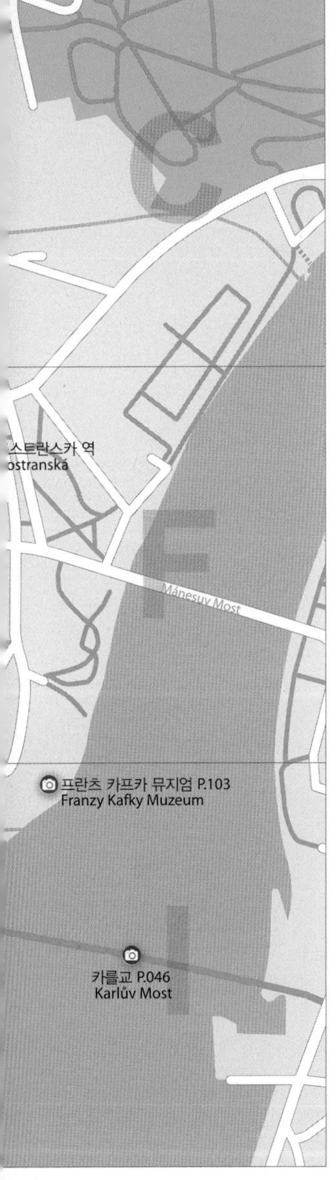

프라하 주요 지역에서 프라하 성 가는 방법

프라하 국제공항에서 프라하 성 가기

① **AE버스+메트로** - AE버스를 타고 메트로 C선의 프라하 중앙역(Hlavní Nádraží)에 도착. 메트로 C선 무제움(Muzeum) 역에서 A선으로 환승 후 말로스트란스카(Malostranská) 역 하차. 도보 10분(약 1시간 10분 소요. AE버스 60Kč, 메트로 24Kč).

② **택시** - 행선지가 같은 친구들이 있다면 모아서 에어포트 트랜스퍼(www.airportprague.org)를 예약하는 것도 좋다. 차량 1대 약550~700Kč.

AE버스 운행 시간(30분 간격)

공항 → 시내	06:35~22:05
시내 → 공항	05:45~21:15

AE버스 노선도(30분 간격)

구분	노선	정류장
시내	C노선	중앙역(Hlavni Nádraží)
	B노선	나메스티 레푸블리키 역 (Namesti Republiky)
공항	터미널 1	
	터미널 2	

주변 지역에서 프라하 성 가기

① **트램** - 가장 많이 이용하는 트램은 22번이다. 크랄로브스키 레토흐라데크(Královský Letohrádek) 역에서 내려 여름 궁전과 정원을 보고 프라하 성 쪽으로 올라오면서 구경하거나 프라즈스키 흐라드(Pražský Hrad) 역, 브루스니체(Brusnice) 역, 포호르젤레크(Pohořelec) 역에서 내려 성 비투스 대성당부터 황금 소로까지 내려오면서 관광할 수도 있다(요금 24Kč).

② **메트로** - 메트로 A선 말로스트란스카(Malostranská) 역에서 프라하 성으로 올라갈 수 있다. 단점은 오르막길이라는 것 (요금 24Kč).

프라하 성 추천 여행 수단

성을 돌아보려면 결국 도보밖에 방법이 없다. 개인적으로는 22번 트램을 타고 프라즈스키 흐라드(Pražský Hrad) 역에서 내려서 가길 권한다. 이곳에서 내리면 400m 정도 걸어야 하지만 프라하 성 전경이 보이기 때문에, 멀리서 한번 조망한 후 가까이 들어가 세세히 살펴보는 식으로 여유를 갖고 여행해보자.

Travel Info 프라하 성 티켓

핵심 코스만 보고 싶다면 짧은 구간 티켓을, 여유가 있다면 긴 구간 티켓을 구입하면 된다. 프라하 성 내부는 건물마다 오픈 시간이 다르며 대체적으로 일찍 닫기 때문에 일정을 짤 때 반드시 시간을 고려해야 한다.

티켓 종류	요금	6~16세, 26세 미만 학생, 65세 이상	가족(성인 2명+16세 미만 1~5명)
프라하 성(짧은 루트) 성 비투스 대성당+구왕궁+성 이르지 성당+황금 소로	250Kč	125Kč	500Kč
프라하 성(긴 루트) 짧은 루트+프라하 성 픽처 갤러리+화약탑+로젠베르크 궁전	350Kč	175Kč	700Kč
프라하 성 역사 전시관	140Kč	70Kč	280Kč
프라하 성 픽처 갤러리	100Kč	50Kč	200Kč
화약탑	70Kč	40Kč	140Kč
성 비투스 대성당 보물관	250Kč	125Kč	500Kč

*6세 미만 무료, 오디오 가이드(영어) 3시간 350Kč, 1일 450 Kč, 사진 촬영 시 50 Kč

코스 무작정 따라하기

프라하 성 풀코스로 즐기기

프라하 성 관광을 풀코스로 즐기고 싶다면 애피타이저는 로레타 성당, 메인은 프라하 성 내 성당과 궁전, 디저트로는 프라하 성 야경으로 마무리한다. 하지만 이렇게 일정을 짜면 걷는 거리가 상당하므로, 디저트인 프라하 성 야경은 컨디션과 일정에 따라 다음 날로 미뤄도 된다. 참고로 프라하 성 레기교에서 바라보는 풍경이 훌륭하므로, 신시가지 관광하는 날 같이 묶어 돌아보는 게 효율적이다.

우 즐라테 흐루슈키
U Zlaté Hrušky
흐라드차니 광장
Hradčanské Náměstí
로레타 성당
Loreta
포호르젤레크 역
Pohořelec
U Brusnice
Královská obora
Nový Svět
Hradčanské náměstí
Loretánská
Uvoz
Pohořelec

S 포호르젤레크 역
Pohořelec

트램 22번에서 내려 포호르젤레크(Pohořelec) 거리를 따라 400m 직진하면 왼쪽에 위치.
도보 5분→로레타 성당

1 로레타 성당
Loreta

화려한 내부 장식 때문에 오랫동안 자리를 못 뜨게 하는 곳.
⏲ 11~3월 09:30~12:15, 13:00~16:00
4~10월 09:00~12:15, 13:00~17:00

로레타 성당 입구에서 성당을 등지고 오른쪽 방향으로 로레타 성당을 끼고 130m 정도 걷다가 삼거리가 나오면 오른쪽 길로 진입해 70m 정도 걷다가 또 삼거리가 나오면 오른쪽으로 들어가 20m 정도 직진하면 오른쪽에 위치.
도보 5분→우 즐라테 흐루슈키

2 우 즐라테 흐루슈키
U Zlaté Hrušky

프라하를 방문한 유명인들이 거쳐간 레스토랑.
⏲ 11:00~23:00

노비 스베트 거리를 따라 큰 길 카노브니츠카(Kanovnická)로 나온다. 길을 따라 300m 정도 걸으면 광장이 나온다.
도보 7분→흐라드차니 광장

3 흐라드차니 광장
Hradčanské Square

프라하 성 가이드 투어의 시작점.
⏲ 24시간

광장에서 보이는 프라하 성 입구로 들어선다.
도보 2분→제1광장

4 제1광장

근위병 교대식이 펼쳐지는 장소.
⏲ 근위병 교대식 07:00~18:00 (여름 07:00~20:00)

다음 목적지인 성 비투스 대성당을 찾는 길은 어렵지 않다. 어마어마한 규모 때문에 한눈에 알아볼 수 있기 때문. 제1정원의 왼쪽에 있는 건물이다.
도보 1분→성 비투스 대성당

RECEIPT

5시간 30분
디저트 시간 40분
간 55분

TOTAL
OURS 5MIN
공연 관람 시간 제외)

500Kč~
당, 프라하 성 긴 루트
테 흐루슈키 120Kč~
리

TOTAL
620Kč~
1인 기준, 쇼핑 비용 별도)

Finish

F 말로스트란스카 역
Malostranská

말라 스트라나 지구를 구경할때주로사용하게되는역. 근처에 정원이나 궁이 많다.
4~10월 09:00~17:00
11~3월 09:00~16:00

20min

10 달리보르 탑
Daliborka Tower

체코 작곡가 스메타나에게 영감을 준 감옥.
4~10월 09:00~17:00
11~3월 09:00~16:00

탑을 구경한 후 다시 황금 소로 입구 쪽으로 나와 길을 따라 프라하 성 밖으로 나온다. 프라하 시내를 구경하면서 클라로프(Klárov) 거리를 따라 10분 정도 걸으면 역이 나온다.
도보 15분→말로스트란스카 역

30min

9 황금 소로
Golden Lane

연금술사가 모여 살았고, 카프카의 작품실이 있던 거리.
4~10월 09:00~17:00
11~3월 09:00~16:00

황금 소로에 있는 집을 하나씩 구경하다 보면 황금 소로 출구 왼쪽에 있는 원형 건물이 달리보르 탑이다.
도보 3분→달리보르 탑

2h

성 비투스 대성당
St. Vitus Cathedra

양식의 진수를 확인할 수 성당으로, 곳곳에 숨겨진 이야기를 발견하는 재미가 있다.
본관
4~10월 월~토요일 09:00~17:00
일요일 12:00~17:00
월~토요일 09:00~16:00
일요일 12:00~16:00
비투스 대성당 보물 전시
4~10월 10:00~18:00
11~3월 10:00~17:00
비투스 대성당 남쪽 타워
4~10월 10:00~18:00
11~3월 10:00~17:00

성당에서 나와 프라하 성 와 반대쪽으로 걷다 보면 른쪽에 구왕궁이 보인다.
도보 2분→구왕궁

30min

6 구왕궁
Old Royal Palace

9세기부터 왕자들의 거처로 사용된 곳으로, 내부는 썰렁하지만 창가 풍경은 인상적이다.
4~10월 09:00~17:00
11~3월 09:00~16:00

구왕궁에서 나와 왼쪽에 위치한 분홍색 건물을 찾으면 된다.
도보 1분→성 이르지 성당

30min

7 성 이르지 성당
Basilica of St. George

체코에서 가장 오래된 성당으로 성 비투스 대성당에 비해 수수한 느낌이지만 바로크 양식과 로마네스크 양식의 편안하고 우아한 느낌이 전해진다.
4~10월 09:00~17:00
11~3월 09:00~16:00

성 이르지 성당에서 나와 오른쪽 좁은 길을 따라 내려가다 보면 오른쪽에 로젠베르그 성이 나온다.
도보 7분→로젠베르그 성

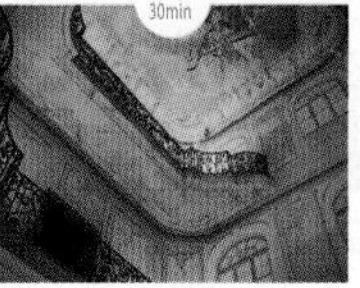

30min

8 로젠베르그 성
Rosenberg Palace

귀족인 로젠베르그가 살던 곳으로 당시 생활을 알아볼 수 있다.
4~10월 09:00~17:00
11~3월 09:00~16:00

로젠베르그 성에서 나와 좀 더 내려가다가 오른쪽 좁은 길로 들어서면 황금 소로. 길을 몰라도 대부분 관광객들이 가는 길을 따라가면 쉽게 찾을 수 있다.
도보 7분→황금 소로

start

S. 포호르젤레크 역
도보 5분
1. 로레타 성당
도보 5분
2. 우 즐라테 흐루슈키
도보 7분
3. 흐라드차니 광장
도보 2분
4. 제1광장
도보 1분
5. 성 비투스 대성당
도보 2분
6. 구왕궁
도보 1분
7. 성 이르지 성당
도보 7분
8. 로젠베르그 성
도보 7분
9. 황금 소로
도보 3분
10. 달리보르 탑
도보 15분
F. 말로스트란스카 역

코스 무작정 따라하기

일정이 짧다면 요점만 뽑아서 쏙!

프라하 성의 각 장소는 오픈 시간이 굉장히 짧은 편이니 반나절밖에 시간이 없다면 영업 시간을 잘 확인하고 움직이는 게 좋다. 황금 소로에 위치한 매표소에서 프라하 성 짧은 구간 티켓을 구입한 후 흐라드차니 광장 쪽으로 올라가는 식으로 코스를 잡자. 그래야 시간이 남을 경우 '프라하 성 풀코스 즐기기'에 소개한 로레타 성당까지 둘러볼 수 있다.

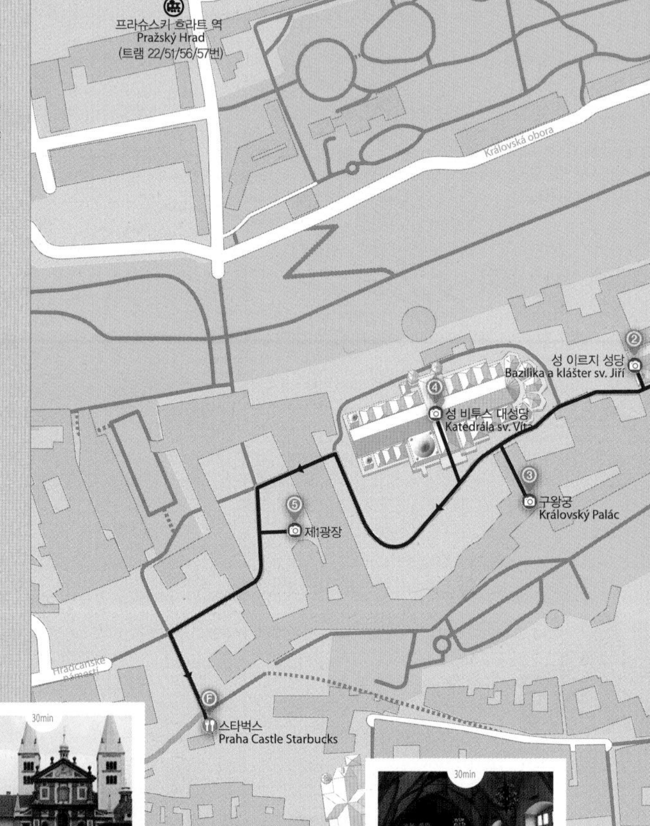

S 말로스트란스카 역
Malostranská

출구로 나와 클라로프(Klárov) 거리를 따라 오른쪽으로 올라간다. 길이 점점 가팔라진다면 맞게 가고 있는 것이다.
도보 10분→황금 소로

↓

40min

1 황금 소로
Golden Lane

황금 소로 입구 맞은편에 입장권을 판매하는 곳이 있다. 이곳에서 짧은 루트 티켓을 구매한다.
⏲ 4~10월 09:00~17:00
11~3월 09:00~16:00

황금 소로를 돌아본 후 출구로 나와 왼쪽에 있는 길을 따라 올라가다 보면 빈티지 느낌의 분홍색 건물이 나타난다. 그 건물이 바로 성 이르지 성당.
도보 6분→성 이르지 성당

→

30min

2 성 이르지 성당
Basilica of St. George

체코에서 가장 오래된 성당으로 성 비투스 대성당에 비해 수수한 느낌이지만 바로크와 로마네스크 양식으로 편안하고 우아한 느낌이 전해진다.
⏲ 4~10월 09:00~17:00
11~3월 09:00~16:00

성 이르지 성당을 보고 나오면 바로 왼쪽에 구왕궁이 보인다.
도보 1분→구왕궁

→

30min

3 구왕궁
Old Royal Palace

9세기부터 왕자들의 거처로 사용된 곳으로, 내부는 썰렁하지만 창가 풍경은 인상적이다.
⏲ 4~10월 09:00~17:00
11~3월 09:00~16:00

출구로 나오면 웅장한 성 비투스 대성당이 보인다.
도보 2분→성 비투스 대성당

→

start

S. 말로스트란스카 역

도보 10분

1. 황금 소로

도보 6분

2. 성 이르지 성당

도보 1분

3. 구왕궁

도보 2분

4. 성 비투스 대성당

도보 1분

5. 제1광장

도보 5분

F. 스타벅스

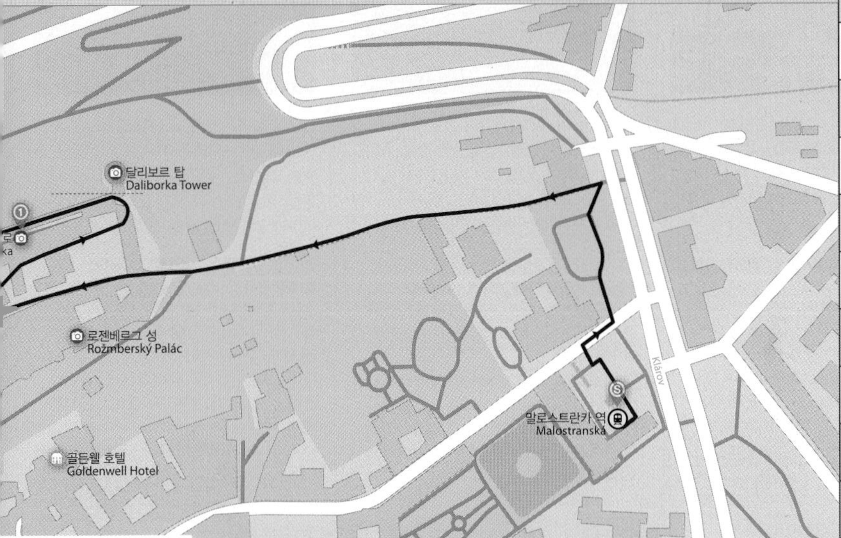

달리보르 탑
Daliborka Tower

로젠베르그 성
Rožmberský Palác

골든웰 호텔
Goldenwell Hotel

말로스트란카 역
Malostranská

Klárov

Letenská

발트슈테인 정원
Valdštejnská Zahrada

1h30min

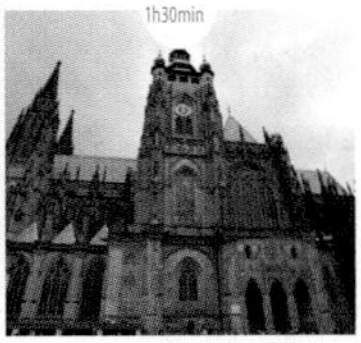

4 성 비투스 대성당
St. Vitus Cathedral

고딕 양식의 진수를 확인할 수 있는 성당으로, 곳곳에 숨겨진 이야기를 발견하는 재미가 있다.

본관
4~10월 월~토요일 09:00~17:00
일요일 12:00~17:00
11~3월 월~토요일 09:00~16:00
일요일 12:00~16:00
성 비투스 대성당 보물 전시
4~10월 10:00~18:00
11~3월 10:00~17:00
성 비투스 대성당 남쪽 타워
4~10월 10:00~18:00
11~3월 10:00~17:00

성 비투스 대성당을 거쳐 프라하 성 입구 쪽으로 걷다 보면 왼쪽에 근위병 교대식이 펼쳐지는 제1정원이 나온다.
도보 1분→제1광장

15min

5 제1광장

근위병 교대식이 펼쳐지는 장소.
근위병 교대식 07:00~18:00
(여름 07:00~20:00)

정원 쪽에 위치한 프라하 성 입구로 나오면 흐라드차니 광장. 왼쪽으로 돌아 가파른 내리막길을 걷다 보면 왼쪽에 익숙한
녹색 스타벅스 로고가 그려진 깃발이나 테라스가 보인다.
도보 5분→스타벅스

30min

F 스타벅스
Praha Castle Starbucks

야외 스타벅스에 자리가 없어도 실망하지 말자. 안에 들어가면 곳곳에 창문이 있는데,
그 창문을 통해 펼쳐지는 풍경 또한 멋지기 때문. 심지어 그 창문을 통해 들어오는 빛을 이용하면 완벽한 셀카까지 얻을 수 있다.
일~목요일 08:30~21:00
금~토요일 08:30~22:00

RECEIPT

볼거리	3시간 25분
식사 및 디저트 시간	30분
이동 시간	25분

TOTAL
4HOURS 20MIN

입장료 프라하 성 짧은 루트	250Kč~
스타벅스 라테	69Kč~

TOTAL
319Kč~
(성인 1인 기준, 쇼핑 비용 별도)

SIGHTSEEING

№.1 로레타 성당
Loreta

롭코비츠 남작 부인이 '산타카사'를 그대로 재현해 만든 성당이다. 산타카사는 천사 가브리엘이 성모마리아 앞에 나타나 예수의 잉태를 예언한 곳. 벽화와 화려한 장식이 아름답다.

구글 지도 GPS 50.089232, 14.391489
찾아가기 메트로 A선 말로스트란스카(Malostranská) 역에서 도보 20분
주소 Loretánské Náměstív 100/7, 118 00 Praha **전화** +420-220-516-740 **시간** 11:00~3월 09:30~12:15, 13:00~16:00/4~10월 09:00~12:15, 13:00~17:00 **휴무** 없음
가격 성인 150Kč, 학생 110Kč **홈페이지** loreta.cz **MAP** P.088

PLUS TIP
성당 입구에 있는 탑에서 매시 정각에 27개의 종이 울린다.

№.2 흐라드차니 광장
Hradčanské Square / Hradčanské Náměstí

프라하 성에는 흐라드차니 광장 쪽, 말라 스트라나 방면, 성 정원 쪽 입구가 있다. 가이드 투어는 대부분 흐라드차니 광장에서 시작한다. 초대 대통령 토마시 가리크 마사리크의 동상이 서 있는 광장 중앙부터 설명을 시작하기 때문.

구글 지도 GPS 50.089749, 14.396943
찾아가기 22 · 23번 트램 탑승 후 프라즈스키 흐라드(Pražský Hrad) 역에서 하차해 프라하 성 쪽으로 직진
주소 Hradčanské Nám. 118 00 Praha
전화 없음 **시간** 24시간
휴무 없음
가격 무료 **홈페이지** hrad.cz
MAP P.086D

№.3 제1광장

입구에 들어서면 제1광장이 펼쳐진다. 이곳에서 매시간 근위병 교대식이 이루어진다. 근위병 교대식은 계절에 따라 시간이 다르지만, 일반적으로 오전 7시부터 오후 6시까지 진행되며 정오에 가장 화려한 교대식을 볼 수 있다.

구글 지도 GPS 50.090209, 14.399601
찾아가기 22 · 23번 트램 탑승 후 프라즈스키 흐라드(Pražský Hrad) 역에서 하차해 프라하 성 입구 쪽으로 60m 직진 **주소** 119 08 Praha 1
전화 +420-224-373-368 **시간** 근위병 교대식 07:00~18:00(여름 07:00~20:00) **휴무** 없음 **가격** 무료 **홈페이지** hrad.cz **MAP** P.086D

PLUS TIP
대통령이 프라하 성에서 집무 중일 땐, 성문에 깃발을 세운다.

№.4 성 비투스 대성당
St. Vitus Cathedral / Katedrála sv. Víta

1344년 프라하가 대주교령으로 승격되면서, 대주교가 미사를 주관할 수 있는 대성당이 필요했다. 카를 4세 때 건축을 시작한 성 비투스 대성당은 건축가 마티어스, 피터 파를레, 요세프 모커 등의 손을 거쳐 600년 만에 완성되었다.

구글 지도 GPS 50.091635, 14.400533
찾아가기 22 · 23번 트램 탑승 후 프라즈스키 흐라드(Pražský Hrad) 역에서 하차, 프라하 성 입구 쪽으로 60m 직진, 프라하 성 입장 후 50m 직진
주소 III, Nádvoří 48/2, 119 01, Praha 1
전화 +420-224-373-368
시간 본관 4~10월 월~토요일 09:00~17:00, 일요일 12:00~17:00, 11~3월 월~토요일 09:00~16:00, 일요일 12:00~16:00/성 비투스 대성당 보물 전시 4~10월 10:00~18:00, 11~3월 10:00~17:00/성 비투스 대성당 남쪽 타워 4~10월 10:00~18:00, 11~3월 10:00~17:00 **휴무** 없음
가격 성 비투스 대성당 내 티켓 없이 둘러볼 수 있는 free zone이 별도로 있다. 그 외 지역은 티켓을 소지해야 한다. 프라하 성 패스(A/B)의 경우 성 비투스 대성당을 포함하고 있다. A패스 성인 350Kč, 학생175Kč, B패스 성인250Kč, 학생125Kč
홈페이지 www.katedralasvatehovita.cz/cs
MAP P.086D **1권** P.101

PLUS TIP
카를 4세와 루돌프 2세 등 역대 보헤미아 왕과 성자들의 무덤이 이곳에 있다

№.5 구왕궁
Old Royal Palace / Starý Královský Palác

보헤미아 왕자들의 거처였던 구왕궁은 9세기부터 끊임없는 변화를 겪어 다양한 건축양식이 혼재되어 있다. 블라디슬라브 홀은 왕의 대관식이 열리던 곳이지만, 전체적으로 비어 있어 지금은 과거의 화려함을 찾아볼 수 없다.

구글 지도 GPS 50.090419, 14.401408
찾아가기 22 · 23번 트램 탑승 후 프라즈스키 흐라드(Pražský Hrad) 역에서 하차, 프라하 성 입장 후 100m 직진하면 오른쪽에 위치 **주소** Starý Královský Palác, Pražský Hrad, 110 00 Praha 1
전화 +420-224-373-584
시간 4~10월 09:00~17:00, 11~3월 09:00~16:00
휴무 없음 **가격** 프라하 성 긴 루트/짧은 루트 성인 350Kč/250Kč, 6~16세 · 26세 미만 학생 · 65세 이상 175Kč/125Kč **홈페이지** hrad.cz
MAP P.086D **1권** P.060

No.6 성 이르지 성당
Basilica of St. George / Bazilika a Klášter sv. Jiří

기독교 초기 순교자 중 한 명인 성 이르지에게 헌정된 예배당이다. 밖에서 보면 오른쪽과 왼쪽의 탑 굵기가 다른 것을 확인할 수 있다. 각각 아담과 이브를 상징하기 때문. 왼쪽 탑이 이브로, 조금 더 얇다.

구글 지도 GPS 50.091244, 14.402350
찾아가기 22·23번 트램 탑승 후 프라즈스키 흐라드(Pražský Hrad) 역에서 하차, 프라하 성 입장 후 100m 직진하면 정면에 위치 **주소** Náměstív U Svatého Jiří 33/5, 119 00 Praha 1 **전화** +420-221-714-444 **시간** 4~10월 09:00~17:00, 11~3월 09:00~16:00 **휴무** 없음 **가격** 프라하 성 긴 루트/짧은 루트 성인 350Kč/250Kč, 6~16세·26세 미만 학생·65세 이상 175Kč/125Kč **홈페이지** hrad.cz **MAP** P.086E

No.7 로젠베르그 성
Rosenberg Palace / Rožmberský Palác

로젠베르그 경이 거주 목적으로 만들었지만 루돌프 2세의 재산이 된 후 보수를 거쳐 대중에게 개방했다. 프레스코화와 과거 귀족이 실제 사용한 침대 등을 통해 당시의 귀족 생활을 확인할 수 있다.

구글 지도 GPS 50.091652, 14.404463
찾아가기 22·23번 트램 탑승 후 프라즈스키 흐라드(Pražský Hrad) 역에서 하차, 프라하 성 입장 후 180m 직진하면 오른쪽에 위치 **주소** Jiřská 3,119 00 Praha 1 **전화** +420-233-312-925 **시간** 4~10월 09:00~17:00, 11~3월 09:00~16:00 **휴무** 없음 **가격** 프라하 성 긴 루트/짧은 루트 성인 350Kč/250Kč, 6~16세·26세 미만 학생·65세 이상 175Kč/125Kč **홈페이지** lobkowicz-palace.com **MAP** P.086E

No.8 황금 소로
Golden Lane / Zlatá ulička

16세기 집사, 보초병과 기술자들이 모여 살던 거리다. 루돌프 2세가 고용한 연금술사들이 모여 살면서 '황금 소로'라는 별칭이 붙었다. 현재는 다양한 사람들이 살던 집의 인테리어를 구경할 수 있고, 청동 기념품을 판매한다.

구글 지도 GPS 50.092042, 14.404221
찾아가기 22·23번 트램 탑승 후 프라즈스키 흐라드(Pražský Hrad) 역에서 하차, 프라하 성 입장 후 180m 직진하면 왼쪽에 위치 **주소** Zlatá Ulička, 110 00 Praha 1 - Hradčany **전화** +420-224-373-368 **시간** 4~10월 09:00~17:00, 11~3월 09:00~16:00 **휴무** 없음 **가격** 프라하 성 긴 루트/짧은 루트 성인 350Kč/250Kč, 6~16세·26세 미만 학생·65세 이상 175Kč/125Kč **홈페이지** hrad.cz **MAP** P.086B **1권** P.093

No.9 달리보르 탑
Daliborka Tower

중세의 감옥은 어땠을까? 달리보르 탑이 그 궁금증을 해결해준다. 첫 수감자인 '달리보르'의 이름을 따와 지은 이곳에는 각종 고문 기구가 전시되어 있다. 당시에는 죄가 무거울수록 아래층에 감금했는데, 달리보르는 농노를 숨겨준 죄로 종신형을 받고 지하에 갇혀 있었다고 전해진다.

구글 지도 GPS 50.092368, 14.405005
찾아가기 22·23번 트램 탑승 후 프라즈스키 흐라드(Pražský Hrad) 역에서 하차, 프라하 성 황금소로 내 위치 **주소** Zlatá Ulička u Daliborky, 119 00 Praha 1 **시간** 4~10월 09:00~17:00, 11~3월 09:00~16:00 **휴무** 없음 **가격** 프라하 성 긴 루트/짧은 루트 성인 350Kč/250Kč, 6~16세·26세 미만 학생·65세 이상 175Kč/125Kč **홈페이지** hrad.cz **MAP** P.086B

EATING

No.1 스타벅스
Praha Castle Starbucks

한국에도 흔한 스타벅스가 프라하 가이드북에 소개되는 이유는 하나다. 경치가 엄청나기 때문. 프라하 성 스타벅스에서 국제학생증을 보여주면 사이즈 업이 무료다.

구글 지도 GPS 50.089069, 14.398476
찾아가기 22번 트램 탑승 후 프라즈스키 흐라드(Pražský Hrad) 역에서 하차해 젤레니(Jelení)에서 우 프라스네호 모스투(U Prašného Mostu) 방면으로 직진, 프라하 성 입구를 지나치면 위치
주소 Ke Hradu, 118 00 Praha 1
시간 일~목요일 08:30~21:00, 금~토요일 08:30~22:00 **휴무** 없음 **가격** 라테 69Kč
홈페이지 starbuckscoffee.cz **MAP** P.086D

No.2 우 즐라테 흐루슈키
U Zlaté Hrušky

노비 스베트 거리에 유명한 맛집이 있다. 체코 외무부 장관과 마거릿 대처도 찾은 '우 즐라테 흐루슈키(U Zlaté Hrušky)'가 그 주인공. 멧돼지 요리로 소문이 나 현지인들 사이에서도 맛집으로 유명하다.

구글 지도 GPS 50.091826, 14.392265
찾아가기 22번 트램 탑승 후 브루스니체(Brusnice)에서 하차, 젤레니(Jelení) 방면으로 300m 직진한 후 우회전해 노비 스베트(Nový Svět) 거리로 진입해 40m 걷다 보면 왼쪽에 위치
주소 Nový Svět 77/3, 118 00 Praha-Hradčany **전화** +420-220-941-244
시간 11:00~23:00 **휴무** 없음
가격 메인 디쉬 185Kč~
홈페이지 www.restaurantuzlatehrusky.cz
MAP P.088 **1권** P.094

5 MALÁ STRANA
[말라 스트라나]

산책하기 좋은 작은 마을

프라하 성 아래로 시민들이 작은 마을을 형성해 살기 시작한 게 '말라 스트라나'다. 체코의 국민 작가 얀 네루다는 이곳을 무대로 소시민들의 삶을 묘사한 《말라 스트라나 이야기》라는 소설을 쓰기도 했다. 현재 말라 스트라나는 귀족의 궁전과 정원, 각국의 대사관과 부티크 호텔로 가득해 여행자들의 발길을 끌고 있다. 여유로운 중세 시대 산책을 즐기고 싶다면 꼭 들러보자.

인기
★★★★

나 홀로
★★★

PLUS INFO
스트라호프 수도원, 다양한 공원, 그리고 골목길까지 찍기만 하면 화보가 되는 좋은 장소가 많아 사진 촬영을 하기 좋다.

커플
★★★★

PLUS INFO
개성 있는 카페와 부티크 호텔이 많아 이곳에서 머무르는 관광객도 늘고 있다.

가족
★★★★

PLUS INFO
퍼니큘러를 타고 언덕을 올라가고, 페트린 타워에 올라 프라하를 바라보고, 거울의 방에서 경험할 수 있는 우스꽝스러운 모습까지 아이들이 좋아할 만한 요소가 많다.

쇼핑
★★★★★

PLUS INFO
체코의 컨템퍼러리 아트 숍 '아르텔', 인형극에 쓰는 관절 인형인 '트루하뤼 마리오네트'를 비롯해 여러 뮤지엄과 성, 수도원 기념품 숍에서 메이드 인 체코 제품을 만날 수 있다.

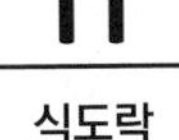

식도락
★★★★★

나이트라이프
★★★

문화 유적
★★★★★

복잡함
★★★

청결
★★★★

접근성
★★★

TRAVEL MEMO
말라 스트라나 여행 & 교통편 한눈에 보기

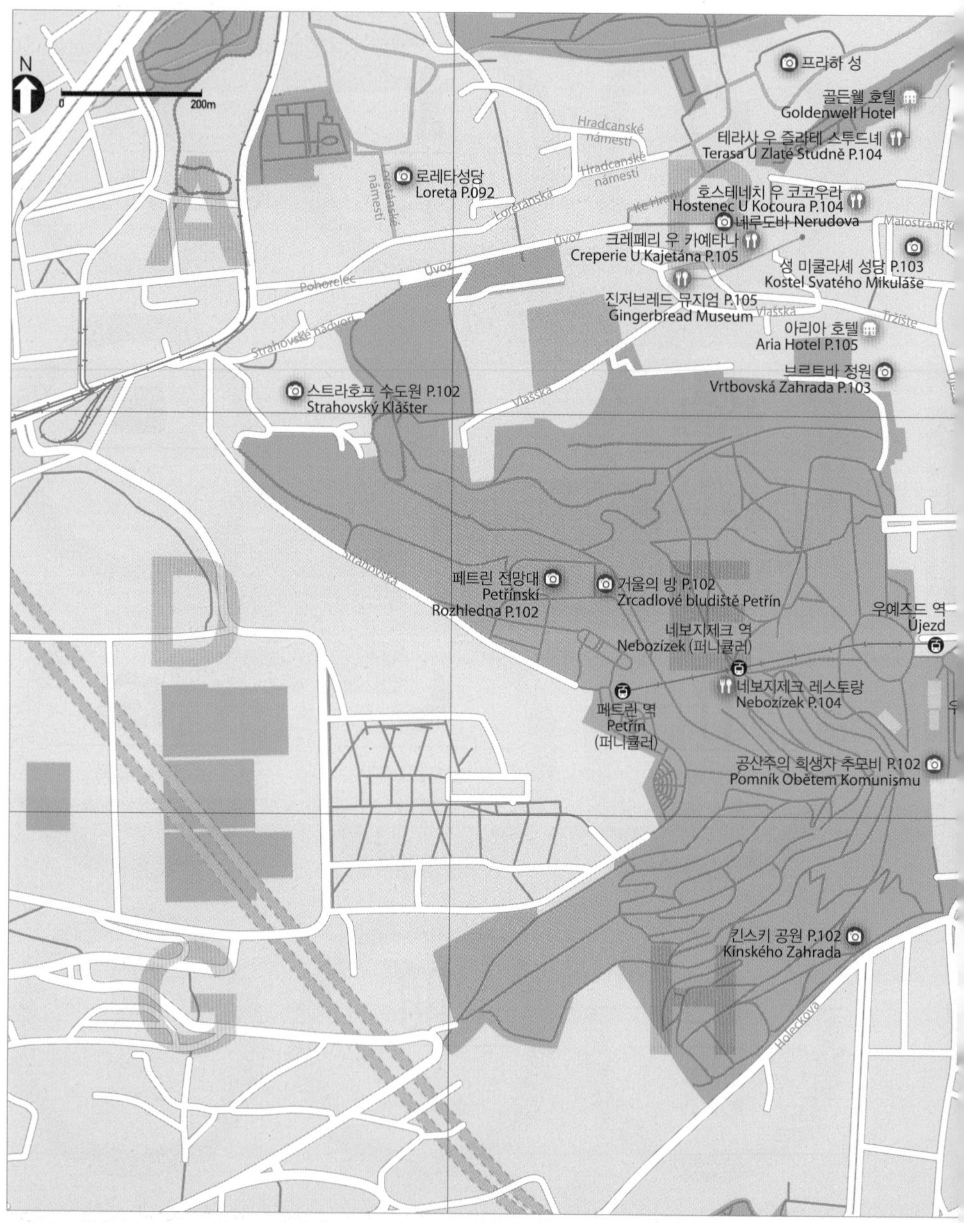

프라하 주요 지역에서 말라 스트라나 가는 방법

프라하 국제공항에서 말라 스트라나 가기

① **AE버스+메트로** – AE버스를 타고 메트로 C선의 프라하 중앙역(Hlavní Nádraží)에 도착. 메트로 C선 무제움(Muzeum) 역에서 A선으로 환승. A선 말로스트란스카(Malostranská) 역에서 하차(약 10분 소요. AE버스 60Kč, 메트로 24Kč).

AE버스 운행 시간(30분 간격)

공항 → 시내	06:35~22:05
시내 → 공항	05:45~21:15

AE버스 노선도(30분 간격)

시내	C노선	중앙역(Hlavni Nádraží)
	B노선	나메스티 레푸블리키 역(Namesti Republiky)
공항	터미널 1	
	터미널 2	

② **택시** – 행선지가 같은 친구들이 있다면 모아서 에어포트 트랜스퍼(Airport Transfers, www.airportprague.org)를 예약하는 것도 좋다. 언제나 택시는 가장 편안한 이동 방법이다. 출퇴근 시간이 아닐 경우 25~30분 정도 소요된다. 차량 1대 약 550~700Kč.

주변 지역에서 말라 스트라나 가기

① **트램** – 가장 많이 이용하는 트램은 12 · 20 · 22번이다. 첫 번째 루트를 이용할 경우 트램을 타고 우예즈드(Újezd) 역에서 시작하면 된다. 요금 24Kč.

② **메트로** – 말라 스트라나 지구와 가까운 메트로 역은 A선 말로스트란카(Malostranská) 역과 C선 안델(Anděl) 역. 두 번째 루트는 A선 말로스트란스카 역이 편리하다. 요금 24Kč.

③ **택시** – 구시가지, 신시가지에서 택시를 타고 가기에 가깝지만 거리에 비해 관광객이 많고 도로가 번잡하기 때문에 조금 막히는 구간이다. 시내 어디서나 100~300Kč면 충분하다.

말라 스트라나 추천 여행 수단

말라 스트라나는 가파른 길이 많기 때문에 '퍼니큘러'를 이용하는 게 좋다. 한 번에 100명씩 탈수 있는 곤돌라로 페트린 언덕 위아래를 잇는 유일한 교통수단이다. 길이는 510m 정도이며, 정거장은 단 3개. 출발은 12 · 22 · 23번 트램이 지나가는 우예즈드(Újezd) 역이며 여기서 타면 5~6분 만에 최종 목적지인 페트린 타워가 있는 페트린(Petrin) 역까지 올라간다. 그 사이 네보지제크(Nebozízek) 역이 있으며 언덕 중턱인 이곳에는 전망 좋은 레스토랑이 있다. 매일 09:00~23:20에 영업하며 3월과 10월에는 약 2주간 운영하지 않으므로 확인이 필요하다. 24시간 티켓을 이용하면 무료.

MUST SEE

말라 스트라나에서 이것만은 꼭 보자!

Nº. 1
페트린 전망대

Nº. 2
캄파 섬

코스 무작정 따라하기
산책하듯 여행하기

관광지보다 현지인들의 삶을 구경하고 싶다면 '산책'만큼 좋은 게 없다. 페트르진 공원 아래에 펼쳐진 넓은 잔디밭과 오솔길은 풍경이 아름답다. 그 풍경에 시선을 빼앗겨 다음 목적지로 향하는 발걸음이 자꾸 느려질 정도. 이동 거리가 꽤 많은 코스지만, 부담 없이 느껴지는 이유다.

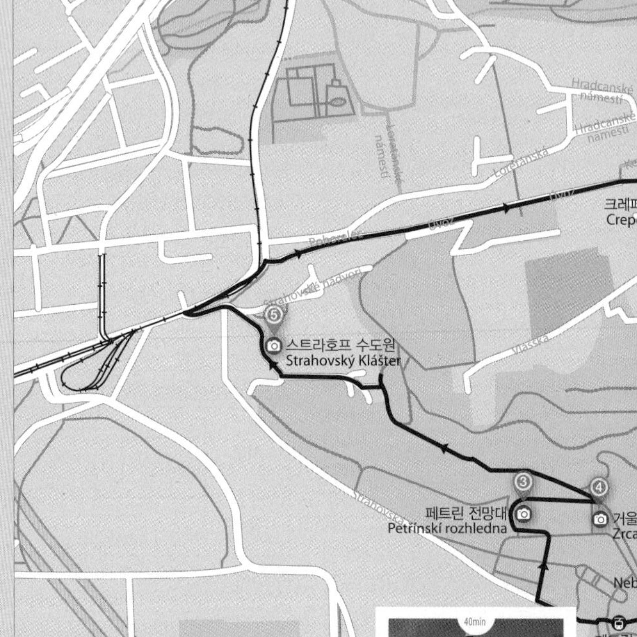

S 우예즈드 역
Újezd

역에서 내려 좌회전 후 큰길을 따라 10분 정도 걸으면 오른쪽에 킨스키 공원 위치.
도보 10분→킨스키 공원

1 킨스키 공원
Kinsky Park

프라하 시민들의 휴식처.
🕓 24시간

공원에서 나와 좌회전한 후 길을 건너지 말고 우예즈드(Újezd) 역에서 공원까지 돌아온 길을 되돌아간다. 역 맞은편에 공산주의 희생자 추모비가 있다.
도보 8분→공산주의 희생자 추모비

2 공산주의 희생자 추모비
Memorial to the Victims of Communism

공산주의 정권하에 희생된 이들을 기리는 추모비. 실제 사람과 비슷한 크기의 청동 조형물.
🕓 24시간

추모비를 등지고 정면에 있는 큰 도로를 따라 오른쪽으로 450m 정도 직진.
도보 3분+퍼니큘러 5분 →페트린 전망대

3 페트린 전망대
Petřín Lookout Tower

프라하의 에펠탑.
🕓 11~2월 10:00~18:00, 4~9월 10:00~20:00 3월, 10월 10:00~20:00

페트린 전망대에서 내려오면 왼쪽에 거울의 방이 보인다.
도보 1분→거울의 방

4 거울의 방
Mirror Maze

왜곡이 주는 즐거움을 만끽할 수 있는 장소.
🕓 1~3월 토 · 일요일 10:00~17:00, 4 · 9월 10:00~19:00, 5~8월 10:00~22:00, 10월 10:00~18:00

이제 스트라호프 수도원까지는 산책하듯 걸어 내려가면 된다. 올라온 방향과 반대 방향이니 방향만 잘 확인하고 내려가면 된다. 산책로는 하나지만 길이 곧지 않고 아름다워 자꾸만 발걸음이 느려져 이동할 때 꽤 시간이 걸린다.
도보 20분→스트라호프 수도원

RECEIPT

볼거리 ---------------- 3시간 20분
식사 및 디저트 시간 -------- 1시간
이동 시간 -------------------- 1시간

TOTAL
5HOURS 20MIN
(공연 관람 시간 제외)

교통비 ---------------------- 32Kč
1€
입장료 ------------------- 370Kč
페트린 전망대 150Kč, 거울의 방 50Kč, 스트라호프 수도원 입장료 120Kč, 사진 촬영 50Kč
크레페리 우 카예타나 ---- 55Kč
팔라친키

TOTAL
457Kč
(성인 1인 기준, 쇼핑 비용 별도)

1h

5 스트라호프 수도원
Strahov Monastery

고서가 가득한 신학의 방, 철학의 방은 끊임없이 셔터를 누르게 할 것이다. 물론 사진 촬영은 입장권 구매 시 추가 요금을 지불해야 한다.
⏲ 도서관 입장 09:00~12:00, 13:00~17:00 보물 전시관 입장 09:30~11:30, 12:00~17:00 휴무 12월24~25일, 부활절, 일요일, 4월1일

수도원에서 나와 수도원까지 걸어온 반대 방향인 수도원 뒤쪽 길로 빠진다. 삼거리에서 우회전한 후 포호르젤레크(Pohořelec) 거리를 따라 10분 정도 걷다 보면 네루도바(Nerudova) 거리 오른쪽에 위치.
도보 13분→크레페리 우 카예타나

→

1h

F 크레페리 우 카예타나
Creperie U Kajetána

하루 종일 많이 걸었으니, 이곳에서 체코 전통 디저트로 당 충전!
⏲ 10:00~20:00

start

S.	우예즈드 역
	도보 10분
1.	킨스키 공원
	도보 8분
2.	공산주의 희생자 추모비
	도보 3분+퍼니큘러 5분
3.	페트린 전망대
	도보 1분
4.	거울의 방
	도보 20분
5.	스트라호프 수도원
	도보 13분
F.	크레페리 우 카예타나

코스 무작정 따라하기

중세로 타임 슬립

프라하의 다른 지역에 비해 말라 스트라나는 여전히 중세 유럽 고유의 분위기를 간직하고 있다. 프라하 성 그늘 아래 살고 싶었던 귀족들이 이곳에 터를 잡은 덕에 궁과 정원을 많이 지었기 때문이다. 물론 귀족들은 정권을 따라 비엔나로 대거 이동했고, 이후에는 시민들이 이곳을 채웠지만 잘 보존된 궁과 정원 덕에 말라 스트라나의 전성기를 가늠하는 건 어렵지 않다.

Hradcanské náměstí
Loretánské náměstí
Loretánská
Ke Hradu
Úvoz
Pohořelec
Strahovské nádvoří
Vlašská
Strahovská
스트라호프 수도원 Strahovský Klášter
페트린 전망대 Petřín
거울의 방 Zrcadlové bludiště Petří
네보지제크 역 Nebozízek(퍼니큘러)
페트린 역 Petřín (퍼니큘러)
테라사 우 Teras
Pomní
Kinskéh

S 말로스트란스카 역

Malostranská

역에서 나와 큰길을 따라 메트로를 끼고 돌아 발드슈테스카(Valdštejnska) 거리를 400m 정도 따라가면 발트슈테인 궁전이 나온다.
도보 5분→발트슈테인 정원

40min

1 발트슈테인 정원

Wallenstein Garden

군대 사령관, 발트슈테인. 그가 프라하 성의 권위를 실추시키고자 만든 정원
⏲ 궁전 토 · 일요일 10:00~16:00, 정원 4~10월 토 · 일요일 10:00~18:00

입구로 나와 프라하 성 쪽 발드슈테스카(Valdštejnska) 거리를 100m 따라간다. 골든웰 호텔 안에 레스토랑이 있다.
도보 8분→테라사 우 즐라테 스투드녜

1h

2 테라사 우 즐라테 스투드녜

Terasa U Zlaté Studně

체코 파인 레스토랑에서의 점심.
⏲ 매일 07:00~23:00

레스토랑에서 나와 스녜모비(Sněmovní) 거리를 따라 200m 직진하면 성 미쿨라셰 성당이 보인다.
도보 7분→성 미쿨라셰 성당

40min

3 성 미쿨라셰 성당

St. Nicholas Church

프라하 바로크 양식의 대표주자. 유럽에서 가장 큰 천장 벽화를 감상할 수 있다.
⏲ 3~1월 09:00~17:00, 11~2월 09:00~16:00(3월 말~11월 초, 화요일을 제외하고 매일 18:00에 약 1시간 동안 콘서트 개최)

성당을 등지고 모스테츠카(Mostecká) 거리를 따라 블타바 강 쪽으로 200m 직진, 카를교 앞에서 좌회전해서 미셴스카(Mišeňsk) 거리를 따라 200m 걸으면 프란츠 카프카 뮤지엄이 나온다.
도보 10분→프란츠 카프카 뮤지엄

1h

4 프란츠 카프카 뮤지엄

Franz Kafka Museum

카프카 작품을 3권 이상 읽었다면 뮤지엄과 기념품 가게를 들러볼 만하다. 뮤지엄 앞에 있는 조각가 다비드 체르니의 오줌싸개 조각상도 인기 촬영 포인트.
⏲ 10:00~18:00

뮤지엄에서 나와 블타바 강을 따라 카를교 초입을 지나쳐 내려온다. 삼거리에서 우회전해 흐로즈노바(Hroznová)에 진입, 삼거리에서 또다시 우회전하면 오른쪽에 존 레넌 벽이 있다.
도보 5분→존 레넌 벽

start

- S. 말로스트란스카 역
- 도보 5분
- 1. 발트슈테인 정원
- 도보 8분
- 2. 테라사 우 즐라테 스투드녜
- 도보 7분
- 3. 성 미쿨라셰 성당
- 도보 10분
- 4. 프란츠 카프카 뮤지엄
- 도보 5분
- 5. 존 레넌 벽
- 도보 5분
- 6. 뮤지엄 캄파
- 도보 15분
- 7. 네보지제크
- 퍼니큘러 2분
- F. 우예즈드 역

말로스트란스카 역 Malostranská

발트슈테인 정원 Valdštejnská Zahrada

프란츠 카프카 뮤지엄 Franzy Kafky Muzeum

존 레넌 벽 John Lennon Wall

캄파 뮤지엄 Muzeum Kampě

캄파 섬 Na Kampě

우예즈드 역 Újezd

RECEIPT

볼거리	3시간
식사 및 디저트 시간	2시간
이동 시간	57분

TOTAL

5HOURS 57MIN

교통비 메트로, 퍼니큘러	58Kč
입장료 성 미쿨라셰 성당 70Kč 프란츠 카프카 뮤지엄 200Kč 뮤지엄 캄파 300Kč	570Kč
테라사 우 즐라테 스투드네 1250Kč 양갈비	
네보지제크 치즈튀김, 필스너 우르켈 병맥주	180Kč

TOTAL

2058Kč~

(성인 1인 기준, 쇼핑 비용 별도)

10min

5 존 레넌 벽

John Lennon Wall

존 레넌을 그리워하는 전 세계인의 마음이 새겨진 벽.

24시간

존 레넌 벽을 등지고 왼쪽으로 내려가다 나오는 삼거리에서 우회전한 후 약 200m 걷다 보면 잔디가 펼쳐진다. 캄파 섬 중앙에 뮤지엄 캄파가 보인다.

도보 5분→뮤지엄 캄파

30min

6 뮤지엄 캄파

Museum Kampa

밀라구 방앗간이었던 장소가 현대미술 작품이 가득한 흥미로운 미술관으로 변모했다.

10:00~18:00

블타바 강을 따라 카를교 반대쪽으로 걷다 보면 캄파 섬 끝이 나온다. 우회전해서 르지츠니(Říční) 거리로 진입해 220m 걷다 삼거리에서 우회전해 90m 정도 직진하면 퍼니큘러를 탈 수 있는 우예즈드(Újezd) 역이 보인다. 퍼니큘러에 탑승한 후 첫 번째 정거장에서 내리면 네보지제크 레스토랑이 보인다.

도보 15분(퍼니큘러 이용 시 도보 5분+퍼니큘러 2분) →네보지제크

1h

7 네보지제크

Nebozizek

환상적인 경치를 감상하며 맥주 한잔하려면 노을 지는 시간에 맞춰 가는 것이 포인트.

11:00~23:00

퍼니큘러 2분→우예즈드 역

1h

F 우예즈드 역

Újezd

SIGHTSEEING

No. 1 킨스키 공원
Kinsky Park / Kinského Zahrada

공원 내 파릇한 잔디에서 뿜어져 나오는 듯한 녹색 광선과 맑은 햇살이 프라하 시민들의 완벽한 휴식처 역할을 하는 킨스키 공원. 언덕 때문에 숨이 조금 가쁘지만, 올라가면 소름이 돋을 정도로 기막힌 프라하의 풍경을 감상할 수 있다.

구글 지도 GPS 50.079417, 14.398023
찾아가기 12 · 20 · 22 · 57번 트램 탑승 후 레기교 인근에서 하차, 레기교를 건너 계속 직진하면 킨스키 공원의 페트르진 언덕을 오르는 길이 나온다.
주소 Sermirska, 110 00 Praha 1
전화 없음
시간 24시간 **휴무** 없음 **가격** 무료
홈페이지 없음
MAP P.096H **1권** P.086, 121, 204

No. 2 공산주의 희생자 추모비
Pomník Obětem Komunismu

몸이 찢어지고 부서진 사람들이 페트린 언덕에서 내려오는 듯한 모습의 조형물은 1948~1989년 집권한 공산주의 정권하에서 희생된 모든 이들을 기리는 추모비다.

구글 지도 GPS 50.081153, 14.404017
찾아가기 12 · 20 · 22번 트램 탑승 후 우예즈드(Újezd) 역 하차, 맞은편에 위치 **주소** Vítězná 420/18 118 00 Praha 1
전화 없음 **시간** 24시간 **휴무** 없음
가격 무료 **홈페이지** 없음 **MAP** P.096E

PLUS TIP
조형물 앞에는 "이 추모비는 수감 생활을 하거나 사형된 이들뿐 아니라 전체주의에 삶을 희생당한 모든 이들을 위한 것입니다"라는 글귀가 새겨져 있다.

No. 3 페트린 전망대
Petřín Lookout Tower / Petřínskí Rozhledna

블타바 강이 흐르는 프라하 시내 전경을 보려면 페트린 전망대를 빼놓아선 안 된다. 페트린 전망대는 63m 높이의 전망탑으로 1891년 파리만국박람회 때 파리 에펠탑을 본떠 1/5로 축소해 만들었다.

구글 지도 GPS 50.0835327, 14.3950084
찾아가기 12 · 20 · 22 · 57번 트램 탑승 후 우예즈드(Újezd) 역에서 하차, 퍼니큘러 이용(도보로 올라갈 경우 약 45분 소요) **주소** Petřínské sady, 118 00 Praha 1 **전화** +420-257-320-112
시간 11~2월 10:00~18:00, 3월 10:00~20:00, 4~9월 10:00~22:00, 10월 10:00~20:00 **휴무** 퍼니큘러 3월 9~27일, 10월 12~23일 **가격** 성인 150Kč 학생 아동 80Kč **홈페이지** www.petrinska-rozhledna.cz
MAP P.096E **1권** P.087, 120

No. 4 거울의 방
Mirror Maze / Zrcadlové Bludiště Petřín

전망탑에서 내려오면 거울의 방이 우리의 시선을 끈다. 대형 볼록 거울들이 가득해 거울 속에 비친 자신의 왜곡된 모습을 보며 하나같이 웃음이 터지고 만다. 초등학생 이하의 자녀들과 함께라면 추천한다.

구글 지도 GPS 50.083568, 14.396194
찾아가기 페트린 타워 왼쪽에 위치(도보로 올라갈 경우 약 45분 소요) **주소** Petřínské Sady 1, 110 00 Praha 1 **전화** +420-725-831-634
시간 1~3월 토 · 일요일 10:00~17:00, 4 · 9월 10:00~19:00, 5~8월 10:00~22:00, 10월 10:00~18:00
휴무 없음 **가격** 성인 50Kč, 26세 이하 학생 · 10세 이상 아동 · 70세 이하 40Kč, 70세 이상 · 10세 이하 아동 10Kč **홈페이지** muzeumprahy.cz **MAP** P.096E

No. 5 스트라호프 수도원
Strahov Monastery / Strahovský Klášter

1783년 수도원 해체령 당시 잠시 학자들의 연구기관으로, 1953년에는 체코 국립 문화박물관으로 사용되다가 오늘날 다시 본 모습을 되찾았다. 현재 방문객들은 도서관과 보물 전시관(Treasury)을 둘러볼 수 있다.

구글 지도 GPS 50.086127, 14.389273
찾아가기 퍼니큘러 탑승 후 페트린(Petřín) 역에서 하차해 도보 15분 **주소** Strahovské Nádvoří 1/132, 118 00 Praha 1 **전화** +420-233-107-704 **시간** 도서관 입장 09:00~12:00, 13:00~17:00 보물 전시관 입장 09:30~11:30, 12:00~17:00 **휴무** 12월24~25일, 부활절, 일요일, 4월1일 **가격** 도서관 성인 120Kč, 학생 60Kč 보물 전시관 성인 120Kč 학생 및 65세 이상 60Kč 가족 200Kč, 사진 촬영비 50Kč **홈페이지** www.strahovskyklaster.cz **MAP** P.096A

No. 6 발트슈테인 정원
Wallenstein Garden / Valdštejnská Zahrada

발트슈테인 왕궁을 통하면 정원에 다다른다. 분수대 조각상을 중심으로 대칭으로 조경한 것이 특징이며 공원 한편에는 종유석으로 이루어진 괴이한 벽이 있다. 자세히 보면 사자, 토끼 등 다양한 동물 얼굴이 보인다.

구글 지도 GPS 50.090053, 14.405663
찾아가기 메트로 A선 말로스트란스카(Malostranská) 역에서 하차해 클라로프(Klárov) 방면 도보 3분 **주소** Letenská, Malá Strana, 110 00 Praha 1- Malá Strana-Praha 1
전화 +420-257-075-707 **시간** 궁전 토 · 일요일 10:00~16:00, 정원 4~10월 토 · 일요일 10:00~18:00
휴무 11~3월
가격 무료 **홈페이지** www.senat.cz
MAP P.096C **1권** P.082

No.7 성 미쿨라셰 성당
St. Nicholas Church / Kostel Svatého Mikuláše

프라하에서 가장 아름다운 바로크 양식 성당으로 손꼽히며, 프란츠 팔코의 프레스코화와 1787년 모차르트가 직접 연주한 오르간으로 더욱 유명하다. 매일 연주회가 열리니 시간이 맞는다면 꼭 들러보자.

구글 지도 GPS 50.088231, 14.403225
찾아가기 2·20·22·57번 트램 탑승 후 말로스트란스케 나메스티(Malostranské Náměstí) 역 하차, 맞은편에 위치 **주소** Malostranské Nám. 118 00 Praha 1-Malá Strana
전화 +420-257-534-215 **시간** 3~10월 09:00~17:00, 11~2월 09:00~16:00(3월 말~11월 초, 화요일을 제외하고 18:00에 콘서트 개최)
휴무 없음 **가격** 성인 100Kč, 10~26세 60Kč
홈페이지 www.stnicholas.cz
MAP P.096B

No.8 브르트바 정원
Vrtba Garden / Vrtbovská Zahrada

약 300년 전 브르트바 공이 궁전을 꾸미기 위해 특별히 조성한 정원이다. 현재는 프라하시 소유이며 약간의 보수를 거친 것 외에는 처음 모습 그대로 보존되어 있다. 가장 아름다운 바로크식 정원 중 하나로 꼽힌다.

구글 지도 GPS 50.086691, 14.402992
찾아가기 12·20·22·57번 트램 탑승 후 말로스트란케 나메스티(Malostranské Náměstí) 역 하차 후 미쿨라셰 성당을 오른쪽에 끼고 5분 정도 직진
주소 Karmelitska 25, Praha 1
전화 +420-272-088-350
시간 10:00~18:00(4~10월) **휴무** 11~3월
가격 성인 69Kč, 학생·아동 59Kč, 가족 195Kč
홈페이지 www.vrtbovska.cz/en
MAP P.096B **1권** P.084

No.9 프란츠 카프카 뮤지엄
Franzy Kafky Muzeum

프란츠 카프카의 팬이라면 프라하에 카프카 박물관이 있다는 사실만으로도 위안을 삼는다. 그가 남긴 글이나 낙서, 그림, 도서관 자료를 토대로 연구한 내용, 일기 등과 함께 그가 출간한 소설들의 첫 번째 원서가 있다.

구글 지도 GPS 50.087955 14.410508
찾아가기 메트로 A선 말로스트란스카(Malostranská) 역에서 하차 후 블타바 강을 따라 10분 직진, 왼쪽에 위치 **주소** Cihelná 2b, 118 00 Praha 1 -Mala Strana **전화** +420-257-535-507 **시간** 10:00~18:00 **휴무** 없음 **가격** 성인 260Kč, 학생 및 65세 이상 180Kč, 가족(성인2명, 자녀2명 기준) 650Kč **홈페이지** www.kafkamuseum.cz
MAP P.096C **1권** P.116

No.10 존 레넌 벽
John Lennon Wall

영국 밴드 비틀스의 멤버 존 레넌을 추모하는 벽이다. 많은 사람들이 각자 자신의 언어로 메시지를 쓰고 그를 그리워하는 그림을 그린 것. 종종 아마추어 가수들의 공연이 열린다.

구글 지도 GPS 50.086209, 14.406770
찾아가기 12·20·22·57번 트램 탑승 후 말로스트란스케 나메스티(Malostranské Náměstí) 역에서 도보 7분 **주소** Velkopřevorské Náměstí, 100 00 Praha 1 **전화** 없음 **시간** 24시간 **휴무** 없음
가격 무료
홈페이지 없음
MAP P.096

PLUS TIP
존 레논 벽에서 코너를 돌면 연인들이 사랑을 약속하는 의미로 채운 자물쇠가 가득 달린 모습을 볼 수 있다.

No.11 캄파 섬
Kampa Island / Na Kampě

카를교 아래 말라 스트라나 지역에 있는 프라하의 베니스라고 불리는 작은 섬 캄파. 시내와 가깝고 비교적 볼거리가 많아 먹거리와 카메라를 들고 산책을 즐기기 좋다.

구글 지도 GPS 50.086543, 14.408662
찾아가기 12·20·22·57번 트램 탑승 후 헬리호바(Hellichova) 역에서 하차해 블타바 강변 쪽으로 7분 정도 직진 **주소** Kampa118 00 Praha 1
전화 없음 **시간** 24시간 **휴무** 없음
가격 무료
홈페이지 없음 **MAP** P.096F

No.12 뮤지엄 캄파
Museum Kampa / Muzeum Kampa

캄파 미술관은 현대 예술품을 전시하는 곳으로, 유럽에서 활동 중인 체코 출신 화가들의 작품을 믈라데크 부부가 모은 것이다. 캄파 미술관 밖에 있는 다비드 체르니의 '청동상 아기들'도 여행객이라면 꼭 찾아보는 작품 중 하나다.

구글 지도 GPS 50.084035, 14.408436
찾아가기 캄파 섬 중앙에 위치
주소 U Sovových Mlýnů 2, 118 00 Praha 1 - Mala Strana **전화** +420-257-286-147
시간 10:00~18:00 **휴무** 없음
가격 어른 330Kč, 학생·65세 이상 190Kč, 6세 미만 무료, 가족(성인 2명, 15세 이하 자녀 3명) 600Kč
홈페이지 www.museumkampa.com **MAP** P.096F **1권** P.112

EATING

No. 1 네보지제크 레스토랑 Nebozizek / Nebozízek

페트르진 언덕 중턱에 있어 프라하 전경이 파노라마처럼 펼쳐지는 레스토랑이다. 전망을 보기 위해서는 언제나 인기 높은 창가 자리를 사수하는 게 관건이며, 노을 질 무렵이 프라하가 가장 로맨틱해지는 시간이니 참고하시길.

구글 지도 GPS 50.082002, 14.398778
찾아가기 퍼니큘러 탑승 후 첫 번째 정류장에서 내리면 레스토랑과 연결되는 통로가 바로 나온다.
주소 Petřínské Sady 411, 118 00 Praha 1
전화 +420-602-312-739 시간 11:00~23:00
휴무 없음 가격 데일리 메뉴 150~270Kč, 와인 한 잔 35~55Kč, 디저트 45Kč~ 홈페이지 www.nebozizek.cz
MAP P.096E 1권 P.087

No. 2 테라사 우 즐라테 스투드녜 Terasa U Zlaté Studně

프라하 성 아래 위치한 부티크 호텔 골든웰에 있는 파인 레스토랑. 마치 프라하의 빨간 지붕 위에 돗자리를 펴고 음식을 먹는 듯한 경치와 스테이크의 육즙과 각종 디저트가 인상적이다. 2015년 트립어드바이저가 선정한 최고의 체코 파인 레스토랑이기도 하다.

구글 지도 GPS 50.090755, 14.404356
찾아가기 메트로 A선 말로스트란스카(Malostranská) 역에서 하차해 발드슈텐스카(Valdštejnská) 방면 북서쪽으로 400m 정도 걷다 가 양갈래 길이 나오면 오른쪽으로 100m
주소 U Zlaté Studně 166/4, 118 00 Praha 1
전화 +420-257-533-322 시간 07:00~23:00
휴무 없음 가격 계절별 런치 세트 메뉴 2코스 790Kč, 3코스 990Kč, 디저트 180Kč~ 홈페이지 www.terasauzlatestudne.cz MAP P.096B

No. 3 코니르나 Konirna

마구간이라는 뜻의 코니르나. 상대적으로 조용한 곳으로, 이곳에서 제공하는 음식은 모던 체코 메뉴와 클래식 체코 메뉴로 나뉜다. 8시간 동안 구워 만든 피클 캐비지와 로즈메리 뇨키를 곁들인 로스트 포크 벨리를 추천한다.

구글 지도 GPS 50.086665, 14.405108
찾아가기 12 · 20 · 22 · 57번 트램 탑승 후 말라 스트라나 광장에서 하차해 도보 7분
주소 Maltézské Náměstí 292/10, 118 00 Praha 전화 +420-257-534-121
시간 11:00~00:00 휴무 없음 가격 체코 전통 메뉴 250Kč~, 2인 메뉴 690Kč, 스타터 220Kč 홈페이지 http://konirna.eu
MAP P.096C 1권 P.148

PLUS TIP
이곳의 말이 훗날 바츨라프 광장 기마상의 모델이 되었다.

No. 4 보야누브 드부르 Vojanův Dvůr

구운 돼지고기를 안주 삼아 맥주 한잔 들이켜고 싶다면 이곳이 제격이다. 왕실 마구간으로 사용되었던 곳을 개조해 만든 비어 가든 레스토랑. 크네들리키를 곁들인 비프 굴라시, 베이컨과 치즈를 곁들인 비프 버거 등의 체코 음식이 인기다.

구글 지도 GPS 50.089739, 14.409514
찾아가기 메트로 A선 말로스트란스카(Malostranská) 역에서 도보 3분 주소 U Lužického Semináře 21, 110 00 Praha 전화 +420-257-532-660 시간 매일 11:00~22:00
휴무 없음 가격 맥주(0.3리터) 50Kč, 메인 디시 240Kč~
홈페이지 www.vojanuvdvur.cz
MAP P.096C 1권 P.149

No. 5 카페 사보이 Café Savoy

체코 디저트인 크네들리키가 유명하며 홈메이드식와 가장 비슷한 맛을 낸다. 제철 과일을 넣고 슈거 파우더와 버터를 곁들인다. 초콜릿, 사워크림, 시나몬 등 토핑을 추가로 선택할 수 있다.

구글 지도 GPS 50.081011, 14.407242
찾아가기 6 · 9 · 12 · 20 · 22 · 57 · 58번 트램 탑승 후 우예즈드(Újezd) 역 하차, 블타바 강 쪽으로 180m 직진하면 오른쪽에 위치 주소 Vítězná 124/5, 150 00 Praha 5
전화 +420-257-311-562 시간 월~금요일 08:00~22:30, 토 · 일요일 09:00~22:30
휴무 없음 가격 사보이 크네들리키 258Kč
홈페이지 cafesavoy.ambi.cz
MAP P.096F 1권 P.156

No. 6 호스테네치 우 코코우라 Hostenec U Kocoura

호스테네츠 우 코코라는 예전에 하벨 전 체코 대통령이 찾던 곳으로 유명한 전통 펍이다. 오늘날에도 일반 관광객보다 체코 사람들에게 인기가 더 많다. 필스너 우르켈 맥주와 버나드 맥주를 취급하며 소시지, 치즈, 크네들리키 등 펍 푸드도 맛볼 수 있다.

구글 지도 GPS 50.088704, 14.401957
찾아가기 12 · 20 · 22 · 57번 트램 탑승 후 말라 스트라나 광장에서 하차해 도보 3분
주소 Nerudova 205/2, 118 00 Praha 1
전화 +420-257-530-107
시간 매일 14:00~22:00
휴무 없음 가격 필스너 우르켈 36Kč, 비렐 26Kč MAP P.096B 1권 P.168

No.7 진저브레드 뮤지엄 Gingerbread Museum

평소 군것질을 즐기는 사람이라면 이곳을 기억하자. 밀전병을 얇게 구워 바닐라, 초코 등 크림을 넣고 돌돌 만 호르지츠케 트루비츠키(Hořické Trubičky)는 슈퍼마켓에서도 쉽게 구할 수 있지만, 그 맛은 단연 진저브레드가 최고다.

구글 지도 GPS 50.088418, 14.400508
찾아가기 192번 버스 탑승 후 네루도바(Nerudova) 역 하차, 네루도바 거리에 위치
주소 Nerudova 9, Praha 1
전화 +420-456-456-894
시간 월~일요일 11:00~23:00 **휴무** 없음
가격 호르지츠케 트루비츠키 12Kč
홈페이지 www.gingerbreadmuseum.cz
MAP P.096B **1권** P.095

No.8 크레페리 우 카예타나 Creperie U Kajetána

체코식 크레페인 '팔라친키' 전문점으로 프라하 시내에 세 곳, 체스키 크롬로프에도 다섯 곳 있다. 팔라친키 외에도 체코를 대표하는 간식인 뜨르들로, 애플 스트루들까지 만날 수 있는 전통 디저트 전문점이다.

구글 지도 GPS 50.088404, 14.399609
찾아가기 12·20·22·57번 트램 탑승 후 말로스트란스케 나메스티(Malostranské Náměstí) 역 하차, 네루도바 거리를 따라 쭉 올라가다 보면 왼쪽에 위치
주소 Nerudova 278/17, 118 00 Praha 1
전화 없음 **시간** 10:00~20:00 **휴무** 없음
가격 팔라친키 55Kč~
홈페이지 mls-bistros.cz
MAP P.096B

No.9 비스트로 드 프랑스 Bistro de France

규모 작은 프렌치 비스트로다. 파리나 도쿄 등지의 프렌치 레스토랑의 음식 가격은 비싸지만 프라하의 프렌치 메뉴는 상대적으로 저렴하다. 애피타이저로 인도산 처트니 양념과 서양 자두를 곁들인 푸아그라도 맛볼 수 있다.

구글 지도 GPS 50.086289, 14.4053406
찾아가기 12·20·22·57번 트램 탑승 후 말라스트라나 광장에서 하차해 도보 5분
주소 Maltézské Náměstí 12, 118 00 Praha
전화 +420-257-314-839
시간 매일 09:00~20:00
휴무 없음 **가격** 양파 수프 59Kč, 푸아그라 테린 189Kč, 크렘 브륄레 130Kč
MAP P.096C **1권** P.152

SHOPPING

No.1 아르텔 ARTĚL

아르텔은 뉴욕과 프라하에 체인점이 있고, 뉴욕 타임스에 소개될 정도로 아트 컬렉터들의 눈길을 끄는 브랜드다. 독특한 액세서리부터 책상 위에 올려놓고 싶은 문구, 컵, 그릇까지 다양한 제품이 발길을 붙잡는다.

구글 지도 GPS 50.087352, 14.426106
찾아가기 12·20·22·57번 트램 탑승 후 말로스트란케 나메스티(Malostranské Náměstí) 역 하차, 카를교 초입 왼쪽 샛길에 위치
주소 U Lužického semináře 7. 118 00 Prague 1 **전화** +420-251-554-008
시간 매일 10:00~20:00 **휴무** 없음
가격 그래픽 컬렉션 텀블러 세트(6종) $886 (온라인 판매가) **홈페이지** www.artelglass.com
MAP P.096C **1권** P.193

No.2 마리오네티 트루흘라르주 Marionety Truhlář

체코에 마리오네트 인형이 많고 인형극이 발달한 이유는 과거 오스트리아 지배하에서 독일어만 쓰도록 강요받던 시기에 인형극에서만은 체코 어를 쓸 수 있도록 허용했기 때문. '트루흘라르주 마리오네트'는 수작업으로 제작해 섬세하고 견고하다.

구글 지도 GPS 50.087242, 14.407399
찾아가기 12·20·22·57번 트램 탑승 후 말로스트란스케 나메스티(Malostranské Náměstí) 역 하차, 카를교 초입 왼쪽 샛길에 위치
주소 U Lužického Semináře 5,118 00 Praha 1-Malá Strana **전화** +420-602-689-918
시간 10:00~19:00 **휴무** 없음 **가격** DIY 1000Kč **홈페이지** www.marionety.com
MAP P.096C **1권** P.191

HOTEL

No.1 아리아 호텔 Aria Hotel

아리아 호텔에서 묵었다는 것은 음악에 관심이 많다는 것을 의미한다. 방마다 한 명의 예술가를 콘셉트로 삼아 실내에 들어가면 그와 관련된 음악을 들을 수 있도록 되어 있는 아티스트 컨셉의 호텔이기 때문. 트립어드바이저(Tripadvisor)가 꼽은 전 세계 베스트 럭셔리 호텔 톱 50에도 올랐다.

구글 지도 GPS 50.087844, 14.402639
찾아가기 12·20·22·57번 트램 탑승 후 말로스트란스케 나메스티(Malostranské Náměstí) 역 하차, 도보로 10분 거리 **주소** Tržiště 9 Prague 1 **전화** +420-225-334-111
시간 체크인 12:00~ **휴무** 없음
가격 더블룸 1박 약 30만원(6200Kč~)
홈페이지 www.ariahotel.net
MAP P.096B **1권** P.228

PLUS 1 스미호프

말라 스트라나 지구 남쪽에 자리한 스미호프 지구는 예로부터 공장 등이 들어선 산업 단지였다. 하지만 근래 들어 부티크 호텔과 버려진 공장을 개조해 아틀리에나 아트 갤러리가 들어서면서 주목받는 지역으로 떠올랐다.

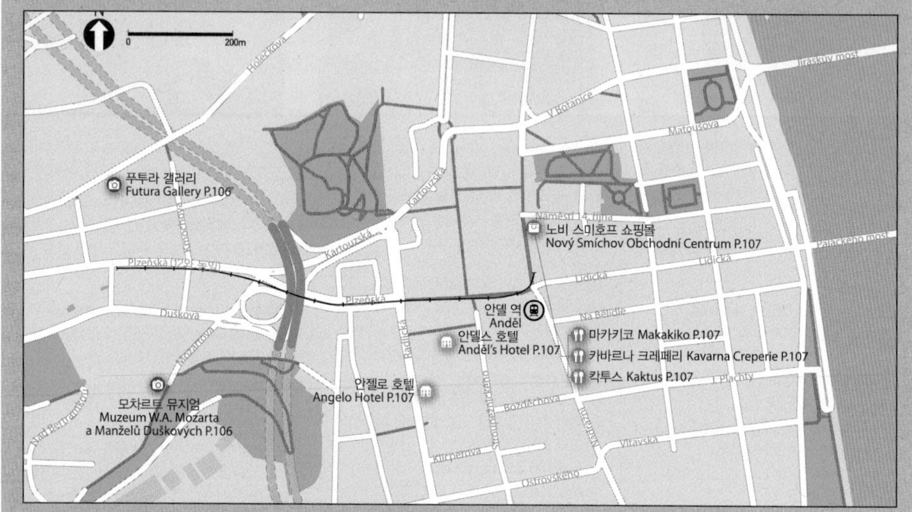

SIGHTSEEING

No.1 푸투라 갤러리
Futura Gallery

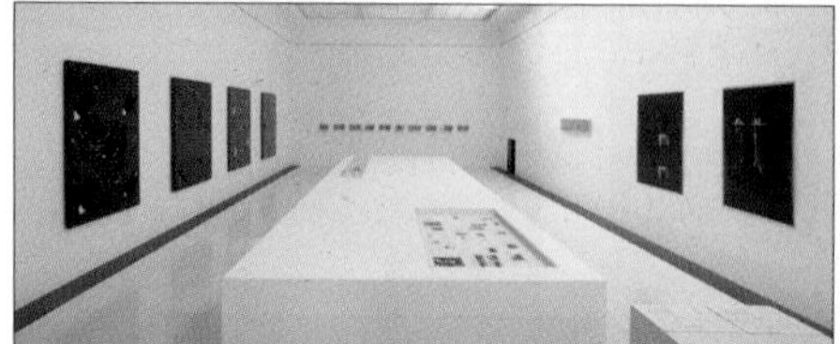

2003년 오픈한 컨템퍼러리 아트 전시 공간. 세계에서 가장 괴상망측한 조형물이 세워져 있는 곳이다. 건물은 3층으로 이루어져 있으며 다방면으로 개성 넘치는 체코의 로컬 아티스트와 전 세계 아티스트들의 컨템퍼러리 아트를 만날 수 있다. 매주 수·목·금요일 오후 12시 30분에 무료 가이드 투어가 있다. 단, 전시회는 특별 전시로 이루어지기에 특별 전시가 없을 경우에는 갤러리 문을 닫는다. 따라서 방문하기 전 미리 해당 홈페이지를 통해 특별 전시 일정을 확인하는 게 좋다.

구글 지도 GPS 50.073844, 14.394310
찾아가기 메트로 B선 안델(Anděl) 역에서 4·7·9·10번 트램 탑승 후 크모호바(Kmochova) 거리에서 하차해 도보 5분
주소 Holečkova 49, 150 00 Praha 5 **전화** +420-604-738-390
시간 수~일요일 11:00~18:00 **휴무** 월·화요일 **가격** 무료
홈페이지 www.futuraproject.cz
MAP P.106

No.2 모차르트 뮤지엄
Mozart Museum / Muzeum W.A. Mozarta a Manželů Duškových

베르트람카(Bertramka) 빌라로 불리는 곳으로 모차르트가 1787년 그의 오페라극 〈돈 조반니〉를 지휘하기 위해 프라하를 방문했을 때 이 저택에 머물렀다. 이 저택은 모차르트의 후견인이자 친구인 작곡가 프란티세크 사베르 두제크와 그의 아내이자 소프라노 가수인 요세피나 두스코바가 살던 곳으로 모차르트에 관련된 몇몇 유물이 전시되어 있다. 현재 이곳은 아쉽게도 잠정적으로 문을 닫았다. 대대적인 보수 후에 다시 문을 열 것으로 기대된다.

구글 지도 GPS 50.070263, 14.394848
찾아가기 메트로 B선 안델(Anděl) 역에서 4·9번 트램 탑승 후 베르트람카에서 하차
주소 U Mrázovky 169/2, 150 00 Praha 5
전화 +420-257-318-461
시간 4~10월 09:00~18:00, 11~3월 09:30~16:00 **휴무** 부정기적
가격 성인 110Kč, 학생 50Kč, 아동 30Kč
홈페이지 www.mozartovaobec.cz
MAP P.106

EATING

No.1 마카키코 Makakiko

노비 스미호프 쇼핑몰 2층에 자리한 회전초밥 전문점이다. 스시는 달걀말이·연어·새우·장어·참치·문어초밥 등을 제공하며 스프링롤, 닭꼬치 등 스시 외의 오리엔탈 메뉴도 회전초밥 접시에 담겨 나온다. 마카키코 스시 뷔페는 팔라디움 백화점에도 있다.

구글 지도 GPS 50.07317, 14.402395
찾아가기 메트로 B선 안델(Anděl) 역에서 도보 1분 **주소** Plzeňská 8, 150 00 Praha 5
전화 +420-251-511-151 **시간** 09:00~22:00(뷔페 런치 09:00~17:00, 뷔페 디너 17:00~22:00) **휴무** 없음 **가격** 월~목요일 런치 338Kč, 디너 418Kč, 금~일요일 런치 368Kč, 디너 438Kč **홈페이지** www.makakiko.cz MAP P.106 1권 P.153

No.2 칵투스 Kaktus

노비 스미호프 쇼핑몰 2층에 자리한 멕시칸 레스토랑으로, 마카키코 스시 뷔페 옆에 있다. 프라하 시내에서 멕시칸 음식을 맛보기가 그리 쉽지 않기에 매콤한 나초나 타코, 화이타, 토르티야가 그립다면 이곳에 와서 저렴한 가격으로 맛보자. 일반 디시 메뉴와 뷔페 메뉴를 선택할 수 있다.

구글 지도 GPS 50.07317, 14.402395
찾아가기 메트로 B선 안델(Anděl) 역에서 도보 1분 **주소** Plzeňská 8, 150 00 Praha 5
전화 +420-251-511-151
시간 09:00~22:00 **휴무** 없음
가격 일반 디시 메뉴 89~119Kč, 뷔페 119Kč
홈페이지 없음
MAP P.106

No.3 카바르나 크레페리 Kavarna Creperie

크레페 전문 레스토랑이다. 노비 스미호프 쇼핑몰 2층에 있다. 초코 시럽, 크림치즈, 블루베리와 크랜베리, 아이스크림 등으로 맛을 낸 다양한 크레페를 선보인다. 이외에도 아침 메뉴로 베이컨, 스크램블드 에그 등이 포함된 영국식 아침 식사를 맛볼 수 있다. 선데이 아이스크림, 샐러드, 프렌치 팬케이크, 햄버거, 베이글 등도 제공한다.

구글 지도 GPS 50.07317, 14.402395
찾아가기 메트로 B선 안델(Anděl) 역에서 도보 1분 **주소** Plzeňská 8, 150 00 Praha 5
전화 +420-777-670-311
시간 월~목요일 09:00~02:00 일요일 09:30~22:00 **휴무** 없음
가격 크레페 95~117Kč **홈페이지** www.kavarnacreperie.cz MAP P.106

SHOPPING

No.1 노비 스미호프 쇼핑몰 Nový Smíchov Obchodní Centrum

노비 스미호프 쇼핑몰은 원래 공장이 들어서 있던 건물을 개조해 만든 곳이다. 지상 3층, 지하 2층으로 이루어져 있으며 150개의 상점이 들어서 있다. 프라하에서 가장 최첨단 시설을 자랑하는 멀티 영화관과 볼링 센터, 게임장, 스포츠 바, 피트니스 클럽 등이 있다. 2층에는 푸드코트로 불릴 만큼 다양한 음식을 제공하는 레스토랑이 몰려 있다. 하이퍼마켓은 오후 6시부터 자정까지 영업한다.

구글 지도 GPS 50.07317, 14.402395
찾아가기 메트로 B선 안델(Anděl) 역에서 도보 1분 **주소** Plzeňská 8, 150 00 Praha 5
전화 +420-251-511-151 **시간** 09:00~21:00
휴무 없음 **가격** 매장별 상이 **홈페이지** novysmichov.eu
MAP P.106 1권 P.187

HOTEL

No.1 안델스 호텔 Anděl's Hotel

스타일리시한 감각을 지닌 프라하의 4성급 부티크 호텔이다. 안델(Anděl)은 체코 어로 천사를 의미한다. 호텔 내 모든 공간은 널찍하고 미니멀리즘을 강조한 인테리어에 화이트 컬러와 레드 컬러의 소파 등을 이용해 멋을 냈다. 전체 객실 수는 239개다.

구글 지도 GPS 50.071328, 14.402801
찾아가기 메트로 B선 안델(Anděl) 역에서 도보 5분 **주소** Stroupežnického 21, 150 00 Praha 5
전화 +420-296-889-688 **시간** 24시간
휴무 없음 **가격** 수페리어 싱글 2100Kč~, 수페리어 더블2200Kč~ (비수기 기준)
홈페이지 www.vi-hotels.com
MAP P.106 1권 P.229

No.2 안젤로 호텔 Angelo Hotel

모던한 공간에 노랑, 빨강, 검정 등의 컬러풀한 색감을 이용한 인테리어가 눈길을 끈다. 스파와 웰니스 센터 등 편의 시설을 갖추었으며 스위트룸에는 멋진 시티 뷰를 자랑하는 프라이빗 테라스가 딸려 있다. 호텔 로비는 1970년대를 연상시키는 재즈 바 콘셉트로 꾸며져 있다.

구글 지도 GPS 50.070657, 14.401558
찾아가기 메트로 B선 안델(Anděl) 역에서 도보 5분 **주소** Radlická 3216/1G 150 00 Praha
전화 +420-234-801-111
가격 수페리어 싱글 2200Kč~, 수페리어 더블 2300Kč~
홈페이지 www.vi-hotels.com MAP P.106
1권 P.229

PLUS 2 브르제브노프

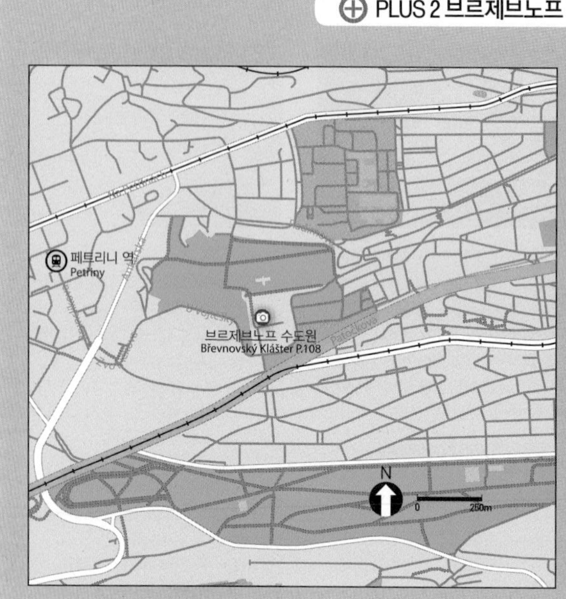

말라 스트라나 지구 서쪽에 자리한다. 이곳의 주요 명소는 브르제브노프 수도원으로 스트라호프 수도원에서 도보 약 20분 거리에 있다.

SIGHTSEEING

No.1 브르제브노프 수도원
Břevnov Monastery / Břevnovský Klášter

볼레슬라브 2세 때 아달베르트 주교가 993년 세운 수도원이다. 체코에서 가장 오래된 베네딕트 수도원으로 알려져 있다. 수도원 옆에 1720년 완공된 세인트 마가레트 성당(St. Margaret' Basilica/Bazilika Sv. Markéty)이 있다. 공산국가 시절 이 수도원은 체코 비밀경찰의 기록 보관소로 사용되었다. 현재 가이드 투어를 통해서만 방문 가능하다. 수도원 앞에 방대하게 조성되어 있는 클라슈테르니 정원(Klašterni Garden/Klášterni Zahrada)은 일반인들에게 개방되어 주말에 이곳에서 산책하는 시민들이 많다. 브르제브노프 수도원에는 시골풍의 전통 요리를 제공하는 레스토랑 클라슈테르니 셍크(Klášterní Šenk, 영업시간 11:30~23:00, 전화 +420-220-406-294)와 아늑한 객실을 제공하는 호텔 아달베르트(Hotel Adalbert)가 자리한다(호텔 홈페이지 adalbert.hotel.cz, 전화 +420-220-406-170).

구글 지도 GPS 50.084749, 14.356802
찾아가기 말로스트란스카(Malostranská) 역에서 18·57번 트램 탑승 후 수도원 앞에서 하차(15분) **주소** Markétská 1, 169 01 Praha 6
전화 +420-220-406-111 **시간** 수도원 개방 월~금요일 08:30~17:30 토·일요일 09:00~16:00(정원 개방은 05:30부터) 투어(90분) 여름 토요일 10:00, 14:00, 16:00 일요일 11:00, 14:00, 16:00 (주중에는 예약 단체만) 겨울 토요일 10:00, 14:00 일요일 11:00, 14:00 **가격** 영어 가이드 투어 성인 150Kč~, 65세이상 및 학생 90Kč~, 7~14세 75Kč~, 6세미만 무료
홈페이지 www.brevnov.cz MAP P.108

6 VYŠEHRAD [VYŠ

[비셰흐라드]

체코 왕들이 가장 사랑한 언덕

블타바 강변 언덕 위에 우뚝 솟아 있는 비셰흐라드. 체코 역사상 최초의 성이 세워진 곳이지만 지금은 성 베드로&바울 성당과 스메타나, 드보르자크 등 유명 아티스트의 무덤 정도만 남아 있다. 역대 왕들이 프라하 성보다 사랑한 장소로 알려진 만큼, 이곳에서 바라보는 프라하의 풍경은 SNS에 자랑할 만하다. 정원 끝자락에 있는 담을 따라 산책하는 것도 잊지 말자.

인기
★★★★

나 홀로
★★★★★

커플
★★★★

PLUS INFO
짧은 일정으로 비셰흐라드를 지나치는 사람이 많다. 하지만 블타바 강과 프라하 전경을 내려다보기에 가장 좋은 곳이므로 반드시 들르길 권한다.

PLUS INFO
공원 곳곳에 여유를 만끽할 수 있는 비밀 장소가 숨겨져 있으니, 여유가 된다면 간단한 간식을 싸 가자.

가족
★★★★

쇼핑
★

PLUS INFO
주변에 먹거리가 부족한 편이므로, 되도록이면 식사 시간은 피해서 찾기를 추천한다.

식도락
★

나이트라이프
★

문화 유적
★★★★

복잡함
★

청결
★★★★★

접근성
★★★

TRAVEL MEMO
비셰흐라드 여행 & 교통편 한눈에 보기

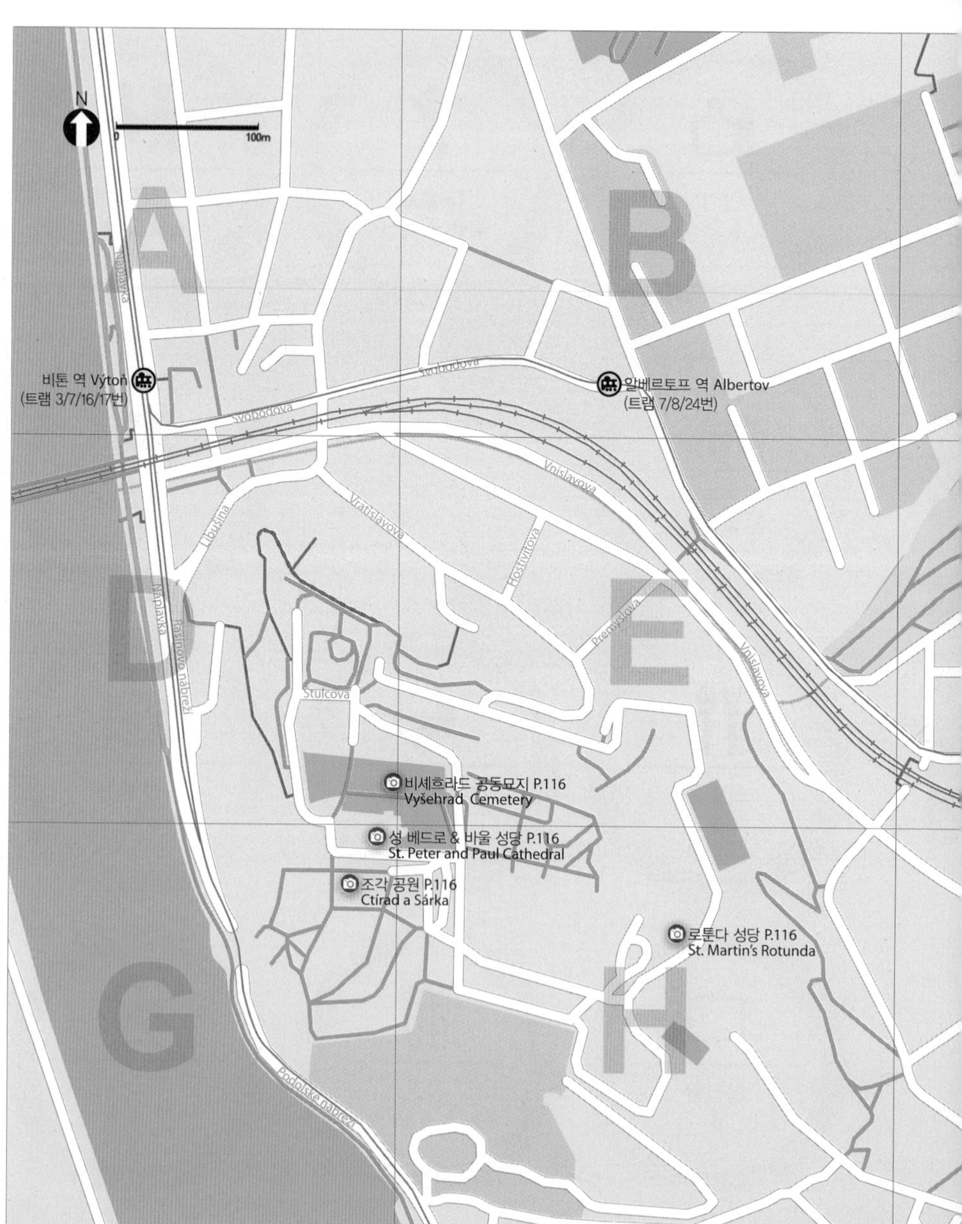

프라하 주요 지역에서 비셰흐라드 가는 방법

프라하 국제공항에서 비셰흐라드 가기

① **AE버스+메트로** – AE버스를 타고 메트로 C선의 프라하 중앙역(Hlavní Nádraží)에 도착. 이 경우 메트로를 이용해 C선 비셰흐라드(Vyšehrad) 역에서 하차한다(약 1시간 소요. AE버스 60Kč, 메트로 24Kč).

AE버스 운행 시간(30분 간격)

공항 → 시내	06:35~22:05
시내 → 공항	05:45~21:15

AE버스 노선도(30분 간격)

시내	C노선	중앙역(Hlavni Nádraží)
	B노선	나메스티 레푸블리키 역 (Namesti Republiky)
공항	터미널 1	
	터미널 2	

② **택시** – 행선지가 같은 친구들이 있다면 모아서 에어포트 트랜스퍼(Airport Transfers, www.airportprague.org)를 예약하는 것도 좋다. 언제나 택시는 가장 편안한 이동 방법이다. 출퇴근 시간이 아닐 경우 25~30분 정도 소요된다. 차량 1대 약 600~780Kč.

주변 지역에서 비셰흐라드로 가기

① **트램** – 공항에서 비셰흐라드로 직접 오는 사람은 드물 것이다. 대부분은 시내에서 반나절 관광 차 이곳에 올 텐데, 그런 경우 트램을 권한다. 3 · 7 · 17 · 16번 트램을 탔다면 비톤(Výtoň) 역에서, 7 · 8 · 24번 트램을 탔다면 알베르토프(Albertov) 역에서 내리면 된다. 카를교에서 탑승해 블타바강을 끼고 달리는 17번 트램이 인기 노선이다. 카를교에서 탑승 시 약 10~15분 소요, 요금 24Kč.

② **택시** – 걷기는 싫지만, 비셰흐라드에 꼭 가보고 싶다면 택시를 타는 것도 좋다. 구시가지에서 탑승 시 10~20분 정도, 프라하 성에서 탑승할 경우 약 20~30분 소요된다. 요금 약 100~300Kč.

비셰흐라드 추천 여행 수단

비셰흐라드에 도착했다면 그다음 교통수단은 오로지 두 다리뿐. 높은 곳에 위치한 만큼 오르막길이 상당하므로 편안한 신발은 필수다. 중간중간 쉬어 갈 곳이 많으므로 무리하지 않도록 체력 안배를 잘하자.

MUST SEE
비셰흐라드에서 이것만은 꼭 보자!

No. 1
조각 공원

No. 2
성 베드로&바울 성당

MUST DO
비셰흐라드에서 이것만은 꼭 하자!

No. 1
프라하 전경 파노라마 찍기

No. 2
조각 공원에서 망중한 즐기기

코스 무작정 따라하기

비셰흐라드 완전 정복 코스

비셰흐라드에 왔다면 루트는 간단하다. 공동묘지, 성당, 조각 공원이 모두 붙어 있기 때문에 순서만 변경될 뿐, 효율적인 루트가 따로 없기 때문. 비셰흐라드에는 주전부리를 사 먹을 곳이 없기 때문에 과일이나 과자 등 간식과 비셰흐라드 성벽을 따라 걸을 때 분위기를 더해줄 음악만 챙기면 된다.

비톤 역 Výtoň
(트램 3/7/16/17번)
Svobodova
Vnislavova
Libušina
Přemyslova
Rašínovo nábřeží
Štulcova
① 비셰흐라드 공동묘지 Vyšehrad Cemetery
② 성 베드로 & 성 바울 성당 St. Perter and Paul Cathedra
③ 조각 공원 Ctirad a Šárka

Start

S 비톤 역

Výtoň

하차 후 블타바 강을 등지고 비셰흐라드 성벽을 향해 걷는다.
도보 20분→ 비셰흐라드 공동묘지

↓

20min

1 비셰흐라드 공동묘지

Vyšehrad Cemetery

아티스트들의 숨결을 느낄 수 있는 대표 명소.
🕒 24시간

공동묘지부터는 지도를 넣어도 된다. 공동묘지에서 보이는 커다란 고딕 성당이 성 베드로&바울 성당. 공동묘지와 바로 붙어 있다.
도보 1분→성 베드로&바울 성당

→

40min

2 성 베드로& 바울 성당

Saint Peter and Paul Cathedral

비셰흐라드 어디서나 눈에 띄는 고딕 성당.
🕒 24시간

성당 정문에서 좌회전해 바로크 양식 무기고의 잔존물인 석조 대문을 통과하면 조각 공원이 나온다.
도보 1분→조각 공원

→

start

S.	비톤 역
	도보 20분
1.	비셰흐라드 공동묘지
	도보 1분
2.	성 베드로& 바울 성당
	도보 1분
4.	조각 공원
	도보 3분
4.	로툰다 대성당
	도보 25분
F.	비톤 역

RECEIPT

볼거리 ---------------- 3시간 10분
이동 시간 ---------------------- 50분

TOTAL
4HOURS
(공연 관람 시간 제외)

교통비 --------------- 24~110Kč
트램
입장료 --------------------- 50Kč

TOTAL
160Kč~
(성인 1인 기준, 간식비 별도)

알베르토프 역 Albertov
(트램 7/8/24번)

Premyslova

Vnislavova

④ 로툰다 성당
St. Martin's Rotunda

F
비톤 역
Výtoň

2h

3
조각 공원
Ctirad a Šárka

관광을 한다면 5분 만에 끝나겠지만 프라하 전경을 바라보며 간식 타임을 즐기시길.
24시간

조각상을 중심으로 허리 높이의 담장을 따라 산책을 즐기다 길 끝에서 좌회전해 내려오면 로툰다 성당이 보인다.
도보 3분→로툰다 성당

4
로툰다 성당
St. Martin's Rotunda

로마네스크 양식의 진수.
24시간

길은 쭉 따라 내려와 비톤 역까지 산책하듯 걷는다
도보 25분→비톤 역

SIGHTSEEING

No.1 비셰흐라드 공동묘지
Vyšehrad Cemetery

스메타나, 드보르자크, 알폰스 무하 등 체코를 대표하는 국민 영웅들이 모두 이곳에 묻혀 있다. 입구에 있는 공동묘지 지도에서 관심 있는 예술가들의 무덤 위치를 먼저 확인하고 돌아보는 게 좋다.

구글 지도 GPS 50.064731, 14.418215
찾아가기 3·7·16·17번 트램 탑승 후 비톤(Výtoň) 역에서 하차해 블타바 강을 등지고 스보보도바(Svobodova) 방면 남쪽으로 100m 걷다가 슈툴코바(Štulcova) 방면으로 좌회전해 50m 직진 후 슈툴코바 거리를 따라 400m 직진 **주소** K Rotundě, Vyšehrad, Praha 2 **전화** +420-274-774-835
시간 11~2월 08:00~17:00, 3·10월 08:00~18:00, 5~9월 08:00~19:00
휴무 없음 **가격** 무료
홈페이지 www.hrbitovy.cz **MAP** P.116D

No.2 성 베드로&바울 성당
Saint Peter and Paul Cathedral

브라티슬라프 2세가 지은 성당으로 당시에는 로마네스크 양식으로 지었지만 전쟁을 겪고 보수하는 과정에서 지금의 고딕 양식으로 변모했다. 참고로 마지막에 참여한 건축가가 성 비투스 대성당을 지은 요세프 모커다.

구글 지도 GPS 50.065136, 14.417826
찾아가기 비셰흐라드 공동묘지에서 철문을 통하면 오른쪽에 위치
주소 K Rotundě 10, Praha 2, Vyšehrad
전화 +420-224-911-353 **시간** 수~월요일 09:30~18:00(12:00~13:00 closed) **휴무** 없음
가격 50Kč **홈페이지** www.prague.eu
MAP P.116G **1권** P.100

No.3 조각 공원
Ctirad a Šárka

체코 건국 설화의 발원지, 비셰흐라드는 체코인들에게 매우 성스러운 장소다. 특히 조각 공원에는 리부셰 공주를 비롯해 프랑크 족의 침략을 막아낸 자보이와 슬라보이 등 체코의 전설적인 영웅의 석상이 가득하다.

구글 지도 GPS 50.064028, 14.417818
찾아가기 성 베드로·바울 성당 정문을 등지고 왼쪽에 있는 입구로 진입
주소 K Rotundě, 128 00 Praha
전화 +420-241-410-348
시간 1~2·11~12월 08:00~17:00, 3~4·10월 08:00~18:00, 5~9월 08:00~19:00
휴무 없음 **가격** 무료
홈페이지 www.praha-vysehrad.cz
MAP P.116G

No.4 로툰다 성당
St. Martin's Rotunda

비셰흐라드가 가장 빛나던 시절에 세운 예배당으로 프라하에서 가장 오래된 예배당이기도 하다. 로툰다는 원형의 건물을 뜻하는 단어이며 당시의 모습 그대로 보존되어 있다. 안으로 들어갈 수는 없다.

구글 지도 GPS 50.063672, 14.421585
찾아가기 조각 공원 산책로를 따라 걷다 보면 길 끝에서 도보 2분
주소 Rotunda sv. Martina **전화** 없음
시간 24시간(실내 관람 불가) **휴무** 없음
가격 무료 **홈페이지** www.praha-vysehrad.cz **MAP** P.116H

7 HOLEŠOVICE & [홀레쇼비체 지구와 부베네츠 지구]

놓치면 후회하는 외곽 지역

홀레쇼비체(Holešovice)는 1884년 프라하 시에 포함된 곳으로 현재 신시가지 북쪽의 블타바 강 건너편에 자리한다. 근래 들어 여행자들에게 주목받는 곳으로 현재 프라하의 대표적인 컨템퍼러리 아트 갤러리가 있다. 레트나 공원이 있는 부베네츠(Bubeneč) 지구는 말라 스트라나 북쪽에 위치하며 녹지가 풍성한 거주 지역으로 구시가지의 유대 인 지구에서 체호프 다리를 건너 방문할 수 있다.

BUBENEČ

119

인기
★★★

나 홀로
★★★★

커플
★★★★

PLUS INFO
잘 알려지지 않은 프라하의 히든 플레이스가 많다.

PLUS INFO
레트나 공원을 거닐며 블타바 강이 흐르는 프라하 시가를 조망해 보자.

가족
★★★★

쇼핑
★★

PLUS INFO
아이들과 함께 스트로모프카를 산책하며 국립 기술 박물관, 천체 과학관을 관람하자.

식도락
★★

나이트라이프
★★

문화 유적
★★★

PLUS INFO
박진감 넘치는 체코의 아이스하키 경기를 관람해보자.

PLUS INFO
프라하 시내 중심가에서 메트로를 타고 와서 트램을 이용해 둘러보자.

복잡함
★★

청결
★★★

접근성
★★★

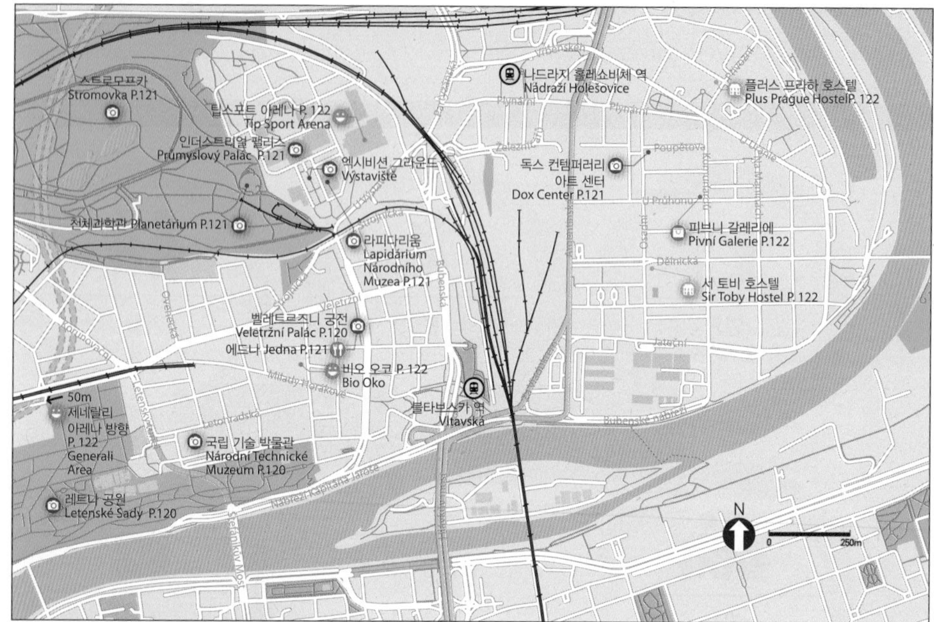

SIGHTSEEING

No. 1 레트나 공원
Letna Park / Letenské Sady

프라하의 대표적인 공원으로 아름다운 시티 뷰와 리버 뷰를 선사하는 공원이다. 공원의 남동쪽에 아웃도어 비어 가든이 마련되어 있어 여름철 인기를 끈다. 이 공원의 심장부에는 레트나 테라사(Letna Terása)라는 테라스가 있는데, 과거에 소련의 독재자 스탈린의 석상이 놓여 있던 곳이다.

구글 지도 GPS 50.09565, 14.420088
찾아가기 구시가에서 체호프 다리 건너 북쪽에 위치, 5·17·53번 트램 탑승 후 레트나 테라사 인근에서 하차 **주소** Letenské Sady, 170 00 Praha 7 **전화** +420-221-714-444
시간 24시간 **휴무** 없음 **가격** 무료
홈페이지 없음
MAP P.120 **1권** P.088, 122, 204

No. 2 국립 기술 박물관
Národní Technické Muzeum

1908년에 오픈한 박물관으로 과학과 산업 기술에 관련된 다양한 전시물을 보유한 곳이다. 20세기 초 체코에서 사용한 자동차, 비행기, 기차 등이 전시되어 있다. 가까운 거리에 레트나 공원이 자리한다.

구글 지도 GPS 50.097537, 14.424741
찾아가기 메트로 C선 블타브스카(Vltavská) 역에서 도보 20분 **주소** Kostelní 1320/42, 170 78 Praha 7 **전화** +420-220-399-111
시간 화~일요일 09:00~18:00 **휴무** 월요일
가격 성인220Kč, 학생 및 65세이상 100Kč 가족(성인2, 자녀2) 420Kč, 5세이하 무료 가이드 투어(영어) 성인150Kč, 학생 및 65세이상 100Kč
홈페이지 www.ntm.cz
MAP P.120

No. 3 벨레트르즈니 궁전
Veletrzini Palace / Veletržní Palác

아마 이곳은 프라하에서 가장 멋진 구조를 지닌 미술 전시공간일 것이다. 겉모습은 평범한 현대식 건물에 지나지 않지만 내부로 들어서면 ㅁ자 형태로 공간 구조가 이루어져 있어 어느 층에서나 코트야드를 내려다볼 수 있다. 이곳의 전시물은 회화, 그래픽, 설치미술, 비디오아트 등 다양한 장르의 모던 아트와 컨템퍼러리 아트가 주를 이룬다.

구글 지도 GPS 50.101972, 14.432945
찾아가기 메트로 C선 블타브스카(Vltavská) 역에서 도보 20분 **주소** Dukelských Hrdinů 47, 170 00 Praha 7 **전화** +420-224-301-122
시간 화·목~일요일 10:00~1800, 수요일 10:00~20:00 **휴무** 월요일 **가격** 성인 170Kč, 아동 90Kč **홈페이지** www.ngprague.cz/en/contact-veletrzni-palace **MAP** P.120 **1권** P.113

No. 4 라피다리움
Lapidarium / Lapidárium Národního Muzea

카를교 위에 세운 30개의 성인(聖人) 조각상의 오리지널 작품을 보관하고 있는 조각관. 다시 말해 현재 카를교에 놓인 30개의 성인 조각상은 모두 복제품이다. 오리지널 성인 조각상 외에도 중세부터 19세기까지의 주옥 같은 조각품들이 전시되어 있다.

Ⓖ **구글 지도 GPS 50.105549, 14.43151**
Ⓢ **찾아가기** 메트로 C선 나드라지 홀레쇼비체(Nádraží Holešovice) 역에서 도보 15분
Ⓐ **주소** Výstaviště 422, 170 00 Praha 7
Ⓣ **전화** +420-702-013-372 Ⓞ **시간** 수요일 10:00~16:00, 목~일요일 12:00~18:00 Ⓒ **휴무** 월·화요일 Ⓢ **가격** 성인 50Kč, 학생·60세 이상 30Kč, 가족 90Kč
Ⓗ **홈페이지** www.nm.cz
Ⓜ **MAP** P.120 Ⓑ **1권** P.117

No. 5 인더스트리얼 팰리스
Industrial Palace / Průmyslový Palác

1891년 세워졌으며 오랫동안 프라하의 대표적인 전시회, 박람회, 각종 이벤트 공간으로 활용되던 곳이다. 건물은 철재를 사용한 구조물 위에 유리로 덮여 있으며 중앙에는 51m 높이의 시계탑이 서 있다. 2008년 화재로 인해 근래 대대적인 개·보수를 했다. 전시가 있을 때만 오픈하기에 방문하기 전 미리 홈페이지를 확인하는 게 좋다.

Ⓖ **구글 지도 GPS 50.106713, 14.430167**
Ⓢ **찾아가기** 메트로 C선 나드라지 홀레쇼비체(Nádraží Holešovice) 역에서 도보 15분 Ⓐ **주소** Výstaviště, 170 00 Praha 7 Ⓣ **전화** +420-702-013-372 Ⓞ **시간** 전시마다 다름 Ⓒ **휴무**
Ⓢ **가격** 전시마다 다름
Ⓗ **홈페이지** www.vystavistepraha.eu
Ⓜ **MAP** P.120

No. 6 독스 컨템퍼러리 아트센터
DOX Centrum Současného Umění

여행자들이 즐겨 찾는 구시가 광장에서 조금 떨어져 있지만 독창적인 예술에 관심이 많은 여행자라면 방문해볼 만한 곳이다. 체코의 로컬 아티스트뿐 아니라 유럽과 전 세계의 컨템퍼러리 아트 작품으로 구성되어 있다.

Ⓖ **구글 지도 GPS 50.106831, 14.447467**
Ⓢ **찾아가기** 메트로 C선 나드라지 홀레쇼비체(Nádraží Holešovice) 역에서 도보 15분
Ⓐ **주소** Poupětova 1, 170 00 Praha 7
Ⓣ **전화** +420-774-145-434 Ⓞ **시간** 월·토·일요일 10:00~18:00, 수·금요일 11:00~19:00, 목요일 11:00~21:00 Ⓒ **휴무** 화요일 Ⓢ **가격** 성인 180Kč, 학생 및 65세이상 90Kč, 가족 300Kč, 소인(7~15세) 60Kč, 6세미만 무료 Ⓗ **홈페이지** www.dox.cz/en Ⓜ **MAP** P.120 Ⓑ **1권** P.113

No. 7 천체 과학관
Planetarium / Planetárium

1960년대 오픈한 곳으로 현재 세계에서 가장 큰 규모의 천체 과학관 중 하나다. 지름 23.5m의 돔 천장에 투영되는 스페이스 쇼를 통해 우주의 신비를 만끽할 수 있다.

Ⓖ **구글 지도 GPS 50.105544, 14.427505**
Ⓢ **찾아가기** 메트로 C선 나드라지 홀레쇼비체(Nádraží Holešovice) 역에서 5·12·15·54번 트램 탑승 후 엑시비션 그라운드 앞에서 하차해 도보 5분 Ⓐ **주소** Královská Obora 233, 170 21 Praha 7 Ⓣ **전화** +420-220-999-002 Ⓞ **시간** 월요일 08:30~12:00 화~금요일 08:30~20:00 토요일 10:30~20:00 일요일 10:30~18:30 Ⓒ **휴무** 금요일 Ⓢ **가격** 스페이스 쇼 관람 성인 150Kč, 3~15세 90Kč, 65세 이상 120Kč, 가족(성인2명, 15세미만 자녀 4명까지) 360Kč 전시관 성인 50Kč, 3~15세 40Kč, 65세 이상 40Kč Ⓗ **홈페이지** http://planetarium.cz Ⓜ **MAP** P.120 Ⓑ **1권** P.091

No. 8 스트로모프카
Stromovka

프라하에서 가장 방대한 공원이다. 트리 파크(Tree Park)라고 불릴 정도로 숲으로 가득하다. 먼 옛날 이곳은 사슴들이 뛰어노는 디어 파크(Deer Park)였으며 13세기 왕실 사냥터로 공원이 조성되었다고 한다. 시민들에게는 하이킹, 사이클링, 산책을 위한 자연 공간이자 휴식 공간이다.

Ⓖ **구글 지도 GPS 50.108587, 14.431271**
Ⓢ **찾아가기** 5·12·14·15·17·53·54번 트램 탑승 후 라피다리움 인근에서 하차해 공원의 남동쪽 입구로 진입 Ⓐ **주소** Stromovka, 170 00 Praha 7
Ⓣ **전화** +420-242-441-593 Ⓞ **시간** 24시간
Ⓒ **휴무** 없음 Ⓢ **가격** 무료
Ⓗ **홈페이지** www.stromovka.cz
Ⓜ **MAP** P.120 Ⓑ **1권** P.090, 204

EATING

No. 1 에드나
Jedna

벨레트르즈니 팰리스 안에 위치한 작은 카페. 월요일에서 금요일까지 홈메이드 브레드와 수프를 제공하기에 간단한 점심 식사로 충분하다. 맥주, 럼, 위스키 등 다양한 주류도 판매한다. 종종 카페에서 의류, 핸드백 등 다양한 레트로 패션 아이템을 사고 파는 행사가 열린다.

Ⓖ **구글 지도 GPS 50.101972, 14.432945**
Ⓢ **찾아가기** 메트로 C선 블타브스카(Vltavská) 역에서 도보 20분 Ⓐ **주소** Dukelských Hrdinů 47, 170 00 Praha 7 Ⓣ **전화** +420-778-440-877
Ⓞ **시간** 09:30~22:00 Ⓒ **휴무** 월요일
Ⓢ **가격** 홈메이드 브레드와 수프 45Kč, 과일을 넣은 포리지(아침 메뉴) 55Kč, 로스트 비프 샌드위치 60Kč
Ⓗ **홈페이지** cafejedna.cz Ⓜ **MAP** P.120

SHOPPING

No.1 피브니 갈레리에 Pivní Galerie

홀레쇼비체 지구에 있는 맥주 전용 숍. 체코 전역의 소규모 양조장에서 빚은 다양한 맥주를 만날 수 있으며, 이곳에서 마시거나 사 가지고 갈 수도 있다. 구시가지 광장에서는 많이 떨어져 있지만 찾아가볼 만하다.

구글 지도 GPS 50.105187, 14.449343
찾아가기 12 · 14번 트램 탑승 후 우 프루호누(U Průhonu) 역 하차, 오른쪽 사거리까지 직진 후 좌회전해 50m 정도 걸으면 오른쪽에 위치
주소 U Průhonu 1156/9, 170 00 Praha 7-Holešovice **전화** +420-220-870-613
시간 월~금요일 12:30~20:00
휴무 토~일요일
홈페이지 www.pivnigalerie.cz
MAP P.120 **1권** P.178

ACTIVITY

No.1 비오 오코 Bio Oko

국립 기술 박물관과 벨레트르즈니 팰리스 사이에 위치한 작은 영화관으로 예술성 있는 유럽 영화나 사회문제를 다룬 영화 등을 상영한다. 해당 홈페이지를 영어로 볼 수 있어 상영 중인 영화나 상영 예정 중인 영화에 대한 정보를 얻을 수 있다. 대부분 오리지널 언어로 상영되며 스크린에 체코 어 자막이 표기된다.

구글 지도 GPS 50.100048, 14.430144
찾아가기 메트로 C선 블타브스카(Vltavská) 역에서 도보 20분 **주소** Františka Křížka 15, 170 00 Praha **전화** +420-233-382-606
시간 월~금요일 10:00~01:00, 토 · 일요일 14:00~ 01:00 **휴무** **가격** 40Kč
홈페이지 www.biooko.net **MAP** P.120

No.2 제네랄리 아레나 Generali Area

1921년 세운 유서 깊은 경기장으로 1만9000명을 수용한다. 스파르타 축구팀의 홈 경기장으로 사용되고 있다. 티켓은 경기 당일 현장에서 또는 티켓 포털 사이트(www.ticketportal.cz) 등을 통해 예매할 수 있다

구글 지도 GPS 50.099829, 14.415923
찾아가기 메트로 C선 블타브스카(Vltavská) 역에서 1 · 25 · 56번 트램 탑승 후 경기장 앞에서 하차
주소 M. Horákové 1066/98, 170 82 Praha 7
전화 +420-296-111-400
시간 시즌은 8~12월까지, 2~6월까지이며 경기는 수 · 토 · 일요일 15:00시경이나 18:45에 개최
가격 130Kč~ **홈페이지** www.sparta.cz
MAP P.120 **1권** P.207

No.3 팁스포트 아레나 Tipsport Arena

체코에서는 아이스하키가 축구와 함께 가장 인기 있는 스포츠다. 프라하에는 스파르타와 슬라비아 두 팀이 존재한다. 부베네치 지구에 자리한 팁 스포트 아레나는 스파르타 하키 팀의 홈구장으로 실내 아이스링크다.

구글 지도 GPS 50.106942, 14.43412
찾아가기 메트로 C선 나드라지 홀레쇼비체(Nádraží Holešovice) 역에서 도보 15분, 또는 나드라지 홀레쇼비체 역에서 5 · 12 · 15 · 54번 트램 탑승 후 엑시비션 그라운드 앞에서 하차 **주소** Za Elektrárnou 1, 170 00 Praha **전화** +420-266-727-443 **시간** 하키 시즌은 주로 9월 초부터 이듬해 3월 말까지이며 경기는 수 · 토 · 일요일 저녁에 개최 **가격** 200~300Kč **홈페이지** tipsportarena-praha.cz
MAP P.120 **1권** P.206

HOTEL

No.1 서 토비 호스텔 Sir Toby Hostel

프라하를 찾는 여행자들에게 가장 인기 많은 호스텔 중 하나다. 시설이 훌륭하고 깨끗한 것이 장점. 여행자들끼리 교류할 수 있는 사교 공간인 안뜰이나 지하에 마련된 라운지도 훌륭하다. 무료 와이파이 사용이 가능하다.

구글 지도 GPS 50.103110, 14.448068
찾아가기 메트로 C선 블타브스카(Vltavská) 역에서 1 · 3 · 5 · 25번 트램 탑승 후 델니츠카(Dělnická) 거리에서 하차해 도보 3분
주소 Dělnická 24, 170 00 Praha 7
전화 +420-283-870-636 **시간** 24시간
휴무 없음 **가격** 12인 다인실 10€~, 여성전용 6인실 14€~, 5~6인실 12€~, 개인 욕실이 딸린 2~3인실 37€~, 개인 욕실이 딸린 1~2인실 35€~
홈페이지 www.sirtobys.com **MAP** P.120

No.2 플러스 프라하 호스텔 Plus Prague Hostel

홀레쇼비체 지구 북동쪽에 위치한 대규모 호스텔로, 당구장, 실내 수영장 등의 시설을 갖추었다. 스타일리시한 감각의 바 라운지도 인상적이다.

구글 지도 GPS 50.109398, 14.451392
찾아가기 메트로 C선 나드라지 홀레쇼비체(Nádraží Holešovice) 역에서 5 · 12 · 15 · 54번 트램 탑승 후 플리나르미 거리 동쪽 끝에서 하차해 도보 1분 **주소** Privozni 1, 170 00 Praha
전화 +420-220-510-046
시간 24시간 **휴무** 없음
가격 8인실 220Kč~, 6인실 270Kč~, 싱글룸 911Kč~, 3인실 822Kč~, 4인실 1111Kč~
홈페이지 http://plus-prague.prague-hotels.org/en **MAP** P.120

⊕ PLUS AREA 트로야

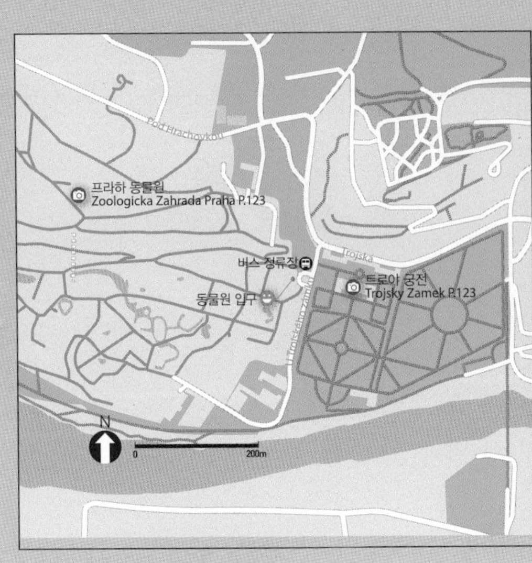

트로야 지구는 부베네치 지구와 홀로쇼비체 지구에서 블타바 강 건너편 북쪽에 자리해 찾아가기가 비교적 수월하다. 반나절 일정으로 이곳에 자리한 트로야 성과 프라하 동물원을 둘러보자.

SIGHTSEEING

No.1 트로야 궁전
Troja Palace / Trojsky Zamek

프라하 시내 외곽에 자리한 프라하의 숨은 진주와 같은 곳이다. 17세기 바로크 양식으로 지은 건축물로, 당시 귀족인 슈텐베르그 가문이 살던 곳이다. 천장화가 인상적인 성 내부는 아트 갤러리 공간으로 쓰인다. 무엇보다 19세기 체코의 조각품, 회화 작품 등이 돋보인다. 맑은 날 늦은 오후에 트로야 성 앞, 잘 가꾼 프렌치 바로크 스타일의 정원을 산책해보자. 트로야 성은 프라하 동물원 바로 맞은편에 위치한다.

구글 지도 GPS 50.116442, 14.412818
찾아가기 메트로 C선 나드라지 홀레쇼비체(Nádraží Holešovice) 역에서 112번 버스 탑승 후 종점에서 하차(20분)
주소 U Trojského Zámku 1, 170 00 Praha 7
전화 +420-283-851-614 **시간** 화~일요일 10:00~18:00 **휴무** 월요일
가격 성인 120Kč, 학생 · 10세 이상 60Kč, 65세 이상 30Kč, 가족 250Kč, 영어 가이드 투어(사전 예약) 40Kč
홈페이지 https://www.prague-guide.co.uk/troja-palace **MAP** P.123
1권 P.114

No.2 프라하 동물원
Praha Zoo / Zoologicka Zahrada Praha

프라하 동물원은 프라하의 또 다른 숨은 어트랙션이다. 이곳은 열대 습윤 지역의 조류와 동물이 모여 있는 지역, 펭귄이나 바다표범 등 극지방에 사는 동물 지역, 맹수들이 모여 있는 지역 등으로 나뉘어 있다. 고릴라, 자이언트 샐러맨더(거대 도롱뇽의 일종), 마다가스카르 여우원숭이 등 희귀 동물을 볼 수 있다. 방대한 면적의 숲과 정원으로 이루어졌기 때문에 산책하기에 좋다.

구글 지도 GPS 50.117832, 14.405907
찾아가기 메트로 C선 나드라지 홀레쇼비체(Nádraží Holešovice) 역에서 120번 버스 탑승 후 종점에서 하차(10분)
주소 U Trojského Zámku 120, 170 00 Praha 7
전화 +420-296-112-230
시간 1~2월 09:00~16:00, 3월 09:00~17:00, 4~5월 09:00~18:00, 6~8월 09:00~21:00, 9~10월 09:00~18:00, 11~12월 09:00~16:00 **휴무** 월 · 화요일
가격 성인 200Kč, 4~15세 150Kč, 학생 150Kč, 3세 이하 무료, 가족(성인2, 15세이하 자녀 2명까지) 600Kč **홈페이지** www.zoopraha.cz
MAP P.123

PLUS AREA 크벨리 & 레트냐니

프라하 동쪽에 자리한 크벨리 지구는 프라하 메트로 C선의 북동쪽 종착점인 레트냐니 역 주변에 위치한다. 이곳에는 아이들과 함께 둘러볼 만한 크벨리 에어크래프트 뮤지엄이 있다.

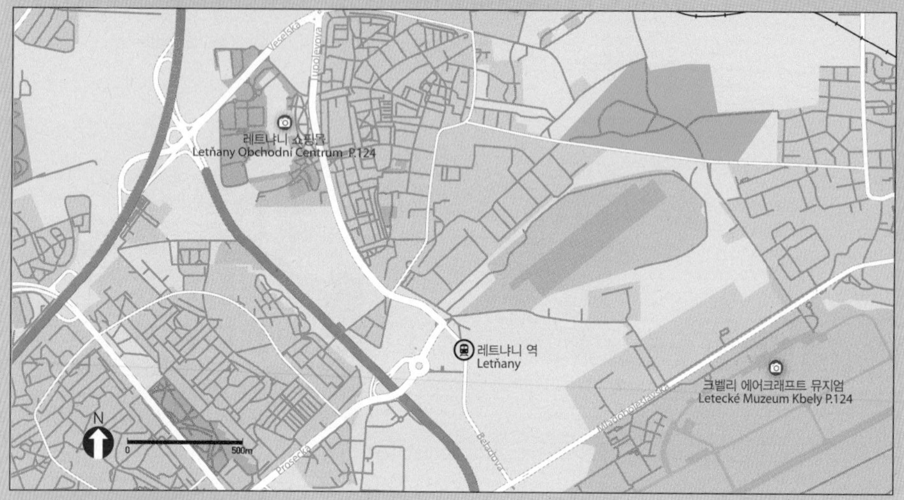

SIGHTSEEING

No. 1 크벨리 에어크래프트 뮤지엄
Kbely Aircraft Museum / Letecké Muzeum Kbely

프라하의 유일한 아웃도어 비행기 전시장이다. 제1차 세계대전과 제2차 세계대전에서 사용한 전투기를 비롯해 1970~1980년대 체코 공군에서 사용한 전투기, 헬리콥터, 수송기 등이 전시되어 있다. 비행기에 관심이 많거나 아이들과 함께라면 잠시 둘러볼 만한 곳이다.

구글 지도 GPS 50.123259, 14.542357 **찾아가기** 레트냐니(Letňany) 역에서 269번 버스 탑승 후 뮤지엄 앞에서 하차(3분) **주소** Ul. Mladoboleslavská 300, 197 00 Praha 9 **전화** +420-973-204-900 **시간** 5~10월 화~일요일 10:00~18:00 **휴무** 11월 1일~4월 30일, 5~10월 매주 월요일 **가격** 무료 **홈페이지** www.vhu.cz/english-summary **MAP** P.124

No. 2 레트냐니 쇼핑몰
Letnany Shopping Mall / Obchodní Centrum Letňany

대규모 쇼핑몰로 주요 패션 브랜드 부티크 숍을 비롯해 스포츠 숍, 푸드코트, 테스코 슈퍼마켓, 멀티 시네마, 아이들을 위한 인도어 플레이그라운드 등이 들어서 있다. 인근에 아이스링크와 실내 수영장이 있다.

구글 지도 GPS 50.136696, 14.502215
찾아가기 레트냐니(Letňany) 역에서 하차해 OC라고 표기된 오른쪽 출구로 나와 140 · 195번 버스 탑승 후 투폴레보바(Tupolevova)에서 하차(5분), 또는 레트냐니(Letňany) 역에서 10~12분마다 운행하는 무료 셔틀버스인 OCL버스 탑승
주소 Veselská 663, 190 00 Praha 9
전화 +420-221-741-111
시간 10:00~21:00(테스코 슈퍼마켓은 24시간 오픈) **홈페이지** www.letnanymall.com
가격 매장별 상이 **MAP** P.124

근교 지역 1

ČESKÝ KRUML[O]
[체스키 크룸로프]

체코의 오솔길 같은 아기자기한 동화 속 마을

체코의 오솔길이라는 뜻을 지닌 체스키 크룸로프는 또 다른 중세의 멋을 지닌 곳이다. 한국 여행자들이 프라하 다음으로 많이 찾는 곳이기도 하다. 프라하에서 당일로 방문하는 것도 가능하지만 이곳에서 1박 정도 하면서 천천히 둘러보는 것도 좋다. 여유로운 체코의 분위기를 제대로 느낄 수 있는 마을이다.

인기
★★★★

나 홀로
★★★

커플
★★★

PLUS INFO
한국 여행자들이 프라하 다음으로 많이 찾는다. 프라하와는 또 다른 모습의 체코 중세 도시를 보고 싶다면 들러보자.

가족
★★★

쇼핑
★★★

PLUS INFO
중세 고성인 크룸로프 성에 올라 그림 같은 구시가를 조망해보자.

식도락
★★★

나이트라이프
★

문화 유적
★★★

PLUS INFO
프라하에서 기차로 방문할 경우 체스케 부데요비체를 경유해야 한다.

복잡함
★★★

청결
★★★

접근성
★★

TRAVEL MEMO

체스키 크룸로프 여행 & 교통편 한눈에 보기

MUST SEE

체스키 크룸로프에서
이것만은 꼭 보자!

No. 1

크룸로프 성에서 도시 조망

체스키 크룸로프의 중심 지구는 많은 여행자들이 좋아하는 유럽의 베스트 포토 스폿 중 하나다.

No. 2

고풍스러운 광장 주변

스보르노스티 광장은 중심지의 대표적인 광장으로 주변에 중세 가옥들이 밀집해 있으며 가옥 사이로 중세풍 골목길이 있어 고풍스럽다.

No. 3

구시가의 랜드마크를 찾아라

비타 교회는 이 도시의 대표적인 교회 건축물로 고딕 양식과 바로크 양식을 혼합한 구시가의 랜드마크이기도 하다.

프라하에서 체스키 크룸로프 가는 방법

① **버스** - 레오 익스프레스 (Leo Express) 버스는 프라하 중앙역 인근에서 주 6회 운행한다. 소요 시간 2시간 10분이며 요금은 약 9.5€. 출발시간 및 요금은 홈페이지 www.leoexpress.com에서 조회할 수 있으며 신용카드를 통해 예매도 가능하다.
플릭스 버스(flix bus)를 통해서도 프라하의 플로렌치 역에서 체스키 크룸로프로 갈 수 있다. (주 4회, 직행의 경우 2시간 40분 소요, 경유편의 경우 3시간45분~4시간 40분 소요) 홈페이지 www.flixbus.com를 통해 자세한 출발시간 및 요금을 조회할 수 있다

② **기차** - 프라하 중앙역에서 급행열차를 통해 갈아타지 않고 체스키 크룸로프까지 갈 수 있다.(하루 1회, 2시간 54분 소요) 직행 열차가 아닌 경우에는 체스케 부데요비체에서 기차를 갈아타야 한다. 프라하에서 체스케 부데요비체까지는 기차로 약 2시간 정도 걸린다. 요금은 177Kč~280Kč 정도다. 직행 열차의 경우 프라하 중앙역에서 오전 8시1분에 출발하여 체스키 크룸로프에 오전10시55분에 도착한다. 체코 철도청 홈페이지인 www.cd.cz를 통해 정확한 스케쥴과 요금을 조회할 수 있으며 신용카드로 예매도 가능하다.

출발지 상세 정보

① **버스** - 프라하 중앙역의 디파쳐 홀이나 1번 플랫폼에서 버스 안내표시를 따라가면 건물 바깥에 있는 버스 정류장 안내 표시판을 발견할 수 있다. (거리명-빌소노바 Wilsonova) 이 정류장에 레오 익스프레스 버스를 포함해 일부 장거리 버스가 정차한다. 별도의 매표 창구가 없으므로 온라인으로 예매한 이티켓 e-ticket을 버스기사에게 보여주면 된다.

도착지 상세 정보

① **버스 터미널** - 체스키 크룸로프의 버스 터미널(Autobusové Nádraží)은 중심지에서 도보로 10분 거리에 있다.
② **기차역** - 체스키 크룸로프 중앙역은 중심지에서 도보로 30분 떨어져 있다. 시내버스가 중앙역과 중심지 사이를 운행한다. 중앙역 인근에서 시내버스를 타고 슈피차크(Špičák)에서 내리면 고성과 주요 명소가 있는 중심지 북쪽에 쉽게 접근할 수 있다.

오스트리아에서 체스키 크룸로프 가는 방법

① **기차** - 비엔나 등 오스트리아의 주요 도시에서 체스키 크룸로프를 방문하려면 먼저 접경지대에 자리한 린츠를 경유해야 한다. 기차로 린츠에서 체스키 크룸로프까지 3시간 30분~4시간 10분 정도 소요되며 최소한 서너 차례 경유지에서 기차를 갈아타야 한다(프레가르텐(Pregarten), 수메라우(Summerau), 브첼나(Vcelna), 크렘제(Kremze) 등지 경유-보다 자세한 정보는 www.bahn.com/i/view/GBR/en 참조).

② **셔틀버스** - 사이트(www.ckshuttle.cz)를 통해 린츠-체스키 크룸로프/체스키 크룸로프-린츠 구간을 운행하는 셔틀버스 티켓을 예매할 수 있다. 택시처럼 탑승자 본인만을 위한 차량(4인승, 8인승)이므로 시내의 출발지와 행선지를 정할 수 있다. 소요 시간은 1시간 30분이며 요금은 1인당 500Kč다.

체스키 크룸로프 시내 교통

① **도보** - 체스키 크룸로프 중심지는 크지 않기에 여행자들은 도보로 대부분의 지역을 둘러본다.

② **택시** - 체스키 크룸로프에서 택시를 이용하려면 대부분 택시 회사로 전화를 걸어 불러야 한다. 그린 택시(Green Taxi) +420-380-712-712

③ **셔틀버스**- 원하는 행선지까지 차량을 제공한다. 또 관광객을 상대로 반나절, 한나절 체스키 크룸로프 주변의 명소를 둘러보는 프로그램을 제공한다. 가격이 택시보다 비싸다. 로보 셔틀(Lobo Shuttle) +420-777-637-374

체스키 크룸로프는 어떤 곳?

인구 1만5000명의 아담한 중세 도시로, 블타바 강이 굽이쳐 흐르는 드라마틱한 지형이 특징이다. 이곳은 14세기부터 16세기까지 수공업과 상업으로 번영해 부를 이룬 곳이다. 오늘날 이곳에서 볼 수 있는 대부분의 건축물도 이곳의 번영기에 세워진 것들이다.

SIGHTSEEING

No.1 체스키 크룸로프 성 Cesky Krumlov Castle / Zámek Český Krumlov

블타바 강을 내려다보는 산 언덕 위에 서 있는 이 고성은 체코를 대표하는 고성 중 하나로 오늘날 가장 잘 보존된 중세 고성이다. 프라하 성 다음으로 큰 규모를 자랑하며 내부에 300개의 실내 공간이 있다. 13세기에 고딕 양식으로 세워졌으며 그 후 르네상스 양식의 건물이 증축되었다. 가이드 투어를 통해 내부 관람이 가능하다. 내부의 여러 공간을 비롯해 캐슬 시어터, 캐슬 뮤지엄, 캐슬 타워, 캐슬 가든 등을 둘러볼 수 있다. 꼭 둘러볼 만한 곳으로 1576년 만든 로즘베르크 룸(Rožmberk Room)이 있다. 가장 아름다운 실내 공간인 이곳은 르네상스 스타일의 천장화와 나무로 만든 천장이 인상적인 곳이다.

구글 지도 GPS 48.81296440297702, 14.314519136194681
찾아가기 스보르노스티 광장에서 북쪽으로 걸어가다 나 플라슈티 다리를 건너면 오른쪽에 위치
주소 Zámek 59, 381 01 Český Krumlov 전화 +420-380-704-721
시간

제1 가이드 투어(성 내부의 인테리어 소개 위주)

시기	시간	소요 시간	마지막 투어
4~5월	매일 09:00~16:00	55분	15:00
6~8월	매일 09:00~17:00	55분	16:00
9~10월	매일 09:00~16:00	55분	15:00

가격 가이드 투어 비용 (영어) 성인 320Kč, 학생 및 65세이상 220Kč, 가족 860Kč

제2 가이드 투어 (역사 소개 위주)

시기	시간	소요 시간	마지막 투어
5월	매일 09:00~16:00	55분	15:00
6~8월	매일 09:00~17:00	55분	16:00
9월	매일 09:00~16:00	55분	15:00

가격 가이드 투어 (영어) 성인 240Kč, 학생 및 65세 이상 170Kč, 가족 650Kč

캐슬 시어터 가이드 투어(영어)

시기	시간	소요 시간	마지막 투어
5~10월	화~일요일 10:00~15:00. 40분 진행	40분	14:00

가격 성인 350Kč, 학생 및 65세 이상 240Kč, 소인 240Kč, 가족 950Kč

캐슬 뮤지엄 가이드 투어(영어)

시기	오픈 시간	마지막 입장
3월	화~일요일 09:00~15:00	14:30
4~5월	매일 09:00~16:00	15:30
6~8월	매일 09:00~17:00	16:30
9~10월	매일 09:00~16:00	15:30
11.1~12.22	화~일요일 09:00~15:00	14:30

가격 가이드 투어 성인 100Kč, 학생 및 65세이상 70Kč, 소인 70Kč

캐슬 타워

시기	오픈 시간	마지막 입장
3월	화~일요일 09:00~15:15	14:45
4~5월	매일 09:00~16:15	15:45
6~8월	매일 09:00~17:15	16:45
9~10월	매일 09:00~16:15	15:45
11.1~12.22	화~일요일 09:00~15:15	14:45

가격 입장 캐슬 뮤지엄+타워 180Kč, 가족 270Kč 가이드 투어 성인100Kč, 학생 및 65세이상 70Kč

캐슬 가든

시기	시간
4월	매일 08:00~17:00
5~9월	매일 08:00~19:00
10월	매일 08:00~17:00

가격 무료 입장 휴무 월요일 가이드 투어 없음, 11~3월 가이드 투어 없음 홈페이지 www.castle.ckrumlov.cz / www.zamek-ceskykrumlov.cz MAP P.128

체스키 크룸로프 카드 : 체스키 크룸로프의 다섯 군데 주요 명소에서 입장권을 각각 50% 할인 받을 수 있다. 타인에게 양도 가능. 관광안내소에서 구입. 유효기간 연말까지.
가격 성인 300Kč, 가족(성인2, 자녀3) 600Kč, 학생 및 65세 이상 150Kč

No. 2 스보르노스티 광장
Svornosti Square / Náměstí Svornosti

16세기 중반에 형성된 체스키 크룸로프 중심지의 구심점이다. 예로부터 시장이 들어선 광장으로 시 청사를 비롯해 주옥같은 고딕 양식의 중세 건축물이 늘어선 포토 스폿이다. 광장 중앙에는 1716년 세워진 전염병 추모 기념비가 기둥 형태로 서 있다.

구글 지도 GPS 48.483743, 14.18539
찾아가기 라트란 지구에서 라제브니츠키 다리를 건너 찾아갈 수 있다. 체스키 크룸로프 성에서는 나 플라슈티 다리를 건너 남쪽으로 200m에 위치한다. **주소** Náměstí Svornosti, Český Krumlov, 38101 **전화** 없음 **시간** 24시간 **휴무** 없음 **가격** 무료 **홈페이지** 없음
MAP P.128

No. 3 비타 교회
St. Vitus Church / Kostel svatého Víta

15세기 초에 세워진 고딕 양식의 교회로 내부에는 성자 비타의 모습이 그려진 바로크 초기 양식의 제단이 있다. 북쪽 통로 벽면에는 1430년에 그린 고딕 양식의 벽화가 있다. 한때 1393년 그려진 '크룸로프의 마돈나(현 비엔나 미술사 박물관 소장)'라는 그림이 걸려 있었다.

구글 지도 GPS 48.809962, 14.315554
찾아가기 스보르노스티 광장에서 호르니(Horni) 거리를 따라 도보 3분
주소 156 Horní, 381 01 Český Krumlov
전화 +420-380-711-336
시간 10:00~18:00 **휴무** 없음 **가격** 무료
홈페이지 없음
MAP P.128

No. 4 에곤 실레 아트 센터
Econ Schiele Art Centrum

에곤 실레는 표현주의를 대표하는 오스트리아의 아티스트로 클림트와 함께 비엔나를 베이스로 20세기 초에 활약한 인물이다. 그가 활약했던 시대에는 그의 외설적 표현으로 많은 구설수에 오르기도 했다. 전시 공간은 작지만 이곳에서 그의 유품과 유작을 만날 수 있다.

구글 지도 GPS 48.8072692, 14.3163808
찾아가기 스보르노스티 광장 왼쪽 시로카(Široká) 거리에 위치 **주소** Široká 71, 381 01 Český Krumlov **전화** +420-380-704-011
시간 10:00~18:00 **휴무** 부정기적 **가격** 성인 180Kč, 학생 90Kč, 65세이상 130Kč, 가족(성인2, 자녀3) 420Kč, 6세미만 무료 **홈페이지** www.schieleartcentrum.cz **MAP** P.128

EATING

No. 1 크르츠마 샤틀라바
Tavern Satlava / Krčma Šatlava

르네상스 스타일의 건물 안에 자리한 전통 체코 요리 전문 레스토랑으로 내부에 80석, 외부에 40석의 자리를 갖추었다. 밤마다 중세 검투사들의 칼싸움을 관람하거나 악단의 흥겨운 연주를 들으면서 중세 체코 요리를 맛볼 수 있다. 한국 여행자들이 즐겨 찾는 곳 중 하나. 홈페이지에 한국어 메뉴가 안내되어 있다.

구글 지도 GPS 48.483858, 14.185732
찾아가기 스보르노스티 광장 바로 오른쪽 호르니(Horni) 거리에 위치
주소 Sätlavská, 381 01 Český Krumlov
전화 +420-380-713-344(예약) **시간** 11:00~00:00
휴무 없음 **가격** 체코식 그릴 미트 메뉴 (250g기준) 155~355Kč, 체코식 믹스 그릴 메뉴(2인분, 600g) 530Kč **홈페이지** www.satlava.cz **MAP** P.128

HOTEL

No. 1 슈밤베르스키 둠
Hotel Švamberský Dům

레스토랑과 호텔을 겸한 곳이다. 체스키 크룸로프에서 하루 정도 지낼 때 묵으면 편리하다. 방도 깔끔하고 넓어 가족끼리 지내기에도 좋다. 레스토랑과 함께 있어 식사를 해결하기에 좋다. 호텔비에 조식이 포함되어 있다.

구글 지도 GPS 48.810692, 14.314018
찾아가기 스보르노스티 광장 서쪽에 위치, 광장에서 도보 5분
주소 35 Soukenická, 381 01 Český Krumlov
전화 +420-380-711-342
시간 24시간 **가격** 더블 룸 기준 1700~2000Kč(시즌에 따라 변동 가능)
홈페이지 www.svamberskydum.cz/new
MAP P.128

근교 지역

2 KARLOVY [카를로비 바리]

마시는 온천수로 유명한 온천 휴양 도시

여성적인 섬세함을 지닌 중세 도시 카를로비 바리는 아마도 여행자들에게 가장 인기 있는 체코의 근교 여행지일 것이다. 중심가는 오늘날 19세기와 20세기 초에 세워진 네오 클래식과 아르누보 양식의 건물로 가득 차 있다. 인구 6만 명의 이 작은 도시는 마시는 온천수로 유명하다. 전설에 의하면 카를 4세가 사냥을 하던 중 사냥개 한 마리가 이곳의 온천에 빠지게 되어 온천이 발견되었다고 한다. 이 도시는 17세기부터 유럽 전역에서 온천 도시로 각광받았다.

인기
★★★★

> **PLUS INFO**
> 여성 여행자들이 좋아할 만큼 도시 경관이 아름답다.

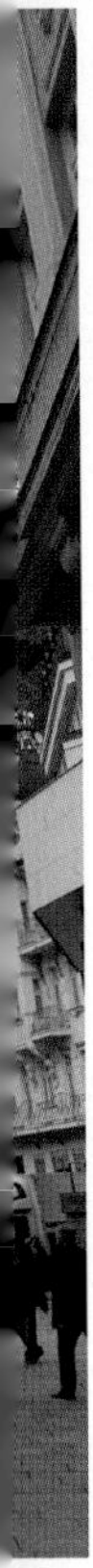

나 홀로
★★★★

커플
★★★

> **PLUS INFO**
> 스파 컵이라고 불리는 라젠스케 포하르(Lázenské Pohár)가 대표적인 기념품.

가족
★★★

쇼핑
★★

> **PLUS INFO**
> 대부분 프라하에서 당일 방문하므로 즐길 만한 나이트라이프는 펍 정도.

식도락
★★

나이트라이프
★

문화 유적
★★★

복잡함
★★★★
(별로 복잡하지 않음)

청결
★★★

접근성
★★★

TRAVEL MEMO

카를로비 바리 여행 & 교통편 한눈에 보기

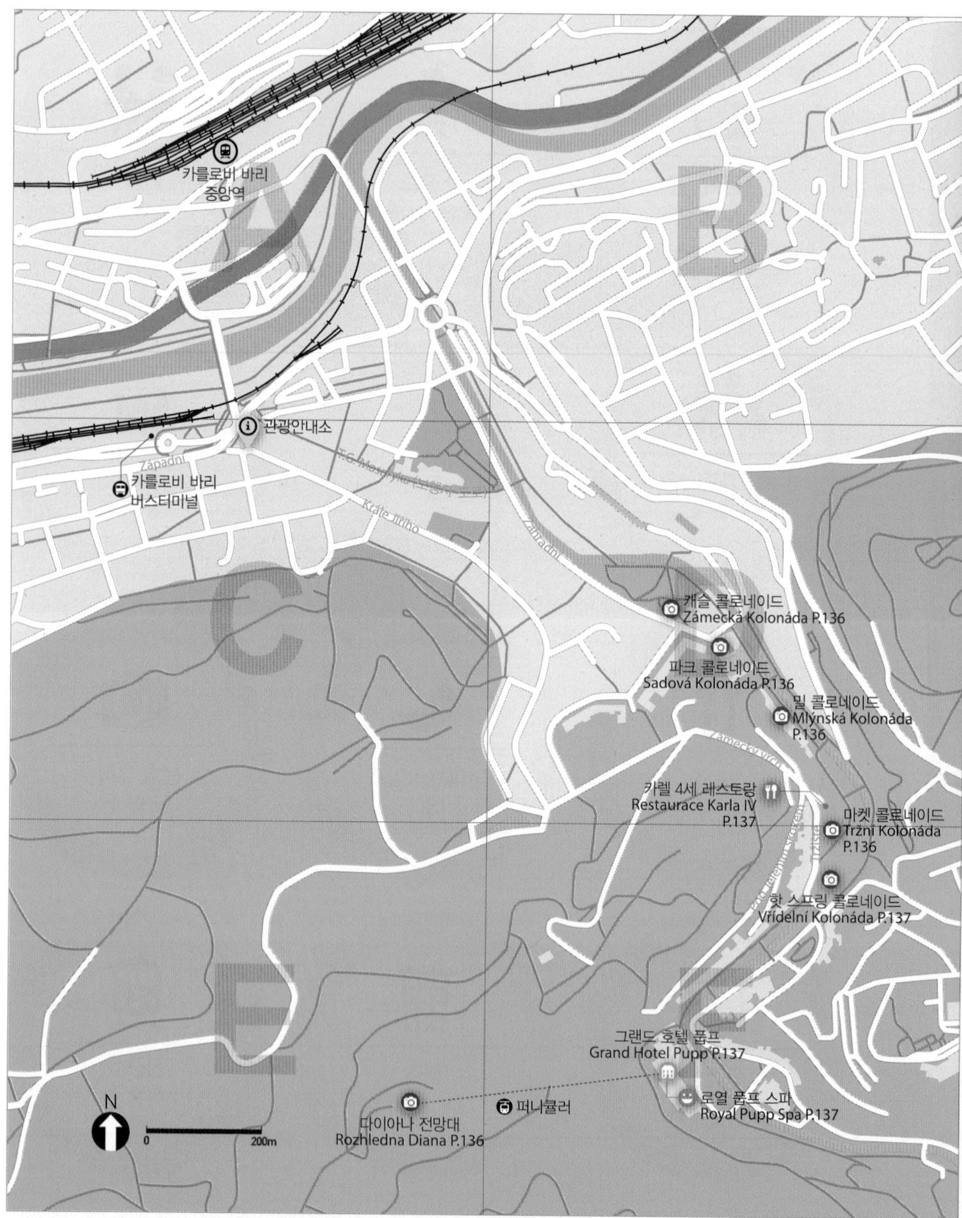

프라하에서 카를로비 바리 가는 방법

① **버스** – 프라하에서 출발할 경우 기차보다 버스가 더 편리하다 프라하에서 카를로비 바리까지의 거리는 120km이다.
저렴하고 편리한 플릭스 버스(www.flixbus.com)는 프라하에서 카를로비 바리까지 하루 다섯번 운행한다. (출발 시간 10:20, 12:05, 13:05, 15:05, 16:50 시즌에 따라 변동 가능) 소요 시간은 1시간 45분이며 요금은 약 150~300Kč.
야간에 이동을 원할 경우 프라하의 플로렌츠 버스터미널에서 카를로비 바리행 직행버스 Autobusy Karlovy를 타면 된다. 1시간 45분 소요되며 요금은 약 150~160Kč.(해당 홈페이지www.autobusy-kv.cz) 프라하 플로렌츠 버스터미널에서 오후 9시 15분에 출발하여 카를로비 바리 메인 버스 터미널에 오후 11시에 도착한다. 카를로비 바리에서 출발하는 버스는 오후 6시 출발하여 프라하 플로렌츠 버스터미널에 오후 8시 15분에 도착한다.
② **기차**-프라하 중앙역(Hlavní Nádraží)에서 카를로비 바리의 돌니 나드라지(Dolní Nádraží) 역으로 향하는 기차가 직행편의 경우 2시간마다 있다. 직행열차의 경우 소요 시간은 약 3시간 15분이다. 참고로 경유편은 3시간 20분~4시간 30분 소요된다. 성수기인 여름철에는 예약하는 게 좋다.

플젠에서 카를로비 바리 가는 방법

① **버스** – 아우토부시 카를로비 (Autobusy Karlovy) 버스(www.autobusy-kv.cz)는 하루 두 차례 카를로비 바리와 플젠 사이를 운행한다(소요 시간 1시간 47분, 요금 100~110Kč). 보다 정확한 스케줄은 프라하 구시가 광장 한편에 자리한 체코 관광 안내소에 문의할 것.

카를로비 바리 시내 교통

① **도보** – 카를로비 바리는 버스로 도착하던, 기차로 도착하던 도보를 통해 도시 중심가에서 온천수 샘이 자리한 콜로네이드가 놓인 곳까지 도보로 방문할 수 있다(약 800m, 15분 소요).

② **마차** – 도시 중심부에서 구시가로 향하는 동쪽 길 강가에 구시가 중심으로 향하는 마차가 길게 늘어서 있다. 가족이나 연인과 함께라면 마차를 타고 구시가를 활보하는 것도 나름 낭만적이다.
③ **택시** – 버스 터미널 앞과 기차역 앞에 택시들이 길게 늘어서 있다. 시간 여유가 없거나 도보로 걷는 것이 무리라면 구시가까지 택시를 타는 것이 편리하다.

MUST SEE
카를로비 바리에서 이것만은 꼭 보자!

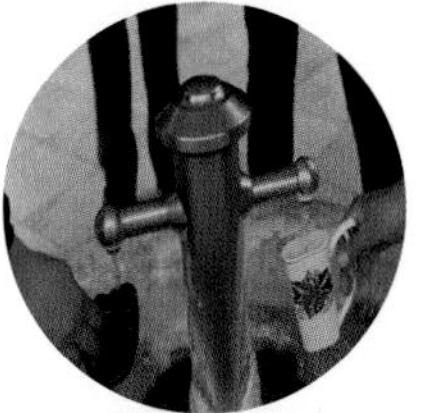
No. 1
마시는 온천수
이곳의 온천수는 공짜로 마실 수 있다. 미네랄이 풍부해 몸에 좋다고 한다.

No. 2
콜로네이드
예술적인 감각으로 만든 주랑으로 외관이 각기 다르다.

No. 3
라젠스케 포하르(Lázenské Pohár)
스파 컵이라고 불리는 이 물컵은 자기로 만든 것으로 온천수를 마시기 위해 필요한 아이템이다.

No. 4
시내의 건축물
여성의 마음을 사로잡는 섬세함이 돋보인다

No. 5
강가의 산책로
강변의 산책로를 따라 걸으며 독특한 지형 아래 화려한 건축물이 들어선 도시를 감상해보자.

SIGHTSEEING

No. 1 파크 콜로네이드
Park Colonnade / Sadová Kolonáda

테플레 강 주변에 놓인 다섯 군데의 콜로네이드 중 하나로 19세기 말 비엔나 출신 건축가가 네오 르네상스 양식으로 만들었다. 도시 미관을 한층 격조있고 화려하게 만든다. 방문객들이 마시는 온천수가 수도꼭지 형태로 되어 있어 편리하다.

구글 지도 GPS 50.227275, 12.878991
찾아가기 기차역에서 동쪽으로 우체국을 지나 약 800m **주소** Zahradní, 360 01 Karlovy Vary
전화 없음 **시간** 06:00~18:30 **휴무** 없음
가격 무료 **홈페이지** www.karlovy-vary.cz
MAP P.134

No. 2 밀 콜로네이드
Mill Colonnade/ Mlýnská Kolonáda

네오 르네상스 스타일의 구조물로 폭 13m, 길이 132m다. 길게 늘어선 콜로네이드 안에는 124개의 코린트식 기둥이 서 있다. 프라하의 국립극장과 루돌피눔을 설계한 요세프 지테크가 만든 건축물이다. 53℃의 온천수가 흘러나오는 샘이 있다.

구글 지도 GPS 50.225197, 12.881823
찾아가기 파크 콜로네이드에서 파블로바(Pablova) 거리를 따라 내려가면 오른쪽에 위치
주소 Mlýnské Nábřeží 360 01 Karlovy Vary
전화 없음 **시간** 10:00~17:00 **휴무** 없음
가격 무료 **홈페이지** www.karlovy-vary.cz
MAP P.134

No. 3 마켓 콜로네이드
Market Colonnade / Tržní Kolonáda

스위스 건축양식을 본떠 만든 하얀 목조건물로 레이스를 모티브로 나무를 깎아 콜로네이드를 장식한 모습이 특이하다. 카를로비 바리의 전설에 관한 묘사가 부조로 표현되어 있기도 하다. 1838년 발견된 이곳의 온천수는 온도가 62℃다.

구글 지도 GPS 50.223107, 12.882982
찾아가기 밀 콜로네이드에서 강을 따라 약 25m 내려가면 오른쪽에 위치
주소 360 01 Karlovy Vary **전화** 없음
시간 10:00~17:00 **휴무** 없음
가격 무료
홈페이지 www.karlovy-vary.cz
MAP P.134

No. 4 캐슬 콜로네이드
Castle Colonnade / Zámecká Kolonáda

어퍼 스프링 콜로네이드와 로워 스프링 콜로네이드 두 부분으로 나뉘어 있으며, 어퍼 스프링 콜로네이드의 온천수 샘은 온도가 50℃이며, 로워 스프링 콜로네이드의 온천수 샘은 온도가 55℃다.

구글 지도 GPS 50.224534, 12.882174
찾아가기 마켓 콜로네이드 위에 위치, 밀 콜로네이드 옆 계단길을 올라 자메츠키 브르흐(Zámecký Vrch) 거리를 따라 내려가면 왼쪽에 위치 **주소** Zámecký Vrch, 360 01 Karlovy Vary
전화 없음 **시간** 10:00~17:00 **휴무** 없음
가격 무료 **홈페이지** www.karlovy-vary.cz
MAP P.134

No. 5 다이아나 전망대
Diana Lookout Tower / Rozhledna Diana

카를로비 바리 타운을 한눈에 조망할 수 있는 곳으로 우정의 언덕이라 불리는 곳에 1914년 세워졌다. 해발 547m 높이에 있어 퍼니큘러(3분 소요)를 타고 올라가거나 산길을 따라 올라가야 한다. 전망대의 높이는 35m. 계단을 따라 올라가거나 리프트를 타고 맨 위까지 올라갈 수 있다. 맨 위에는 레스토랑이 있다. 전망대가 있는 곳까지 퍼니큘라가 운행되며 소요시간은 3분이다. 매 15분마다 운행한다.

구글 지도 GPS 50.218940, 12.872281
찾아가기 핫 스프링 콜로네이드에서 큰길을 따라 약 500m 내려가면 오른쪽에 케이블카를 타는 곳이 나온다. **주소** Vrch Přátelství 5/1, 360 01 Karlovy Vary **전화** +420-353-222-872 **시간** 전망대 오픈 11~3월 매일 09:00~16:45, 4~10월 매일 09:00~17:45, 5~9월 매일 09:00~18:45 퍼니큘라 운영시간 11~3월 매일 09:00~17:00, 4~10월 매일 09:00~18:00, 5~9월 매일 09:00~19:00 다이아나 레스토랑 11~3월 매일 11:00~17:00, 4~10월 매일 11:00~18:00, 5~9월 매일 11:00~19:00 **휴무** 12월24일 퍼니큘라 운영 중단. 단 전망대는 오픈 **가격** 전망대 입장 무료, 퍼니큘라 요금 (매15분마다 운행, 3분 소요) 15세이상 60Kč, 6~15세 30 Kč, 가족(성인2, 자녀2) 120Kč
홈페이지 dianakv.cz **MAP** P.134

No.6 핫 스프링 콜로네이드
Hot Spring Colonnade / Vřídelní Kolonáda

유리로 만들어 바깥에서 내부가 훤히 들여다 보이는 모던 스타일의 건물 안에 자리한 곳으로 1975년 기능주의적 양식으로 만들었다. 이 안에 자리한 간헐천은 무려 12m 높이까지 솟구쳐 오르기도 한다. 이곳 온천수의 온도는 30~50℃다.

구글 지도 GPS 50.222966, 12.883784
찾아가기 마켓 콜로네이드 맞은편 작은 광장 앞에 위치 **주소** Divadelní Nám. 2036/2, 360 01 Karlovy Vary **전화** +420-380-704-011
시간 월~금요일 09:00~17:00, 토~일요일 10:00~17:00 **가격** 무료 **MAP** P.134

HOTEL

No.1 그랜드 호텔 풉프
Grand Hotel Pupp

1701년에 세운 카를로비 바리를 대표하는 5성 호텔이다. 레지덴셜 아파트먼트를 비롯해 228개의 객실은 고풍스럽고 우아한 내부 장식을 자랑한다. 카를로비 바리 영화제 공식 후원 호텔이기도 하다. 일부 객실에서 온천수로 목욕을 즐길 수 있다.

구글 지도 GPS 50.220032, 12.878578 **찾아가기** 강변을 따라 구시가 남쪽에 위치 호텔 옆에 다이아나 전망대로 올라가는 푸니쿨러 승강장이 있다. **주소** Mírové Náměstí 2, 360 01 Karlovy Vary **전화** +420-353-109-111 **시간** 24시간 **휴무** 없음 **가격** 싱글 룸 4800Kč~, 더블 룸 6200Kč~ **홈페이지** www.pupp.cz/en **MAP** P.134

EATING

No.1 카렐 4세 레스토랑
Restaurace Karla IV

카를로비 바리의 특산주인 베헤로브카(Beche rovka) 전시장인 베헤르플라츠(Becherplatz) 내에 있는 레스토랑으로 마이크로 양조장도 함께 운영해 각종 체코 전통 요리와 함께 로컬 생맥주도 맛볼 수 있다.

구글 지도 GPS 50 1342050, 12. 5298720
찾아가기 마켓 콜로네이드에서 도보 2분
주소 Zámecký Vrch 431/2, 360 01 Karlovy Vary
전화 +420-775-534-333 **시간** 11:00~23:00
휴무 부정기적
가격 스타터 169~390Kč, 수프 79~99Kč, 메인 디시 279~499Kč
홈페이지 www.restaurantkarla4.cz
MAP P.134

EXPERIENCE

No.1 로열 풉프 스파
Royal Pupp Spa

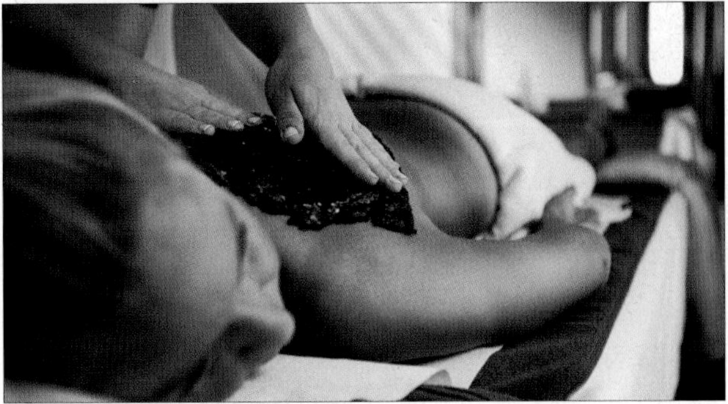

전문 테크니션이 각자의 몸에 맞는 다양한 스파 트리트먼트 서비스를 제공한다. 마시는 온천수를 통한 스파 큐어도 실시한다. 머드 배스, 버블 배스, 카본 다이옥사이드 배스 등 다양한 배스 서비스도 제공한다.

구글 지도 GPS 50.220032, 12.878578
찾아가기 강변을 따라 구시가 남쪽에 자리한다. 호텔 옆에 다이아나 전망대로 올라가는 푸니쿨러 승착장이 있다. **주소** Mírové Náměstí 2, 360 01 Karlovy Vary
전화 +420-353-109-111 **시간** 24시간 **휴무** 없음 **가격** 프로그램에 따라 다름
홈페이지 www.pupp.cz/en **MAP** P.134

근교 지역 3

KUTNÁ HORA [쿠트나 호라]

보헤미아의 반짝이는 은광 도시

쿠트나 호라는 보헤미아 중부 지방에 있는 인구 2만여 명의 작은 도시다. 13세기 초, 은 광산 도시로 건설되어 보헤미아 지방의 중요 도시로 발전했다. 1400년 바츨라프 국왕이 왕궁을 옮긴 뒤 이곳은 150년 동안 유럽에서 가장 부유하고 화려한 도시 중 하나로 발전했다. 오늘날 역사적 건축물들이 가득한 이 도시의 역사 지구는 1996년 유네스코 세계문화유산으로 지정되었다.

PLUS INFO
카를로비 바리에 비해 인기가 떨어지지만 중세 도시의 또 다른 면을 보여준다.

인기
★★

나 홀로
★★★

커플
★★★

가족
★★★

PLUS INFO
바르보리 교회와 중세 은광 투어는 필수 관광 코스.

쇼핑
★

나이트라이프
★

문화 유적
★★

복잡함
★★★

식도락
★

청결
★★★

접근성
★★★

MUST SEE
쿠트나 호라에서 이것만은 꼭 보자!

No. 1
보헤미아의 진주라는 닉네임이 붙은 교회 건축물

바르보리 교회는 쿠트나 호라의 대표적인 건축물이다. 외관이 독특한 포토제닉 스폿

No. 2
땅굴 투어가 아닙니다

중세 은광 박물관(Hradek Mining Museum)을 방문해 광산에 관련된 옛이야기를 들어보자.

No. 3
중세에 어떻게 화폐를 만들었는지 궁금하다면

왕립 조폐국이던 이곳에서 화폐 주조자들의 작업실을 들여다보자.

No. 4
구시가의 팔라츠키 광장

카페와 레스토랑이 틈틈이 자리한 광장에서 한가로운 여유를 느껴보자.

TRAVEL MEMO
쿠트나 호라 여행 & 교통편 한눈에 보기

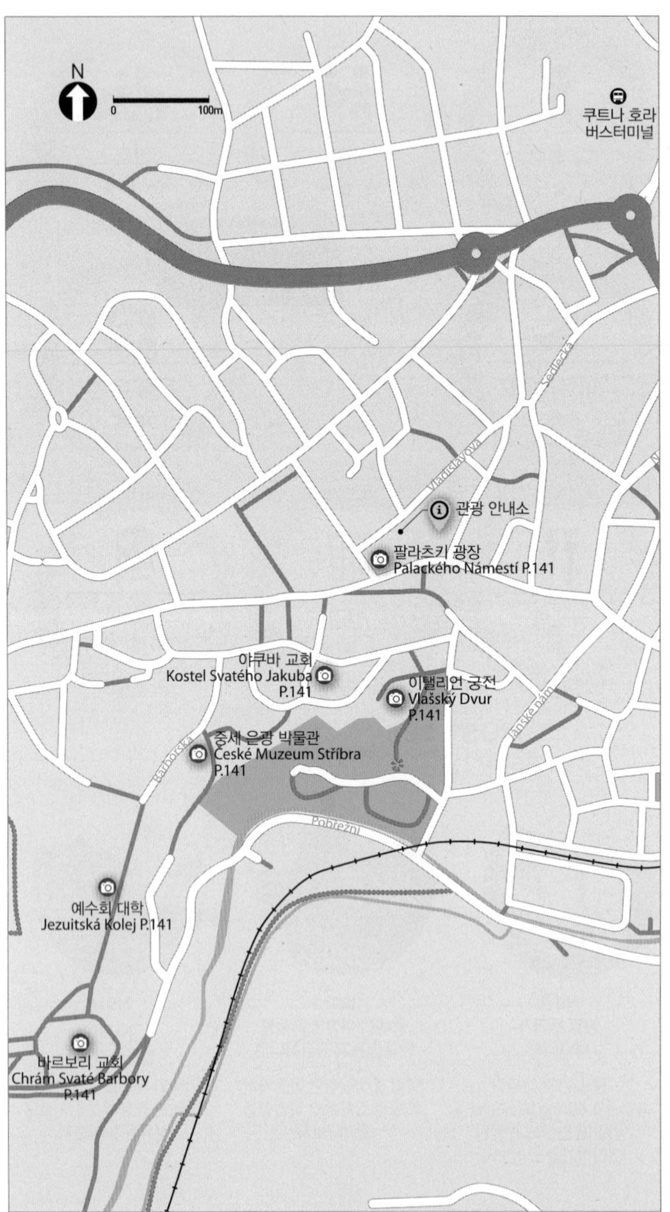

프라하에서 쿠트나 호라 가는 방법

프라하에서 동쪽으로 약 65km 지점에 있어, 거리상으로 프라하에서 어렵지 않게 당일치기 여행으로 다녀올 수 있다.

① **버스** – 폴코스트(Polkost, www csadpolkost.cz/en)에서 운영하는 시외 버스는 프라하의 플로렌츠(Florenc) 버스 터미널에서 하루 여섯 차례 정도 쿠트나 호라까지 직행 운행하며 소요 시간은 약 1시간 15분이다. 프라하-쿠트나 호라 구간 편도 요금은 68Kč다. 프라하 메트로 C선의 하예(Háje) 역 인근에 자리한 하예 버스 터미널에서도 매시간 쿠트나 호라로 가는 직행버스가 출발한다(1시간 40분 소요, 편도 요금 70Kč).

② **기차** – 프라하의 중앙역에서 쿠트나 호라 중앙역까지 기차로 1시간 걸린다. 단, 쿠트나 호라 중앙역은 중심가에서 4km 떨어져 있기에 버스가 기차보다 더 편리하다. 프라하-쿠트나 호라 기차 편도 요금은 약 100Kč다.

쿠트나 호라 시내 교통

① 도보

쿠트나 호라 구시가는 도보로 한나절 동안 주요 명소를 둘러볼 수 있다.

② 시내버스

기차역 앞에서 시내버스 1번과 7번 버스가 시내까지 운행한다(20분 소요, 24Kč).

③ 투어리스트 미니버스

8인승 미니 밴으로 기차역 앞에서 탈 수 있으며 중앙역과 바르보리 교회 사이를 운행한다. 요금은 35Kč.

SIGHTSEEING

No.1 바르보리 교회
St. Barbara's Church / Chrám Svaté Barbory

고딕 말기 양식의 건축물 중 가장 돋보이는 건축물로, 1558년에 은 생산이 바닥나면서 공사가 중단되었다. 19세기 말이 되어서야 완공하기에 이르렀다.

구글 지도 GPS 50.227275, 12.878991
찾아가기 구시가의 팔라츠키 광장 인근에 위치한 코메니우스 광장(Komenského Náměstí)에서 바르보르스카(Barborská) 거리를 따라 400m 내려간다. **주소** Barborská, 284 01 Kutná Hora **전화** +420-327-515-796 **시간** 4~10월 09:00~18:00, 11~12월 월~금요일 10:00~17:00, 1~2월 10:00~16:00, 3월 10:00~17:00
휴무 12월 24일 **가격** 성인 85Kč, 65세 이상 · 15~26세 학생 65Kč, 6~15세 40Kč, 6세 미만 무료
홈페이지 www.khfarnost.cz
MAP P.140

No.2 중세 은광 박물관
Mining Museum / České Muzeum Stříbra

15세기 왕립 조폐국의 관리인 얀 스미셰크(Jan Smíšek)는 은광 통로를 만들어 은을 생산해 내어 부를 축적한 인물이다. 그 은밀한 은광 통로를 오늘날 투어를 통해 엿볼 수 있다.

구글 지도 GPS 49.565169, 15.155537
찾아가기 코메니우스 광장(Komenského Náměstí)에서 바르보르스카(Barborská) 길을 따라 200m(바르보리 교회 가는 길) **주소** Barborská 28/9, 284 01 Kutná Hora–Vnitřní Město **전화** +420-327-512-159 **시간** 4 · 10월 화~일요일 09:00~17:00, 5 · 6 · 9월 화~일요일 09:00~18:00, 7 · 8월 화~일요일 10:00~18:00, 11월 화~일요일 10:00~16:00 **휴무** 월요일, 12~3월 **가격** 투어2(The way of silver) 성인 130Kč, 학생 · 아동 90Kč, 투어1+2 성인 150Kč, 학생 · 아동100Kč **홈페이지** www.cms-kh.cz
MAP P.140

No.3 이탤리언 궁정
Italian Court / Vlašský Dvur

바츨라프 2세에 의해 왕궁으로 쓰였다가 1308년 이탈리아에서 화폐 주조 기술자들을 데려와 이곳에 왕실 조폐국을 설치하고 화폐를 주조하기 시작했다. 18세기 화폐 주조가 중단된 후에는 시청사 건물로 쓰였다. 원래 국왕의 보물 창고였던 곳은 중세 화폐 전시 공간으로 사용하고 있다.

구글 지도 GPS 49.565372, 15.16679
찾아가기 구시가 팔라츠키 광장에서 남쪽으로 100m, 도보 5분 **주소** Havlíčkovo Náměstí 552, 284 01 Kutná Hora **전화** +420-327-512-873 **시간** 1 · 2 · 11 · 12월 10:00~16:00, 3 · 10월 10:00~17:00, 4~9월 09:00~18:00 **휴무** 12월 24~29일 **가격** 투어(민트+궁전) 성인 115Kč, 학생 75Kč, 65세 이상 95Kč **홈페이지** http://pskh.cz/en/italian-court **MAP** P.140

No.4 팔라츠키 광장
Palacky Square / Palackého Námestí

쿠트나 호라의 구시가 지구는 걸어 다니면서 볼 수 있을 정도로 작고 밀집되어 있다. 대부분의 명소는 팔라츠키 광장 주변에 몰려 있다. 광장 주변에는 고딕 양식에서부터 입체주의 건축 양식까지 다양한 형태의 중세 가옥이 늘어서 있다.

구글 지도 GPS 49.949525, 15.268560
찾아가기 쿠트나 호라의 주요 명소에서 북동쪽으로 600m
주소 Vnitřní Město 284 01 Kutná Hora
전화 없음
시간 24시간 **휴무** 없음 **가격** 무료
홈페이지 없음
MAP P.140

No.5 야쿠바 교회
St. James Church / Kostel Svatého Jakuba

한 세기를 거쳐 15세기에 완공된 고딕 양식의 교회로 86m의 종탑을 자랑한다. 교회의 남쪽을 지나면 가장 오래된 길인 루타르드스카(Ruthardská) 거리가 나온다. 길 양옆에는 오래된 가옥과 관광객의 이목을 끄는 아트 갤러리, 기념품 가게가 줄지어 서 있다.

구글 지도 GPS 49.948369, 15.267584
찾아가기 팔라츠키 광장 남쪽에 위치하며 오른쪽에 이탈리안 코트가 자리해 있다.
주소 Jakubská, 284 01 Kutná Hora
전화 +420-327-515-796
시간 10:00~17:00 **휴무** 없음 **가격** 무료
홈페이지 www.khfarnost.cz
MAP P.140

No.6 예수회 대학
Jesuit College / Jezuitská Kolej

17세기에 각지에서 신학을 공부하며 정신과 영혼을 수련하기 위해 몰려든 젊은 수도사로 붐볐던 곳이다. 바로크 양식의 건물 내부는 현재 모던 아트 갤러리로 사용한다. 맞은편에는 중세의 성자와 영웅들의 모습을 담은 13개의 바로크와 고딕 양식이 조합된 조각상들이 서 있다.

구글 지도 GPS 49.946231, 15.263870
찾아가기 중세 은광 박물관에서 바르보리 교회로 내려가는 길 중간에 위치 **주소** 51–53 Barborská, 284 01 Kutná Hora **전화** +420-725-377-433 **시간** 화~일요일 10:00~18:00
휴무 월요일 **가격** 성인 60Kč, 학생 30Kč, 12세 미만 무료 **홈페이지** www.gask.cz
MAP P.140

근교 지역

4 PLZEŇ
[플젠]

브루어리 투어로 유명한 맥주 도시

프라하 남서쪽으로 약 91km 떨어진 곳에 자리한 인구 17만 명의 작은 도시 플젠은 체코의 전통 맥주인 필스너 우르켈의 본고장으로 잘 알려졌다. 이 도시를 찾는 첫 번째 이유는 바로 이곳에 자리한 맥주 공장을 방문해 필스너 우르켈 맥주가 생산되는 과정을 지켜보기 위해서다.

143

인기
★★

나 홀로
★★★

커플
★★

PLUS INFO
체코 맥주의 팬들에게는 성지와 같은 곳.

가족
★

쇼핑

PLUS INFO
맥주 공장에 자리한 레스토랑에서 맥주와 함께 곁들일 수 있는 음식을 제공한다.

식도락
★

나이트라이프
★

문화 유적
★

복잡함
★★★

청결
★★

접근성
★★★

TRAVEL MEMO

플젠 여행 & 교통편 한눈에 보기

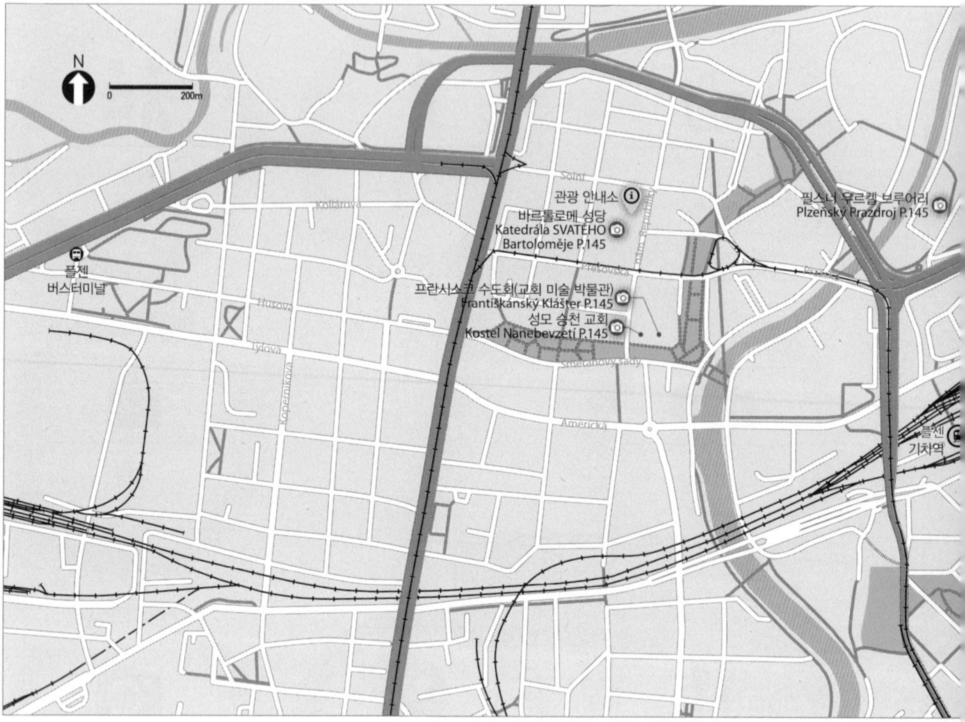

N
0 200m
관광 안내소
바르톨로메 성당
Katedrála SVATÉHO Bartoloměje P.145
플젠 버스터미널
프란시스코 수도회(교회 미술 박물관)
Františkánský Klášter P.145
성모 승천 교회
Kostel Nanebevzetí P.145
필스너 우르켈 브루어리
Plzeňský Prazdroj P.145
플젠 기차역
Solní
Kollárova
Husova
Tylova
Koperníkova
Presovská
Smetanovy sady
Americká

MUST SEE

플젠에서 이것만은 꼭 보자!

No. 1

필스너 우르켈의 본고장에서의 맥주 공장 견학

플젠은 체코의 대표적인 맥주인 필스너 우르켈의 본고장이라는 사실 하나만으로 많은 여행자들의 주목을 받는 곳이다. 브루어리 투어(drewery tour)는 성수기인 여름철이라면 예약하는 것이 좋다.

No. 2

플젠의 구시가는 어떤 모습?

리퍼블릭 광장은 플젠 구시가의 중심가로, 프라하나 체스키 크룸로프만큼 중세의 매력을 뿜어내지 않지만 시간 여유가 있다면 잠시 둘러볼 만할 정도로 바르톨로메 성당과 프란시스코 수도회를 비롯한 고풍스러운 건물이 많다.

프라하에서 플젠 가는 방법

① **버스** – 스튜던트 에이전시 버스는 프라하 메트로 B선 즐리친역 앞 즐리친 버스 터미널에서 오전 7시부터 오후 9시까지 매시 정각에 플젠으로 직행하는 버스를 운행한다. (1시간 소요. 요금 100Kč) 버스 티켓은 터미널 창구에서 구입하거나 홈페이지 www.studentagency.com를 통해 예매하면 된다.

② **기차** – 프라하 중앙역에서 매시간 운행하는 직행열차로 1시간 35분 소요된다(요금 145Kč).

카를로비 바리에서 플젠 가는 방법

① **버스** – 아우토부시 카를로비(Autobusy Karlovy) 버스(www.autobusy-kv.cz)는 하루 두 차례 카를로비 바리와 플젠 사이를 운행한다(소요 시간 1시간 47분, 요금 100~110Kč).

도착지 상세 가이드

① **버스** – 플젠의 메인 버스 터미널은 도심 서쪽 후소바(Husova) 거리에 자리한다. 버스 터미널에서 구시가까지 가려면 11번 또는 12번 트롤리 버스를 타면 된다. 2번 트램을 타면 구시가 중심인 리퍼블릭 광장(Náměstí Republiky)까지 갈 수 있다. 버스 터미널에서 구시가까지 도보로 약 20분 걸린다.

② **기차** – 플젠 중앙역에서 구시가 중심까지 도보로 약 20분 걸린다. 맥주 공장까지는 도보로 15분 거리다. 중앙역에서 나와 지하도를 지나 에스컬레이터를 타고 트램 정거장에서 2번 트램을 타면 리퍼블릭 광장(중앙역에서 두 번째 정거장)까지 갈 수 있다.

플젠 시내 교통

트램과 트롤리 버스 – 가장 유용한 교통수단으로 3~5분 간격의 배차 시간을 자랑하며 밤 11시경까지 운행한다. 편도 운임은 12Kč이며, 데이 패스는 40Kč다. 티켓은 키오스크에서 구입 가능하다.

SIGHTSEEING

No. 1 필스너 우르켈 브루어리 Pilsner Urquell Brewery / Plzeňský Prazdroj

맥주를 즐겨 마시지 않더라도 맥주가 생성되는 과정을 견학하는 것은 흥미로운 일이다. 투어는 영어를 구사하는 가이드와 함께 시작된다. 매일 서너 차례 진행되며 전체 소요 시간은 약 1시간 40분이다. 참나무 통에 보관된 필스너 우르켈을 시음해보면 짜릿한 전율이 느껴진다.

구글 지도 GPS 49.747712, 13.38746
찾아가기 플젠 중앙역에서 북쪽으로 약 400m(도보 10분) **주소** U Prazdroje 7, 304 97 Plzeň **전화** +420-377-062-888 **시간** 투어 4~6월 매일 08:00~18:00, 7~8월 매일 08:00~19:00, 9월 매일 08:00~18:00, 10~3월 매일 08:00~17:00 **휴무** 없음 **가격** 투어 성인 250Kč, 학생 및 65세 이상 150Kč, 가족(성인2, 15세미만 자녀3명) 550Kč **홈페이지** www.prazdrojvisit.cz/en **MAP** P.144

No. 2 바르톨로메 성당 St. Bartholomew Cathedral / Katedrála SVATÉHO Bartoloměje

1295년 구시가의 중심에 자리한 고딕 양식의 교회 건축물로 구시가의 랜드마크이기도 하다. 300개의 계단을 걸어 교회탑 위에 오르면 시가 전체를 조망할 수 있다. 내부에 들어서면 제단 앞에 '플젠 마돈나' 성모상이 있다.

구글 지도 GPS 49.74747, 13.377554
찾아가기 리퍼블릭 광장 중앙에 위치
주소 Náměstí Republiky, 301 00 Plzeň-Plzeň 3
전화 +420-377-226-098
시간 10:00~18:00(교회탑 전망대) **휴무** 없음
가격 35Kč
홈페이지 www.katedralaplzen.org
MAP P.144

No. 3 성모 승천 교회 Assumption Church / Kostel Nanebevzetí a Františkánský Klášter

1295년에 세운 교회 건축물로 교회에 부속된 수도원 내에는 고딕 양식과 바로크 양식의 조각상을 전시한 교회 미술 박물관(Museum of Religious Art)이 있다. 수도원 내 자리한 13세기의 성 바바라 예배당 건물 내부 관람도 놓치지 말자.

구글 지도 GPS 49.444404, 13.224446
찾아가기 구시가의 리퍼블릭 광장에서 남쪽으로 100m **주소** Františkánská, 301 00 Plzeň-Plzeň 3 **전화** +420-378-370-900 **시간** 화~일요일 10:00~18:00(성모 승천 교회), 4~10월 화~일요일 10:00~18:00(수도원 내 교회 미술 박물관) **휴무** 월요일, 11~3월(교회 미술 박물관) **가격** 30Kč(교회 미술 박물관) **홈페이지** www.zcm.cz **MAP** P.144

근교 지역

5 HRAD KARLŠ T

[칼슈타인 성]

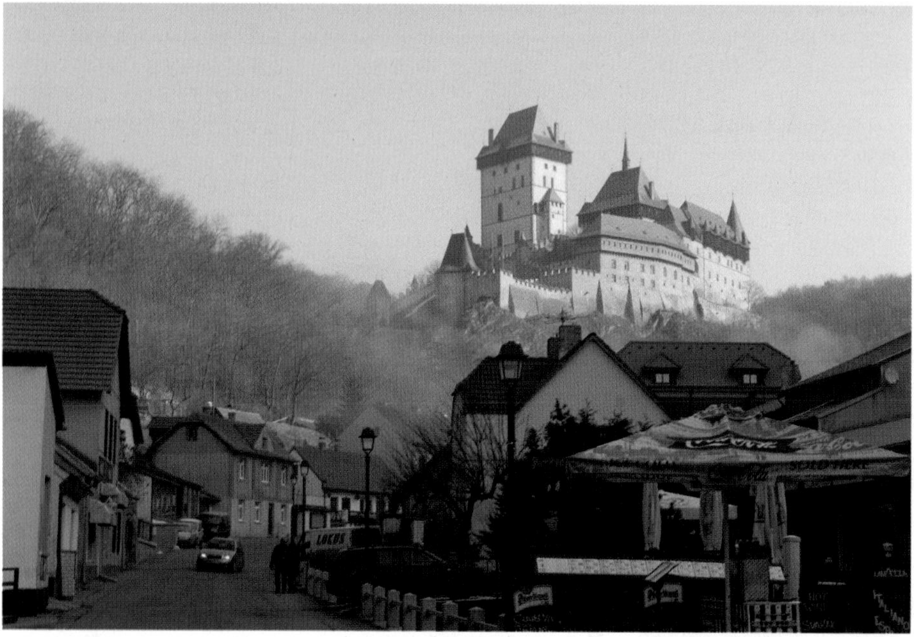

고상한 기품을 자아내는 대표적인 중세 고성

칼슈타인은 프라하에서 남서쪽으로 약 32km 떨어져 있다. 프라하 주변에서 볼 수 있는 고풍스러운 중세 고성 중에서 가장 접근성이 뛰어나고 드라마틱한 자태를 지닌 고성이기에 프라하에서 반나절 시간을 내 둘러볼 만하다.

PLUS INFO
중부 유럽의 중세 고성을 엿볼 수 있는 좋은 기회.

PLUS INFO
로맨틱한 고성에서 연인과 함께 추억의 사진을 담아보자.

PLUS INFO
기차역에서 내려 성까지 꽤 걸어야 한다.

인기	관광지	커플	식도락	쇼핑	접근성
★★★	★★★★	★★★	★	★	★★★

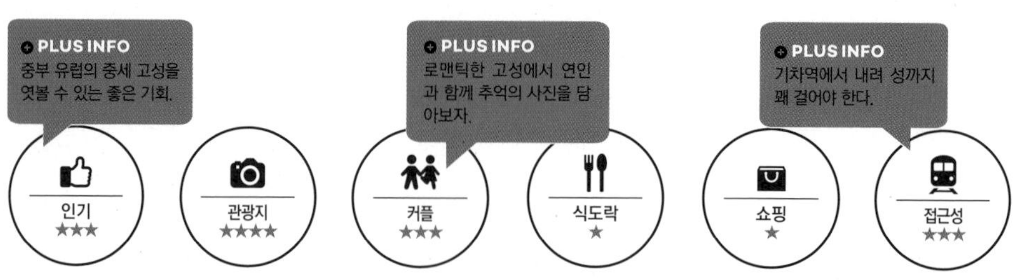

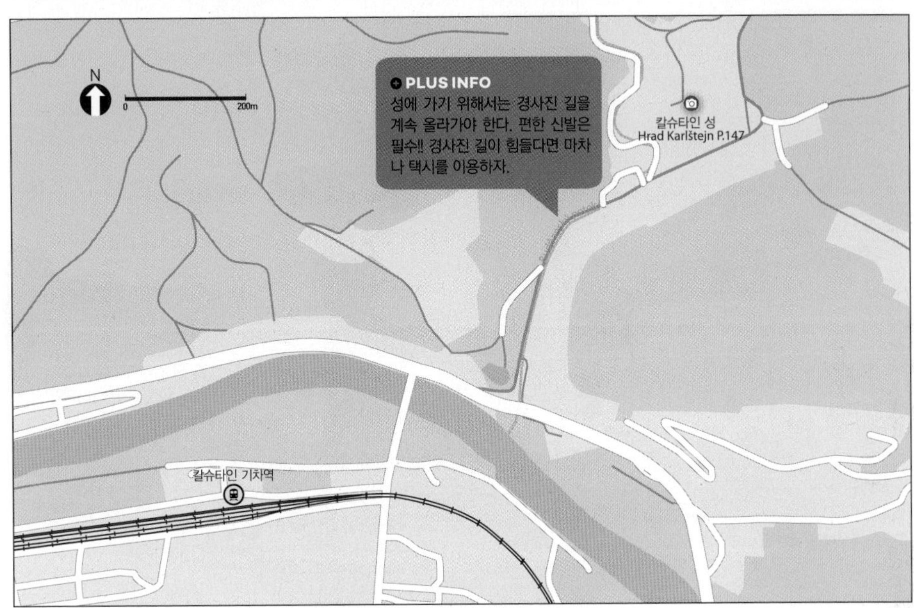

프라하에서 칼슈타인 가는 방법

① **기차** – 칼슈타인까지 가는 가장 편리한 교통수단이다. 프라하 중앙역에서 30분마다 운행하는 직행열차로 40분 소요된다(요금 50~60Kč). 프라하발 첫차 시간은 오전 4시 19분이며 칼슈타인에서 돌아오는 막차의 출발 시간은 오후 10시 55분이다.

② **택시** – 35분 정도 소요되며 요금은 200~300Kč다.

③ **버스** – 아직 프라하–칼슈타인 구간을 정기적으로 운행하는 시외버스는 없다.

SIGHTSEEING

No. 1 칼슈타인 성
Karlštejn Castle / Hrad Karlštejn

칼슈타인 성은 베룬카 강 위의 높은 언덕 위에 둥지를 틀고 있어 다른 고성들에 비해 드라마틱한 경치를 자랑한다. 1348년 신성로마제국의 황제 카를 4세의 명으로 건설되었다. 당시 이 성은 왕실의 보물들을 숨겨놓는 공간으로 사용되었다. 성안에는 마리안 타워, 성모 교회, 성 캐더린 예배당, 그레이트 타워가 있다. 특히 그레이트 타워(Great Tower)는 왕실 보물을 숨겨놓았던 장소이기에 한번 돌아볼 만하다. 여름철 성수기에는 단체 방문객들의 혼잡을 피해 이른 아침 서둘러 성 안을 방문하는 게 좋다. 성내 입장은 가이드 투어를 통해 가능하다.

구글 지도 GPS 49.939504, 14.188046
찾아가기 기차역에서 마을을 경유해 언덕 위의 성까지 도보 약 20~30분, 택시를 탈 경우 10분 소요, 요금 30~40Kč **주소** Karlštejn 172, 267 18 Karlštejn **전화** +420-311-681-617
시간 1~2 · 11~12월 화~일요일 10:00~15:00, 3월 화~일요일 09:30~16:00, 4월 화~일요일 09:30~17:00, 5~6 · 9월 화~일요일 09:30~17:30, 10월 화~일요일 09:30~16:30 **휴무** 월요일, 12월 24~31일 **가격** 베이직 투어 성인 330Kč, 학생 및 아동 230Kč, 65세 이상 230Kč, 가족(성인2, 자녀3) 890Kč 6세미만 무료 채플 투어 성인 880Kč, 학생 및 아동 610Kč, 65세 이상 610Kč **홈페이지** www.hrad-karlstejn.cz/en **MAP** P.147 **1권** P.132

근교 지역

6 ČESKÉ BUDĚ

[체스케 부데요비체]

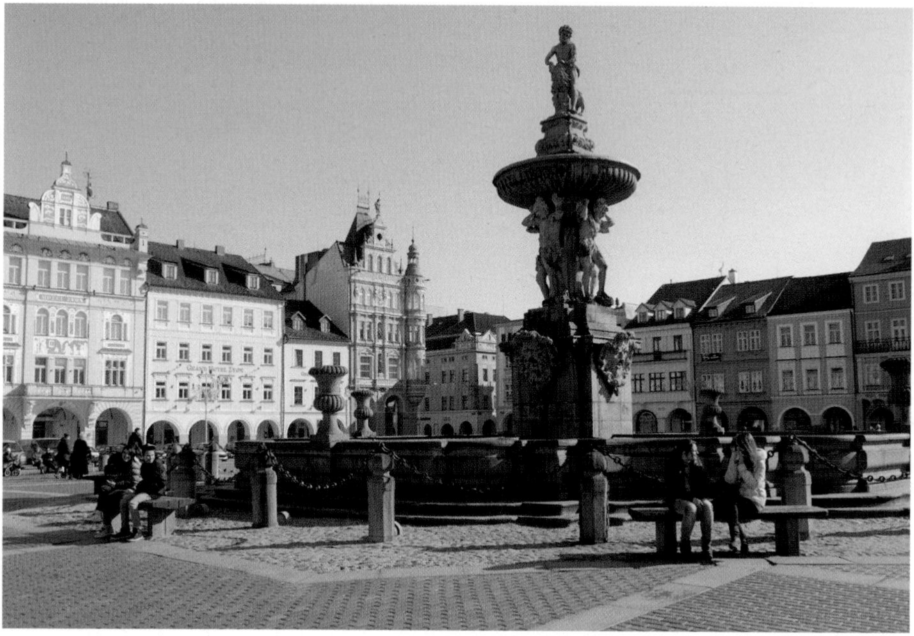

남부 보헤미아 지방의 교통 요충지

인구 10만 명의 도시이자 드넓은 구시가 광장이 있는 체스케 부데요비체는 프라하와 체스키 크룸로프를 연결하는 고리 역할을 하는 교통의 요충지다. 오리지널 버드와이저 맥주에 관심 있다면 이곳의 맥주 공장을 견학해보자. 체스케 부데요비체는 프라하에서 남쪽으로 약 150km, 체스키 크룸로프에서는 북동쪽으로 약 26km 떨어져 있다.

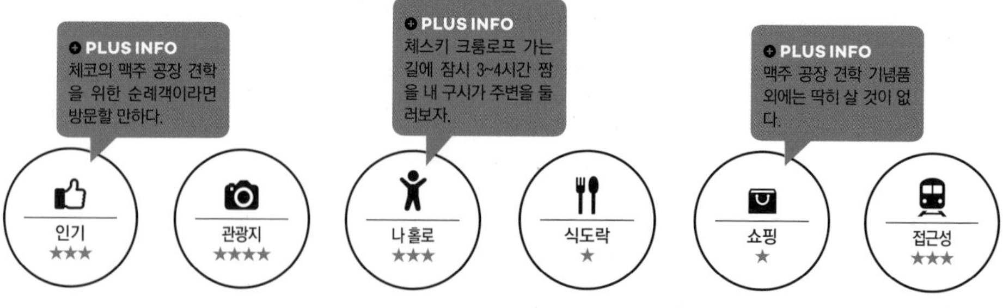

프라하에서 체스케 부뎨요비체 가는 방법

① **버스** – 스튜던트 에이전시 버스는 프라하 나 크니제치(Na Knížecí) 버스 터미널(프라하 메트로 B선의 안델(Anděl) 역 인근)과 체스케 부뎨요비체 버스 터미널(중앙역 옆에 위치) 사이를 매일 오전 6시부터 오후 9시까지 2시간마다 직행 운행한다(06:00, 07:00, 10:30~20:00, 21:00). 2시간 20분 소요, 온라인 예매 시 편도 6.2€. 사이트(www.studentagencybus.com, www.studentagency.eu)에서 예매 가능.

② **기차** – 프라하 중앙역에서 매시간 운행하는 직행열차로 2시간 28분 소요된다. 요금 180~220Kč.

SIGHTSEEING

No. 1 부드바르 맥주 공장
Budvar Brewery / Pivovar Budvar

체스케 부뎨요비체는 오리지널 버드와이저 맥주의 본고장이다. 사실 버드와이저라는 이름은 이 도시 이름인 부뎨요비체에서 유래되었다. 영어로 진행하는 브루어리 투어를 통해 부드바르 맥주 맛의 비결을 알아볼 수 있다. 공장 견학을 위해서는 이틀 전에 홈페이지를 통해 미리 예약해야 한다.

구글 지도 GPS 48.993577, 14.476197
찾아가기 중앙역이나 버스 터미널에서 마이(Máj)행 5번 트롤리 버스 탑승 후 드루츠바-이기(Družba-IGY)에서 하차해 2번 트롤리 버스로 갈아타 부드바르 맥주 공장(Pivovar Budvar)에서 하차(약 30분) **주소** Karolíny Světlé 512/4, 370 04 České Budějovice
전화 +420-387-705-341, 344
시간 투어 3~11월 매일 09:00~17:00, 1~2월 화~토요일 09:00~17:00
휴무 12월, 1~2월 월·일요일
가격 성인 120Kč
홈페이지 www.visitbudvar.cz/en
MAP P.149

INDEX